亚洲设计学年奖

竞赛获奖作品集

（第十五届·第十六届）

Asia Design Award Prize-winning Works

亚洲设计学年奖组织委员会　编

中国建筑工业出版社

[编委]

[序]

又是一年硕果累累的金秋时节。经过专家和公众数月的严格评选，亚洲设计学年奖竞赛获奖作品终于汇集成册与大家见面了。作品内容涉及保护与修复、更新/改造与转型、临时与可移动建筑与空间、商业建筑与空间、文化建筑与空间、居住建筑与空间、生态健康与可持续发展、展示空间、光与空间等多个领域。获奖的国内外几十所大学数百名师生，用青春、汗水、智慧和才华贡献了精彩纷呈的设计方案。它们不仅让人眼前一亮、惊叹不已，更能启迪灵感、交流方法、指导实践。可以说，这些作品体现了当代中国及亚洲国家青年学生最高的设计创意和教学水准，非常值得鼓励和学习。

设计作为一种较为特殊的创造性劳动形式，具有脑体结合、创意优先的特征。设计行业的影响面之广，几乎涵盖了所有的人工制造物。千百年来，人居环境空间营造一直是设计师创造价值最为普遍的职业舞台，涌现出无数的传世佳作。从古埃及的金字塔和中国的万里长城，到现代摩天的迪拜哈利法塔和广州塔（昵称“小蛮腰”），伟大的建筑都基于创意无限的精心设计。因此，青年学子们须了解设计职业的重要意义，自觉地将设计技能训练与设计理想培养相结合，塑造良好的设计师心智与道德，既有远大目光洞察世界，又能脚踏实地解决问题。本书入选的获奖作品，大都表现了这种优秀气质。

本届获奖作品较好地体现了“设计服务生活”、“技术与艺术融合”的设计职业特点。以金奖作品为例，有“银杏树下的乡情”、“基于反哺意识下的矿坑景观修复计划”、“以生活印象为导向的历史建筑微更新设计”、“崑蜜堂——南昆山蜂蜜体验馆设计”、“铜塑——铜冶炼体验馆设计”、“首托邦——首尔南山的后人类社区想象”、“因水而生 生态『曼』城”等。它们在研究选题、构思立意、设计创作的各个环节均做到“源于生活、高于生活”，服务于构建人类理想的美好生活环境目标，用精美的设计传递了创新的社会价值和经济价值。这些作品一旦有机会实现，将会成为新时代耀眼的艺术精品。

晚清文人龚自珍曾有诗云：“九州生气恃风雷，万马齐喑究可哀。我劝天公重抖擞，不拘一格降人才”。该诗独辟奇境，别开生面，呼唤变革，憧憬未来，今天读来依然催人奋进。如今，中国的改革开放已走过了40年历程，社会主义建设事业发展进入了新时代。就我们从事的设计教育行业而言，更应培养学生以顺应时代、服务生活、传播艺术、创造价值为己任，尽快成长为国家建设各个领域的栋梁之才。

谨此与业内同行共勉并为书序。

主编：

清华大学工学博士，华南农业大学教授，

广州美术学院客座教授，香港大学荣誉教授，

重庆大学兼职教授，博导，国务院学位委员会专业学位教指委员

[前言]

从策略研究到战略思考
——设计面对多维度社会问题

设计被潮流压力和历史遗留下来的系统决策困境包围着。

在第十六个年头来反思亚洲设计学年奖的发展历程，简单的总结，确有着更多的实践支撑。反映在设计方面，更多的是面对设计的现实责任与义务。

当下，亚洲设计学年奖更多的是思考国内设计与设计教育的提升战略，如何让设计更好地解决多维的社会问题。

如同麦肯锡分析的那样，环境和空间的设计与生产水平严重滞后于这个时代。

科技走在了前面，已经触发了科技与伦理的冲突。

资本更是粗暴有力地在改变着中国乡村的地形风貌和城市的街道与天际线。

设计教育的变革更是风起云涌，很多基于个人的课程都可以定制了；更多基础课程已经在借助网络实现；大学也开始接纳不同专业背景和不同年龄的人一起进行问题研讨。

亚洲设计学年奖的前身是中国环境设计学年奖，她的名字打上了助推新世纪以来的中国设计学科发展的深深烙印。

然而变革是必然的，无论是主动还是被动的。

很显然，如果亚洲设计学年奖只是教育体制内例行公事和按部就班的一个交流活动，我想似乎国内并不缺这一个活动，这个活动的价值和意义一定体现在她确立的视角和价值维度上的实验与探索，从策略研究到战略思考，引领设计和设计教育寻求解决更多维度社会问题的途径。

亚洲设计学年奖并不仅仅是亚洲的交流，因为对于学科交流来说，一个地域性代替另一个地域性是没有意义的。亚洲设计学年奖不仅是让全世界的同行来思考和探索 21 世纪亚洲设计，更主要是中国的环境和空间生产问题，即设计文化的发展问题。

2016 年奖项设置进行了重要的改革，不再以简单的空间类型为切割分类，而是以问题的再定义和解决问题为导向展开设计的讨论，这仍然是一个相对动态的调整过程，然而效果却是明显的，得到广大高校的认同和支持。

亚洲设计学年奖和亚洲城市与建筑联盟共同搭建了一个国际化的产学研平台和互动系统。依托这个平台和系统，2015 年起我们除了常规的赛事和主题巡回论坛，又开始拓展举办主题夏令营设计研究活动，探索“乡村”的再设计问题。世界村落——乡村的可持续发展与设计项目的开展，已经在浙江妙西、贵州安龙和广东南海西樵举办了四届，取得了丰硕的成果，带来了国际化开创性的设计思考及前瞻性智慧，这些成果将在下一步实施中发出它的光芒。

如同艺术，设计仍然不过是反映了社会生产力发展需求并做出的回应，然而这种回应却有高低之分，有迎合和引导之分，有单一功能和综合功能之分，也有单一的利益实现和多维度社会问题探索之分。

设计自然也不应该是被动的，同设计教育一样，需作为一个国家发展的策略看待，高屋建瓴，对事物把握全面，透彻了解，有全局性思维，提出前瞻性的探索与实验。

2018 年，我们开始进行更多的尝试来解决亚洲设计学年奖活动中发现的新问题，通过竞赛要求和论坛引导，发挥平台与联盟的作用。

在全国各地合作建立 AAUA 国际设计学习中心，这是一个开展国际化和产业化的倡导综合设计教育实验性的合作教学项目，目的是研究如何对接国内外优质教育资源和产业资源，补充完善目前设计教育体系，也是为了适应社会快速变革的现实，直面其对高校设计教育的要求和挑战，主动营建的一个适合国际化与产业化探索的设计教育教学新途径。

设计的核心不应仅停留在创意层面，而需转向可持续的发展策略研究与面对问题博弈中资源和要素整合能力的提升研究，在探索中实践是最为关键的一步。

随着科技的突飞猛进，社会原有的运转方式得到“破坏”性的重组，资本更是如此。

设计如果不能在战略层面思考如何与产业、科技、资本共舞，只是简单且被动地屈从实现各种目的和手段，作为一门学科，它存在的价值和意义又是什么呢？

亚洲设计学年奖倡导在价值和伦理的基础上更具有创造性的方式进行设计战略思考与实践。

DESIGN：THE CRAFT OF VALUE 是亚洲设计学年奖的宗旨

以此共勉！

姚领

亚洲城市与建筑联盟董事执行主席

亚洲设计学年奖组委会秘书长

目 录

第十五届亚洲设计学年奖竞赛获奖作品

保护与修复

更新/改造与转型

临时与可移动建筑与空间

商业建筑与空间

文化建筑与空间

居住建筑与空间

生态健康与可持续

展示空间

光与空间

第十六届亚洲设计学年奖竞赛获奖作品

保护与修复

更新/改造与转型

临时与可移动建筑与空间

商业建筑与空间

文化建筑与空间

居住建筑与空间

生态健康与可持续

展示空间

光与空间

第十五届**亚洲设计学年奖**竞赛获奖作品

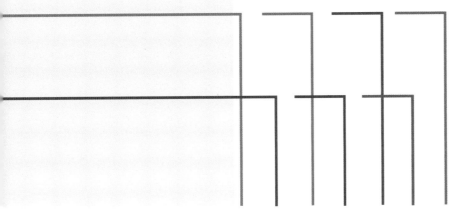

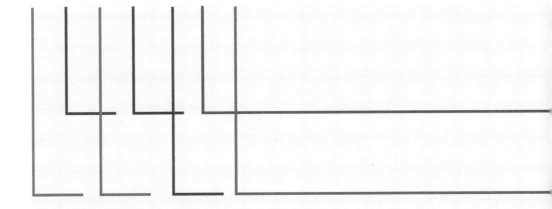

保护与修复

学校：天津美术学院环境与建筑艺术学院　指导老师：彭军　高颖　学生：王利华　王常圣

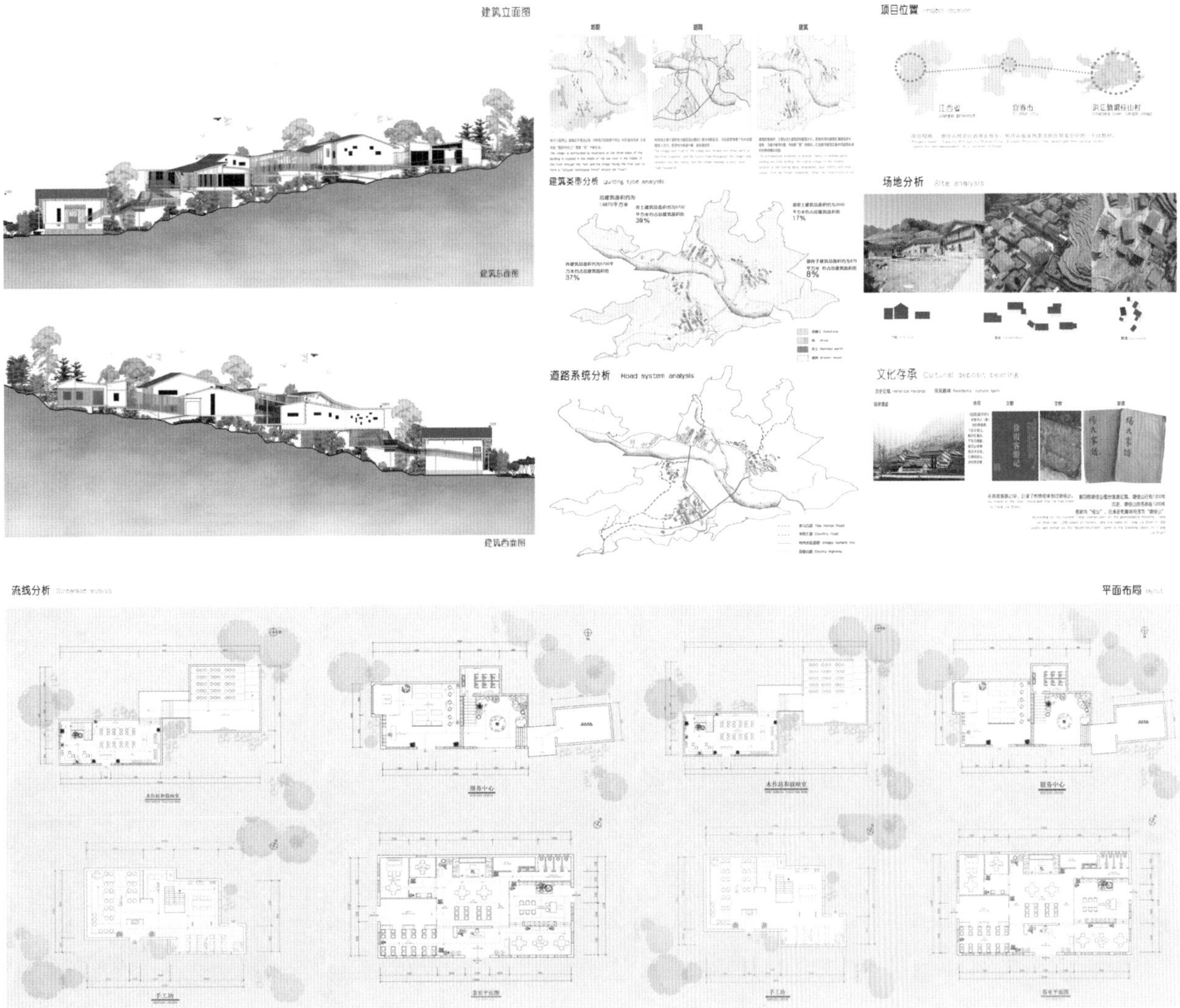

学校：天津美术学院环境与建筑艺术学院　指导老师：彭军　高颖　学生：王利华　王常圣

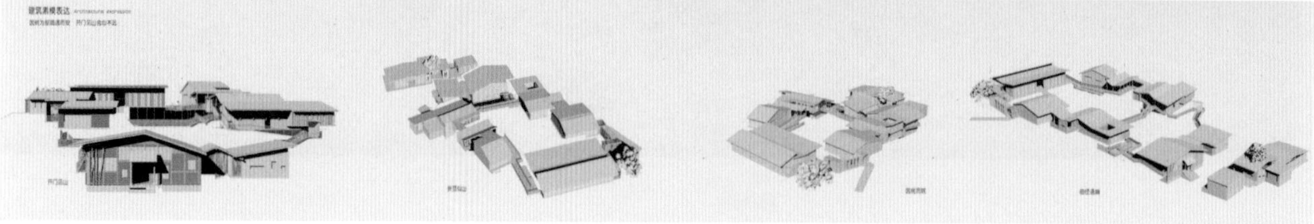

建筑正立面图

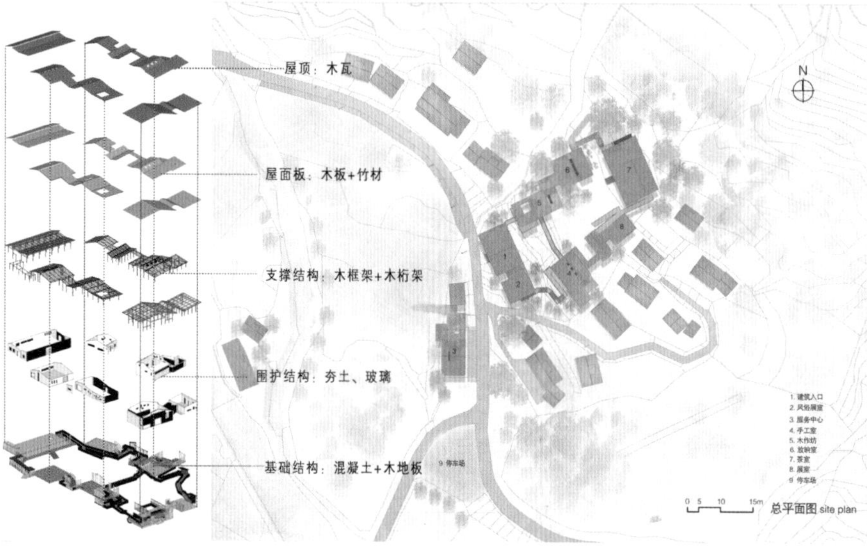

总平面图 site plan

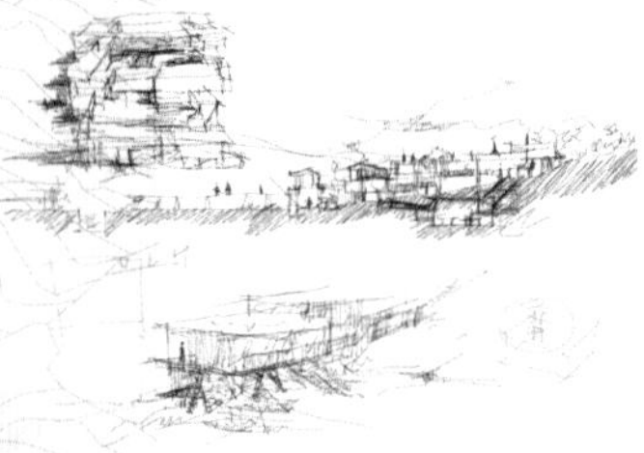

学校：昆明理工大学建筑与城市规划学院　指导老师：叶涧枫　学生：郭亚彪

金奖

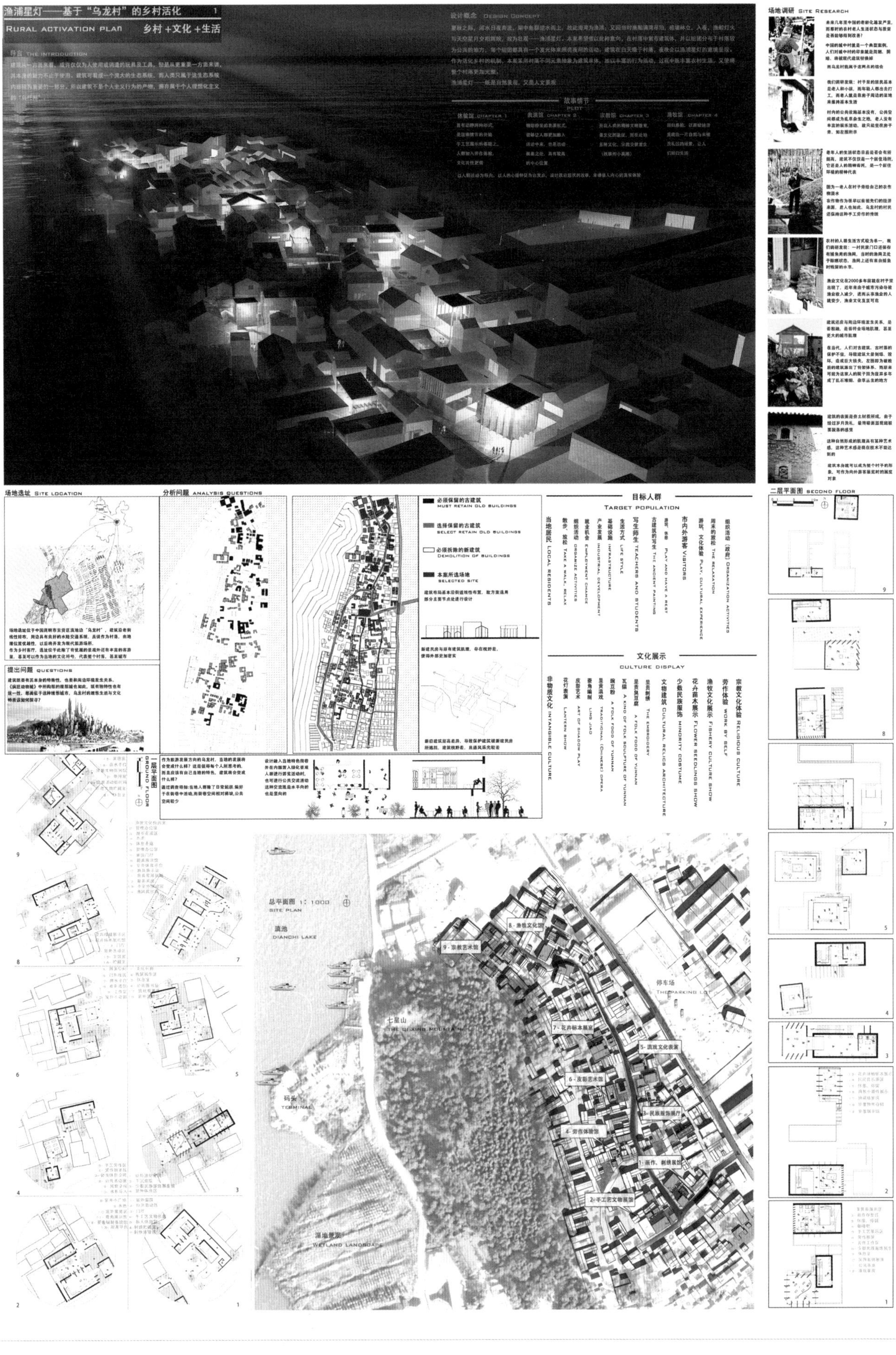

亚洲设计学年奖

学校：昆明理工大学建筑与城市规划学院　指导老师：叶涧枫　学生：郭亚彪

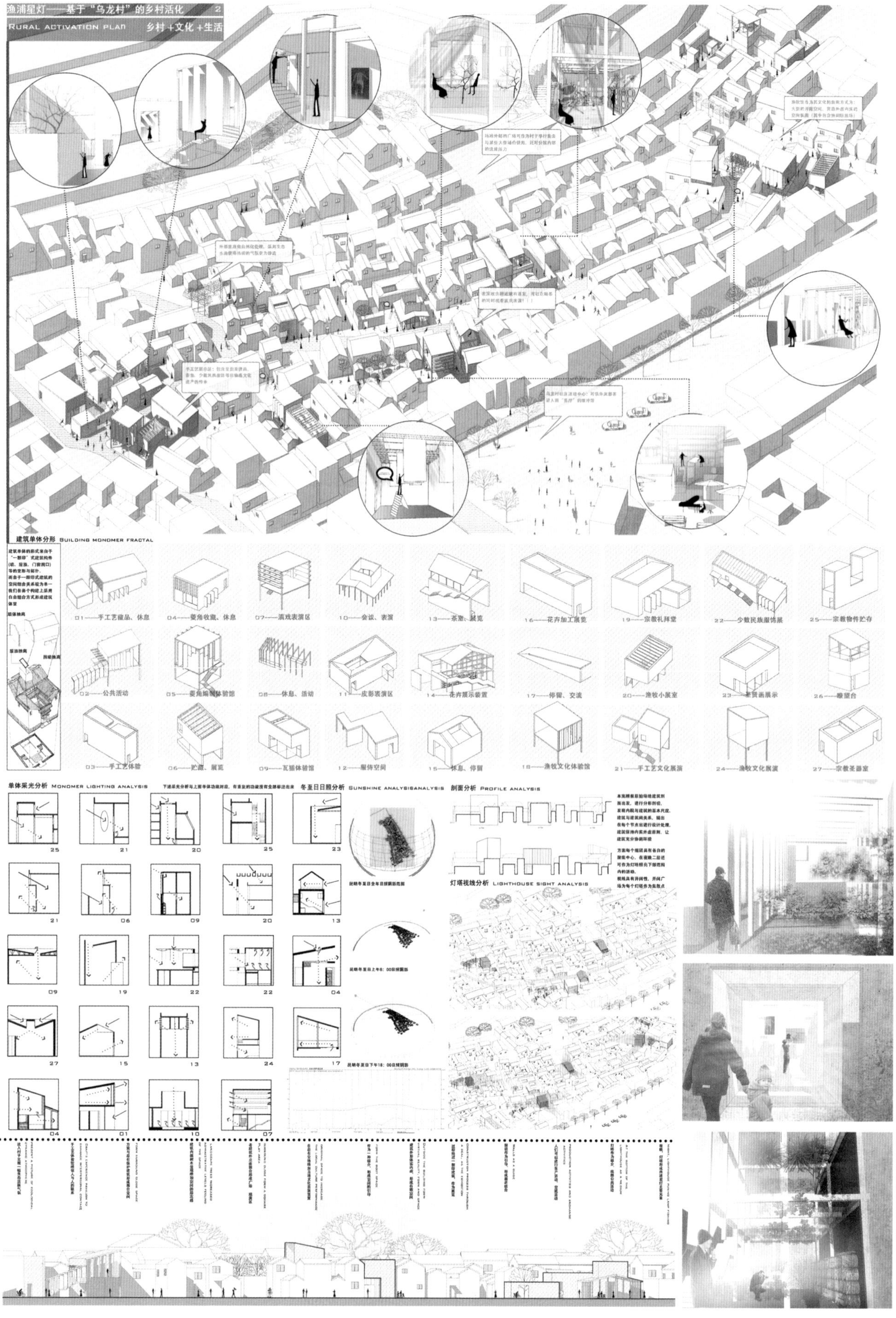

学校：吉林建筑大学艺术设计学院　　指导老师：郑馨　　学生：秦传文　张晨伟　乔磊

基于反哺意识下的矿坑景观修复计划

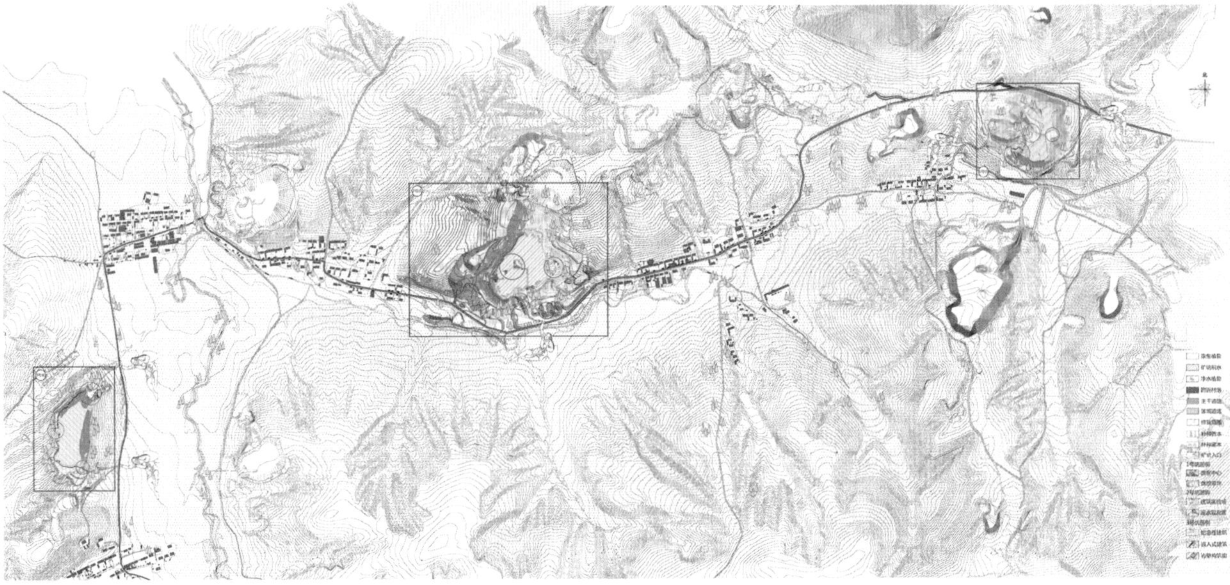

概念逻辑生成

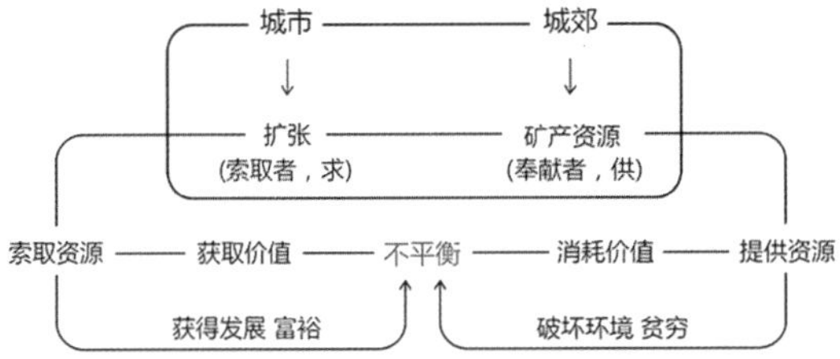

伦理，是一种秩序规范，任何持续影响社会的团体行为或专业行为都有其内在特殊的伦理要求。发展，是人的一种社会行为，而城市的发展带来了大规模的人口迁移和基础设施建设，从而需要大量开采石矿以维持发展。

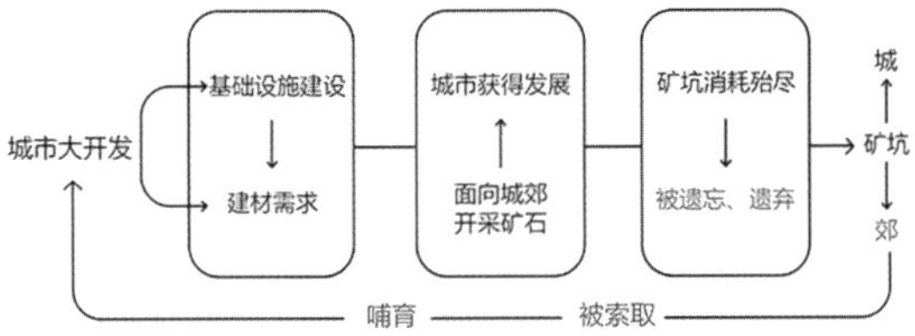

城郊的矿坑作为长期的资源供者，以牺牲自我生态环境为代价，哺育城市的规模化建设和扩张。长期以往，导致了供求双方的不平衡状态。一方面，城市由于持续的资源流入，能够随时间向内快速扩张发展，另一方面，城郊的矿坑长期处于被掠夺的状态。

人性发展的趋势：低伏与扩张（人类征服自然）
城市扩张

哺育城市
资源的种植：自然城市到都市

环境的衰败
过度扩张的结果：衰败与进化

反哺矿坑
发展的反思

- 当社会在发展和进步的时候，人性中哪怕微弱的城市特征会满足出来。
- 城市的生存在无限制的扩张中日从发展。
- 但是反哺并建立在不断填挖自然的基础上。

- 城石在自利用周边的自然资源建设自己。
- 矿石作为哺育建筑日且从去的材料，供人们为城市的建设服务，决定官资源习惯。
- 矿子山地方子最大的出者名者不会像自己的价值，哺育着城市的增长大。

- 城市的大规模扩张，对建筑材料需求量会随着城市扩张而加大的自然习惯。
- 中国城市的旧建筑普遍成为了建筑寿有项目之上，建筑的更新使代成为工城市不断送从消去的自然需求因素。
- 我们考虑到创建新材料的循环并不仅仅以是缓环境的压力，同时也是对建筑性的一种表现状态。

- 城市对环境造成的负面影响时有时去城市外返达。
- 我们对城郊的解释就我的美学试图"反哺"。
- 反哺不是创建全新系统的再生资料的环境道，这些管理矿坑行为一种面向发展的应用们的未来计。

A 生态修复
设计中首先修复因采矿挖掘被破坏的生态环境，更多的考虑顺从原有的自我净化过程，在这个基础上进行人工的修复。

A1/ 生态破坏程度分析

土地：遭到挖掘破坏，养分大量流失。
植被：草木无植物覆盖，矿坑固围有少显余生疏木，长势不好
积水：雨水沉积，有杂质

A2/ 自我净化修复程度

植被：初级挖深测活自生出产笨柏杂荣。
生物：积水区存在青蛙，蜻蜓，鱼类
积水：受到修复净化经历的时间：2-4年

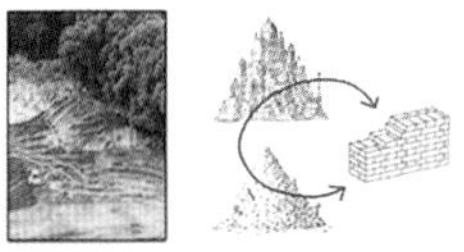

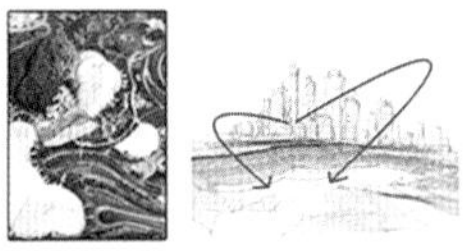

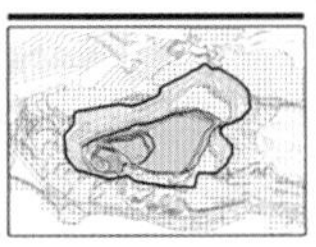

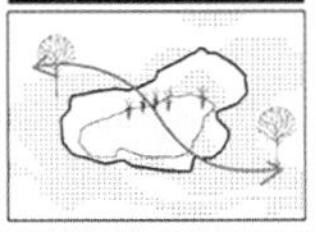

A3/ 顺从自我净化措施

1：补种陆生植物，分步修复土地活力，供建立小生态圈。
2：大量种植水生植物，进一步进行水体净化，形成适合生物生存的水体环境

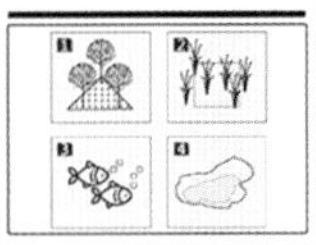

A4/ 矿坑回归环境

初步形成动植物生态圈，矿坑由初步修复到反哺，形成良好的自然软实力，以吸引游人的基础。

B 循环建造
建筑材料源于矿坑，建筑拆除后转变为废料，经过我们的设计，将其重新回归于矿坑，反哺于矿坑。

B1/ 矿坑生石料

城郊的矿坑开采出建筑石料用材，提供给于大规模的城市开发建设。

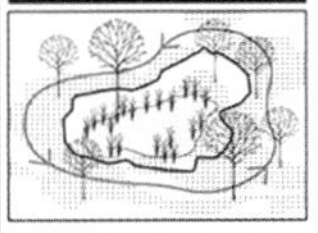

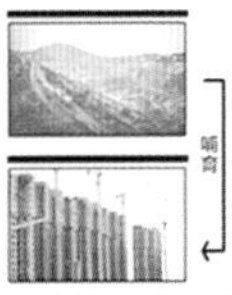

B2/ 建筑拆除产生建筑废料

由于我国建筑寿命普遍较短，造成环境资源浪费，建筑废料的再处理没费处理不当，并对环境产生污染，对矿坑材料的再利用，进行循环建造，是我们考虑到"反哺"的一个重要因素。

B3/ 废料反哺矿坑

将废料颗粒进行分类筛选，重新利用于矿坑修复计划中，宝归这土回地。

- 资源环境消耗
- 再处理困难
- 废料随意丢弃
- 记忆消失
- 建筑寿命短

生产建材　　建设行为　　拆迁行为
供者：矿坑　　废料再利用　　产生废料

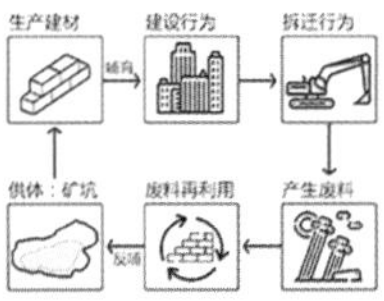

C 构筑物
通过构建构筑物，完善功能性，并在细节处体现设计主旨。

C1/ 初步概念

构筑物的探构材料也遵循循环建造理念，希望以从细部本高游者的体验，并自体会我们的设计理念。其中包括陆地土壤，步道，观景台等。

构筑物的材料来源于原矿坑内部石料，通过木料的形式搭建自由的构筑物。

C2/ 具体措施

构筑物构建造的具体措施分为三种。1.构筑建筑试验场 2.构筑崖壁的建筑 3.应用于局部景观建造

C2-1/ 崖壁生长建筑（3号坑）

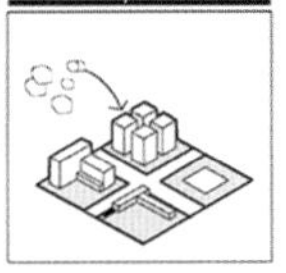

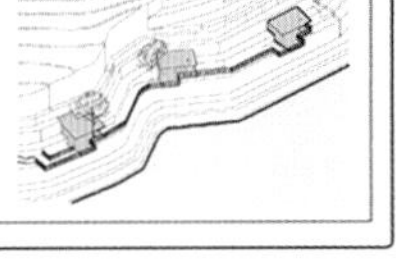

C2-2/ 建筑试验场（2号坑）

建筑试验场通过设计的预制建筑构件，让游客参与建造场，亲自动手建建小型构筑体系，从建造中获的的知识和乐趣。

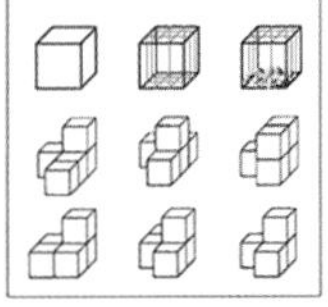

D 建筑
我们希望利用每个矿坑的建筑去烘托出属于各个矿坑不同的氛围。

D1/ 初步概念

矿坑作为建筑的原产地，对于不同矿坑的建筑的形式和氛围是我们主要考虑的部分。

D2/ 具体措施

构筑物构建造的具体措施分为三种。1.建筑试验场 2.崖壁上的建筑 3.应用于各种构筑材料。

D2-1/ 交通性建筑（1号坑）

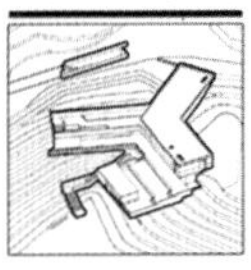

D2-2/ 水下观赏性建筑（3号坑）

D2-3/ 纪念性建筑（3号坑）

我们试图通过一种岩壁中剖开的建筑来表达一种矿坑修复的意向，希望通过这样的表现来传达矿坑哺育城市的主旨，让人们的深刻的理解矿坑反哺城市。

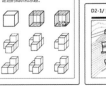

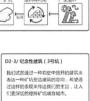

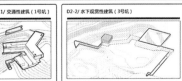

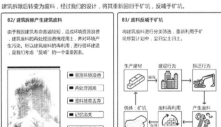

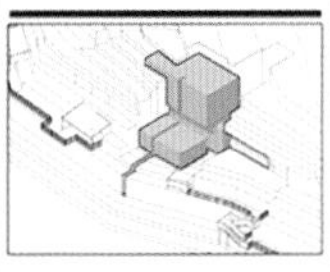

学校：吉林建筑大学艺术设计学院　　指导老师：郑馨　　学生：秦传文　张晨伟　乔磊

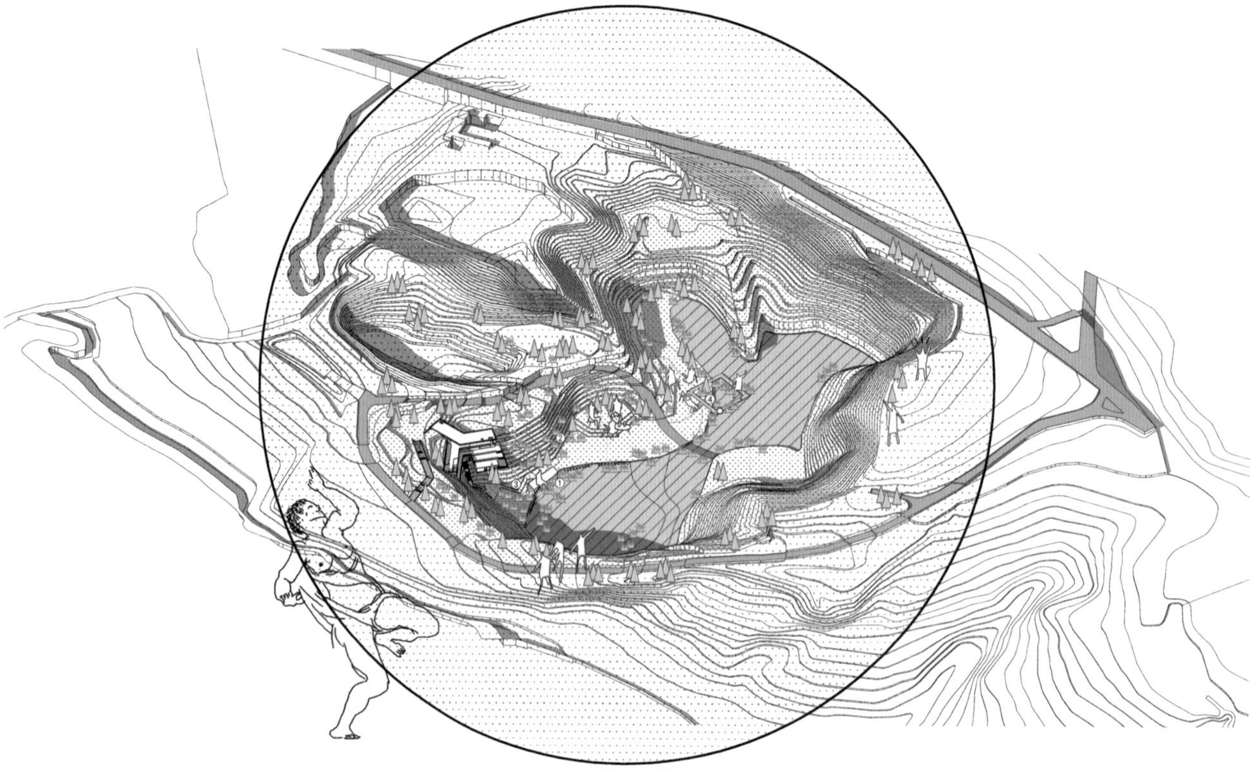

生态修复措施

"生态修复作为一种反哺手段被运用于矿坑中，让原本破碎凋零的伤痕重新焕发活力与生机。通过生态的恢复改善场地环境，吸引人们的驻足与停留。"

修复措施主要集中于恢复裸露的土地活力和净化积水，最终建立循环的动植物生态圈。首先分步骤补种当地乔灌木树种，多年生水体过滤植物，季节观赏性植物。在植物圈建立之后，投放蝌蚪，鱼虾等易存活的水生生物于水中。

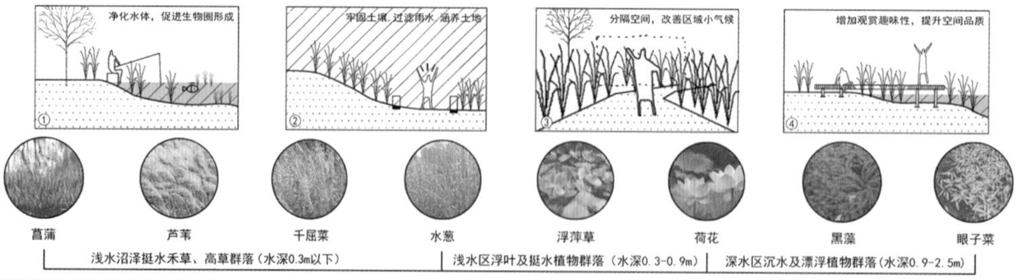
净化水体，促进生物圈形成
①
牢固土壤，过滤雨水，涵养土地
②
分隔空间，改善区域小气候
③
增加观赏趣味性，提升空间品质
④
菖蒲
芦苇
千屈菜
水葱
浮萍草
荷花
黑藻
眼子菜
浅水沼泽挺水禾草、高草群落（水深0.3m以下）
浅水区浮叶及挺水植物群落（水深0.3-0.9m）
深水区沉水及漂浮植物群落（水深0.9-2.5m）

学校：吉林建筑大学艺术设计学院　　指导老师：郑馨　　学生：秦传文　张晨伟　乔磊

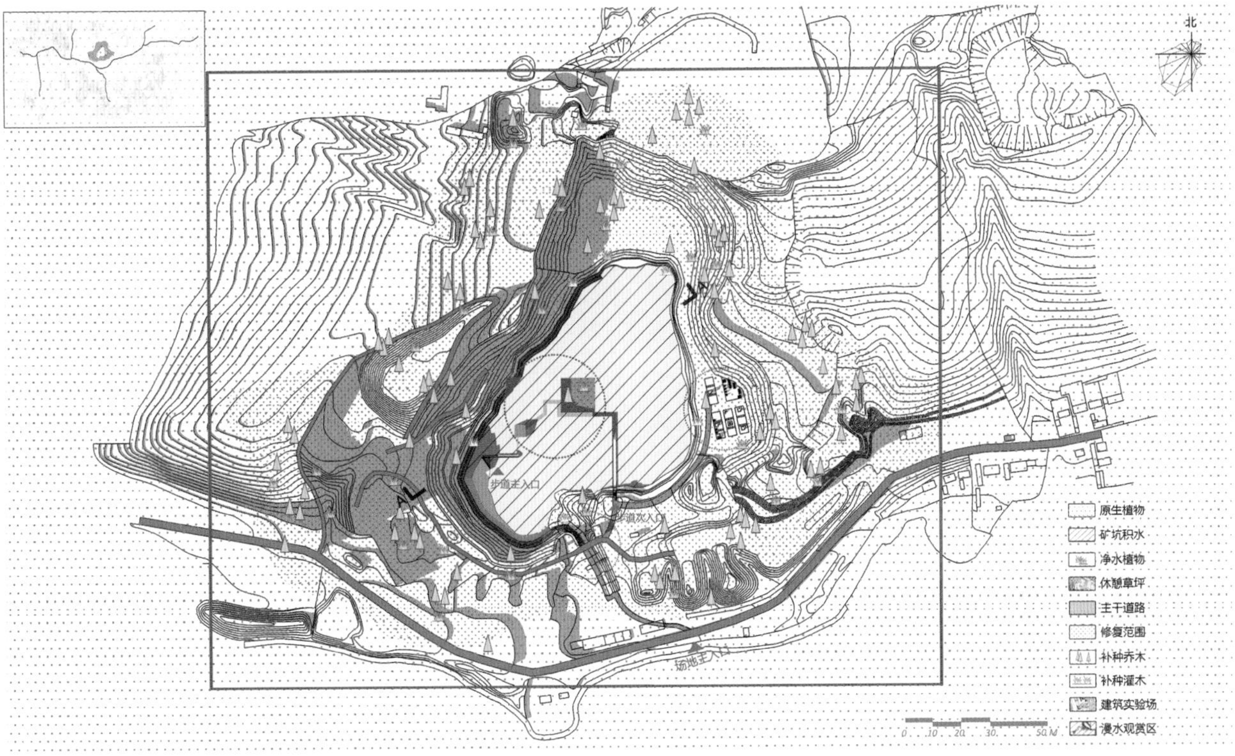
北
步道主入口
场地主入口
原生植物
矿坑积水
净水植物
休憩草坪
主干道路
修复范围
补种乔木
补种灌木
建筑实验场
漫水观赏区
0 10 20 30 50 M

矿坑的水下观光

“二号坑内有其他矿区无法比拟的广阔的水域，我们希望能用一种新颖的水下观光的方式组织这个矿坑的活动，并且佐以建筑试验场加强游客的参与度。”

矿坑特征和优势的利用是我们设计的主要参照前提，二号矿坑有优越的水域、丰富的建筑材料和保存度完整的工业遗留物，并且二号矿坑是距离乡镇最近的矿坑，我们希望用丰富的活动吸引游客前往游览。水下步道是主要的游览方式，以水下步道、水陆交通枢纽和漫水植物净水区三个部分组成， 功能分别为体验、 交通和科教观赏。建筑试验场是我们想提出的一个新的概念，主要通过废料再利用制成的预制件作为材料提供给游客一种新鲜的参与方式，并富有科教含义。

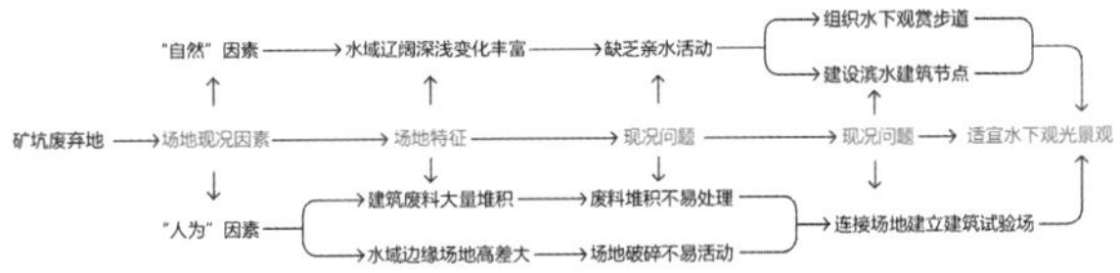
“自然”因素
水域辽阔深浅变化丰富
缺乏亲水活动
组织水下观赏步道
建设滨水建筑节点
矿坑废弃地
场地现况因素
场地特征
现况问题
现况问题
适宜水下观光景观
“人为”因素
建筑废料大量堆积
废料堆积不易处理
水域边缘场地高差大
场地破碎不易活动
连接场地建立建筑试验场

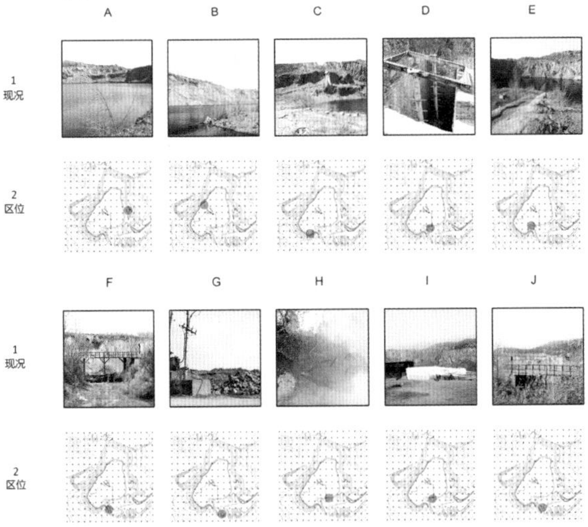
A
B
C
D
E
1
现况
2
区位
F
G
H
I
J
1
现况
2
区位

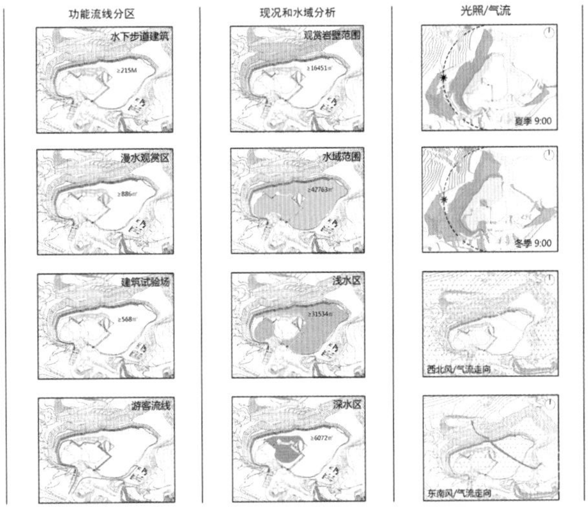

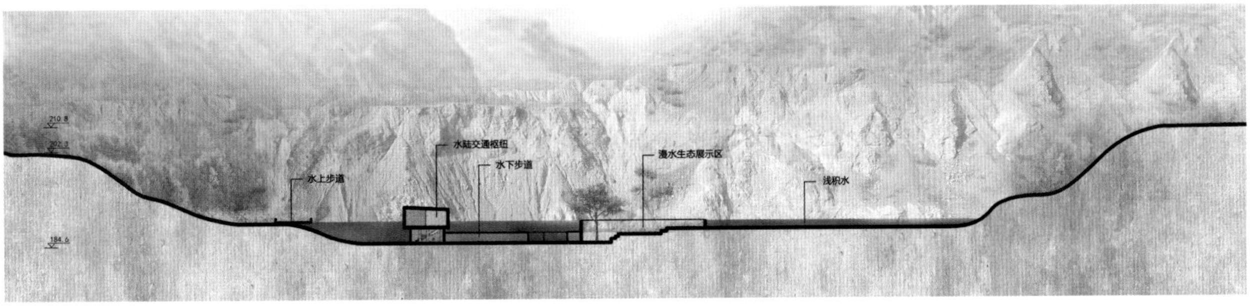
210.8
水陆交通枢纽
水下步道
漫水生态展示区
水上步道
浅积水
184.6

亚洲设计学年奖

金奖

学校：吉林建筑大学艺术设计学院　指导老师：郑馨　学生：秦传文　张晨伟　乔磊

水下的漫水景观
“二号坑内拥有广阔的水域覆盖着水下丰富的高差变化，我们通过对空间的组织和整体布局，希望用一种新颖的游览方式丰富游客的体验。”
光是景观设计元素里唯一没有实体的，但同时也是可以倾覆铺洒于所有景观元素上的，因为季节和时间的变化，光的行迹所过之处，精彩纷呈，与之结伴同行的，是影。

[1] 基本流线分析 空间虚与实对比和开敞与封闭对比的演替

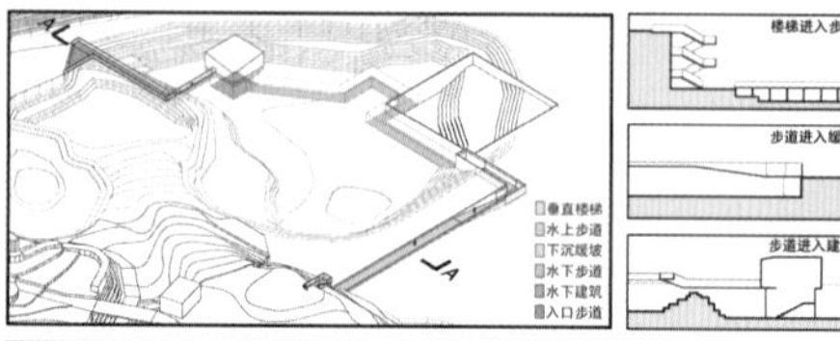

场地内的流线组织成一条环路，通过虚实空间的变化组织步道的高低变化，由水面开阔空间进入水下封闭步道，构成一段有趣味性并且体验丰富的游步道。单一的环路通过竖向变化避免游览的乏味，由封闭进入开阔的视野变化是更能引人入胜的。

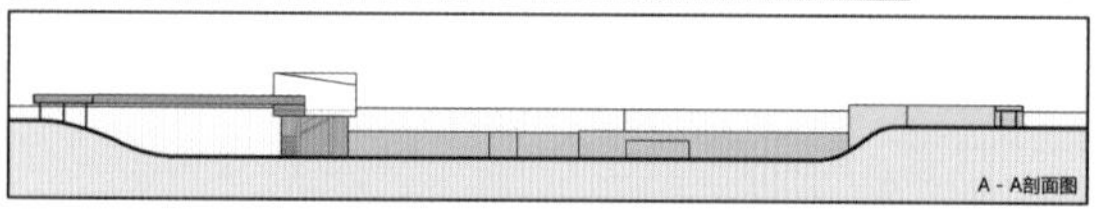
A - A剖面图

[2] 水下步道空间变化分析 水下空间的设计着重考虑的光影的变化去渲染氛围的体验

[3] 滨水建筑枢纽分析 滨水建筑以一种以小体量的存在串联水上水下的步道

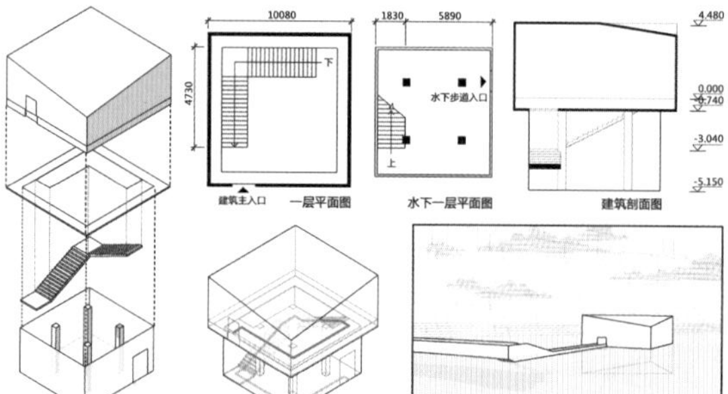

[4] 净水循环分析 我们利用旱涝季的降雨量差着重强调积水的再利用和永续发展

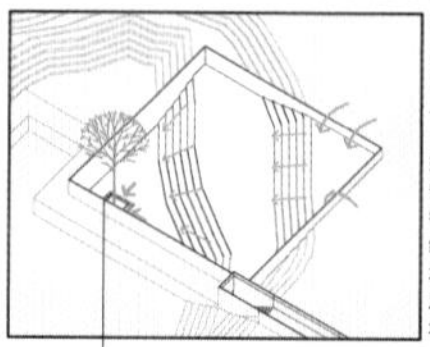

我们根据地势在积水中开出一方跌水池，水池的结构是单侧漫水，于水池内地势最低处设置排水沟渠并在地下安置蓄水池。通过循环过滤和蓄水系统不仅起到生态净水作用，还可以满足旱季降雨量少时场地内的日常用水

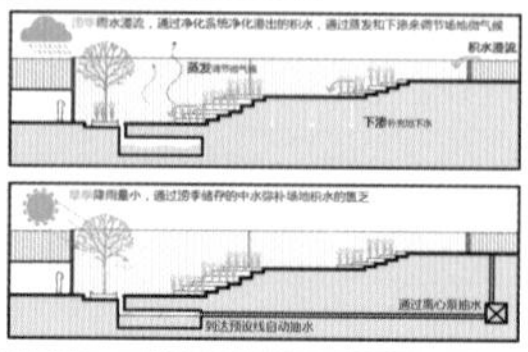

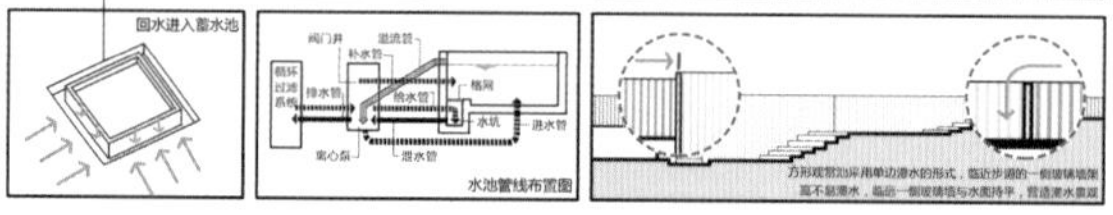

[5] 积水过滤分析 积水的净化再利用是水下观赏实用性的核心部分

沉沙井

解决水体浑浊度高，大颗粒物质含量高等问题通过初步沉淀池沉淀汇集水中的泥沙和大颗粒悬浮物。

一级净化

潜流湿地中通过厌氧反应去除水中的氮磷元素去除部分有机污染物。

稳定池

综合净化，稳定水体，增加透明度。

二级净化

在好氧环境中，通过好氧反应去除污水中的有机污染物，并沉淀不易吸收的大颗粒有机物。

景观池

稳定净化，增强观赏性。

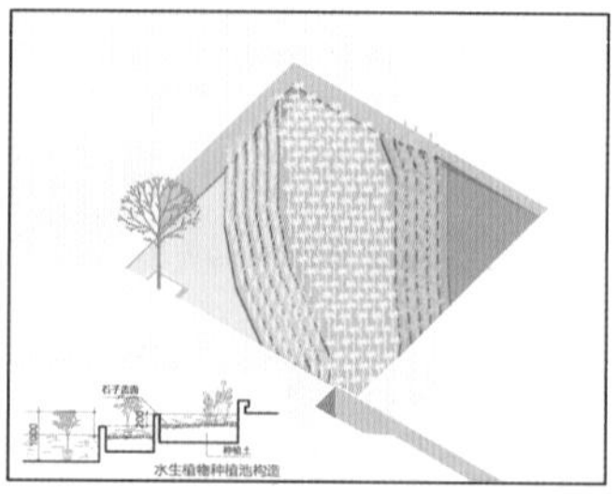

[6] 植物种植分析 水生、陆生植物的补植是生态修复的重要环节

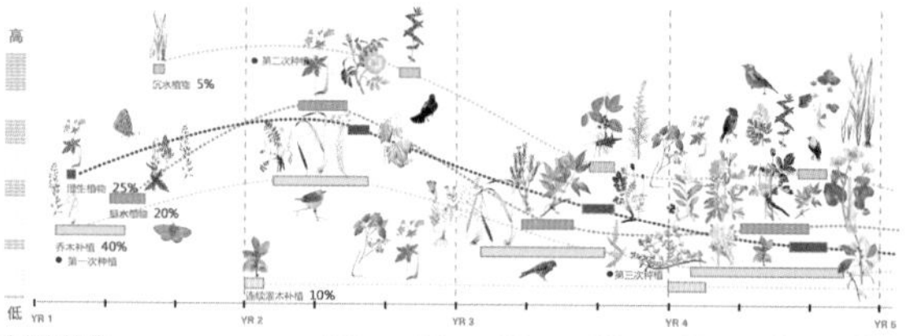

水生过滤植物

污水中的颗粒和有机污染物通过植物的净化特性，逐步进行过滤，沉淀，降解。

陆生植物

通过陆生植物的补植提高场地绿化率，缓解被开采破坏的植物结构，丰富场地植物的乔灌草搭配。

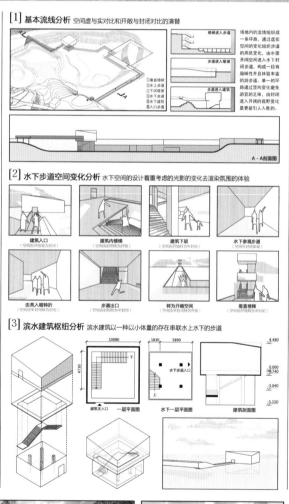

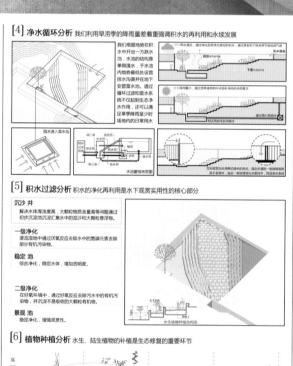

学校：西安建筑科技大学艺术学院 指导老师：刘晓军 谷秋琳 学生：季然 赵涛 崔为天

情系黄土 重返家园

项目定位 || Project orientation

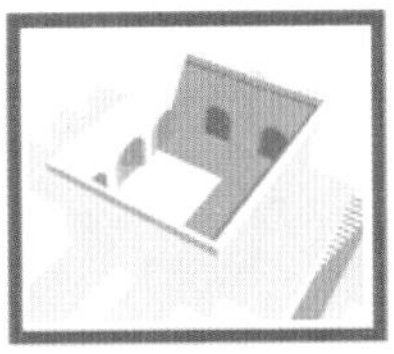

改善住居环境

带动旅游业

经济收入提升

年轻劳动力回归

可持续发展

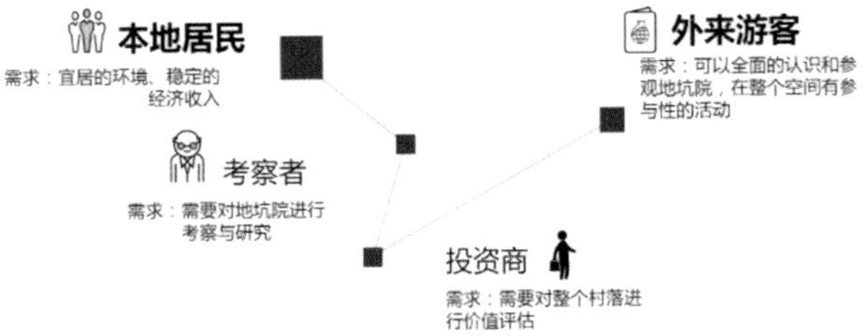

1. 改善居住环境，解决通风、采光、卫生间等问题。延续下沉式窑洞的居住形式。
2. 重新规划设计地面的窑顶空间，将其充分利用。完善村落道路系统和其他配套设施。
3. 村民收入低，以农业种植业为主，希望通过设计提高村民收入。

1. To improve the living environment, to solve the ventilation, lighting, bathroom and other issues. Continuation of the subsidence of the cave in the form of residence.
2. Re-plan the design of the ground kiln space, its full use. Improve the village road system and other supporting facilities.
3. villagers income is low, mainly agricultural farming, hoping to improve villagers' income through design.

设计详解 || Detailed planning

由于地坑院本身空间的局限性，会导致部分展厅的展览流线中断，以及在居住空间中的不便，例如储藏窑和厨窑是分开的，所以在设计中将部分的窑洞进行打通串联，增加了空间的丰富性，在展厅空间保证了浏览路线的通畅，在居住空间增加了空间的利用性。

Due to the limitations of the pit itself, will lead to some of the exhibition hall streamline interruption, as well as in the living space of the inconvenience, such as storage kilns and kitchen kiln is separated, so in the design part of the cave to get through the series, Increase the richness of space, in the exhibition hall to ensure the smooth browsing route, in the living space to increase the use of space.

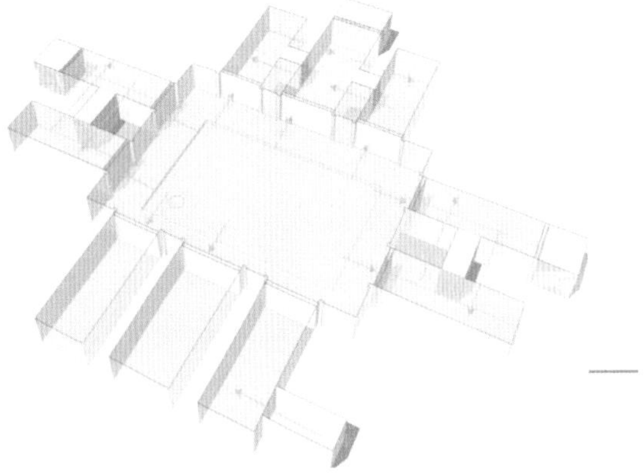

亚洲设计学年奖

银奖

学校：重庆大学艺术学院　　指导老师：张扬　　学生：高怡君　雷震

乡语新解——为了记忆的呈现

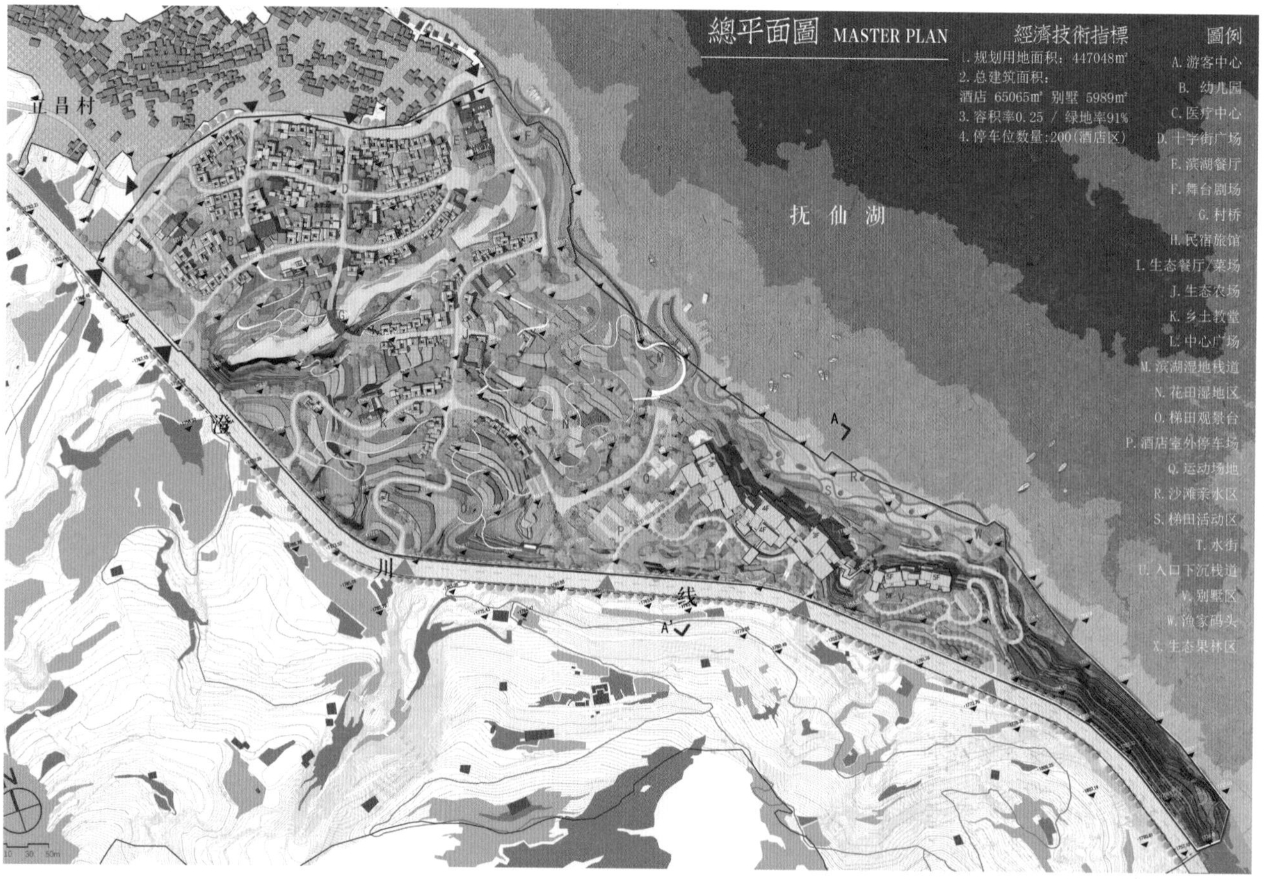
總平面圖 MASTER PLAN
經濟技術指標
1. 规划用地面积：447048㎡
2. 总建筑面积：
酒店 65065㎡ 别墅 5989㎡
3. 容积率0.25 / 绿地率91%
4. 停车位数量：200(酒店区)
圖例
A. 游客中心
B. 幼儿园
C. 医疗中心
D. 十字街广场
E. 滨湖餐厅
F. 舞台剧场
G. 村桥
H. 民宿旅馆
I. 生态餐厅/菜场
J. 生态农场
K. 乡土教堂
L. 中心广场
M. 滨湖湿地栈道
N. 花田湿地区
O. 梯田观景台
P. 酒店室外停车场
Q. 运动场地
R. 沙滩亲水区
S. 梯田活动区
T. 水街
U. 入口下沉栈道
V. 别墅区
W. 渔家码头
X. 生态果林区
立昌村
抚仙湖
澄
川
线

場地內節點設計 DETAIL DESIGN

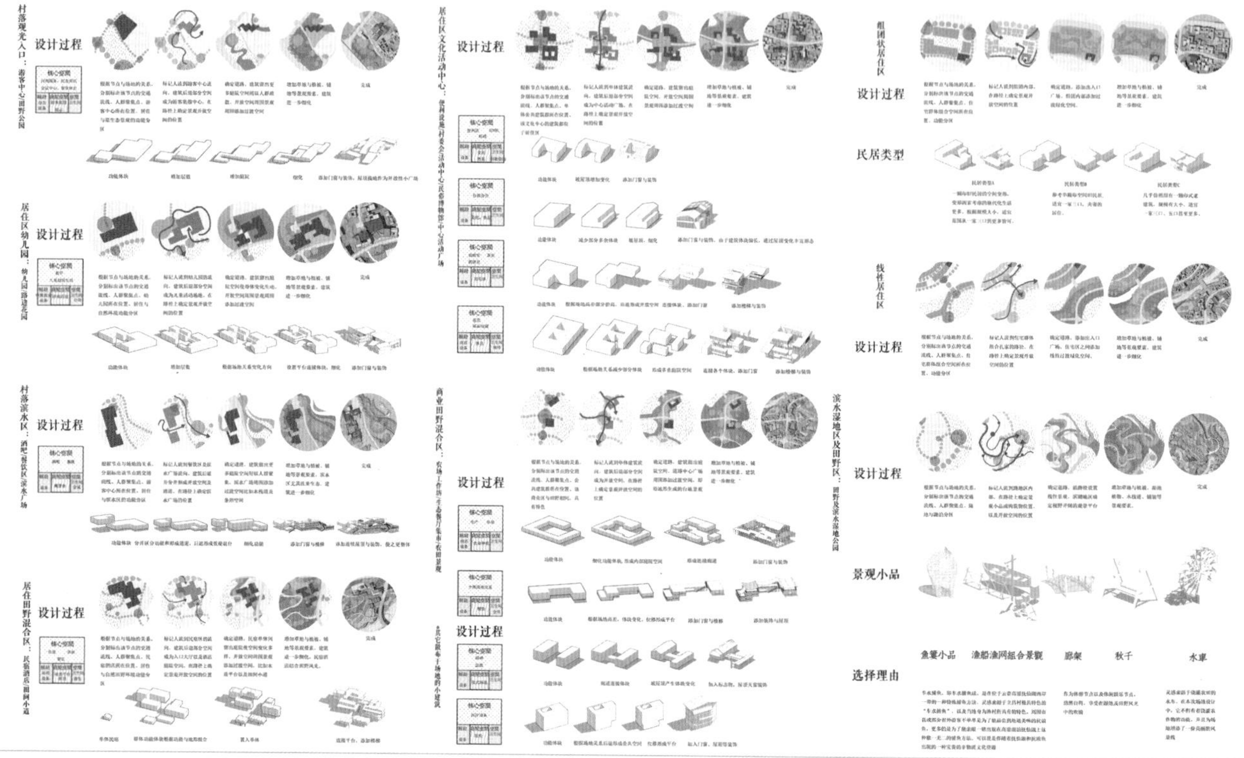

学校：南昌大学建筑工程学院　　指导老师：周志仪　　学生：钟诗悦　周钰　张景璇　徐迪雅　徐蕾　龙凤

[悠水墩·循咏源]——基于优联动和低介入策略下的古劳镇概念规划

村民委员会

青少年活动室

老年活动室

民宿

民俗手工艺作坊

艺术家之屋

文化特色商铺

民俗陈列馆

古劳博物馆

民俗展览馆

民俗工艺街

文化特色商铺

咏春文化教育基地

咏春电影院

影视拍摄地

文化主题餐门

农家书屋

特色小吃街

茶室

农家乐餐馆

文化会所

民宿

文化演示馆

■ 规划系统分析图

功能分区图

结构分析图

商业服务节点
生活服务中心
旅游发展轴
文化延伸轴

交通分析图

游客主要游线
游客次要游线
居民主要游线
居民次要游线

景观分析图

人文景观节点
生态景观节点
文化景观带
人文景观带
生态景观带

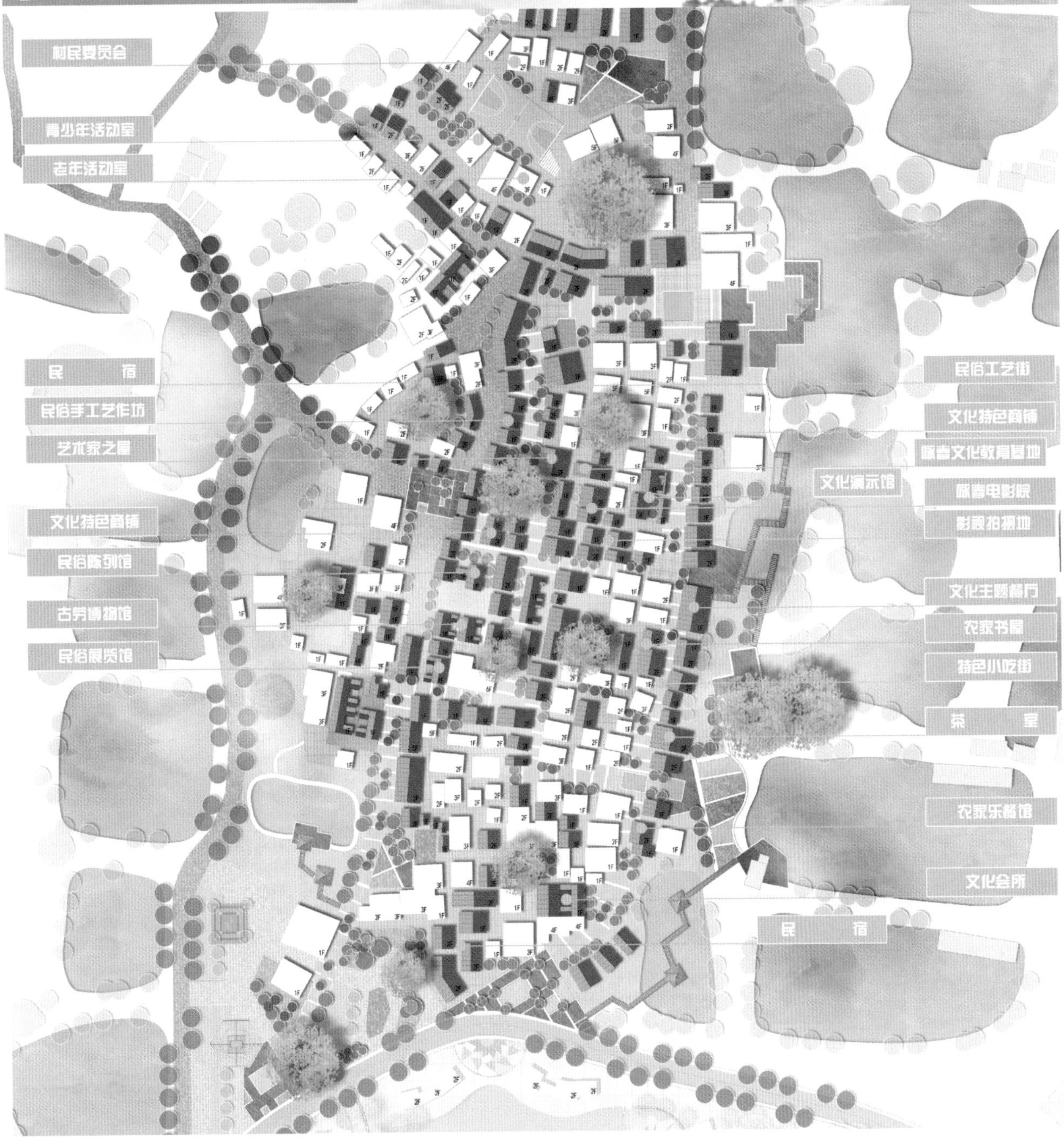

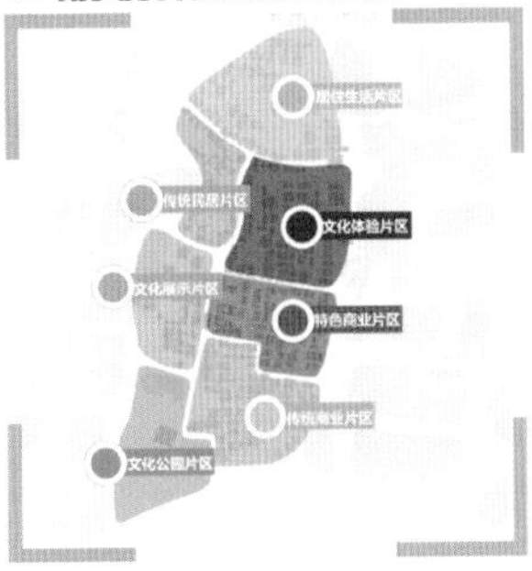

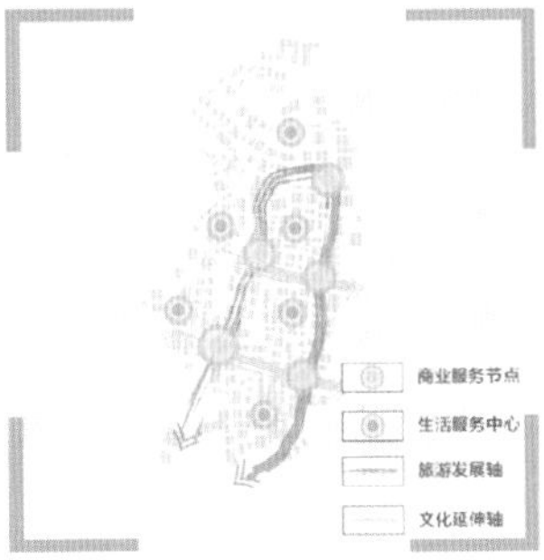

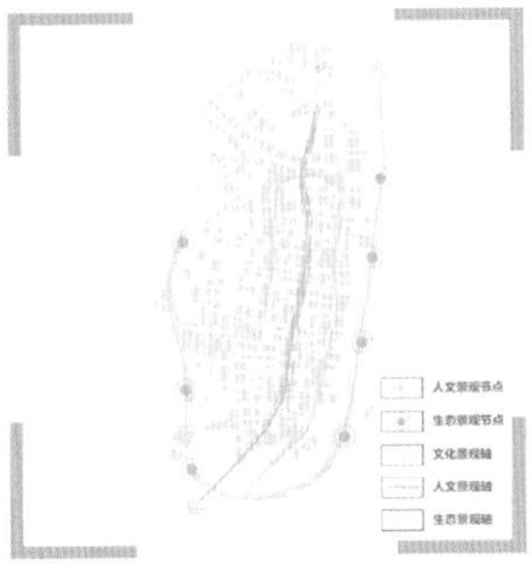

学校：福州大学厦门工艺美术学院　　指导老师：朱木滋　李海洲　　学生：郭晓翎

院儿胡同

北京旧城区改造的建筑与室内空间设计

郭晓翎
指导老师：朱木滋 李海洲

前期分析

概念分析

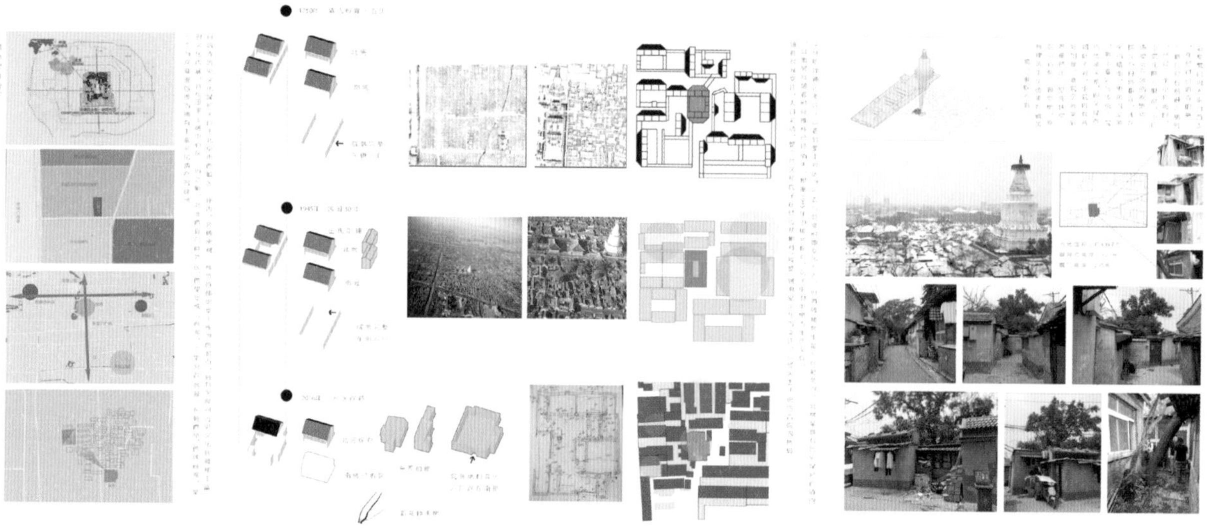

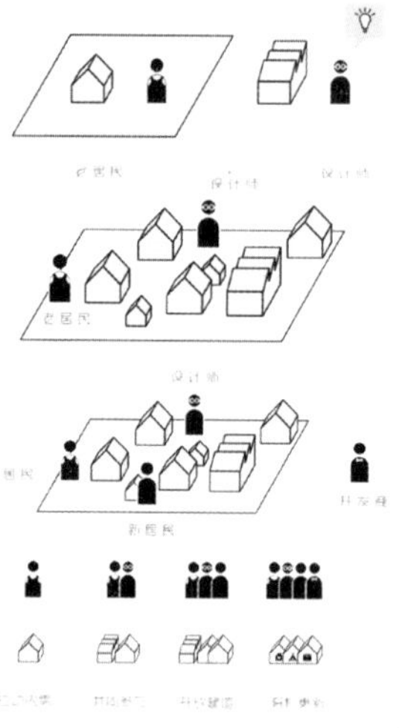

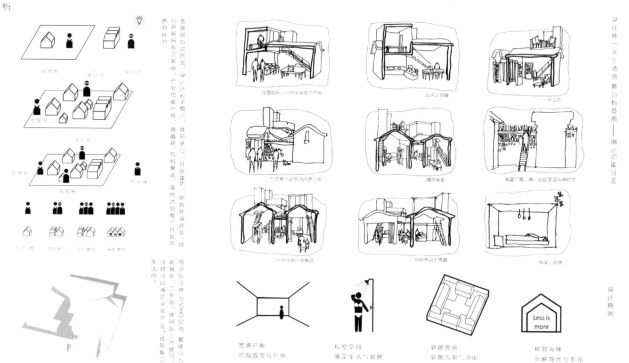

学校：吉林建筑大学艺术设计学院　指导老师：郑馨　学生：张伟　王志军　李超

矿地重生——城市扩张下的矿坑景观修复治理之再思考

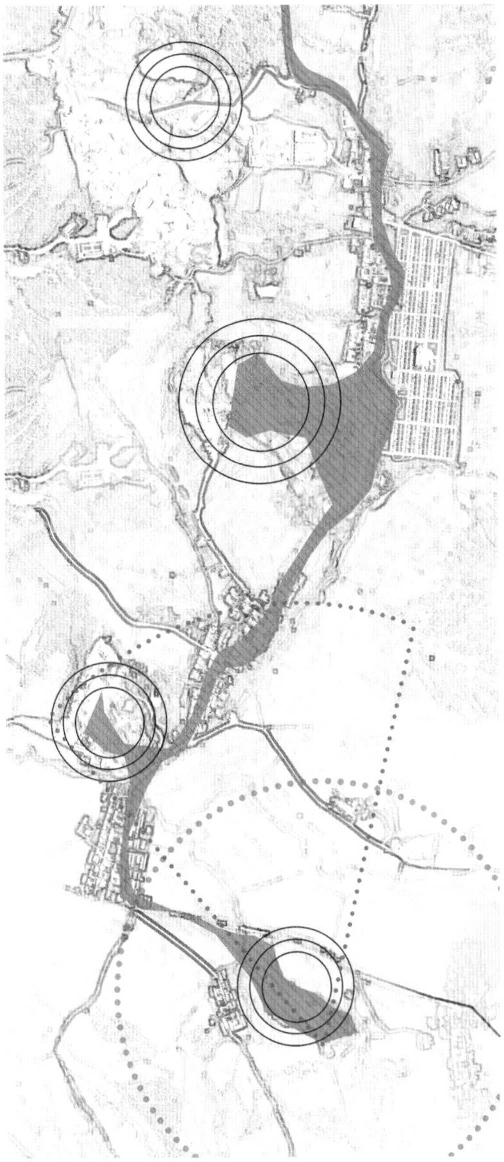

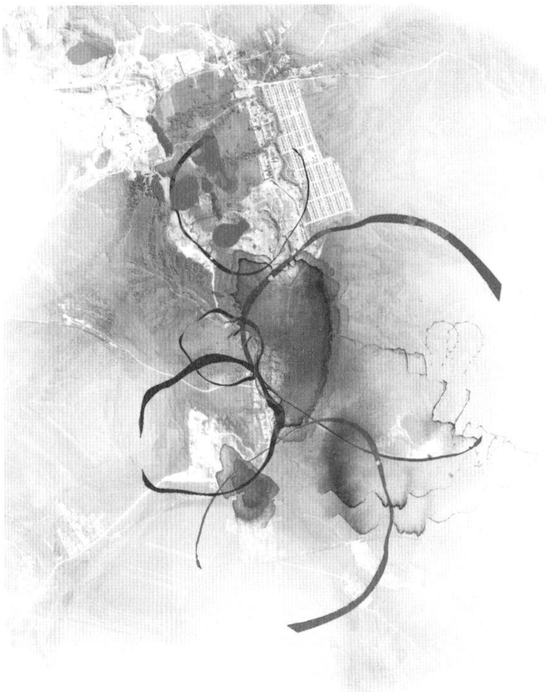

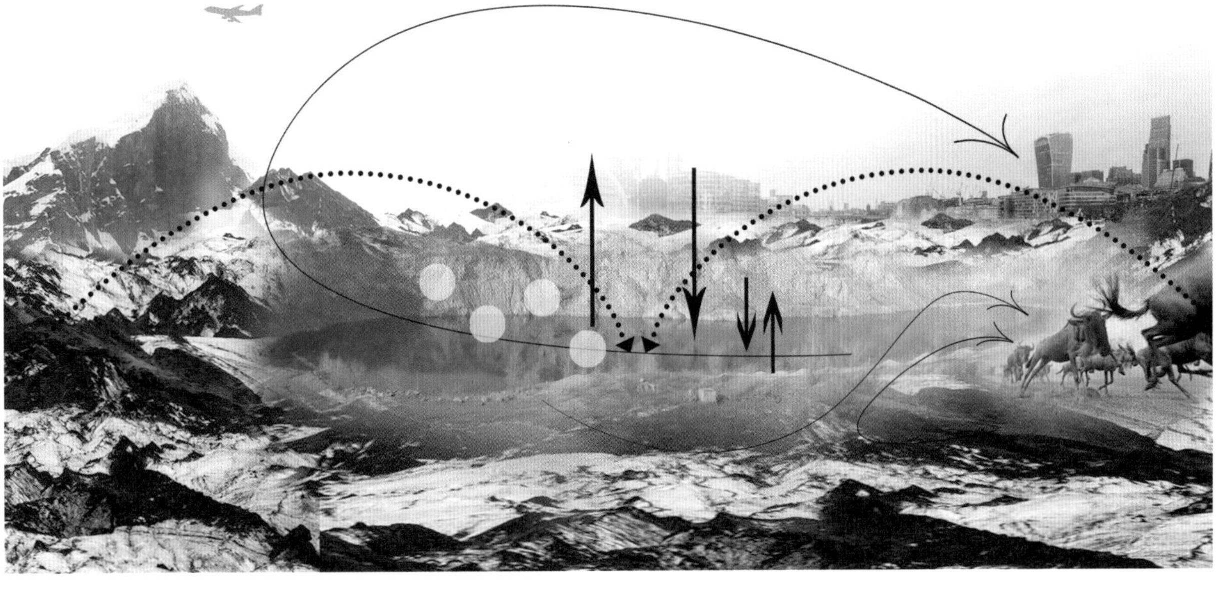

学校：淮阴工学院设计艺术学院　指导老师：康锦润　陈萍　学生：杨逸轩　谢赢泽　杜杭

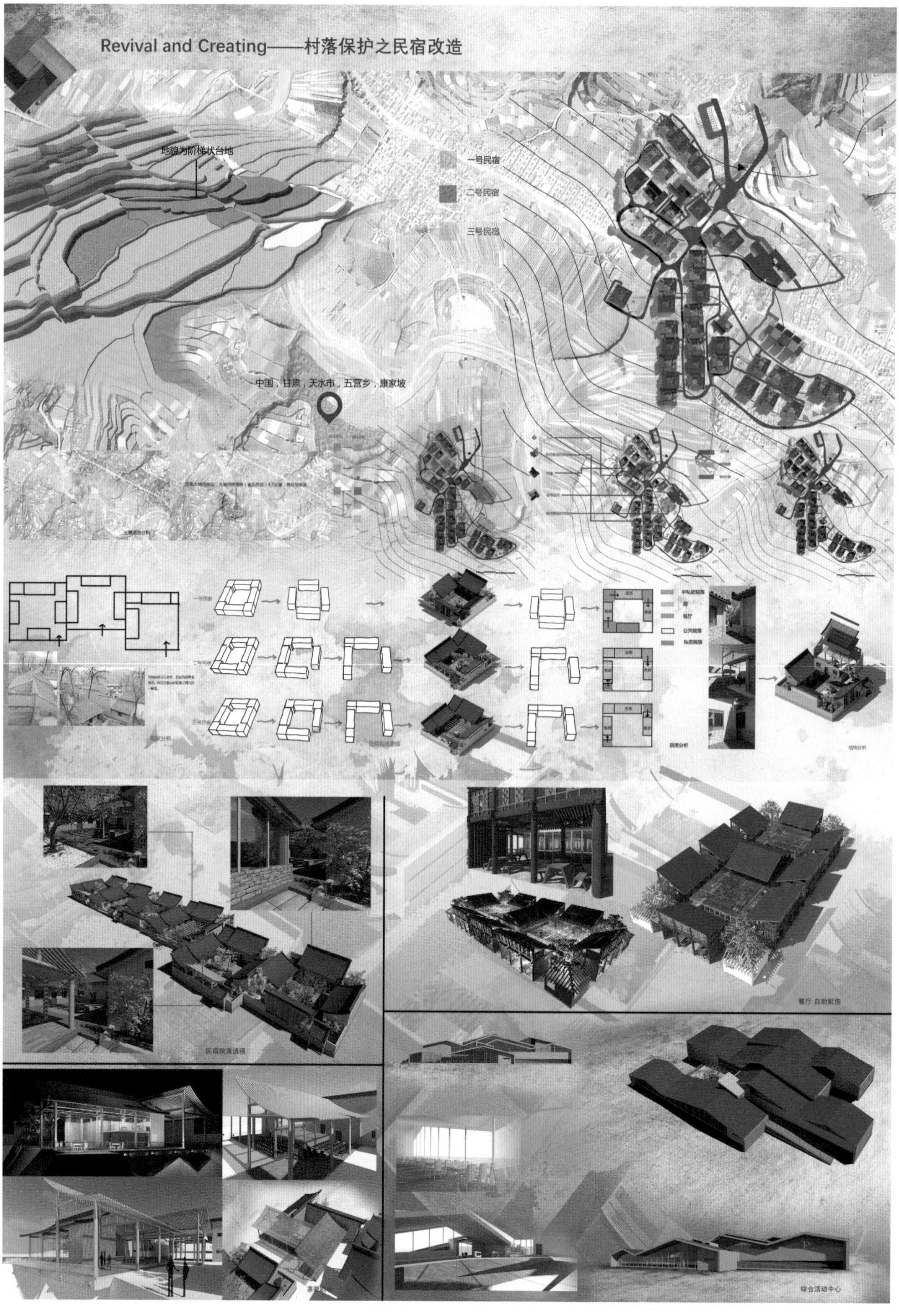

学校：江南大学设计学院　指导老师：周林　学生：张馨月　陈杨　何振中

京杭间·西津里——镇江市古运河历史复兴景观设计

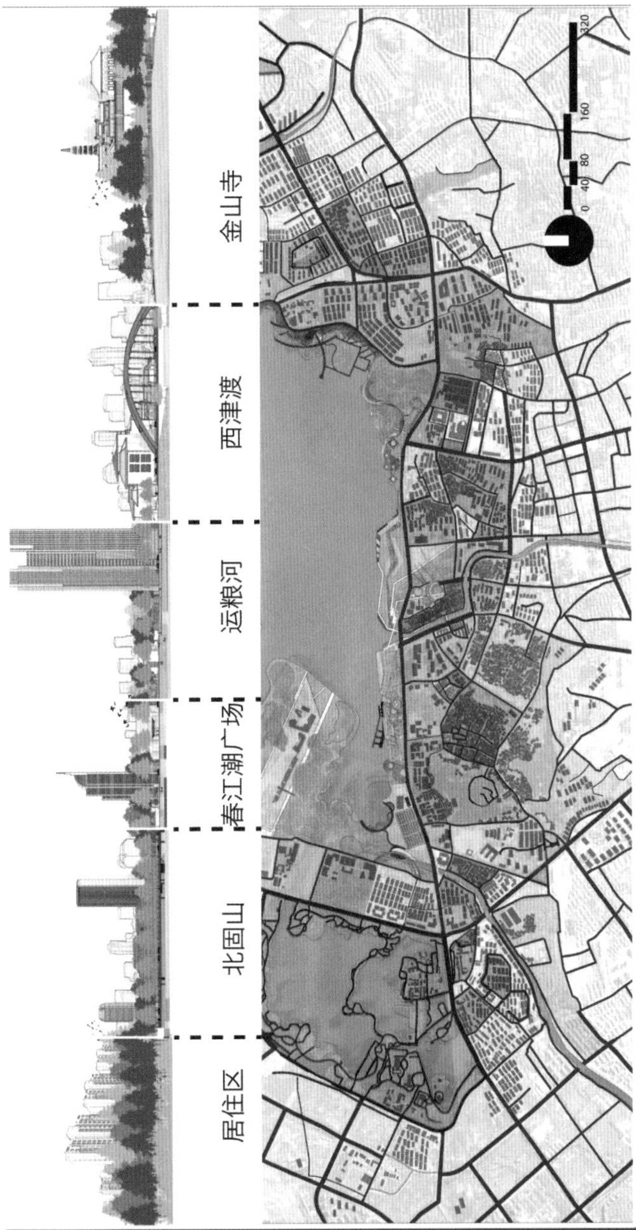

1.人潮趣味区

2.鸟语趣味区

3.水动趣味区

4.古今趣味区

5.花香趣味区

6.设计亮点

The Beijing-Hangzhou grand canal history ancient urban Renaissance :Zhenjiang history cultural heritage, its recorded history, recorded culture, it is a cultural totem.It creates a we created at the moment of zhenjiang.

更新/改造与转型

学校：中国科学院大学建筑研究与设计中心　指导老师：崔愷　李兴刚　陈一峰　王大伟　张凝忆　学生：陈一山　王文慧　卢汀滢

豆角生活

南锣鼓巷建筑改造：民宿＋餐饮＋剧场
Architecture Regeneration of Hotel+Restaurant+Theater in Nanluoguxiang

课题背景

在北京旧城更新过程中，南锣鼓巷作为历史文化保护区，从而得到保留，特别是其原有的城市肌理和重要的历史文化建筑得以存续并成为北京城市特色的重要组成部分。然而，长期以来由于多方面因素，南锣鼓巷存在着物质环境和人文背景的双重破损，状况堪忧：物质环境的破损表现在街巷空间的破坏、基础设施滞后，四合院建筑的年久失修以及建设性破坏等外观、形象上的残缺；人文背景的破损表现在历史街区承载着旅游商业服务与胡同居民生活需求的双重压力。为了激发历史街区活力，更新城市功能，改善胡同人居环境，南锣鼓巷片区的改造与更新迫在眉睫。

传统的北京胡同以居住建筑为主，公共空间以线性街道空间存在，较少变异节点空间。为激发胡同历史街区的新活力，改善街道体验。如何对围合街口的三栋建筑进行改造，使之形式多元化，空间多样，丰富胡同生活，是本次课题重点讨论的方向。

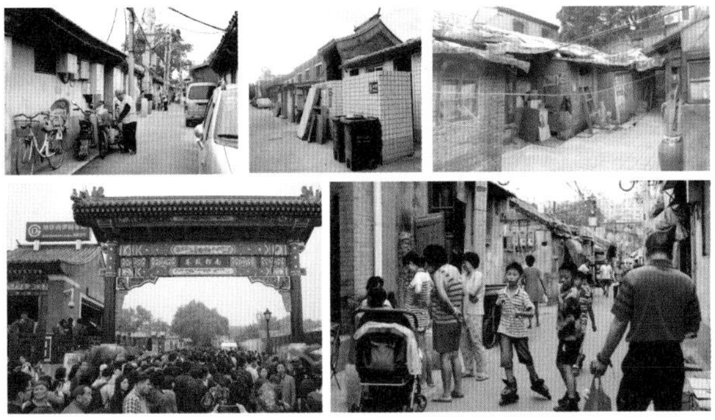

场地选址

基地选址南锣鼓巷片区的豆角胡同，呈东北、西南走向，中间曲折。东北起方砖厂胡同，西南止帽儿胡同，东有支巷通南下洼子胡同，西邻地安门外大街。全长257米，窄巷宽5米，中部四座住宅围合处有一明显道路放大节点。

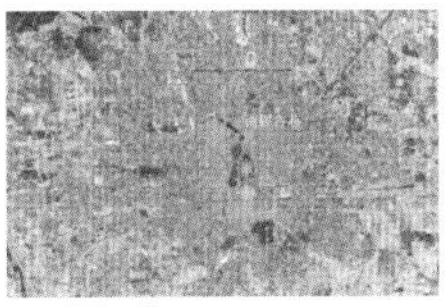

南锣鼓巷区位

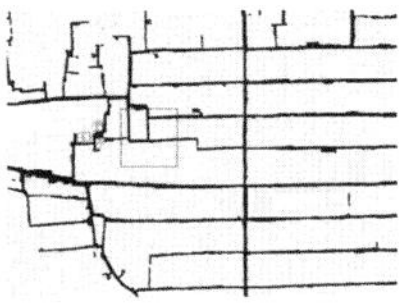

豆角胡同区位

场地现状

功能层面：
1）居住
2）饮食
3）演艺

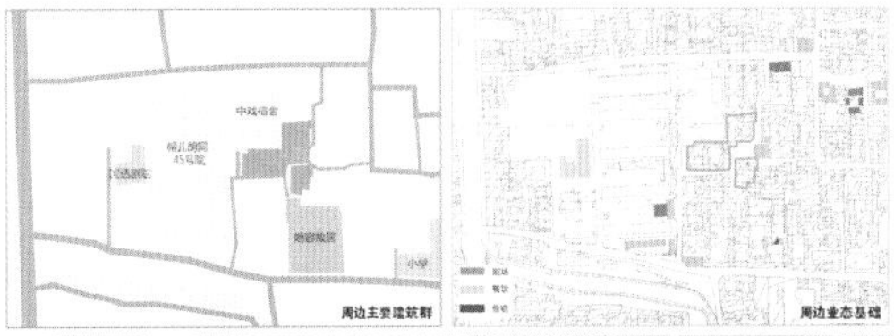

问题：
单一居住功能限制了地块日益多元化的发展趋势。

基础设施：
1）绿植
2）公厕

问题：
植被种类单一，以行道树为主；基础设施，如公厕的建设，停留在基本解决生理需求的层次。

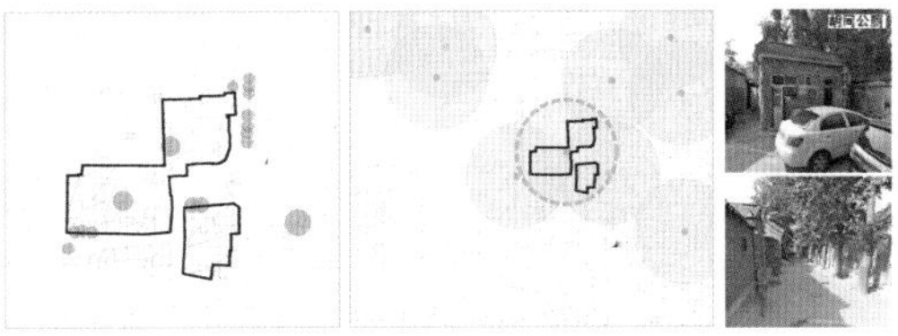

胡同层面：
1）交通
2）人流
3）尺度

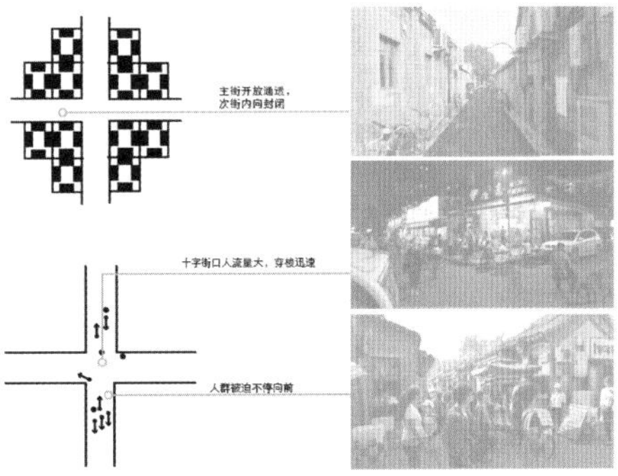

问题：
场地被分为四个方向的建筑组团，各自为政，并向内加建，街区公共交往属性缺失；
广场四个界面内向封闭，沦为承担通行功能的车行道和停车场。

场地尺度

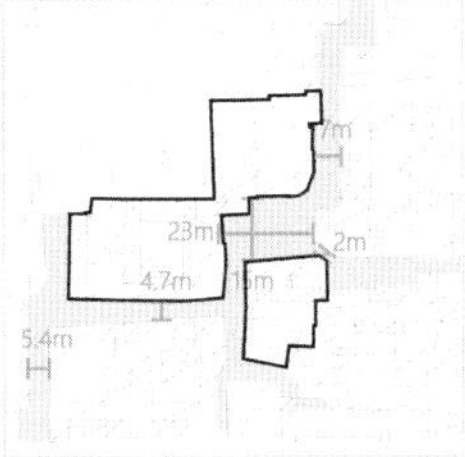

整体策略——“城市客厅”

打开建筑与广场的界面；
增加三个建筑的联系；
丰富内向交流空间。

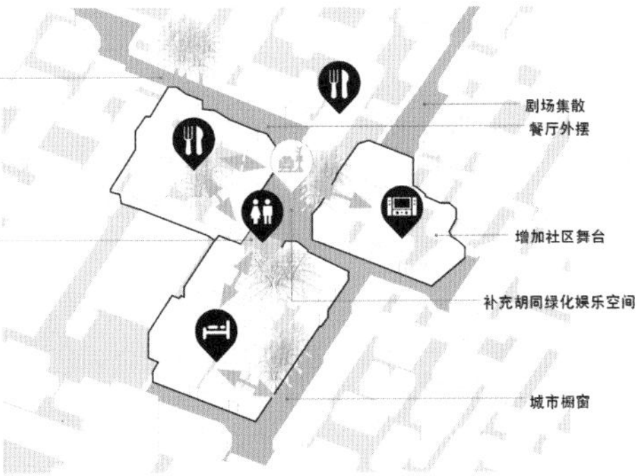
修整胡同界面
剧场集散
餐厅外摆
改造公厕
增加社区舞台
补充胡同绿化娱乐空间
城市橱窗

具体措施

功能更新：单一居住功能更新为餐饮，剧场，民宿的复合功能；
胡同更新：作为交通工具的小广场更新为胡同的生活广场；
基础设施更新：厕所更新为景观建筑，成为胡同社交的新契机。

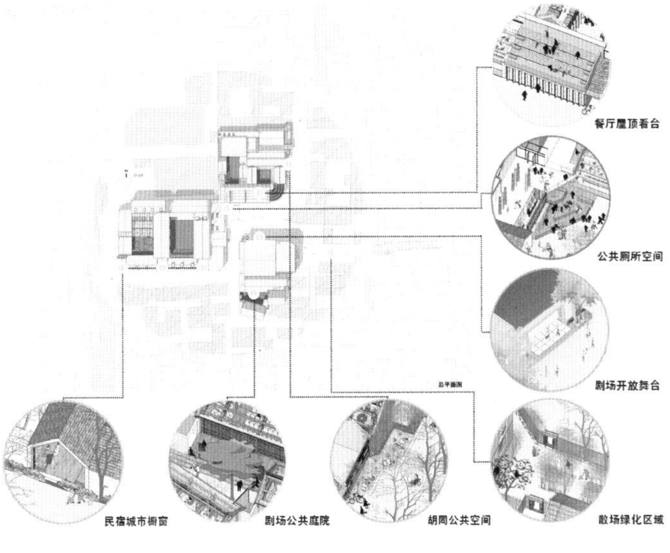
餐厅屋顶看台
公共厕所空间
剧场开放舞台
总平面图
民宿城市橱窗
剧场公共庭院
胡同公共空间
散场绿化区域

亚洲设计学年奖

学校：中国科学院大学建筑研究与设计中心　指导老师：崔愷　李兴刚　陈一峰　王大伟　张凝忆　学生：陈一山　王文慧　卢汀滢

目标构想——“豆角生活”

方案以豆角胡同中段的道路放大节点——豆角广场为中心，以”豆角生活“为主题，结合紧邻的三座民居， 改造成酒店，餐饮和剧场建筑。通过修整胡同界面，改造公厕，补充胡同绿化娱乐空间，增加社区舞台，建造城市橱窗。旨在打破四个方向各自为政的建筑单体，以广场为“气口”带动整个地块，丰富胡同空间。

PART 1. 三重庭院

场地位置

民宿建筑

三重院落具有着迥异的特性，分别代表着三类不同的老北京四合院留存现状。我们将三重院落的特性予以保留，让合院、杂院和深院在新的时代背景下展现各自独特的面貌，让来此居住的现代人感受到这里的历史印记，体验别样的院落居住环境。

合院　　杂院　　深院

民宿建筑功能分区图

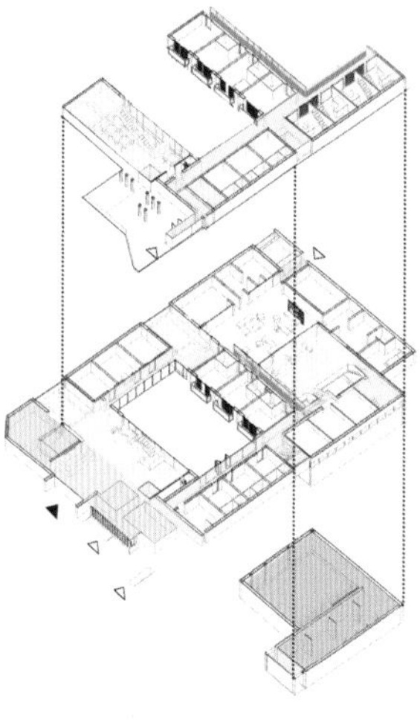

公共空间　客房　公共卫生间　健身区　服务区　门厅　交通

特色阁楼间剖轴侧图

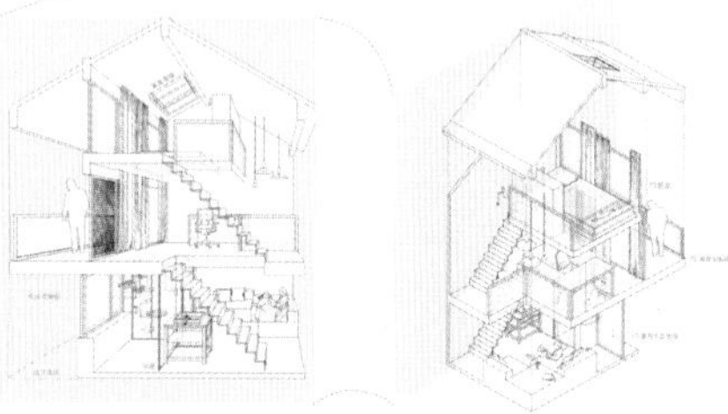

公共休息区：城市橱窗

学校：华南理工大学建筑学院　指导老师：吴庆洲　禤文昊　刘晖　学生：谭健岚

东莞鳒鱼洲改革开放遗产建筑改造设计 II

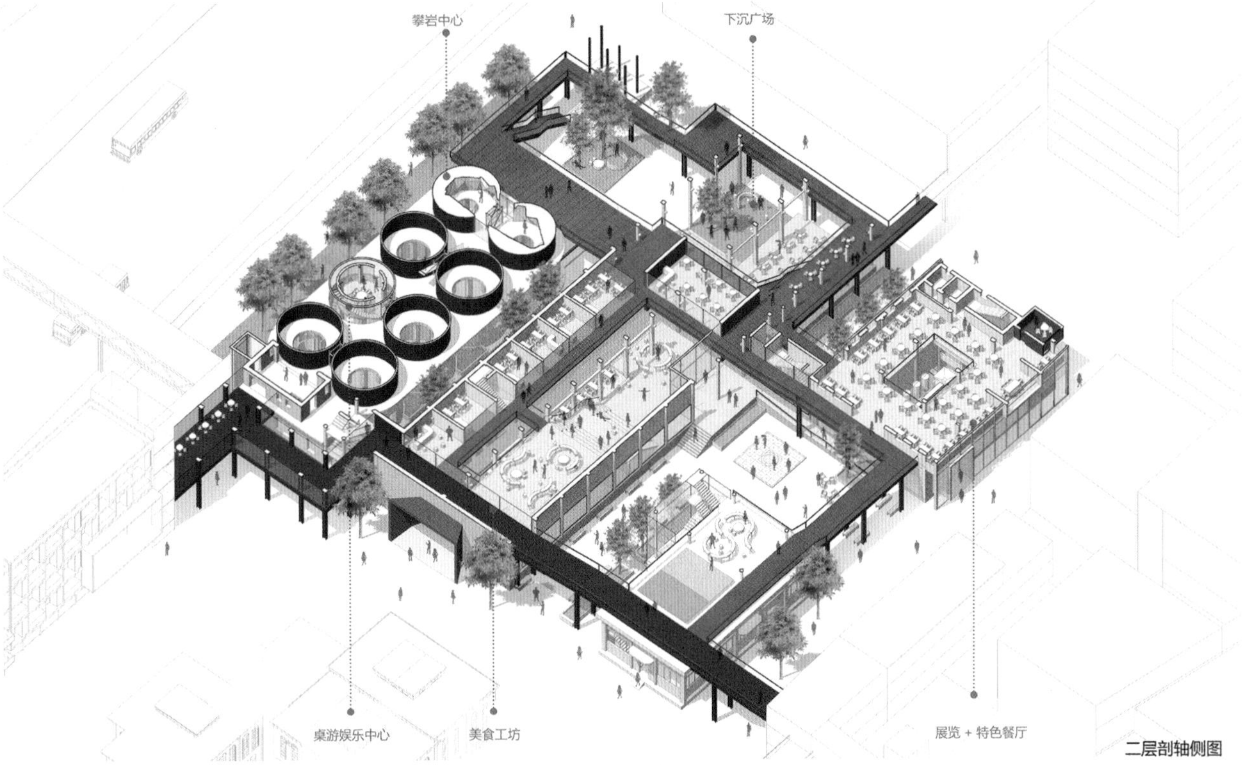

建筑改造策略

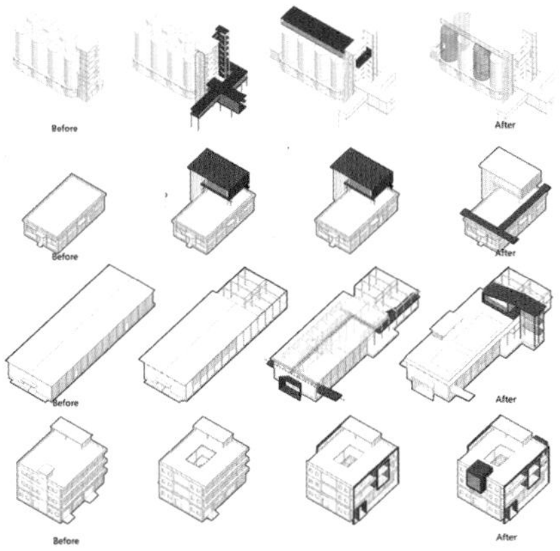

5-1 饲料厂筒仓

在筒仓之上设置前后贯通的透明体块，用作酒吧功能，可远眺对岸的金鳌洲塔。连接末端的两个筒仓设置攀岩设施，并将另一朝江筒仓拆除重置为多层透明筒。

4-1 双八食品厂车间

恢复车间的制作生产线，用作展览，并在原有建筑北侧架起一个体块，连接另一仓库屋面，用作配套纪念品销售及咖啡厅。

4-3 双八食品厂仓库

拆除末端四跨屋顶、墙体来打开空间，保留结构框架；另增设夹层，二层空中步道穿过建筑首跨，并延伸出支路贯通整个建筑。

4-4 双八食品厂车间

恢复车间的生产线，挖通二三层楼板的中间区域，形成可观览首层的生产过程的回型餐饮空间。在南北、东西侧立面对应地包裹和暴露原有立面，形成鲜明对比，并嵌入金属盒子，用作餐厅包厢。

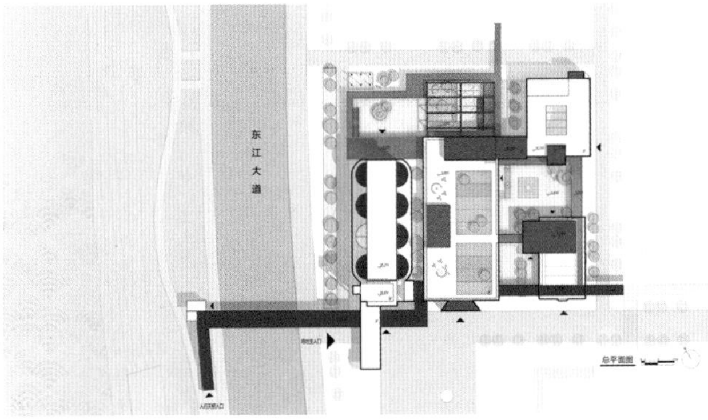

结构设计分析

5-1 饲料厂筒仓

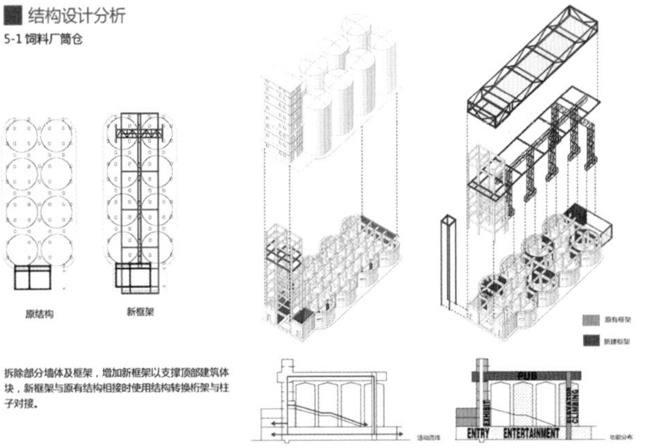

拆除部分墙体及框架，增加新框架以支撑顶部建筑体块，新框架与原有结构相接时使用结构转换桁架与柱子对接。

4-3 食品厂仓库

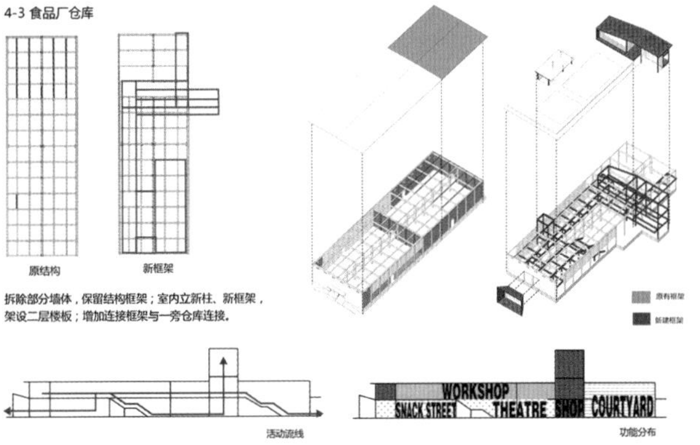

拆除部分墙体，保留结构框架；室内立新柱、新框架，架设二层楼板；增加连接框架与一旁仓库连接。

学校：天津大学建筑学院　指导老师：张玉坤　关瑞明　学生：杨元传　黄斯　李松洋

可持续策略

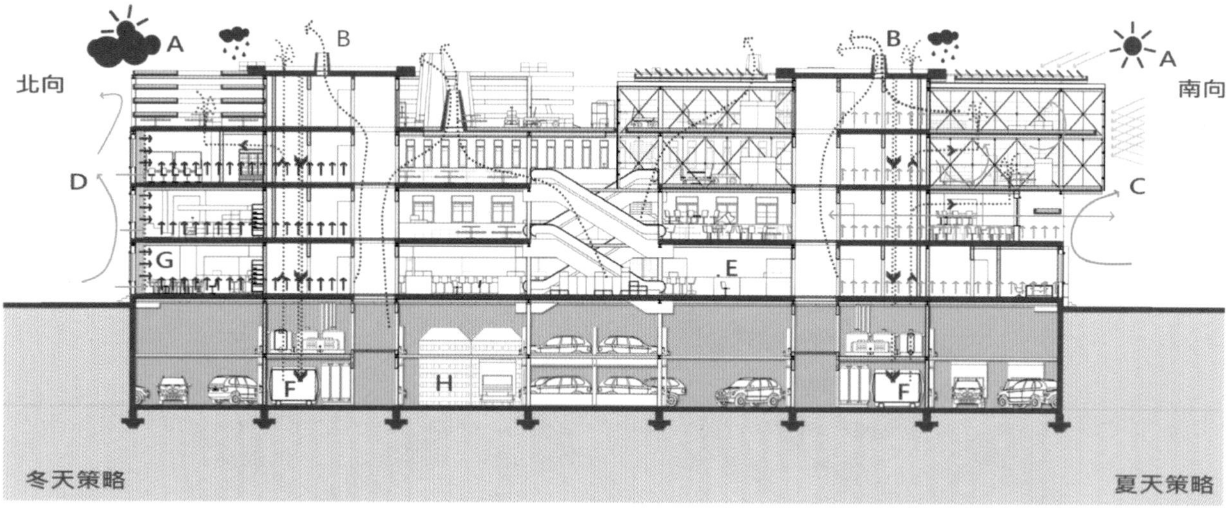

A. 冬季的低辐射和夏季的高辐射。

B. 拔风井的通风效果。在拔风井辅助静态真空吸尘器，促进室内外空气清洁流通。

C. 南向围合面，三个层面，重新诠释空间：更新天津传统的阳台立面。窗帘（光线控制），玻璃（隔绝雨水和大风）和折叠百叶窗+（防晒但通风），保温层

D. 北向围合面，三个层面：重新诠释空间：更新天津传统的阳台立面。窗帘（光线控制），玻璃（隔绝雨水和大风）和细胞聚碳酸酯板（蜂窝耐力板）；额外的热控制，保温层

E. 采光井甲板上和甲板的空隙（光散射到地下室）。

F. 雨水收集，储存和回收处理用于灌溉。

G. 热活化控制，地面加热或冷却。

H. 电能储备，主要用于维持内部设施用电需求。

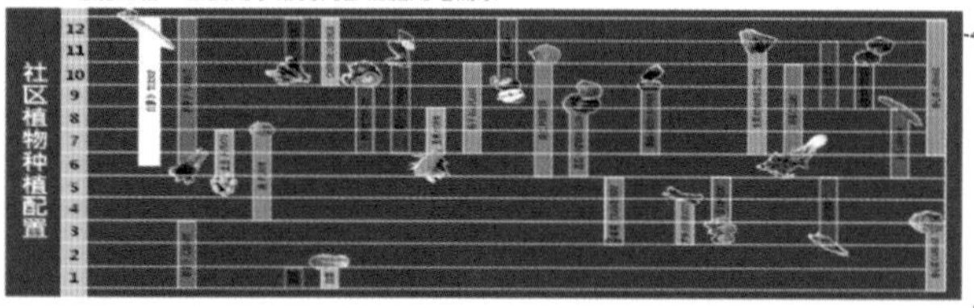

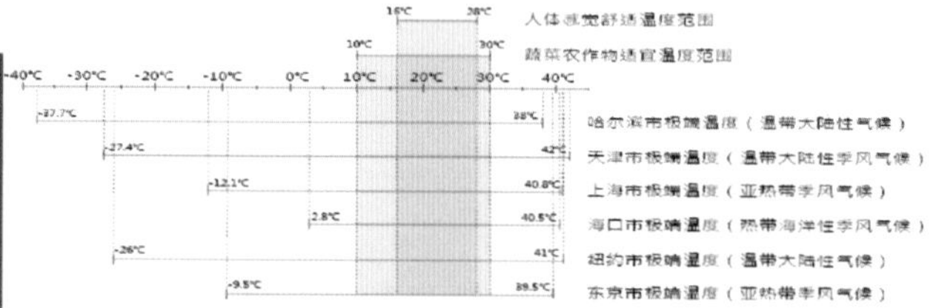

人体感舒适温度范围、蔬菜适宜温度范围和自然界温度范围比较

农业综合体

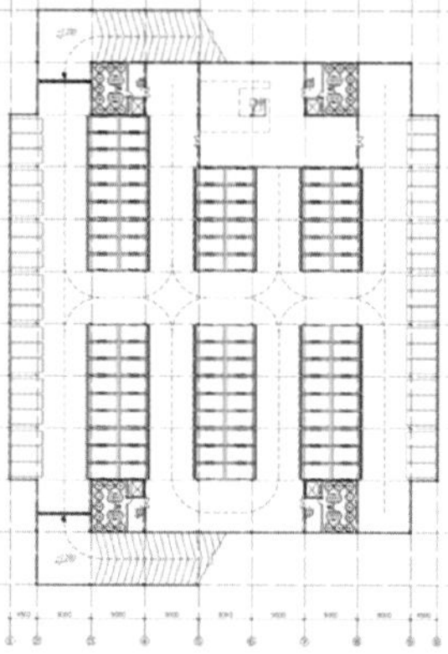

负一层平面图　1：500

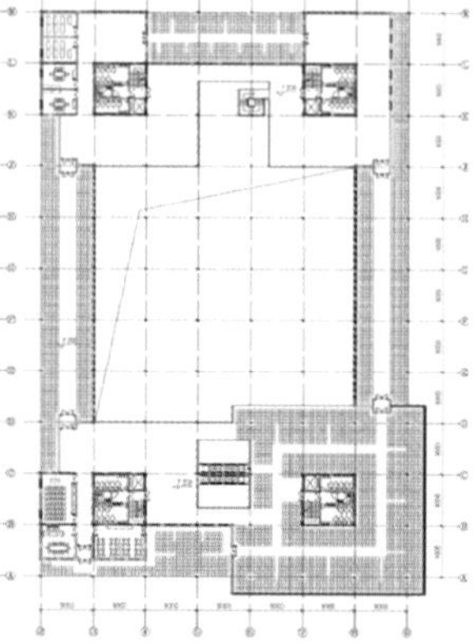

首层平面图　1：500

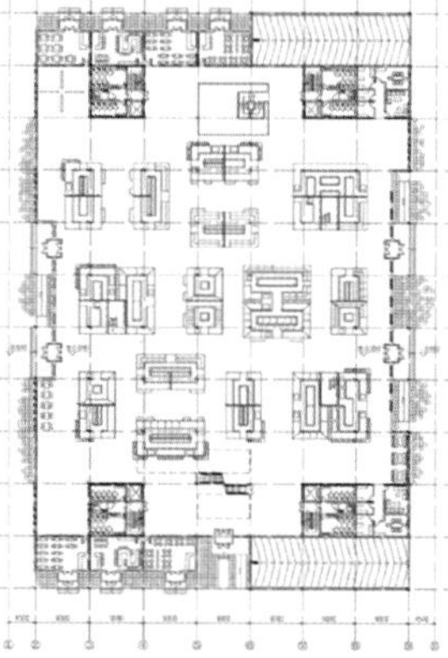

三层平面图　1：500

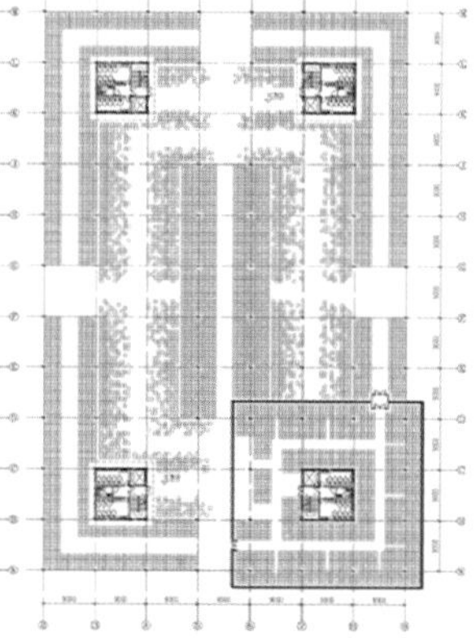

四层平面图　1：500

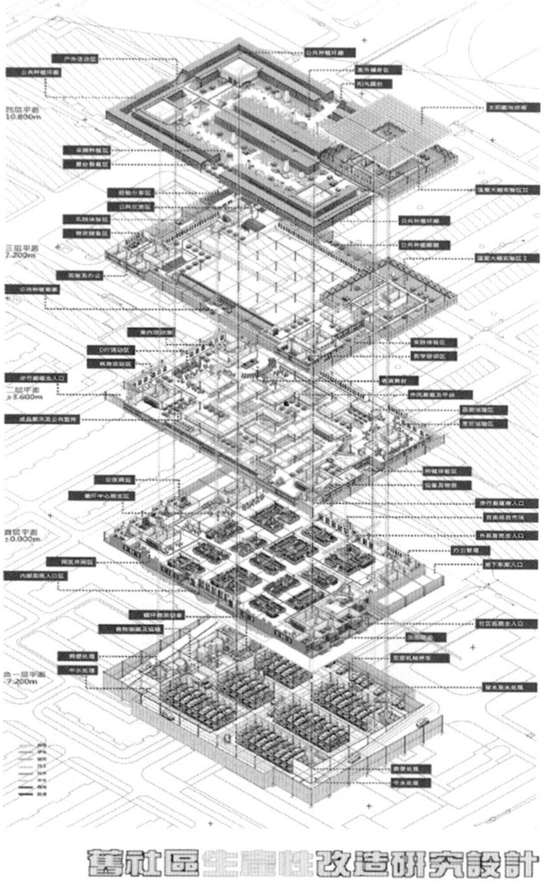

舊社區生態性改造研究設計

学校：天津大学建筑学院　指导老师：张玉坤　关瑞明　学生：杨元传　黄斯　李松洋

生态系统

生态系统运行体制

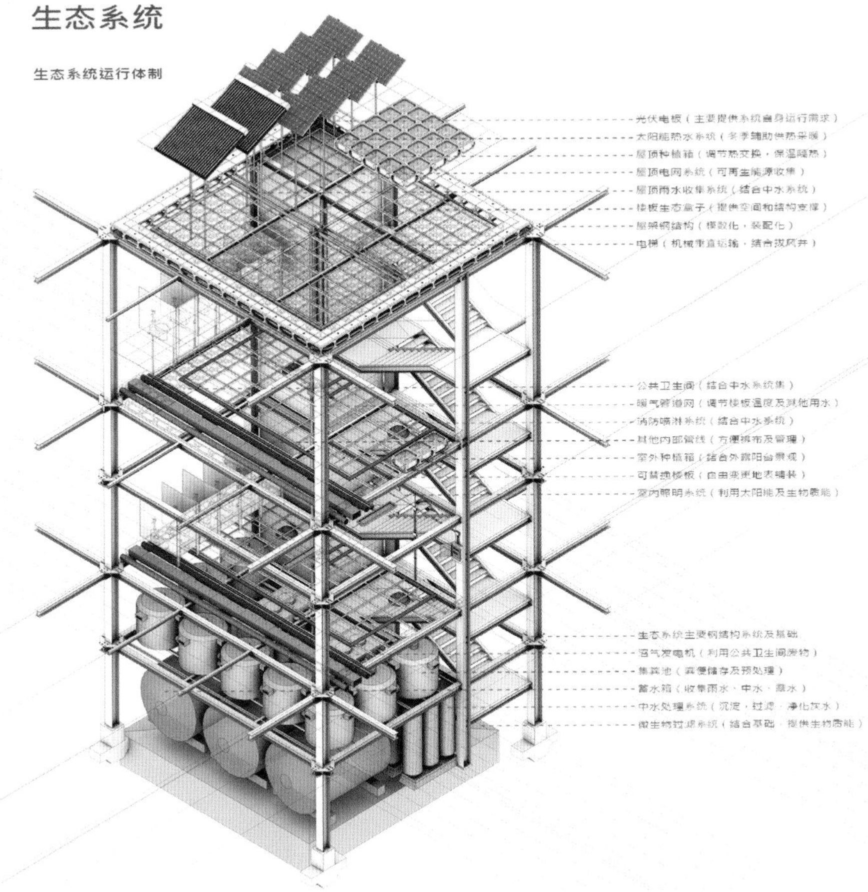
光伏电板（主要提供系统自身运行需求）
太阳能热水系统（冬季辅助供热采暖）
屋顶种植箱（调节热交换，保温隔热）
屋顶电网系统（可再生能源收集）
屋顶雨水收集系统（结合中水系统）
楼板生态盒子（提供空间和结构支撑）
框架钢结构（模数化，装配化）
电梯（机械垂直运输，结合拔风井）
公共卫生间（结合中水系统集）
暖气管道网（调节楼板温度及其他用水）
消防喷淋系统（结合中水系统）
其他内部管线（方便排布及管理）
室外种植箱（结合外露阳台景观）
可替换楼板（自由变更地表铺装）
室内照明系统（利用太阳能及生物质能）
生态系统主要钢结构系统及基础
沼气发电机（利用公共卫生间废物）
集粪池（粪便储存及预处理）
蓄水箱（收集雨水、中水、污水）
中水处理系统（沉淀，过滤，净化灰水）
微生物过滤系统（结合基础，提供生物质能）

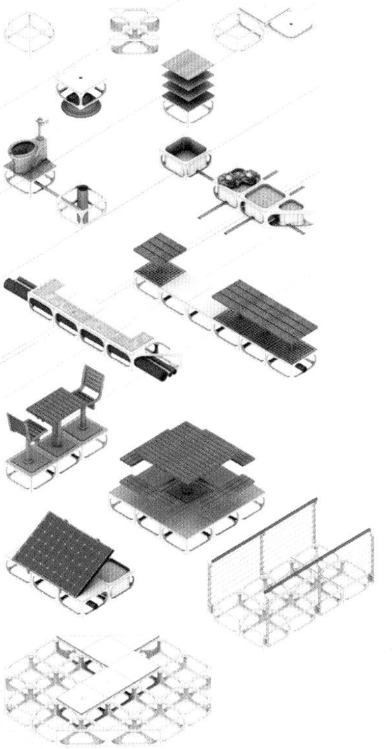

生产性廊道

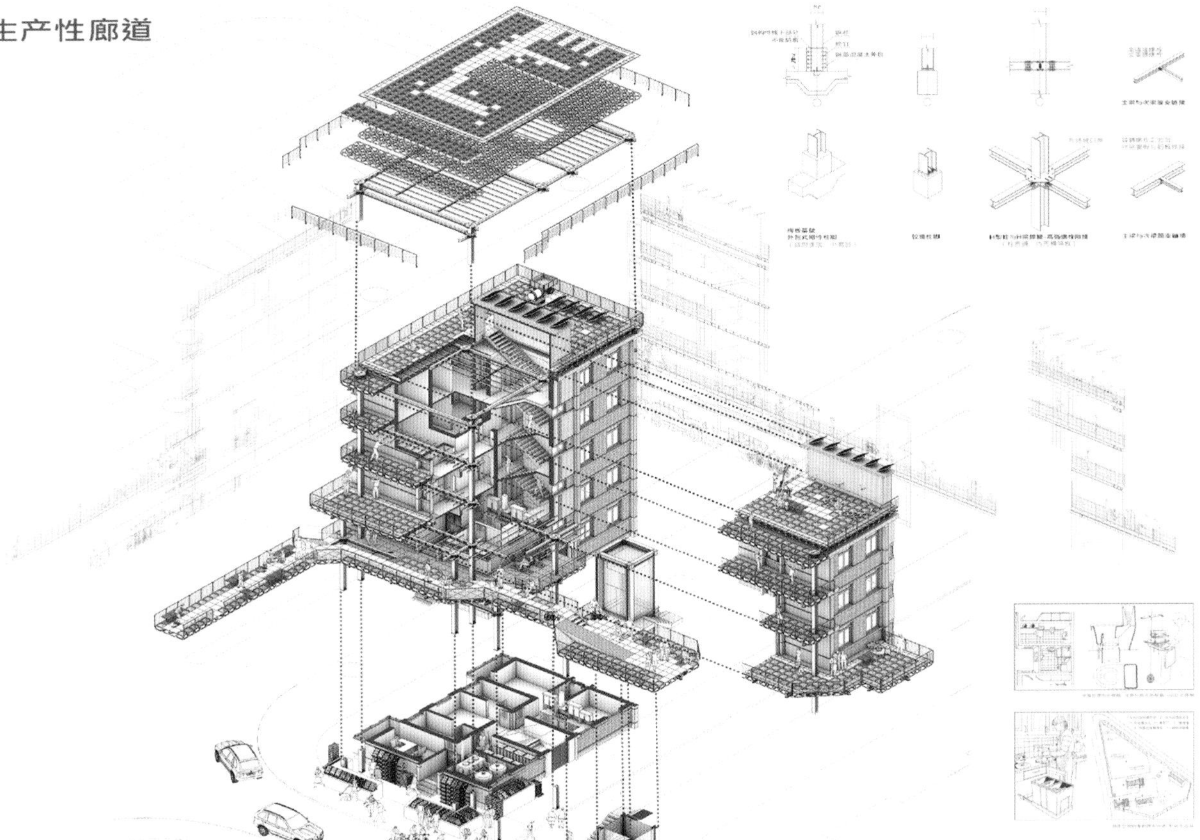

舊社區生產性改造研究設計

学校：郑州轻工业学院易斯顿美术学院　指导老师：汪海　学生：毛立志　路冬冬　周卫伦

以“生活印象”为导向的历史建筑微更新设计

建筑剖面图展示
Building cross-sectional view shows

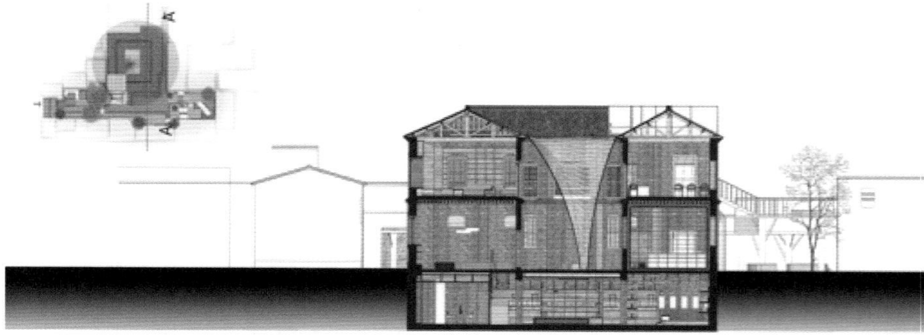

A剖面图
A sectional view

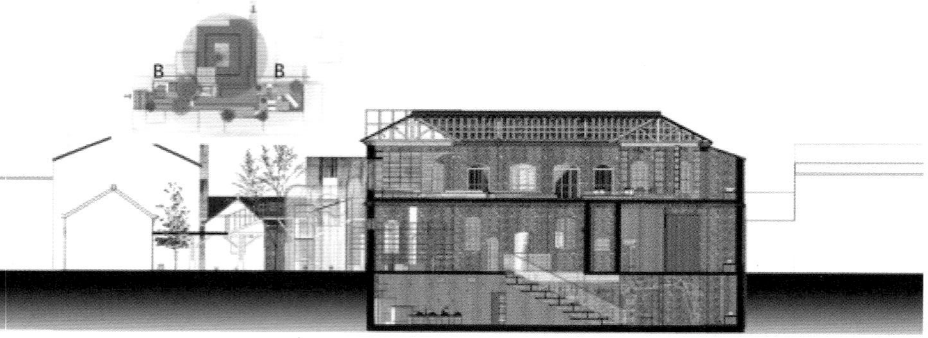

B剖面图
B sectional view

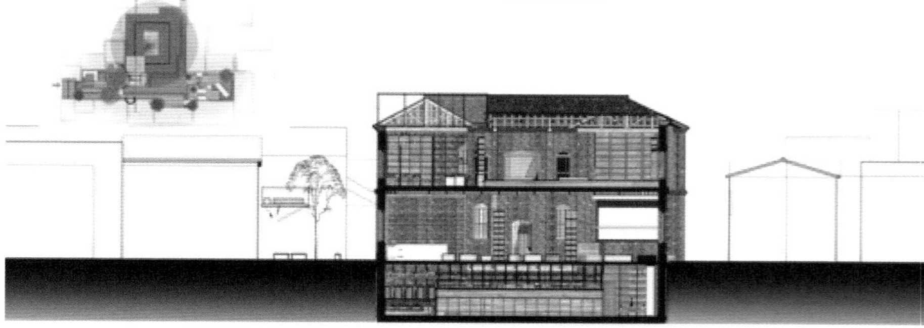

C剖面图
C sectional view

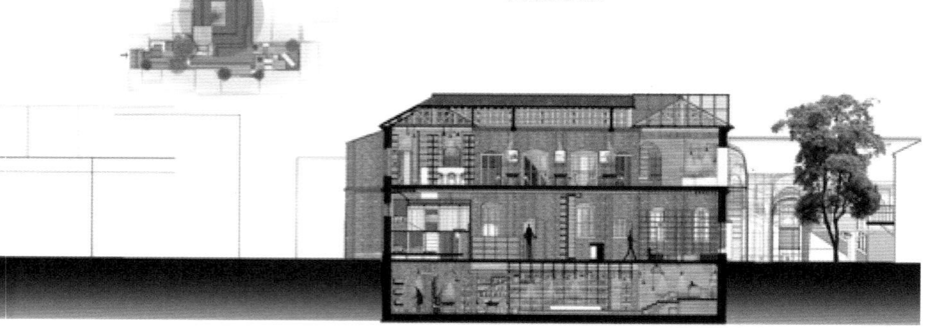

D剖面图
D sectional view

学校：中国科学院大学建筑研究与设计中心　指导老师：崔愷　李兴刚　陈一峰　王大伟　张凝忆　学生：边如晨　高林　彭宁

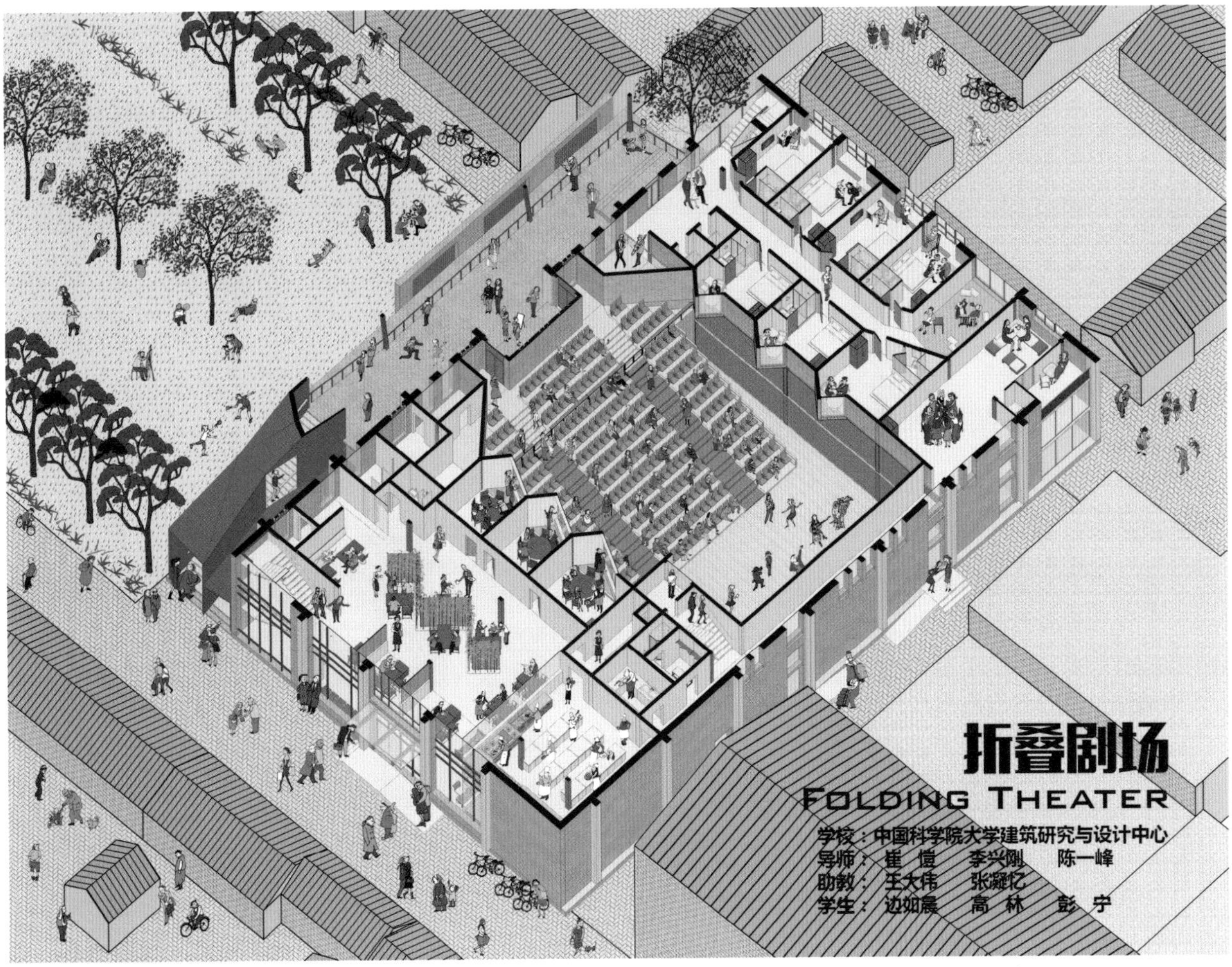
折叠剧场
FOLDING THEATER
学校：中国科学院大学建筑研究与设计中心
导师：崔　愷　李兴刚　陈一峰
助教：王大伟　张凝忆
学生：边如晨　高　林　彭　宁

基地位置

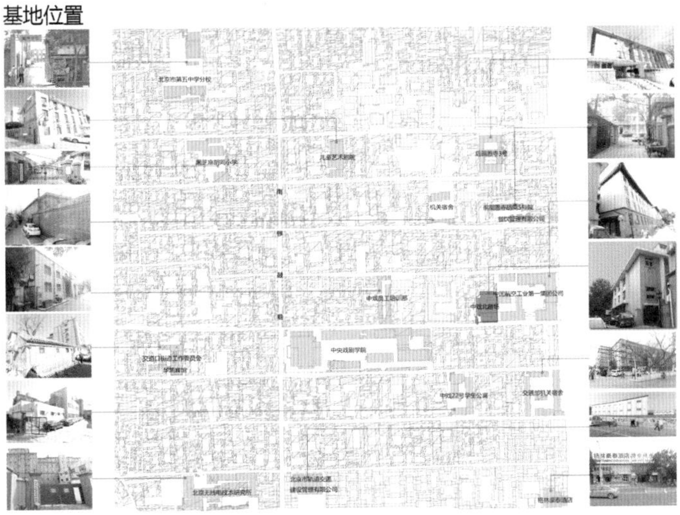

现状照片

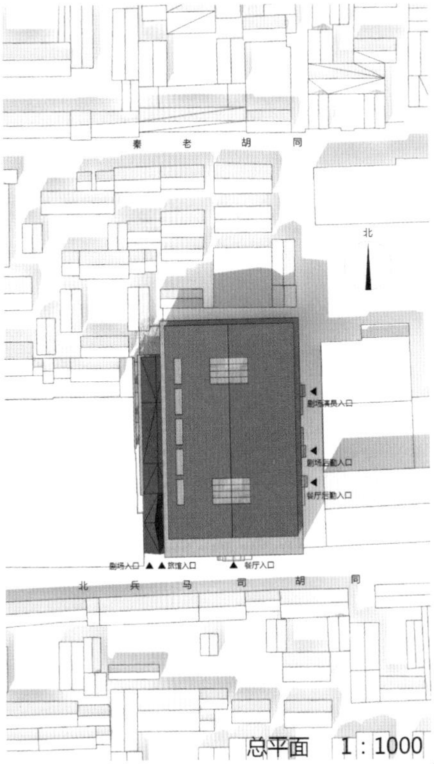

总平面　1：1000

1

学校：中国科学院大学建筑研究与设计中心　指导老师：崔愷　李兴刚　陈一峰　王大伟　张凝忆　学生：李加丽　李偲淼　宋修教

Encounter

初·见 —— 景阳胡同消极转角空间激活策略
— Historical Street Negative Corner Activation Strategy

DIY私家厨房

熟食窗口挑选熟食

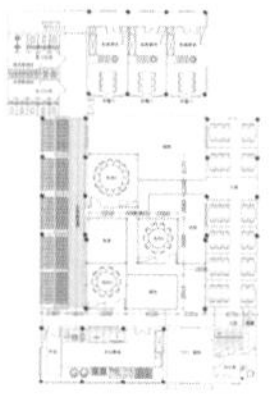

自助贩售机挑选食材

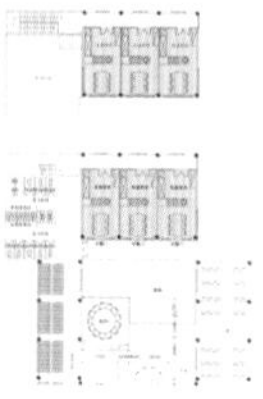

私家厨房的欢乐DIY

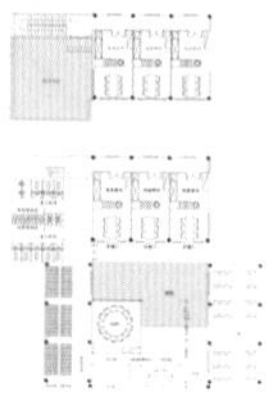

露天草坪的BBQ

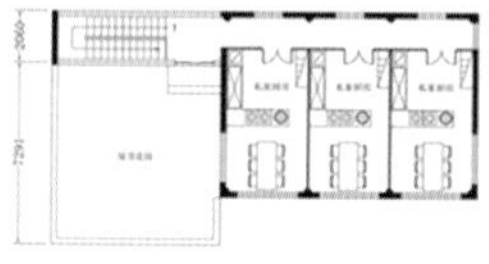

二层平面图

享用创意餐厅

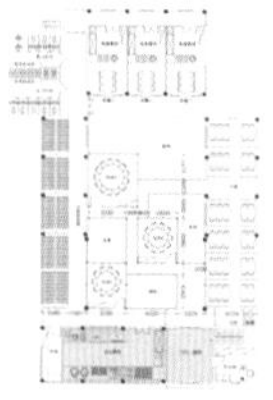

熟食窗口挑选熟食

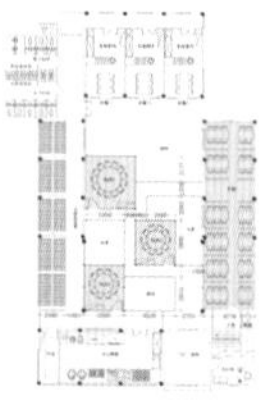

园景包房和大堂享受美食

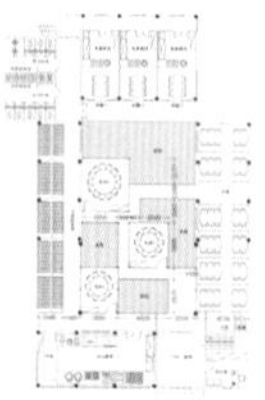

体验庭院景观

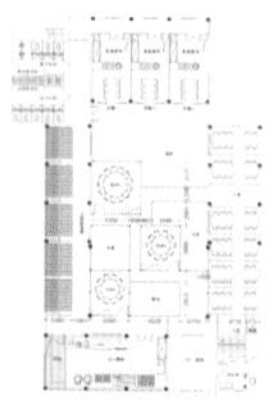

挑选外卖食品

负一层平面图

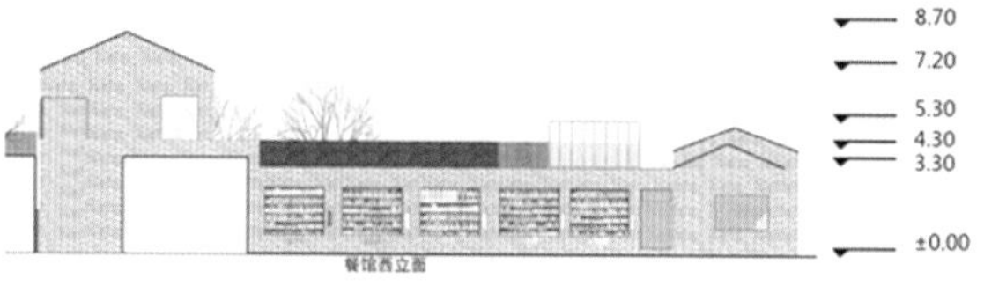

餐馆西立面

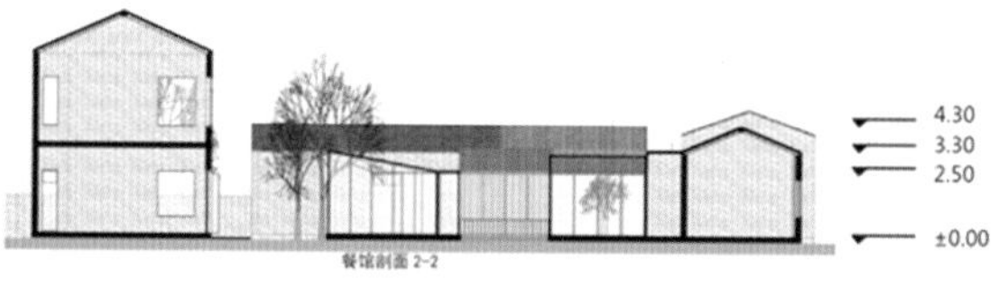

餐馆剖面 2-2

同样的聚餐，不同的形式
IS YOR PARTY DIFFERENT NOW?

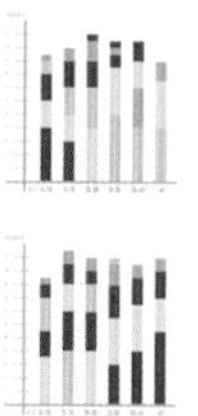

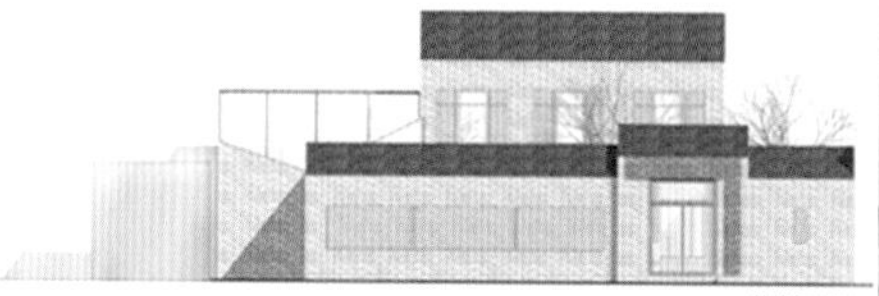

餐馆南立面

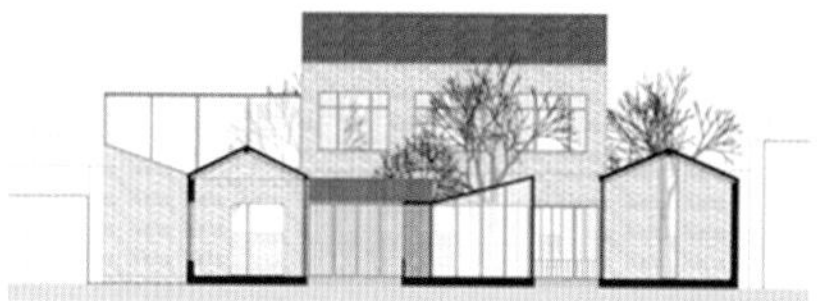

餐馆剖面 1-1

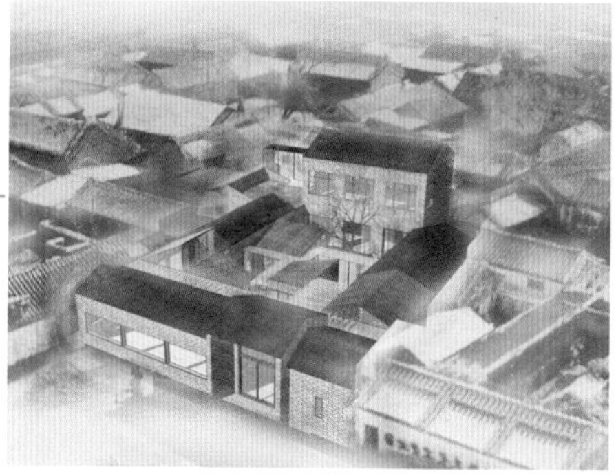

学校：山东工艺美术学院建筑与景观设计学院　指导老师：邵力民　学生：关惠聪

寻·初心
德州新湖儿童公园设计
New Lake Children's Park Design in Dezhou

区位分析

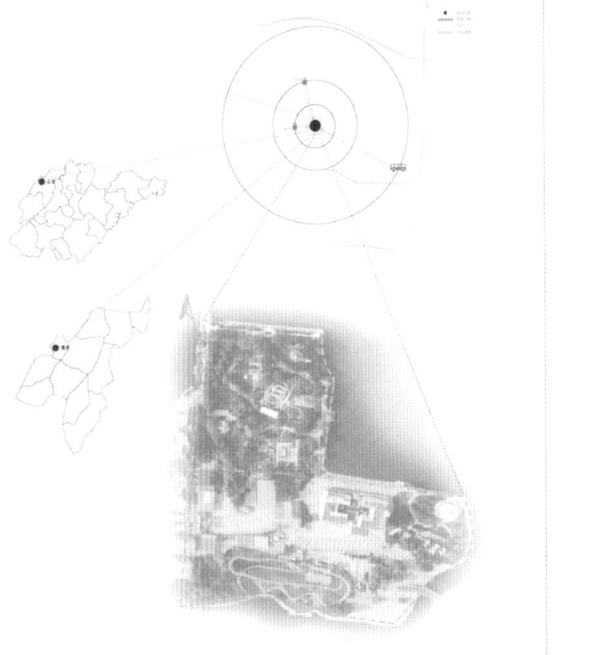

项目概况

设计地块来源于德州市德城区新湖风景区改造提升规划设计项目，位于新湖风景区的西侧，占地面积约4.5万平方米。公园的西边紧邻柴市街，商铺及居民区多，南北东三面环湖。本设计是以探索出一个满足儿童身心发展规律和活动特征为主题，并且残障儿童和健康儿童均可使用的锻炼运动、游戏交流、探索体验的儿童公园。

设计主题与目标

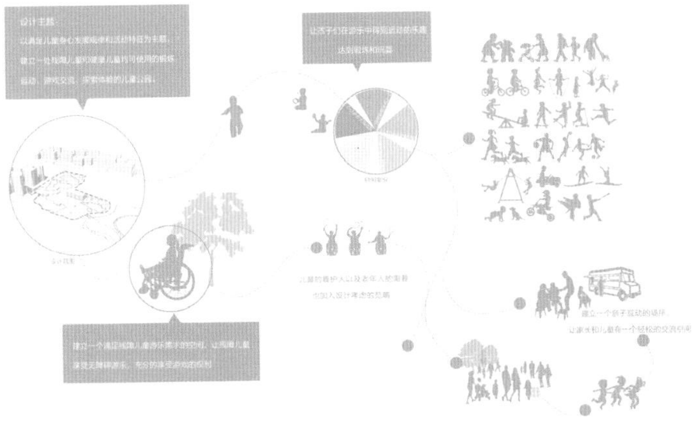

学校：北京交通大学建筑与艺术学院　指导老师：潘曦　姚轶峰　李耕　学生：唐煜　赵奕琳

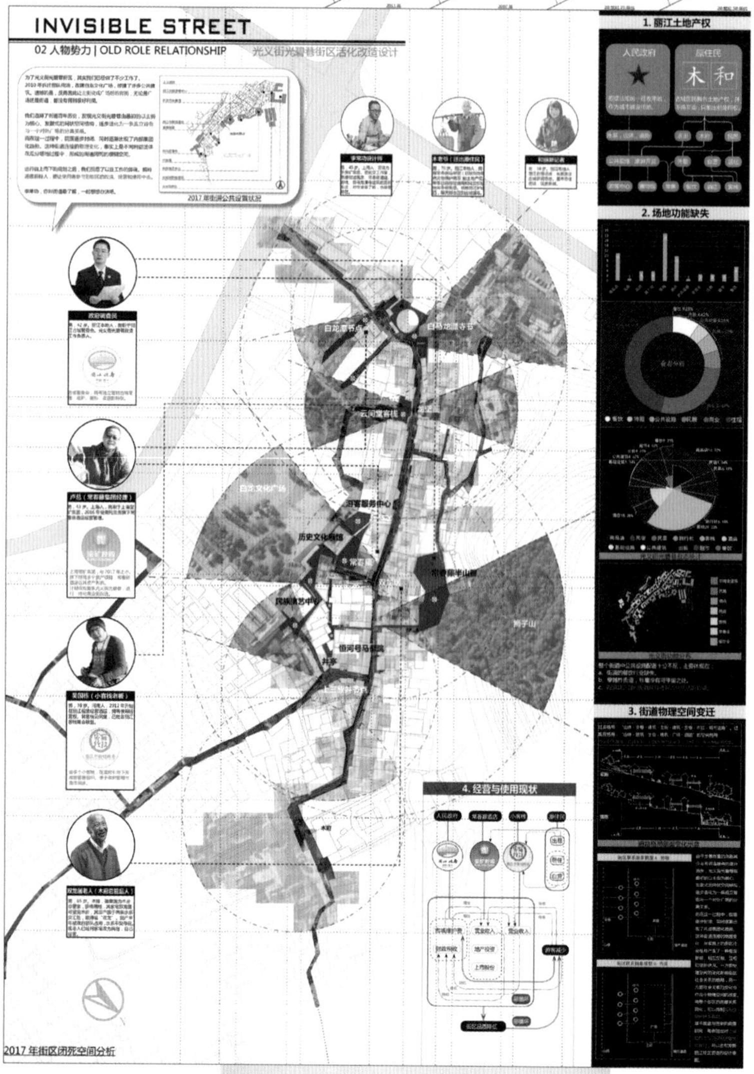

学校：重庆大学艺术学院　　指导老师：杨玲　　学生：周吟　韩艺萌　高海燕

● 场地分析
Site analysis
灵感来源
Source of inspiration

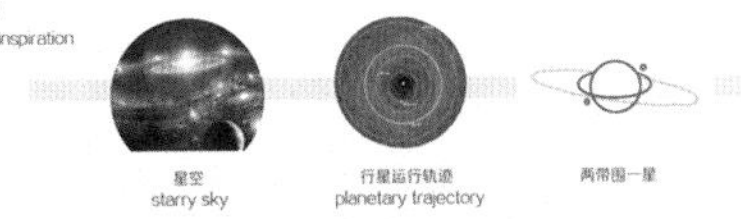

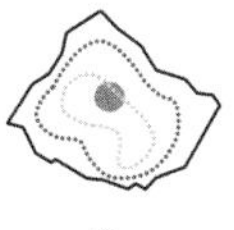

星空 starry sky
行星运行轨道 planetary trajectory
两带围一星
一星

● 场地分析
Site analysis
活动项目分类
Activity item classification

1. 果树认养、采摘体验
2. 茶园采茶、炒茶、休憩品茶
3. 梯田景观、观赏游憩
4. 农耕体验、亲子教学
5. 动物喂养、认领
6. 渔趣鱼乐、垂钓捕捞
7. 亲子活动、手工制作
8. 科普学习、观展
9. 民宿接待
10. 入口景观
11. 丛林探险、山间树屋
12. 星空露营
13. 花街景观步道

经济技术指标表

1 下嵌式接待大厅
2 家庭民宿旅馆
3 滨水垂钓平台
4 生态餐厅
5 滨水茶馆
6 渔趣鱼乐活动区
7 生态湿地景观
8 花田风景道
9 丛林探险呼吸步道
10 森林冥想区
11 星空露营
12 农耕文化展览馆
13 手工体验馆
14 森林树屋
15 梯田景观
16 茶园体验区
17 亲子农耕体验区
18 "以物换物"集市
19 动物世界
20 桑蚕体验馆
21 动物农舍
22 果园茶园体验馆
23 果园采摘区
P 停车场

▲ 次入口　　▲ 主入口

15M　30M　45M

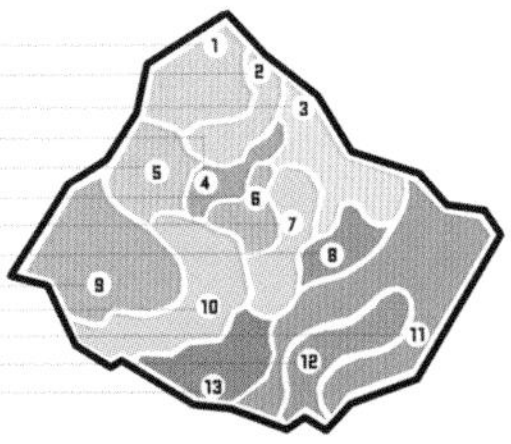

"农野乐园" 亲子农场规划设计

学校：广州大学建筑与规划学院　指导老师：骆尔禔　漆平　学生：詹欣泽　罗力宇　劳佩珊　魏彤彤

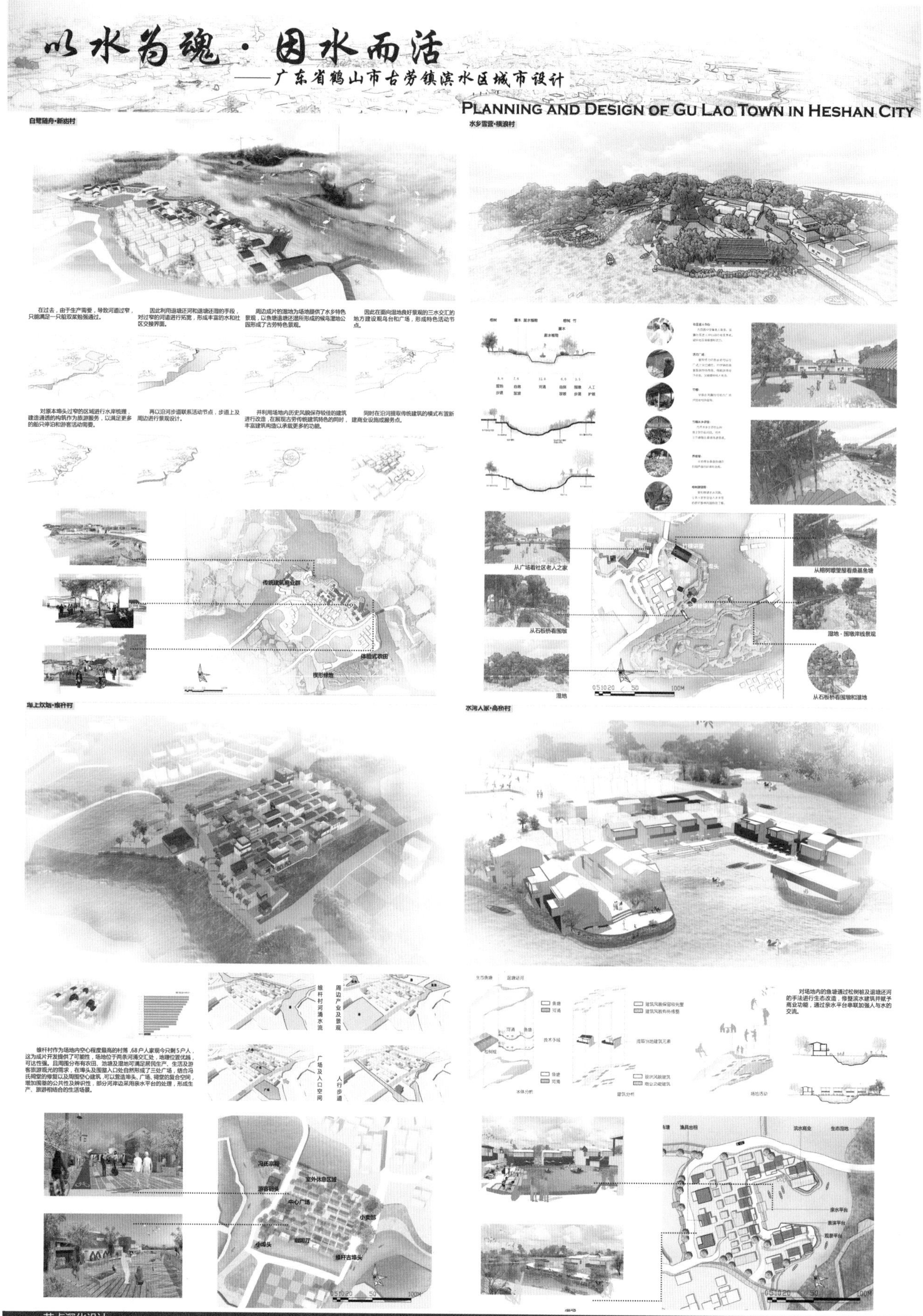

学校：广州美术学院城市学院　指导老师：李泰山　蔡同信　学生：阳婷　张露露

功能平面图：
Plan

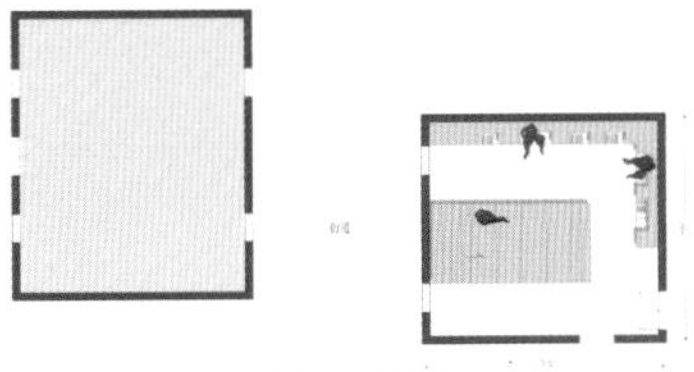

书屋一层平面图

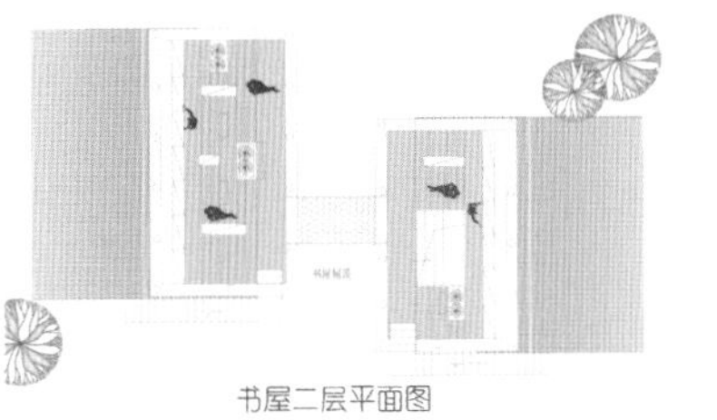

书屋二层平面图

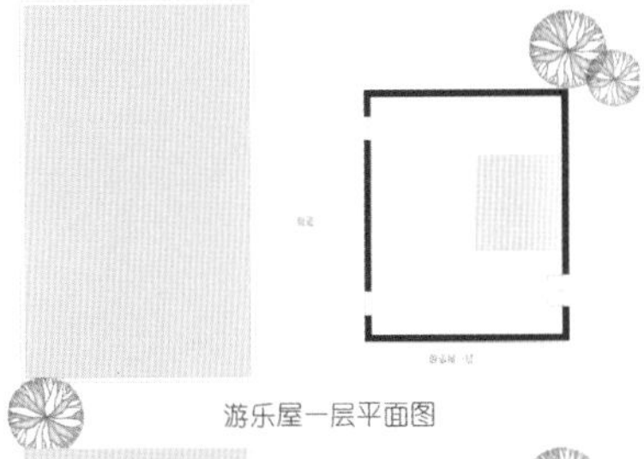

游乐屋一层平面图

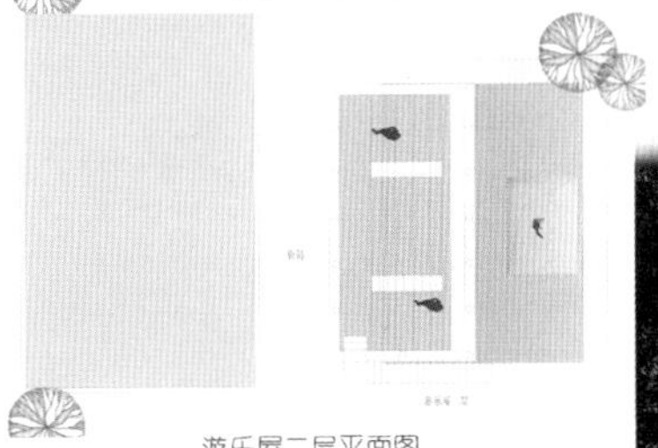

游乐屋二层平面图

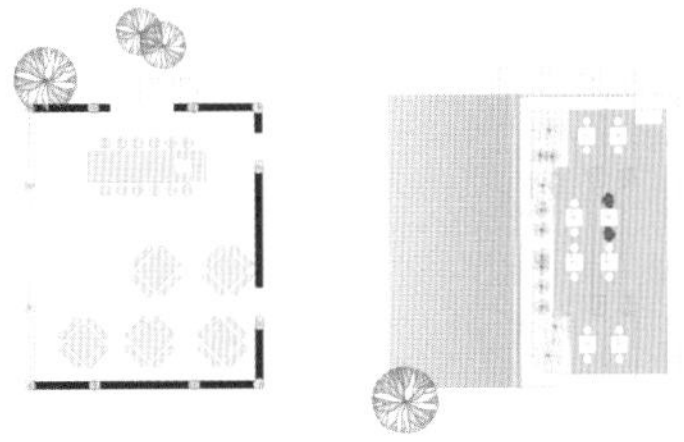

游乐屋一二层平面图

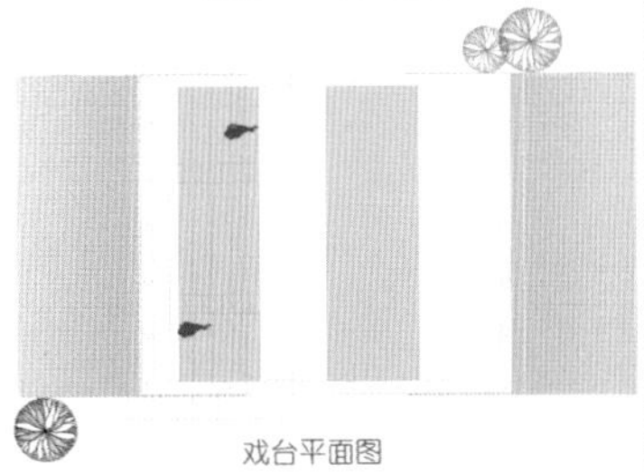

戏台平面图

建筑形体的由来：
Architectural form origin

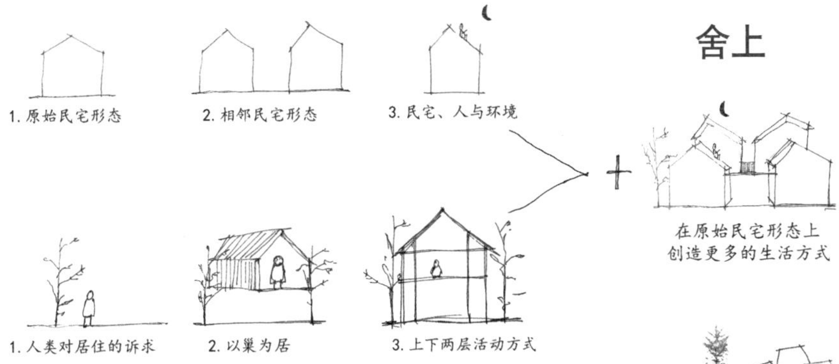
舍上
1. 原始民宅形态
2. 相邻民宅形态
3. 民宅、人与环境
在原始民宅形态上
创造更多的生活方式
1. 人类对居住的诉求
2. 以巢为居
3. 上下两层活动方式

建筑草图：
Architectural the sketch

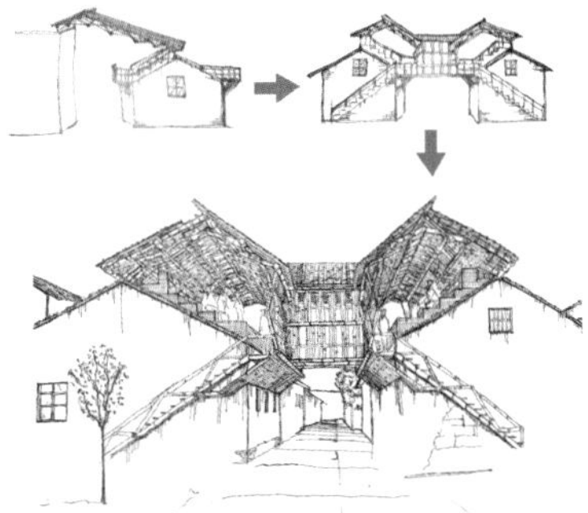

建筑规划：
Architectural planning

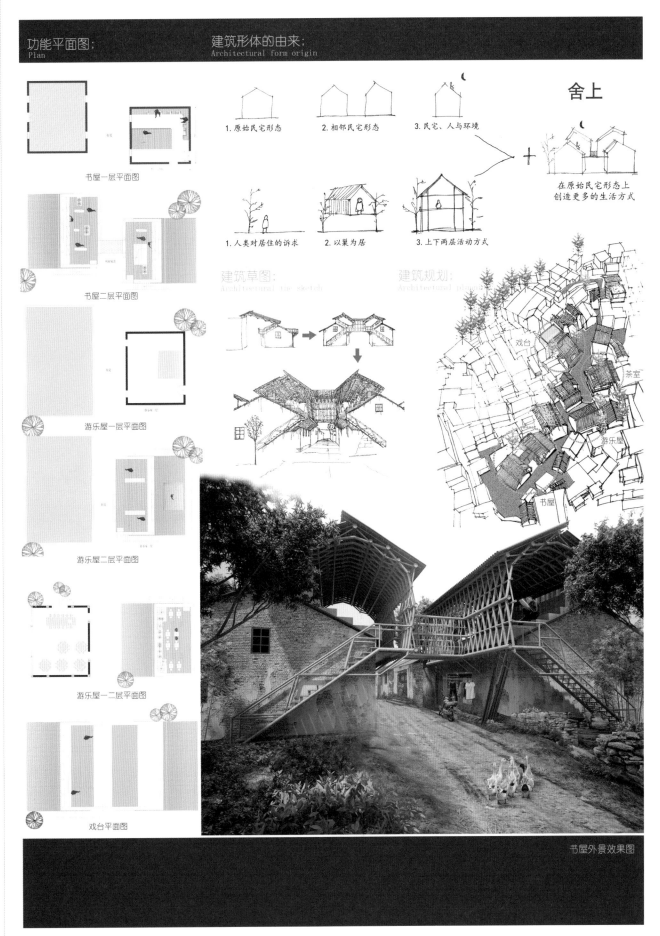

戏台
茶室
游乐屋
书屋

书屋外景效果图

临时与可移动建筑与空间

学校：哈尔滨工业大学建筑学院　指导老师：薛名辉　张姗姗　唐康硕　张淼　学生：干云妮　薛知恒　赵甜雨

顶之下

学习空间的演变

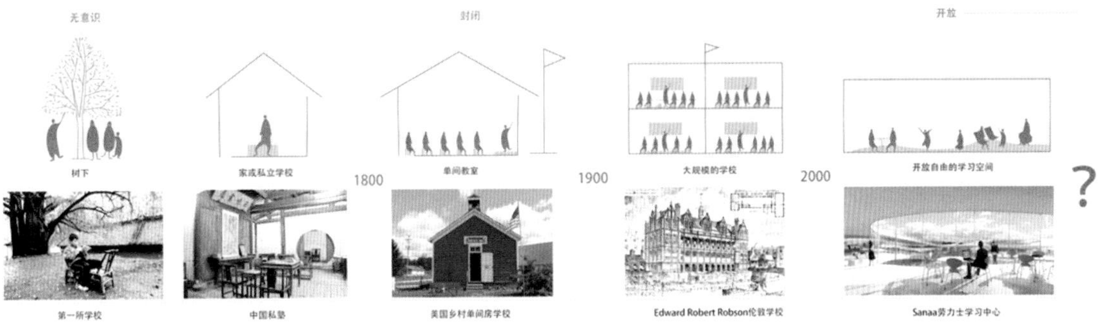

The first school began under a tree, when a man who did not know he was a teacher began to discuss what he had learned with others who did not know they were students.

——Louis.K

第一所学校始于一棵大树下，几个人听另外一个人说话，说的人没有意识到自己是老师，听的人也没有意识到自己是学生。

树下学习空间是一种无意识的、开放的学习空间

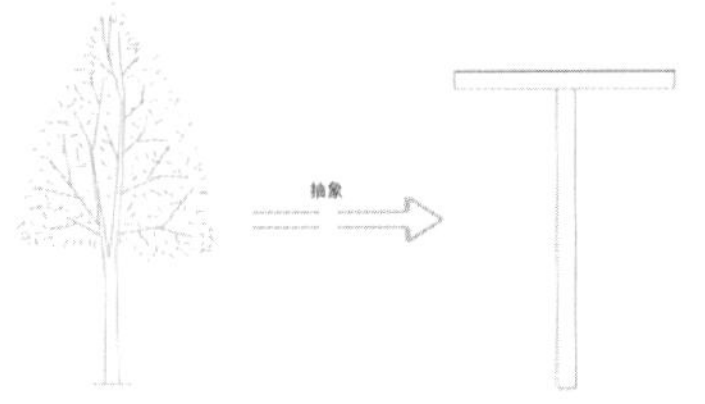

对树的形式进行抽象，得到由顶界面形成的空间

现象对比

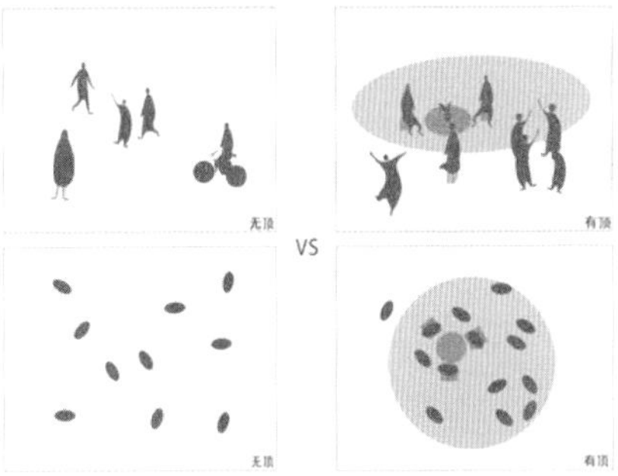

社区中的有顶空间相对无顶空间更有领域感，活动更加丰富

影响顶界面空间开放度元素分析

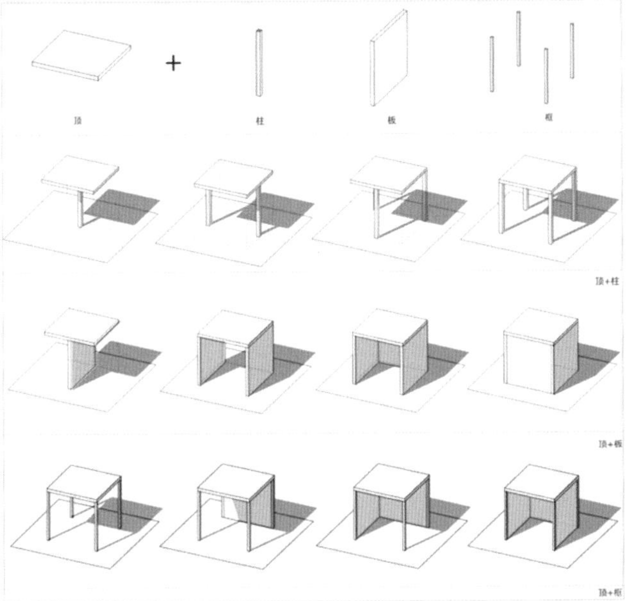

顶的通透性分析

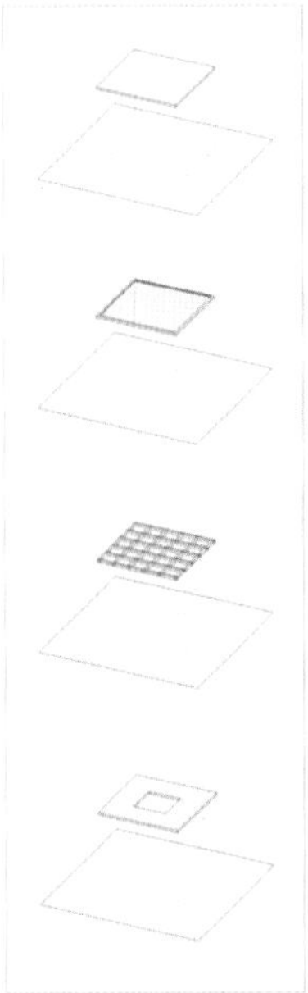

顶的倾斜度分析

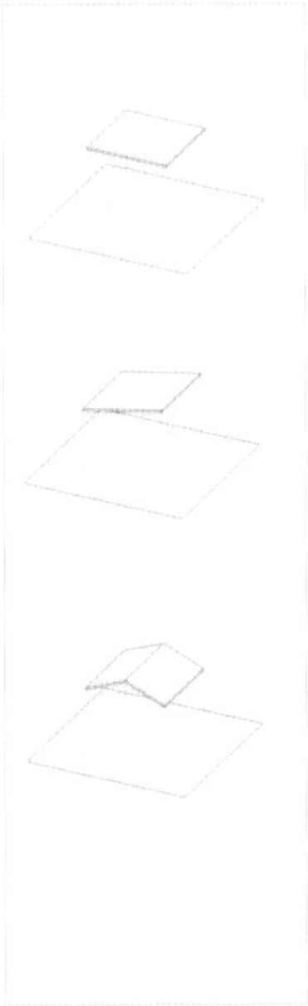

学校：哈尔滨工业大学建筑学院　　指导老师：薛名辉　张姗姗　唐康硕　张淼　　学生：干云妮　薛知恒　赵甜雨

顶之下

伞下空间是自由的，柱子根据空间的自由感觉决定的，人在其中体会着流动的空间张力。

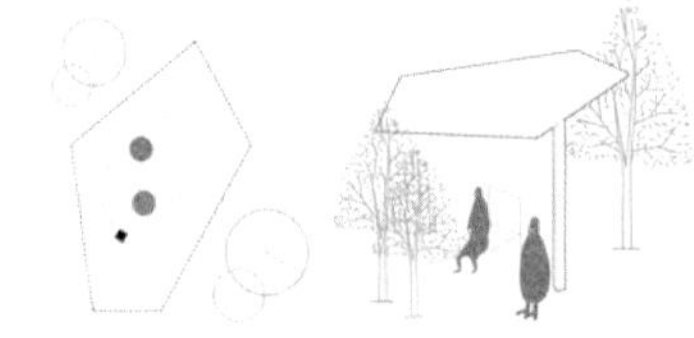

1.单体：个人休息空间

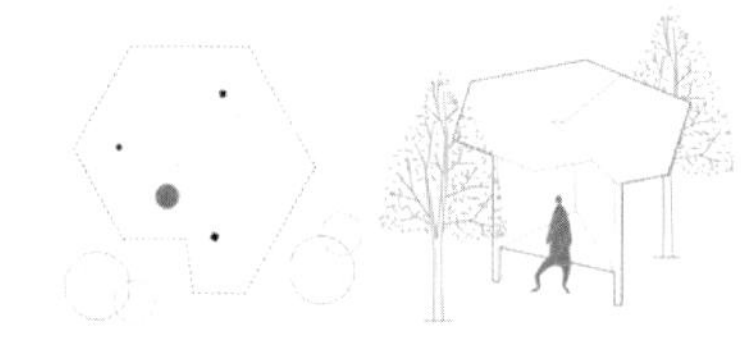

2.单拼：小型顶下读书空间

4.三拼：集中讨论空间

5.四拼：小型聚会交流空间

墙板提供了界面，空间开始被分割并具有方向性，人在其中穿越并不会迷失。

1.单体：较私密的的休息交流空间

2.双拼：短流线的宣传栏展示空间

4.四拼：较大型的棋牌活动综合空间

5.八拼：家长看护小孩的玩耍空间

框架明确了空间划分，形成了具体的使用模式，并根据其填充物的不同，使得内外部的划分出现松弛与紧绷。

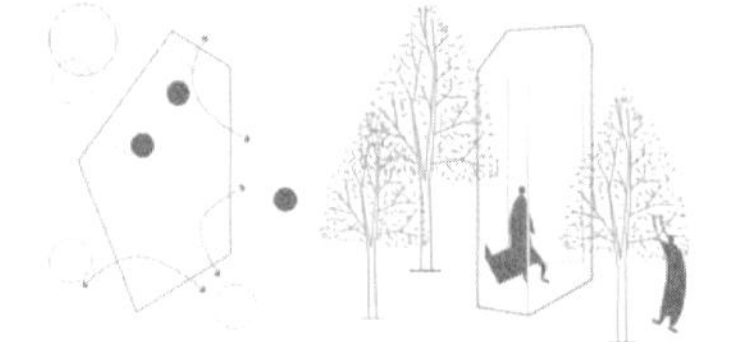

1.单体：私密的室内读书学习空间

2.双拼：含穿越流线的互动交流空间

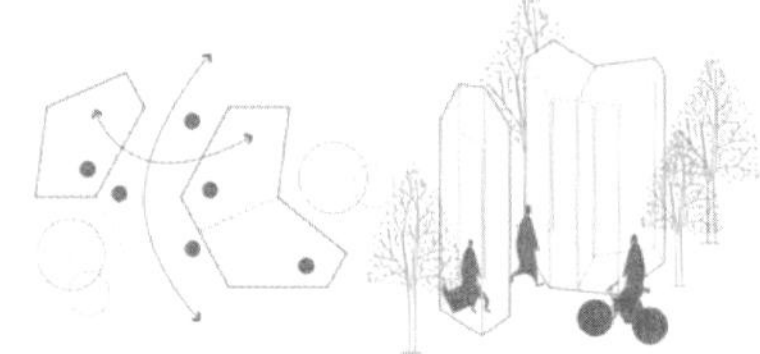

4.三拼（部分分离）：室内学习和单一方向的室外展示空间

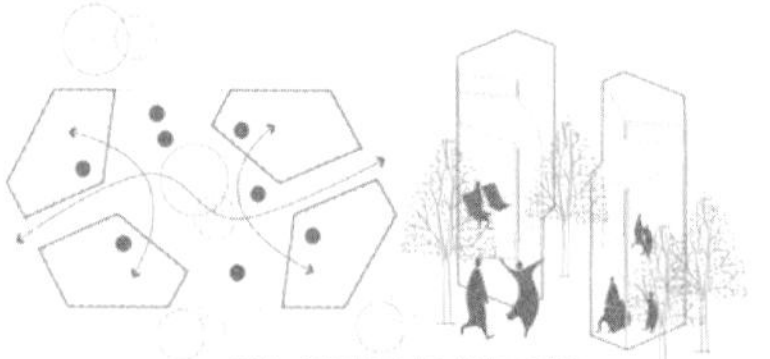

5.四拼：含庭院的室内外综合亲子互动空间

构造开源

营造方式

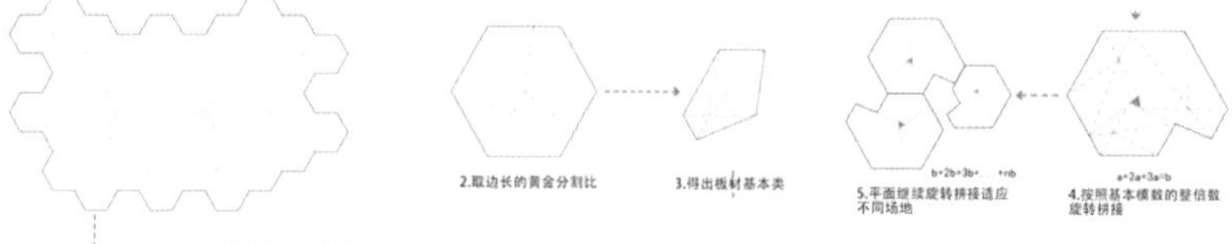

1.选取六边形的满铺方式

社区顶下空间生活图景

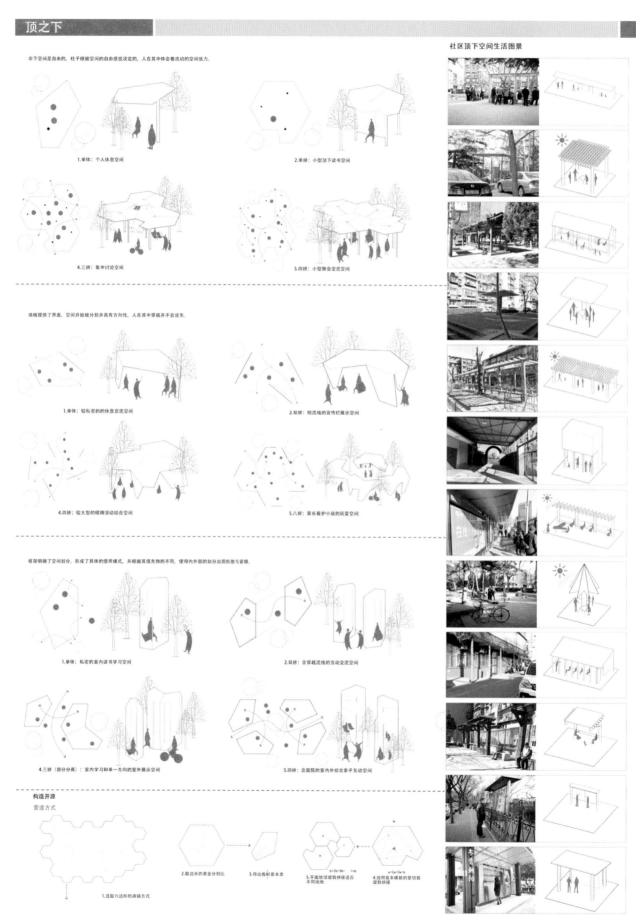

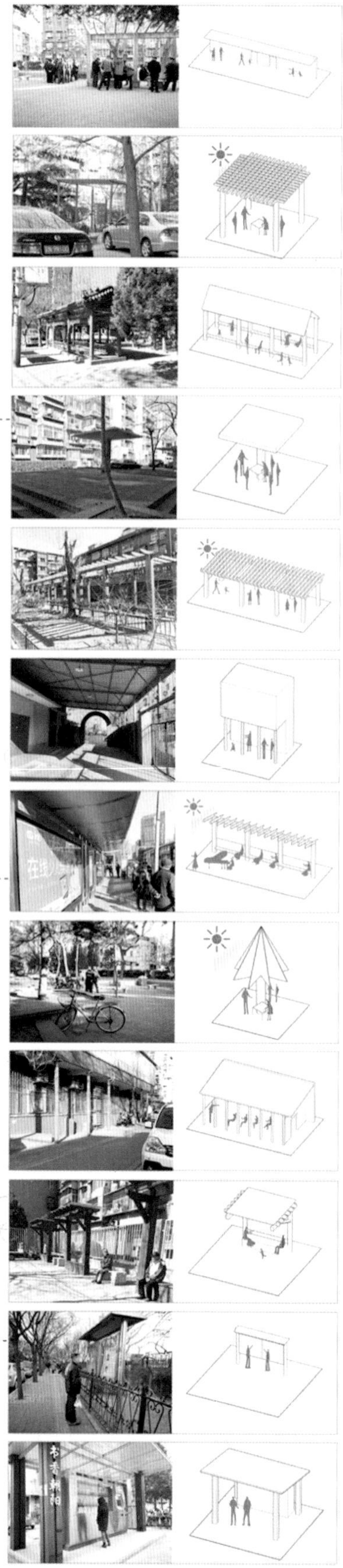

学校：哈尔滨工业大学建筑学院　指导老师：薛名辉　张姗姗　唐康硕　张淼　学生：干云妮　薛知恒　赵甜雨

顶之下

开源社区学校——社区画廊
Community Gallery

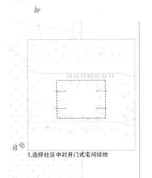

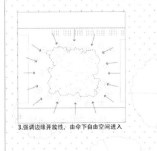

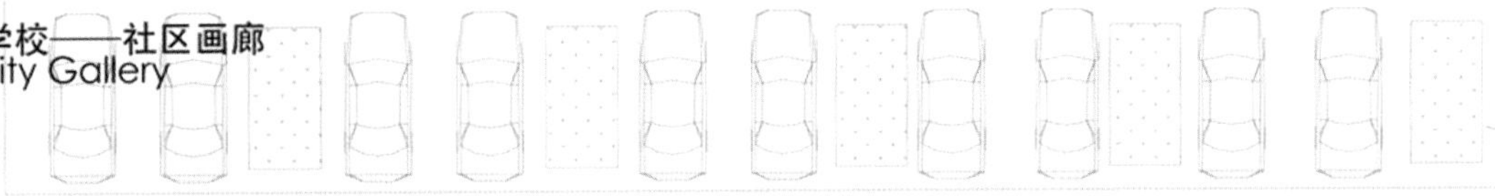

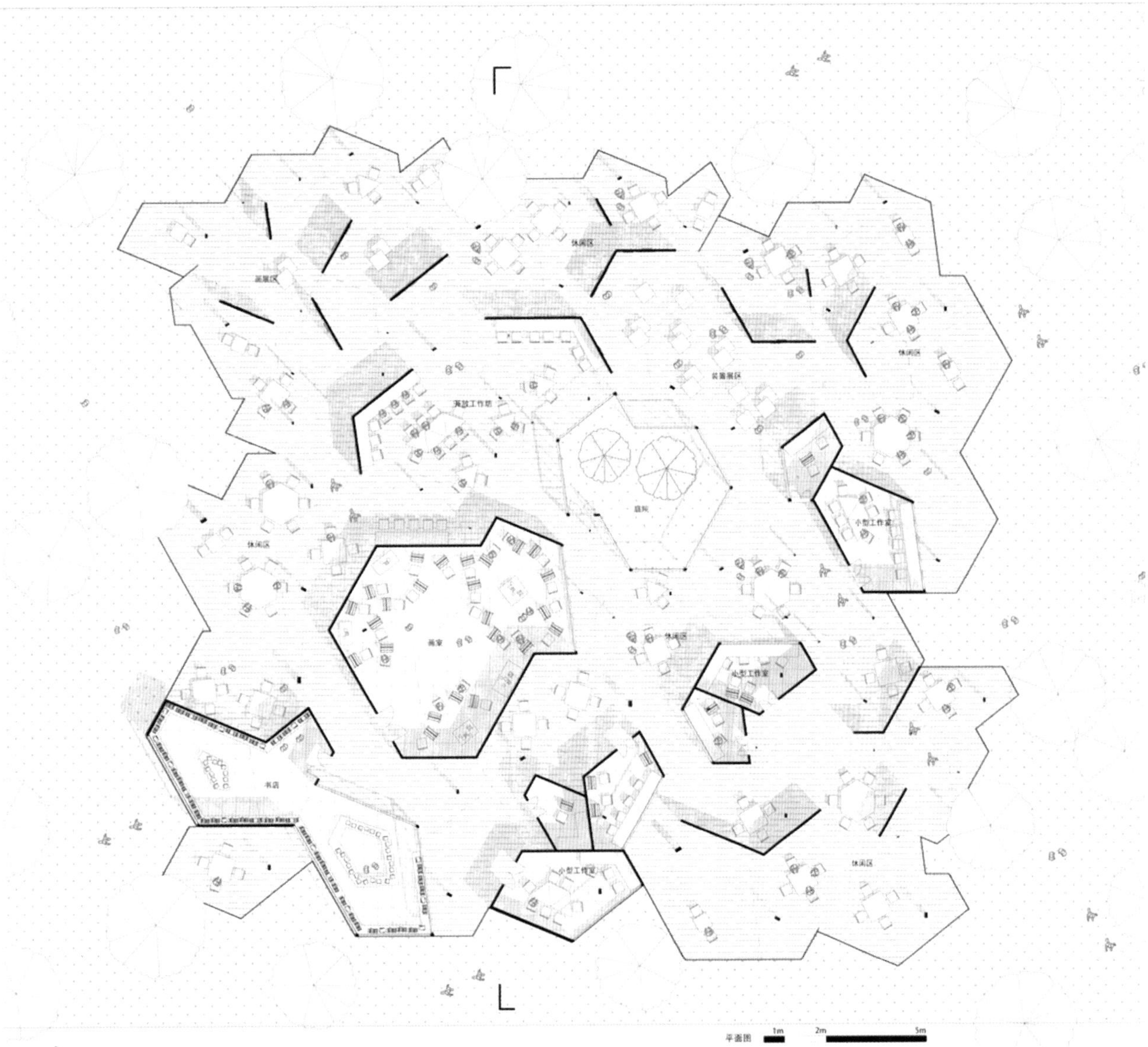

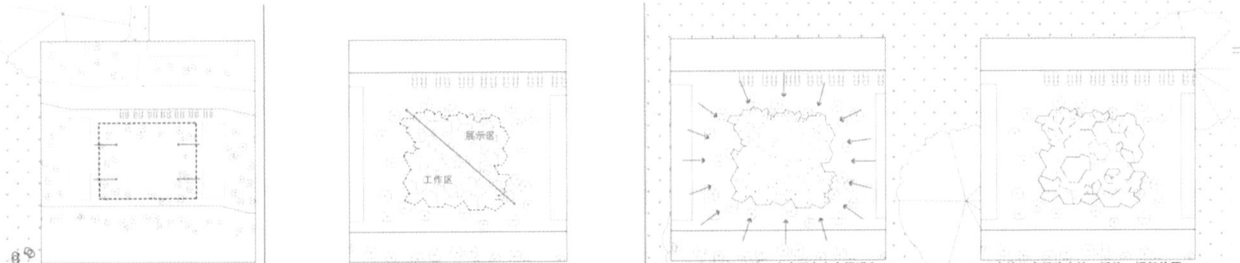

1.选择社区中对开门式宅间绿地

2.建立对角线路径，分隔展示与工作区，布入基本模式网格。

3.强调边缘开放性，由伞下自由空间进入

4.由功能空间确定柱、板片、框架位置

学校：哈尔滨工业大学建筑学院　指导老师：薛名辉　张姗姗　唐康硕　张淼　学生：干云妮　薛知恒　赵甜雨

顶之下

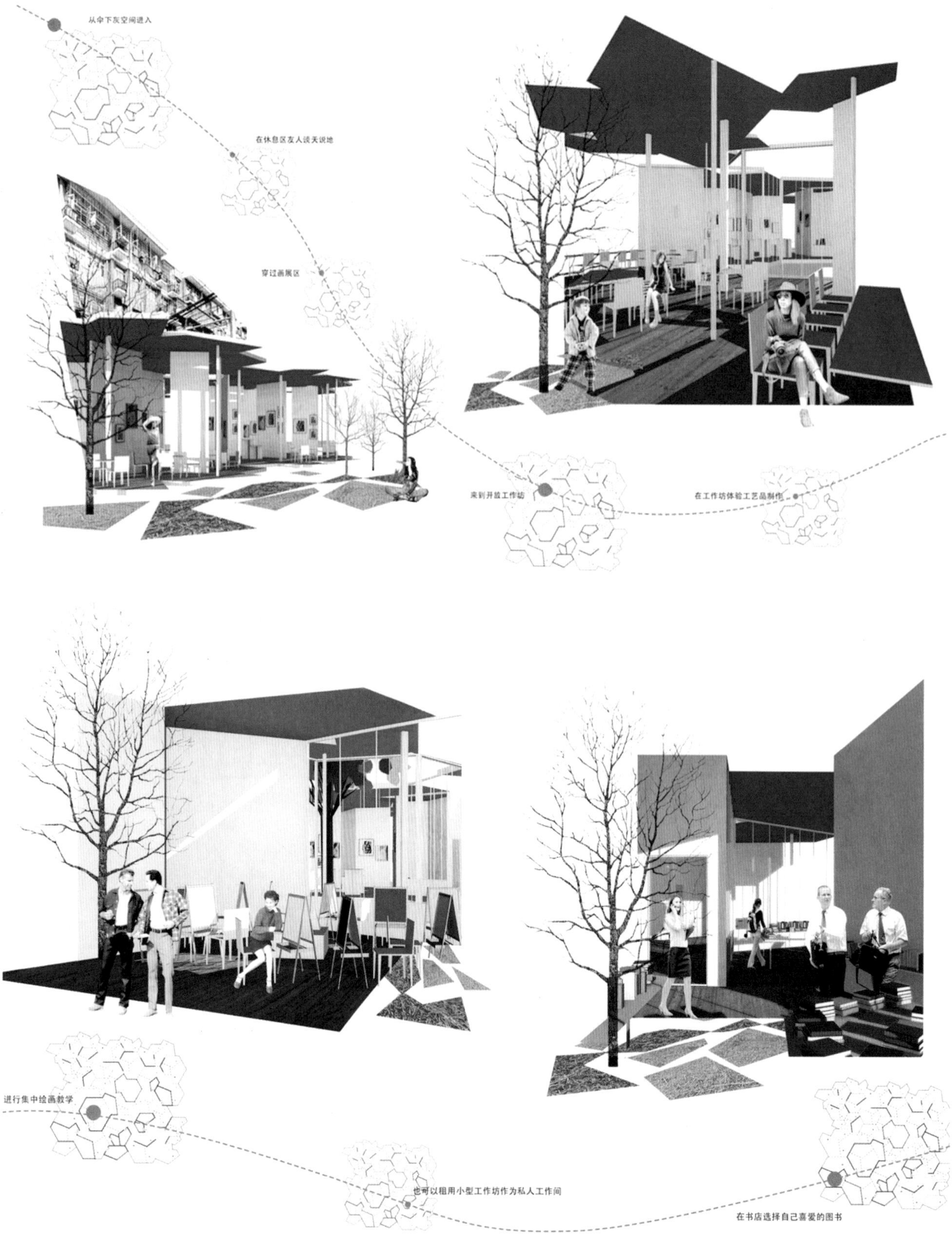
从伞下灰空间进入
在休息区友人谈天说地
穿过画展区
来到开放工作坊
在工作坊体验工艺品制作
进行集中绘画教学
也可以租用小型工作坊作为私人工作间
在书店选择自己喜爱的图书

学校：北京交通大学建筑与艺术学院　　指导老师：李珺杰　　学生：黄丽嫱

归园田居——逆城市化人群集成装配节能住宅设计与建造研究

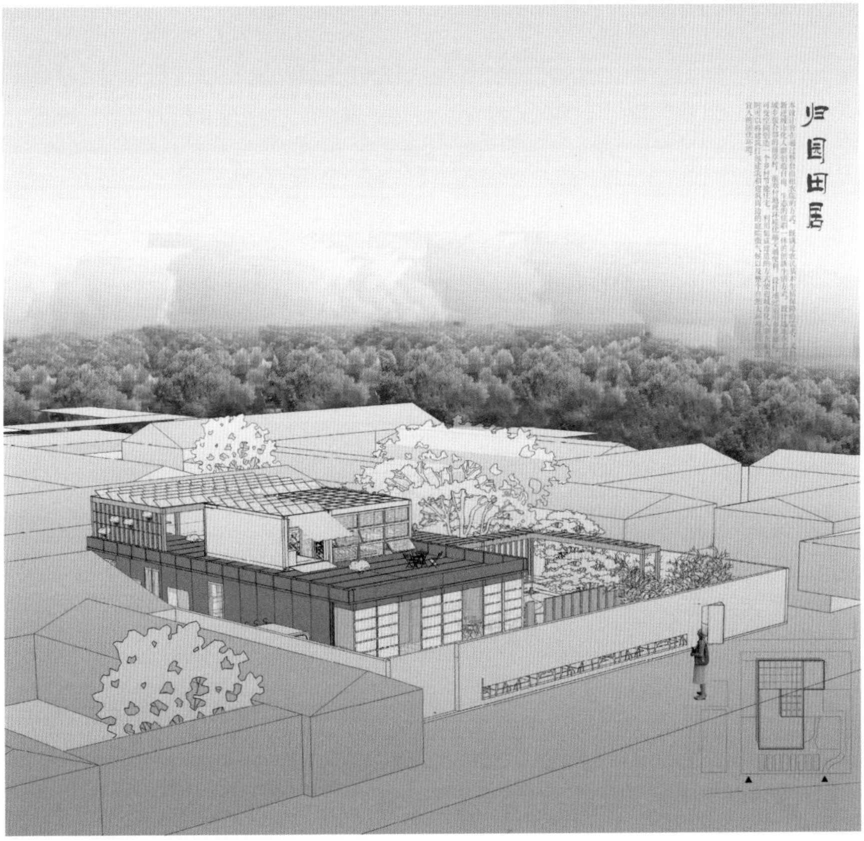

一、调研租住村落区位分布

设计调研了海淀区、朝阳区、丰台区城乡结合部的农房出租现状。

二、调研租住村落区位分布

海淀区
1、前章屯　　　　13户16位
2、辛力屯村　　　　4户 5位
3、白水村　　　　　8户19位
4、李家坟（网）　1户 1位
丰台区
5、大厂网（网）　　16位

三、国家允许宅基地房屋出租

1、《城市房屋租赁管理办法》第4条：公民、法人或其他组织对享有所有权的房屋和国家授权管理和经营的房屋可以依法出租。

2、《城市房屋租赁管理办法》第8条："有下列情形之一的房屋不得出租"中没有农村宅基地上合建建筑不能出租。

四、调研租住村落区位分布

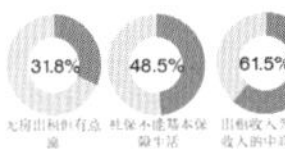

31.8%　48.5%　61.5%

由十大城市等回调，农民身份大部分不能保障基本生活，出租房屋成为大部分经济收入。

五、出租现状

38.5%　36.7%　44.7%

33.6%　49.5%

六、房屋现状

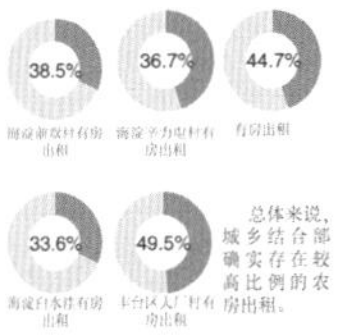

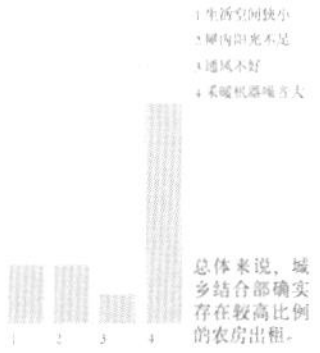

总体来说，城乡结合部确实存在较高比例的农房出租。

七、结论

整套出租农房存在潜力

八、现有的新形式租赁

九、概念提出

城乡

十、前章村选地分析

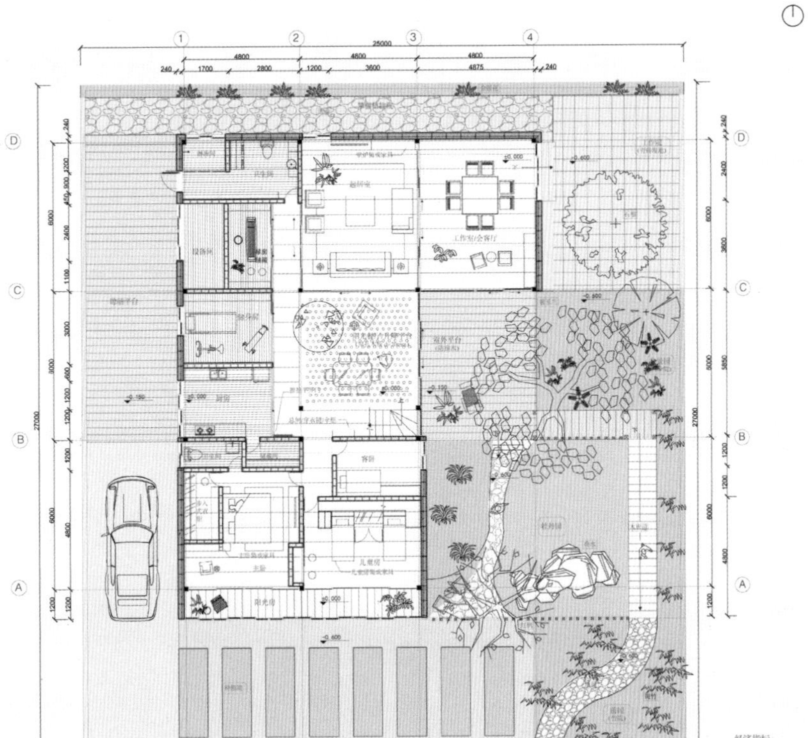

经济指标：
总面积：200平米
占地面积：670平米
主卧：25平米
儿童房：21.6平米
次卧：12平米
客厅：28.8平米
工作室：28.8平米
阳光餐厅：28.8平米
卫生间：12平米
储藏间：10.2平米
厨房：14平米
设备间：7.2平米

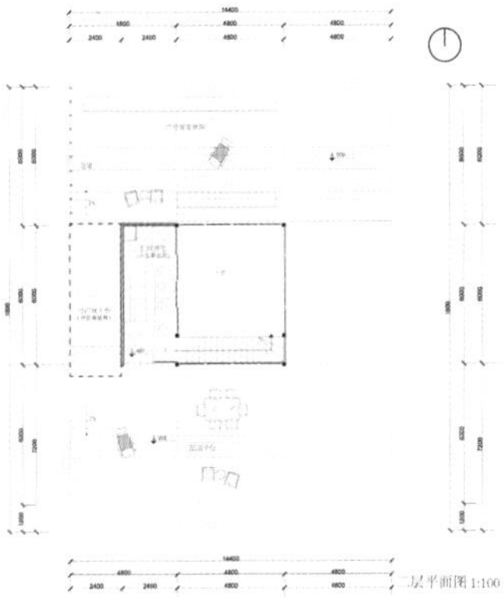

学校：北京交通大学建筑与艺术学院　　指导老师：李珺杰　　学生：黄丽嫱

一、建造过程

01 搭建基础

02 搭建钢基础

03 插入集成横向梁柱

04 插入集成纵向梁柱

05 插入集成房间模块

06 铺设地面结构板

07 安装中庭升降板

08 插入集成家具墙体

09 挂入整块集成外墙板

10 放置集成屋顶 + 铺设防水卷材及屋面板 + 室内吊顶安装

11 置入门窗

12 安装中庭门窗

13 安装中庭屋顶

14 安装遮阳

15 安装室外平台

16 完成景观

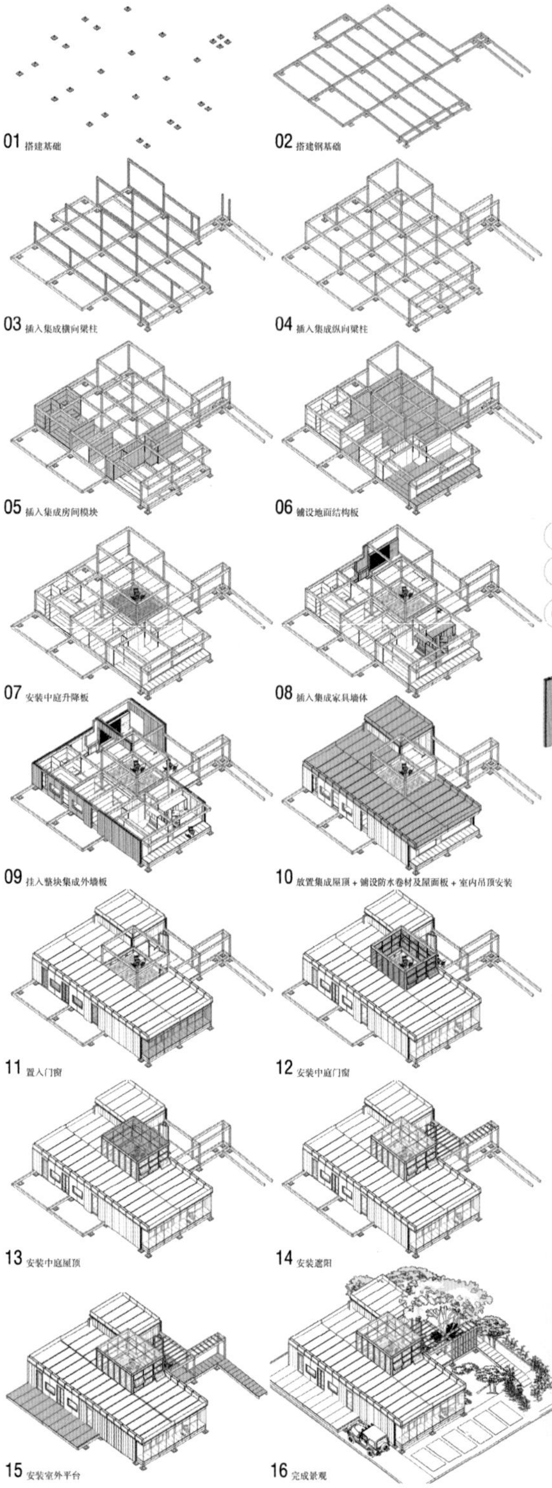

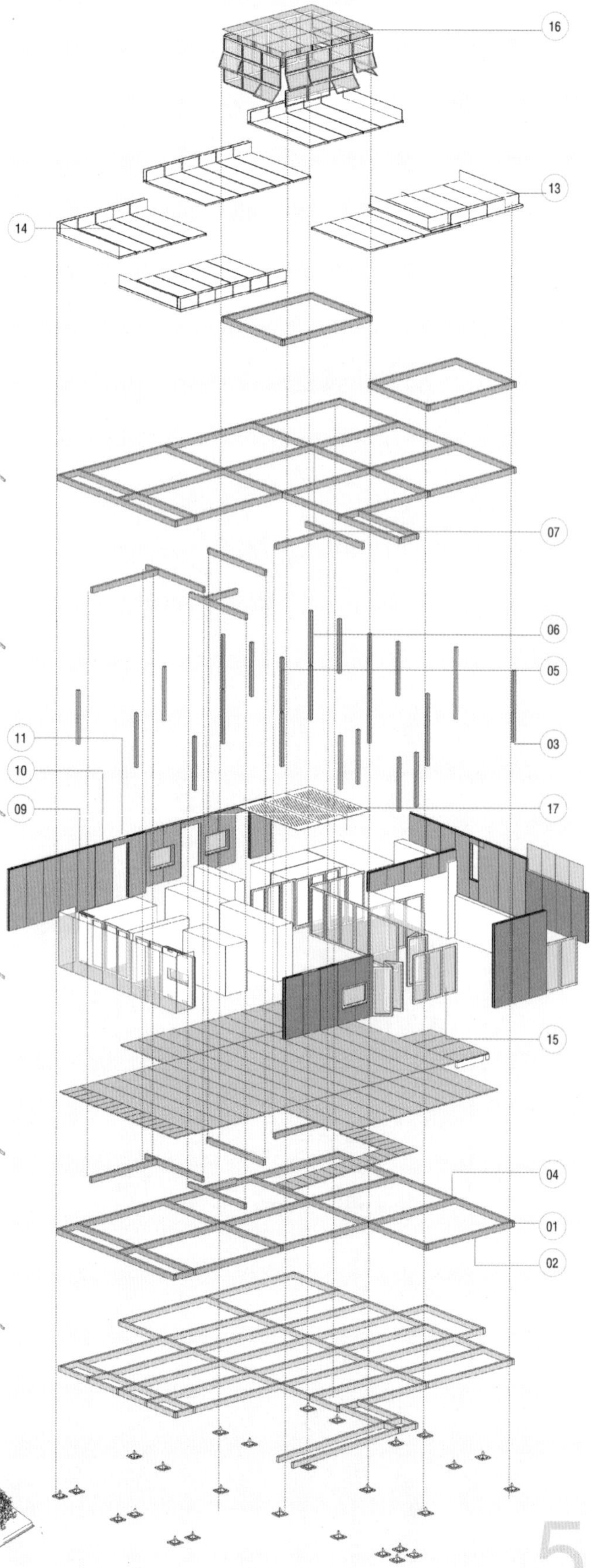

5

学校：北京交通大学建筑与艺术学院　　指导老师：李珺杰　　学生：黄丽嫱

二、构造及做法　　　　三、集成家具模块

01 儿童房集成家具

19 悬挂节点 1:15

02-1 儿童房 - 主卧集成家具（儿童可变课桌）　02-2 儿童房 - 主卧集成家具（主卧）　03-1 主卧集成家具（主卧床）　03-2 主卧集成家具（步入式衣帽间 + 书柜）

17 整体房间安装过程 1:100　18 整体房间安装 1:100

15 滑轨门节点 1:20　16 滑轨门节点 1:20

13 集成屋面和墙连接节点 1:15　14 集成屋顶间连接节点 1:15

11 集成墙和梁连接节点 1:20　12 集成墙和梁连接节点 1:20

09 集成外墙节点 1:15　10 集成外墙节点 1:60

07 木梁和柱连接节点 1:10　08 木梁和柱连接节点 1:10

05 木梁和柱连接节点 1:10　06 木梁和木梁连接节点 1:10

03 木底梁和柱连接节点 1:10　04 木地梁之间连接节点 1:15

01 剖地梁和柱连接节点 1:10　02 剖地梁和木梁连接节点 1:15

04-1 壁炉电视柜集成家具　04-2 书柜壁炉集成家具　04-3 壁炉烟道设置　04-4 壁炉构造分解

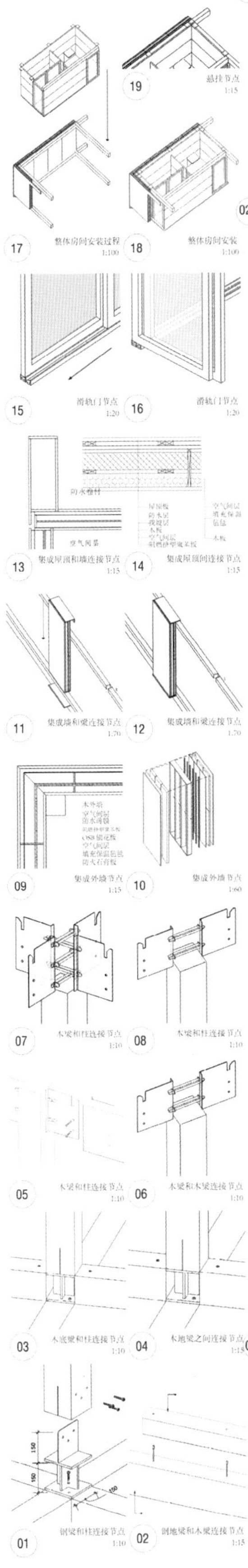

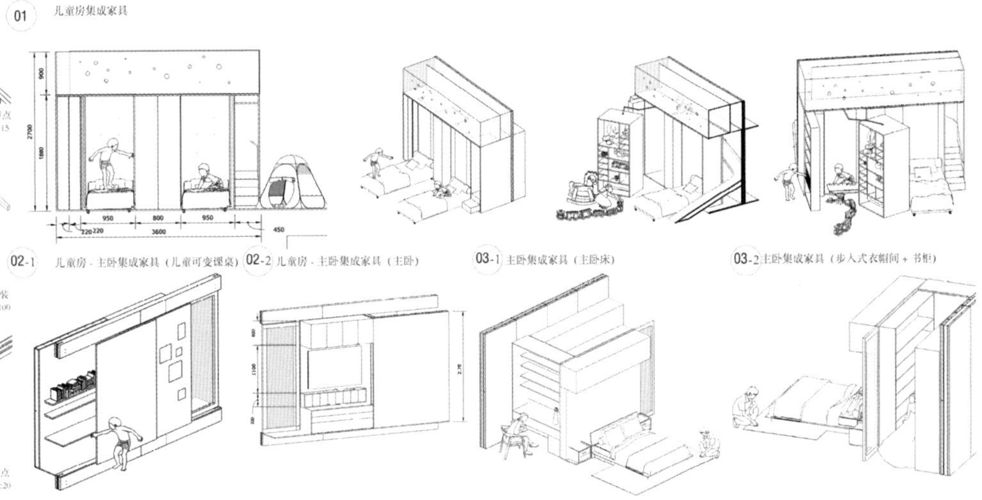

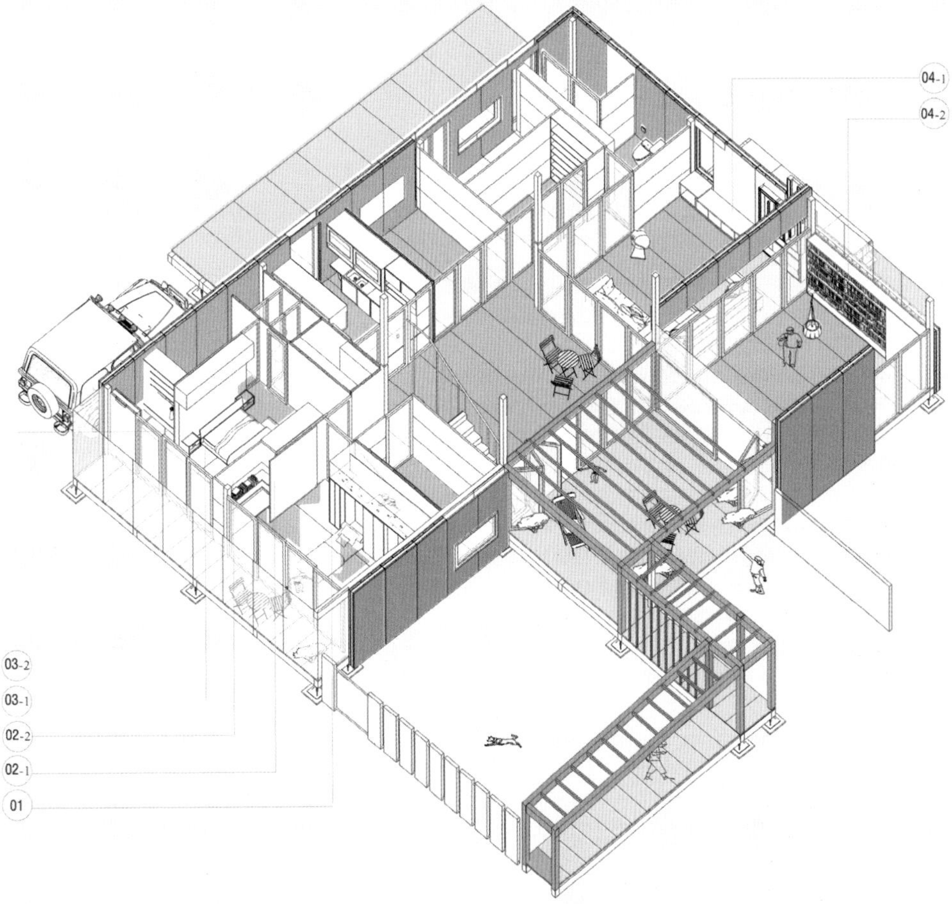

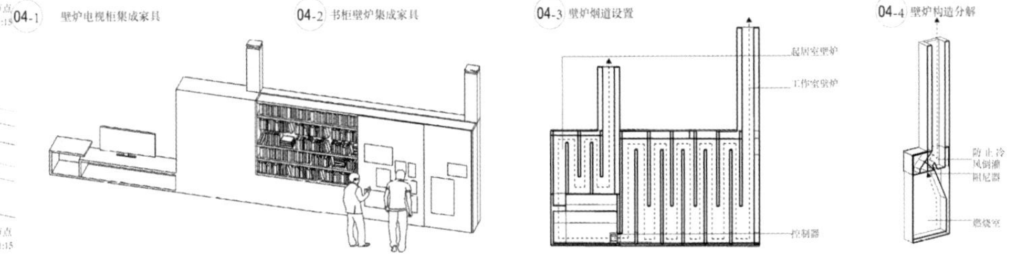

学校：南京艺术学院设计学院 指导老师：邬烈炎 施煜庭 学生：王元元 刘朝阳 黎旭辉 刘少桁 葛文超 吴晓宇 李锐 胡秋芳

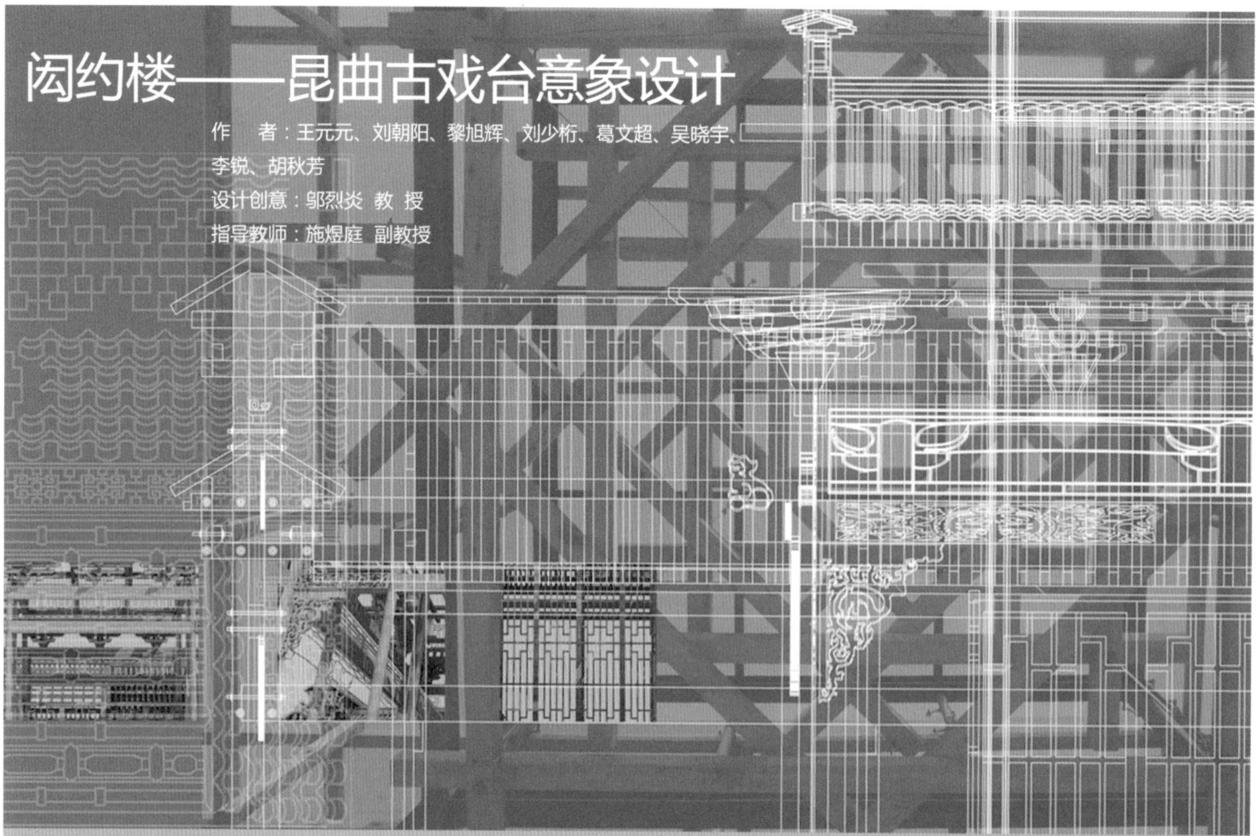

闳约楼——昆曲古戏台意象设计

作 者：王元元、刘朝阳、黎旭辉、刘少桁、葛文超、吴晓宇、李锐、胡秋芳
设计创意：邬烈炎 教 授
指导教师：施煜庭 副教授

昆曲，又称昆剧、昆腔，是我国最古老的剧种之一，也是我国传统文化艺术中的精华。2011年，昆曲被联合国教科文组织列为“人类口述和非物质遗产代表作”。

本作品即是以昆曲戏台为主题的戏台建筑装置。设计灵感来源于晚清宝和堂昆曲戏班的堂名灯担的造型。其外型为楼阁，以紫檀、黄杨镂雕而成，镶玉坠宝，富丽精美，灯彩辉煌。本作品即提取了灯担的造型特征，以江南传统戏台的装饰手法，设计了一座具有传统戏台意象和功能的装置作品。以木材、钢材和夹胶玻璃等材料等比例建造，在构造方式上结合了传统木构中穿斗式的节点构造，同时运用了对称双剪螺栓连接的现代木构构造方式，以期达到对中国传统文化的继承和再现。以“大木作”和刚才的“激光数控雕刻”的技术的综合运用， 实现“传统”与“现代”的相对凝视。

本作品是一次建筑装置的先锋实验，也是对我国非遗的传承。

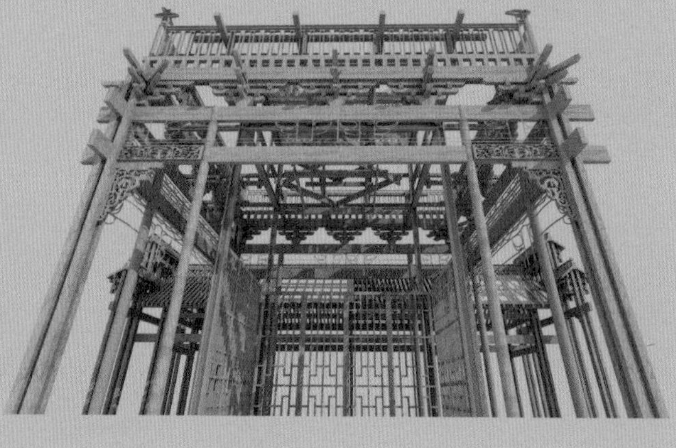

学校：哈尔滨工业大学建筑学院　指导老师：余洋　学生：余畅　黄思铭　李晓昱

自然之痕+科学

风的科学性处理

以12小时为周期收集实验地点的风级数据，绘制成风级-时间雷达图，并通过将各个点的相对位置和风级数录入GIS软件，依次经过：生成临近表——生成临近数据——以DISTANCE、ANGLE为极坐标轴绘制极坐标图此三步。得出最终图表，和原收集图形对比发现点和图形暗处的位置吻合。

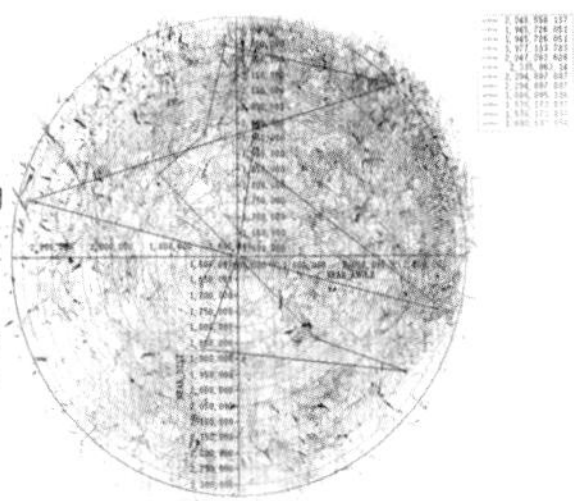
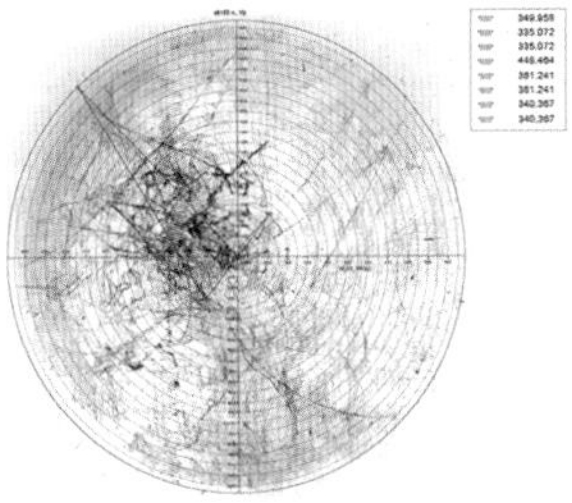
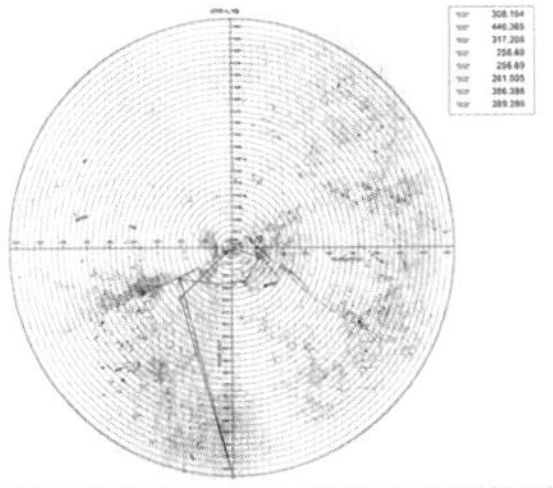
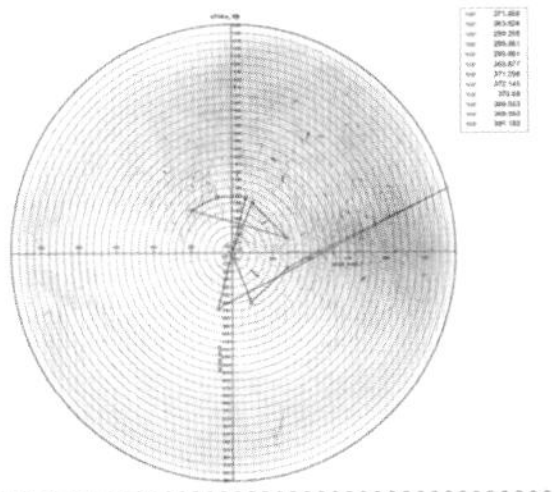
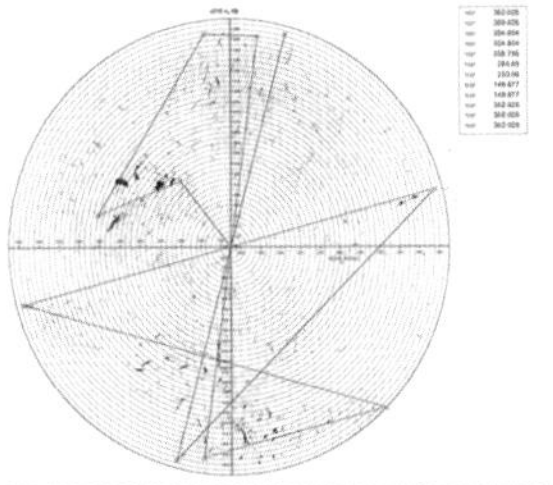

雨的科学性处理

由于各个地区酸雨危害情况各不相同，利用装置结合pH试剂来检测当地酸雨污染情况，前期利用灵敏pH试纸反映雨水的侵染和酸度变化，在发现因pH测试范围不足导致效果不佳之后，找寻其他酸碱指示剂配方配合纸张进行记录实验，最后经过相关专家咨询得出酸碱指示剂配方如右图。

0.2%甲基红乙醇溶液　体积：1

&

0.1%亚甲蓝乙醇溶液　体积：1

变色点PH值：5.4

5.2 ~ 5.4 ~ 5.6

红紫　灰蓝　绿

鸟的科学性处理

装置利用附着在白纸上的石墨粉收集鸟类的爪印。针对不同地区基调鸟种与食性的差异，借由装置对不同鸟类足迹的收集结果，判断同一食性的不同鸟类在当地的种群丰富度、个体密度以及形态特征。再将信息加以处理，给公众提供当地鸟类的生存状况报告，为鸟类保护和唤起群众的环境保护意识起到帮助作用。

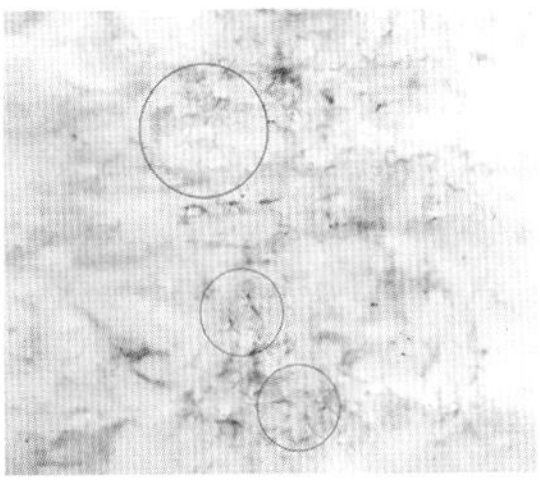

自然之痕+艺术

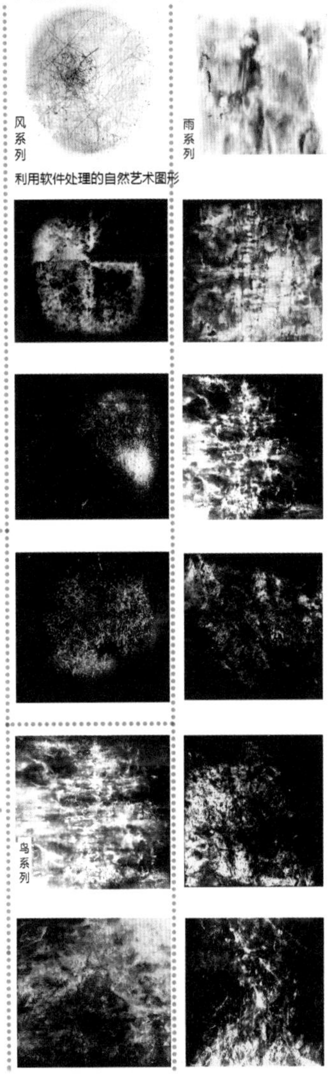

学校：广州美术学院建筑艺术设计学院　指导老师：鲁鸿滨　学生：鲁谦　张远卢

小型乡野旅居空间模块化设计与营造

应用性设计

选址与规划

为了检验模块化设计的可行性，我们选取了广州市增城区池岭村作为设计对象，对其进行调研分析，并作出酒店客房的规划。

池岭村原有村落是以群落为单位分布，每个群落分为若干户。

在酒店客房规划时，同样采用这种方式布局。以公共空间连接客房单体或组合，形成不同群落。

村落布局图

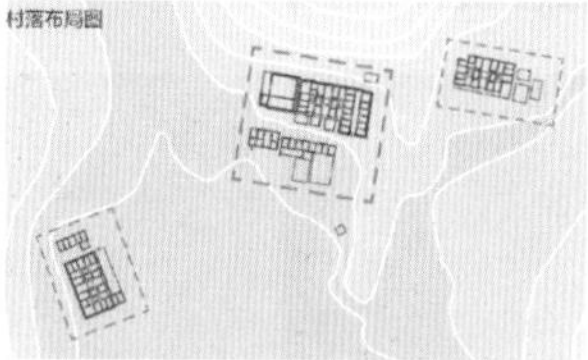

在酒店客房规划时，同样采用这种方式布局。以公共空间连接客房单体或组合，形成不同群落。

山地竹林区客房规划

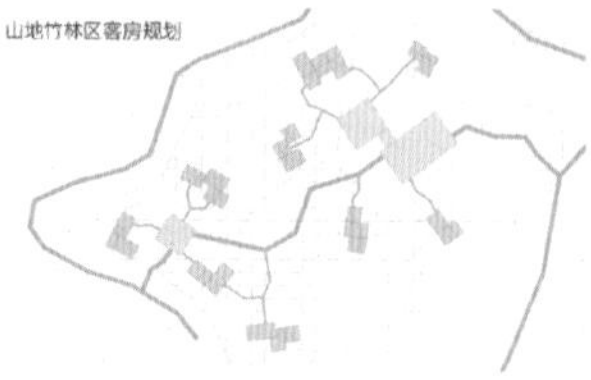

效果图

模型制作

用真实材料制作 1 : 10 模型，真实还原结构与表皮模块建造方式，检验方案可行性。

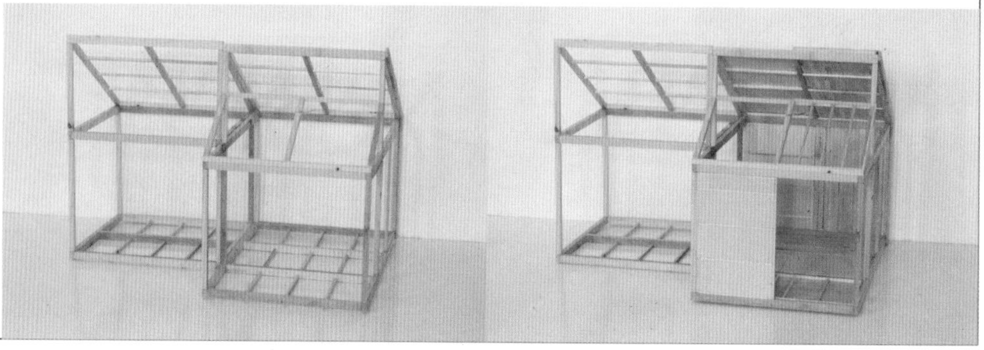

学校：广州美术学院建筑艺术设计学院　指导老师：王铬　学生：何雅皓

海上乌托邦——珠海桂山岛海上社区设计

疍民

疍民主要分布在福建、两广、海南岛、和港澳等东南沿海地区，其中以广东疍民人数最多，分布最广，主要聚居在番禺、顺德、东莞、中山、珠海、阳江、深圳、香港、三水、台山等地。

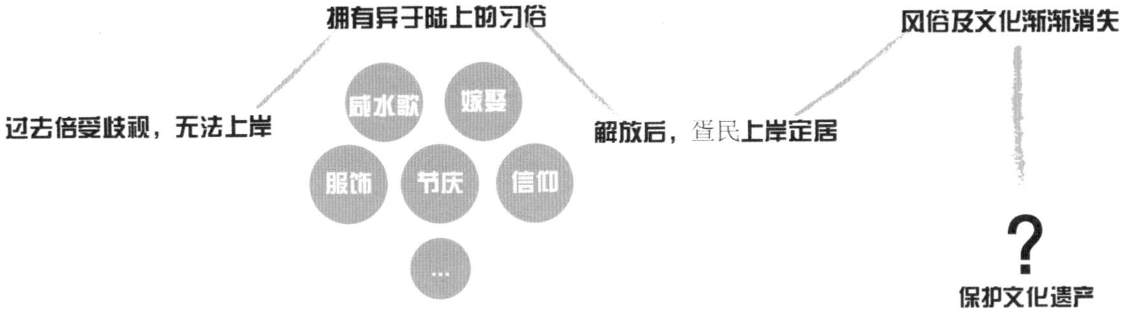
拥有异于陆上的习俗
风俗及文化渐渐消失
过去倍受歧视，无法上岸
咸水歌
嫁娶
解放后，疍民上岸定居
服饰
节庆
信仰
...
?
保护文化遗产

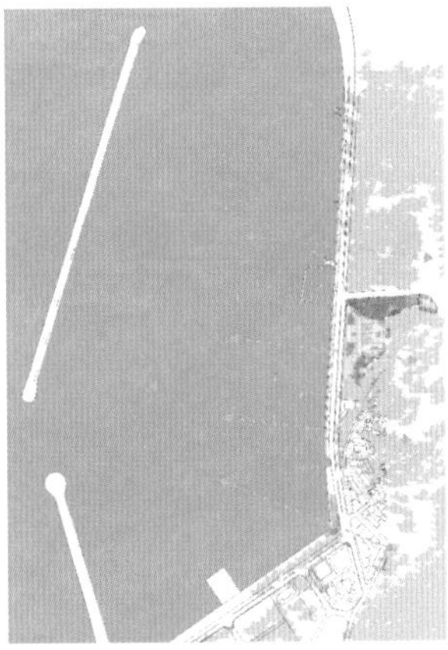

弱化海陆边界

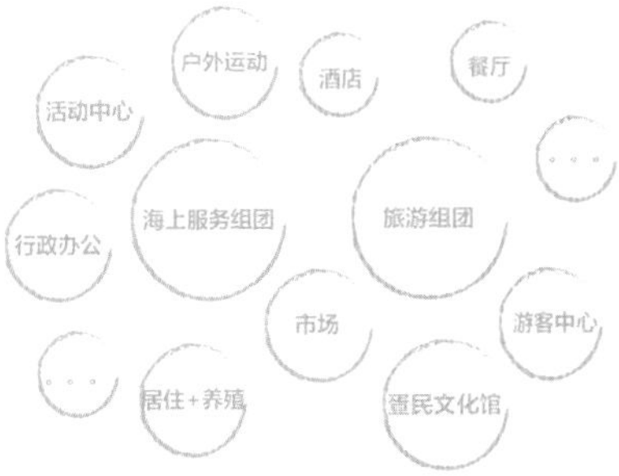
户外运动
酒店
餐厅
活动中心
...
海上服务组团
旅游组团
行政办公
市场
游客中心
...
居住+养殖
疍民文化馆

置入社区服务

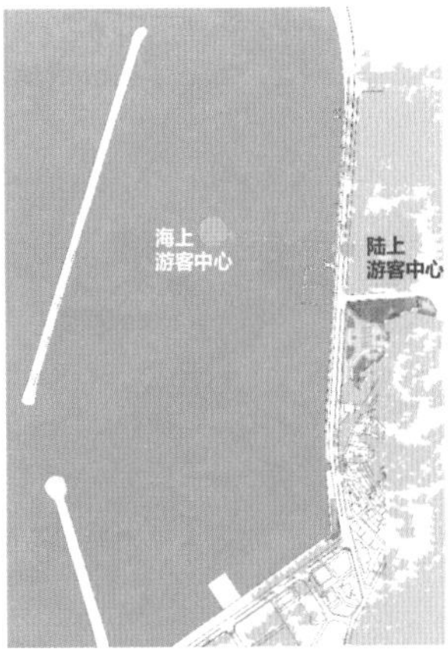

增设游客中心

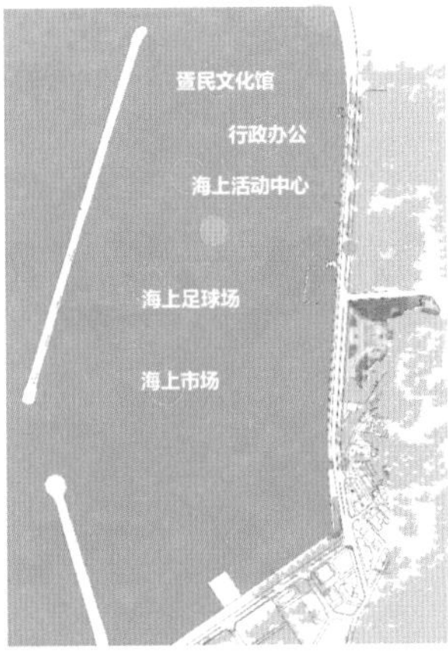

置入公共空间

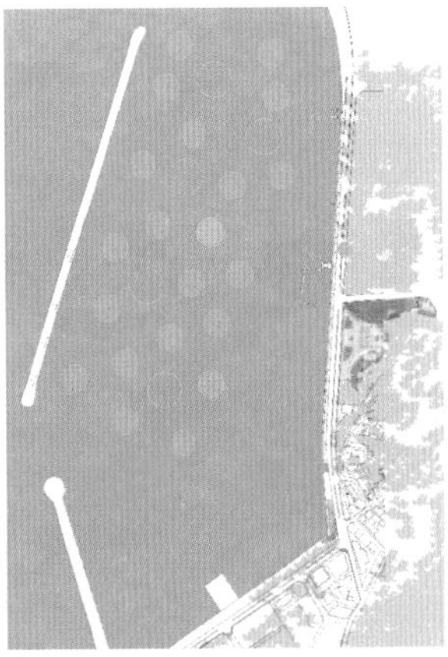

置入居民居住空间

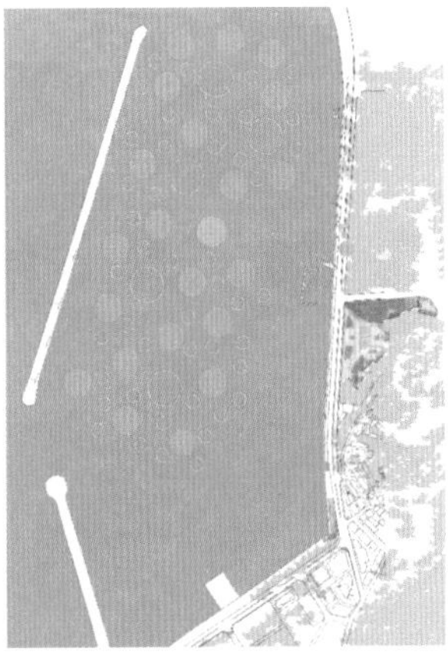

置入游客居住空间

亚洲设计学年奖

银奖

学校：广州美术学院建筑艺术设计学院　指导老师：王铬　学生：何雅皓

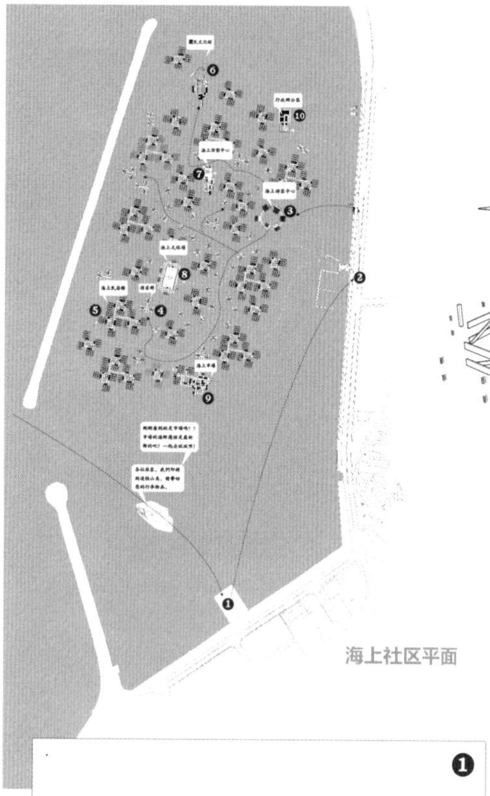

海上社区平面

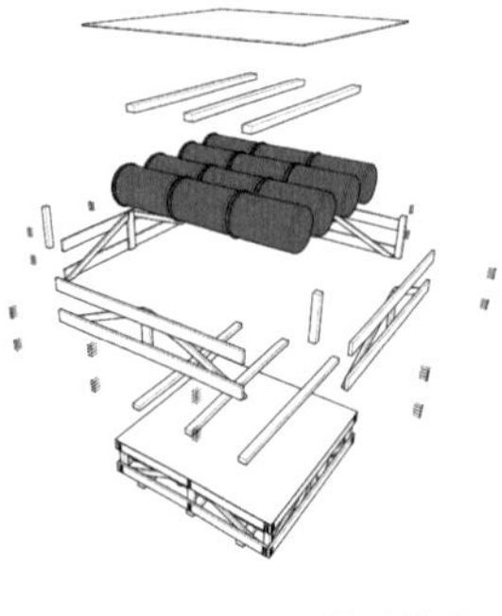

基座结构

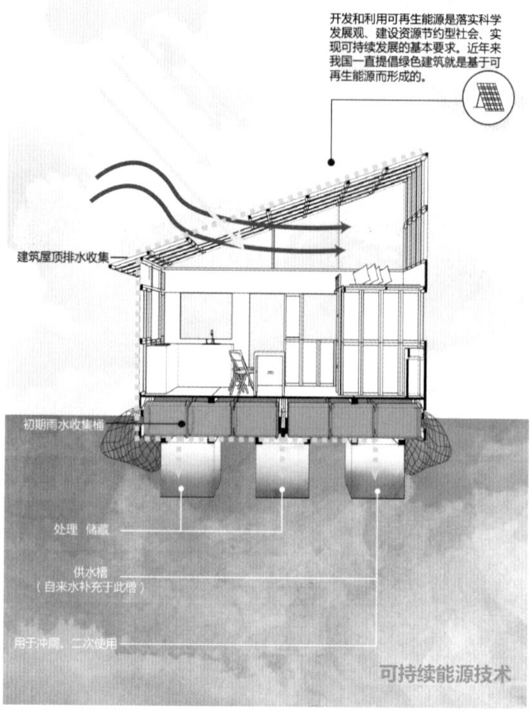

可持续能源技术

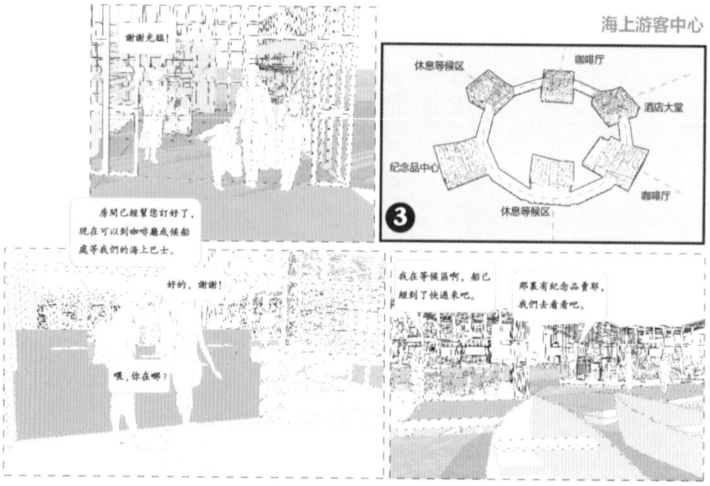

海上游客中心

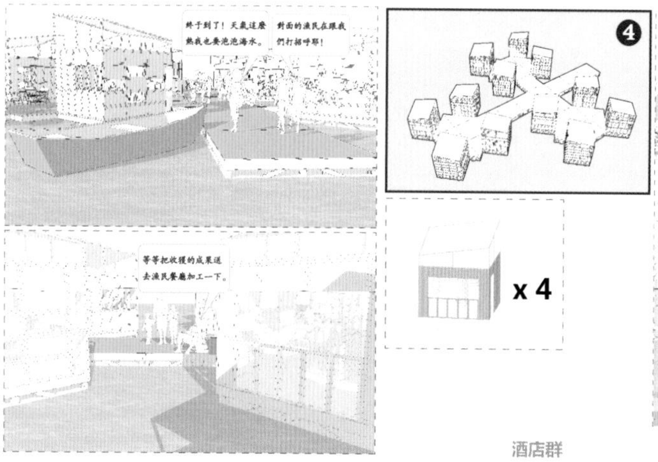

酒店群

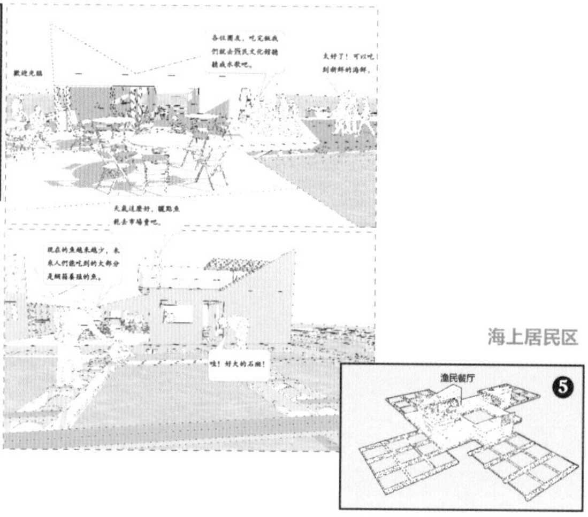

海上居民区

学校：广州美术学院建筑艺术设计学院　指导老师：王铭　学生：何雅皓

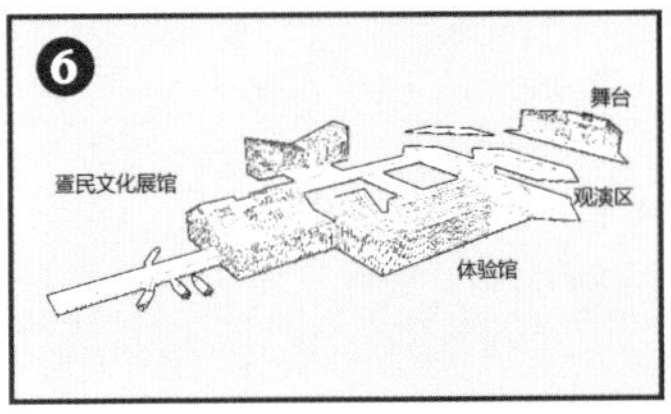

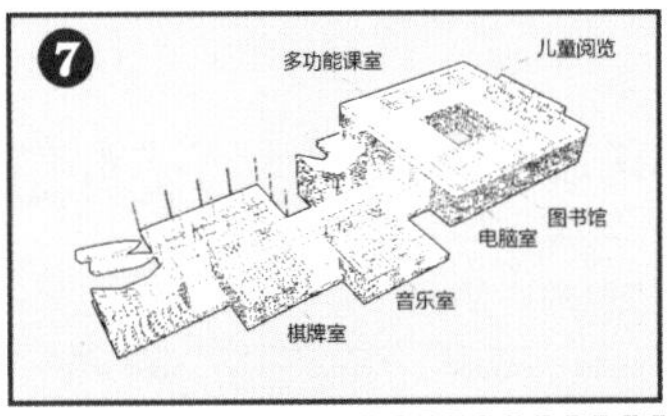

疍民文化馆

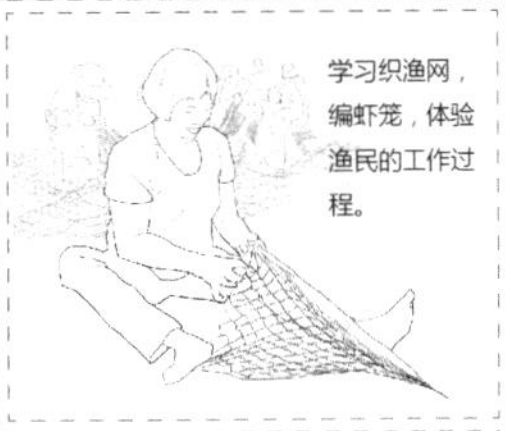

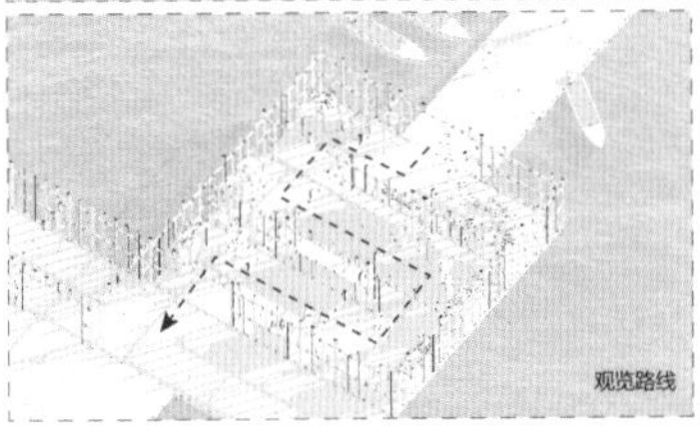

海上文化中心

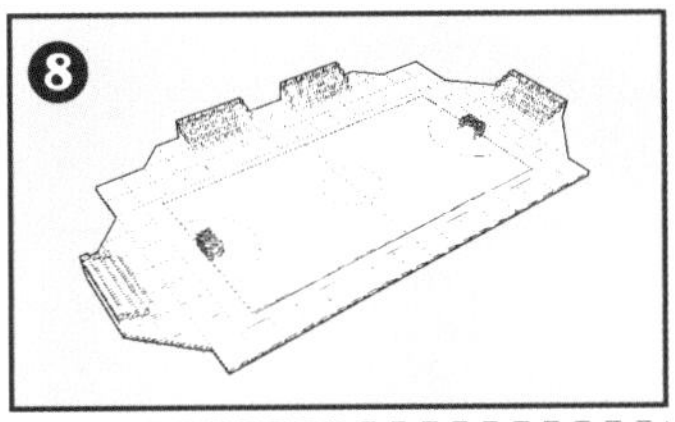

海上足球场

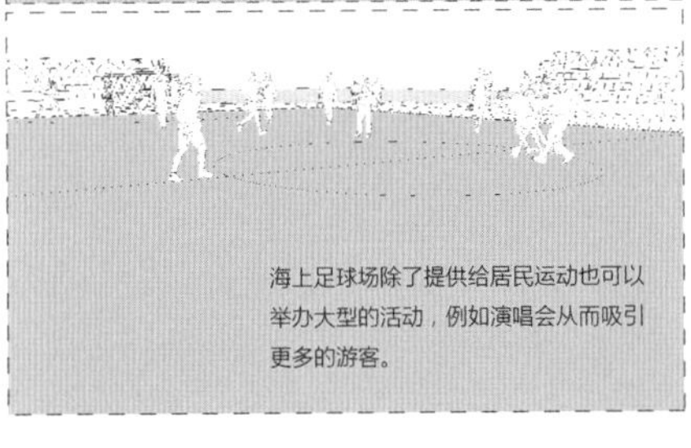

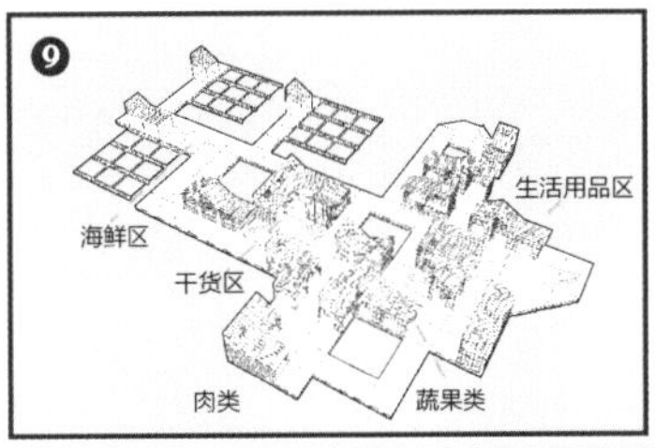

海上市场

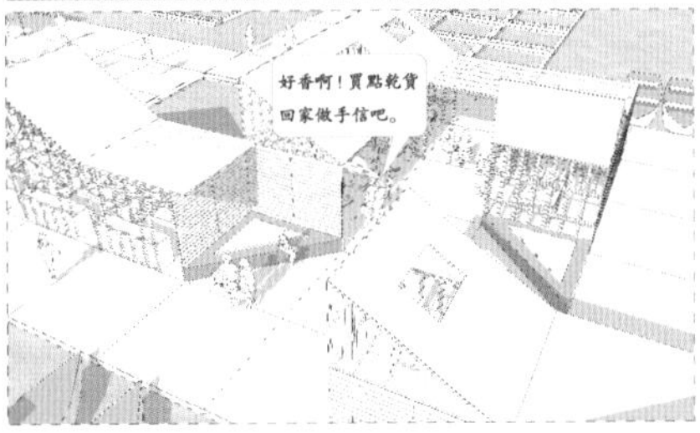

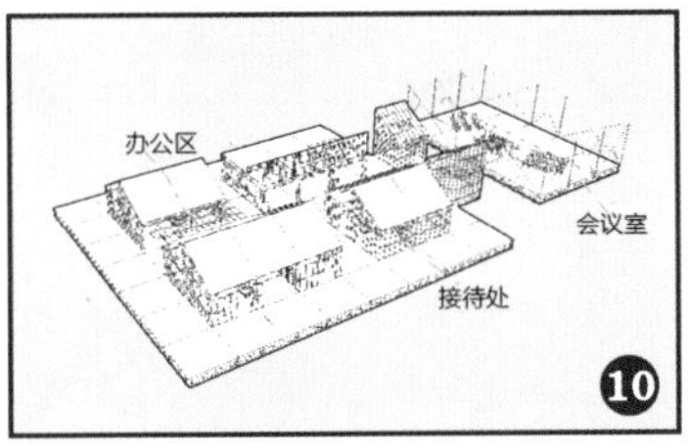

海上办公区

银奖

学校：西安建筑科技大学艺术学院　　指导老师：吕小辉　　学生：张旸　徐夕然　贾静

弹性搭建——解放村街区微更新设计

+ 核心问题及策略

核心问题

1. 街道混杂：人车混行问题严重，高峰时段街道会出现不同程度的拥堵现象
2. 边线模糊：沿街商户对街道空间的占有和控制，道路边缘兼具私人领地属性及开放性
3. 市集混乱：商户将售卖领地扩展到街道，与流动小商贩混杂在一起，商业低迷
4. 功能弱化：缺乏城市基础设施，生活设施杂乱，无引导性，无法满足周边参与者的需求
5. 类型单一：小型不规则公共空间居多，缺乏大型公共空间，缺乏绿化空间

1. 交通系统策略更新，按时段限行，部分道路设置为单行道，划定步行区
2."见缝插针式"增加街道和社区的公共空间及绿化空间，将场所尺度多样化
3. 居民参与型城市再生，鼓励自下而上的社区再生实践，鼓励居民自主改造和利用活动空间，满足不同人群的不同需求
4. 增加适宜居民交往、游客停留休憩的场所，促进交流，增加生机

核心策略

适应性：搭建具有灵活、便携、可拆卸移动等特点，适应街区各种尺度的空间类型

自主性：鼓励当地居民和商人参与到公共空间的改造中，满足不同人群的不同需求

功能多样性：搭建的弹性使它的功能多变，拆搭之间可以实现多种功能，满足多种需求

最小干扰性：搭建具有可移动可拆卸性，将干扰将到最低实现对街区的微介入，微更新

+ 公共空间系统分析　02

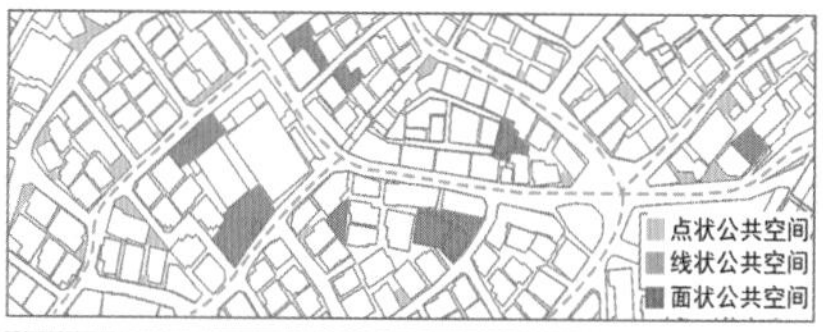

+ 空间弹性搭建详情

点状公共空间

建筑边缘空间
街巷微型公共空间

1. 利用建筑边缘U型空间或沿街微型公共空间等点状空间见缝插针设置搭建，满足居民及游客的基本停留需求
2. 节假日时可在街巷微型空间搭建舞台单体，供人们聚集庆祝，也可供居民举办街道小型聚会，聊天、打纸牌、看电影等活动

线状公共空间

街巷微型公共空间　街道空间　街市公共空间

1. 早晨依附街道空间搭建形成街市供人们采购
2. 快速变形为路挡搭建控制车流，维系街区安全
3. 休憩搭建单体横向叠加后形成线性休憩公共空间，可供孩童玩乐、停留等待等功能

面状公共空间

社区公共空间
街巷尽端公共空间

1. 利用社区公共空间单体横向、纵向叠加形成大型社区活动公共空间，供居民日常生活.讨论.休憩等
2. 节假日搭建舞台，可按空间大小叠加多个，行使聚会、游乐、文化展示等功能

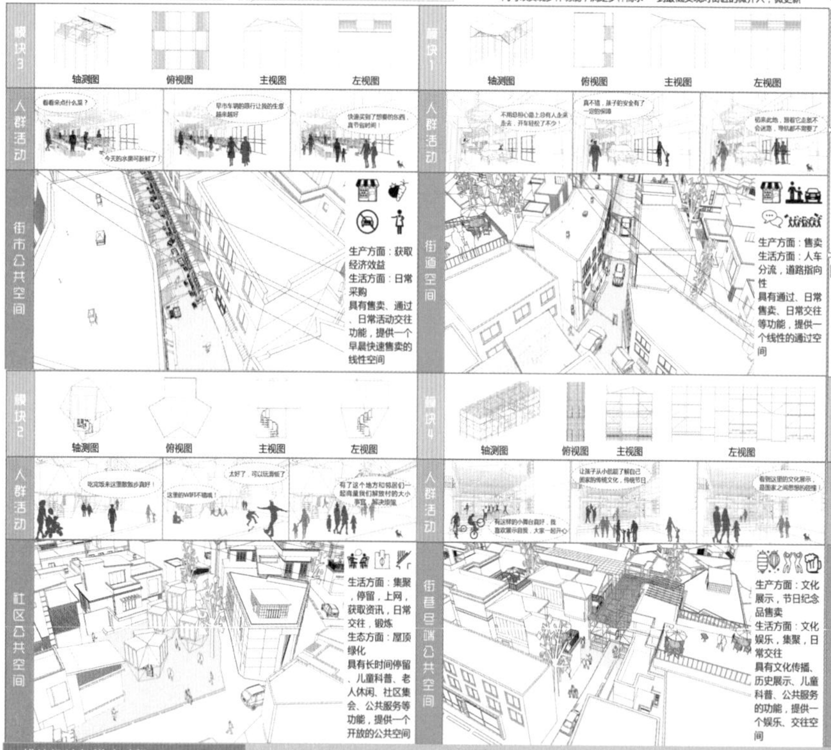

+ 模块设计与搭建过程

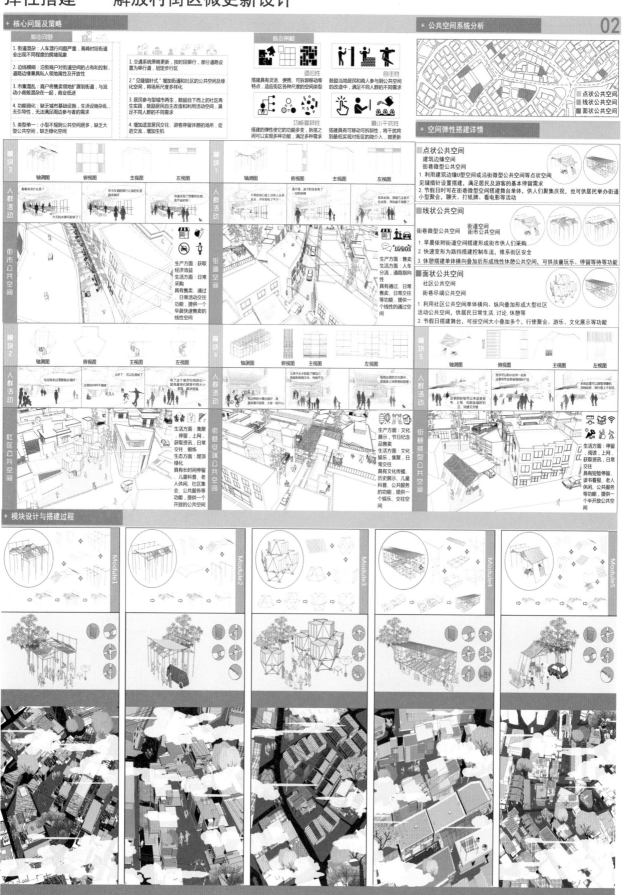

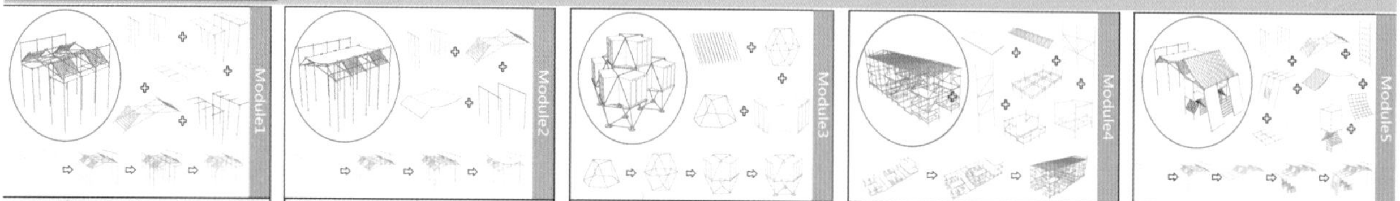

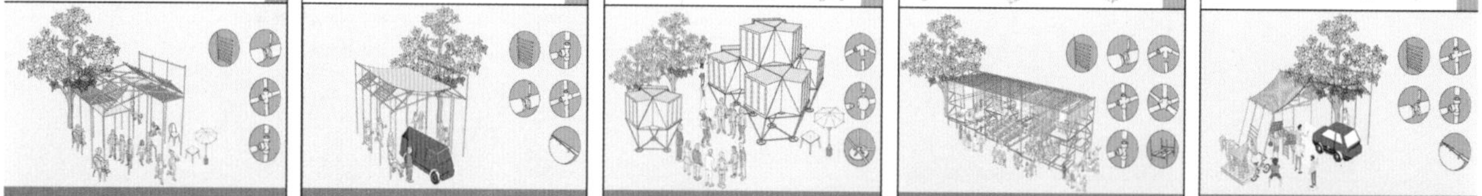

学校：南京艺术学院设计学院　指导老师：邬烈炎　徐旻培　学生：仲金娣　王琳　吴栋林　陈福磊　杨峰

银奖

学校：广州番禺职业技术学院　指导老师：邸锐　周晨橙　郭艳云　周翠微　余德彬　学生：陈晓龙

流浪者之家 临时建筑设计

Temporary Architecture Design

基地位置

项目选址是位于广东省广州市番禺区中央地带的一块待开发用地，东面是工业区，西面是农业用地和住宅区，东北面是番禺广场，周边交通便捷。

选题背景

城市经济发展迅速，外来务工人员增加，人口密度过大，失业率上升，导致流浪人员逐年增多，同时还有大量流浪儿融入社会。基地周边经济繁荣、地势广阔、交通便捷、人流量大成为流浪人员的聚集地。

主题意向

这个项目旨在创造出一个提供给城市里无处可居的流浪者居住的场所，除了能满足提供给流浪者们一个安全、私密和饱含尊重的居住空间这一基本需求外，也期望给居住在这个社区的流浪者们提供一份归属和参与感。单元之间的户外空间不再只是居住空间的延伸，它同时也是个提供给居住者们一个种植小型蔬果的微型农场。这些作物不仅可以提供给居住者自用，同时也可以销售给周边其他的居民。

优势及意义

与普通建筑相比，小型的可拆卸建筑具备一系列的优势，如较少受场地限制、总体重量轻、形式灵活多变、建造和拆卸时间短、投资风险小、商业回报快、安全风险小、工业垃圾少、需要的人工数量少等。从教育意义的角度来看，通过对房屋的拆卸并多次组装，可有效帮助学生理解建筑内部结构和设计细节，；从商业角度来看，小型可拆卸建筑完全可以由小型团队设计、建造并独立经营，无需依附大事务所便可树立自己的品牌。

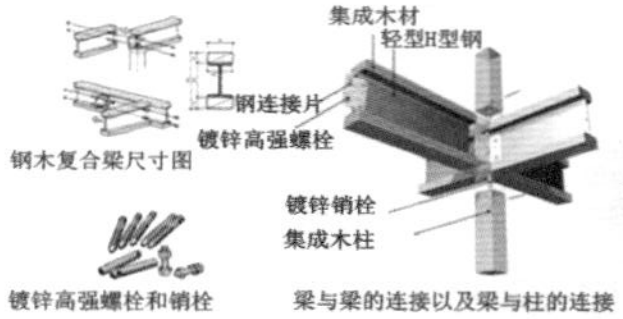

钢木复合梁尺寸图

镀锌高强螺栓和销栓

梁与梁的连接以及梁与柱的连接

设计思路

临时可拆卸的建筑是指一个具有实体空间的建筑物或构筑物，可适应不同的使用功能要求；根据场地变换，可整体或部分移动，通过构件调整，而又能快速地完成装配。

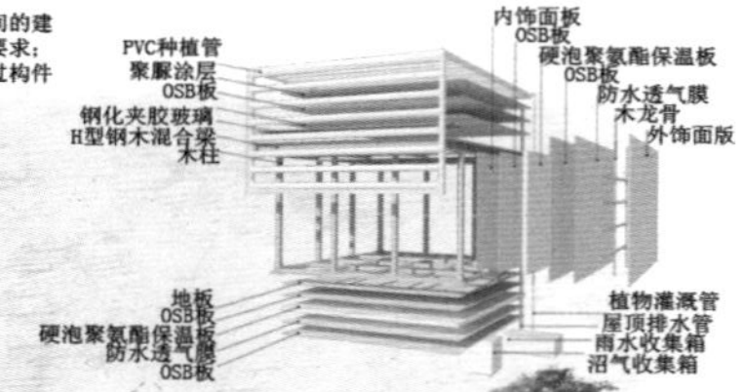

流浪者之家 临时建筑设计

Temporary Architecture Design

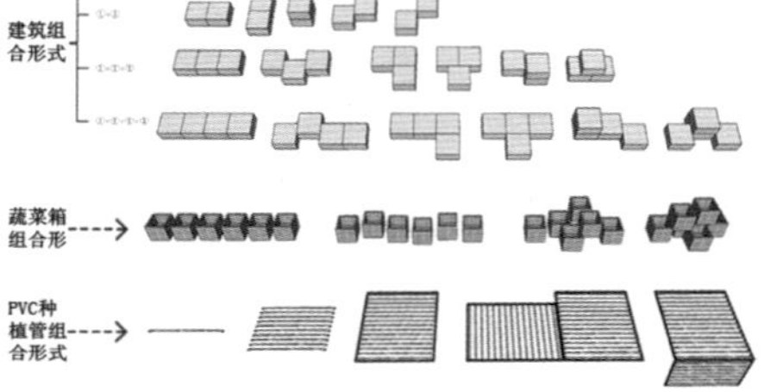

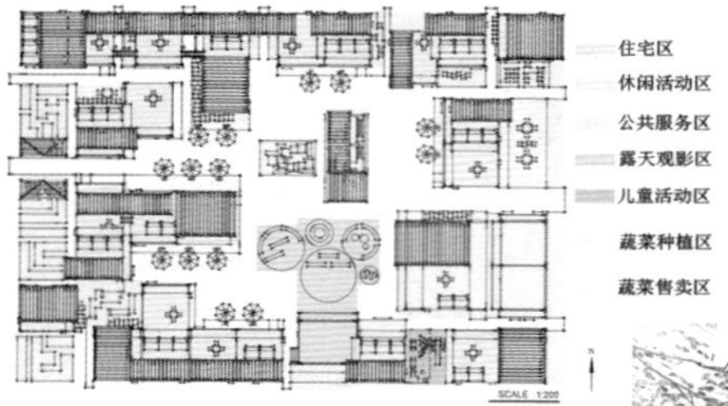

学　校：广州番禺职业技术学院
学　生：陈晓龙
指导老师：邸锐
周晨橙

2

商业建筑与空间

学校：广州美术学院建筑艺术设计学院　　指导老师：许牧川　陈瀚　　学生：阮豪毅

1:300

取蜜　检查　观察

WC 卫生间

醇蜜

纪念品

点餐　厨房

观蜂　风景

品蜜

歇息　聚会　驿站　航拍

纪念　阳浴　垂钓

在树上行栈道之上腰约的看到"蜂箱"对"发好奇心。

上树爱虚窥视蜜

透过圆形框景看到周边的蜂蜜吸引蜜蜂在休息平台附近采蜜。

月离蜂舞花溅跃

在室外的阳光平台上是望着蜂蜜，如同所见的蜜蜂一样。

胶日牌子品蜜客

特别阴畅与我朝的棒棒让人不自觉地挥动扶手，在行进途中增加观赏体验。

八楼下楼梯晒明

巨大的蜂箱伴随着隐隐的嗡嗡，声音的撼着像是江面的远处传来的一样。

就水面亚南江喘

7.40　7.20　6.00

4.80　3.20　2.70　3.10　1.50

崀蜜堂——南昆山十字水蜂蜜体验馆设计

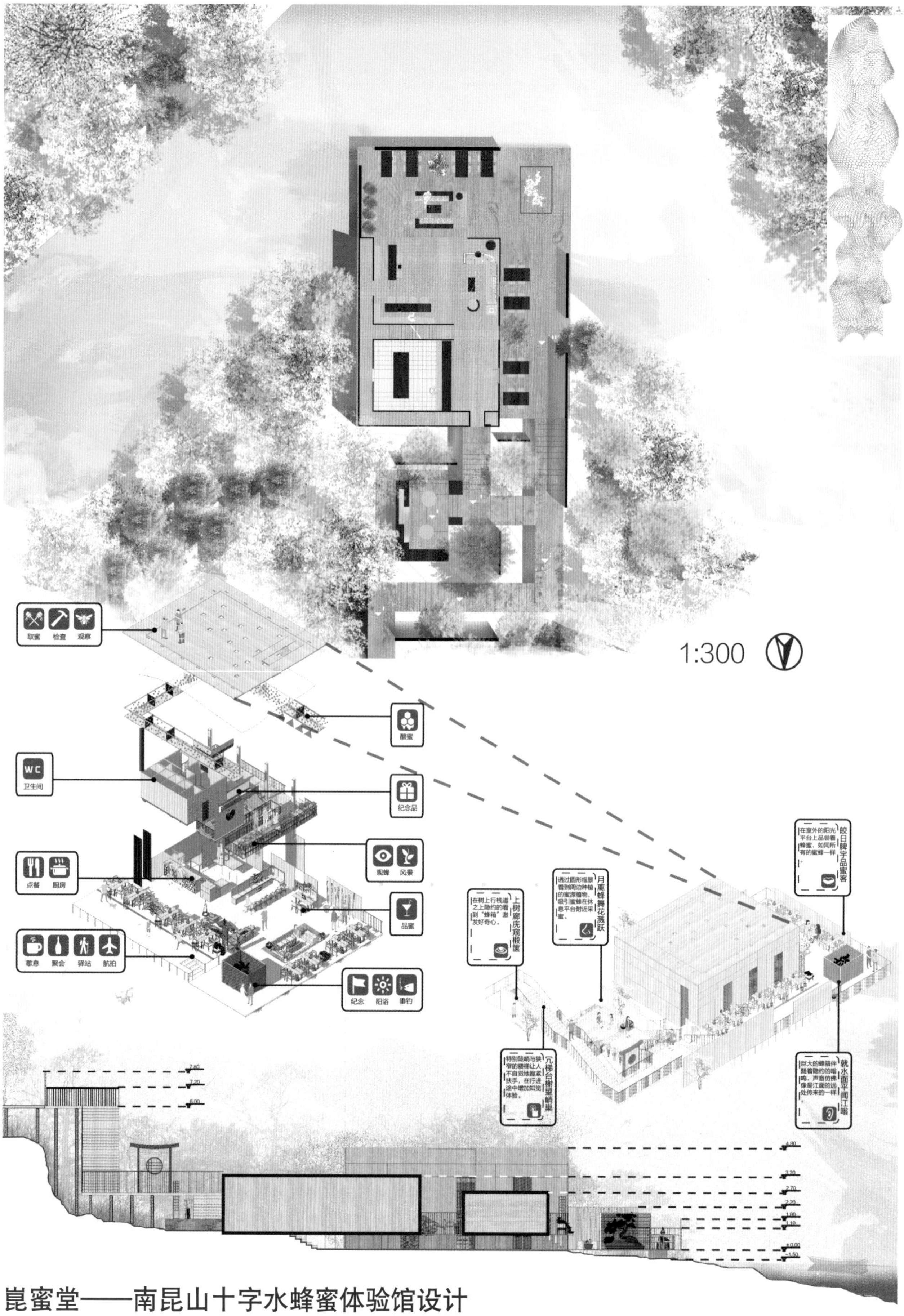

学校：厦门大学嘉庚学院　　指导老师：叶茂乐　　学生：纪豪　蒋雨恬

消融的商業
The ablation of business

曾厝垵 商業綜合體設計
Commercial complex design

区位示意图
AREA BITMAP

业态的消融
FORMAT FUCTION
对区域业态进行解析，通过总包数据分析和归纳并整合产业金升级

交通分析
TRAFFIC ANALYSIS

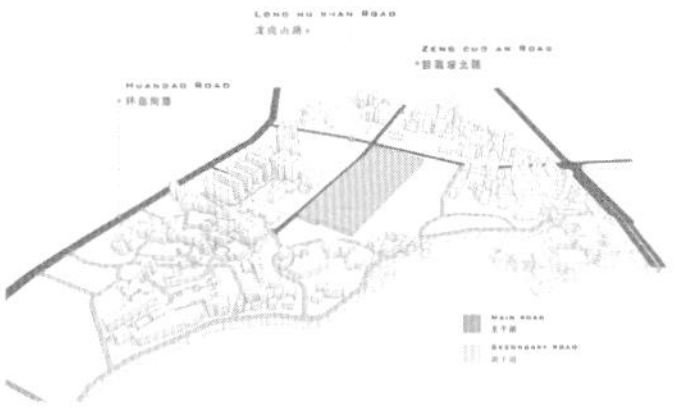

基地选址座落于曾厝垵北路，位于曾厝垵旅游区出路口。

曾厝垵的现今定位和发展格局
DEVELOPMENT PATTERN

通过周边概况对基地周边功能区的区分，得出了以上几种功能区（住宅区政府机关，文教区，曾厝垵旅游区）及功能区中人口流动统计图。

周边概况
GENERAL SITUATION

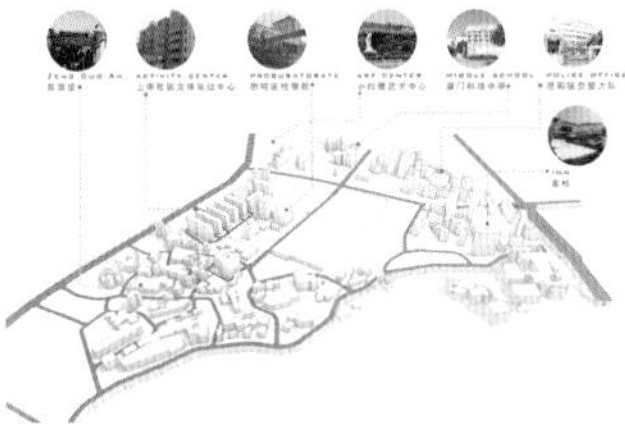

基地周边的功能区分布明确，有曾厝垵旅游区、政府办公区、居民住宅区、文教区。

通过对周边功能区的分布特征，进行分析以下人流分析。

设计概况
DESIGN OVERVIEW

近年来城市的快速发展让曾厝垵现从一个没落的小渔村迅速的蜕变成一个闽台文化创意休闲街的，家庭旅馆为聚饮空间如何由各界发展出厦门一定的旅游观光，曾厝垵在此经济发展的地方经济资源导等推动的遇到瓶颈也不以生活来开发。家庭旅游资力旺盛，业态亦密等推动进遇到瓶颈让不，严重影响了当游游客的游购消费游同时也增大了曾厝垵居民的生活。因此产业的升级、人群分流、延续闽南文化、创新商业购物形式重要成为曾厝垵未来可持续发展的思考方向。

基地选址
BASE LOCATION

曾厝垵座落于厦门岛东南部，三面环山，南至环岛路与大担岛隔海相望。

转型方向
TRANSITION

互联网发展对实体商业的冲击
THE IMPACT OF INTERNET DEVELOPMENT

① 实体商业零售下降网络商业增多

② 网络商业增速好于实体。

③ 网购差点在于"购"，实体差点在于"品"。

④ 越来越多的实体商业纷纷开始对"体验式购物进行探寻"。

结论："体验"才能激发消费者的消费欲望。

基地现状
BASE STATUS

提出概念—消融
PROPOSE CONCEPT

● **业态的消融**
THE FORMATS OF FUSION
对区域业态进行解析，通过总包数据分析和归纳并整合产业金升级

● **基地的消融**
THE FUSION OF THE BASAL
对离南起坡地进行解析，通过提取和拆分进行基底生成

● **空间的消融**
THE FUSION OF SPACE
对区域坡地进行解析，通过导入融入，将压体坡地立体组织空品

● **天际线的消融**
THE FUSION OF SKYLINE
对建筑进行消融和对天际线高度进行解析。

选址在曾厝垵的原因
WHY HAVE LOCATION IN ADJACENT AN

1 曾厝垵处于野趣地带，需要进行发展控制。

2 曾厝垵旅游业态类型低端，产业单一，发展幸福不均，不利于长期发展

3 对曾厝垵现有游客流量进行分流，为可持续旅游商业发展做升级

图表分析
CHART ANALYSIS

通过以上人口流动统计表的数据，我们对人口类型的供应需求进行分析，通过对分析两种对出我们对商业综合体的商业业态布配比图，其中等饮为主要配置类型。通过这样的数据分析使实现业态上的消融。

	Supermarket 超市	Shopping 购物	Restaurant 餐饮	Exhibition 展览
周边功能区	人流类型		关键词（供需）	
旅游度假区	游客（流动人群）		特色文化、藏宝小屋	
政府办公区	上班族		体验餐饮	
生活区	居民		购物超市、体验	
文教区	学生、老师		展览、社区、文创产业	

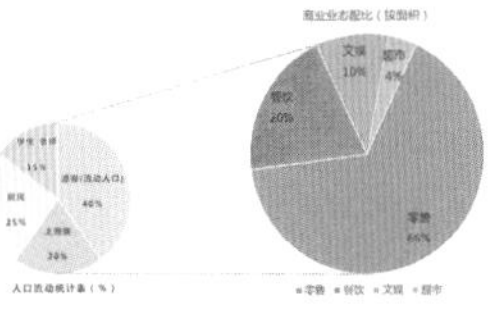

亚洲设计学年奖

学校：厦门大学嘉庚学院　指导老师：叶茂乐　学生：纪豪　蒋雨恬

金奖

基底的消融 Basement fusion

对闽南肌理元素进行解析，
通过提取和拆分进行基底生成。

-NO.1-理念分析

分析闽南古厝天井与建筑的关系。

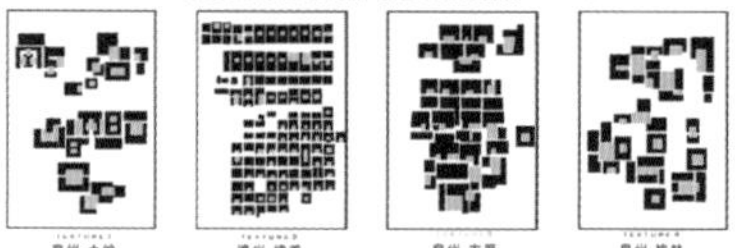

-NO.2-基底生成分析

提取天井形状元素进行排列组合。

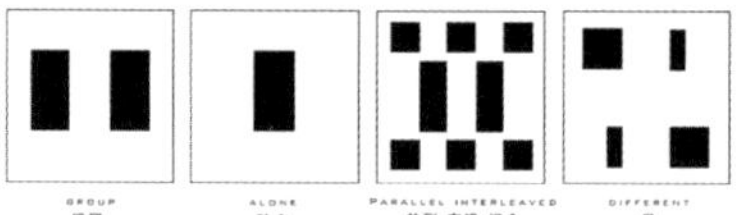

经过排列重组设计出新的天井组合方式，
并将其植入基地

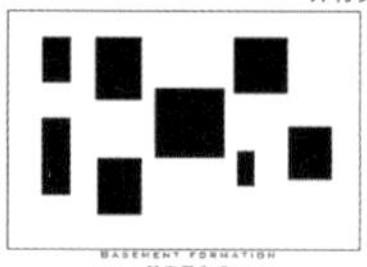

BASEMENT FORMATION
基底层生成

Basement formation

-NO.3-体块概念生成

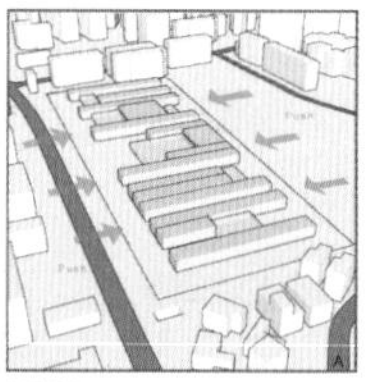

植入建筑
Implant construction

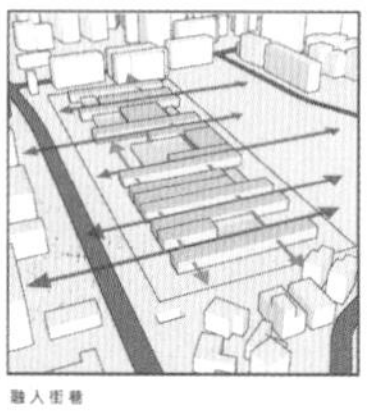

融入街巷
Into the streets

体块分解
Bulk decomposition

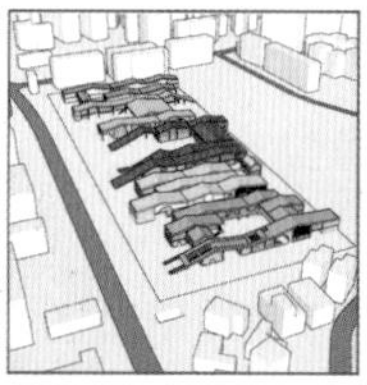

表皮生成
Skin formation

流线分析 streamline analysis

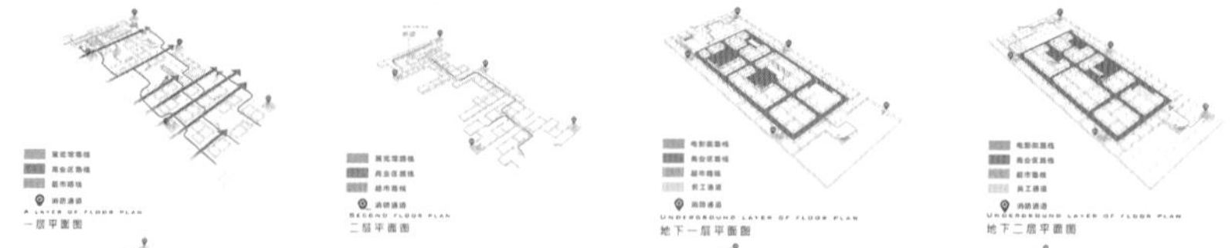

功能分析 functional analysis

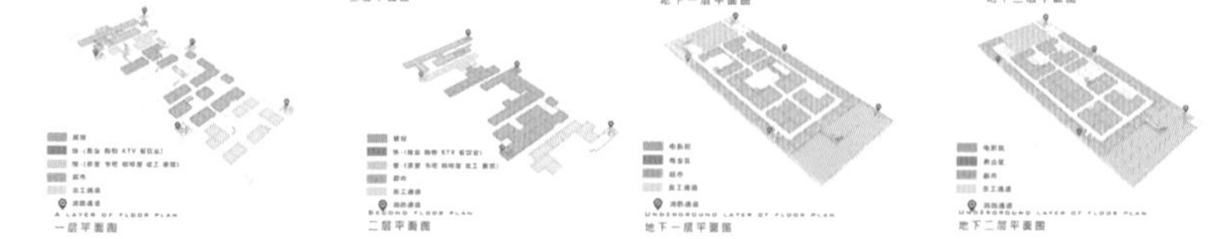

设计理念 design concept

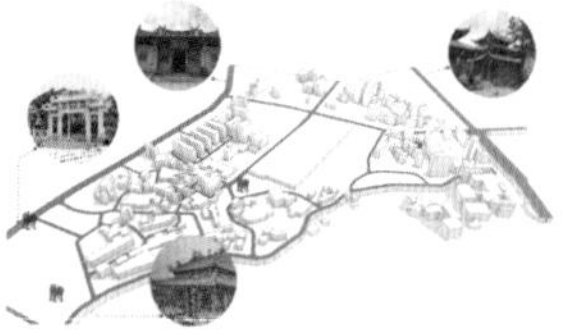

a．"快"与"慢"的交织。
"慢"
→ 寺庙的存在，给人以舒心.静心的氛围。其次，基地周边的政府机关和住宅区也同时需要"静"的氛围。
"快"
→ 在精彩纷呈的购物街上聚集人潮而成。

b．"古"与"今"的融合
→ 基地四周寺庙环绕，宗教文化气息浓厚。
→ 建筑形式上"推陈出新，革故鼎新"。

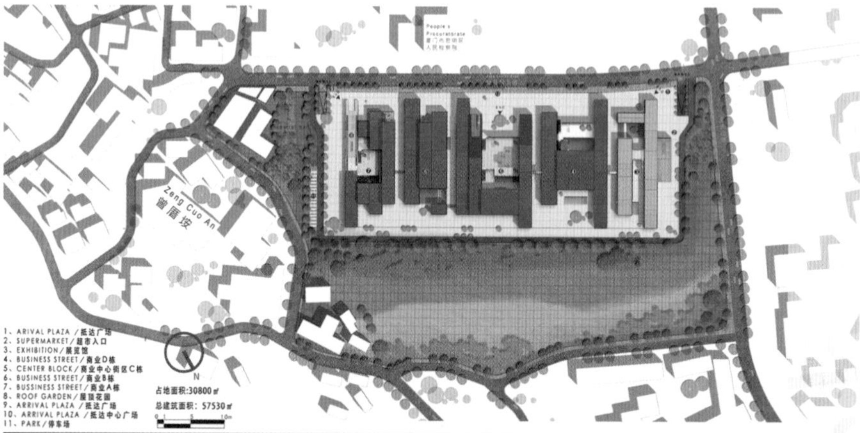

1、ARIVAL PLAZA／抵达广场
2、SUPERMARKET／超市入口
3、EXHIBITION／展览馆
4、BUSINESS STREET／商业D栋
5、CENTER BLOCK／商业中心街区C栋
6、BUSINESS STREET／商业B栋
7、BUSSINESS STREET／商业A栋
8、ROOF GARDEN／屋顶花园
9、ARRIVAL PLAZA／抵达广场
10、ARRIVAL PLAZA／抵达中心广场
11、PARK／停车场

占地面积:30800㎡
总建筑面积：57530㎡

景观节点分析 Landscape nodes

红色的区域为天井的位置，可从图中看出每层天井的大小不同。人站在不同楼层透过天井可以看到每一楼层的风景和活动状态，展现了垂直交通的设计理念。

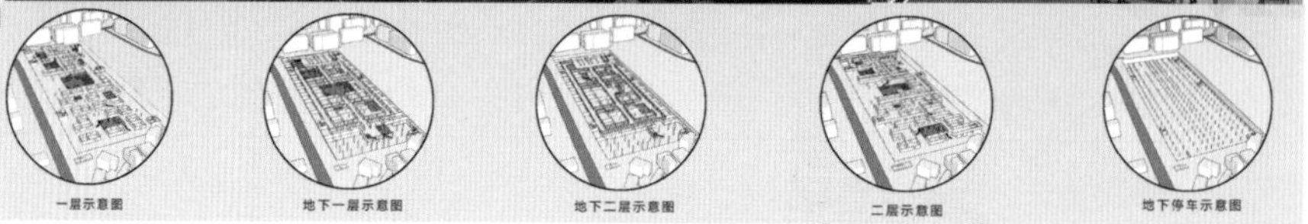

学校：厦门大学嘉庚学院　指导老师：叶茂乐　学生：纪豪　蒋雨恬

学校：哈尔滨工业大学建筑学院　　指导老师：刘杰　　学生：王查理　张鸿达

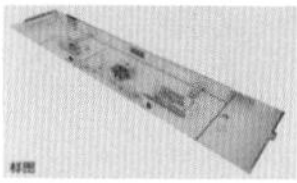

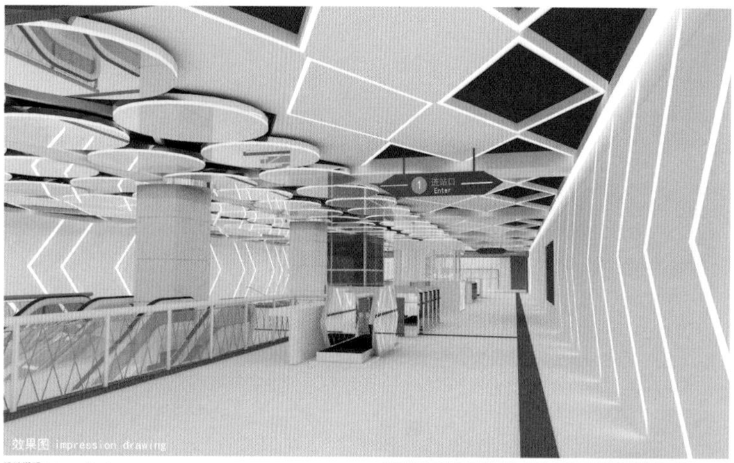

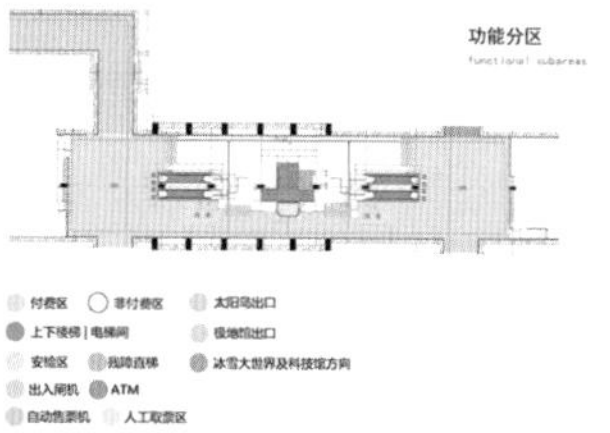

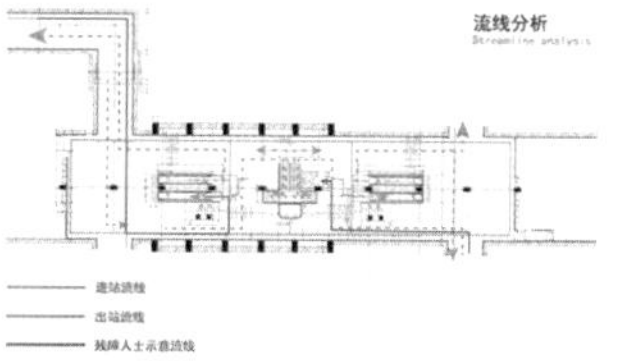

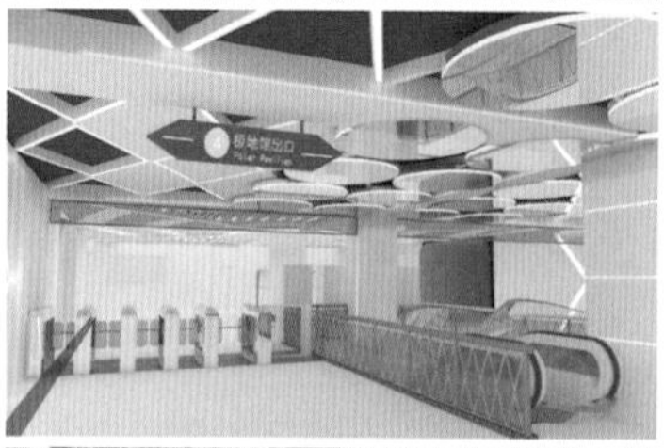

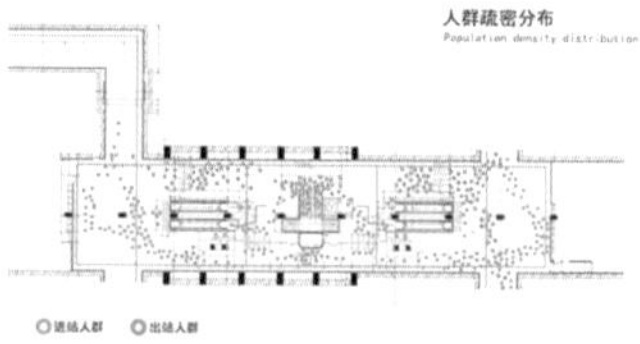

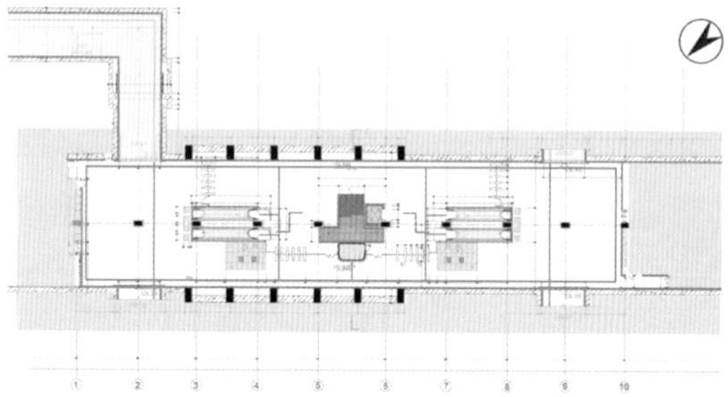

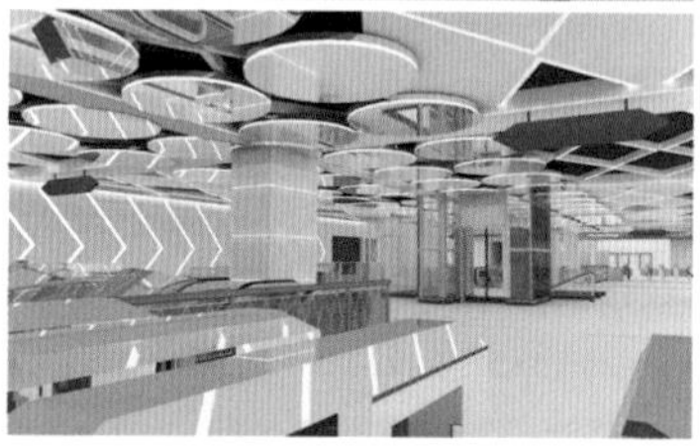

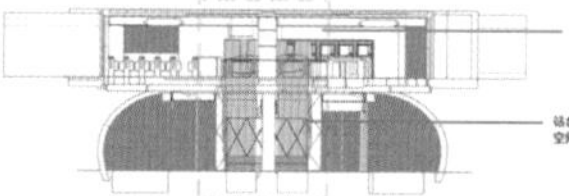

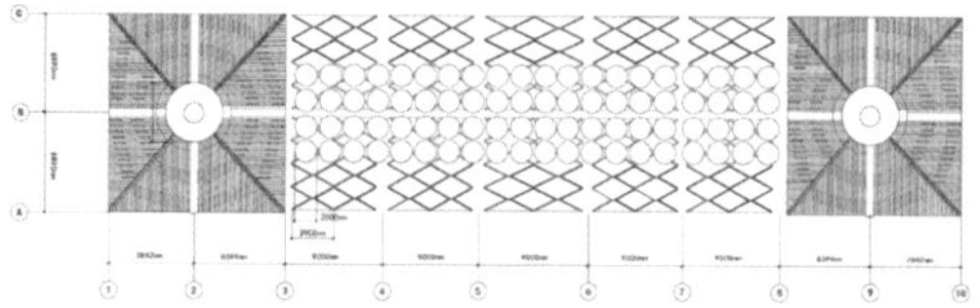

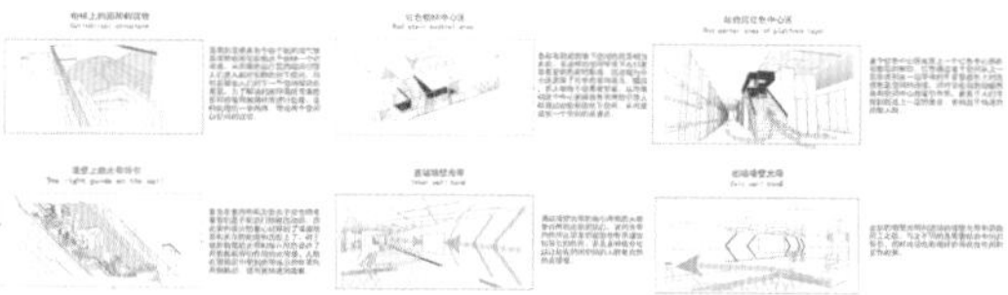

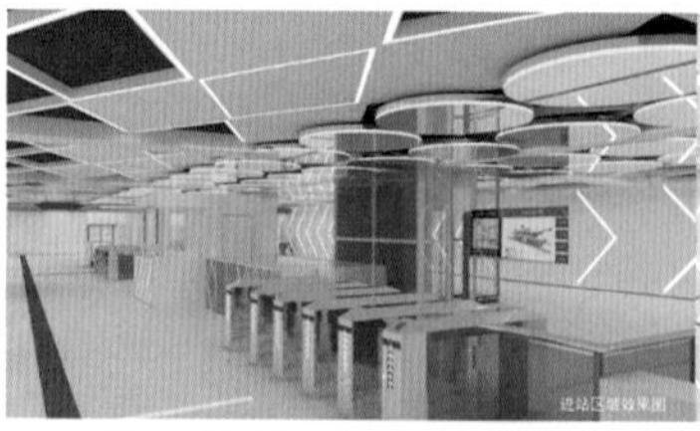

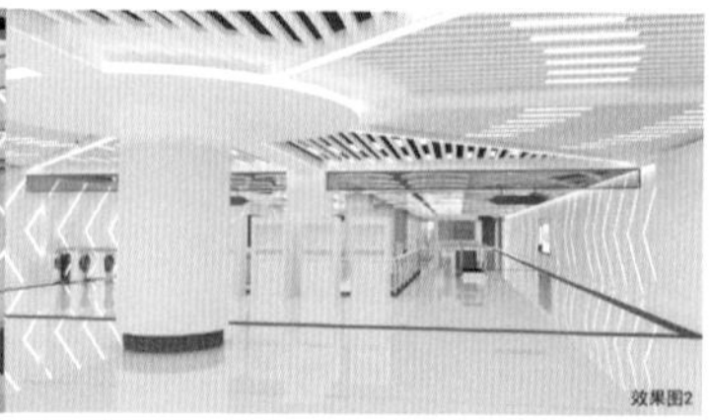

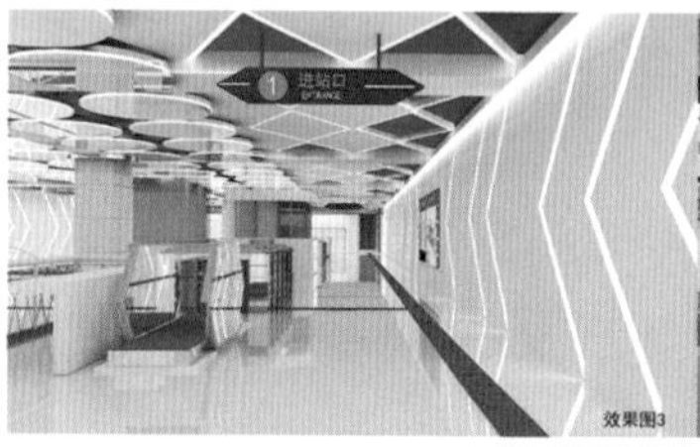

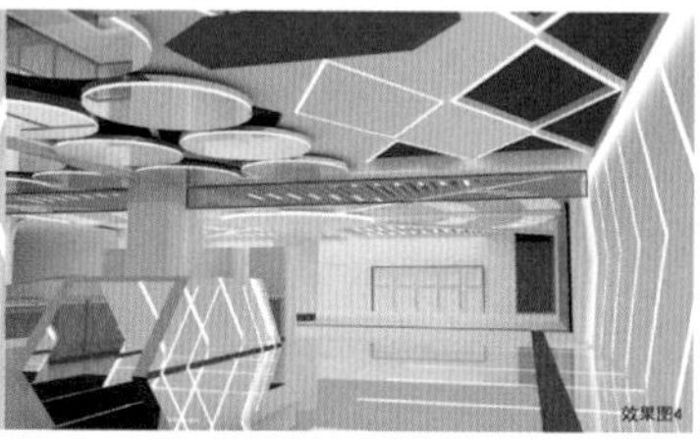

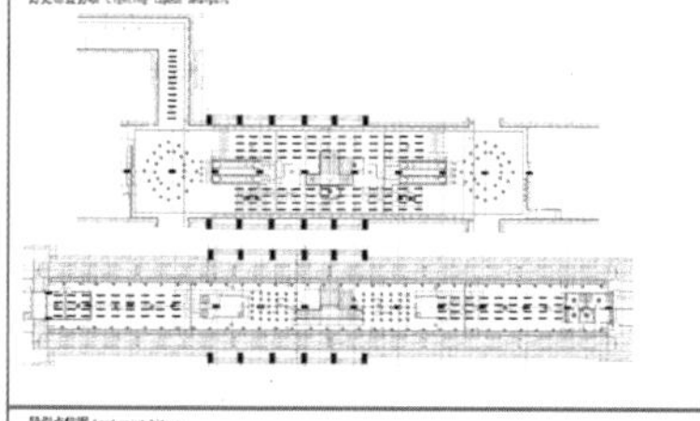

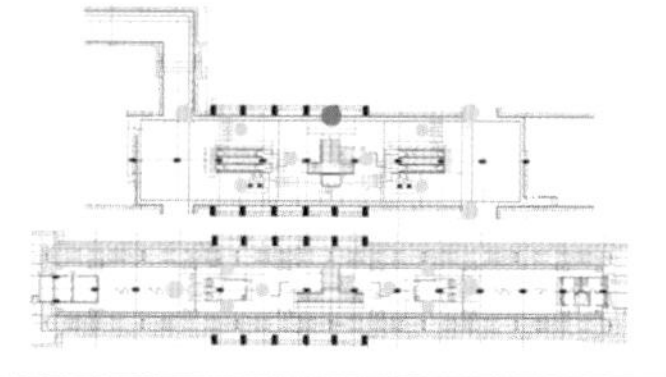

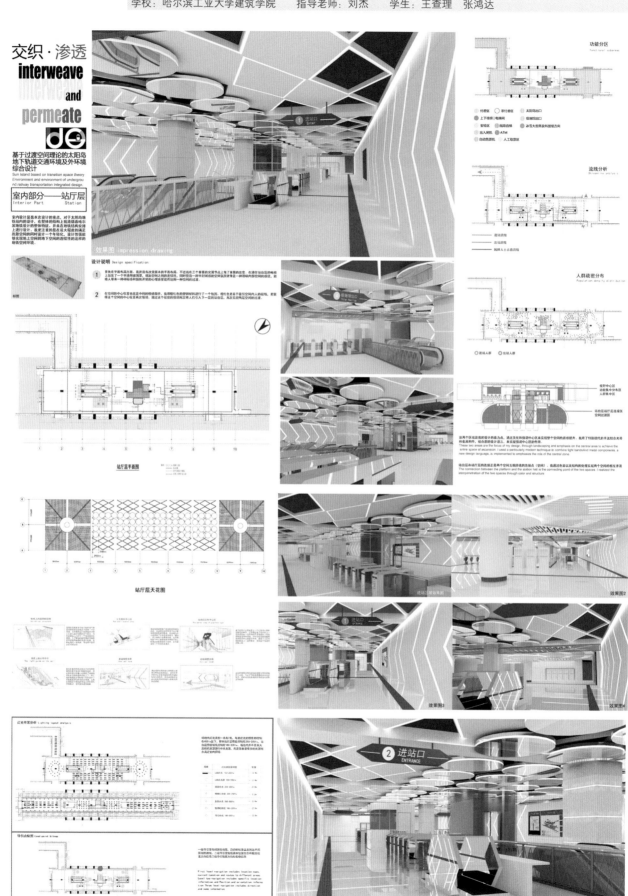

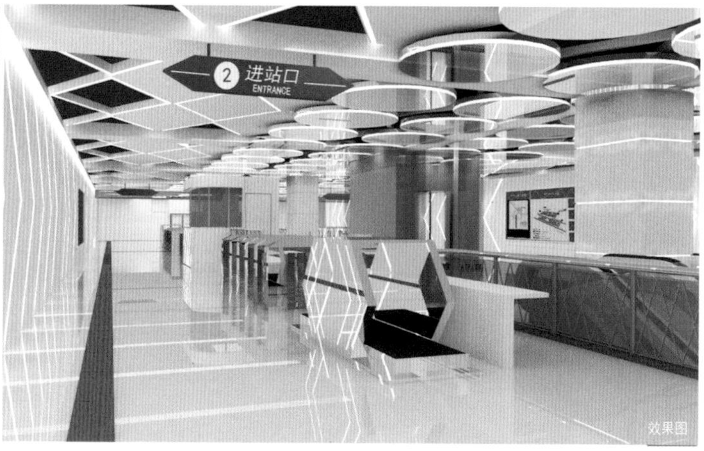

学校：广州美术学院建筑艺术设计学院　指导老师：王铭　学生：王明明

“双重共生”——小型山地文化综合体设计

建筑立面采用混凝土木纹肌理，我用了木片和特殊涂料去模仿混凝土的质感。
用石膏做了山地的形态，而海岛小礼堂的立面材质我使用了特殊材料去模仿U型超白玻璃的朦胧感。
整个模型我想做到关系分明，建筑在山地中安静的感觉。

学校：中国美术学院上海设计学院　　指导老师：褚军刚　　学生：王凡　倪璇　黄心茹

ACG主题创意商业空间景观改造设计

总平面图

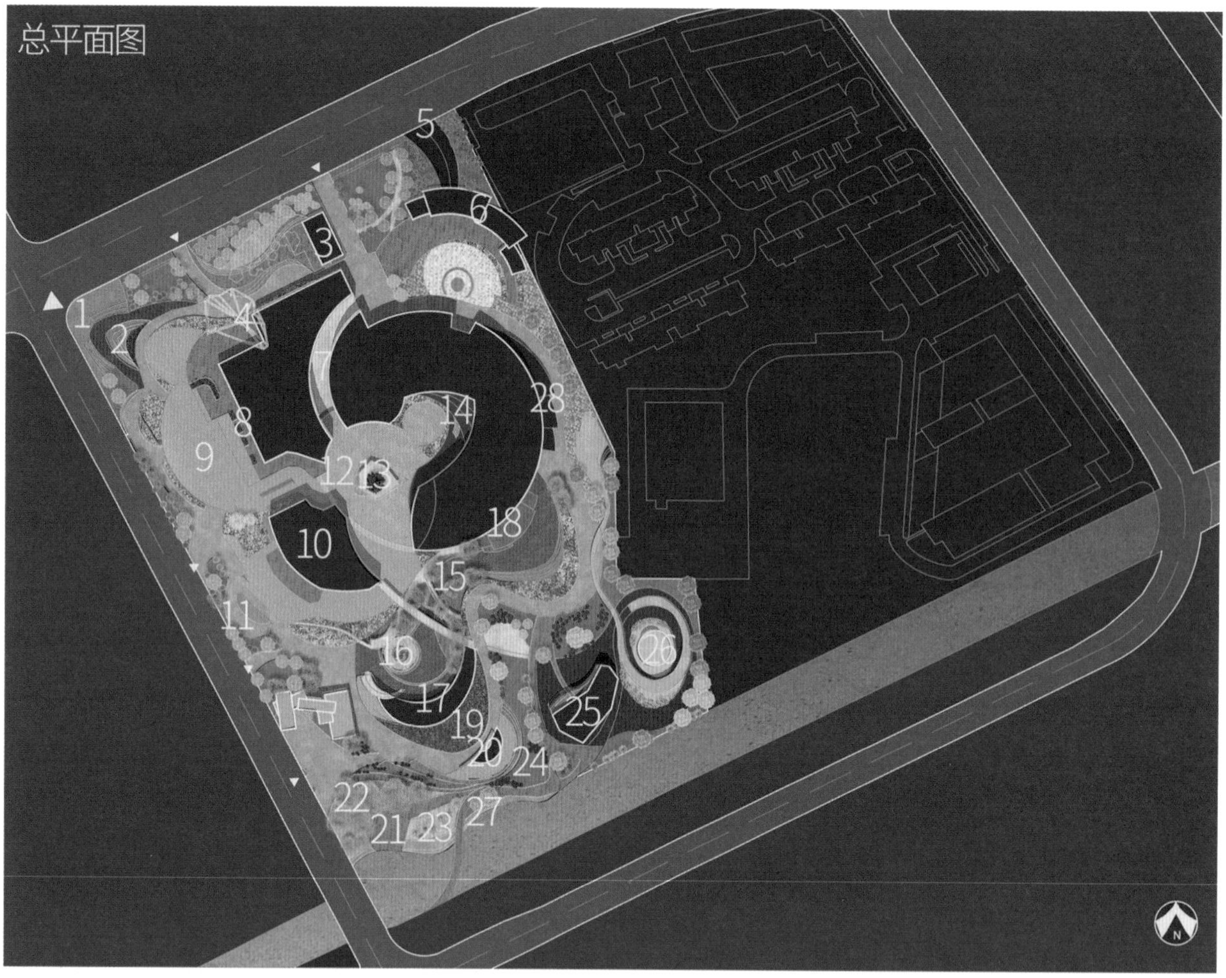

1 主入口 2 入口喷泉 3 沿街小型业态 4 空间艺术装置 5 停车场入口 6 ACG艺术博物 7 内街 8 半户外咖啡厅 9 前广场 10 ACG摄影大楼

11 沿街休憩区 12 中庭 13 旋转木马 14 延伸阳台 15 下沉广场 16 儿童活动区 17 电子半地下商店 18 ACG演出舞台 19 花田 20 餐厅 21

滨水宅舞平台 22 樱花林 23 芦苇荡 24 绿地交流区 25 Lolita摄影基地 26 Lolita花房餐厅 27 滨水栈道 28 玻璃顶棚

　　基地是上海的市政动迁基地——三林——现今成为大型综合居住区中为数不多的综合体和绿地的结合,具有数量非常大的基础目标人群.将这么一个综合体定位为国内自己的ACG文化基地,吸引各地、各种人物前来体验感受,而商场之下,是想要去具象出现次文化漫滩的形态,引导那些散落的爱好者人群和缓缓流动的原创文化发展河流汇入同一个湖泊,为如今生命力强大的原创ACG文化提供归属地、发泄地以及发展地。

商业项目流线化

9:00am-10:00am	9:30am-11:30am	11:30am-13:00pm	13:00pm-15:40pm	15:40m-17:00pm	18:30pm-21:30pm

9:00am-10:00am
入口前广场休憩
入口吸引人流的屋顶大装置成为广场的一大引爆点,消费者拍照留念并由密林散步区引入主广场。

9:30am-11:30am
商业中心购物
商业中心内部不仅有满足人们基本购物需求的品牌店还有与动漫主题相应的商铺,拥有完整的产业链,定位明确。

11:30am-13:00pm
餐厅用餐
民以食为天,所有年龄段的人都有用餐需求,室内室外都有餐厅开放,且体验有别,消费选择实现多样化。

13:00pm-15:40pm
滨水拍摄基地
饭后在滨水区域散步,还可以眺望到动漫爱好者在拍摄样片,喜欢跳舞的女生以樱花林或芦苇荡为背景录像,上传到线上交流平台。

15:40m-17:00pm
coffee&chat
消费者倾向于在这个时间段坐下来喝着咖啡、下午茶,在相对稳定的环境中闲聊。

18:30pm-21:30pm
下沉商业区演出和交流活动
夜幕四合,曲面屏幕上的互动文字和原创性的中国动画短片又吸引来晚饭后的消费者驻足观看,而演出活动则将气氛推向高潮,人们愿意坐在阶梯上感受激情的氛围。

学校：南华大学设计艺术学院　指导老师：唐果　学生：赵建国　方凯华

“南山南”——竹苑主题餐厅

Nan ShanNan—Bamboo garden theme restaurant

空间布局/元素提取：

空间布局借鉴湘南古村落布局形式。通过抽象，提取的方式再现古村落景观意向，空间处理上注意节奏变化，采用了层叠镂空、虚实相济、曲直结合等手法营造出屋舍俨然，鳞次栉比的村落形态，让顾客在就餐的同时感受邻里相望的“老衡州”景象。本案营造出人在景中，景中有人的共享空间，打破室内与室外的界限，拉近传统与现代的距离，展现传统村落文化带来的乐趣，给顾客以难忘的就餐体验。

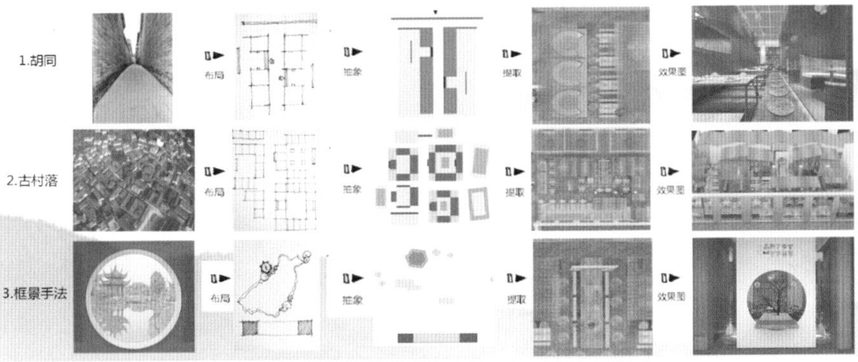

本案元素提取采用了衡阳本地蔡伦竹海的竹以及南岳衡山72峰的空间意向营造整体空间。竹材自然天成，同时具有生长周期短，绿色可持续等特点，新型的竹钢材料相比木材，具有更加坚韧耐用，防腐的优点。

竹材和人一样都是自然的生命体，而竹材的纹理在不规则中又有规则的变化，竹材具备自然地颜色，特殊的纹理，同时散发天然芳香，竹材纹理美观，经济实用，符合当今“绿色设计”的理念。

远山的提炼运用，旨在营造“采菊东篱下，悠然见南山”的意境。给顾客以“久在樊笼里，复得返自然”的心理感受。

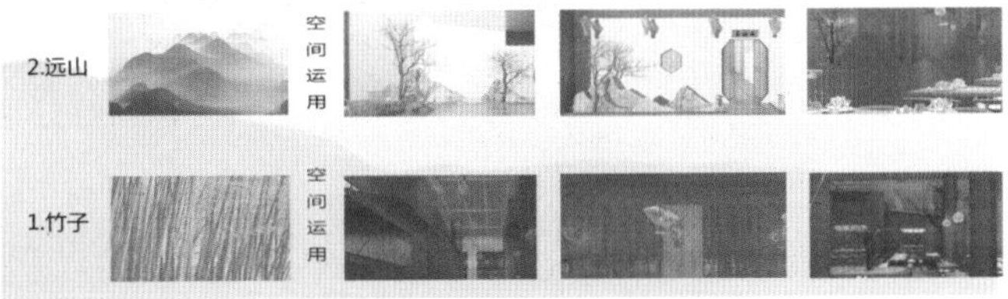

效果图展示：

空间解析：

A.餐厅入口景观区　B.经理办公室　C.接待景观区　D.前台接待区　E.主题中包间　F.半围合就餐区　G.主题小包间　H.架空竹屋就餐区

I.四人就餐区　J.单人台吧就餐区　K.中心景观就餐区　L.主题大包间　M.厨房（专业设备公司布置）　N.卫生间　O.仓库　P.竹编卡座就餐区

文化建筑与空间

学校：中央美术学院建筑学院　指导老师：程启明　苏勇　刘文豹　学生：蒯新珏

铜塑——铜冶炼体验馆设计

沈阳铁西区，作为中国工业发展的摇篮有着曲折而辉煌的历史，而如今，原有工厂遗迹绝大部分被夷为平地，现代住宅楼拔地而起。在城市更新的浪潮下，该如何保持一个城市应有的历史深度与精神高度？当物质性的工业遗存已难觅踪影时，我们能否找到非物质层面上的精神内核去继续深挖与传承？历史保护既指向过去的物理遗存，也关乎每一代人的记忆，本设计试图从非物质层面出发，提出重塑历史与集体记忆的可能性。

本方案最大的特点是以情境再现和真实体验为主导。在空间组织方面，以时间、空间、记忆相互交织为手段，有机地将历史遗留空间纳入整体设计之中，致使所完成的建筑具有了共生的色彩，现代牵连着历史，历史映射着现代。在空间情感表达方面，以连环画为依托，将预期的情感体验内容直接的进行了具象的直观概括，表面上看，这种连环画的具象概括只是表达出具体空间所要承载的体验内容，但就本质而言，这种做法实际上是一个能够切实将生活情感融于空间的有效手段，也是要将艺术创作介入建筑设计的一个尝试。

1

2

3

4

5

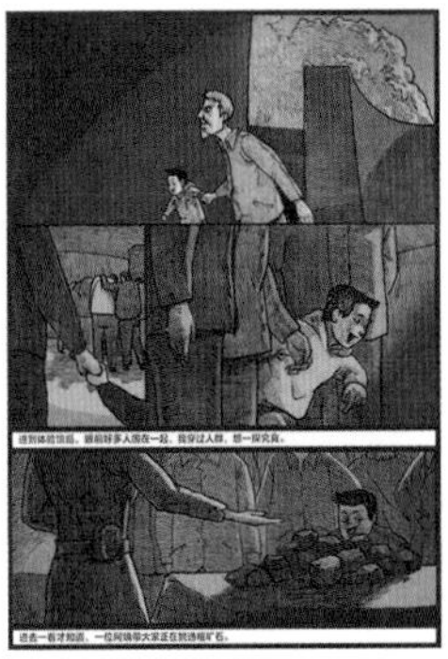
6

7

8

9

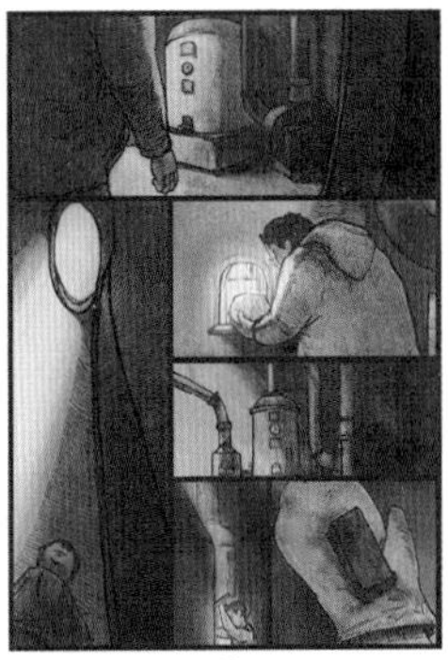
10

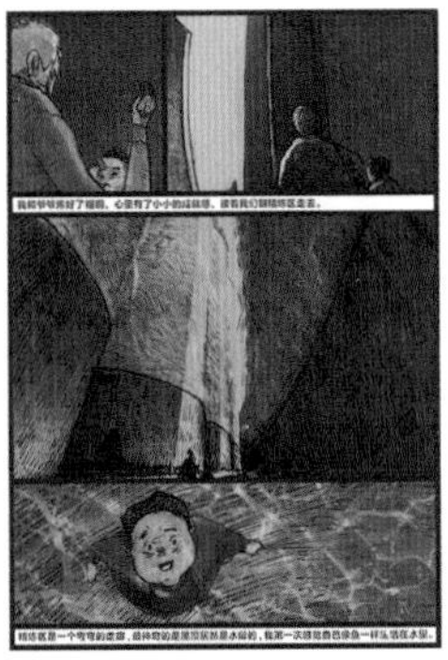
11

12

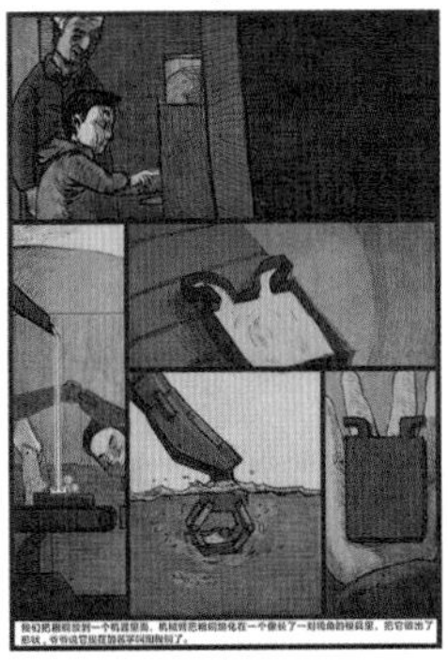
13

14

15

16

17

18

学校：中央美术学院建筑学院　　指导老师：程启明　苏勇　刘文豹　　学生：蒯新珏

铜塑——铜冶炼体验馆设计

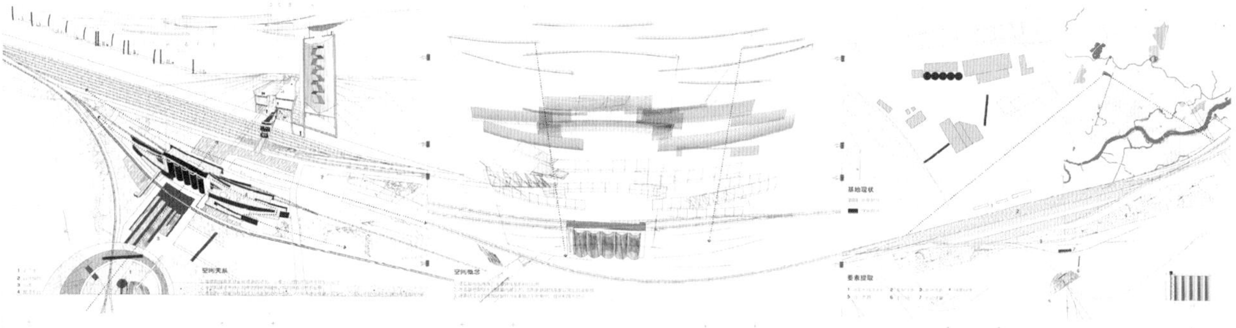

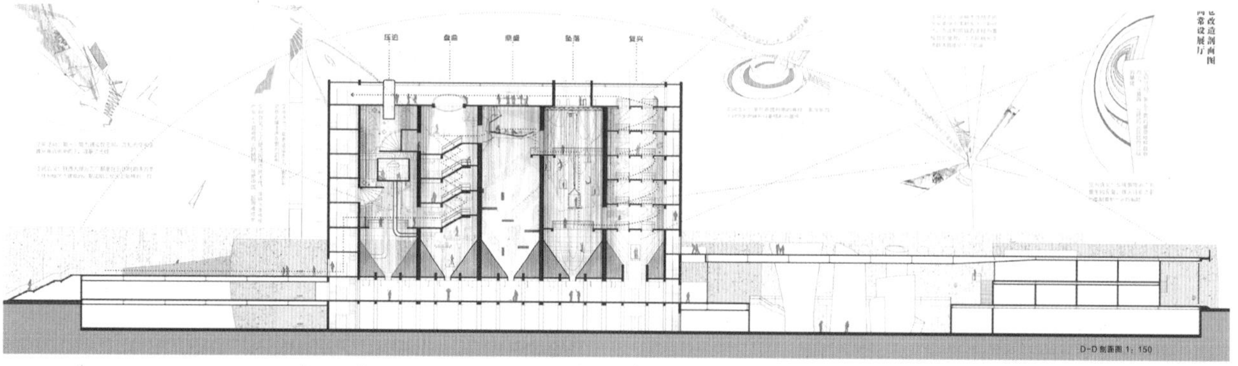

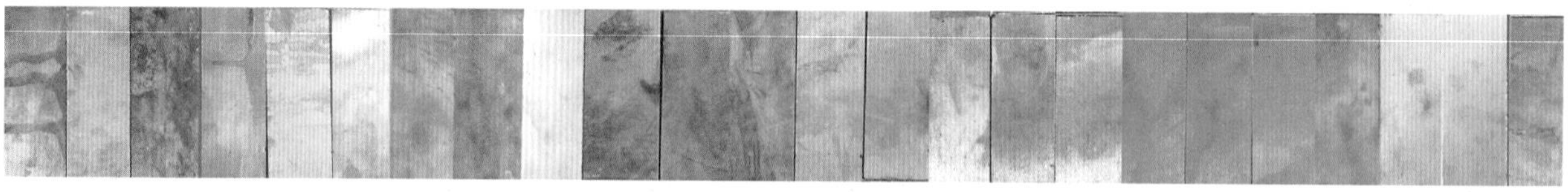

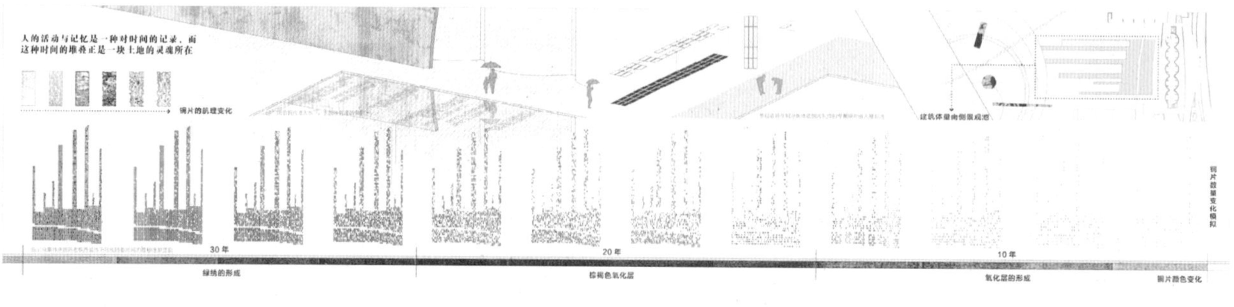

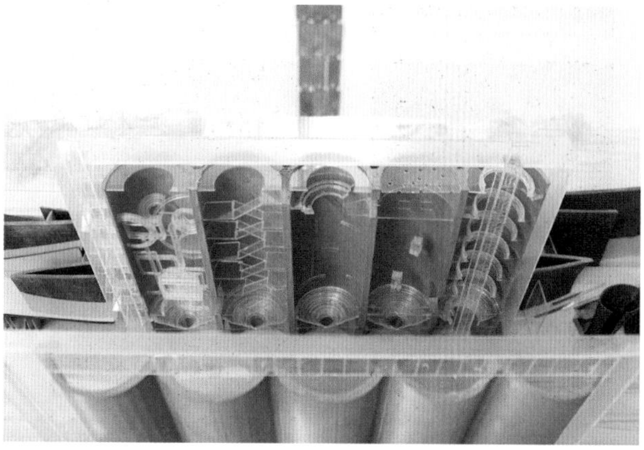

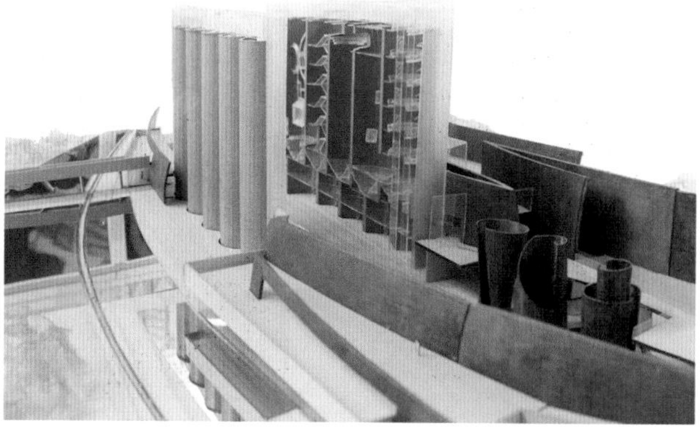

学校：中央美术学院建筑学院　　指导老师：程启明　苏勇　刘文豹　　学生：蔺新珏

铜塑——铜冶炼体验馆设计

铜塑——铜冶炼体验馆设计

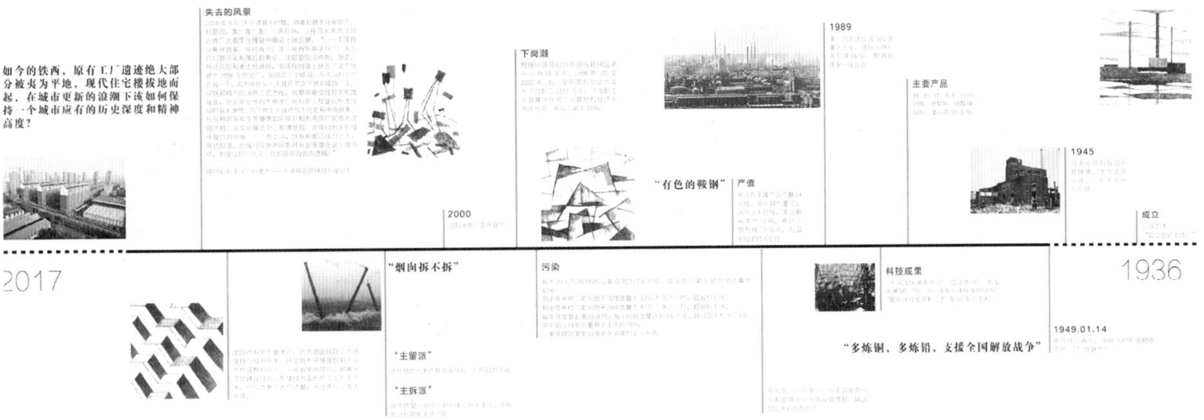

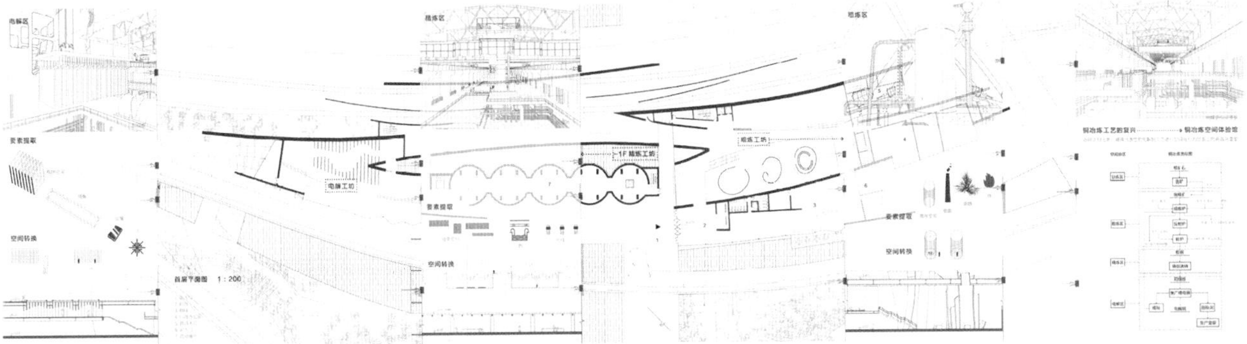

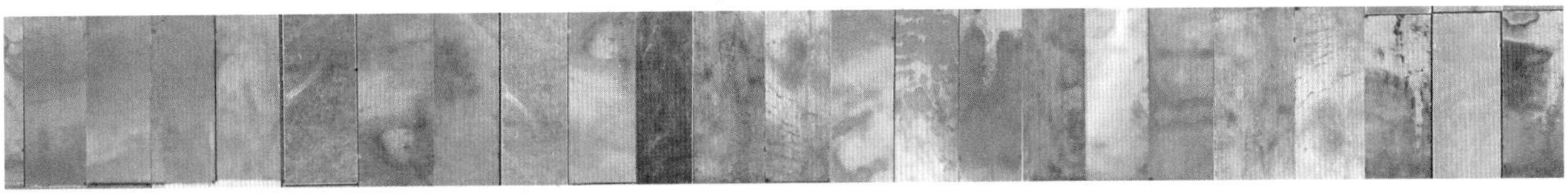

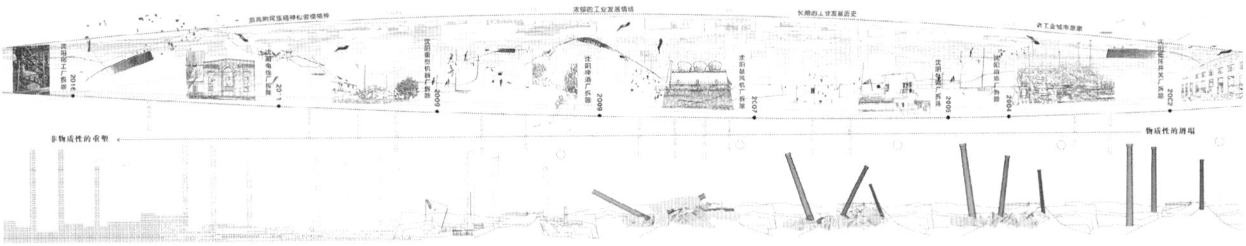

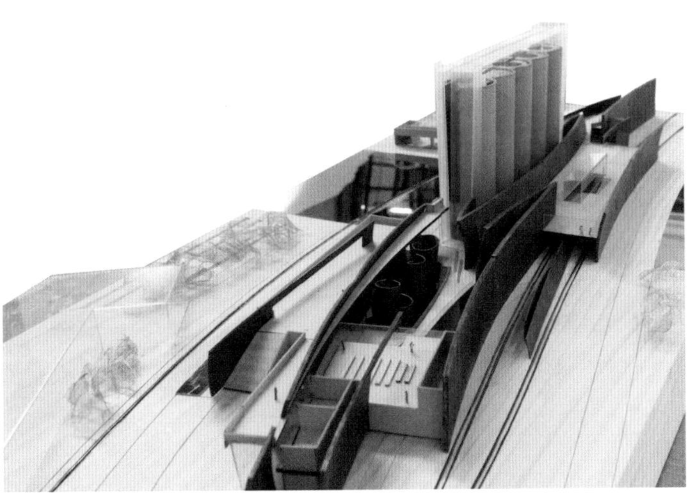

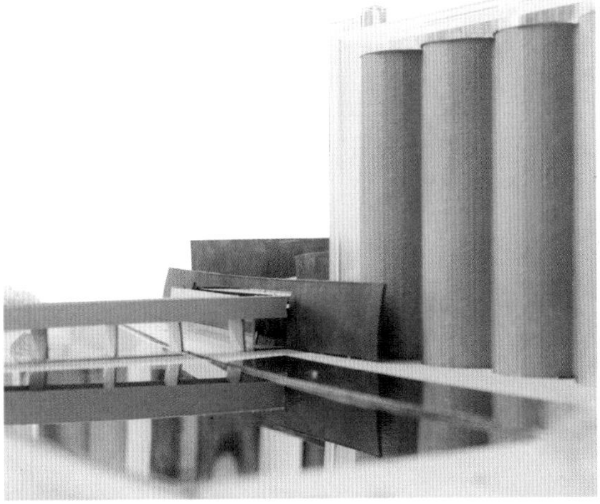

学校：南京艺术学院设计学院　　指导老师：施煜庭　卫东风　　学生：胡啸　徐瑛嫔　笪竹君

THE FORGOTTEN EXISTENCE
Historical cultural space's mark is borne by memory
存在的遗忘——记忆承载的历史文化空间印记

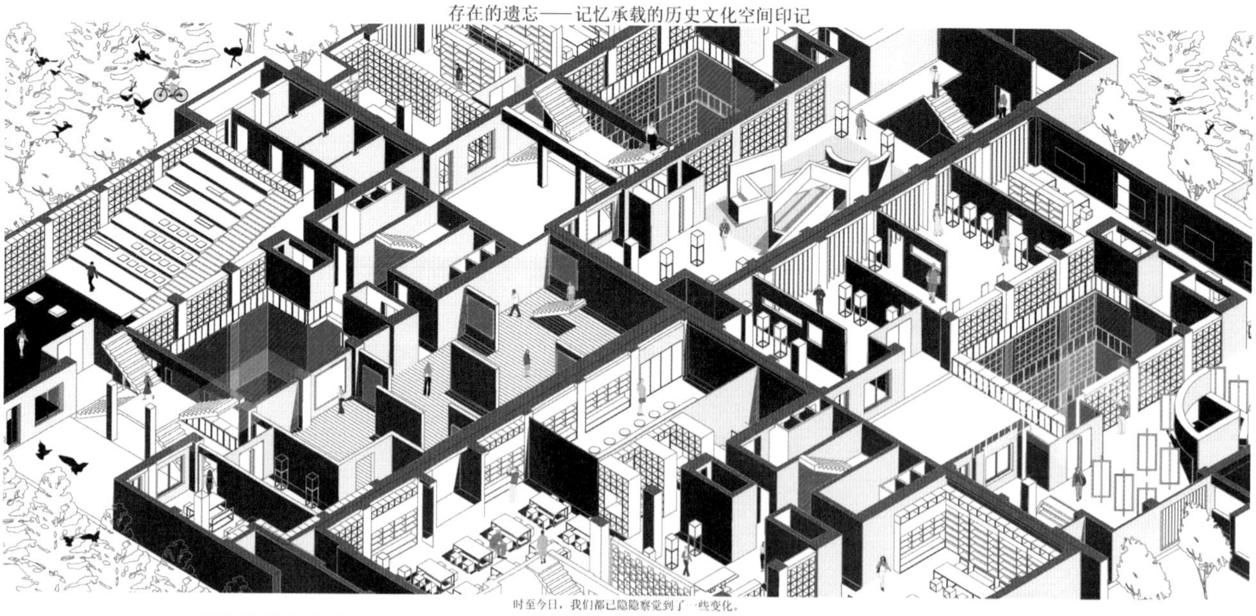

时至今日，我们都已隐隐察觉到了一些变化。

通讯技术的蓬勃发展瓦解了地理上的壁垒限制，数字网络的蔓延又推动了更具传播性和娱乐性的碎片资讯媒介的渗透扩张 ——"过去借由上帝和神话故事传播的文化，现在已由清洁剂广告和动漫英雄人物来代工了"。（罗兰·巴特语）"到处是水，却没有一滴水可以喝"。

以资本为驱动的现代化直接导致中国城市千篇一律的窘境未有改变，数字化控制的不断升级，使资本策使下的建筑更为精致，上世纪哈贝马斯所概括的"未完成的现代工程"暗指建筑学的革命丧失了对于资本的批判。城市发展，吞噬了土地的原刻，精神文化沦陷与勾勒记忆的碎片，造成对"存在的遗忘"。

设计策略 Design Strategy

企图用新的模式和参照系去回应城市窘境并且改造现有空间架构，尝试着赋予艺术文化空间新的理解，表达新与旧，虚与实，现实与想象，社会物质与艺术文化的平衡关系。原有建筑架构无序共存夹杂各种时间断点的建造痕迹。在空间形式上，它们有着戏剧化的冲突，其中的结构变化，也有着丰富的多样性。

设计概念 Design Concept

以影片叙事为"载体"转译艺术文化空间，胶片承载着社会进程及艺术文化发展过往。采用模数化及可变化的建造手法，创造多样的相机视口关系，产生随着时间和事件而变化的对话。不仅视口中所呈现的片段可以支撑起该场地的记忆，可变的胶片视口形成的丰富表情也代表了在新时代下的独特记忆。

选址 Location

秦淮河古称淮水，本名"龙藏浦"，是南京地区主要河道，历史上极有名气。它是古城金陵的起源，又是南京文化的摇篮。这里素为"六朝烟月之区，金粉荟萃之所"，更兼十代繁华之地。

空间转译 Space translation

在影片《霸王别姬》中，霸王与虞姬所处场景中光线如牢房一般把二人困住，影子拉的很长，正如二人"漫长的恩怨"般开展整部影片的叙述。以点与动线的方式记录他们的运动轨迹。于是这些运动的相面变成了实体，而实体再次反转，最终形成了一个曲折的空间。

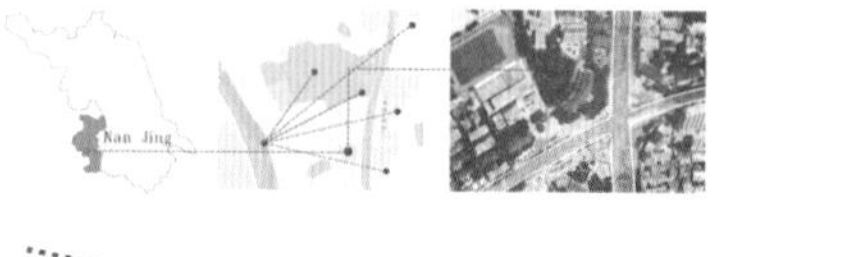

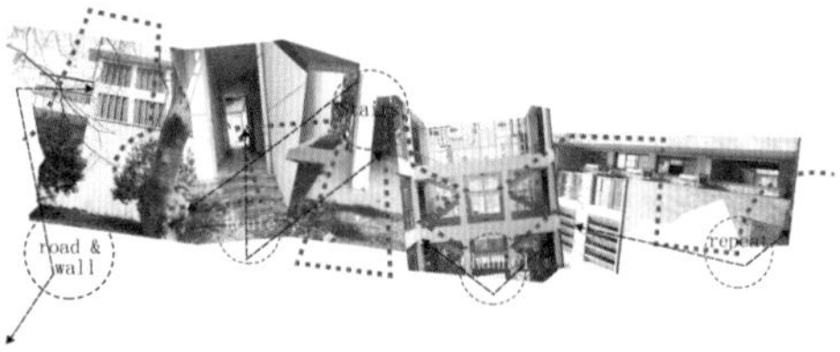

精神图示-层叠包裹关系

精神图示到建筑空间的转化

空间组织的连续层叠体

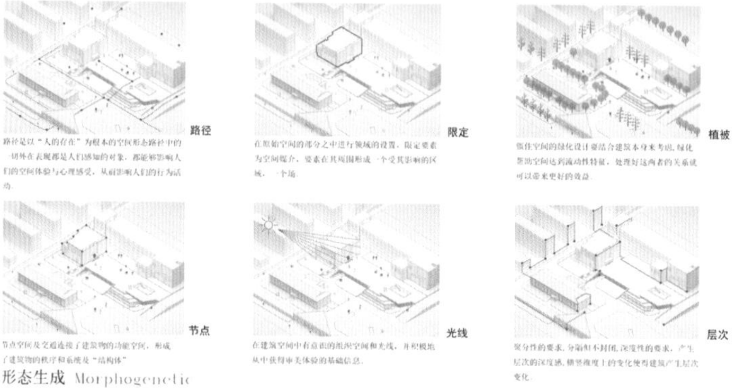

路径

限定

植被

节点

光线

层次

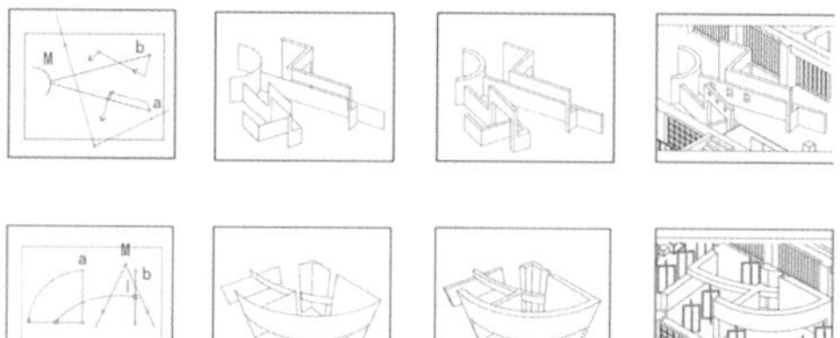

形态生成 Morphogenetic

① ② ③

④

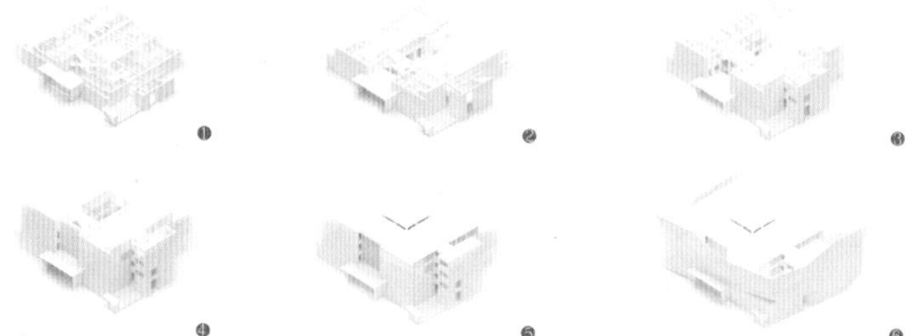

开放空间 - 与自然和城市空间紧密联系的开放艺术文化空间；致密空间 - 包含多种信息媒介与辅助功能的致密储存空间。开放与致密空间相辅成，形成功能组团，从而将整体建筑室内空间整合成为清晰的四组功能空间。

1

学校：南京艺术学院设计学院　指导老师：施煜庭　卫东风　学生：胡啸　徐瑛嫔　笪竹君

空间节点 Node space

根据影片提取胶片节点作为一种限定要素或者说一种技术手段，转译为一种属于空间的语汇，运用到空间塑造中，使空间成为影像叙事的载体，成为一种设计媒介使得空间更为可视和可感知。

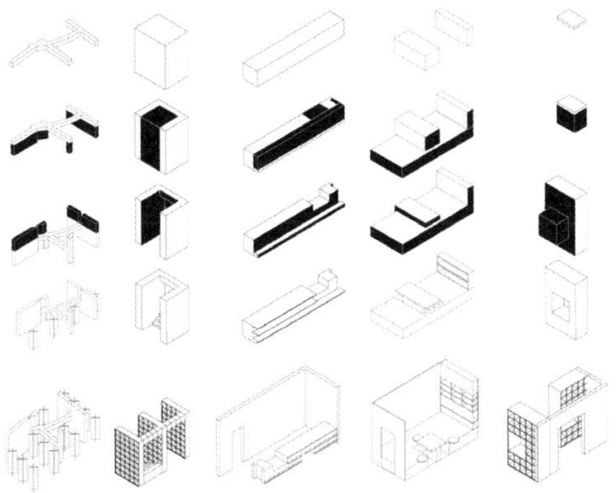

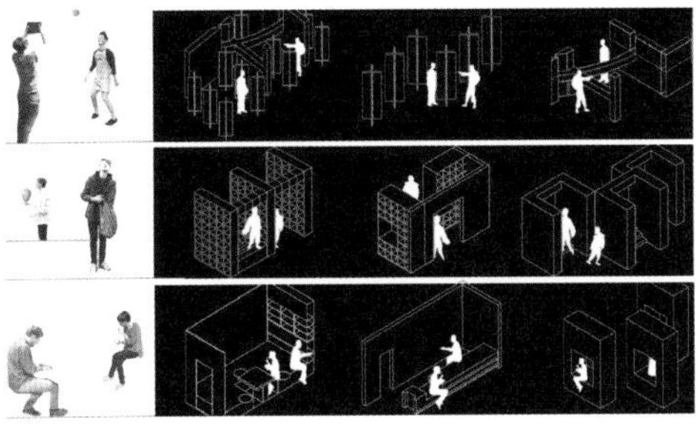

空间提取 Extraction space

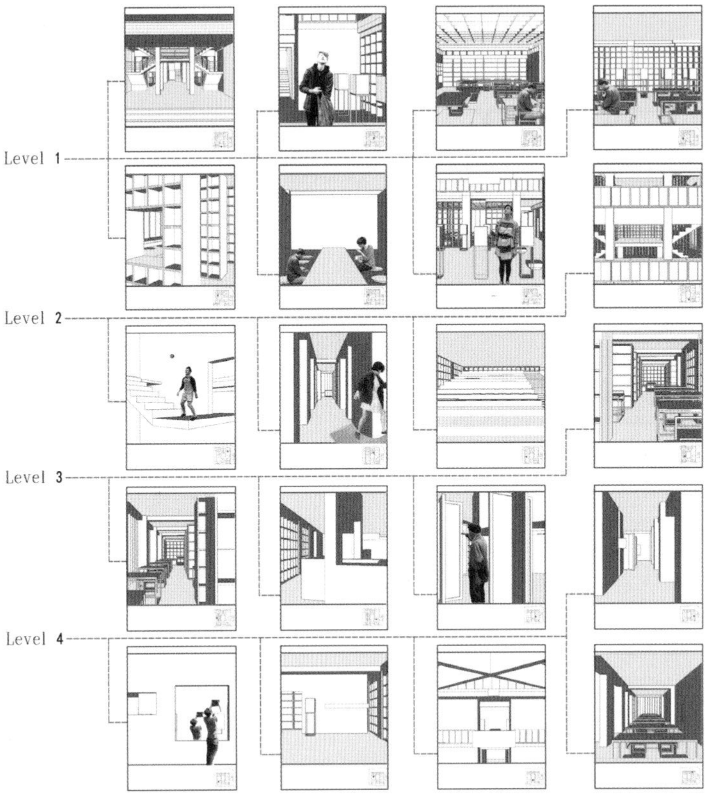

空间表皮 Spatial epidermis

不改变原有建筑，在它之外置入一层新的半透明材质，来制造一种新与旧的叠加。利用新材料的半透明性与旧建筑共同生成新的城市肌理，而不是通过对旧建筑的拆除和改建，来制造一个新的存在。人们在体验新事物的同时，仍然可以感受到隐于其后的内涵，读出城市一步一步衍生而来的历史信息。

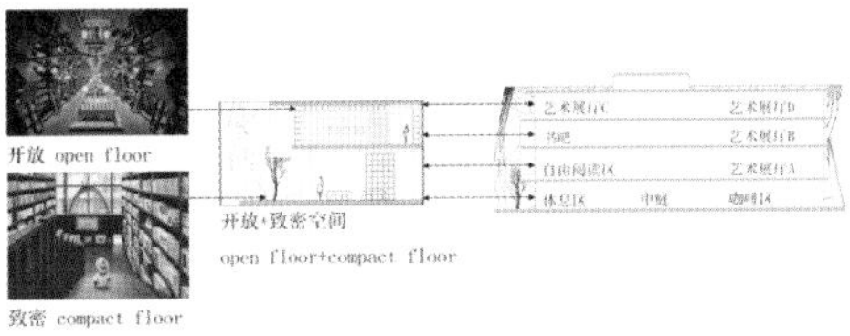

新的建筑表皮的介入与原有建筑墙体之间产一个灰空间，材质本身的半透明性以及主观转折变化重塑了室内空间及灰空间的空间体验。

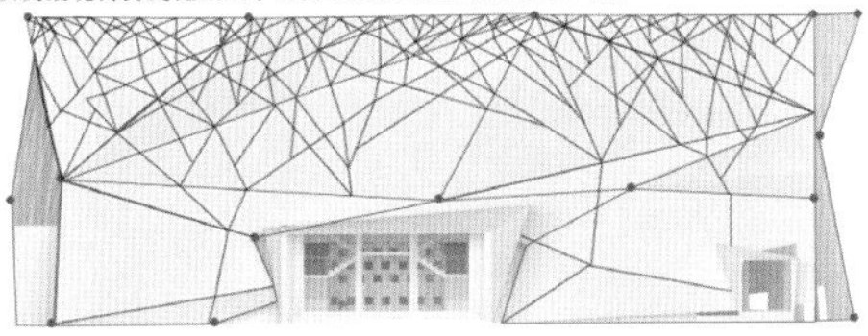

THE FORGOTTEN EXISTENCE

Historical cultural space's mark is borne by memory

存在的遗忘——记忆承载的历史文化空间印记

3

学校：南京艺术学院设计学院　指导老师：施煜庭　卫东风　学生：胡啸　徐瑛嫔　笪竹君

中庭空间 Cortile space

在保留原有墙体架构的同时加入木质单体元素，塑造一种新与旧的对话。原有墙体间加入大量木方统一整体空间，作为一种温暖的材料，木材是作为与混凝土平衡的对立面出现的，试图使得混凝土的介入能够将结构、光和服务空间有机地结合在同一空间之中。

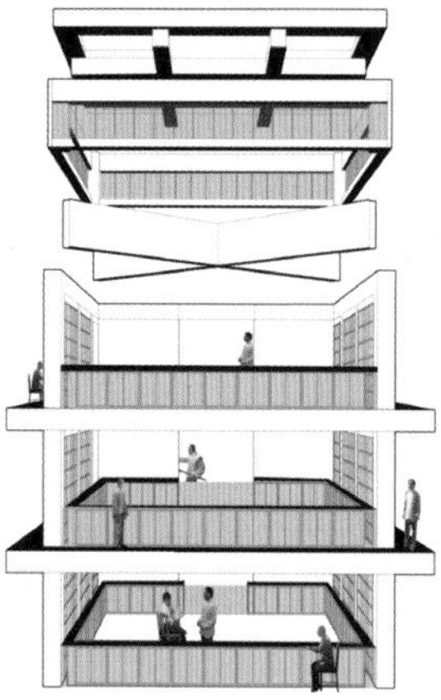

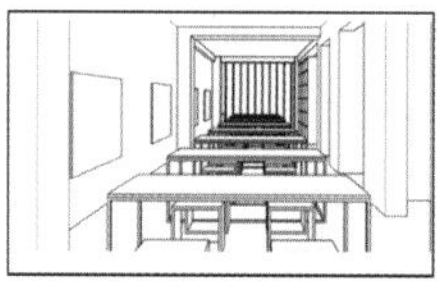

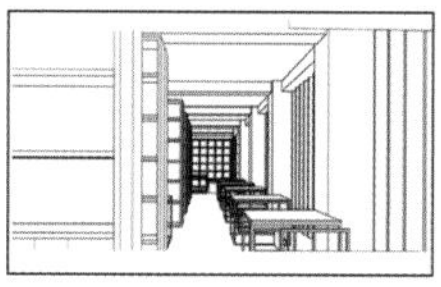

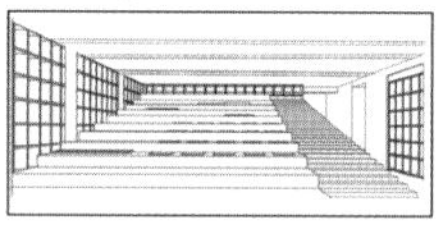

阅读空间 Reading space

新世纪以来，数字化阅读凭借难以估量的速度迅速进入人们的生活，创造了新的阅读方式同时改变了传统的阅读习惯。在此背景下，代表传统阅读方式的纸质书逐渐失去了原有的地位甚至面临消失的可能。不过，研究结果表明，纸质书仍是大多数人的阅读偏好，而通过纸质书阅读更能激发阅读者的阅读兴趣。

THE FORGOTTEN EXISTENCE

Historical cultural space's mark is borne by memory

存在的遗忘——记忆承载的历史文化空间印记

4

学校：南京艺术学院设计学院　指导老师：施煜庭　卫东风　学生：胡啸　徐瑛嫔　笪竹君

今后将来，我们必然的会做出一些改变。陡然想起一句话："这种镌刻在日新月异的时代迁流中的深切体味，一旦被作家敏锐捕获，便不再蛰伏沉默，就如鼓胀的南瓜一样炸裂，在聚积之后赫然地鲜活迸发，就有可能把我们庞杂的情感根系从生活的泥土里湿漉漉地拔将出来。" 这就是文学承载情感的价值所在，也是作家们的创作初衷。不朽的精神与深沉的情感，缔造了文学富矿。 而20世纪哈贝马斯所概括的"未完成的现代工程" 也将成为"必完成的将来工程"，精神文化不仅仅在记忆的胶片上勾勒，也必将造成人们对"遗忘的重拾"。

THE FORGOTTEN EXISTENCE

Historical cultural space's mark is borne by memory

存在的遗忘——记忆承载的历史文化空间印记

5

学校：广州美术学院建筑艺术设计学院　　指导老师：许牧川　陈瀚　　学生：陈凯彤

窥园——南昆山十字水小茶坊设计

学校：广州美术学院建筑艺术设计学院　　指导老师：许牧川　陈瀚　　学生：陈凯彤

窥园——南昆山十字水小茶坊设计

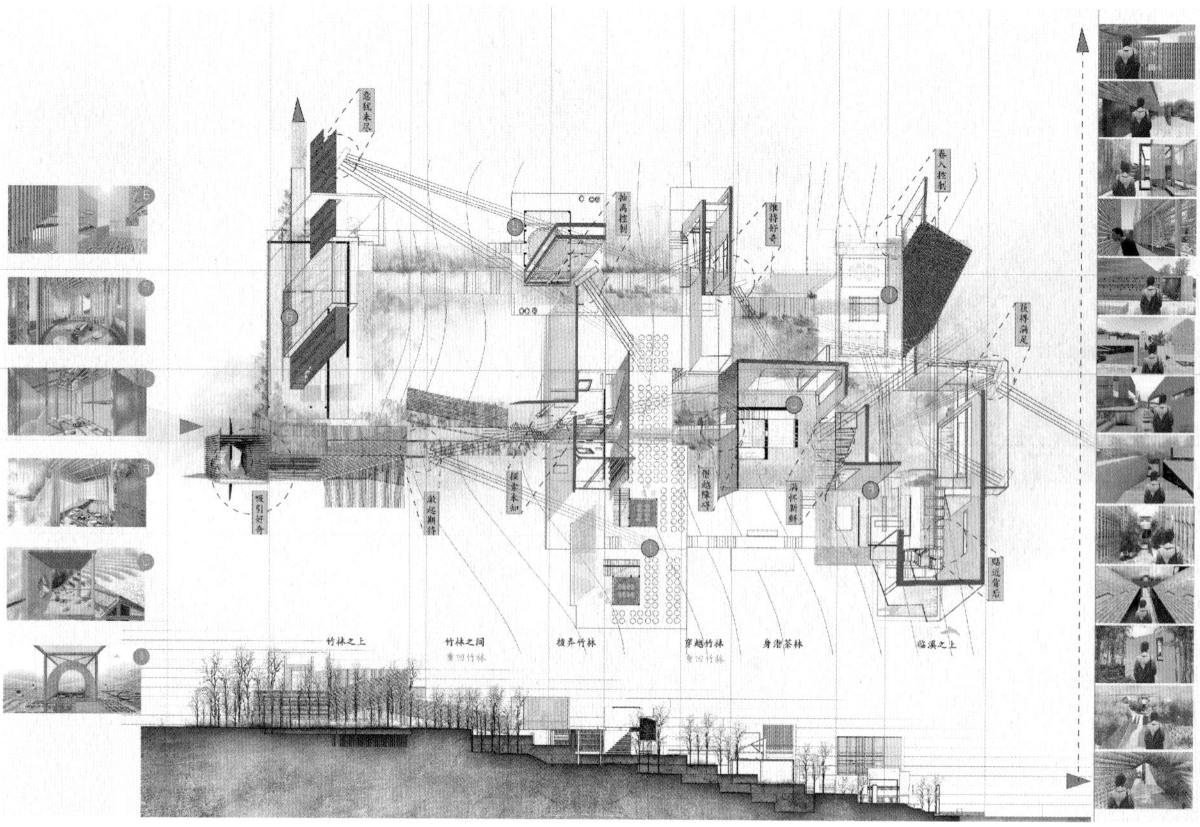

学校：华中科技大学建筑与城市规划学院　指导老师：郝少波　学生：王冠希

日常的记忆——大连青泥洼记忆文化中心设计

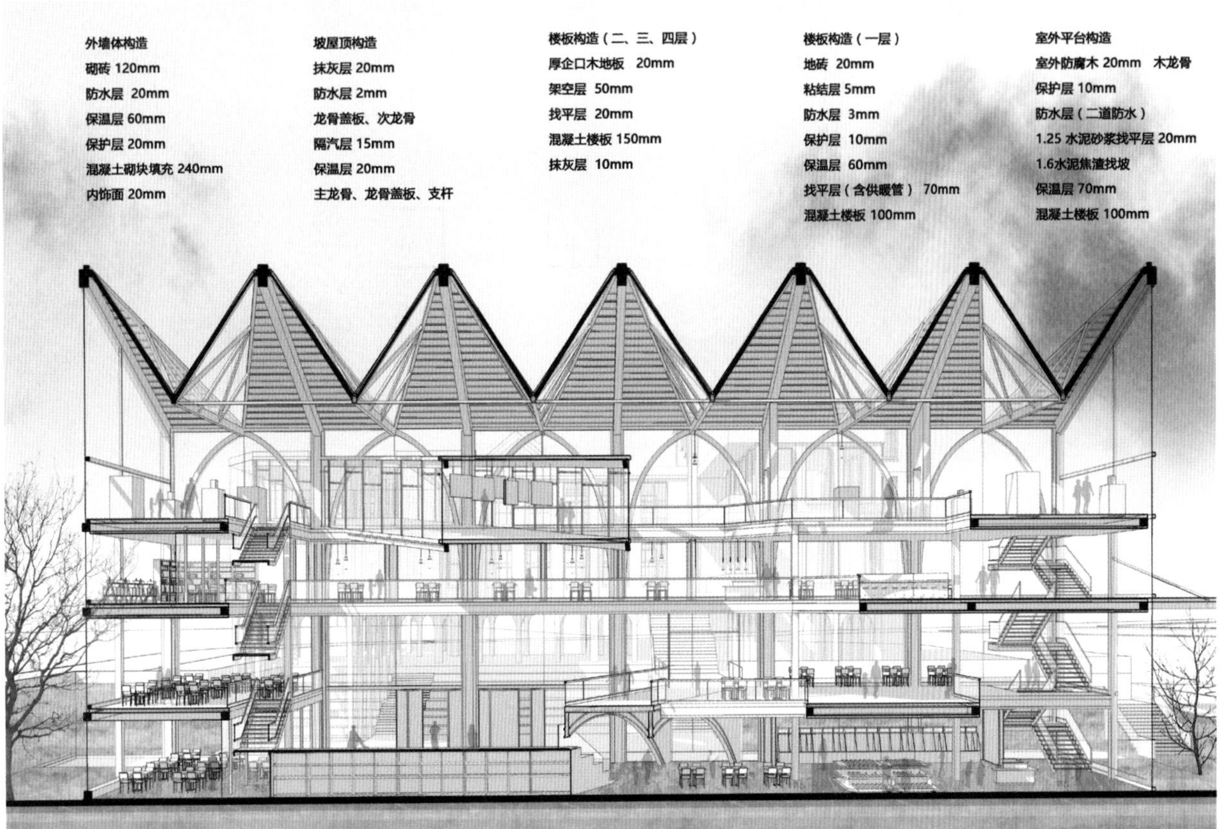
外墙体构造
砌砖 120mm
防水层 20mm
保温层 60mm
保护层 20mm
混凝土砌块填充 240mm
内饰面 20mm
坡屋顶构造
抹灰层 20mm
防水层 2mm
龙骨盖板、次龙骨
隔汽层 15mm
保温层 20mm
主龙骨、龙骨盖板、支杆
楼板构造（二、三、四层）
厚企口木地板 20mm
架空层 50mm
找平层 20mm
混凝土楼板 150mm
抹灰层 10mm
楼板构造（一层）
地砖 20mm
粘结层 5mm
防水层 3mm
保护层 10mm
保温层 60mm
找平层（含供暖管） 70mm
混凝土楼板 100mm
室外平台构造
室外防腐木 20mm 木龙骨
保护层 10mm
防水层（二道防水）
1.25 水泥砂浆找平层 20mm
1.6水泥焦渣找坡
保温层 70mm
混凝土楼板 100mm

A-A 剖透视 1:300

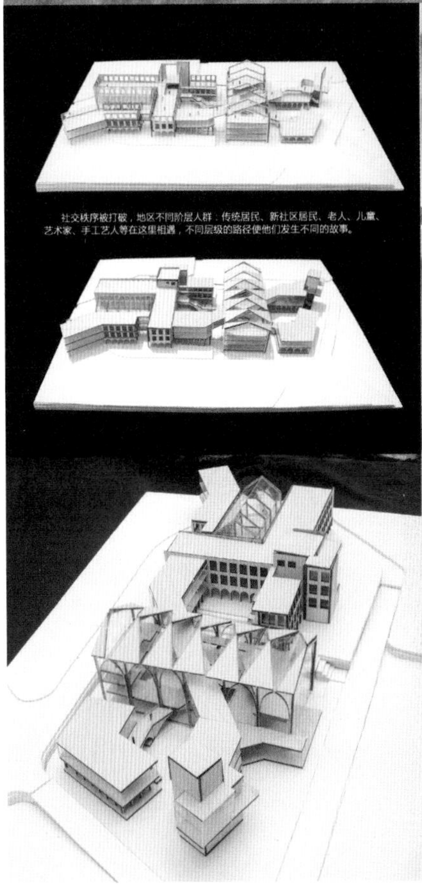
社交秩序被打破，地区不同阶层人群：传统居民、新社区居民、老人、儿童、艺术家、手工艺人等在这里相遇，不同层级的路径使他们发生不同的故事。

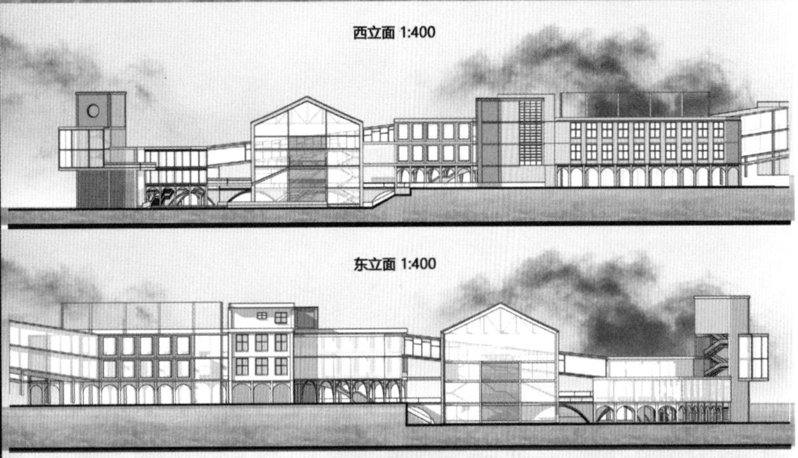
西立面 1:400
东立面 1:400

鸟瞰

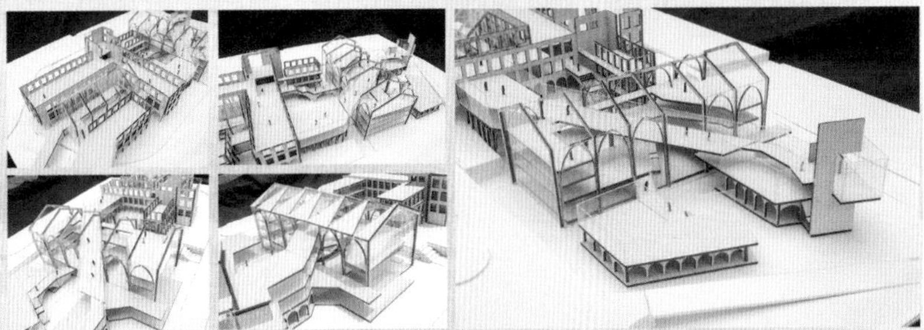

左上：通往社区的路径
左下：展览层级
右上：穿过老建筑
右下：展览的开始

公共空间：

文化中心提供了丰富的公共空间，一层的拱廊的模糊界限对外打开，延续周围街巷，人们可自由穿越核心的共享空间，是建筑空间的高潮，也是多条路径的交汇点。人们可以在这发生多种日常活动，如买卖、下棋、交谈、喝咖啡等。

学校：广州美术学院建筑艺术设计学院　　指导老师：杨岩　　学生：穆家炜

植境与瓦构件结合茶空间的设计初探

植境与瓦构件结合茶空间的设计初探

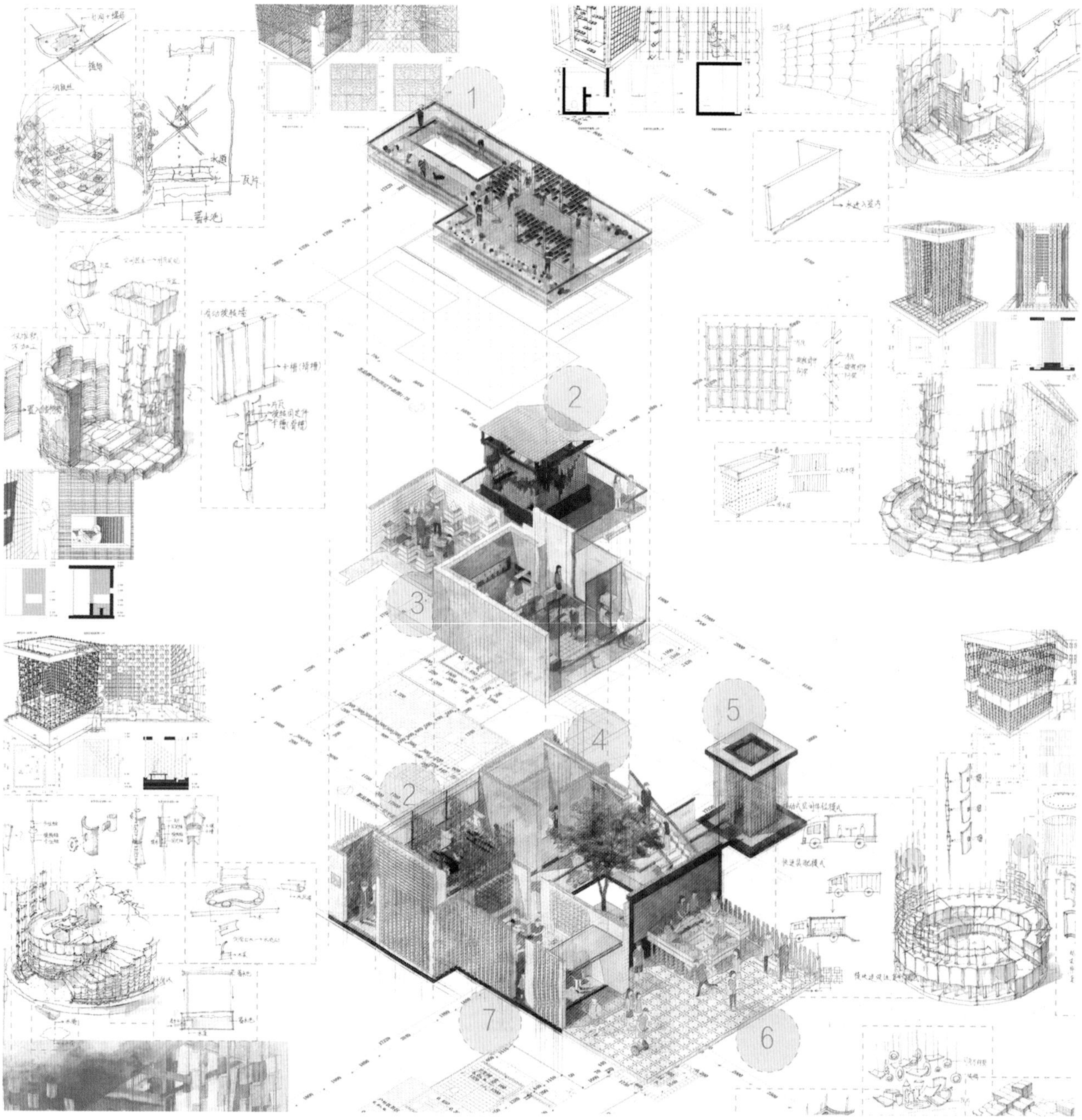

学校：西安交通大学建筑系　指导老师：张定青　学生：刘信子

日常性介入

The involving ordinariness of architecture

天水社棠工业园铁路沿线主题文化片区设计

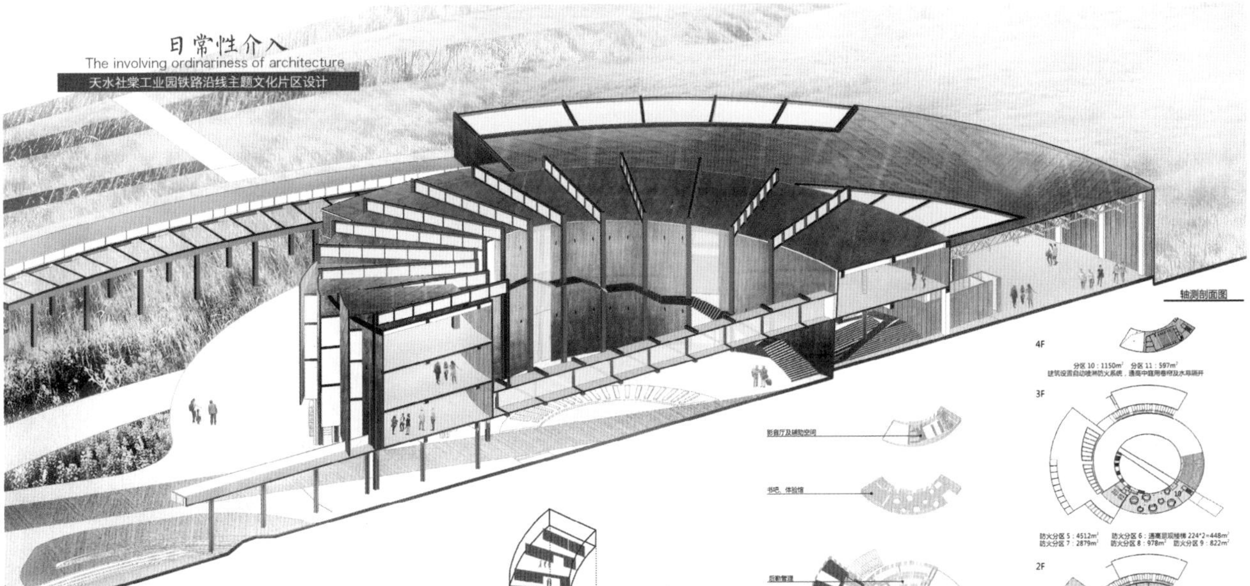

轴测剖面图

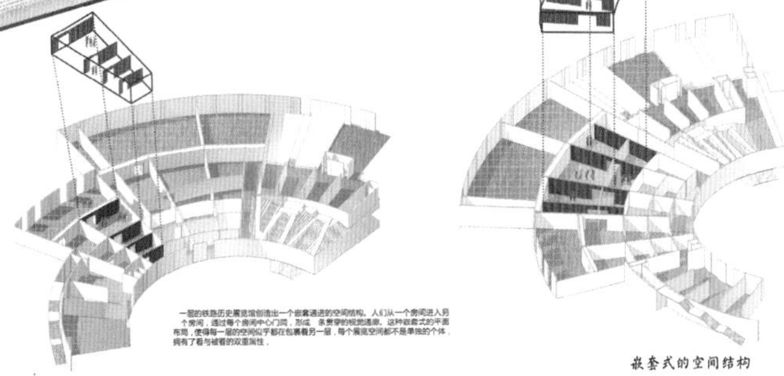

一层的铁路历史展览馆创造出一个嵌套递进的空间结构，人们从一个房间进入另一个房间，通过每个房间中心门洞，形成一条贯穿的视觉通廊。这种嵌套式的平面布局，使得每一层的空间似乎都在包裹着另一层，每个展览空间都不是单独的个体，拥有了看与被看的双重属性。

嵌套式的空间结构

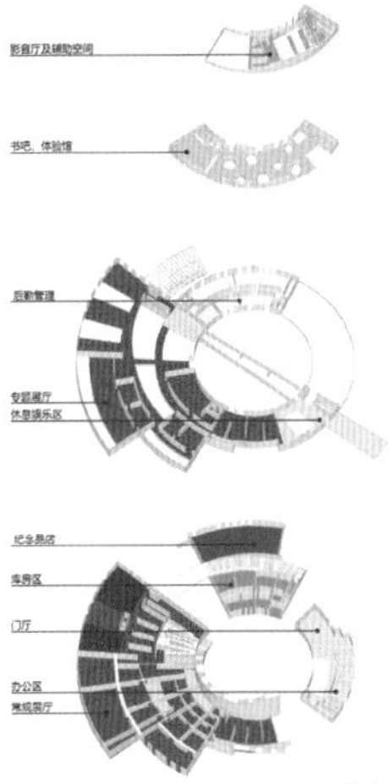

功能分区

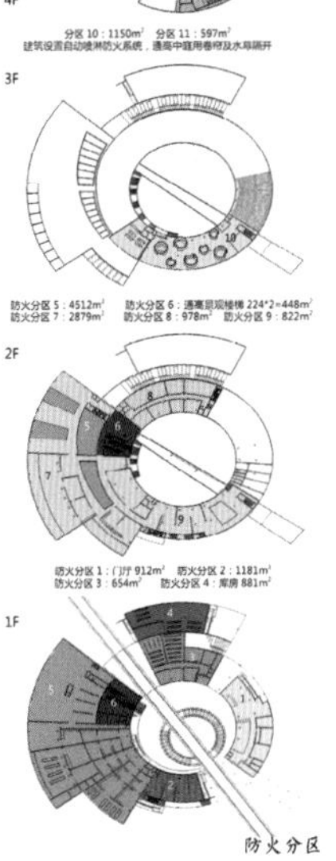

防火分区

A-A 剖面图 1:1200

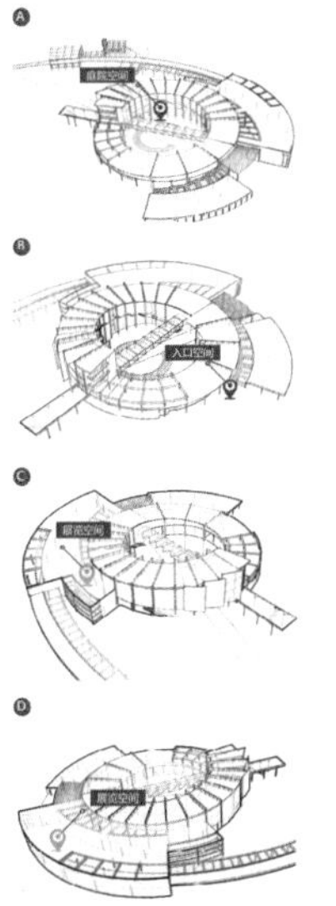

学校：贵州大学建筑与城市规划学院　指导老师：李明全　学生：代雯雯

杨氏土司博物馆方案设计

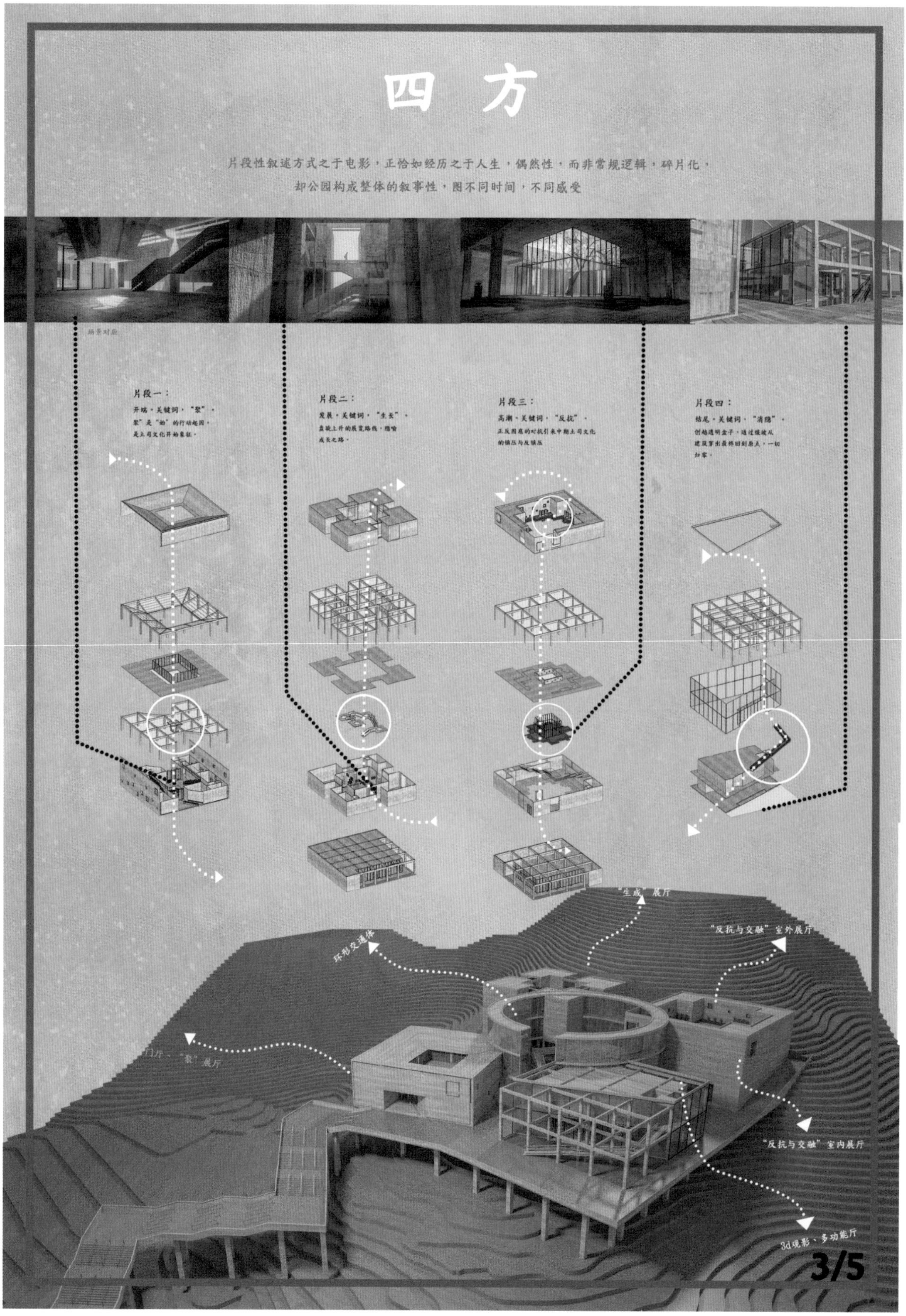

学校：福建工程学院建筑与城乡规划学院　指导老师：叶青　邱婉婷　学生：宋波

滋·农——大岭下农耕游学文化园

住宿区一层平面图 1:800

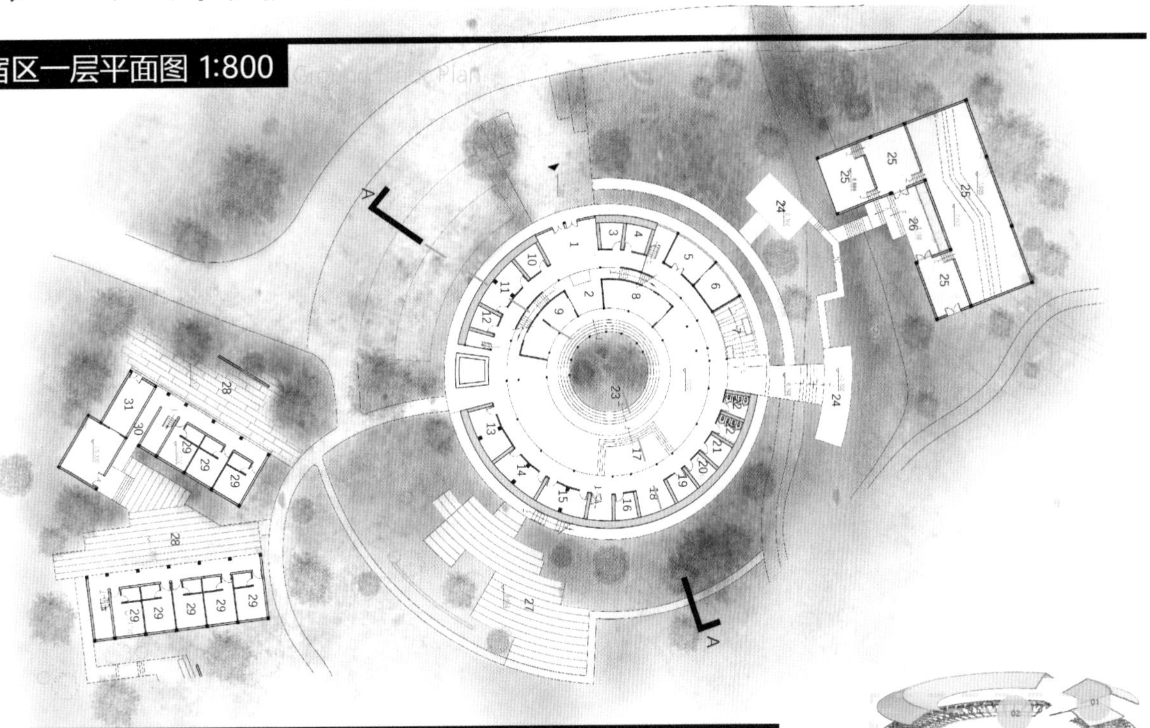

住宿区二层平面图 1:400

Second Floor Plan

1.住宿客房
2.设备间
3.休息平台
4.配电间
5.茶水间
6.公共空间
7.观景大台阶
8.观演平台
9.住宿客房
10.员工住宿

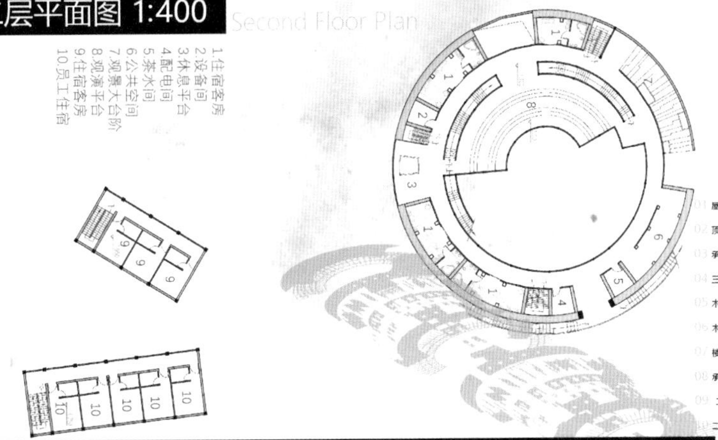

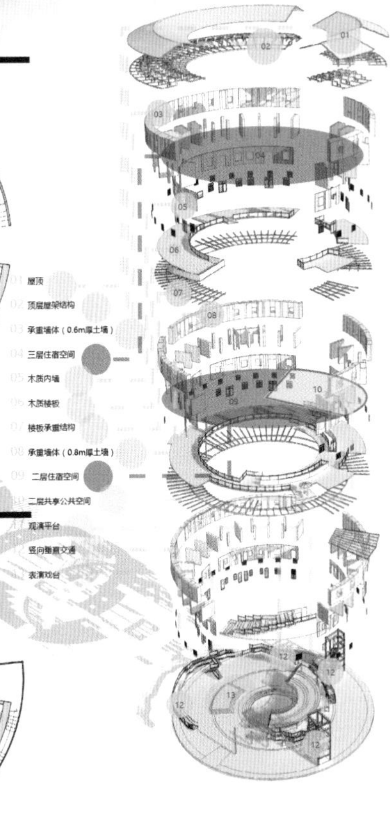

住宿区三层平面图 1:400

1.住宿客房
2.设备间
3.配电间
4.共享空间

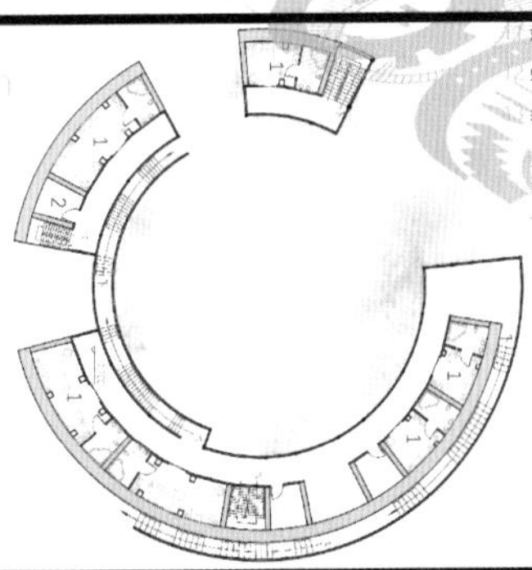

立面效果图 01

立面效果图 02

A-A剖立面图

居住建筑与空间

学校：香港大学建筑系园境建筑学部　指导老师：Holger Kehne　学生：Wong Kachun Alex

Car City

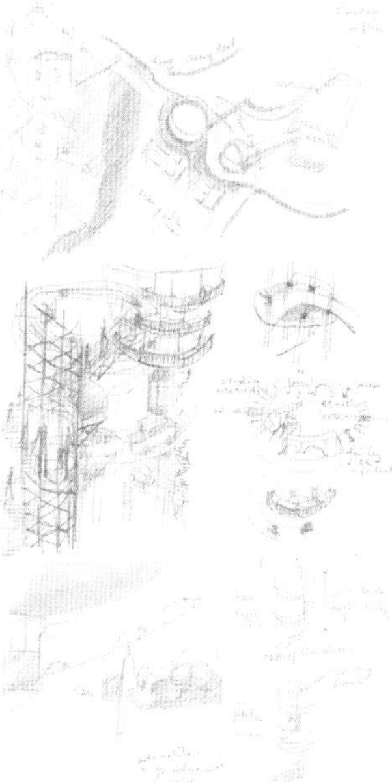

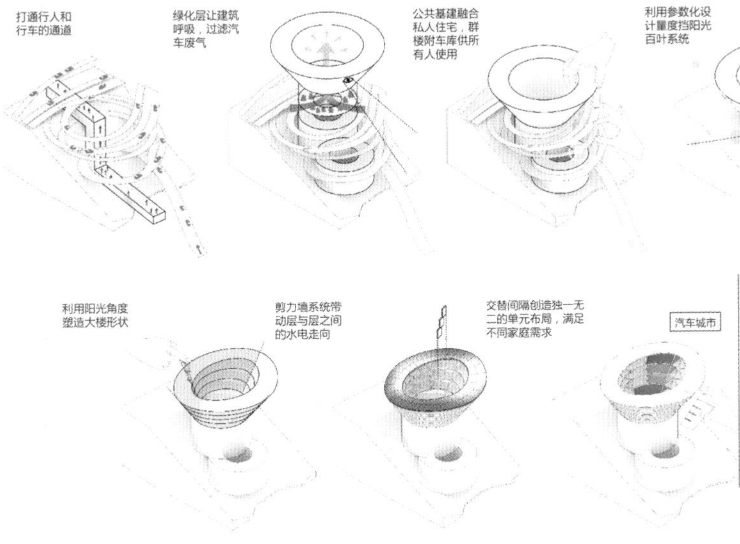
打通行人和
行车的通道
绿化层让建筑
呼吸，过滤汽
车废气
公共基建融合
私人住宅，群
楼附车库供所
有人使用
利用参数化设
计量度挡阳光
百叶系统
利用阳光角度
塑造大楼形状
剪力墙系统带
动层与层之间
的水电走向
交替间隔创造独一无
二的单元布局，满足
不同家庭需求
汽车城市

占地面积：3200m²
FAR：~15
单位：330
可容纳人数：~825人

提案：
这个项目分成两个部分：1）公用，基建的裙楼拥有汽车枢纽，会所等功能。公众人士和楼上的居民也能使用城市升降机从山脚（长沙湾城）搭到山上（狮子山郊野公园）。2）第二部分是私人住宅，腾空于裙楼上，居民能利用私人升降机到达。此住宅的人口布置是参考附近如毕架山花园和帝景峰等山上住宅。此提案目的是重新定义私人住宅，住宅和基建共存的可能性，和探索私人住宅和城市互惠互利的双赢局面。

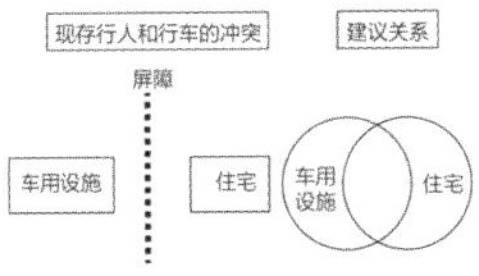
现存行人和行车的冲突
建议关系
屏障
车用设施
住宅
车用设施
住宅

人们对私人汽车越发依赖，而车用设施，如车路，停车场等基建在住宅的设计上却不被人们重视。当现代社会的人用私人汽车代替双脚，人们需要便利的停车设计，位置应在接近住宅的地方而非住宅的边沿。因此，人和车要共存与同一个空间里。

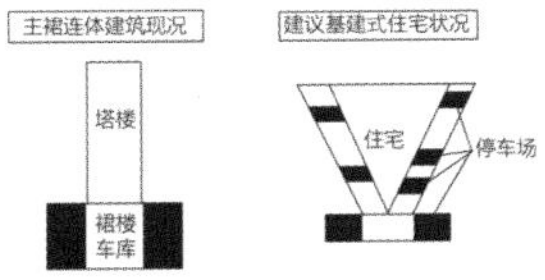
主裙连体建筑现况
建议基建式住宅状况
塔楼
裙楼
车库
住宅
停车场

在一些美式，郊区的洋房是住宅里居民能直接把车停在地面的车库，不少人甚至把车库改建成家庭的工作室，画室，储物室等，把车用设施融合在日常生活。在香港地少人多的困境下，这类的奢华能如何实现？

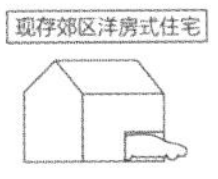

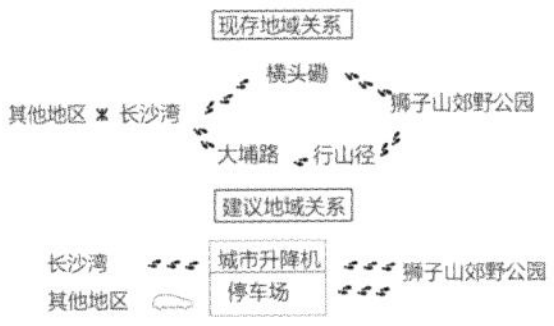
现存地域关系
横头磡
其他地区
长沙湾
狮子山郊野公园
大埔路
行山径
建议地域关系
长沙湾
其他地区
城市升降机
停车场
狮子山郊野公园

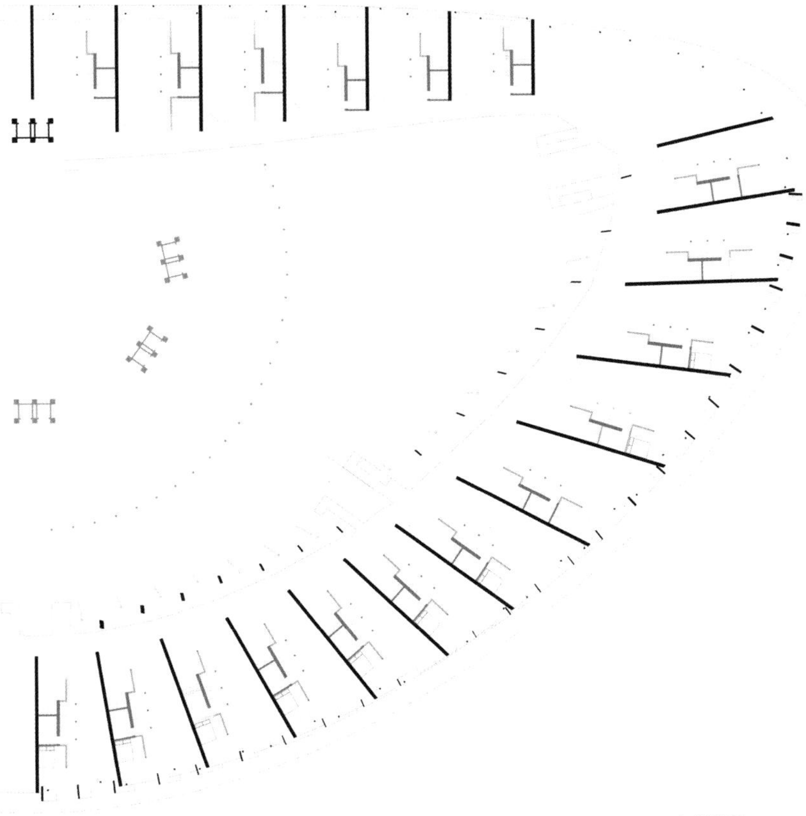

1：175 平面图

此提案的目的是把人的居住环境和车用设施交错，形成不同的环境建构。基地位于香港北九龙，在长沙湾和狮子山郊野公园之间的陡峭的山坡。此提案志于填补基建上的空隙，营造一个城市升降机去运送行人以及加建位于龙翔道和长沙湾道的圆形公路。行车能从两面进入停车场。人们可以乘车到此设施，把车泊在里面，然后徒步走进郊公园去运动。

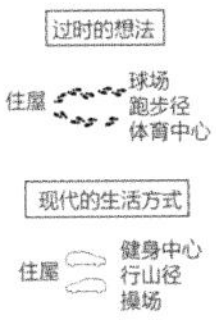
过时的想法
住屋
球场
跑步径
体育中心
现代的生活方式
住屋
健身中心
行山径
操场

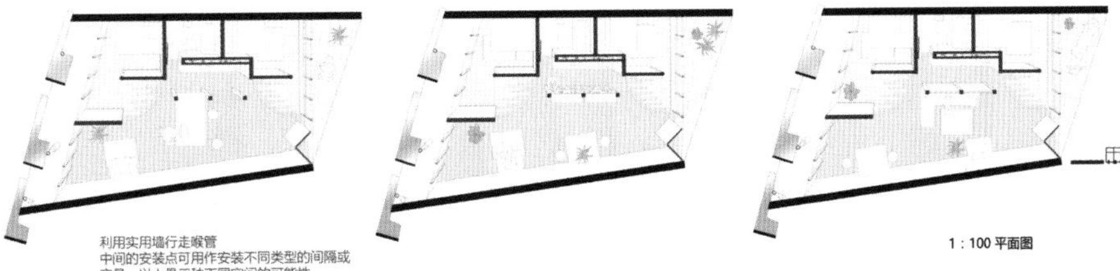

利用实用墙行走喉管
中间的安装点可用作安装不同类型的间隔或家具，以上是三种不同空间的可能性。

1：100 平面图

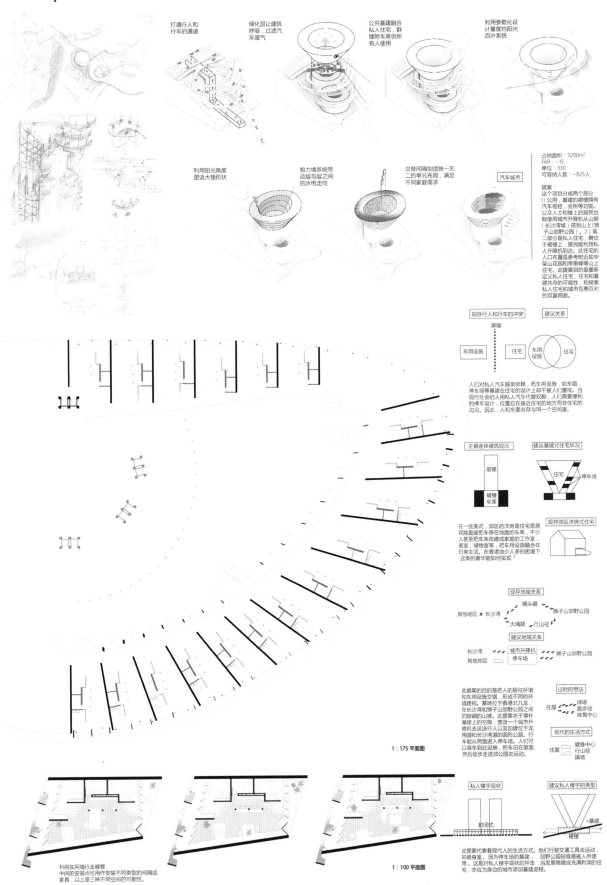

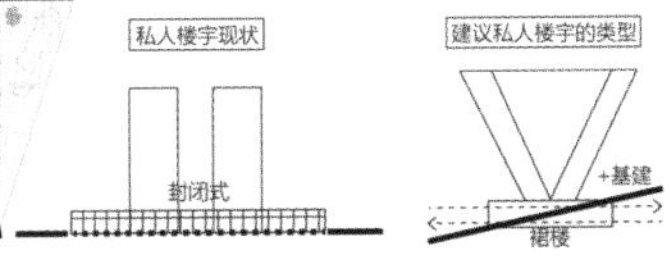
私人楼宇现状
建议私人楼宇的类型
封闭式
+基建
裙楼

此提案代表着现代人的生活方式。他们行驶交通工具去运动，如健身室。因为停车场的基建，郊野公园较容易被人所使用。这是对私人楼宇现状的抨击：当发展商建成充满利润的住宅，亦应为身边的城市添加基建进程。

亚洲设计学年奖

金奖

学校：香港大学建筑系园境建筑学部　指导老师：Holger Kehne　学生：Wong Kachun Alex

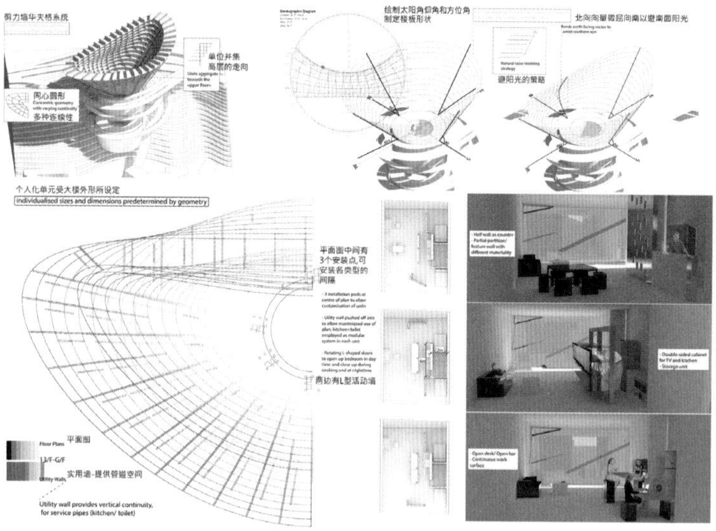

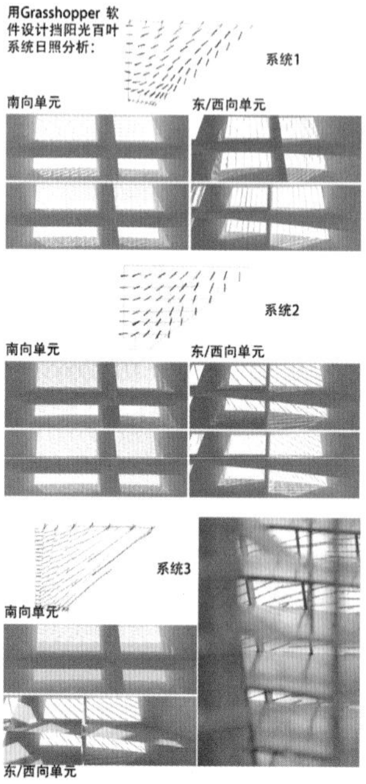

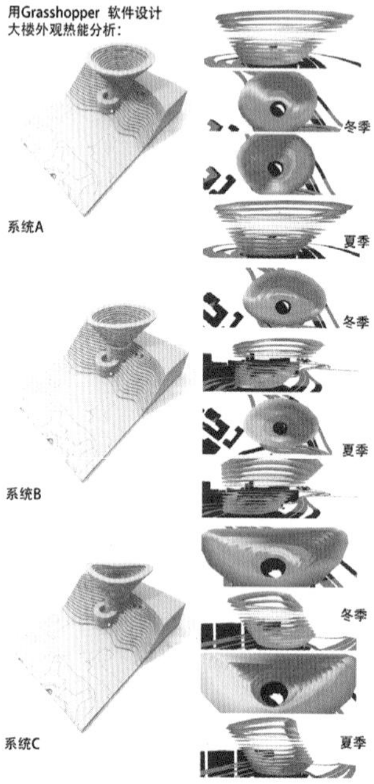

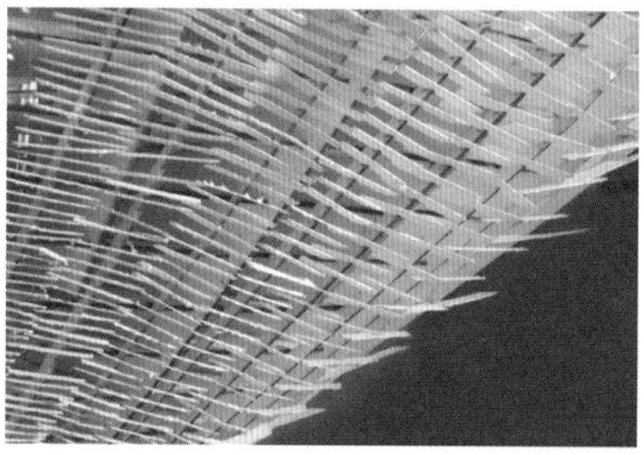

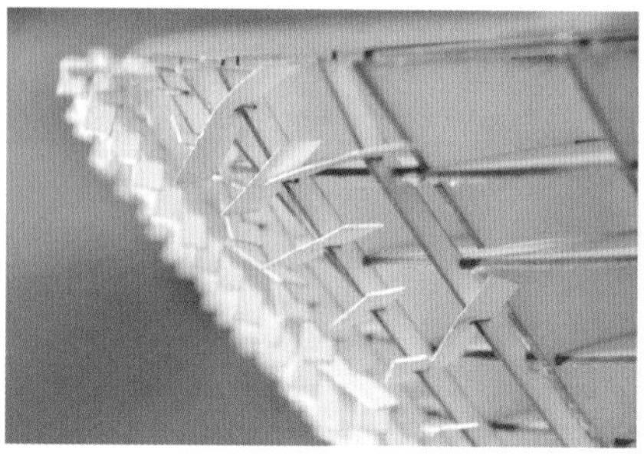

学校：香港大学建筑系园境建筑学部　指导老师：Holger Kehne　学生：Wong Kachun Alex

亚洲设计学年奖

学校：香港大学建筑系园境建筑学部　指导老师：Holger Kehne　学生：Wong Kachun Alex

第一张查考（research）绘图表达的是泽安村居民的行动力。色盘代表居民的能量值。蓝色是走向山下，紫色是走向山上。由图可见，紫色比蓝色消耗的更快。

1 : 5000 Axonometric

第三张查考绘图强调的是两条现存狮子山郊野公园和城市地区的行山径。图中的红线是提议的捷径，一圈圈的是表达着斜坡的斜度。黑色的轮廓线代表显存的基建的位置，由图可见，中间的地区缺乏基建，以此此提案希望能弥补这空缺。

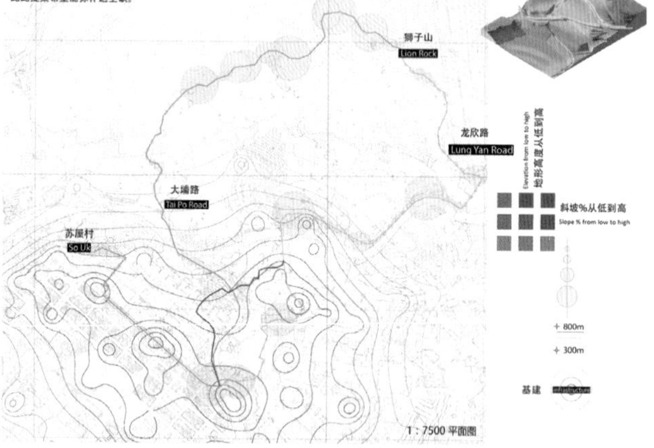

1 : 7500 平面图

第四张查考绘图强调的是附近地区的地形高差，而画出不同人和车和城市发展出克服高差的方法。

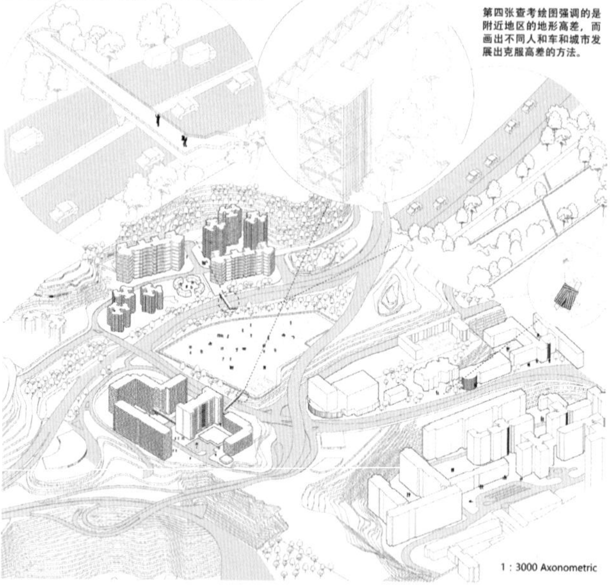

1 : 3000 Axonometric

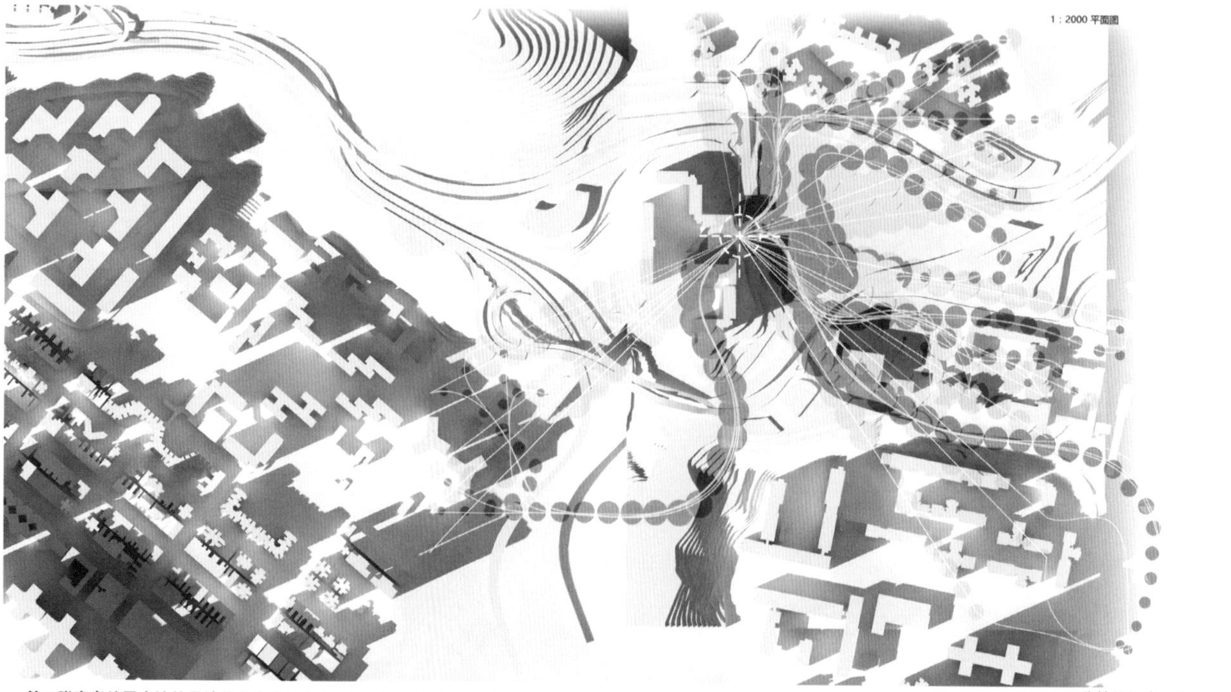

1 : 2000 平面图

第二张查考绘图表达的是地图上直线和真实街道上的距离的差异。最夸张的差异是在环状路的附近，那也正启发此提案的初衷去桥接该地区。

真实街道上的距离
地图上直线距离

15分钟的行走距离
10分钟的行走距离
5分钟的行走距离

学校：中央美术学院建筑学院　指导老师：李琳　学生：蒯新珏

“创客+”——集合住宅设计 Residential Design

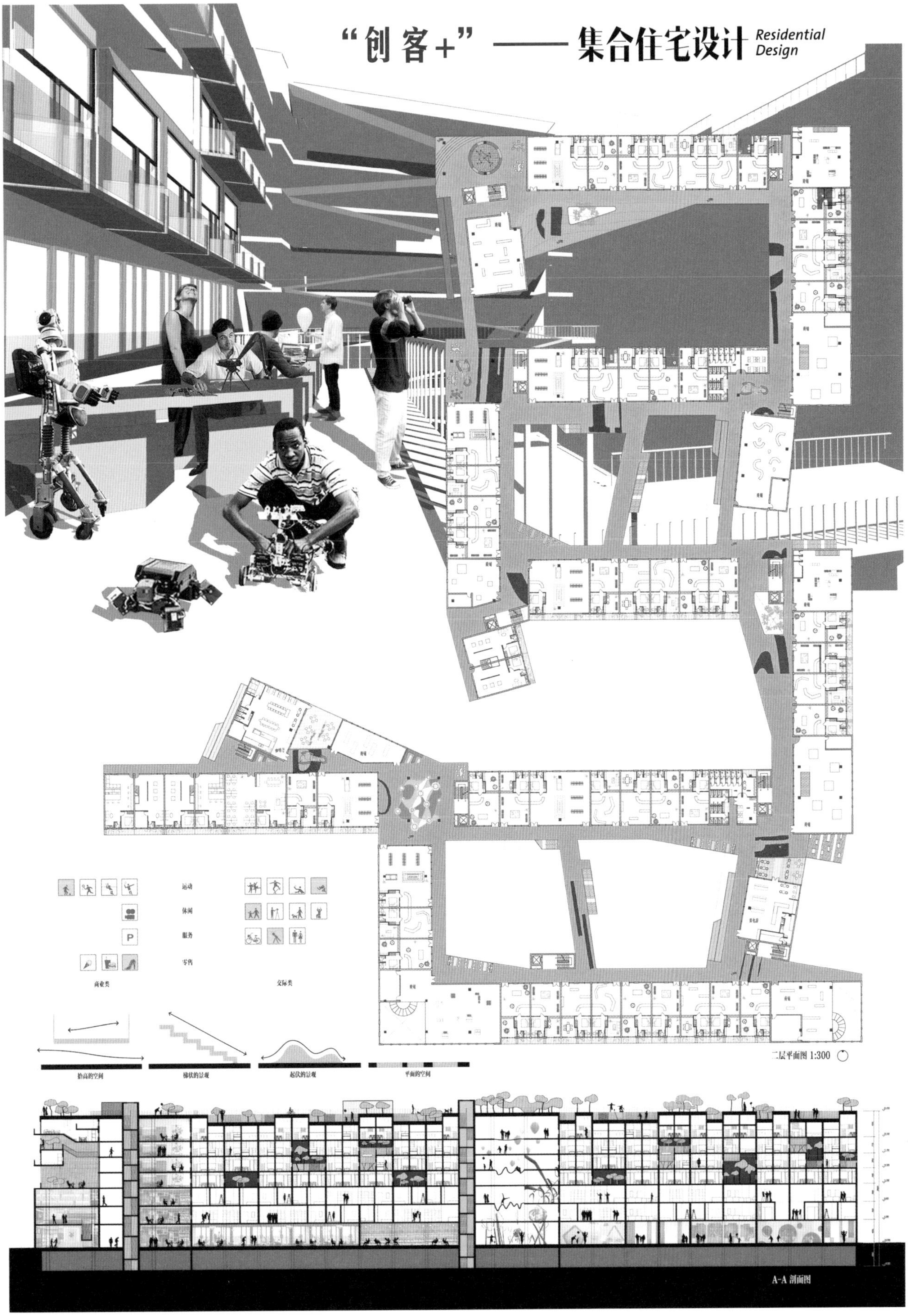

学校：华南理工大学建筑学院 指导老师：肖毅强 徐好好 学生：李浩卓 李婉婷 裴灵婧

首托邦——首尔南山的后人类社区想象

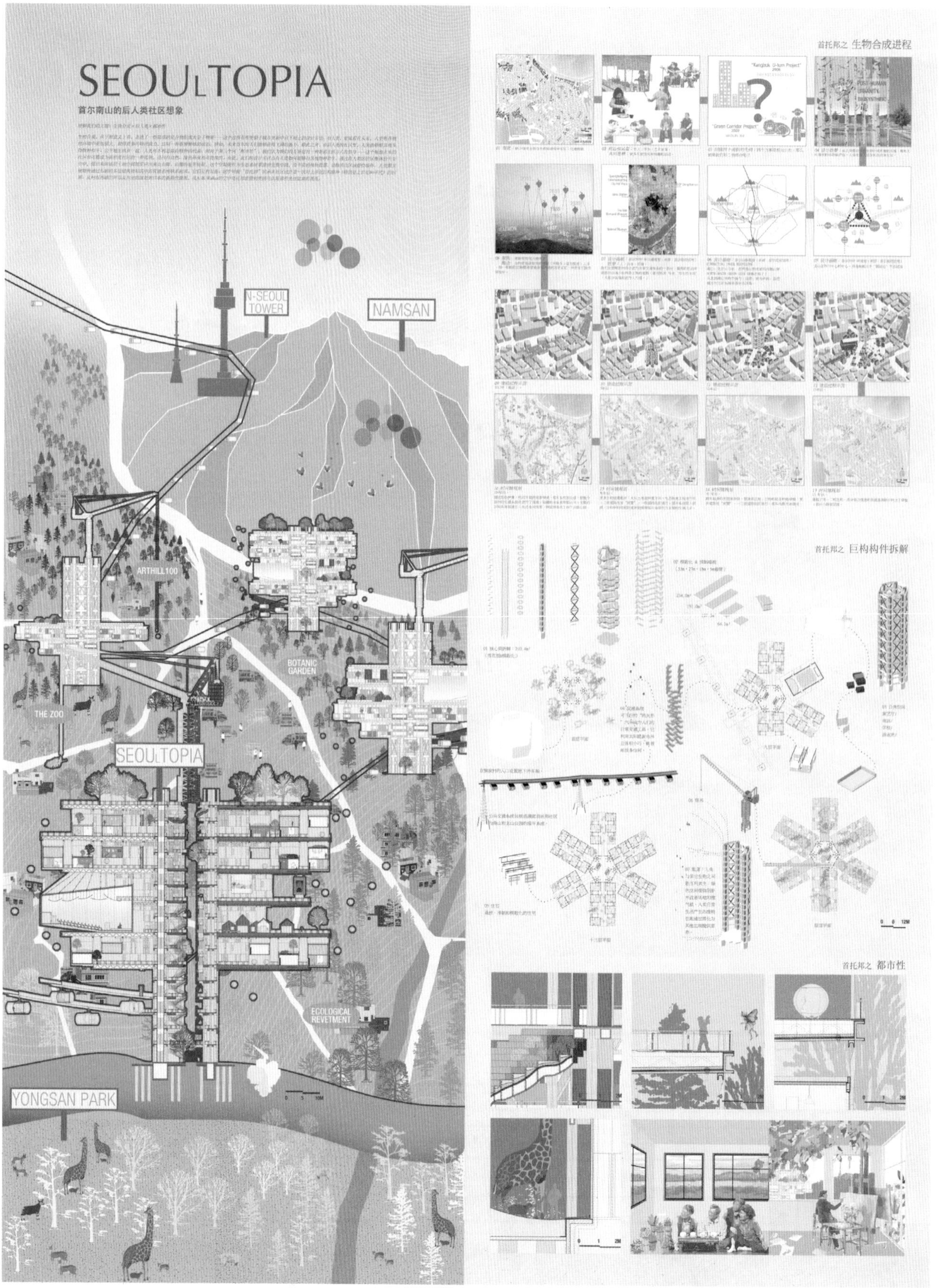

学校：东南大学艺术学院　指导老师：张志贤　Kenny Fraser　学生：赵斗斗　王治玥

城市更新·港口景观再生

总平面图

贯穿场地的绿道和场地东西两条滨海步道构成场地的3条主要轴线，轴线之间由步行道连接。场地多设置为步行道，主要的车行道环绕中心居住区修建保证了每座建筑群良好的可达性。

场地建筑由外围以高层公寓为主，内部以别墅为主的构建方式组成，最大程度的抵挡爱丁堡凛冽的海风，并结合绿地植被构建场地微气候，自然以私家花园和公共绿地结合的方式与城市融合，从而构建舒适的滨海人居环境。

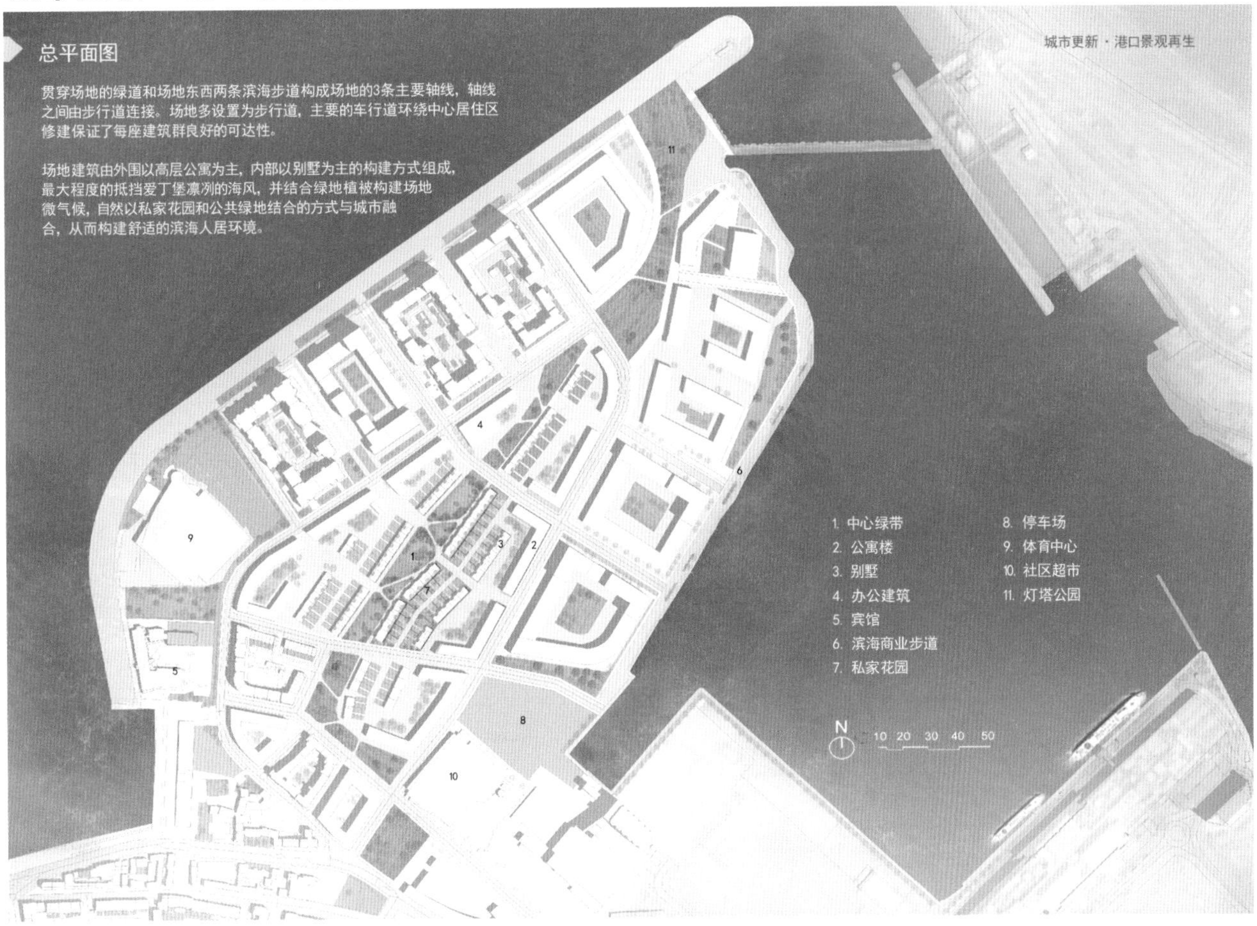
城市更新・港口景观再生
1. 中心绿带
2. 公寓楼
3. 别墅
4. 办公建筑
5. 宾馆
6. 滨海商业步道
7. 私家花园
8. 停车场
9. 体育中心
10. 社区超市
11. 灯塔公园
N
10 20 30 40 50

场地设计分析

车行分析

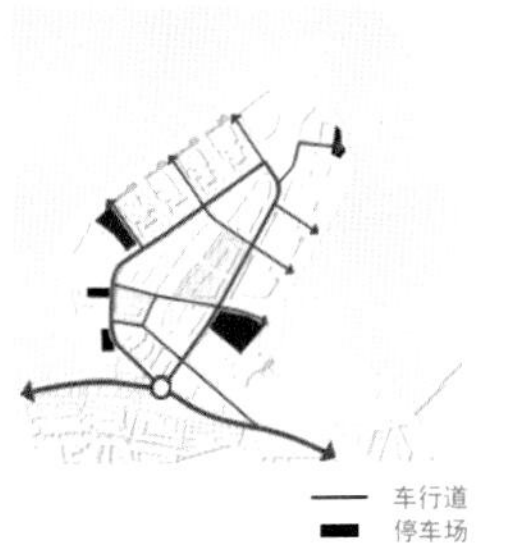
车行道
停车场

建筑类别

别墅
公寓
办公建筑
商业建筑

步行系统

步行道
中心绿地

自行车道

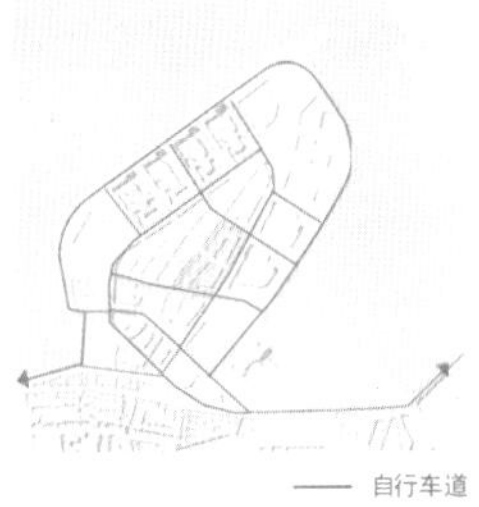
自行车道

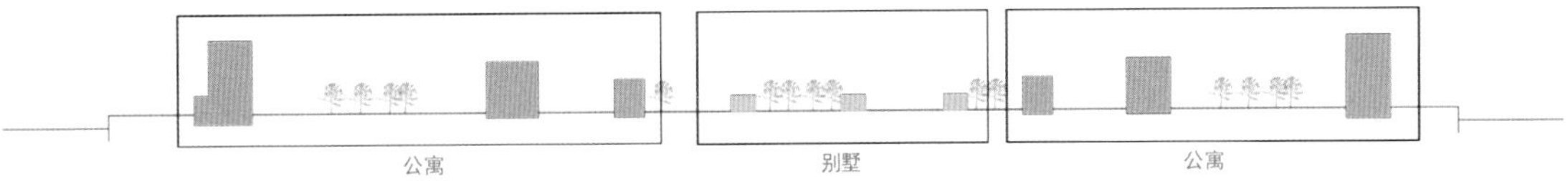
公寓
别墅
公寓

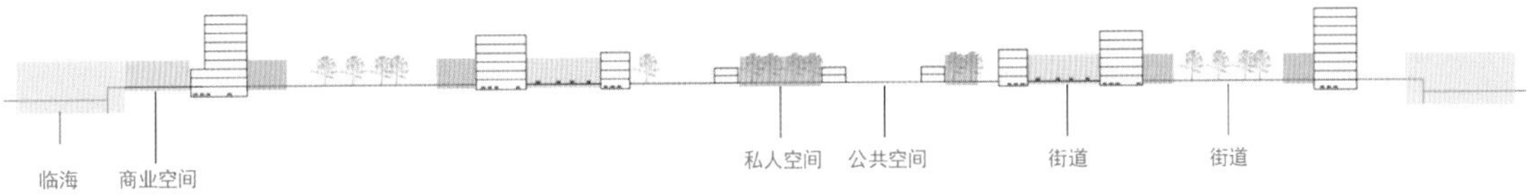
临海
商业空间
私人空间
公共空间
街道
街道

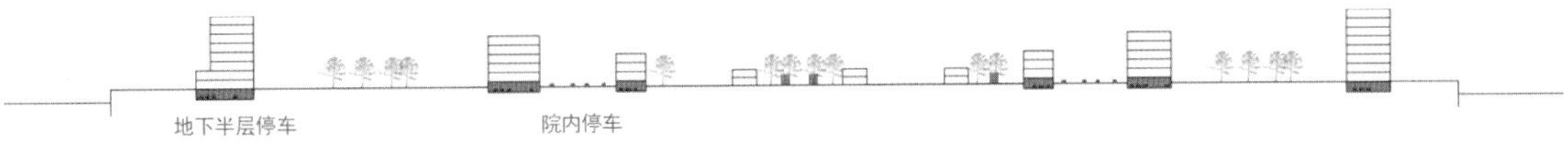
地下半层停车
院内停车

学校：华中科技大学建筑与城市规划学院　　指导老师：白舸　黄建军　　学生：陈艺旋　何星瑶　王妍

客从何处来——台湾荣民荣归故里 "类土楼传统民居空间重构"

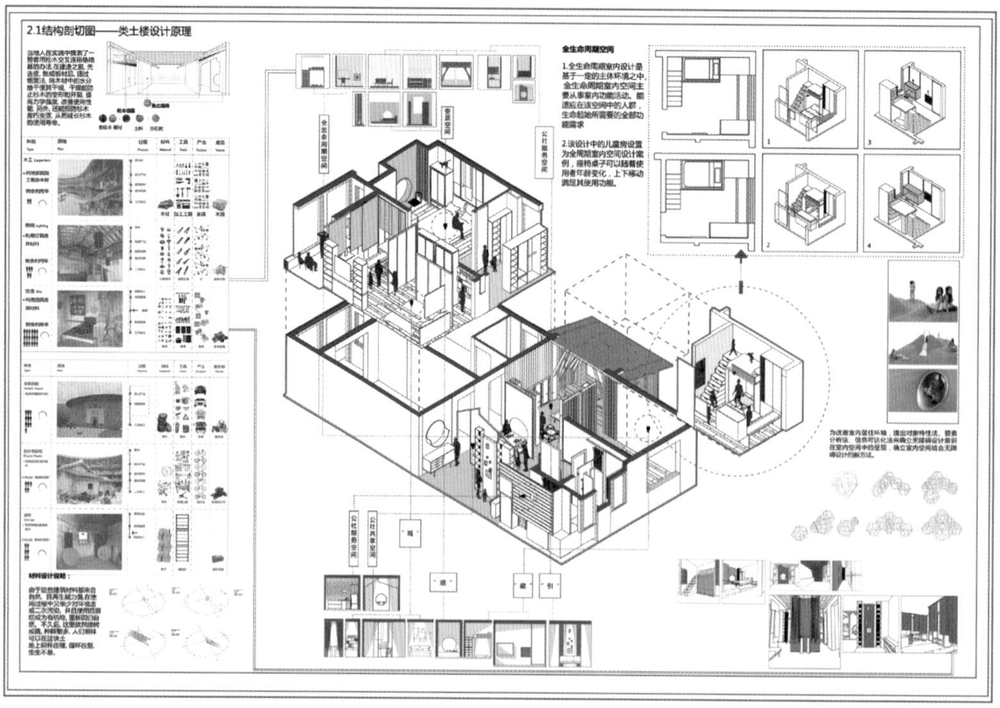

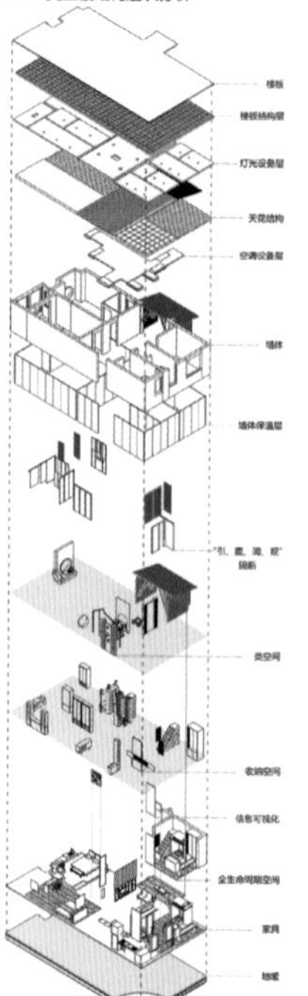

2.2家具平面图　　2.3地面铺装图　　2.3天花铺装图　　2.11类传统民居功能空间详情

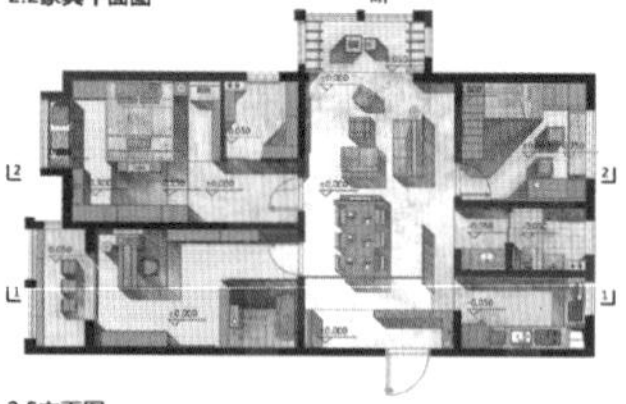

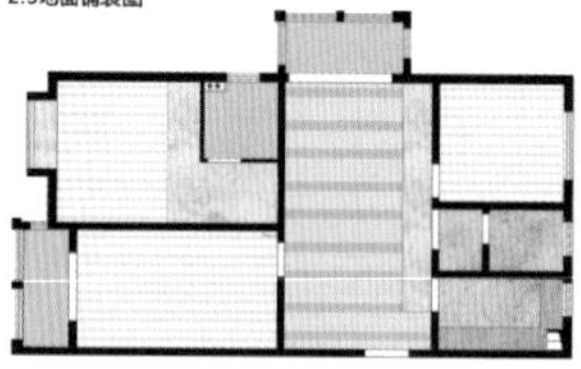

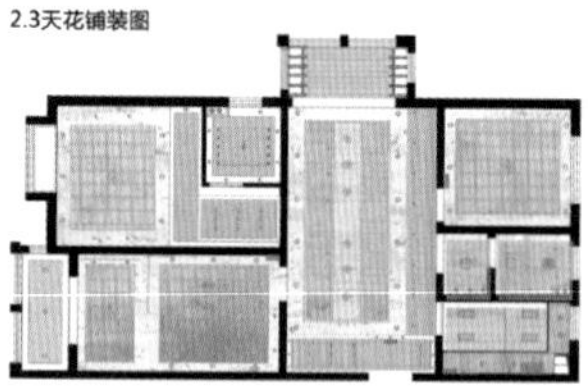

2.5立面图

2.6建筑外部环境功能演变

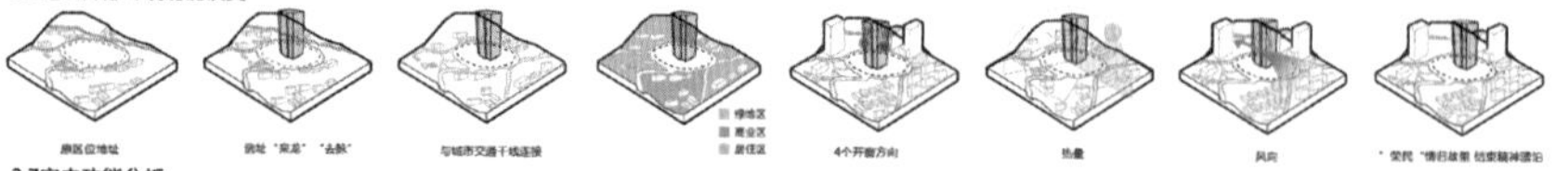

2.7室内功能分析

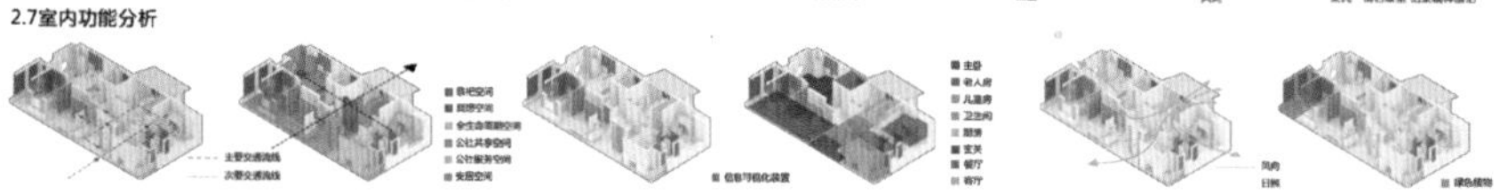

2.8类土楼住宅设计模式要素提取　　2.9类土楼平面空间分析

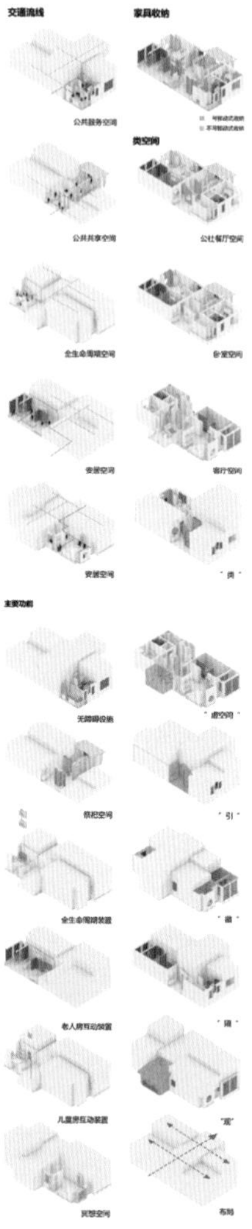

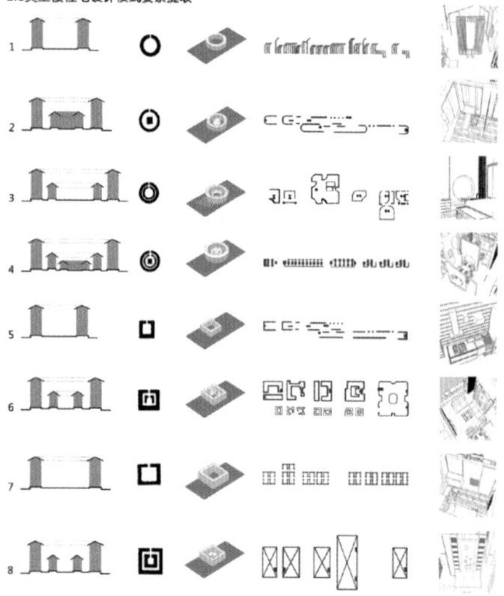

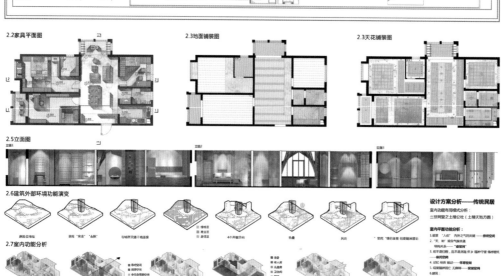

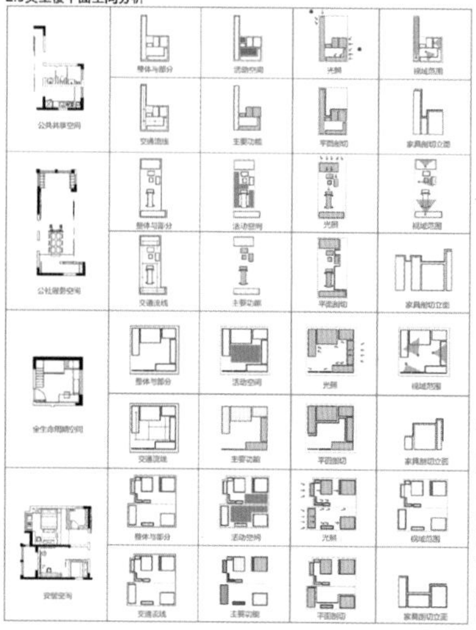

学校：四川美术学院环境艺术设计系　　指导老师：许亮　　学生：张鹏飞　李亮

夯土再生——“同居式”宜老空间设计

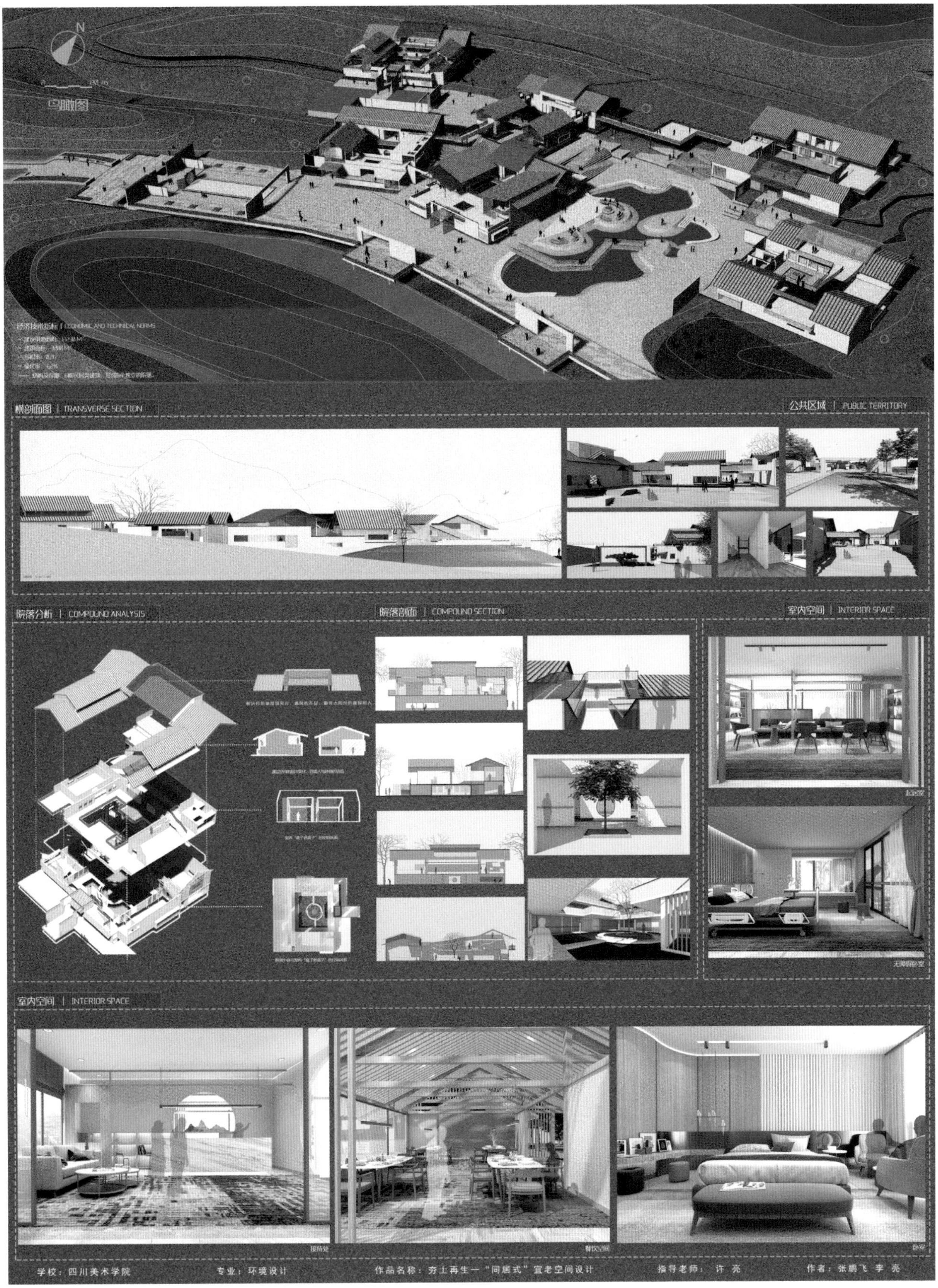

学校：宁波大学科学技术学院　指导老师：陈忆　查波　学生：邢荣　陆莹

理想國

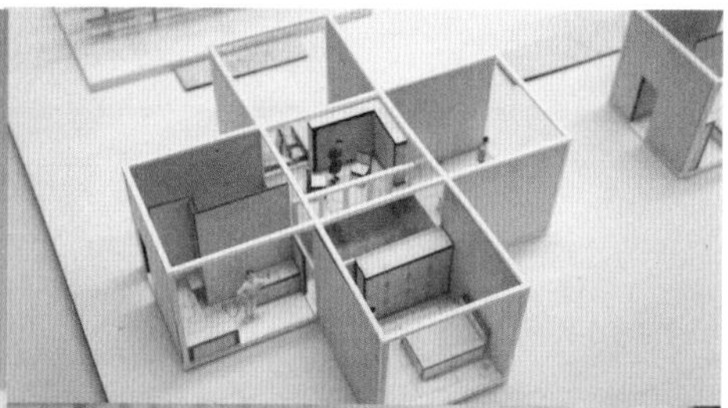

——未來定制模式住宅

■未来发展方式 平台与平台相连，形成"路路通"的村落

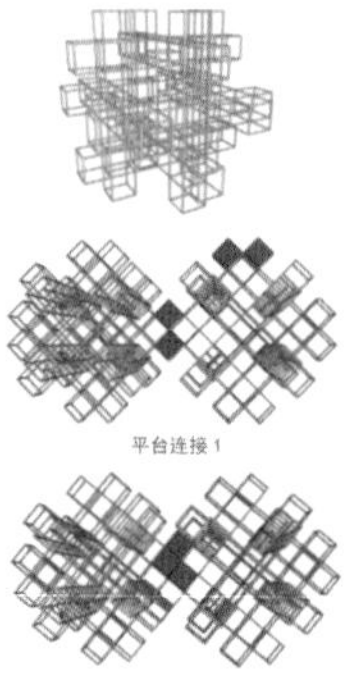
平台连接 1
平台连接 2

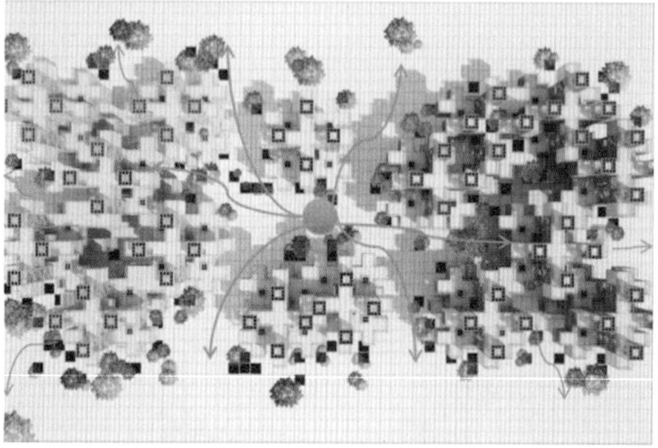

■公与私区域分布

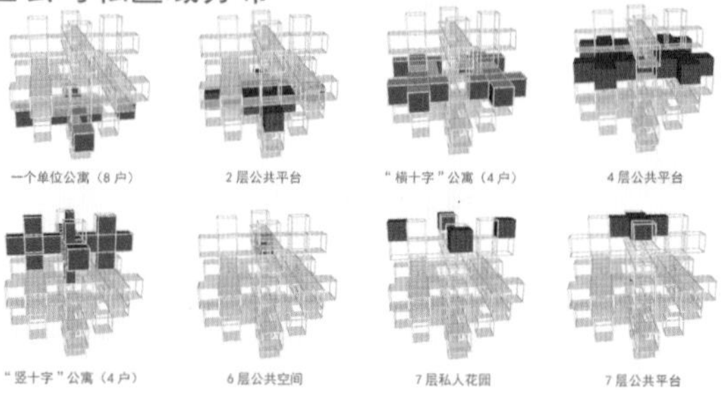
一个单位公寓（8户）
2层公共平台
"横十字"公寓（4户）
4层公共平台
"竖十字"公寓（4户）
6层公共空间
7层私人花园
7层公共平台

■人的室内外感受

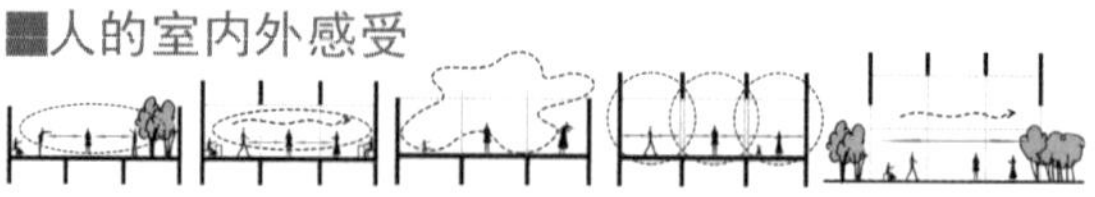

■发展着的四维空间

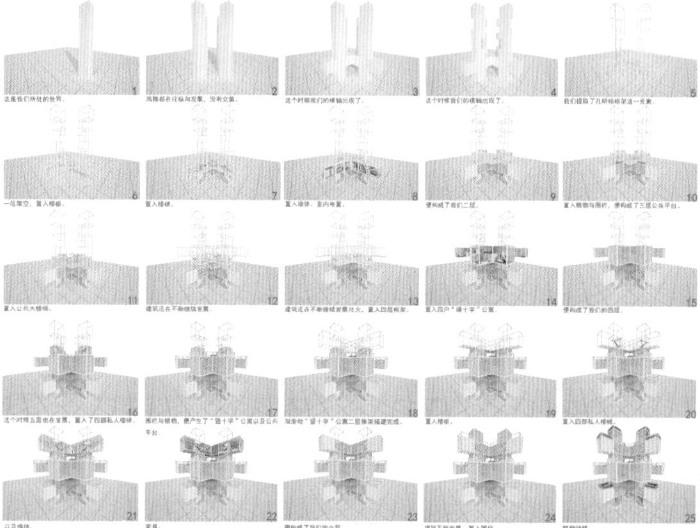

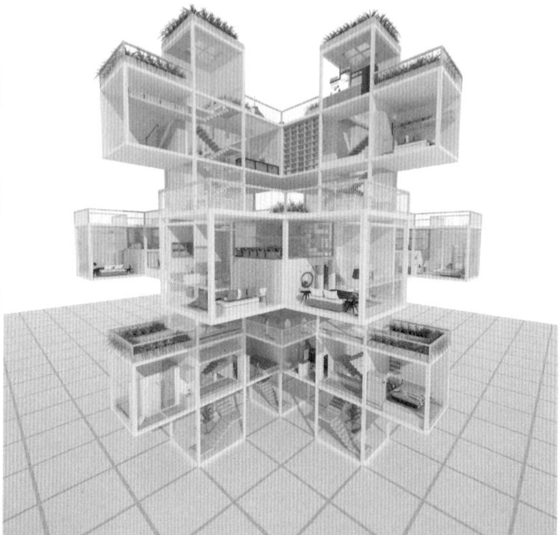

便构成了我们整个建筑。

学校：广东工业大学艺术与设计学院　指导老师：刘怿　学生：王凌锋　吴洁珍　王泽欣　谢家伟

未完成之生活想望——垂直村落建筑理论

空间划分

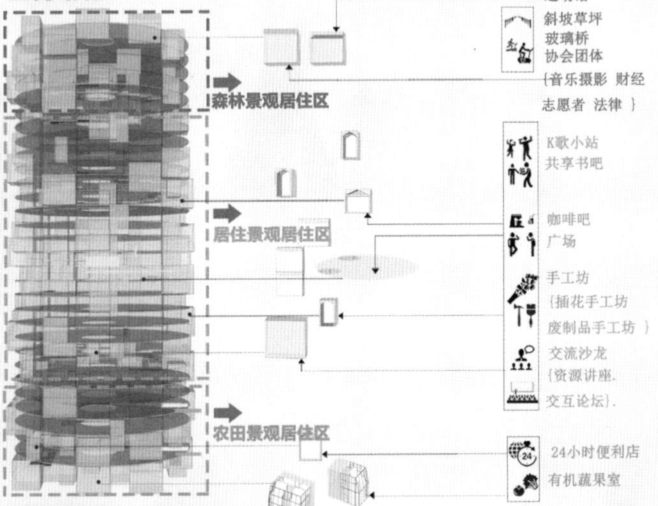

引入城市功能

我们在城市垂直村落引入城市功能来满足人们的生活需求创造出一个可以在这里完成各种生活活动的垂直空间.

拓扑学连续变化

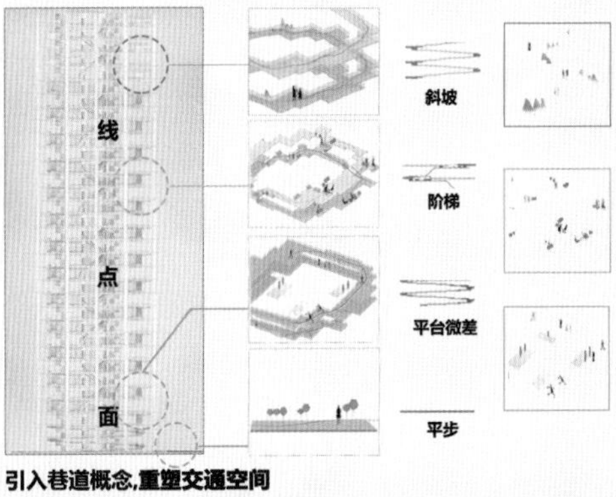

引入巷道概念,重塑交通空间

巷道是传统空间中最常发生社交性活动的场所之一。我们利用巷道紧密连接各个住户，利用户型围合出一个小空间，加入绿化垂直分布在各个空间刺激小范围的邻里交流和闲谈，营造空间气氛。构建出我们的垂直村落。

一是明确划分；二是模糊划分。明确划分空间通过设计小商业空间和中心广场以此刺激人们的交流；模糊划分空间我们利用五层为一个小团体，引导人们到中心广场活动，一条宽度不一，高低不一，富有多变的垂直巷道与开放式半开放式庭院相结合，促使人们停留、遇见与聚集。

空间组织设想

农田景观居住区

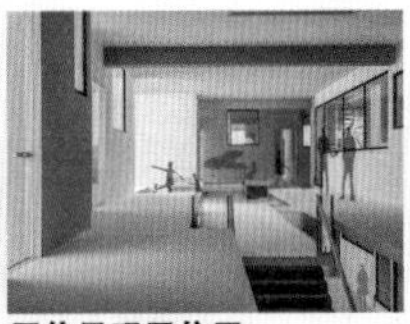
居住景观居住区

深林景观居住区

深林景观居住区

深林景观居住区

户型

一层有机农场采用一边种植一边售卖的的方式，通过空间休息节点促使住户停留聚集的方式。

十三层共享小屋，提供了暧昧关系的空间，即可私有开放并存。叠加的小屋为人们提供流动空间的活动。人们可以在家旁边躺着玩游戏玩ipad闲谈等时尚的休闲功能。随意摆放的陈设更显生活的气氛。

二十层独特的小型手工坊，即可解闷周末假日的娱乐取向，又能结交有共同兴趣爱好之人。邻里关系的浓情融洽往往胜过远方亲人的问候。打造愉悦轻松的十分钟生活圈每层空间也拥有特色各异的层次丰富的表达形式。

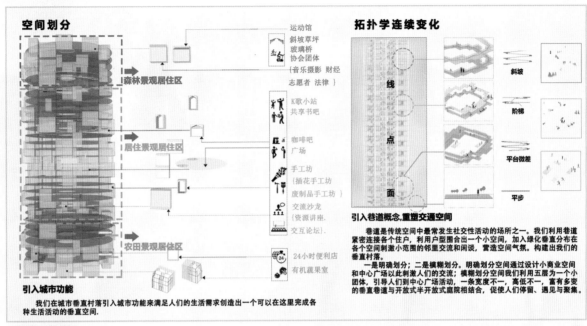

第三十三层为最顶层我们通过布置自发性协会团体带动整座大楼的交流互动，这些团体可以在这里自由表演，作品可展示在这座大楼里，利用高低错落的空间关系，营造热闹与相对安静的空间，人们可以在中庭看一场精彩的表演，可以在观光道上静静观看城市，可以在小小的草坡上享受阳光，也可以在最高处的节点空间几个人围在一起闲聊，更加可以躲在小山坡后面朝向我们的城市静静休息、看书。

生态健康与可持续

学校：华中科技大学建筑与城市规划学院　指导老师：白舸　学生：郝心田

漂流边界

学校：华中科技大学建筑与城市规划学院　　指导老师：白舸　　学生：郝心田

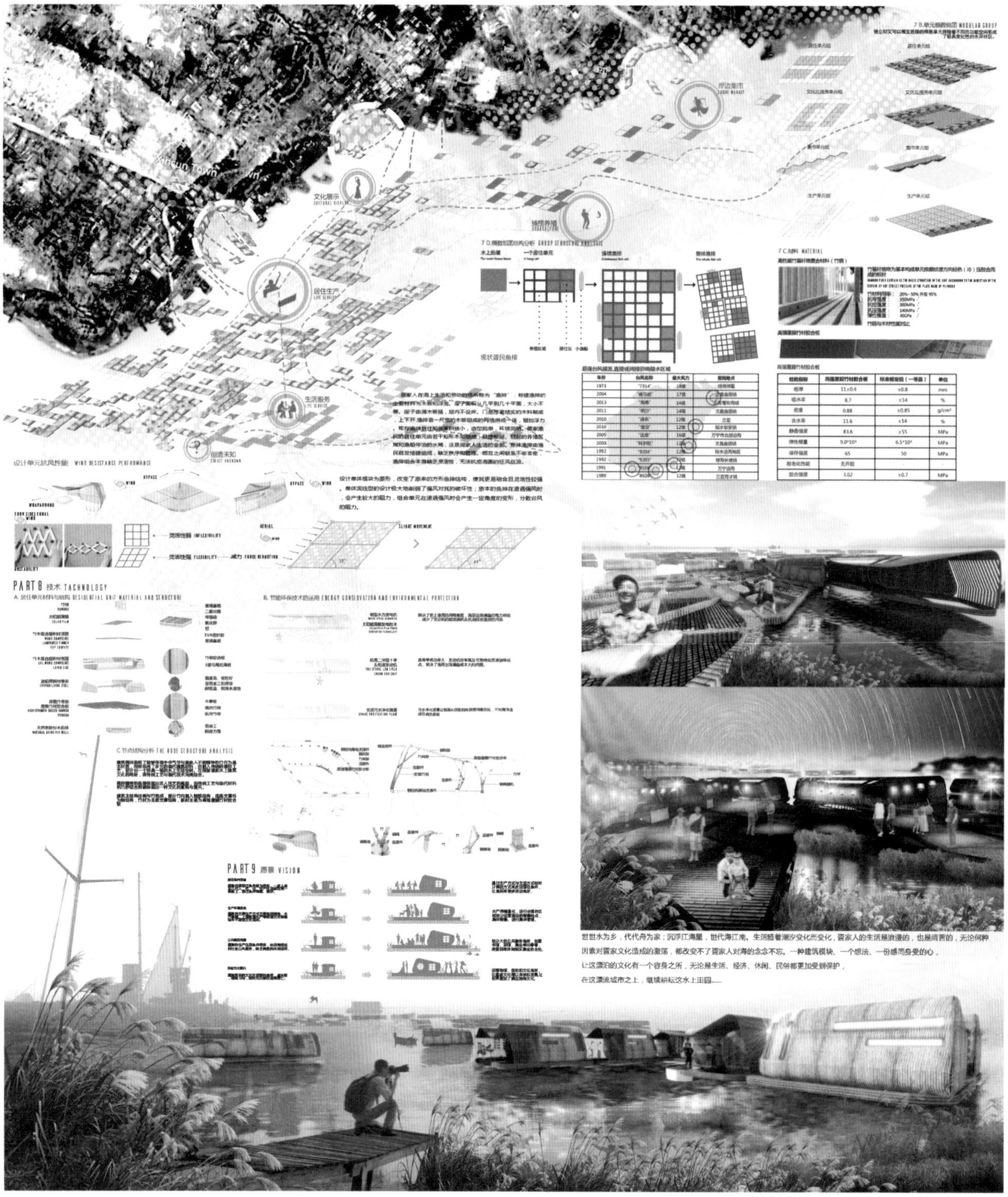

学校：昆明理工大学建筑与城市规划学院　　指导老师：陈桔　　学生：李泽玮　朱勇达　王子怡　白雪梅　李宏清　马娱

01

因水而生·生态『曼』城
广东省鹤山市古劳镇规划设计

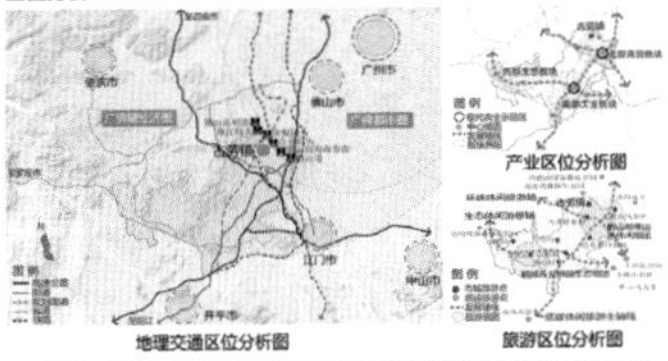

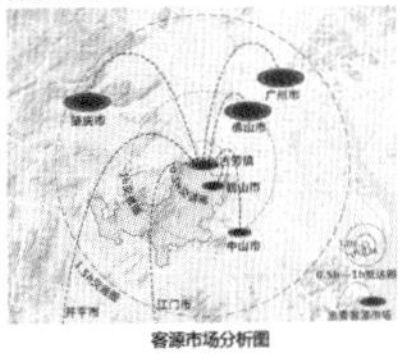

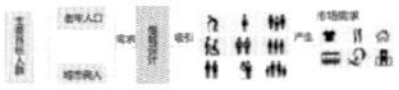

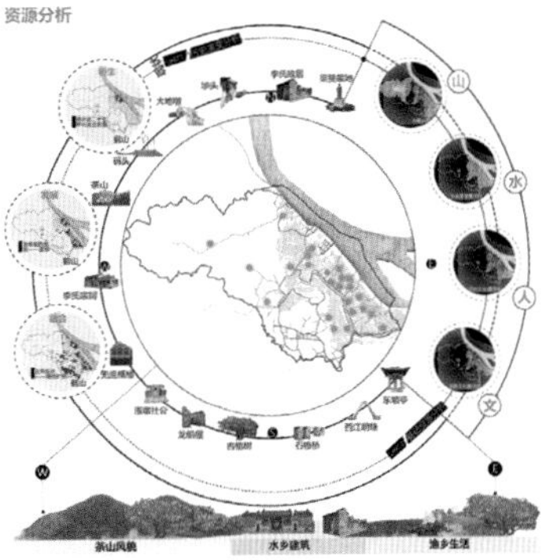

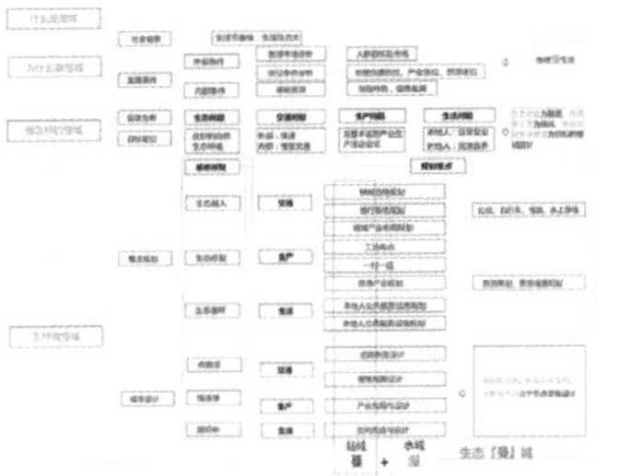

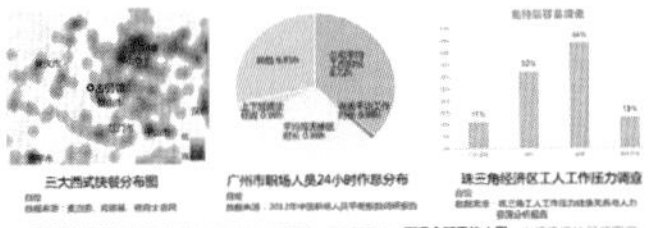

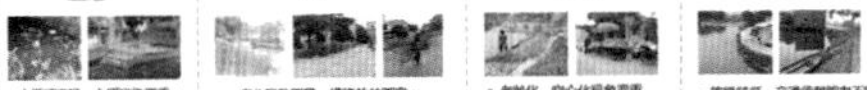

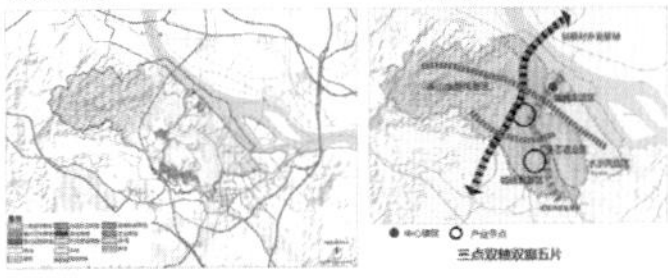

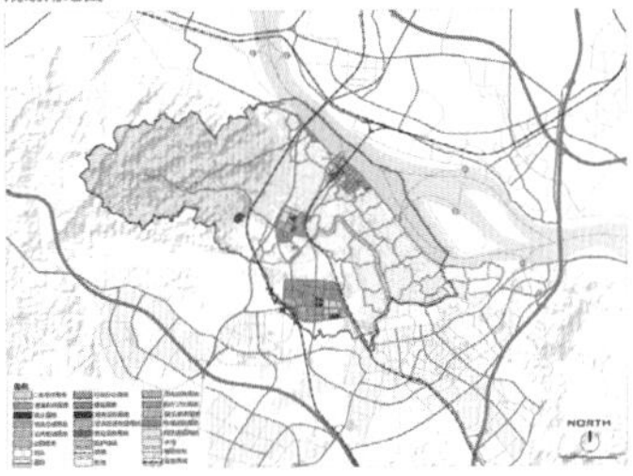

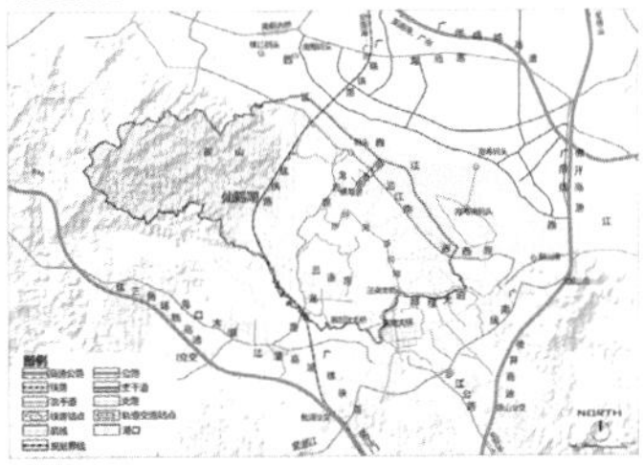

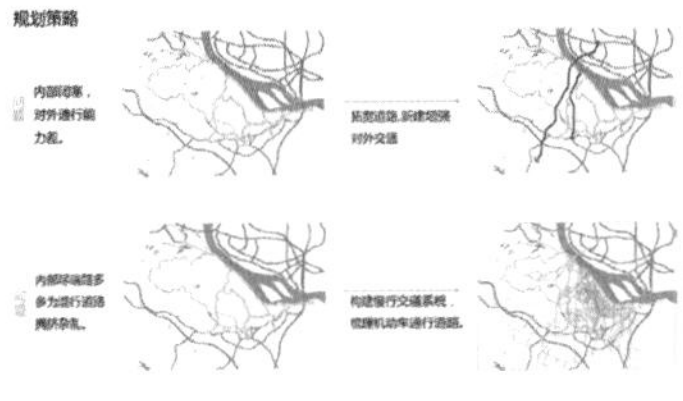

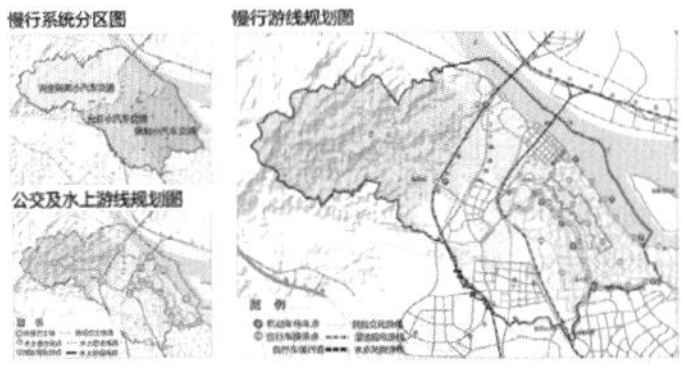

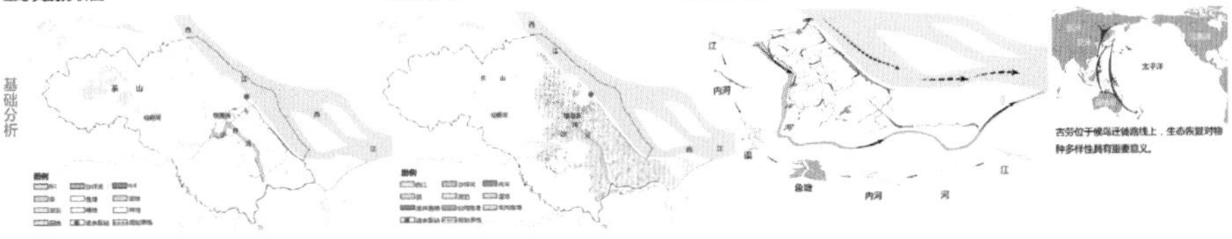

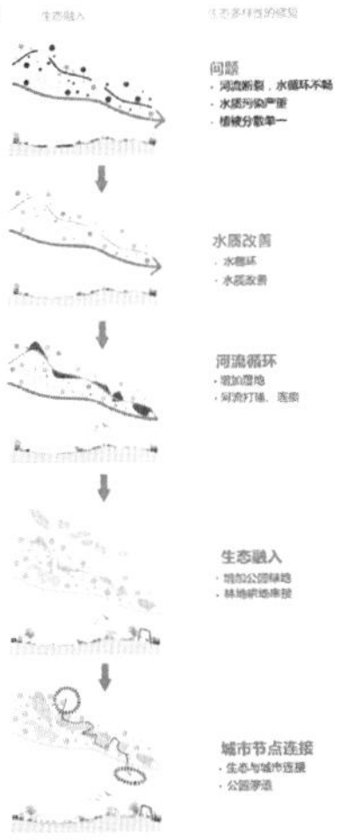

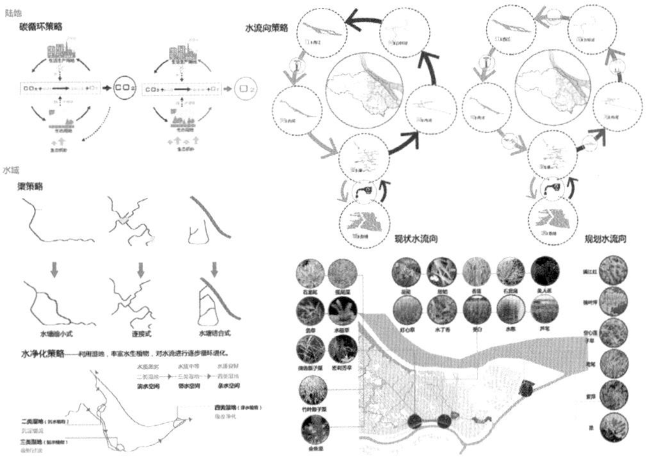

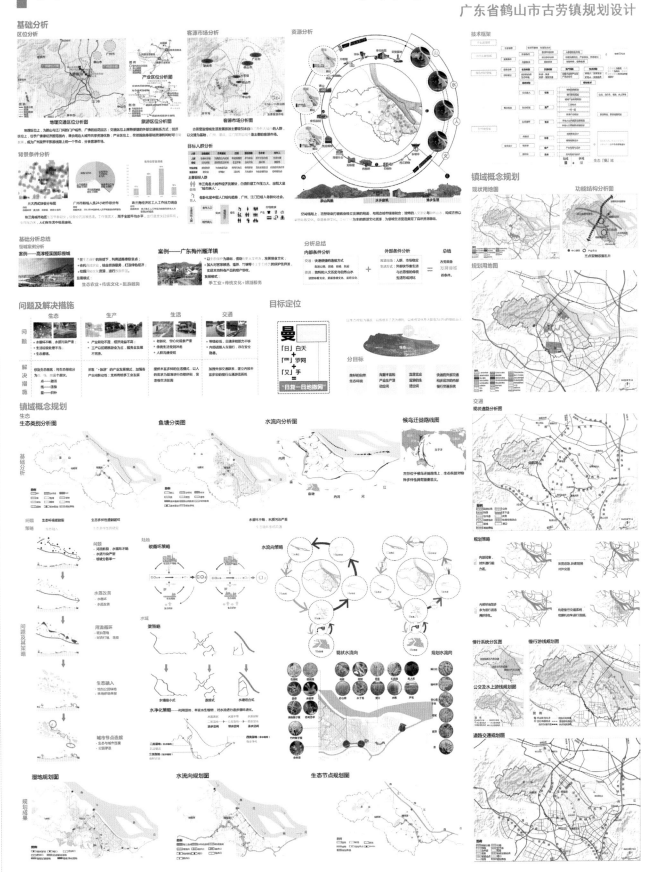

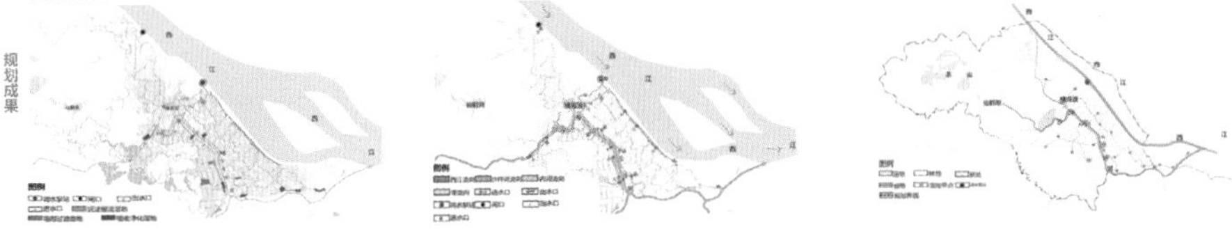

学校：昆明理工大学建筑与城市规划学院　指导老师：陈桔　学生：李泽玮　朱勇达　王子怡　白雪梅　李宏清　马娱

02 因水而生·生态『曼』城

广东省鹤山市古劳镇规划设计

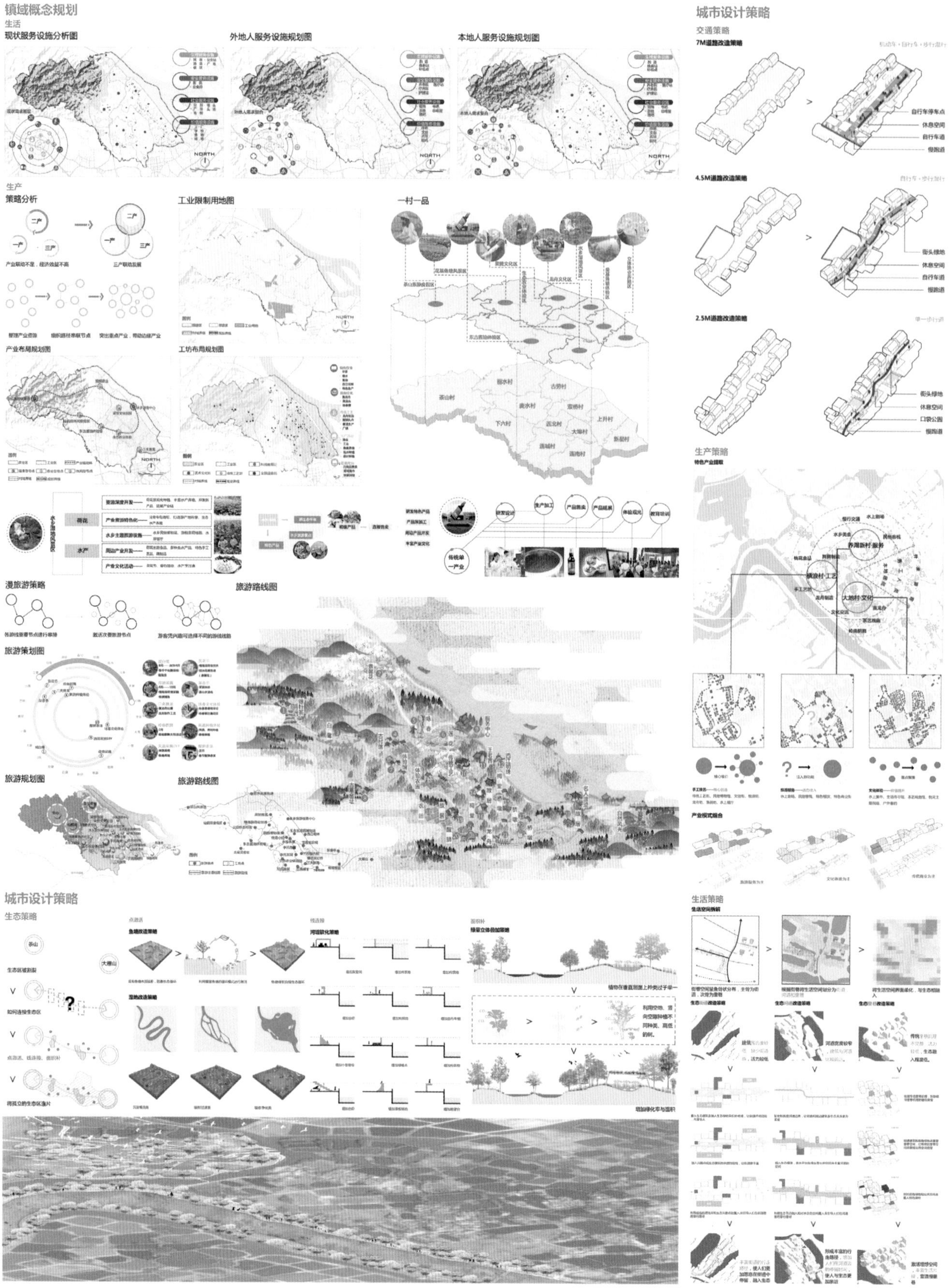

学校：昆明理工大学建筑与城市规划学院　指导老师：陈桔　学生：李泽玮　朱勇达　王子怡　白雪梅　李宏清　马娱

03 因水而生·生态『曼』城

广东省鹤山市古劳镇规划设计

总平面图

道路交通规划图 1

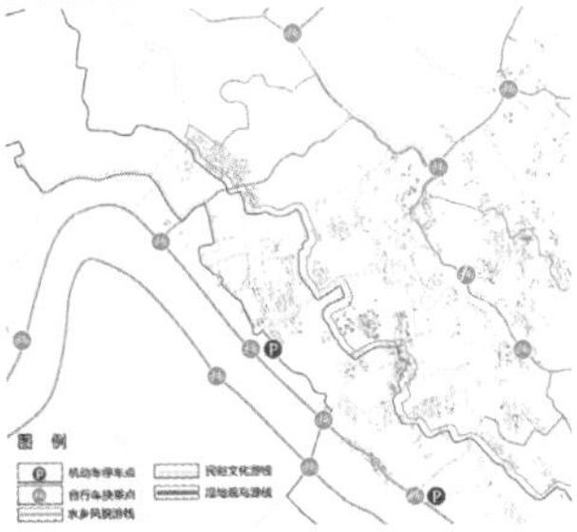

道路交通规划图 2

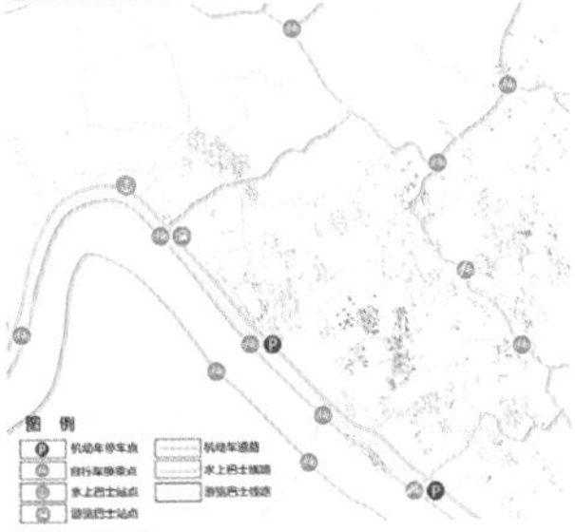

慢行系统规划图

学校：香港大学建筑系园境建筑学部　指导老师：姜斌　学生：苏珊珊

10' 35' and 90'

Multi-functional Landscapes in the Compact Manufacturing Plant

The globalization has witnessed the development of numerous industrial parks, so-called sweatshops, in undeveloped regions. And its impacts on environment, social justice, and human well-being are needed to be examined. This project took the Pearl River Delta as a case, a typical manufacturing heartland of China and worldwide. By means of ethnographic methodology, its social, economic and environmental impacts were investigated and identified. The project explored how landscape interventions can facilitate new regional visions of ecological and social environment that can be realized at material scale, and working simultaneously at multiple scales. The Project was a bottom-up process unfolded in three stages, each stage including research, site investigation, and design intervention were all bonded with the end users, i.e., the factory workers. This procedure allowed voice of the vulnerable groups to speak out loud, and provided opportunities for them to negotiate with their own environment. By generating tactical landscape interventions stemming from systemic investigations of local context and resolved at site and material scale, the practice of sustainable design was extended, environmentally, ecologically, and economically.

Global Background

F***onn Technology Group, also known as H** H** Precision Industry Co., Ltd, is a Taiwanese multinational electronics contract manufacturing company. It is the world's largest electronics contract manufacturer, and the fourth-largest information technology company by revenue. F***onn develops very fast in the past decades years, because it manufactes big products for big client, such

Time Zone Analysis

Recently, F***ONN is famous of the suicide, so many people are curious about the living environment inside. From many reports, we may image that they live in tiny dormitory which is protected by steel frame. Every day they are facing a lot of work to do, and they have no time to rest and larders don't allow them to have fun in the factory. No one can talk to each other and on one can escape from this prison.

But after several times research work in LongHua Foxconn, which is located in Shenzhen, China. I find they do have opportunity to enrich their life and premise for having fun in the factory.

A big finding is worker's timezone, there is three timezone, one is 10 minutes in the morning or a rest for smoking during the working time, the second is 35 minutes after lunch, the third one is 90 minutes after work. In different time window, they may

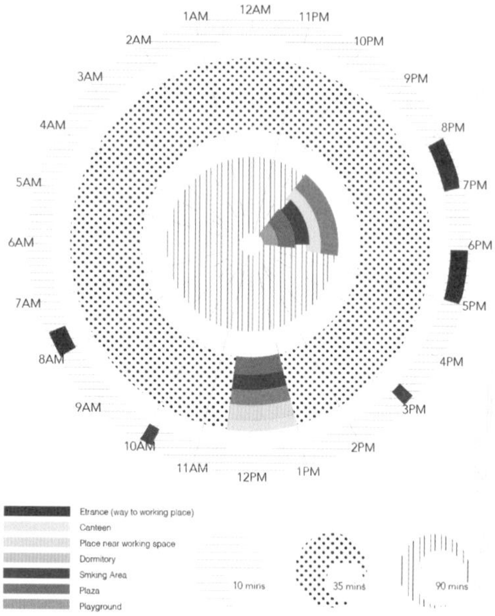

Analysis of Environment

After the field work of Longhua factory, I found that there are two main colors. One is green, because in fact factory has many large amount of trees and shrubs; the second one is grey which is the color of the buildings. It is hard to see other colors. So the whole environment is boring because of no change. So we need to add more colors into the area of the factory to arouse workers'energy, such as red, yellow, blue, green, purple, different color may have different effect.

Analysis of Workers' Needs

This radar diagram shows workers' needs inside of the factory, such as better rest place, privacy, shelter and so on. These needs can also be found out from real images taken in Longhua Factory, they prefer soft ground and keep a distance from gaining more privacy. And most of them can not rest in a good place.

- no enough space for rest - better rest place
- lack of color -more color
- crowded people - privated place
- hot in summer - shelter

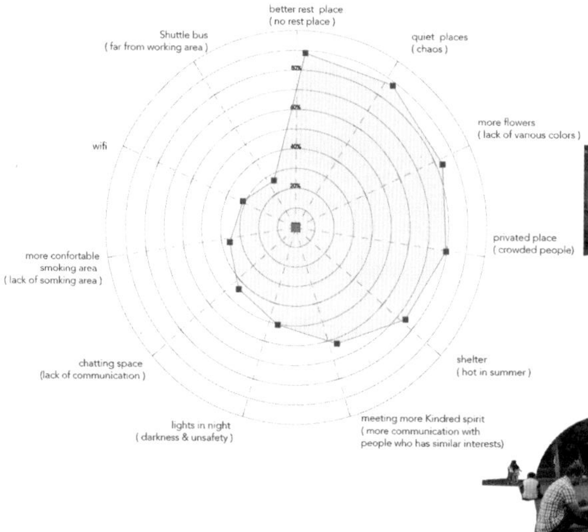
better rest place
(no rest place)
quiet places
(chaos)
more flowers
(lack of various colors)
privated place
(crowded people)
shelter
(hot in summer)
meeting more Kindred spirit
(more communication with
people who has similar interests)
lights in night
(darkness & unsafety)
chatting space
(lack of communication)
more confortable
smoking area
(lack of somking area)
wifi
Shuttle bus
(far from working area)

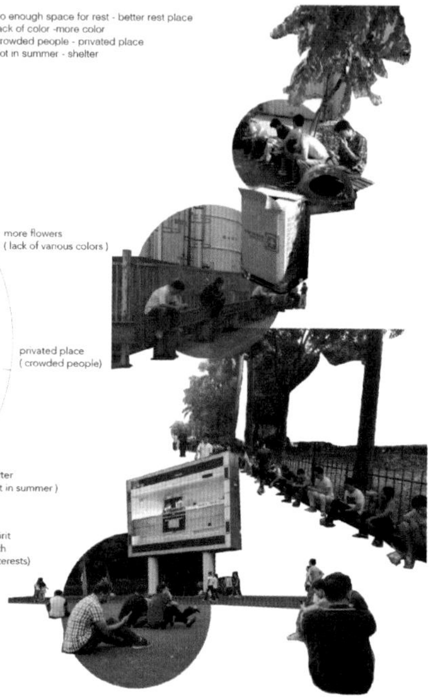

学校：华南理工大学建筑学院　　指导老师：陈坚　萧蕾　周剑云　　学生：聂聪　龙越　陈迪

Bilevel City 双层城市

重庆沙磁文化片区城市设计

敏感性低
敏感性高

PART3-方案生成

一、分层线生成依据

01场地生态敏赋性

评价因子提取

评价因子灰度叠加

生态敏感性
建设适宜度　适宜　不适宜　很不适宜
低　中　高

02清水溪消落带

红线圈定范围（包括清水溪沿线及嘉陵江枯江区域）
由于长于千百年一遇洪水位高程以下，不适宜作为城市
建设用地进行过度建设。

重庆市城区防洪标准

城区	城市防洪标准	长江、嘉陵江护岸工程	中小河流护岸工程
主城区	100年一遇，相对应防洪工程洪水位按江河设计洪水位与50年一遇波浪爬高叠加	防洪护岸工程的防洪标准为50年一遇	防洪护岸工程的防洪标准为20年一遇
20年护岸	20年一遇，防洪护岸工程洪水位按江河设计洪水位推算。		

高程层（0.10）　坡度层（0.30）　坡向层（0.18）　植被层（0.12）　水文层（0.30）

水文因子
水域的敏感性
水域敏感性
较高址地
权重：0.30

植被因子
自然度越高
敏感性越高
权重：0.12

坡向因子
越向阴面
敏感性越高
权重：0.18

坡度因子
坡度越大
敏感性越高
权重：0.30

高程因子
高度越高
敏感性越高
权重：0.10

03叠加生成分层线

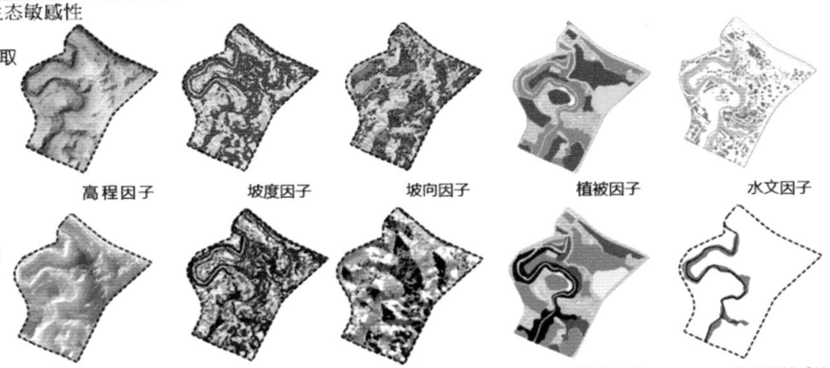

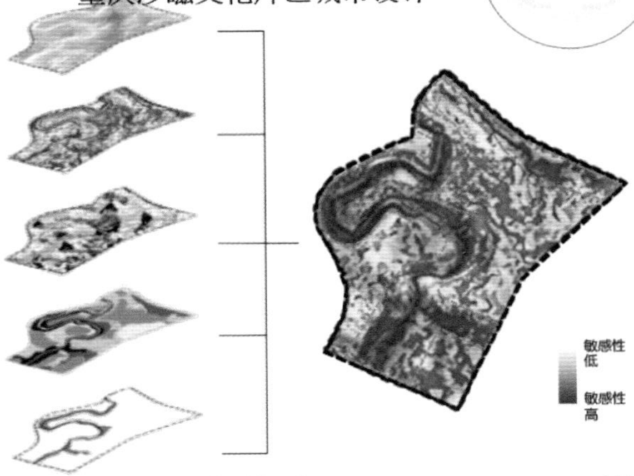

红线圈定范围（包括清水溪沿线。东南侧坡度较低处及嘉陵江枯江区域），生态敏感性相对较高，开发强度不宜过高。

城市形态集地
乡村形态集地

东侧分层线
海拔223m

用地面积比
3:7

西侧分层线
海拔214m

分区

＋

叠加

＝

将通过生态敏感性分析及消落带确定分析得到的用地做适宜性建设建设及适宜性分区进行叠加，获得城市形态用地及乡村形态用地进行区分。

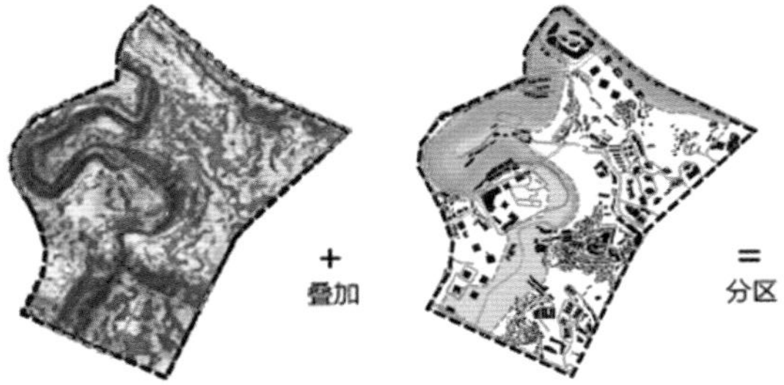

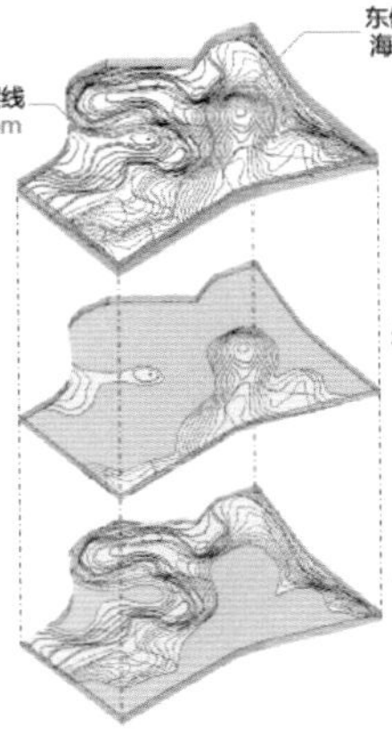

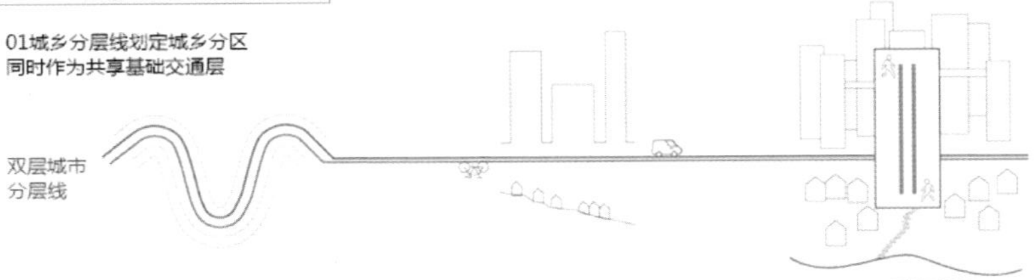

02山城交通具有多样性，立体化的特征。在上下城之分层的基础上发展差异化的交通方式。

上层城市形态区
以步行交通为主
下层乡村形态区
以骑行交通为主

上层城市
层城市
层线

03采用P+R模式

城市轨道　城市公交　城市步行　自行车　游览义车　乡村步行　乡村公交

百年一遇洪水位195m

垂直人行
人群通过垂直竖向层区
上下活动

二、分层线交通原则

01城乡分层线划定城乡分区
同时作为共享基础交通层

双层城市
分层线

方式差异

线路共享
共享层交通
城乡分层线布置

城市交通工具（汽车）——乡村交通工具（自行车）

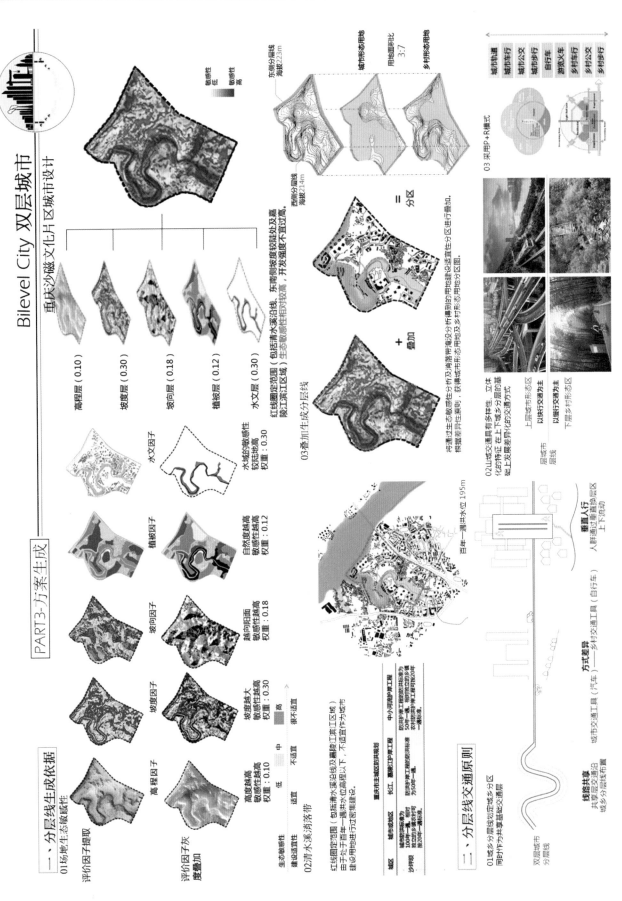

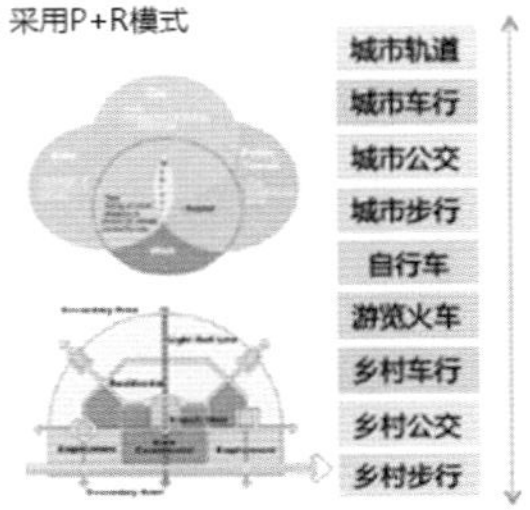

学校：哈尔滨工业大学建筑学院　　指导老师：余洋　冯瑶　　学生：马玥莹　秦椿鹏　郑杰鸿　张持

生生之屿

——马家沟繁荣街路段生态公园规划

大地瀑帘
入口处下沉广场，通过逐步向下的台地将游人引向地下通道入口，在幽暗处的水帘经过检理有水柱连接松下通道两个出口，分别通向坡道站点和顺水游泳道体育系统。

生态花田
原生态农田，种植本科植物进行土壤修复，经溪沟游入泾没，其中的构筑物材料大部分为场地自产品产品，游人可以来此体验农景，或基于产生产，基础品等出店。

蝶鹏坊
社区观美型螺螺的保存站，供居民向去种植的菜果以及生态农场出产的物物种子，得出户外的物物种后加工成生态菜。采干草制品交易中心进行交易。

花间茶舍
休闲茶室，为主要道路的休闲饮，引游人停留休息；提供公园在田产出的茶品，供游人饮用。

服务中心
游客服务中心，临近入口广场，为游客提供服务的结构集。提供管理以及日间服务等，为游客处提供集，其中处生态单层组成生态化的体验，为游人展现泾水净化的过程。

水之园
水之园是水池，改造已通过人工设施净化的雨水和已通过表流湿地和净化广场净化的污染型污水，为此场地性的净水（供风险热出水处理中心，林深广场和水之园为最终站。坚固的地形成，与人们深水净化的过程）和给下道路的入口，还开一个深观净水的实验身下一个序观附段开始。

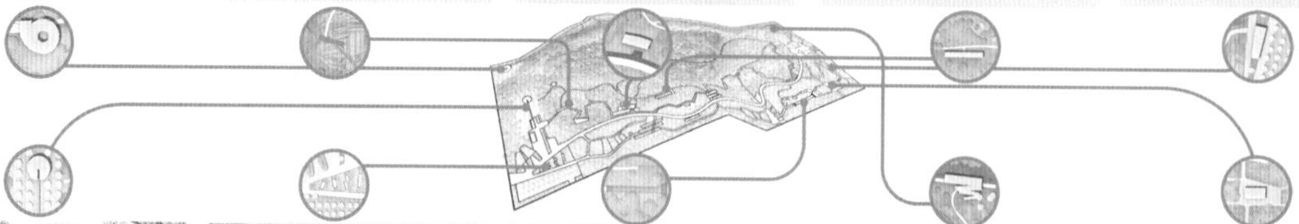

雨水广场
生态雨水广场，位于入口广场终点，等游览分为两个部分，其中一部的地性板构成广场上部分会会制式之水，成为供人们处水的场地，另一部雨水集通过经下水收集进入净化设施。

生态博物馆
规模建当地场的各土建观，供人们从道路上楼梯步入地下，记录生态公园的发展历史，其中的物物，与当社区居民共同参与建设的成果。

分温桥
泾水入口处待道迁桥，将人的行为偏向春桥上，无桥下的过渡型桥侧通道，动物可以通过桥下两两相对，无桥上人处桥上点下部分可展开为活动区迁桥架梁，以尽可能减少对动物的影响。

交易中心
以物易物的交易场所，临于社区入口密度，为广大游客，附近居民所使用。通过以物易物的形式来交易各个个的本产品，交易物可以是作物，干工艺品，种子，作物如昆虫等。

生态价值 Ecological Value

Now　　　　5-8 Years　　　　8-20 Years　　　　20-50 Years　　　　50 Years Later

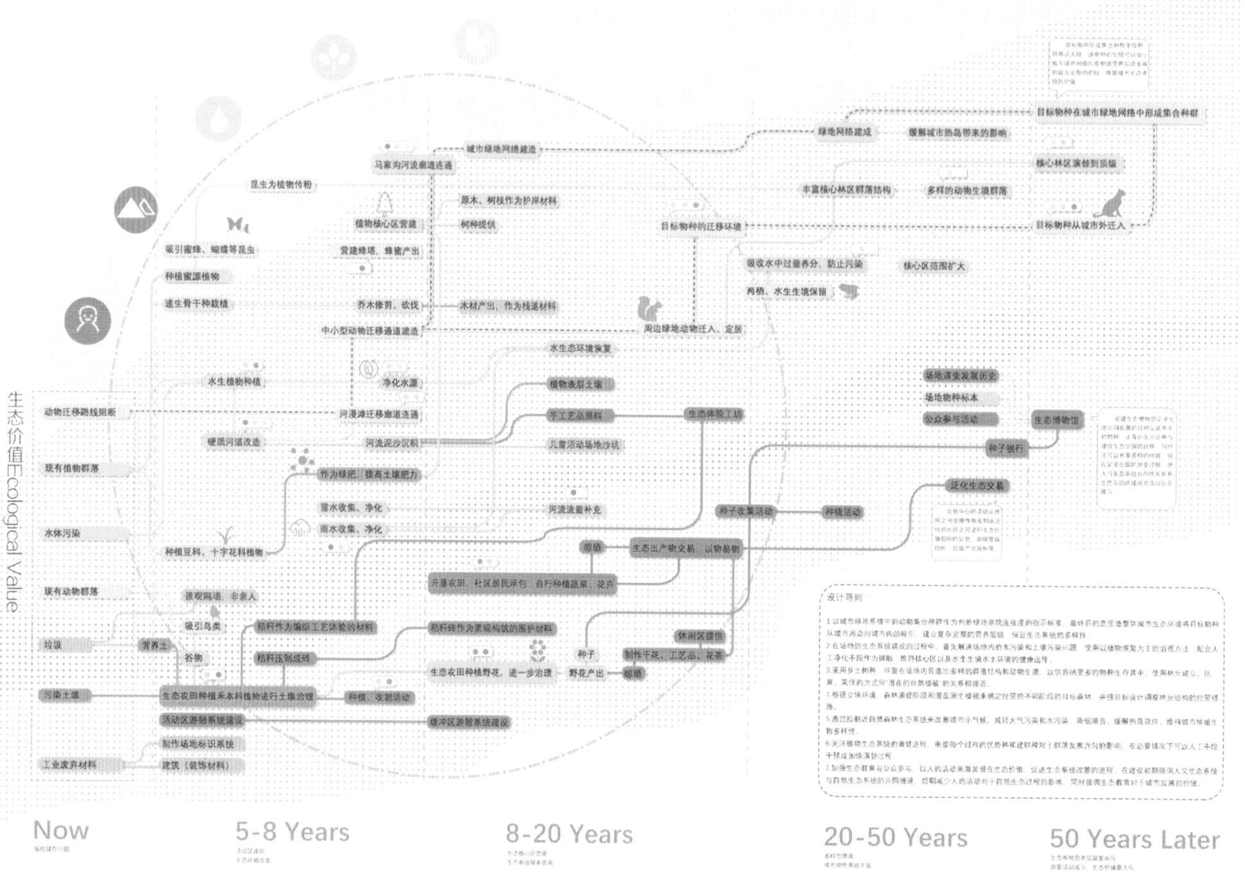

学校：宁波大学科学技术学院　指导老师：蒋建刚　陈忆　学生：应嘉诚　盛烜　施磊

浮村

3

绿色可持续分析 Sustainability Analysis

■ 能量分析 Energy Analysis

■ 潮汐分析 Tide Analysis

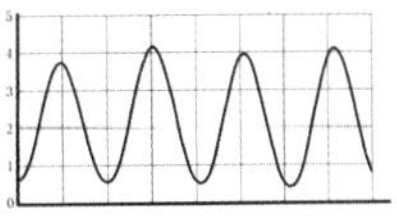

每日两次涨潮退潮时间以一个月为周期变化，潮汐水位最高处可达3m多，实行水位高差利用在此应用。

■ 绿色可持续分析 Sustainability Analysis

取材方面，建筑采用木材作为主要材料，木甲壁地中的芦苇采做建筑的屋顶。木材、芦苇对环境的污染小，化工材料含量也较小，而且采自于当地也是可持续的创造。

建筑的设计方面考虑到基地周边的特殊情况——潮起潮落，我们希望建筑们能成为漂浮在这片滩涂之中的一片水平面上，同时也希望能融入大自然之中，为此我们设计了一种独特的结构形式，使建筑能够漂浮在水上。

另外，因为村落的结构、形式，建筑能够便捷的搭建、拆卸、休闲时持续的理念。

■ 视线分析 View Analysis

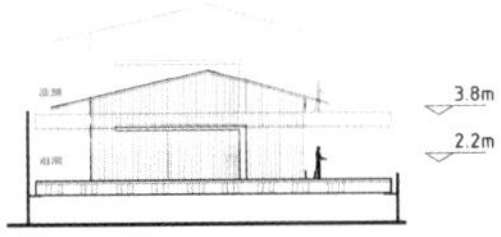

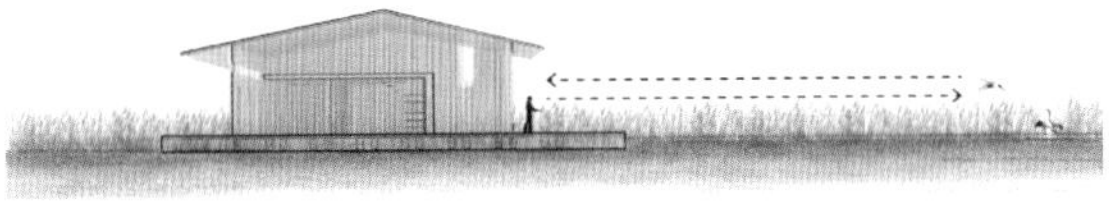

采用特殊结构嵌入，建筑与潮差处于同一水平面，形制潮汐所产生的差异，给人不同的空间双享及心理感受。

结构分析 Structure Analysis

选用当地环境中原有的芦苇作为建筑屋顶的材料

运用普通的木指架作为屋盖结构布置体

室内地面选用施旧日的木地板材料，让人们走进室内，心灵自然的沉淀下来，感受大自然的抚息。

每隔一定距离设置防止浮筒倾斜的框架梁，同时对支撑上部的轻质木结构建筑，时将双层浮筒的框架梁被关在一短柱上，短柱的高度由潮水起落的高差滩滩涂标高来决定。

通过计算，适用的高分子架乙烯制成的单个浮筒每平米最多可承重350kg以上，可灵活组装拆卸，零维护，耐酸碱。且顶让适应用于水土餐厅，浮动码头等领域，这里采用双层浮筒来加大其最高承载力。

将滑动阻尼固定在一短柱上，在涨潮时大力浮筒提供浮力等动阻碍，随梁滑动阻尼靠向上通到阻碍浮水起浮上的效果，同时避免剧烈起浮对人产生提晃感。

技术图纸 Technical Drawing

1:600

1. 入口休息大厅
2. 纪念品商店
3. 历史发展展厅
4. 现状保护展示
5. 现在及体晨区
6. 未来展型区
7. 整体生态模型展示
8. 公共厕所
9. 游览码头
10. 咖啡休闲区 a
11. 咖啡休闲区 b
12. 观鸟站 a
13. 观鸟站 b
14. 观鸟站 c
15. 茶室
16. 沙鸟投放站
17. 深度体验观鸟站 a
18. 深度体验观鸟站 b
19. 研究人员码头
20. 鸟类研究站
21. 鸟类保护区

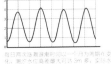

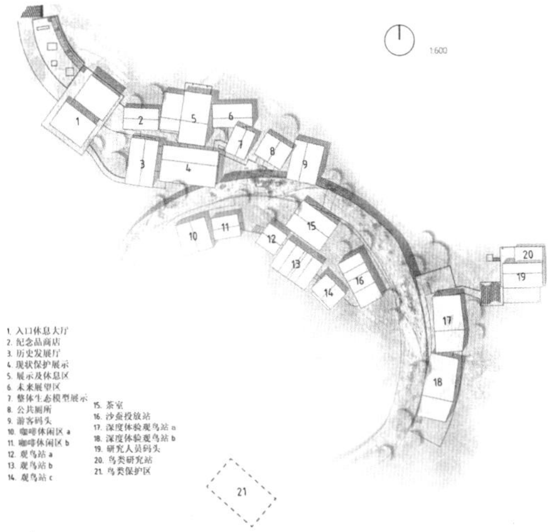

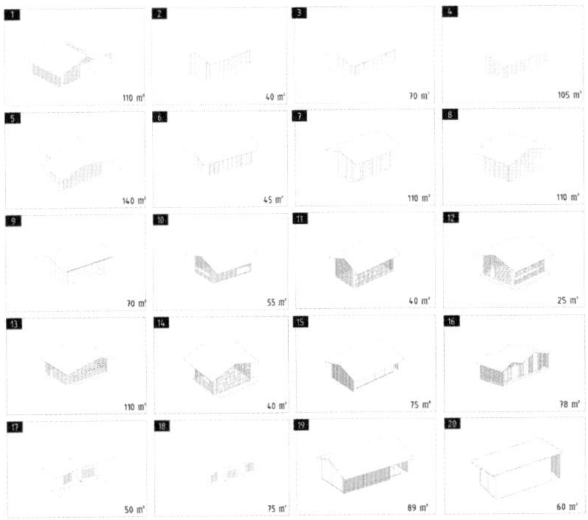

学校：南京艺术学院设计学院　指导老师：金晶　学生：江丽　黄亦涵　华莎

叠·共生——南通石港乡村河道生产性景观设计

河道缓冲区（体验式生产性景观区）设计

2、引入院落概念，人工湿地中嵌入体验式生产性景观

设计引入“公共院落”的概念，将沿河肌理划分为块状，每户拥有自己的“公共院落”，每户每家也都有滨河景观与农业资源。通过栈桥将不同公共院落连接，沿河居民连成大的生活社区。

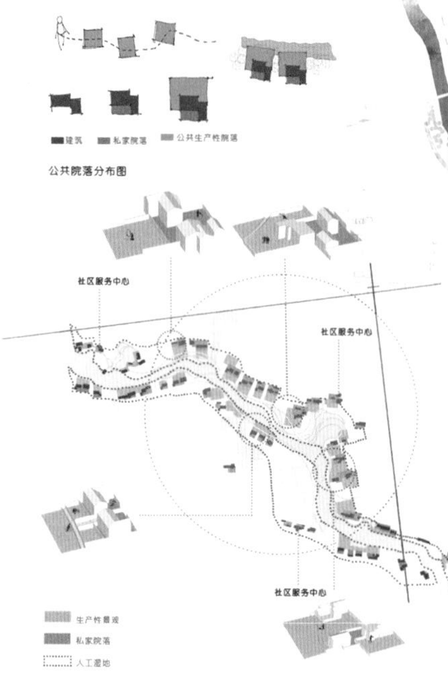

3、体验生产同时，加入旅游节事活动

通过栈桥连接一个个不同的生产性景观，游客在不同空间有着不同的生产体验。同时每个季节，设计不同的主题节事活动，为场地带来新鲜和活力

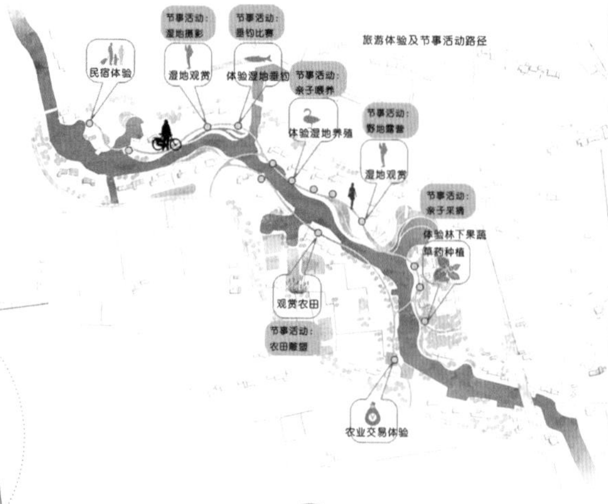

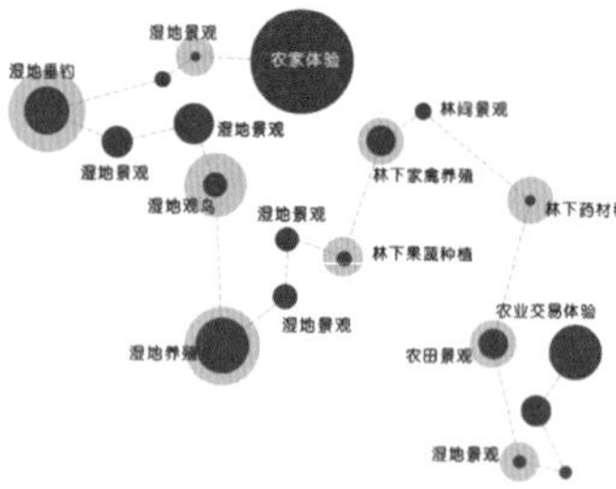

亲子喂养

亲子生态采摘

湿地船游

典型公共院落详细设计

根据沿河湿地、林地、农田等不同现状驳岸环境，将每户公共院落分为六大类型：即湿地种植、湿地养殖（家禽）、农田种植、林下养殖、湿地养殖（鱼虾）、林下种植，并选取六个典型公共院落进行研究设计。

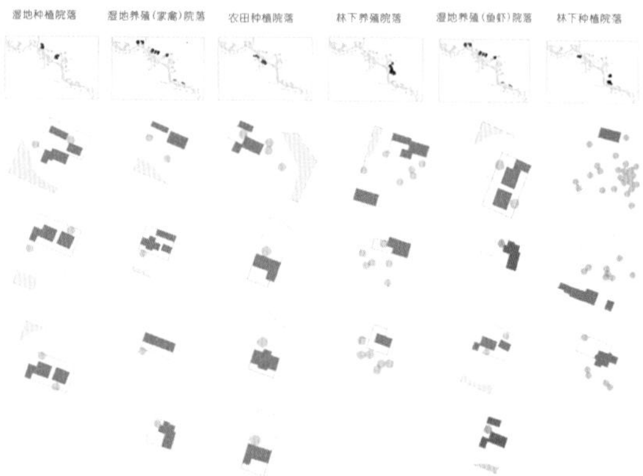

鸡窝架构发展演示图

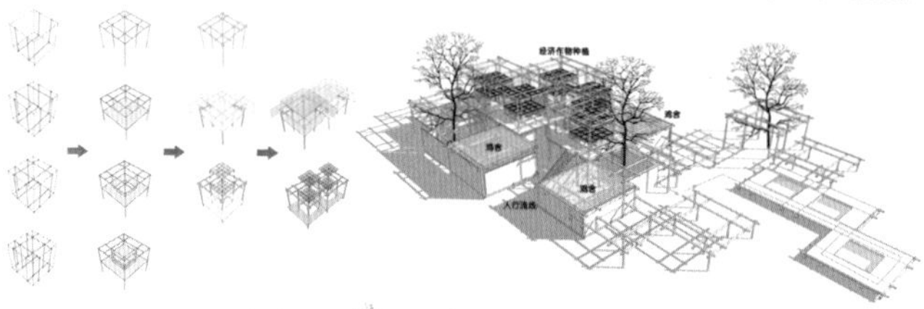

采用竹架构方式，搭建家禽养殖和蔬菜种植混合空间。

- 林下养殖院落

利用现状树林设计林下养殖，主要考虑养鸡以及其他家禽。原有家禽养殖会造成污染，本设计中将家禽养殖和人工湿地相结合，利用湿地为水体净化，同时家禽排泄物又提供肥料。

林下养殖院落分布图

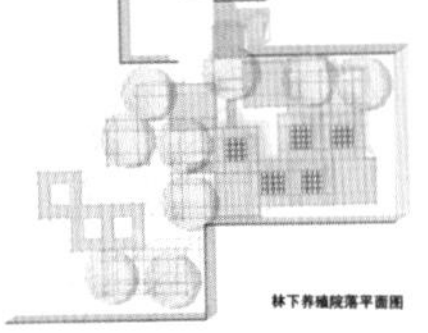

林下养殖院落平面图

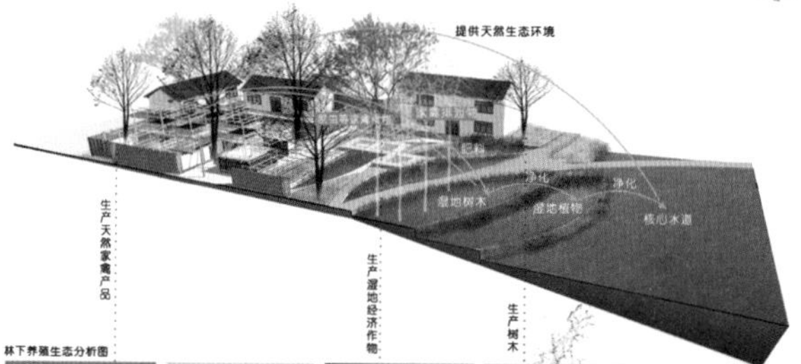

林下养殖生态分析图

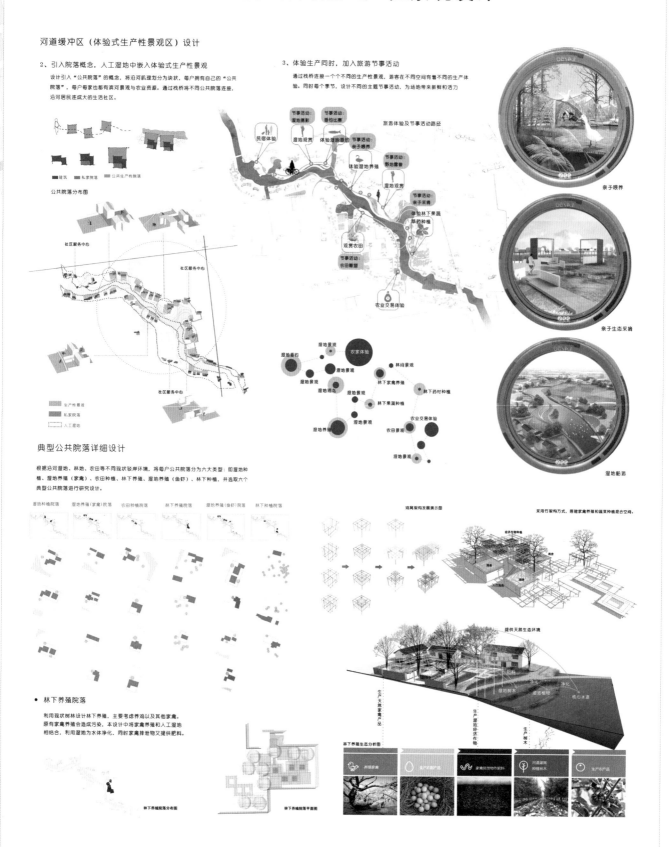

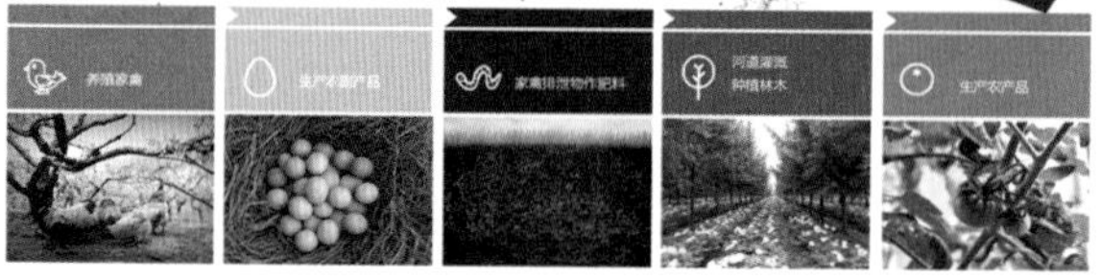

学校：西安科技大学艺术学院　　指导老师：吴博　　学生：刘叶　王一

THE STRING——榆林市子洲县张圪台村景观概念规划设计

▓ECOLOGICAL STRING 生态弦

生态弦的空间规划分布

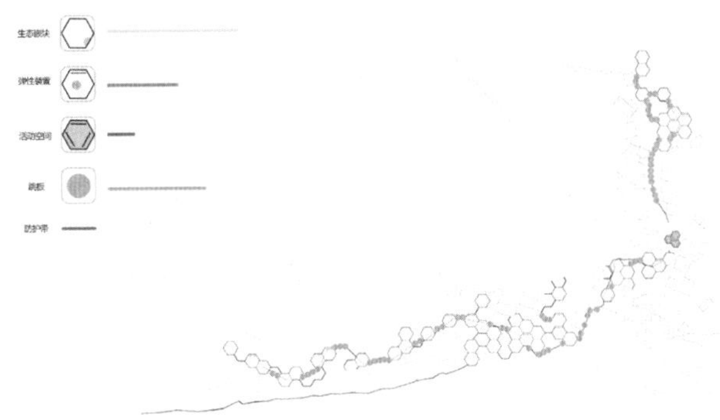

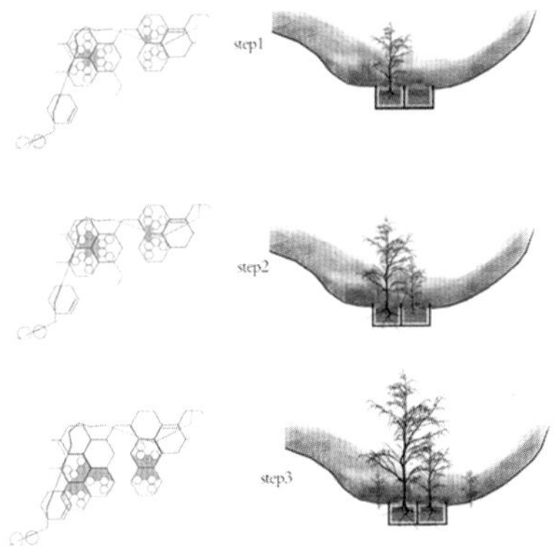

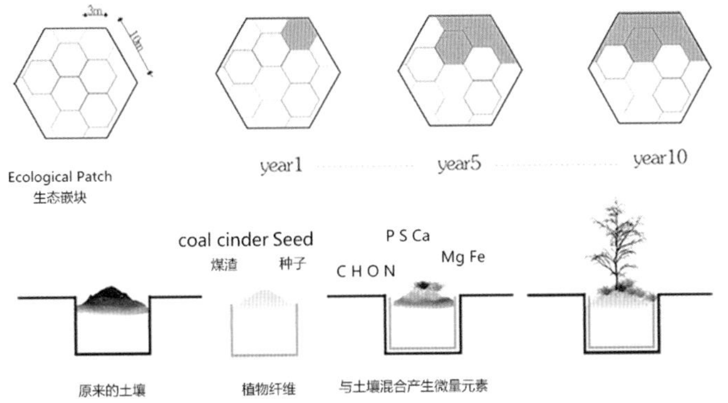

step1

step2

step3

高敏感的生态区域

迁移通道缺口

班块跳板

嵌入跳板使其连通和渗透

班块边缘形状复杂，其内部生态环境不稳定 高敏感

距离缩小，物质流 能量流之间交换和物种的遗传和扩散频率增加丰富了生物多样性，降低环境的敏感度。

随时间尺度的变化连通度越来越高

3m 1m

Ecological Patch
生态嵌块

year1　　year5　　year10

coal cinder Seed
煤渣　　种子

P S Ca
C H O N
Mg Fe

原来的土壤　　植物纤维　　与土壤混合产生微量元素

生态弹性装置分析

景观能量在面对自然灾害做出回应提高弹性应对能力

Rainwater collection　　solar panel　　Streetlight　　Advantage

Current

Ground water

地质弹性装置蓄水，一部分渗入土壤被植被吸收，一部分流向生态弹性装置

弹性装置收集的雨水用来地下水的补给当降水量达到一定的值，水漫过溢水口，一部分水通过管道输送给居住区作为卫生间用水。

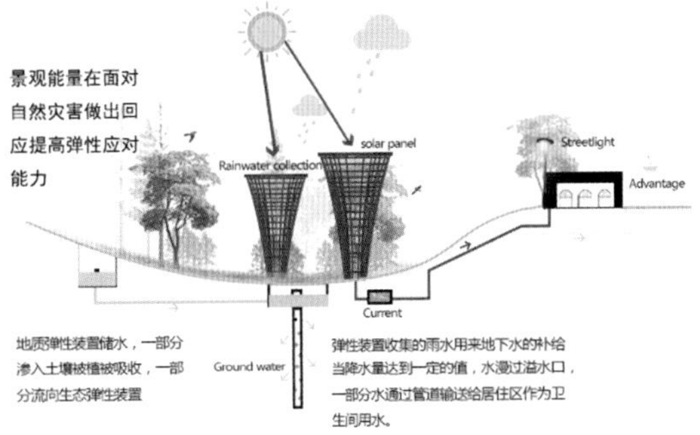

双向感知概念生成

环境和人之间相互感知，通过改变人的行为活动来缓解环境的敏感度，环境又为人的行为做出回应。

乡村被吞噬，人居环境遭到破坏，触发了高敏感的自然环境。

景观能量提高弹性应对能力、感知能力。

eagle

swallow　　woodpecker

cuckoo

Ray Direction

Light Reflection

Ecological Patch

CO_2　　+2℃

Wind decreases

1year　　3year　　5year　　7year

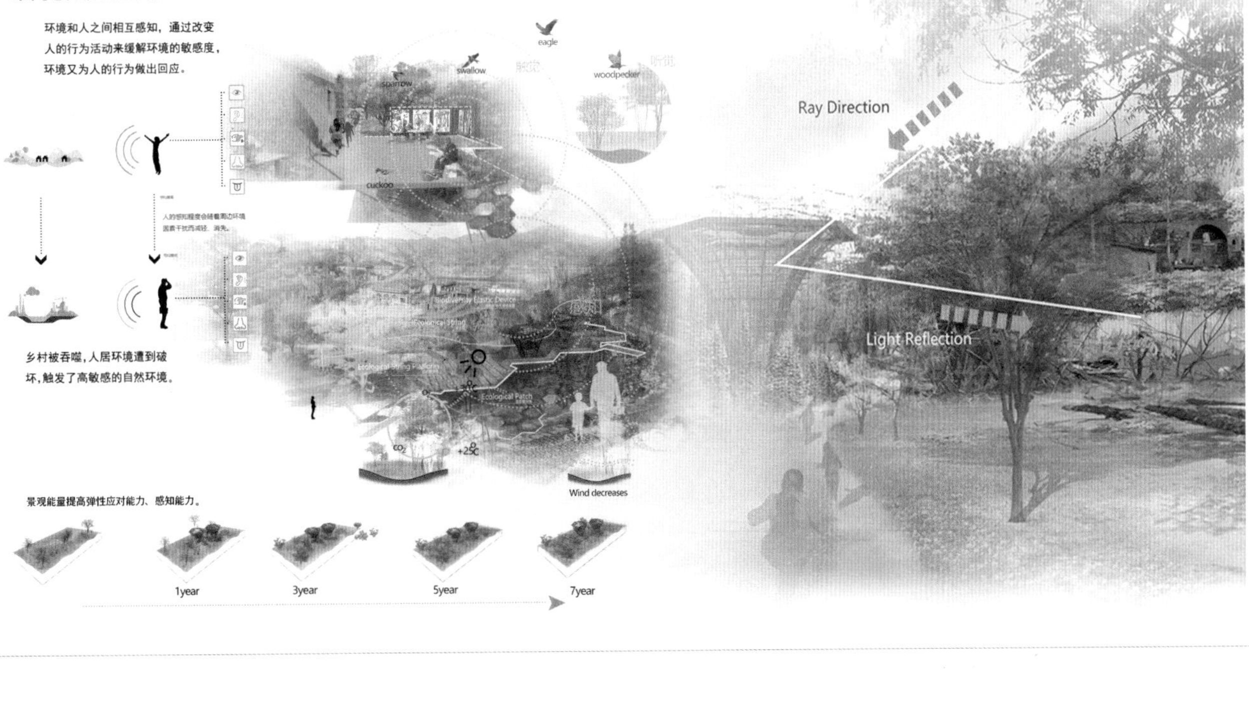

学校：南京艺术学院设计学院　指导老师：金晶　学生：江丽　黄亦涵　华莎

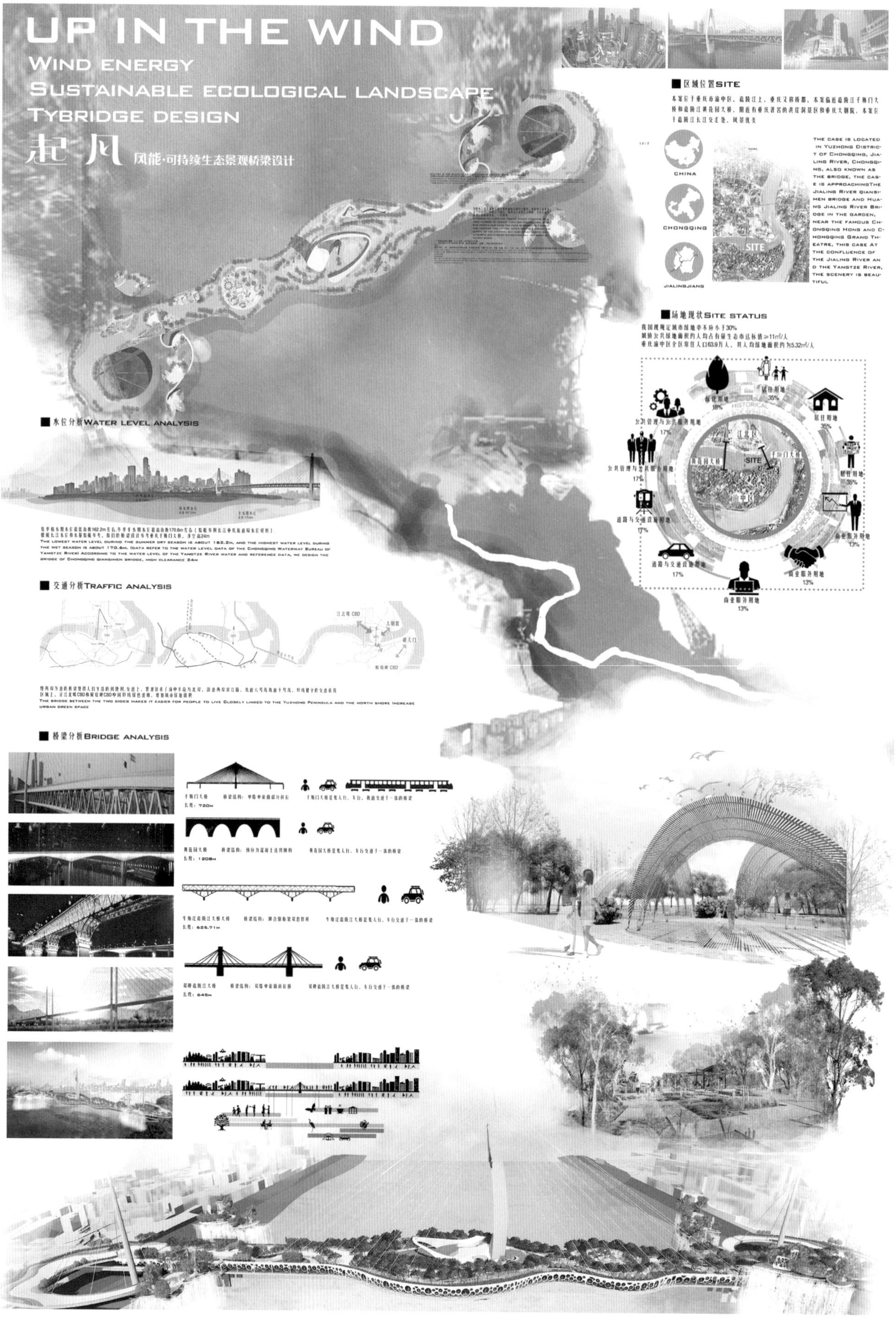

展示空间

学校：西安美术学院建筑环境艺术系　指导老师：周维娜　学生：刘蔚　王宇涵　吴伊娜

微筑建筑设计
BUILDING DESIGN ANALYSIS

在外建筑的造型设计，我们想要表现出微空间在生活中的**多样性**，以及倡导微空间改造的**多变性**和**适应性**。我们的灵感来源于生活中的玩具“百变魔尺”，在固定的结构下能够任意变化不同的造型，适应于不同的环境。

学校：西安美术学院建筑环境艺术系　指导老师：周维娜　学生：刘蔚　王宇涵　吴伊娜

MICRO-BUILDING
城市微空间展示空间概念设计

微源探识

序厅作为第一个展厅，更多的是将主题展现给参观者，吸引人们进一步的参观与探索。中心式的展示形式，厚重的色彩感受，**蒙太奇的表现手法**，将人们带入历史的长河，探索微空间的历史缘由，追溯城市的发展。

第二展厅主要向参观者介绍世界各地**优秀的城市规划**，在经历了第一展厅的历史追溯后，二展厅表现了城市发展中出现的亮点，值得现代人借鉴学习。展厅的展示方式主要是**自由式**，有多种参观路线可以选择。城市的地图以镂空雕刻的形式展现在铜板上，人们可以穿梭在铜板之间，犹如游历于世界各地，欣赏人类智慧所创作的城市发展的奇迹。

微积致著

亚洲设计学年奖

学校：西安美术学院建筑环境艺术系　指导老师：周维娜　学生：刘蔚　王宇涵　吴伊娜

MICRO-BUILDING
城市微空间展示空间概念设计

微为大观

第三展厅我们提取了钢筋森林最具代表的元素——线，设计出这一展厅。当人们穿梭在密密麻麻的木架之间，抬头望去是纵横交错的支架结构，是否会反思当今的城市也同这一样，用冰冷的钢筋将人们所困住？引发思考。

微遗于市

第四展厅开始将参观者带入城中村的生活，局促紧凑的走道，一扇扇窗户密密麻麻的挂满上空，一副生动的生活场景展现在人们面前，感受市井生活的点滴之处。在这里不仅有城市的庸碌和活力，还并存着乡村的质朴和交融，它是过去和现在的复合体，更是一个“活的世界文化遗产”。

微形于色

我们用纸盒表现单元人这一特殊形态，每一个纸盒都是一个自给自足的空间单元，它是这个现实世界的终端，是我们窥探微空间的窗口。当我们打开一个个纸盒，那里有青春的临时宿舍，蕴含了无穷生命力；有自由的蚁民巢穴，包容了遗失的文化；有孤独的生存乐园，上演着饮食人生的戏剧。我们如同旁观者，静静地观赏着这一场生活的电影。

学校：西安美术学院建筑环境艺术系　　指导老师：周维娜　　学生：刘蔚　王宇涵　吴伊娜

MICRO-BUILDING
城市微空间展示空间概念设计

微身力薄

第六展厅向人们展现了城中村生活着的**形形色色的人**，他们有的是处于迷茫时期的**年轻移民者**，有些是身怀低层次技艺的**社会蚁民**，或是想要逃离城市控制的单元人。

微见致著

第七展厅以一种崭新的面貌被纳入现代大都市的生活方式之中。**"拆"并不是主要，更非唯一的价值导向。**

第八展厅作为尾厅，更多的是给予参观者思考和回味的空间。微空间的由来和现状已了然于胸，**那么未来我们将如何做？**这是我们每个人都要思考的问题，这些微空间都是鲜活的存在，并且也蕴含了属于**未来单元人社会和城市的特殊属性**。

学校：福州大学厦门工艺美术学院   指导老师：梁青 叶昱   学生：陈莉莎

拭·尘埃
泉州古早博物馆室内空间概念设计

项目概况

项目：拭·尘埃——泉州古早博物馆室内空间概念设计
项目区位：泉州晋江国际机场国内候机楼务
项目面积：5135平方米

"古早"，词语常用地区：福建闽南地区以及台湾地区

"古早"，指的是年代的产物，传统的、有历史的，经过好几代传承的味道，简而言之，就是"怀旧"的意思。凡是在以前有、而现在没有了或是被淡忘了的，都被称作古早味，而被说为有古早味的东西，一般是被人怀念且值得人怀念的事情或东西。

选题背景：泉州，这个曾经的世界第一大港，如今虽然不复"涨海声中万国商"的繁荣景象。可是，如果你真正踏进这里就会发现，岁月并没有冲刷掉它的历史痕迹，反而留给这座古城留下了多元宗教、红厝古巷和传统美食这些独具闽南风情的风土人情。若是要用一种味道来形容泉州，我认为，那就是"古早味"。

项目定位

人们的传统印象里博物馆就是"收藏各种文物，然后闭柜子摆出来"而已。形式相互雷同，很少有创新和个性，不管是临时展览或是本陈列，形式的构思非常局限，造成这种印象的主要原因是很多博物馆背后所代表的丰富文化的展示和展示模式的呆板。

古早博物馆设计手法：对泉州的"古早"地域特色或文物特点进行深入了解与研究，提取相关元素及故事背景运用于空间中，让人们进一步了解泉州古早文化，寻找旧时代事物中藏着人情味和生活味，寻觅那份旧时光中的味道。

区位分析

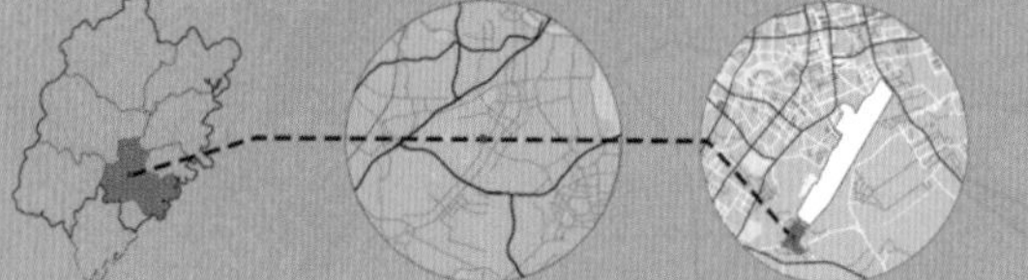

泉州晋江国际机场（IATA：JJN），地处中国东南沿海，与台湾隔海相望，位于"海上丝绸之路起点"、"东亚文化之都"中国泉州。与周围的火车站、长途汽车站、泉州港相衔接，交通极为便利。设立独立VIP通道，建设文化空间，作为泉州城市古早文化宣传的窗口，与候机室相通，在飞机延误的乘客可以到博物馆里参观，了解更多古早文化。

社会问题

疑问：古早味在现代文明还能走多远？

社会变迁，这座拥有悠久历史和灿烂文化的历史名城、"海上丝绸之路"的东方起点，虽然经历了上世纪的城市改造和大拆迁，许多古迹已不复存在，但如今漫步在泉州古城的街头巷尾，总能发现不少静静地藏在小巷深处的历史遗迹。

设计概念

拭·尘埃

拂去古早上的尘埃，让旧事物重获新生，让非通散发时尚、现代色彩，焕发亮丽的光彩。

古城里斑驳陆离的城墙，堆砌着很多的云烟，褪红土墙之间，这看古老的容颜，用手轻轻的触摸，指尖下时的尘埃，转而滴落成了一段怀念的故事，岁月的痕迹在这里沉淀，在繁杂的世间，加一片心灵的净土，让我静静地找回自己。

概念链接：

拭   寻找、洗涤

拭·尘埃   拨开尘封的记忆\寻找遗失的旧时光

尘埃   飘落、尘封、蒙蔽、凝聚、渗透、漂泊、沉淀、融合、气息

二维导图：

展示列表

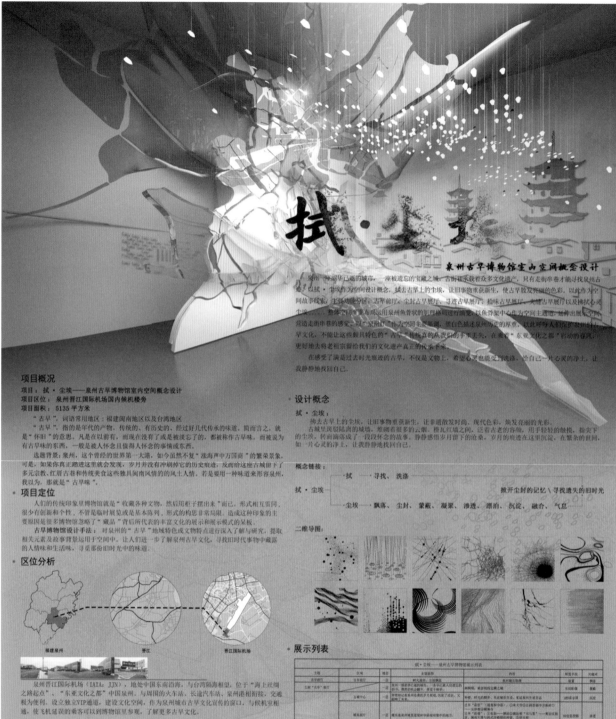

学校：福州大学厦门工艺美术学院　　指导老师：梁青　叶昱　　学生：陈莉莎

● 空间构思

泉州古街古巷纵横交错，街巷承载着泉州各个历史时期的社会经济、人文故事、风俗物产，是历史留给文都的一份独特古早文化。只有"走街串巷"才能细细品味，感受到她们的独特魅力。

宋元时期泉州的"干"字形道路格局　　宋元时期泉州鱼骨状的街巷格局

明清时期泉州老城的街巷格局已经基本形成，城市的道路系统在宋元时期的"干"字形的骨架的基础上进行了规划整理，城市中大部分街道已经形成棋盘格式的道路系统，而从素景门至义成门段的西街两侧，由于地形影响，道路仍呈"鱼骨"状的肌理格局。

● 空间构思

鱼骨状的街巷格局
强化鱼骨空间
简化鱼骨枝干
结构柱 400*400
强化中心空间
确认功能布局
完成平面空间

天花
中心体
二层地面
二层墙体
层墙体
层地面
建筑外墙

一层平面布置图　　二层平面布置图

一层功能分区图　　二层功能分区图

● 空间分析

剖面图①
剖面图②

动线分析

观展人员出入口

主动线
次动线
观展人员参观主动线
工作人员主动线

参观动线分析图

历史通道

空间分析图——古早前厅

色彩分析

以"泉州红"为空间主要基调，用黑白色描述历史的厚重。

视东

为泉州花开，泉州城隐没在朵朵的绿叶红花之中。

提东

图内色彩对红白搭配使用，各种颜色都是暖红色，红白结合成为一个色彩。

关键词：流转、飘落

运用泉州地图形态扭转形成前厅接待台装置，透射的光如尘埃飘落在泉州城上。

空间分析图——历史通道

泉州沉淀了太多层岁月，该空间主要展示泉州历史大事年表。提取泉州的古建形态，进行弯曲，仿佛时光在空间中流动，使空间更具有延伸感。

古城里斑斑驳驳陆离的城墙，堆砌着很多的云烟，橙瓦红墙之间，泛着古老的容颜，用指尖触碰雨读取他们的记忆，拭去上面的灰尘，泉州古早仿佛会穿越时光醒过来。

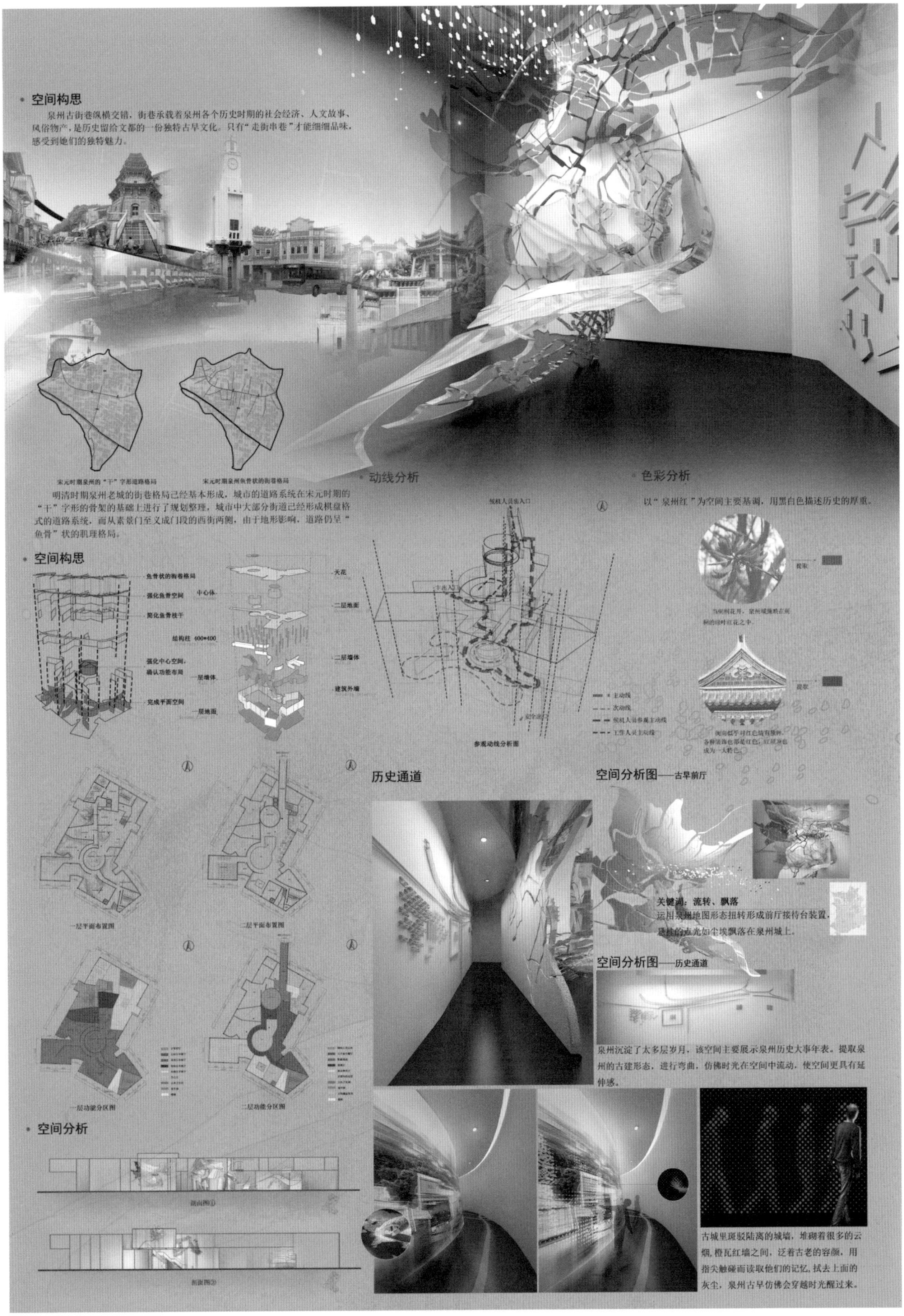

学校：福州大学厦门工艺美术学院　　指导老师：梁青　叶昱　　学生：陈莉莎

空间分析图——寻迹古早展厅·城西

关键词：寻找、沿街风貌碎片化

城西：保留着大量古厝的西街，沿街风貌碎片化，活态的建筑博物馆，既蕴含着古城丰富的历史文化积淀，又诉说着古城革故鼎新的沧桑巨变。城西的街巷数量更多、更密，弯弯曲曲如同迷宫。

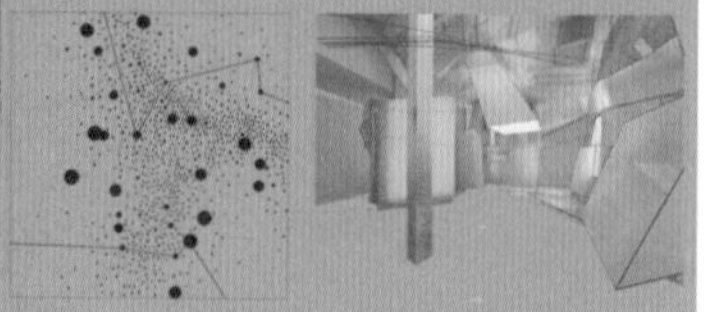

西街街巷众多，弯弯曲曲如同迷宫，以"寻找"为概念元素，点点尘埃散落在地上，选用荧光漆的材质，引导参展者的动线。

提取泉州西街沿街风貌，将其碎片化形式夸张化，使参展者犹如置身于泉州西街，对西街留下深刻的印象。

立面图① 立面图②
古早庙堂·开元寺 古早庙堂·开元寺 基督教泉州堂
古早庙堂·开元寺（甘露戒坛）（大雄宝殿）

立面图③ 立面图④
古早街巷·西街 古早建筑工艺 古早街巷·井亭街
美岳巷·壁滩巷
管井巷
古早街巷·旧馆驿

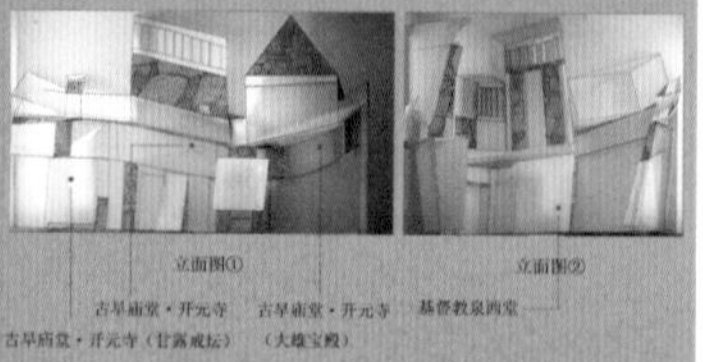

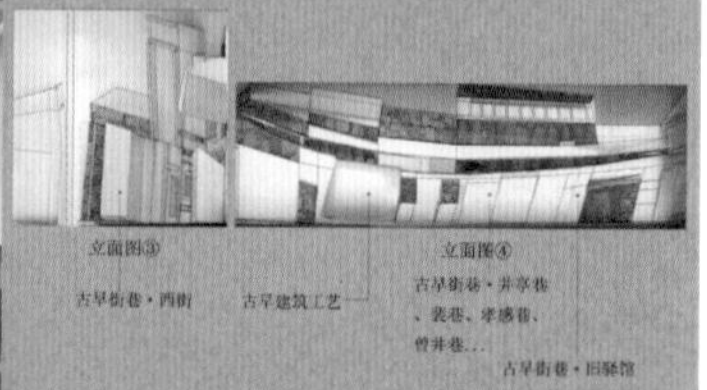

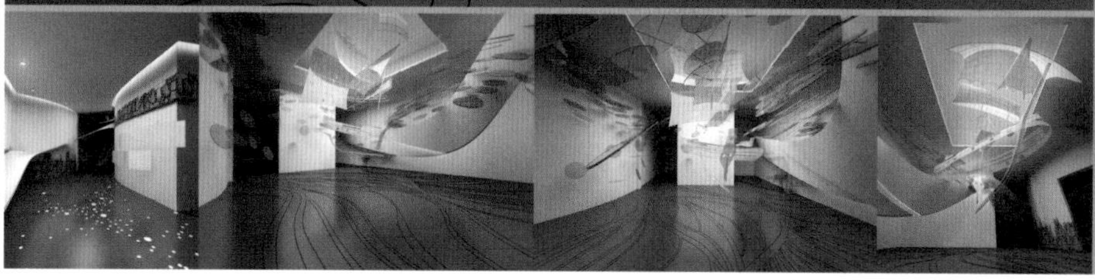

空间分析图——寻迹古早展厅·城南

关键词：凝聚、海上丝绸之路

城南：城南"泉州的码头"，集合了"海上丝绸之路"的通商贸易遗迹，宋元时期泉州与海外通商而兴起的聚宝街，汇聚八方奇珍异宝。

以"凝聚"为概念元素，悬吊的波光延绵起伏。地面运用海浪纹理，与贯穿于整个空间的缎带和互呼应，营造出海上丝绸之路的氛围，船只仿佛在空间中穿行。

立面图①
古早戏曲·提线木偶 古早戏曲·梨园戏

立面图② 立面图③
海上丝绸之路文物 古早轮番·中山路 古早街巷·斯门街
古早巷弄·聚宝街

立面图④
古早庙堂·天后宫
古早庙堂·花桥善济宫 海上丝绸之路

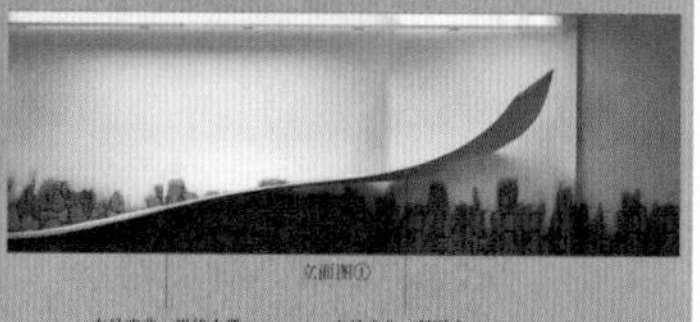

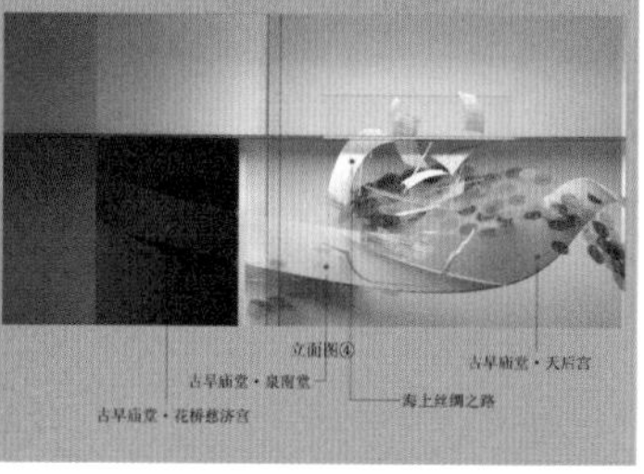

学校：中央美术学院继续教育学院　指导老师：朱力　学生：胡济琨

爱飞客飞行航空馆企业展示中心

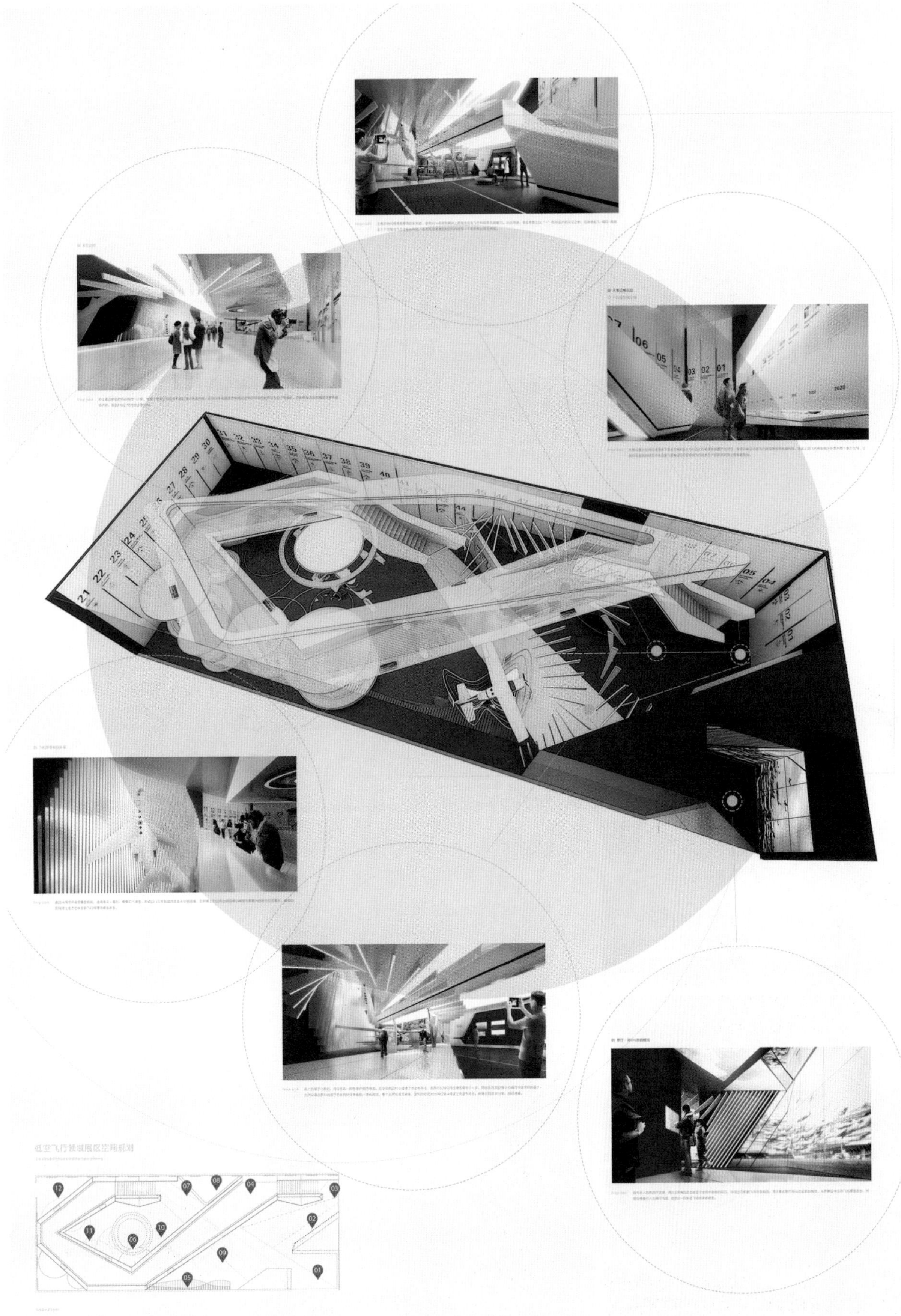

学校：西安美术学院建筑环境艺术系　　指导老师：周维娜　　学生：石志文

/
RESULTS SHOW
效果展示

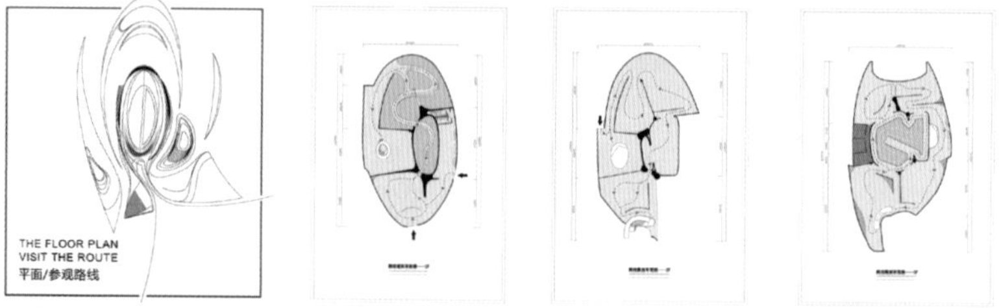

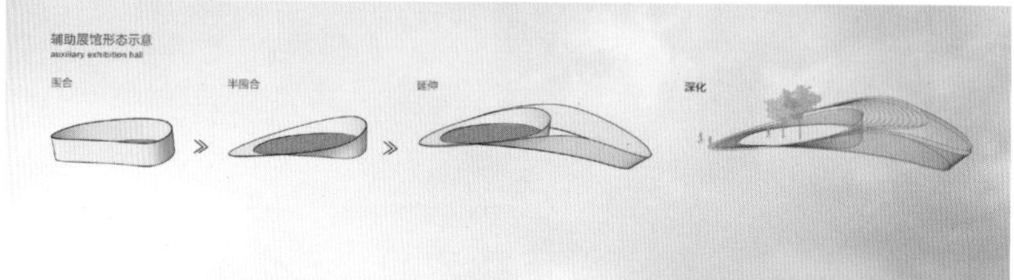

学校：福州大学厦门工艺美术学院　　指导老师：梁青　叶昱　　学生：柏礼钰

三角地带——交通事故警示空间设计

学校：广东轻工职业技术学院艺术设计学院　　指导老师：尹杨坚　　学生：池润桐

丝丝心韵

店面入口处 空间展示

天花结合地面做高差变化，入口处天花做成灯条设计，丝丝灯光倾泻而下。

模特的背板根据台阶做线条的分割设计，像画框一样把模特框着展示出来。

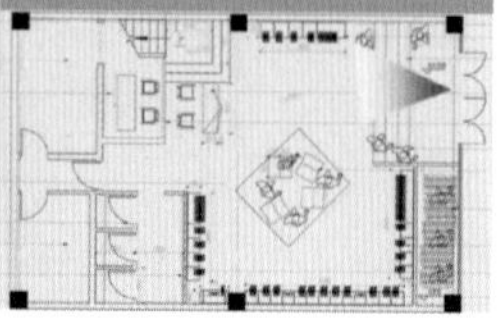

平面图

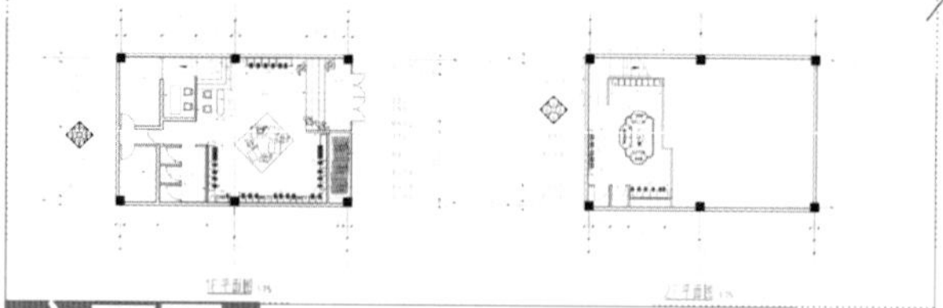

立面图

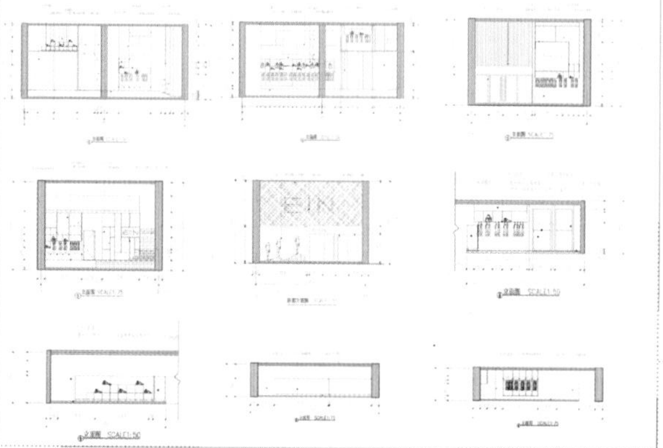

功能分析图

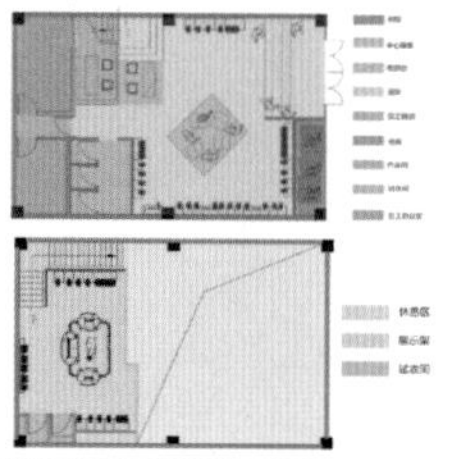

人流动态图

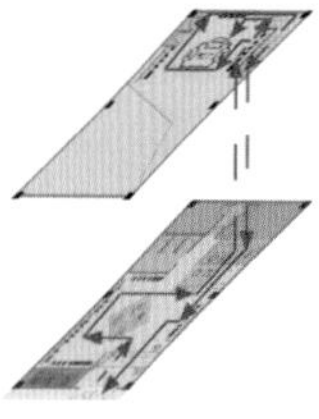

灯光设计

色温照度与情感关系分析

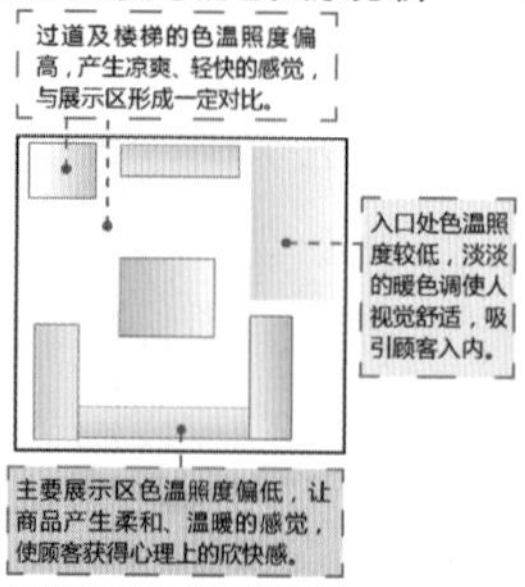

过道及楼梯的色温照度偏高，产生凉爽、轻快的感觉，与展示区形成一定对比。

入口处色温照度较低，淡淡的暖色调使人视觉舒适，吸引顾客入内。

主要展示区色温照度偏低，让商品产生柔和、温暖的感觉，使顾客获得心理上的欣快感。

空间照度伪色图

照度（lx）

重点照明
基础照明
重点照明

正上方照射　　正下方照射

斜上方照射

橱窗陈列

服装陈列

局部空间展示

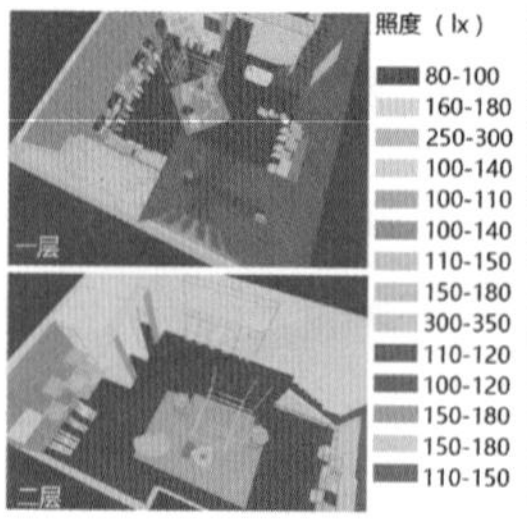

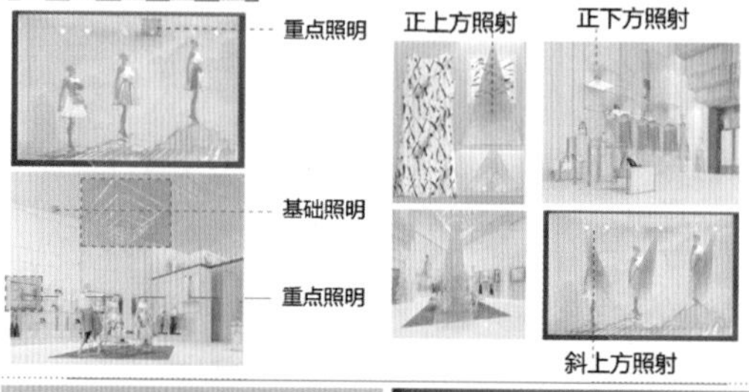

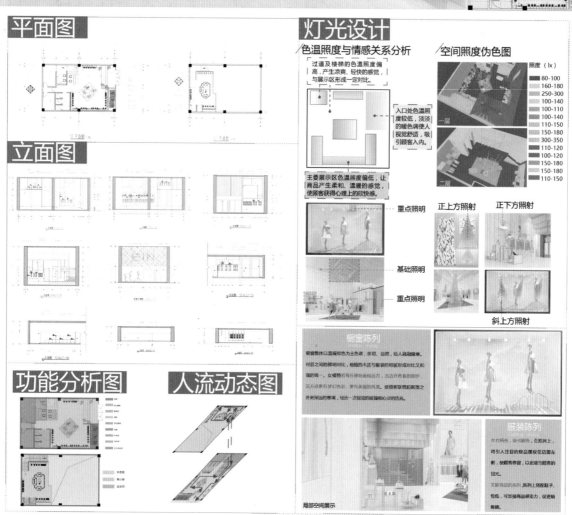

光与空间

学校：天津大学仁爱学院　指导老师：赵艳　边小庆　宋伯年　学生：芦晨　吴泽濡

编织的流动——津城海河廊道可移动化装置艺术化设计 1
The Flow of the Linear　Art Constucttion of the Tianjin Haihe Corridor Landscape Intallation Design

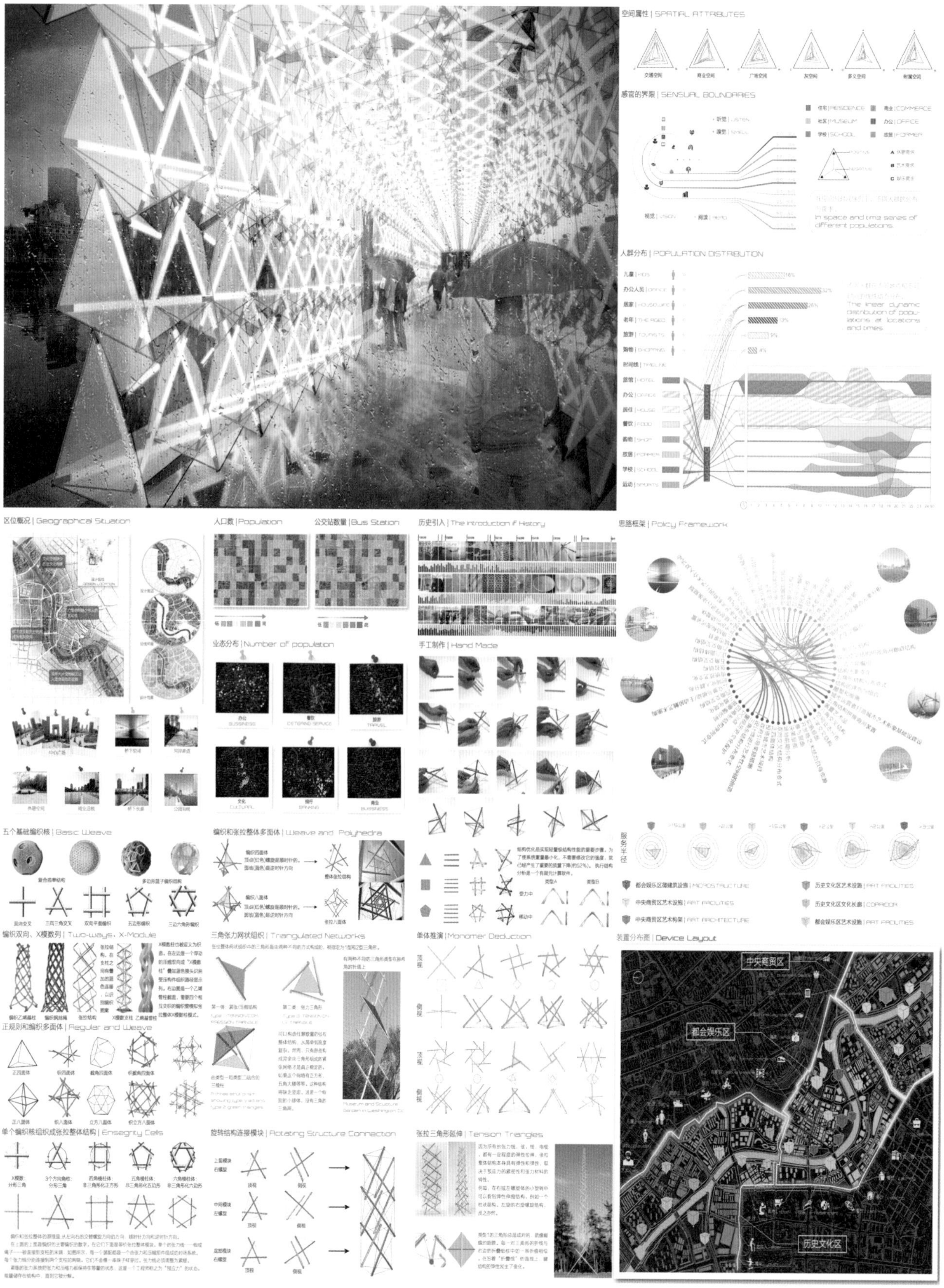

学校：天津大学仁爱学院　指导老师：赵艳　边小庆　宋伯年　学生：芦晨　吴泽濡

编织的流动——津城海河廊道可移动化装置艺术化设计 2
The Flow of the Linear　Art Constucttion of the Tianjin Haihe Corridor Landscape Intallation Design

变式二　五边变式结构 | The Five Side Variable Structure

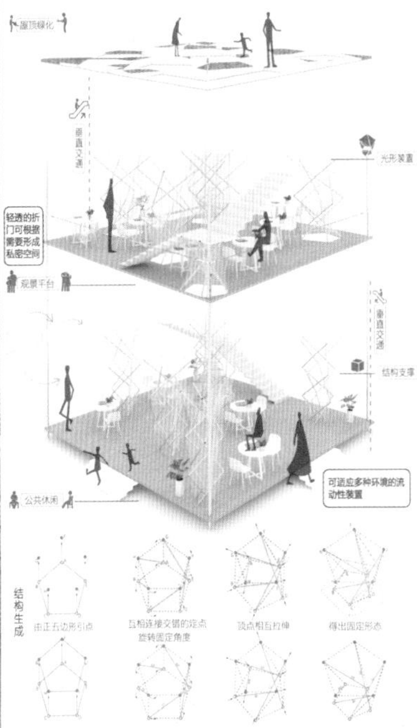

光影变换 | Light Transformation

单体生成 | Monomer Generated

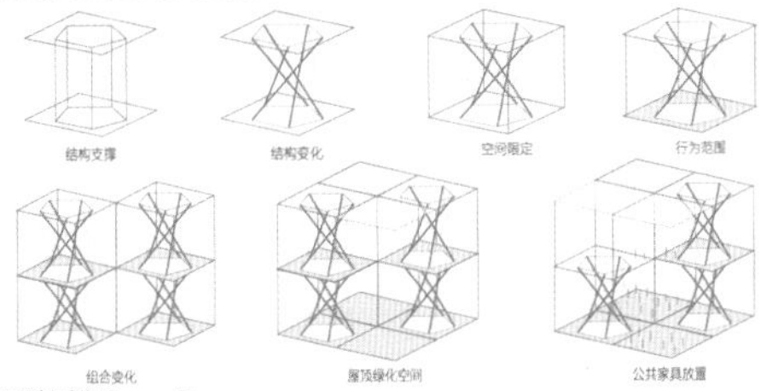

空间组合与变换 | Space Change

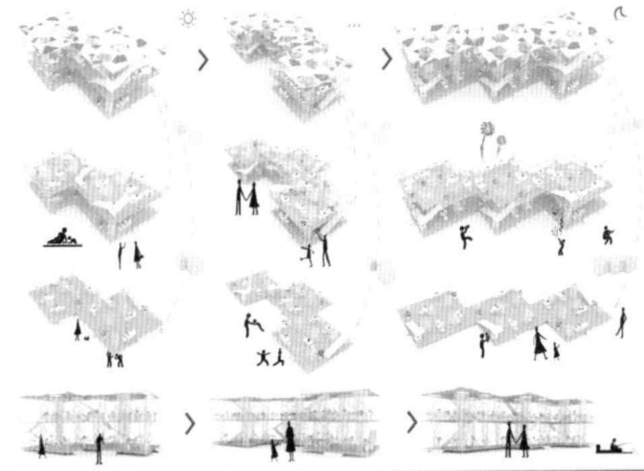

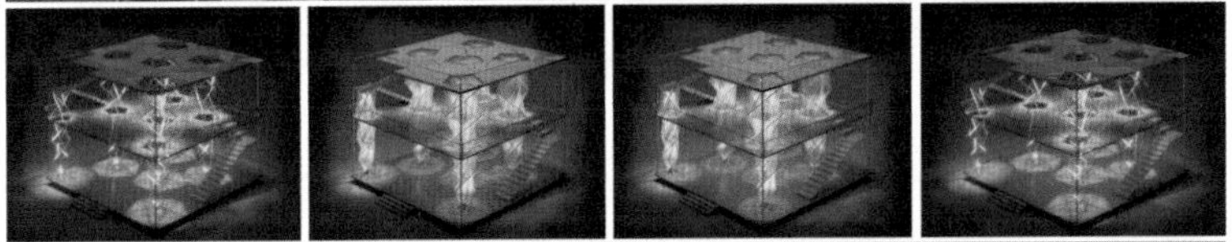

学校：天津大学仁爱学院　　指导老师：赵艳　边小庆　宋伯年　　学生：芦晨　吴泽濡

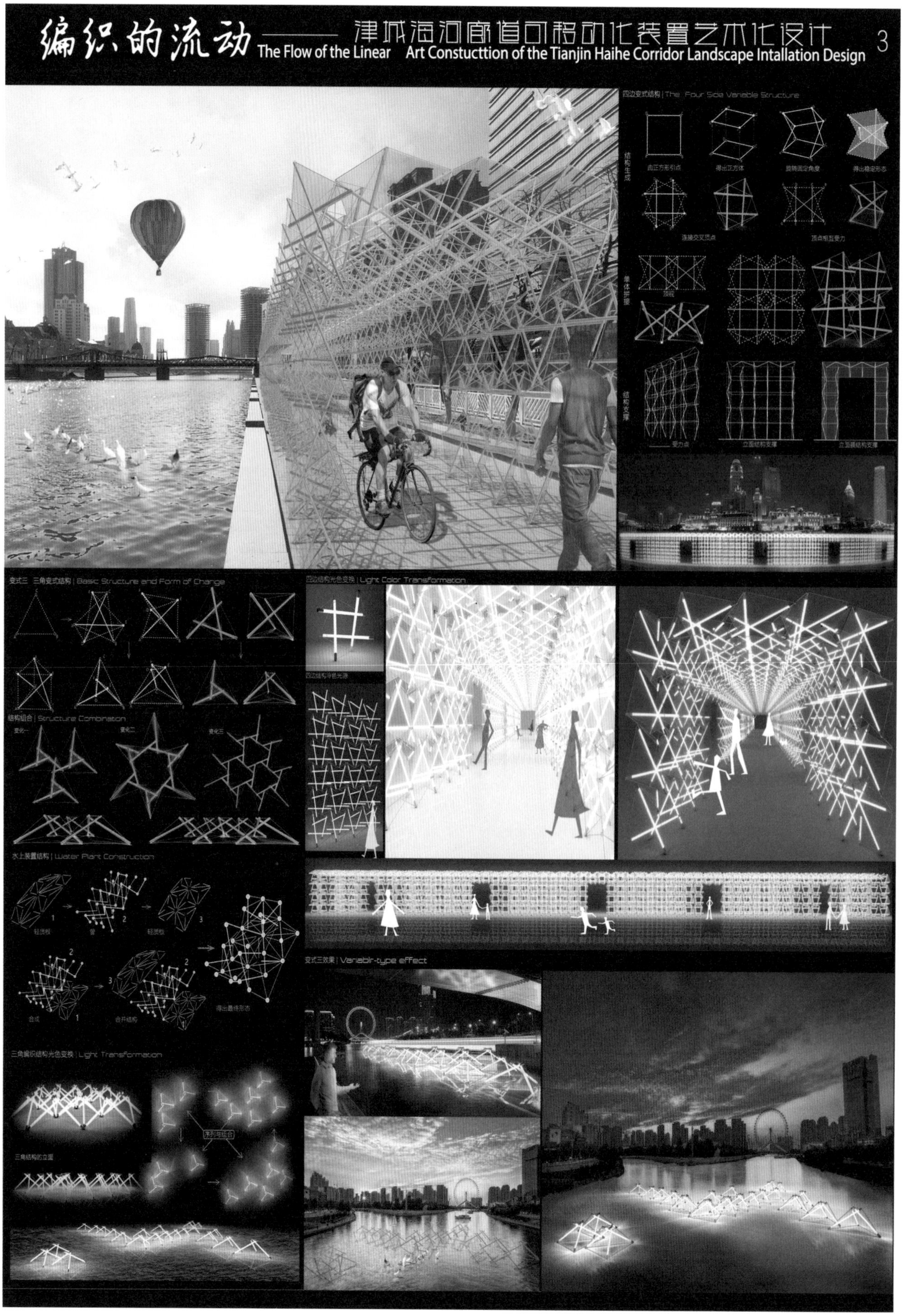

学校：中央美术学院建筑学院　指导老师：常志刚　催晖辉　学生：于佳涵　梁岩　金建佑　姜苏洋　杨舸

图书馆光环境设计

△中庭

△展厅

△图书角

学校：西南林业大学设计学院　指导老师：李锐　学生：王胜男　林青青　许瀚月　张乐　石鸿远　吴箫

香光庄严——盘龙寺佛像照明

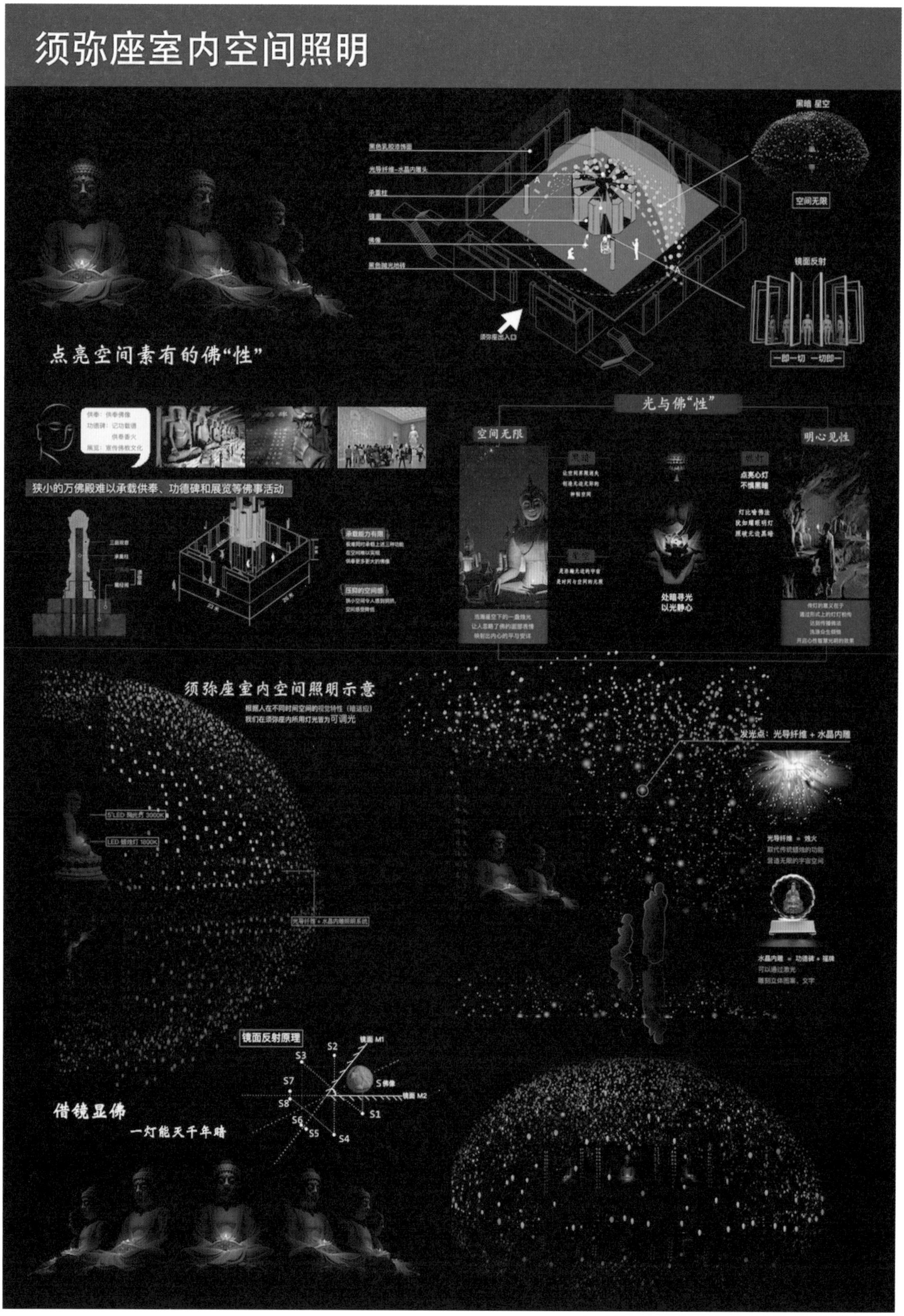

学校：广东工业大学艺术与设计学院　指导老师：刘怿　学生：温子霞　董耀涛　陈杰忠　黄厚鼎

云城之谜——禁毒体验馆空间概念设计

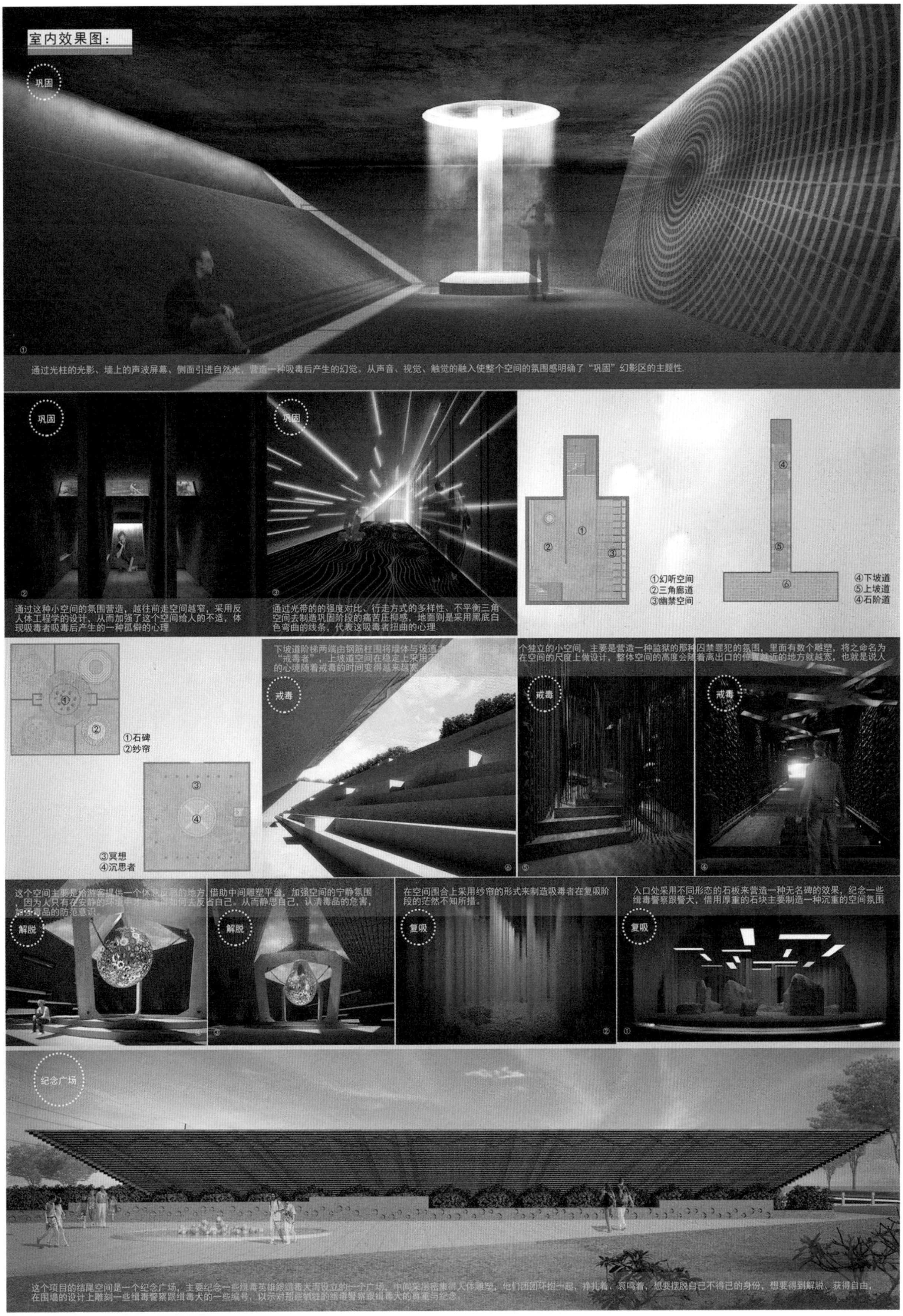

银奖

学校：福州大学厦门工艺美术学院　指导老师：梁青　叶昱　学生：蔡翠霞

南北纬28° 遇上无风带——无风地球展览馆空间设计

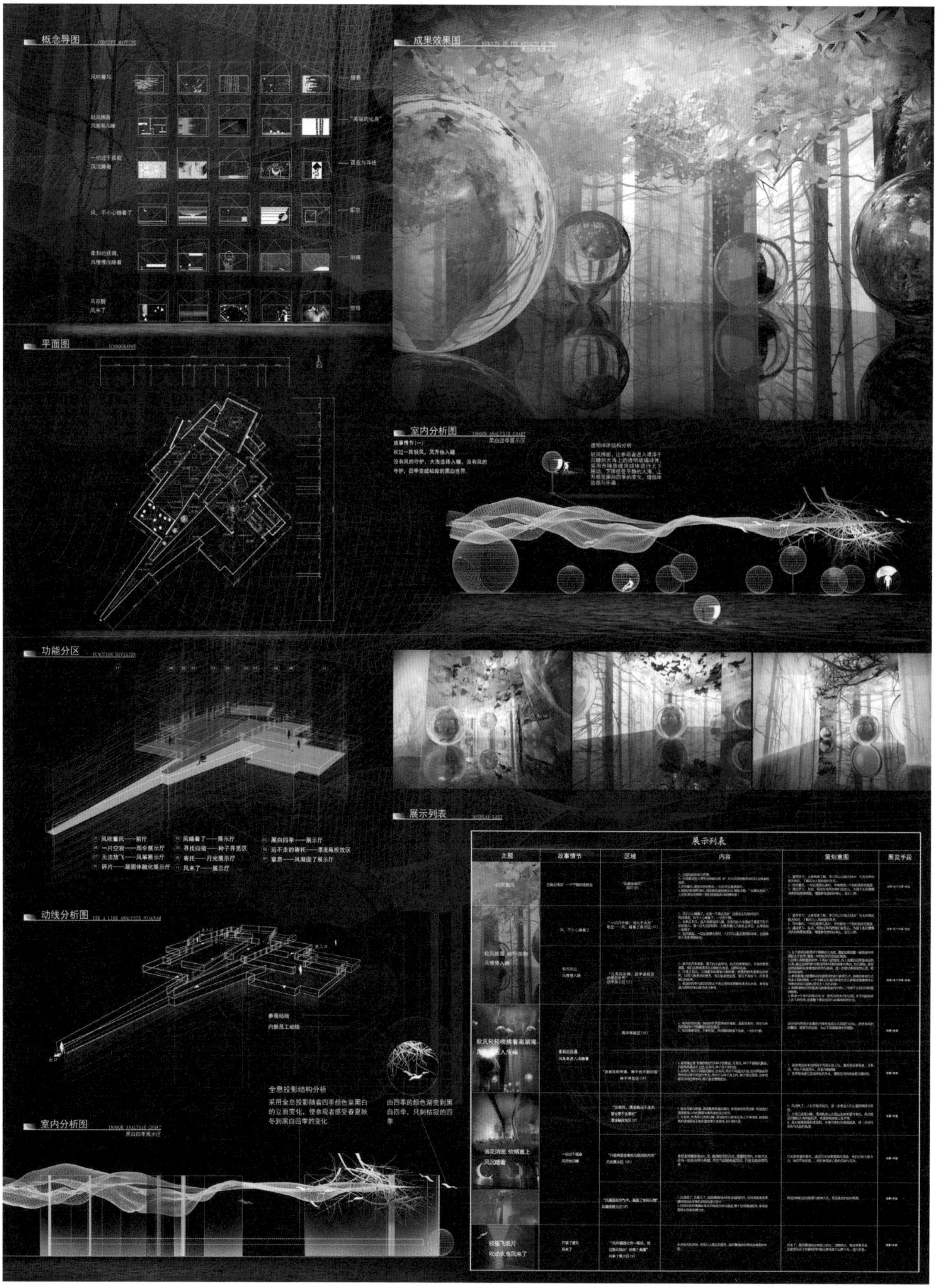

学校：天津美术学院环境与建筑艺术学院　　指导老师：彭军　高颖　　学生：顾嘉琪　陈玉梅

非洲卡库马难民营宗教集市建筑环境设计
THE ARCHETECTURAL AND ENVIRONMENTAL DESIGN OF RELGIOUS MARKET IN KAKUMA REFUGEE CAM

KAKUMA难民营在1992年建立，至今已存在20余年
KAKUMA refugee camp was established in 1992, up to now has been in existence for more than 20 years,

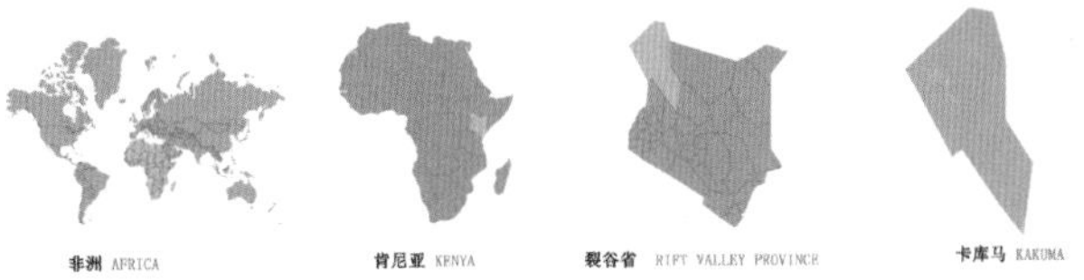

非洲 AFRICA　　肯尼亚 KENYA　　裂谷省 RIFT VALLEY PROVINCE　　卡库马 KAKUMA

金融循环 THE FINANCIAL CYCLE
大多数难民的财现状需要联合国难民署，非民间组织以及相关机构的连续性投入，所应用的财政计划是基于一个半封闭循环模式。

联合国和难民署　　难民营企业家　　难民商业委员会

历史演变
EVEOLUTION HISTORY

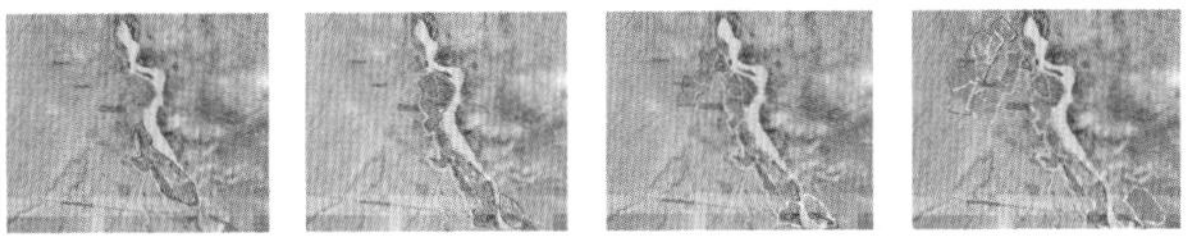

成立初期 一九九二 FOUNDED IN THE EARLY 1992
一营成立 二零零零 FIRST CAMP SET UP 2000
二营成立 二零零八 SECOND CAMP SET UP 2008
三营成立 二零一五 THIRD CAMP SET UP 2015

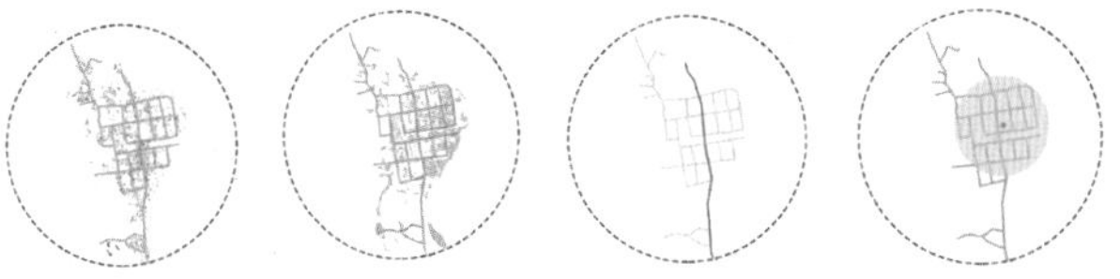

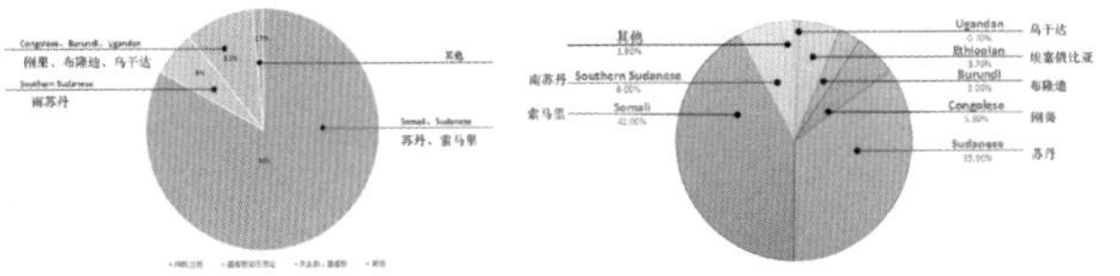

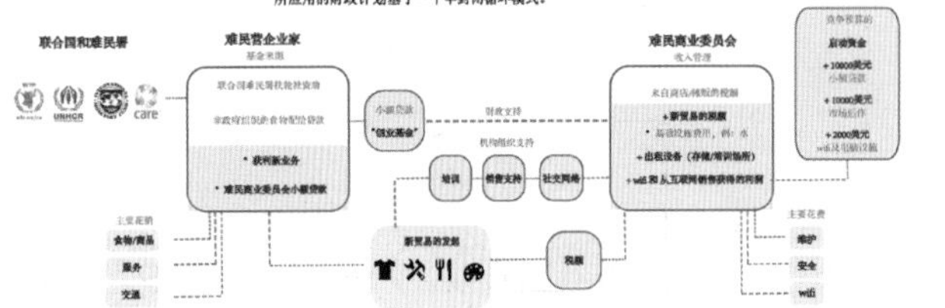

清真寺风格 STYLE OF THE MOSQUE

伊斯兰风格 ISLAMIC STYLE 有穹顶
中式风格 CHINESE STYLE 无穹顶
现代风格 MODERN STYLE 无要求限制
设计设想 DESIGN IDEA

元素提取 ELEMENT EXTRACTION

拱门 ARCHED DOOR
柱廊 COLONADE
宣礼塔 MINARET
星月图 MOON AND STAR
八角形图形 OCTAGONAL GRAPHICS
古兰经摘录 THE KORAN EXEPTS

区位定点分析
LOCATION DESIGNED ANALYSIS

房屋区域 HOUSING AREA
绿植区域 PLANT AREA
主轴道路分析 MAIN ROADS AND ANALYSIS
集市教堂定位 HE LOCATION OF RELGIOUS MARKET

概念生成 CONCEPT GENERATED

宗教人口比例分析
RELIGIOUS POPULATION ANALYSIS

80%信奉伊斯兰教

难民宗教信仰统计　　难民来源国家

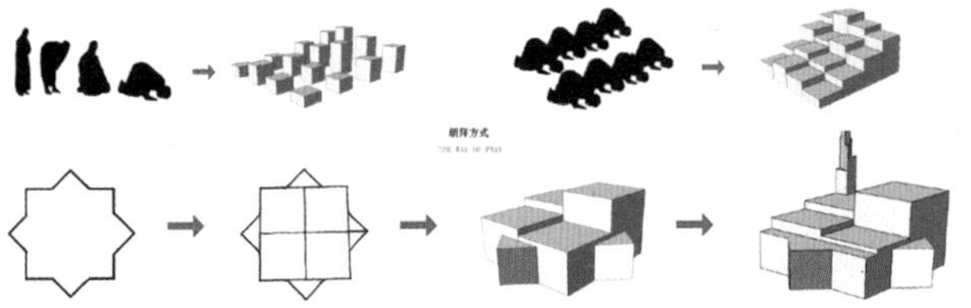

八角形它所蕴涵宇宙观念，如同中国的八卦含义，这些几何形状变化循环，组成各种森罗万象、波诡云谲的图形，穆斯林从中可以感悟到循环往复的世界以及造物主的存在，忍索生命的圆圆与更选，即能会拉之类种无能无尽的神奇，从而产生对夭拉的敬畏之情，得到或的愉悦和思想的陶冶。

内部空间分析 INNER SPACE ANALYSIS

洗礼室 BAPTISM CHAMBER 礼拜前需进行洗礼
宣礼塔 MINARET 召集信众前来礼拜
礼拜厅 PRAY SPACE 朝拜其想空间
过廊 INTERIOR SPACE 公共交流与体息空间

清真寺空间布置要素：洗礼室、礼拜厅（必须面朝麦加方向）

KAKUKMA的集市宗教面临问题
KAKUKMA'S RELGIOUS MARKET IS IN TROUBLE

KAKUKMA难民营有着多样化的市场和生计策略，此外不同民族往往从事着不同业务和收入来源，这种多样性创造了丰富多彩的街头市场包括多种商店，摊位以及存储空间。但是，由于难民人口来源的多样化也造成了民族信仰的差及冲突，所衍生出的区域性集市中的宗教导向性集市也就伴随着一定的待待解决的问题。

A. 宗教集市的服务范围　B. 与附近居住地的关系　C. 宗教信仰的人数配比　D. 集市与教堂的比例位置关系

由于资金的缺乏以及难民营的特殊性，摒弃了以往常见的穹顶、尖塔以及繁琐的装饰图案，取而代之的因地制宜地选取当地的土壤加之新型的夯土技术，寻求建筑、自然与人的精神统一，此外虔诚的穆斯林们会用双手自出的土砖堆砌而成的特色

建筑分析图 ARCHITECTURAL ANALYSIS DIAGRA

由于资金的缺乏以及难民营特殊性，摒弃了以往常见的穹顶、尖塔以及繁琐的装饰图案，取而代之的是因地制宜地选取当地的土壤加之新型的夯土技术，寻求建筑、自然与人的精神统一，此外虔诚的穆斯林们会用自己做出的土砖堆砌而成的特色砖墙，使每个建筑具有一种独特的精神性氛围。

土砖制作交易　露天晒房　个体小商铺
海储货架　商品经销商

顶圈结构 THE TOP STRUCTURE（夯土材料）
承重结构 THE BEARING WALL（夯土墙与现浇土架合）
墙体结构 THE WALL STRUCTURE（夯土材料）
原始结构 THE ORIGINAL STRUCTURE
（毛石填充土地基外包素菜土）

流线分析 TRAFFIC ANALYSIS
采光分析 LIGHT ANALYSIS
地面高差分析 SURFADE ANALYSIS

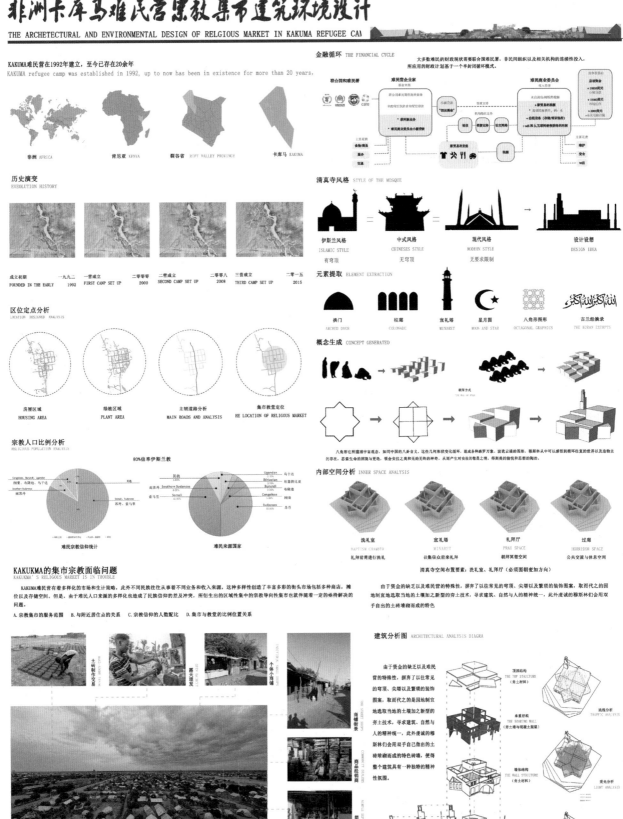

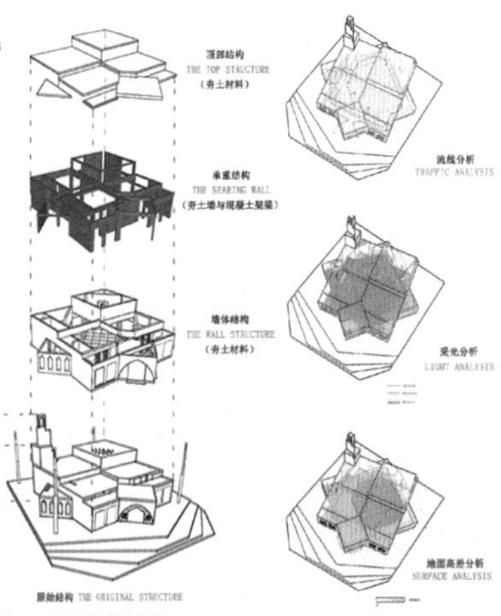

学校：福州大学厦门工艺美术学院　　指导老师：梁青　叶昱　　学生：程萍萍

遇见未知的自己
come across with yourself whose part has never been unveiled before
设计师公共交流空间设计
Public space design

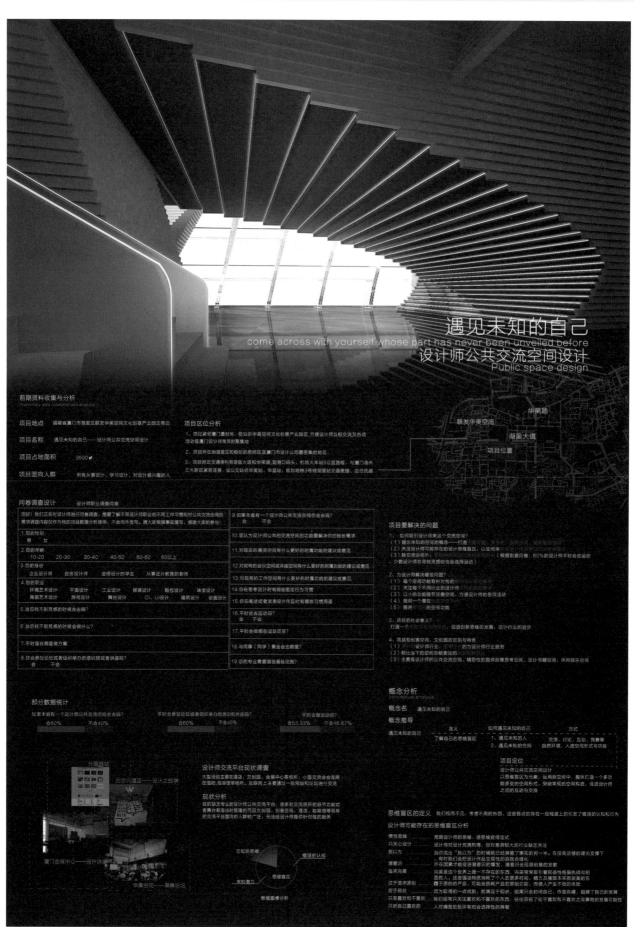

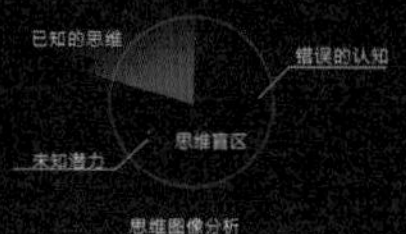

学校：福州大学厦门工艺美术学院　　指导老师：梁青　叶昱　　学生：程萍萍

概念分析
conceptual analysis

二维导图

思维盲区具象化提取关键词

遮盖　　　陷入　　　围住　　　隐藏　　　未知　　　迷茫

二维导图演变与运用

思维盲区
把思维具象化为缠绕的线条，思维
盲区为被遮住的思维，隐藏的思维

遮盖　　　隐藏

功能区划分　　　墙体形式

空间分析
spatial analysis

一层平面布置图　　　二层平面布置图

F1人流疏散分析　　　F2人流疏散分析

效果图
impression drawing

中心广场
是一层的中心，吊顶的艺术灯带是根据思维盲区的二维导图设计的，上下
文间的彩色玻璃遮挡住天花上投射的阳光，使整个空间营造出朦胧的氛围

二层长廊
一层举办活动时二层长廊可以提供一个观看的平台，长
廊也是宽窄二层的主要通道促进人流动线的汇集和交流

展示空间　　　思考空间
楼梯1
休闲空间
运动空间　　　楼梯2
　　　　　　　一层卫生间
中心广场　　　入口
讨论空间

一层功能区分析

书店
二层卫生间
二层卫生间　　　商业空间
长廊　　　　　业主平台
　　　　　　　楼梯
反惯性体验空间　　　讲座空间

二层功能区分析

空间架构分析

F2

天花
采用多个天窗的设计，
使室内的采光更加丰富

二层墙体构造
设计类书店、商业空间等辅助布局
分布于二层，给设计爱好者和设计
师们提供一个休闲和交流的场所

F1
一层墙体构造
多种上下错层的设计，使纵向空间构造
更加丰富，主要的功能空间分布于一层
提供设计师更加便利的空间使用动线

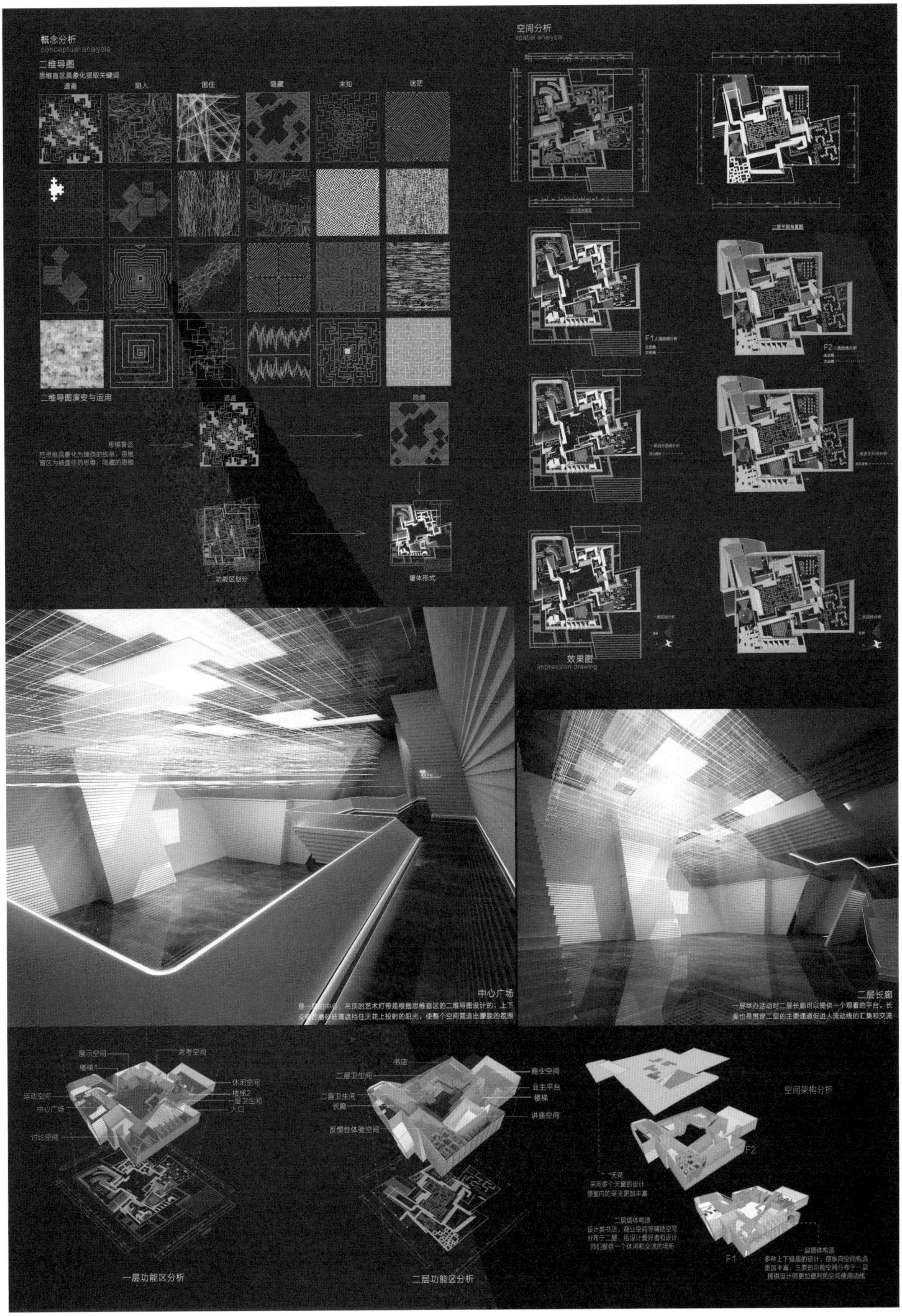

第十六届**亚洲设计学年奖**竞赛获奖作品

保护与修复

学校：江南大学设计学院环境设计系　　指导老师：史明　　学生：刘茂源　蹇宇珊

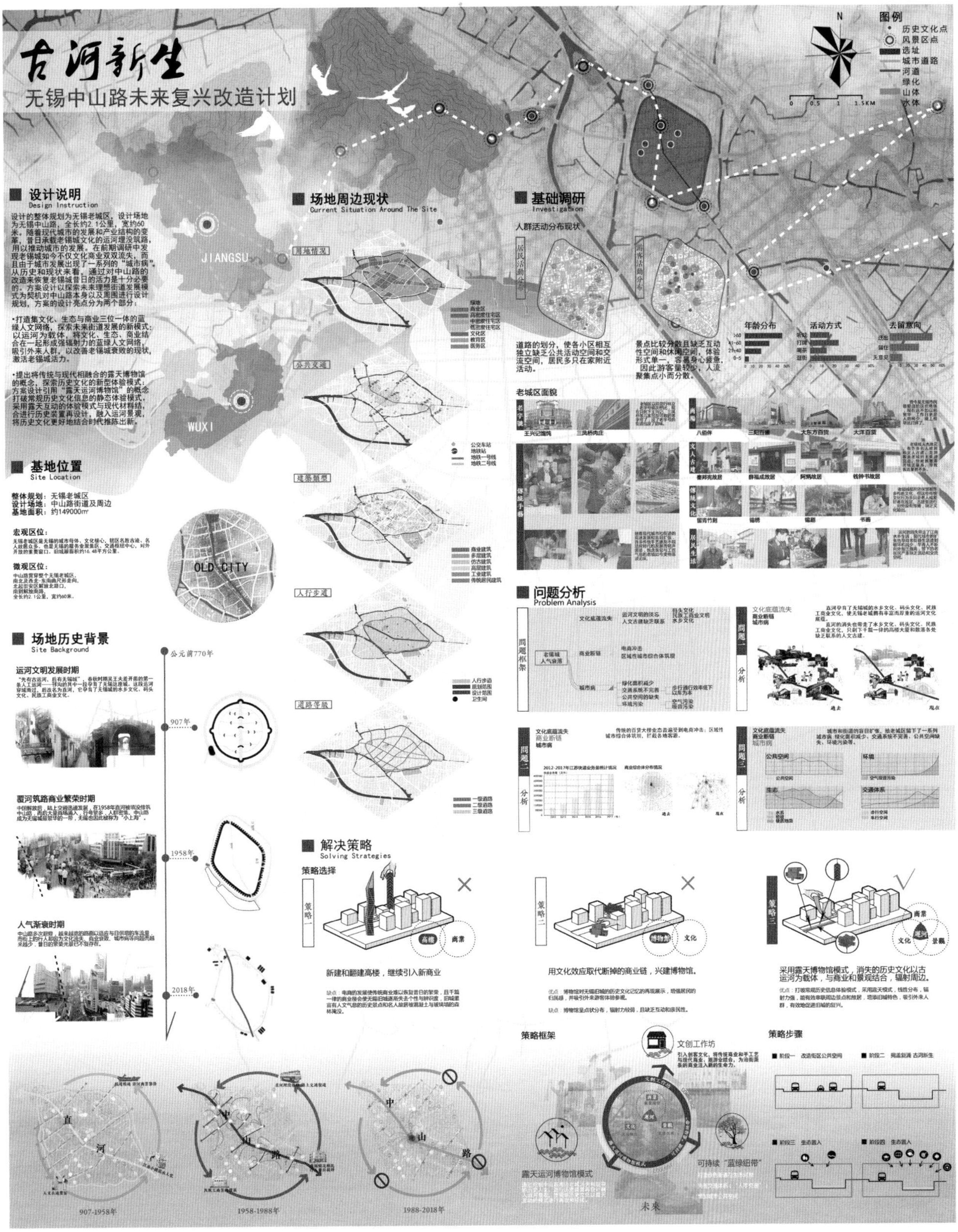

作品名称	参赛学生	参赛学校院系	指导教师
古河新生 无锡中山路未来复兴改造计划	蹇宇珊　刘茂源	江南大学	史明　窦小敏

学校：江南大学设计学院环境设计系　　指导老师：史明　　学生：刘茂源　蹇宇珊

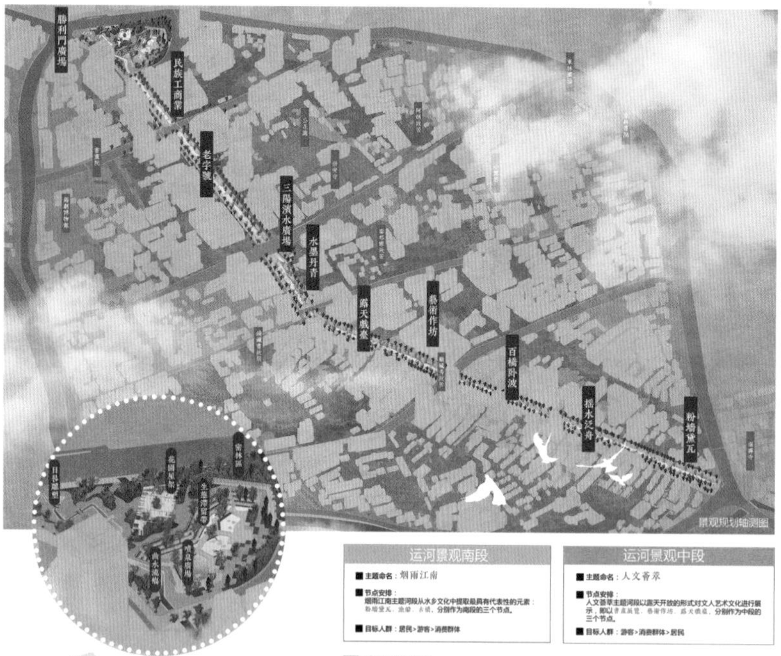

古河新生
无锡中山路未来复兴改造计划

■ 景观规划
Landscape Planning

通过挖掘无锡老城现存及消失的历史人文，分段进行元素提取再现，赋予运河景观不同的氛围主题

运河景观南段	运河景观中段	运河景观北段	胜利门广场

■ 交通规划
Transportation Planning

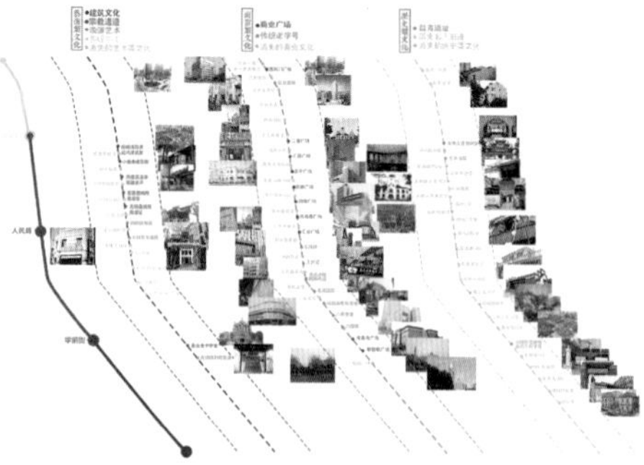

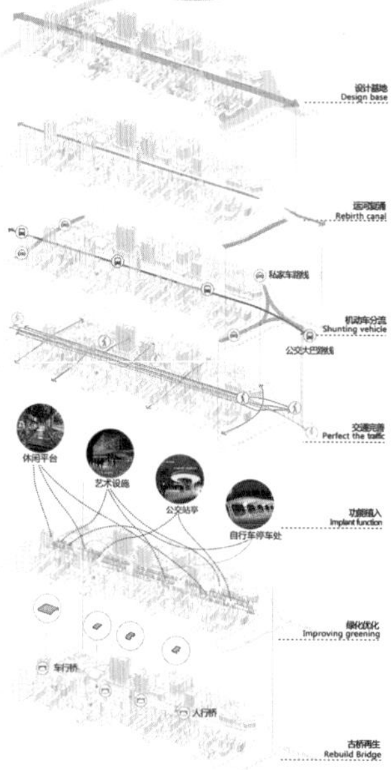

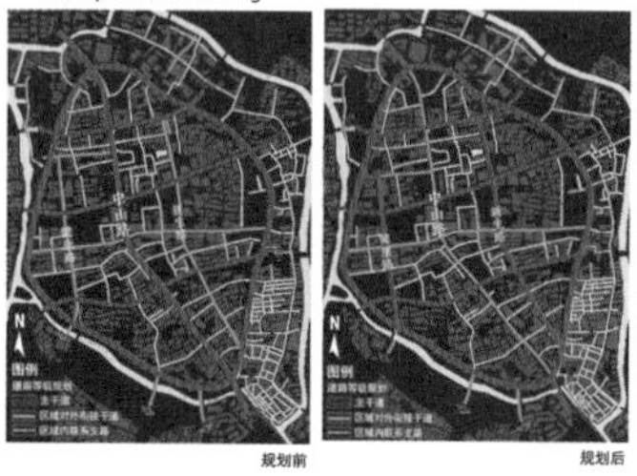

交通分流

以人为本

■ 空间腾退
Space Vacant

3. 发展宜人的城市开放

1. 优化路网结构

San Francisco 旧金山　Vancouver 温哥华　New York 纽约市　Portland 波特兰　Shanghai 上海　Wuxi 无锡

2. 推广街区制

Before ⟶ After

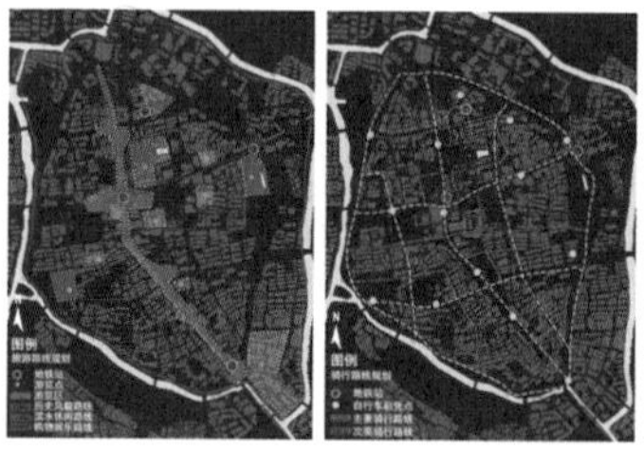

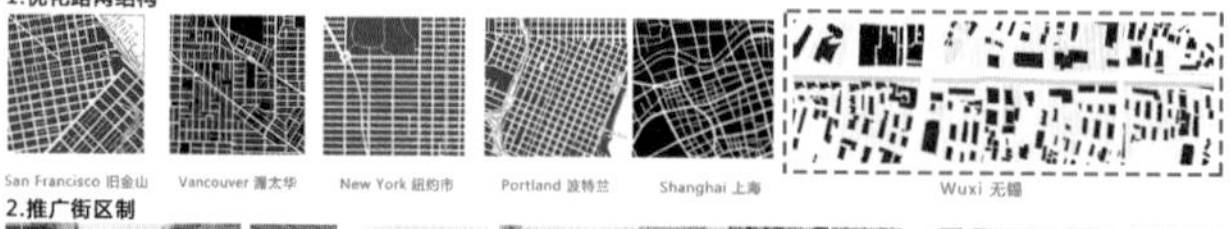

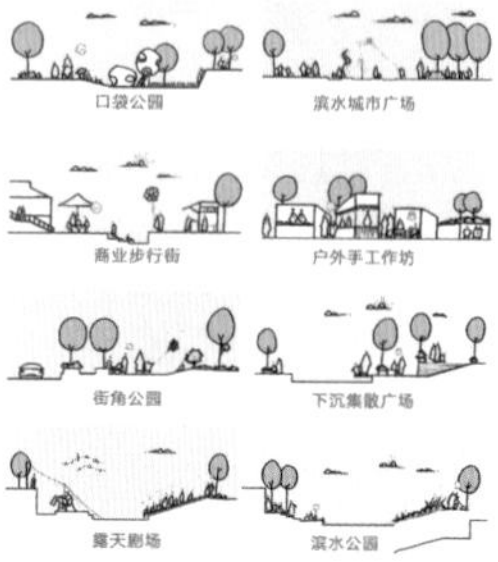

■ 街道规划
Street Planning

作品名称	参赛学生	参赛学校院系	指导教师
古河新生 无锡中山路未来复兴改造计划	蹇宇珊　刘茂源	江南大学	史明　窦小敏

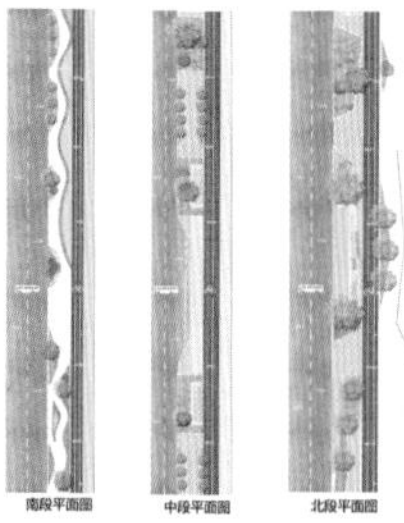

学校：江南大学设计学院环境设计系　　指导老师：史明　　学生：刘茂源　蹇宇珊

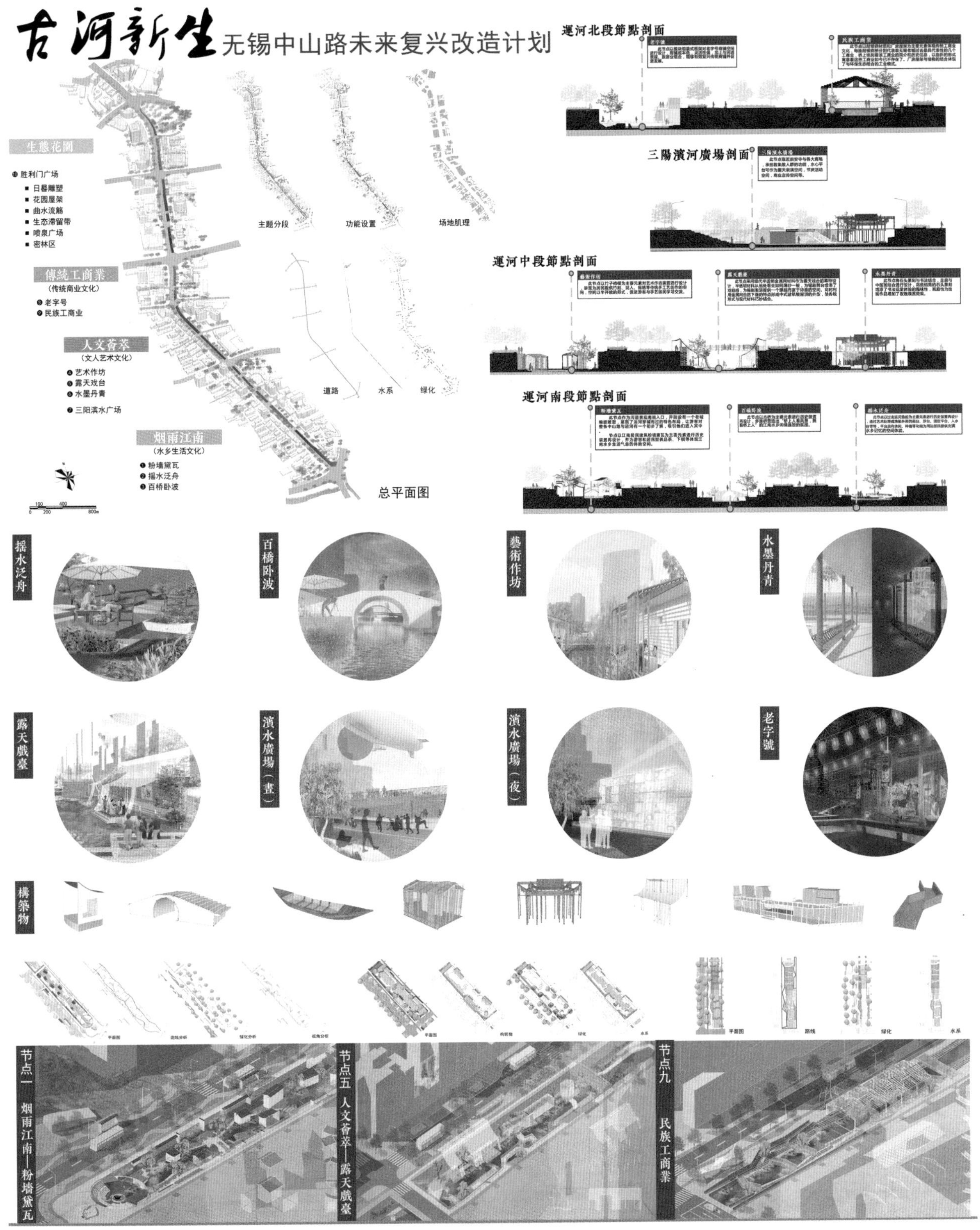

作品名称
古河新生
无锡中山路未来复兴改造计划

参赛学生
蹇宇珊　刘茂源

参赛学校院系
江南大学

指导教师
史明　窦小敏

学校：江南大学设计学院环境设计系　　指导老师：史明　　学生：刘茂源　蹇宇珊

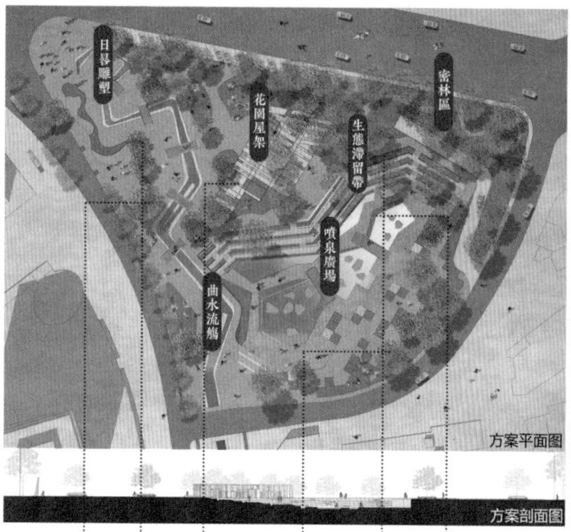

乔木	小乔木	藤本植物	灌木		草本植物		水生植物
雪松	桂花	爬山虎	木本绣球	栀子花	麦冬	波斯菊	芦苇
毛白杨	海棠	金银花	杜鹃	含笑	苍耳	凤仙花	香蒲
榆树	银杏	铁线莲	迎春	六月雪	彩叶草	虞美人	水葱
悬铃木	香樟	珊瑚藤	七里香	南天竹	石竹	薄荷	蓬莲草
合欢	茶花		八角金盘	大叶黄杨	白芷	百合	荇菜
国槐	大叶女贞		铁海棠	海桐		美人蕉	狼尾草
元宝枫	紫丁香			十大功劳		水仙	泽泻
梧桐	槐树			金叶女贞		艾草	浮萍
				日本小檗		葱兰	水生鸢尾
				火棘		二月蓝	
				石楠		蛇梅	
				蔷薇		曼陀罗	

古河新生

无锡中山路未来复兴改造计划
生态花园——胜利门广场

■方案分析 Conceptual Analysis

广场中央有一座体量较大的建筑物，严重影响景观视线，且给人明显的笨重感。

方案保留建筑物的外形进行化整为零，通过框架结构和半透明材质对建筑体量进行消解，最终以花园屋架的形式为游客和居民提供观赏和休闲的空间。

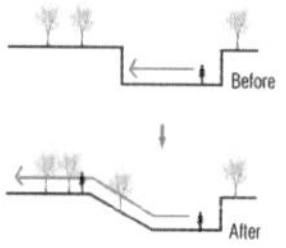

采用台阶式空间来保证景观视线的连续性，将地下人群引至地面广场，增添广场活力。

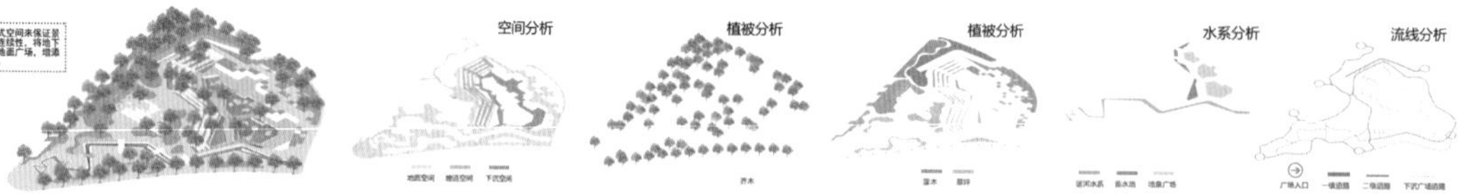

■生态规划 Ecology Planning

生态滞留带

（1）能够有效地去除径流中的悬浮颗粒、有机污染物以及重金属离子、病原体等有害物质；
（2）通过合理的植物配置，雨水花园能够为昆虫与鸟类提供良好的栖息环境；
（3）雨水花园中通过其植物的蒸腾作用可以调节环境中空气的湿度与温度，改善小气候环境；
（4）雨水花园的建造成本较低，且维护与管理比草坪简单；
（5）与传统的草坪景观相比，雨水花园能够给人以新的景观感知与视觉感受。

过滤性水生植物配置

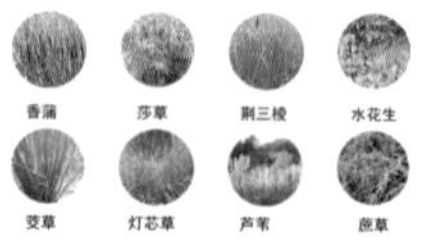

胜利门生态滞留带效果图

作品名称	参赛学生	参赛学校院系	指导教师
古河新生 无锡中山路未来复兴改造计划	蹇宇珊　刘茂源	江南大学	史明　窦小敏

学校：吉林建筑大学艺术设计学院　指导老师：郑馨　学生：孟钰　侯海玲　封佳伟

To Update　基于新陈代谢理论下的后工业矿坑景观与生态修复的再思考
industrial landscape and ecological restoration

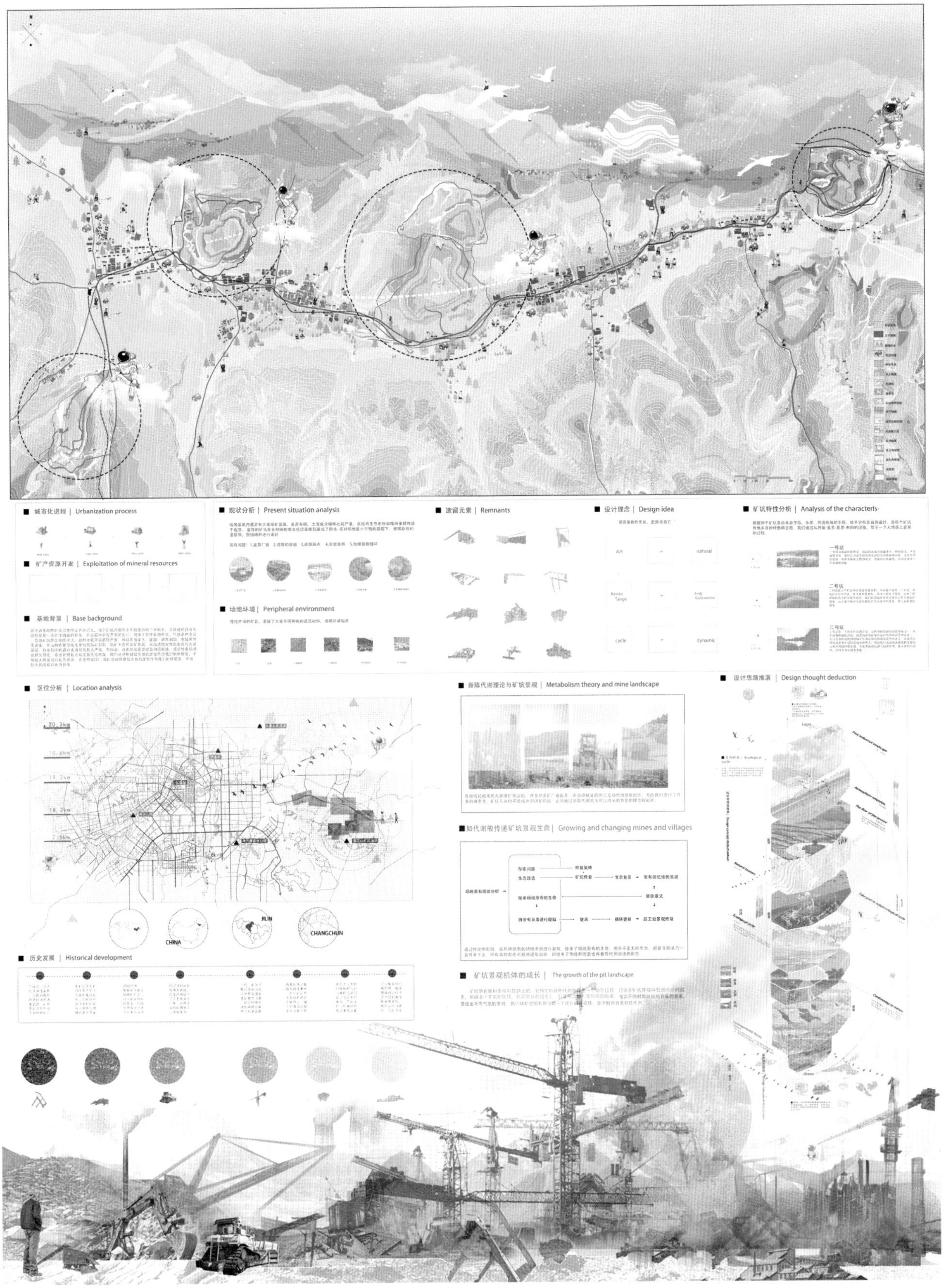

学校：吉林建筑大学艺术设计学院　　指导老师：郑馨　　学生：孟钰　侯海玲　封佳伟

To Update
基于新陈代谢理论下的
后工业矿坑景观与生态修复的再思考
industrial landscape and ecological restoration

Ecological cycle 生态循环

Be reborn 重生

Environmental recovery 环境恢复

Ecological restoration design 生态修复设计

Deterioration of ecological environment 生态环境恶化

The depletion of mineral resources 矿产资源消耗殆尽

urban development 城市发展

Exploitation of mineral resources 矿产资源开采

Urban expansion 城市扩张

Promoting urbanization development at the expense of self-environment 以牺牲自我环境为代价 推动城市化发展

process | 过程

1979-1981年城镇化扩张

Start 起伏　　　　重生　　　　反思　　　　ENG 结尾

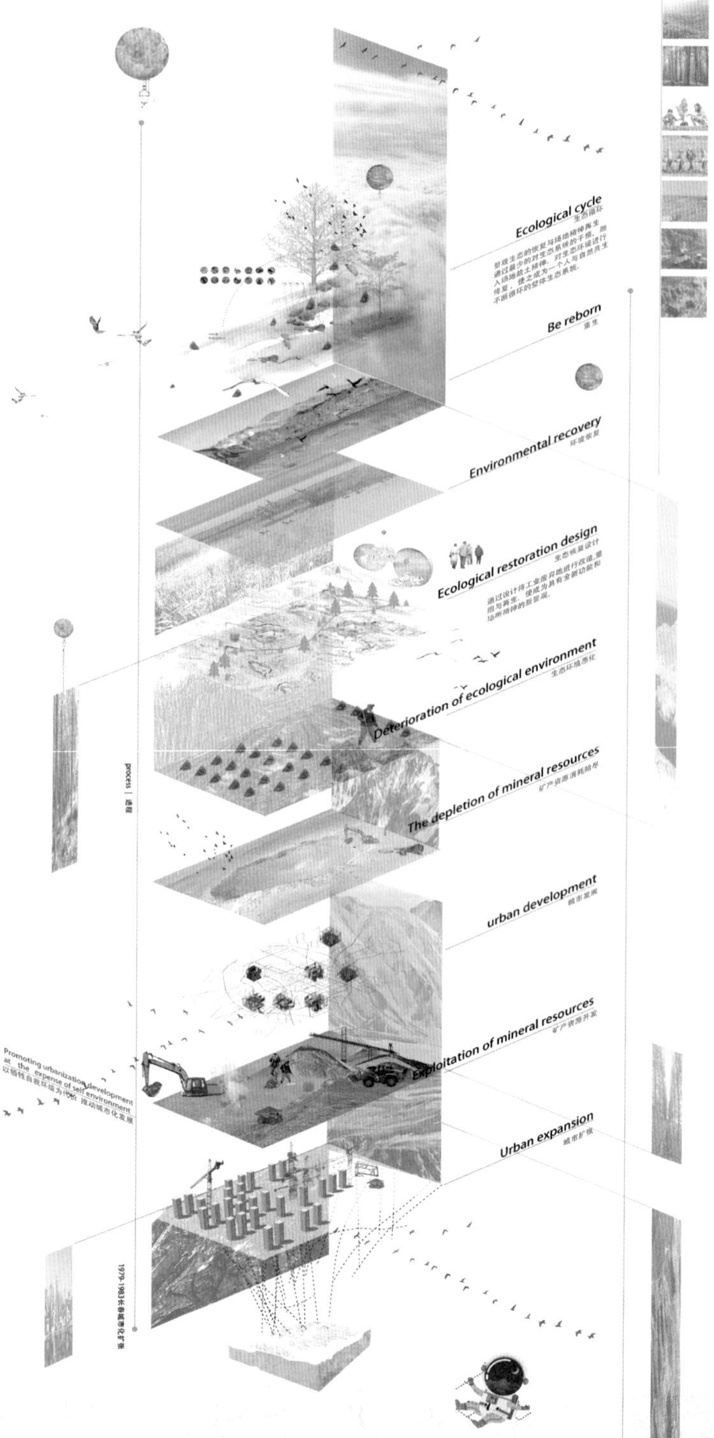

■ 逻辑概念生成 | Logical concept generation

■ 鸟瞰图 | Aerial view

学校：吉林建筑大学艺术设计学院　指导老师：郑馨　学生：孟钰　侯海玲　封佳伟

To Update 基于新陈代谢理论下的后工业矿坑景观与生态修复的再思考
industrial landscape and ecological restoration

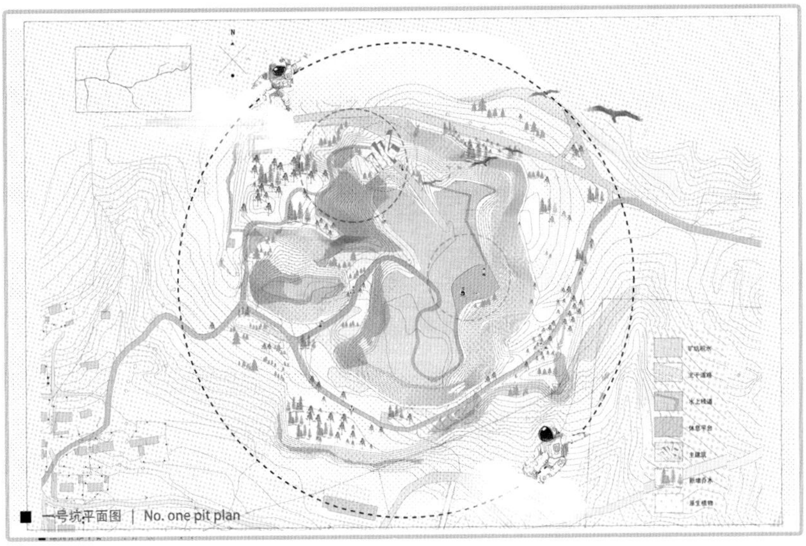

■ 一号坑平面图 | No. one pit plan

■ 现状分析 | Present situation analysis

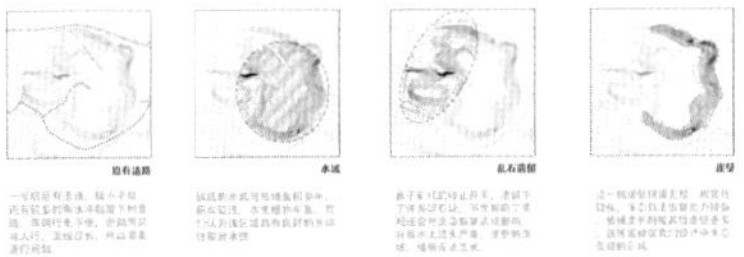

■ 修复手法 | Repair technique

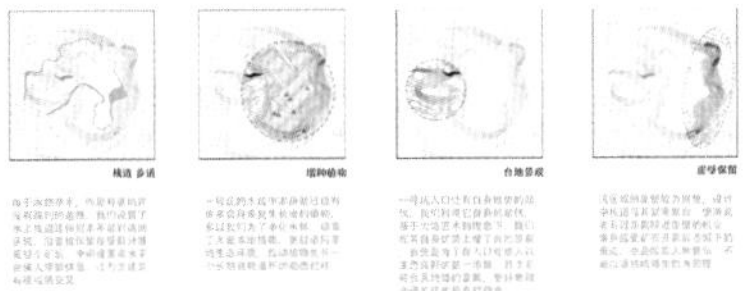

■一号坑理念分析

针对一号坑水路面积参半的特点，我们认为一号坑有较好的互动性，将原有的地势和场地原有的遗留进行二次设计。由于一号坑的路线较长，有较好的生态环境和地势，因此将一号坑作为一，个自然的游览空间，满足纵向空间和水面的互动增加与自然的体验观光。

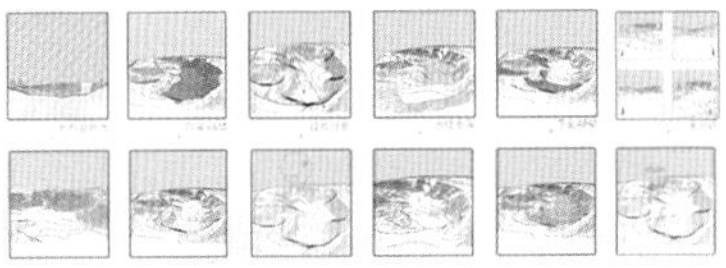

■ 主建筑分析 | Analysis of main building

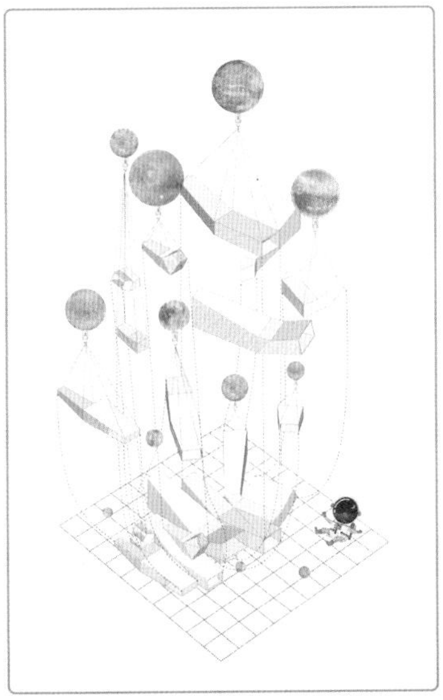

■ 主建筑构成示意 | Main building schematic

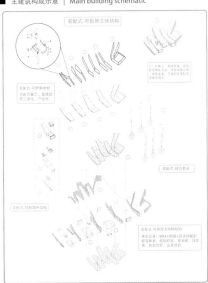

■ 生态修复分析 | Analysis of ecological restoration

针对一号矿坑两边自然环境差距较大的因素，我们决定，对一号坑生态环境较好的区域进行保留，对生态环境较差的西侧区域进行人为的生态改造。

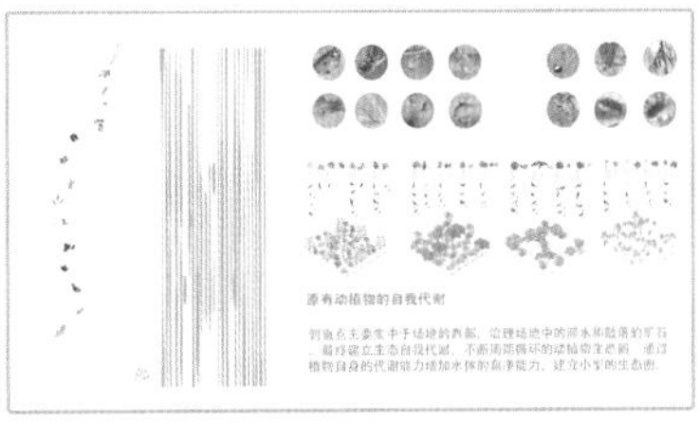

■ 下沉步道 | Sinking footpath

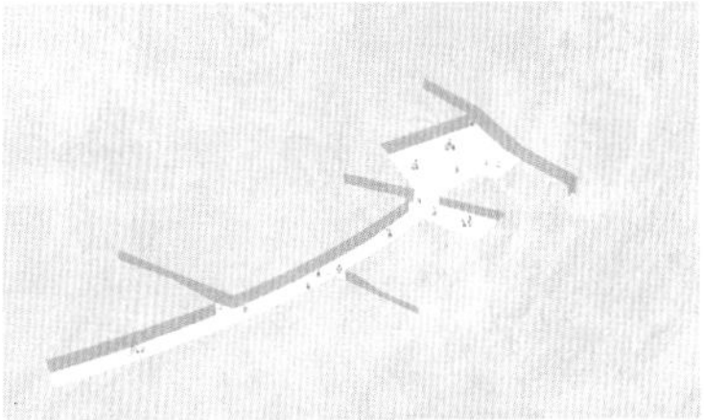

学校：吉林建筑大学艺术设计学院　　指导老师：郑馨　　学生：孟钰　侯海玲　封佳伟

To Update 基于新陈代谢理论下的
后工业矿坑景观与生态修复的再思考
industrial landscape and ecological restoration

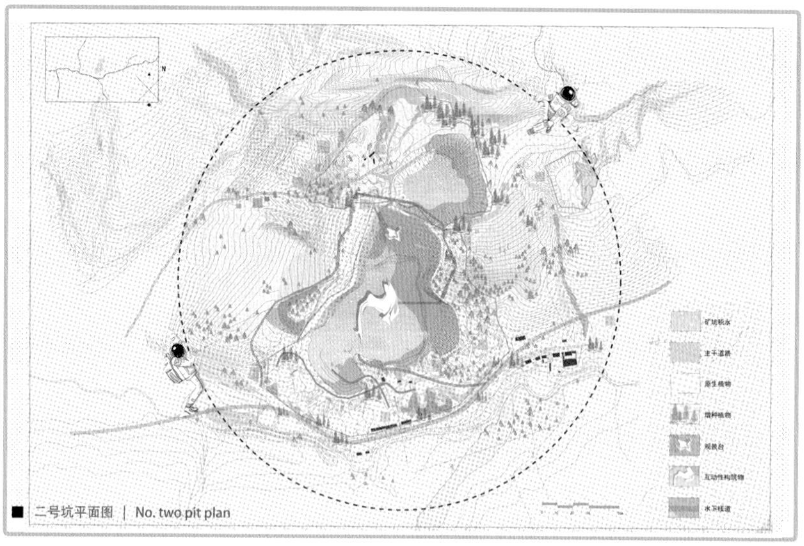

■ 二号坑平面图 | No. two pit plan

矿坑积水
主干道路
原生植物
增种植物
观景台
互动性构筑物
水下建筑

■ 基本流线分析 | Basic streamline analysis　　■ 构筑物生成逻辑 | logic

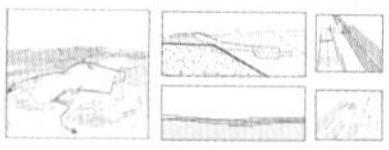

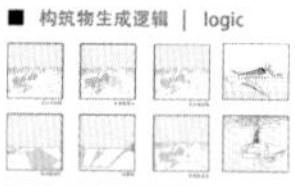

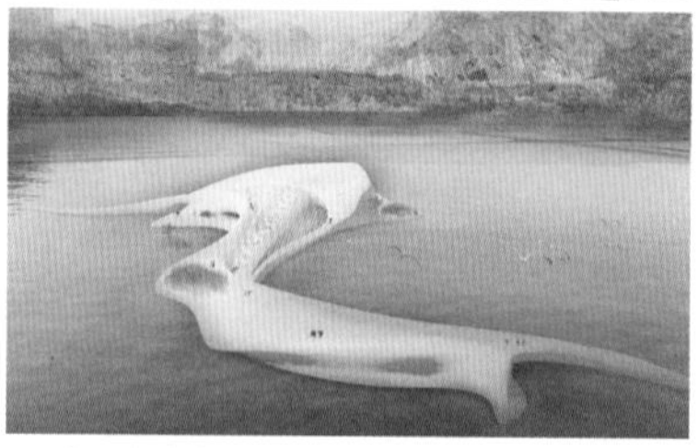

■ 岛—新生 | Island

二号坑是四个矿坑中水域面积最大的，生物圈最丰富的一个矿坑，周边以菜市场为主，有大量的原材料。将山水和水下相连，让水下的神秘和岛上的光明作对比，我们认为在该区域可以在水上做出特别的效果，以沙漠中绿洲作为原型做出矿坑水域中的孤岛，给人以希望以重生。

■ 植物的自我修复 | Self repair of plants

将修复植物聚集中于恢复土地活力，和水资源的净化，绿色植物直接从外界环境摄取无机物，通过光合作用，将无机物制造成复杂的有机物，并且储存能量，不断循环往复，来维持自身生命活动，完成动植物自身的代谢

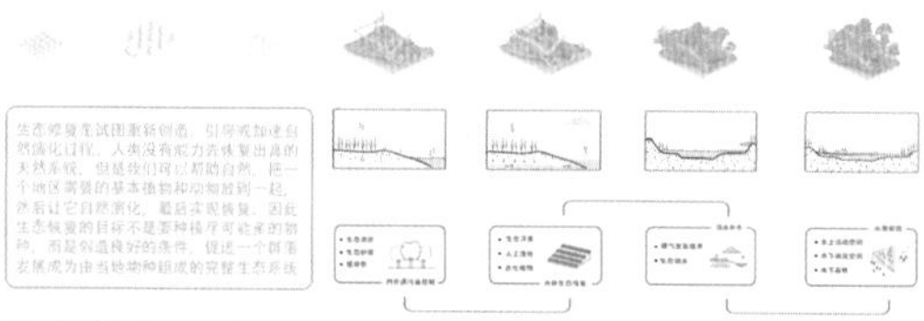

■ 水下森林 | Underwater forest

水上活动区
水下活动区
水下森林

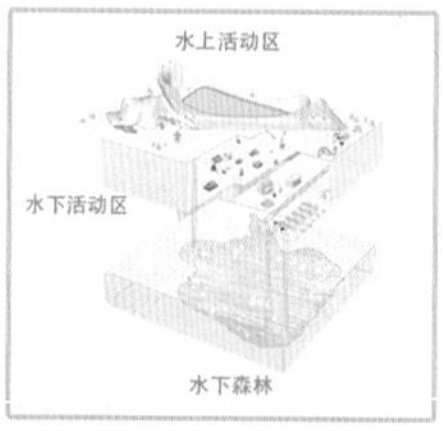

■ 现状分析 | Present situation analysis

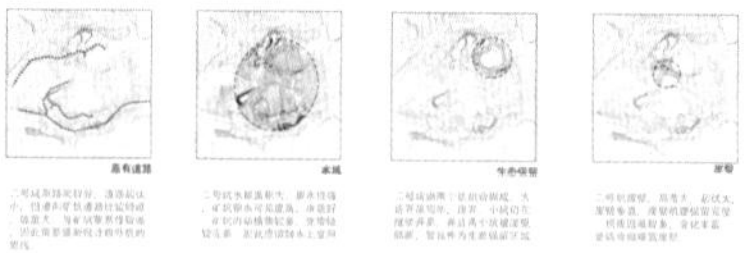

■ 框景 | Frame view

■ 修复手法 | Repair technique

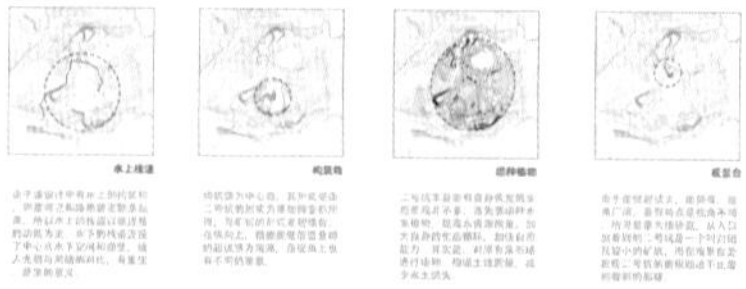

学校：吉林建筑大学艺术设计学院　指导老师：郑馨　学生：孟钰　侯海玲　封佳伟

To Update 基于新陈代谢理论下的后工业矿坑景观与生态修复的再思考

industrial landscape and ecological restoration

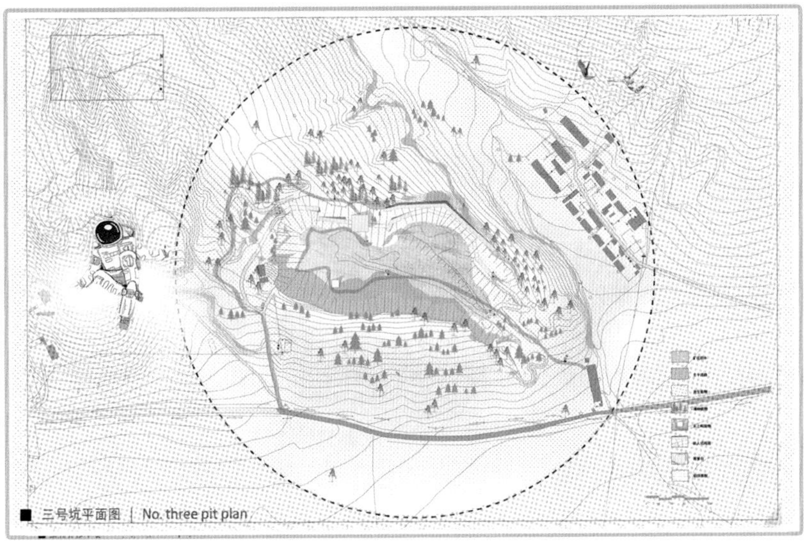

■ 三号坑平面图 | No. three pit plan

■ 现状分析 | Present situation analysis

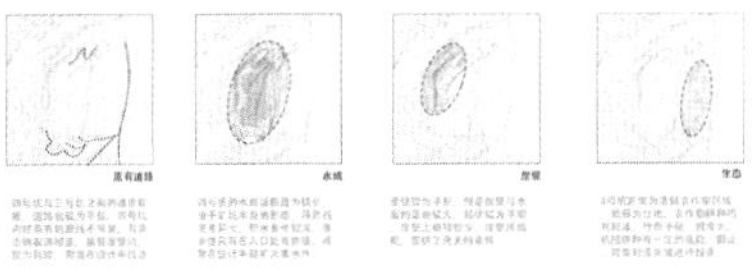

■ 修复手法 | Repair technique

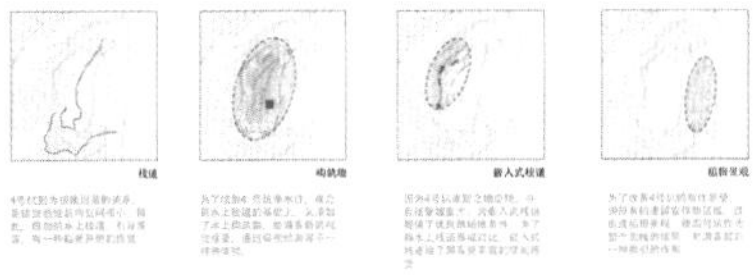

■ 愿景 | Vision

稻田景观是整个设计中最后一个节点，是我们队未来美好期望的愿景，也是设计最后是游览者回归本质的指引。

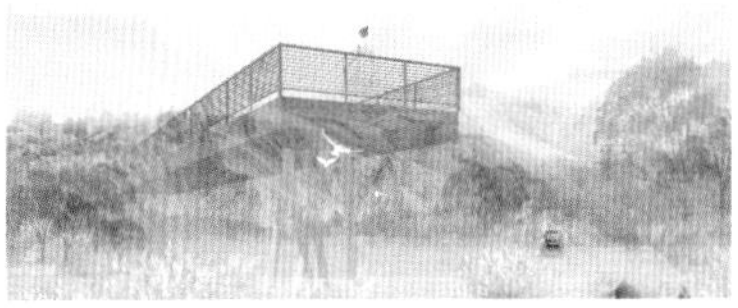

■ 嵌入式景观构筑物 | Embedded landscape architecture

栈道位于矿坑的崖壁上，设计初衷是为了解决矿坑的纵向交通问题。由于三号矿坑的崖壁垂直缺乏纵向景观浏览空间，同时也可以解决景观的单一性。

由于三号坑特殊的视线条件，在不同的视线终端设置观景台和水上构筑物，与内嵌式崖壁栈道相互联系，为游览者提供丰富的空间、视觉感受。

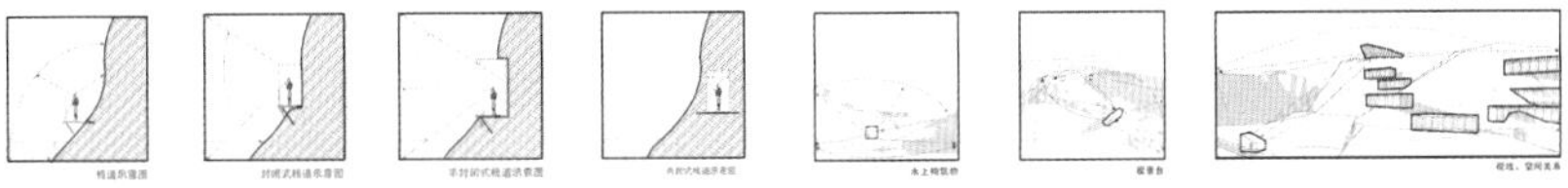

褶皱概念生成

场地内有许多的遗留碎石，在原有条件下，进行修复设计，利用现场遗留的碎石，压制成不同的褶皱，体现矿坑的开采历史。

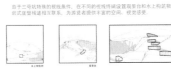

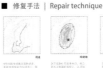

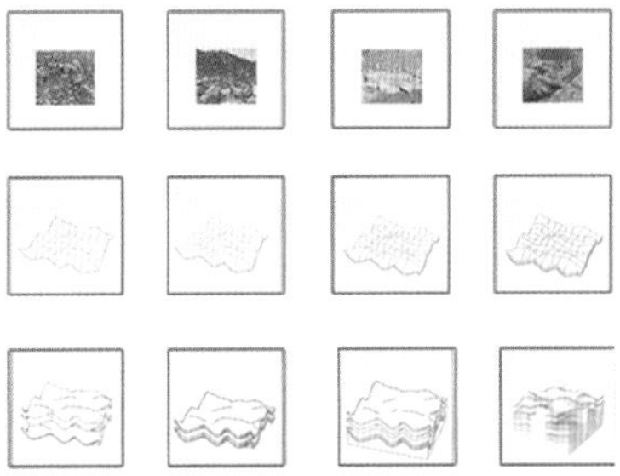

学校：华南理工大学建筑学院 指导老师：周剑云 禤文昊 翁奕城 学生：方素 周瑶逸 武梦宇 林逸风 王逸慧

守望——韓城古城城市設計

Conservation&Development：Urban Design of Hancheng Historic Area

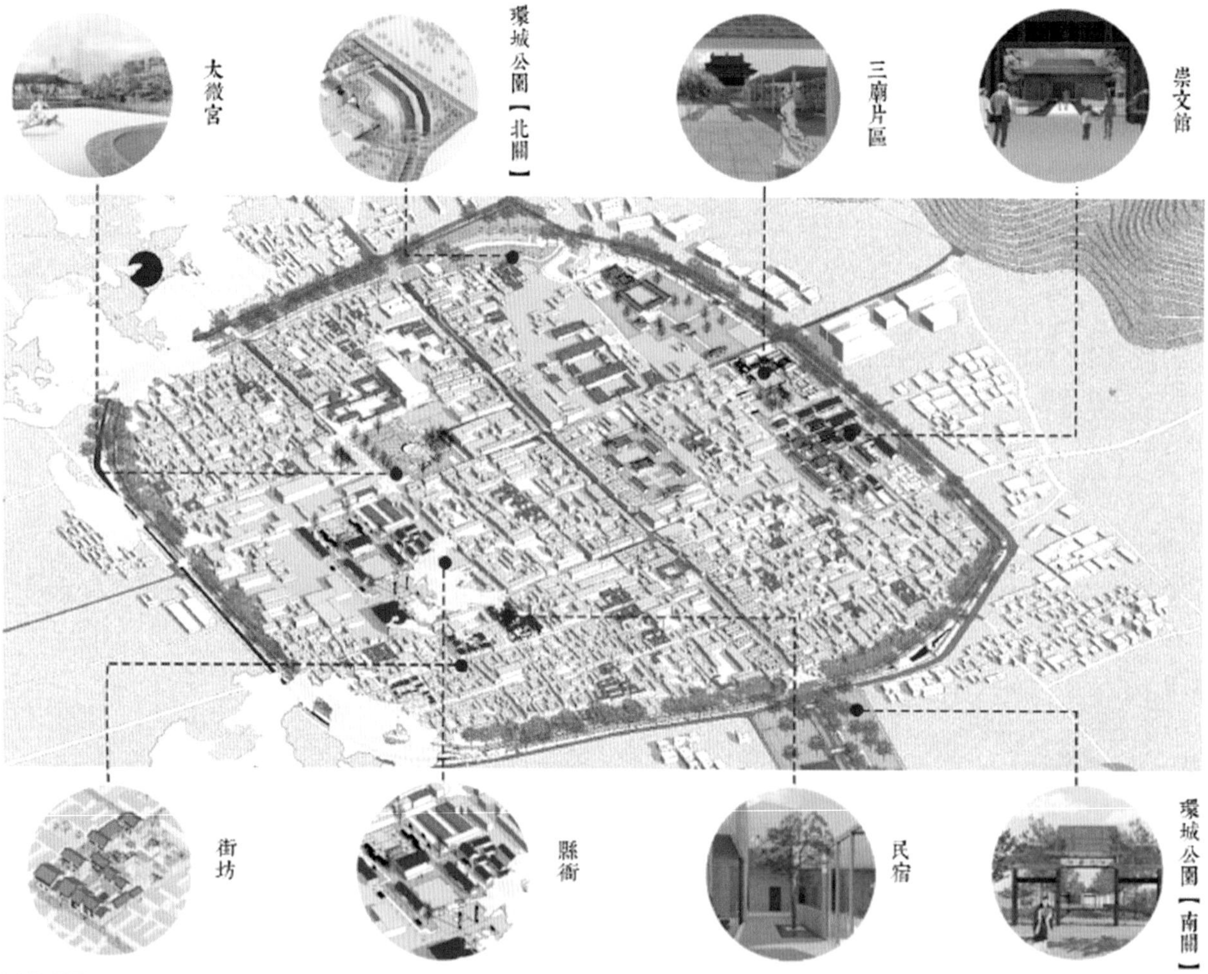

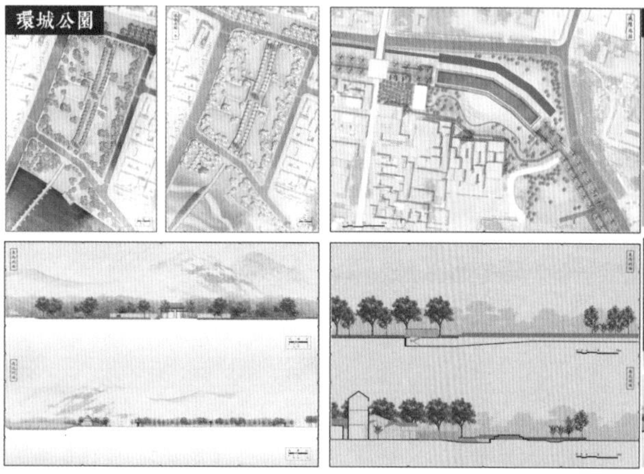

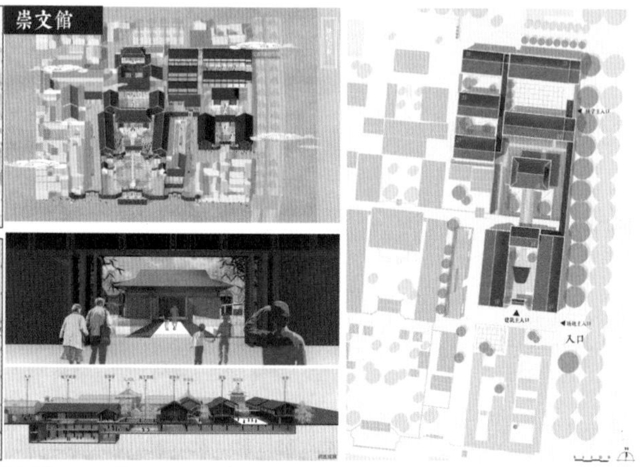

学校：广东工业大学艺术与设计学院　指导老师：王萍　彭译萱　学生：杨伟　陈锦成　劳蓥蓥

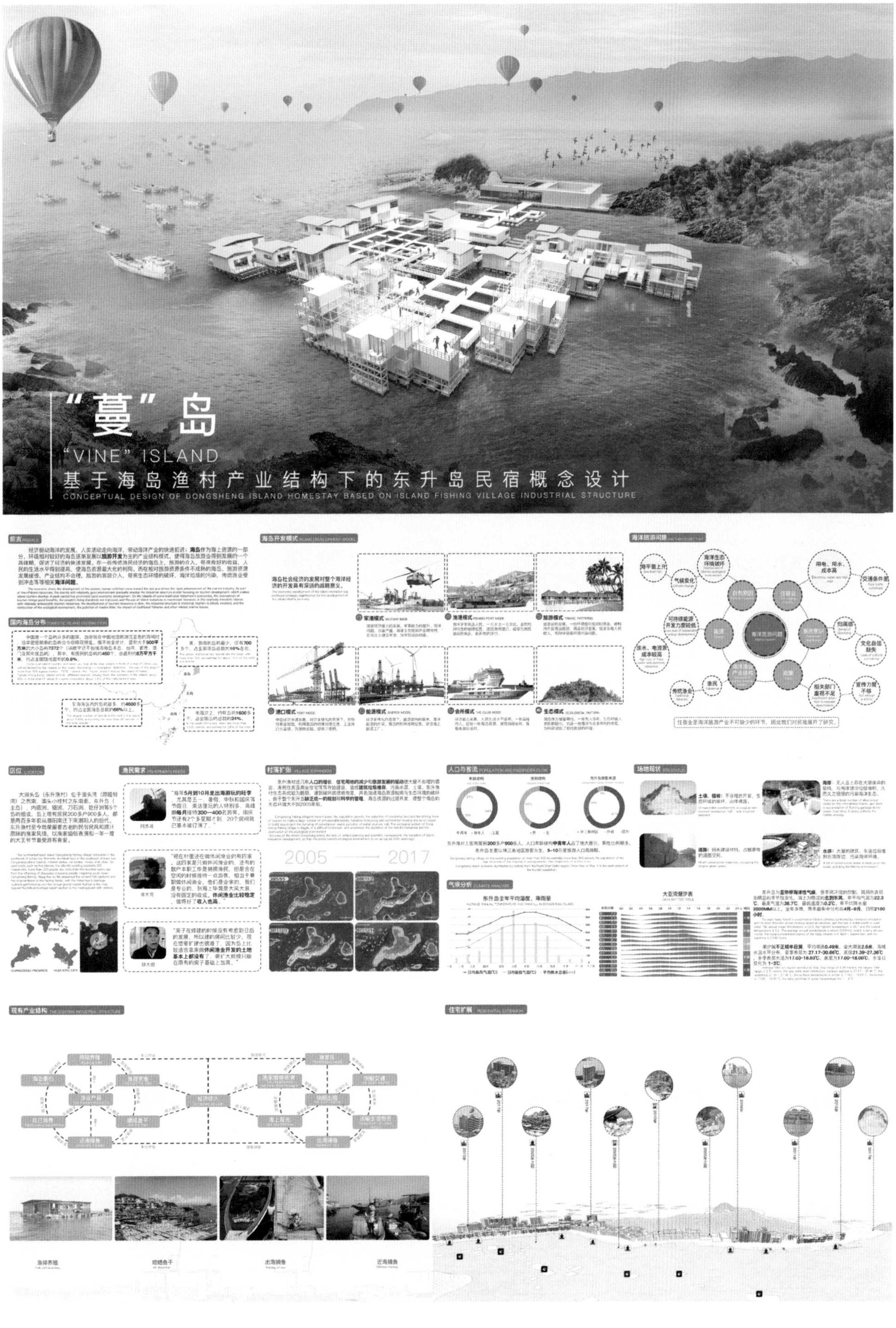

亚洲设计学年奖

学校：合肥工业大学建筑与艺术学院　指导老师：李早　学生：夏金鸽　刘璐

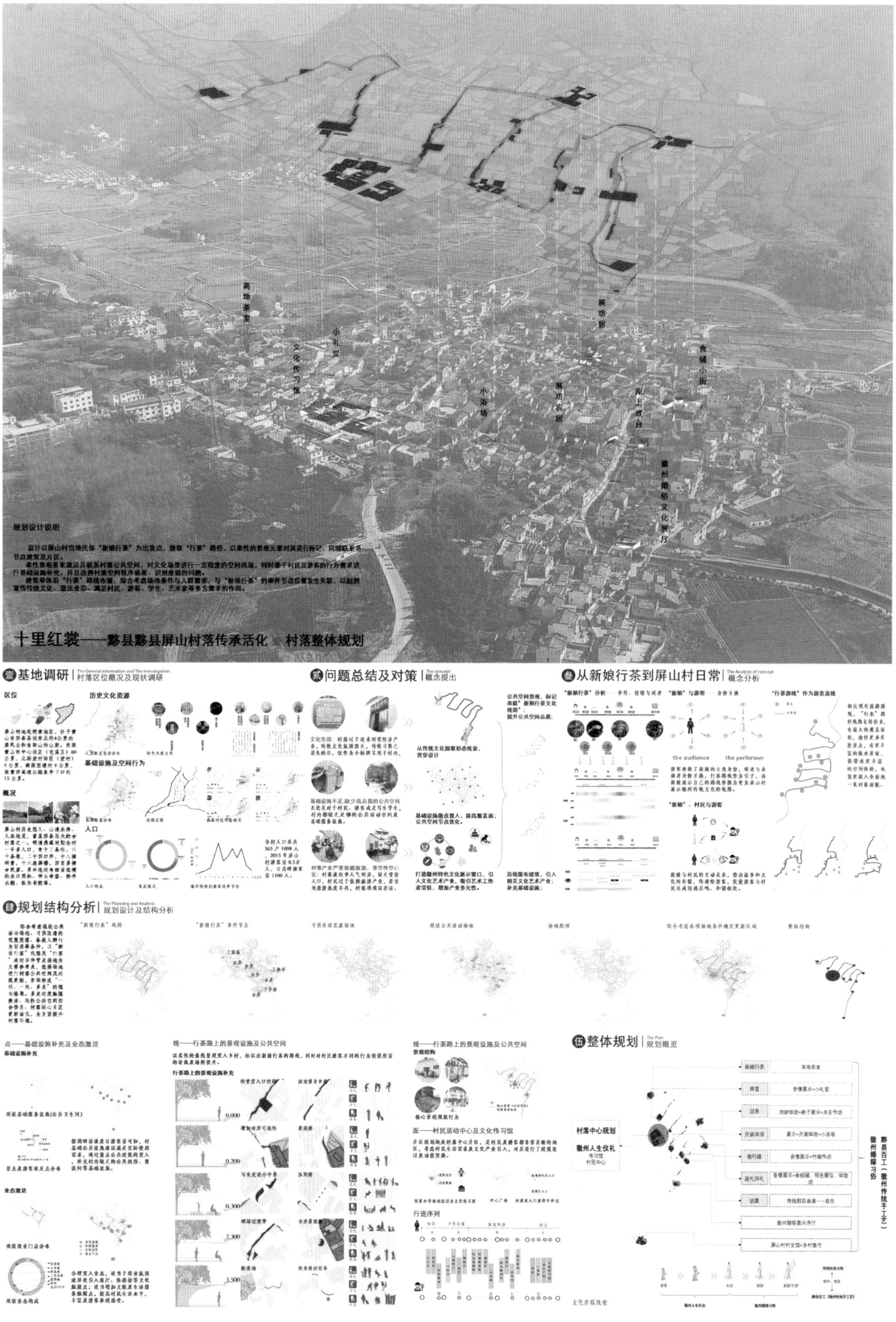
高地茶堂
小礼堂
文化传习馆
小浴场
展坊农居
展坊居
食铺小街
岸上戏台
徽州婚俗文化展厅
规划设计说明
设计以屏山村当地民俗“新娘行茶”为出发点，提取“行茶”路径，以柔性的景观元素对其进行标记，同时联系各节点建筑及片区。
柔性景观要素激活并联系村落公共空间，对文化场景进行一定程度的空间再现，同时基于村民及游客的行为需求进行基础设施补充，并且改善村落空间秩序感差、识别度弱的问题。
建筑单体沿“行茶”路线布置，综合考虑场地条件与人群需求，与“新娘行茶”的事件节点位置发生关联，以起到宣传传统文化、激活业态、满足村民、游客、学生、艺术家等多方需求的作用。
十里红裳——黟县黟县屏山村落传承活化 村落整体规划
壹 基地调研 | The General Information and The investigation 村落区位概况及现状调研
贰 问题总结及对策 | The concept 概念提出
叁 从新娘行茶到屏山村日常 | The Analysis of concept 概念分析
肆 规划结构分析 | The Planning and Analysis 规划设计及结构分析
伍 整体规划 | The Plan 规划概览
点——基础设施补充及业态激活
线——行茶路上的景观设施及公共空间
面——村民活动中心及文化传习馆
村落中心规划
徽州人生仪礼
黟县百工（徽州传统手工艺）
徽州婚嫁习俗

学校：合肥工业大学建筑与艺术学院　指导老师：李早　学生：夏金鸽　刘璐

十里红裳——黟县屏山村落传承活化设计 肆 系列建筑设计

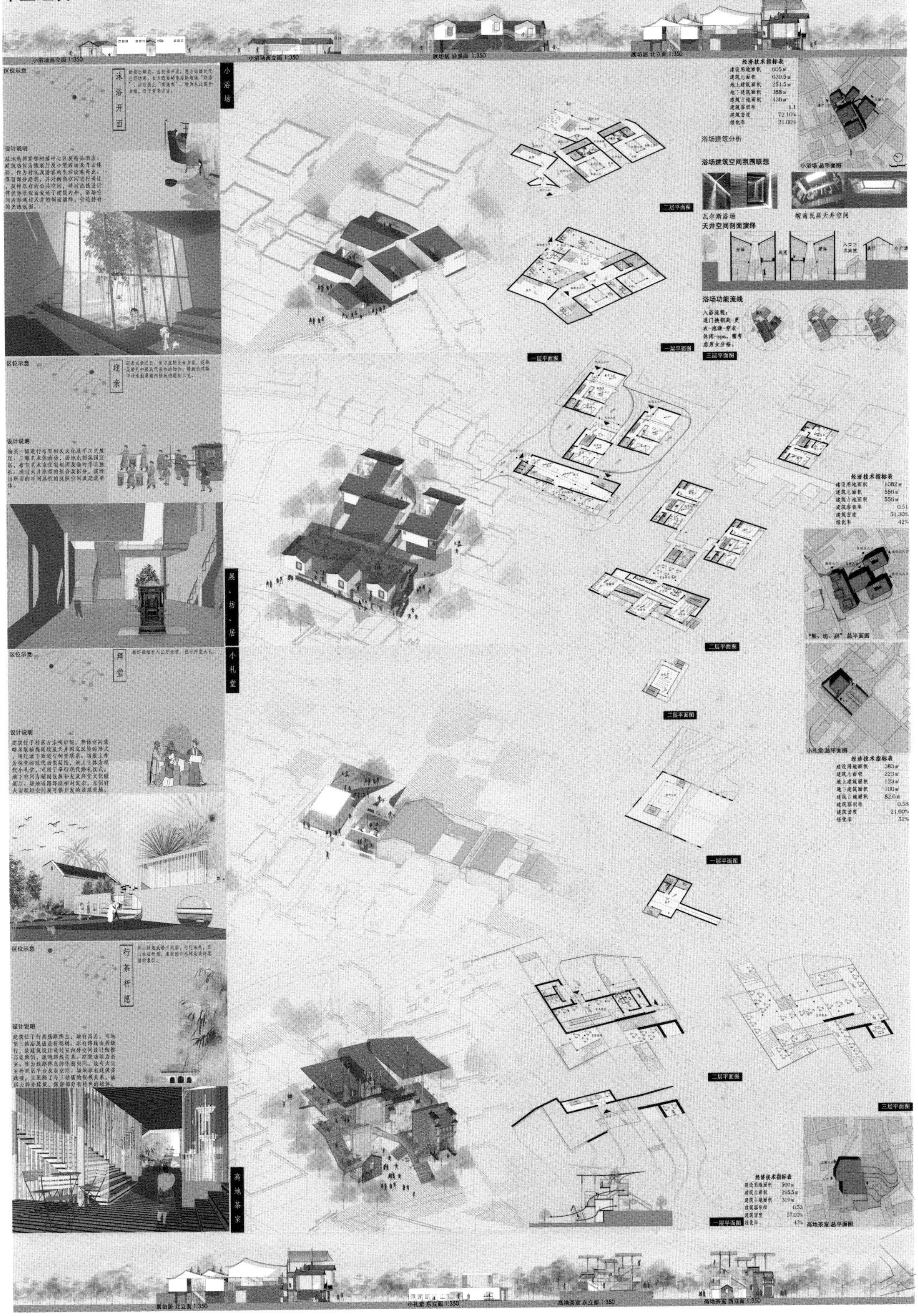

学校：西安建筑科技大学艺术学院　　指导老师：刘晓军　王敏　　学生：崔维鹏　於天心　马永强

"记忆场所·乡土情怀"——基于山西省夏门村梁氏古堡建筑群修复与再利用设计

知府院：

　　知府院院落群位于夏门村中部，西邻御史巷，南接堡九巷，东有大夫巷。共有三个院落，为砖拱窑洞结构与砖木梁架结构相结合的院落群。
　　在改造时遵循新旧对比的保护原则，保护现场建筑及场地构件，以现代材料手段进行修复，满足当下功能使用。

二层功能图：

知府院知府院落属用于办公、居住，共有三院。如今已有两院荒废，由于其所处村营中心位置、口交通便利。当下将知府院作为以餐饮为主的公共场所进行改造。
在改造时遵循新旧对比的保护原则，保护现场建筑及场地构件，以现代材料手段进行修复，满足当下功能使用。

一层功能图：

对原有大构架体系进行保固、使结构坚固，再用现代材料及手去进行保护，使之在保护原有结构的基础上，修缮再利用。

对于知府院二层处已经损坏的建筑，保留其剩余的建筑遗址，以临时性的设施、建造木构架形成空间围合，达到修缮与再利用的目标。

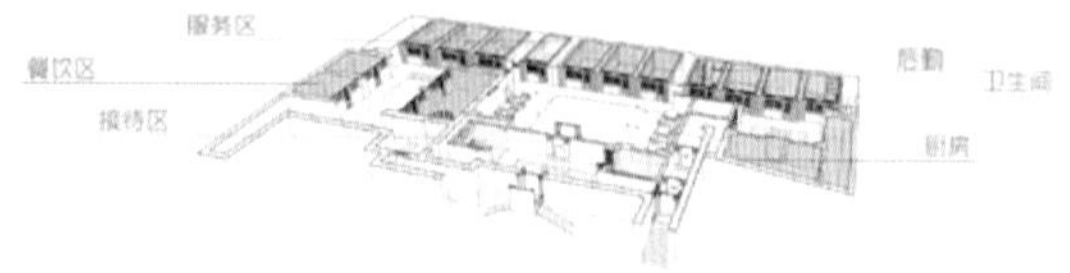

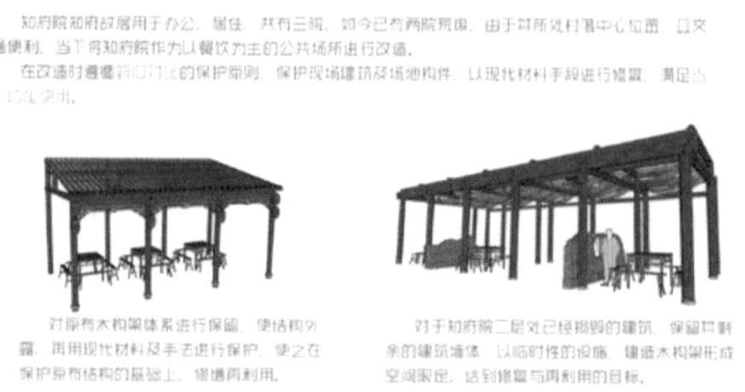

效果图：

人群活动分析：

方案通过以当地人群的需求向往乡土生活的情怀为切入点，再对夏门梁氏古堡的功能及其环境等方面的更改后，我们对其不同年龄阶段的人群的一天生活业态进行分析，发现其一天在古堡中的生活轨迹，可以形成一个完美的循环，从而体现出古堡的情感圈层关系。

老人

青少年

鸟瞰图：

通过对古堡建筑中四座建筑在平立面、结构、肌理等方面的修缮设计，重新塑造古堡原有的场所精神，重塑原有的古堡圈层中情感文化，传承此地乡土文化与技艺，达到记忆场所、乡土情怀的主题。

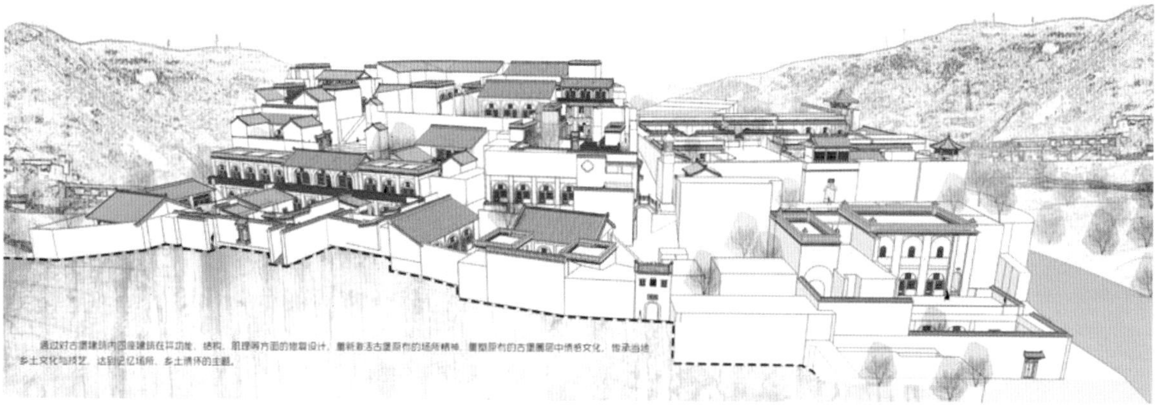

更新/改造与转型

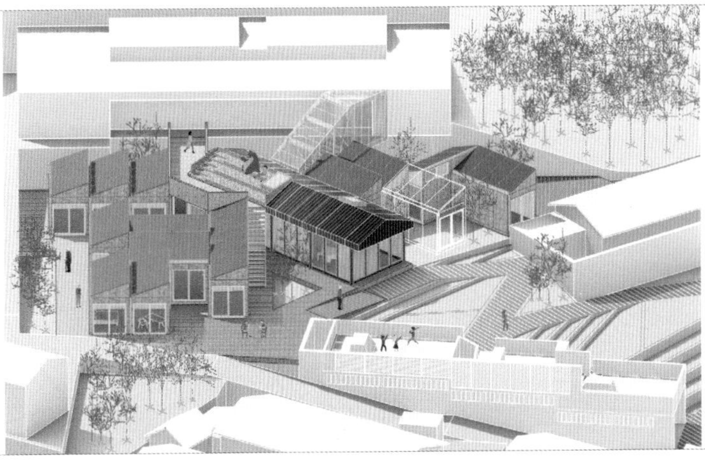

学校：中国科学院大学建筑研究与设计中心　指导老师：崔愷　李兴钢　陈一峰　王大伟　徐晨　学生：杨金娣　靳柳　马步

都市禅院

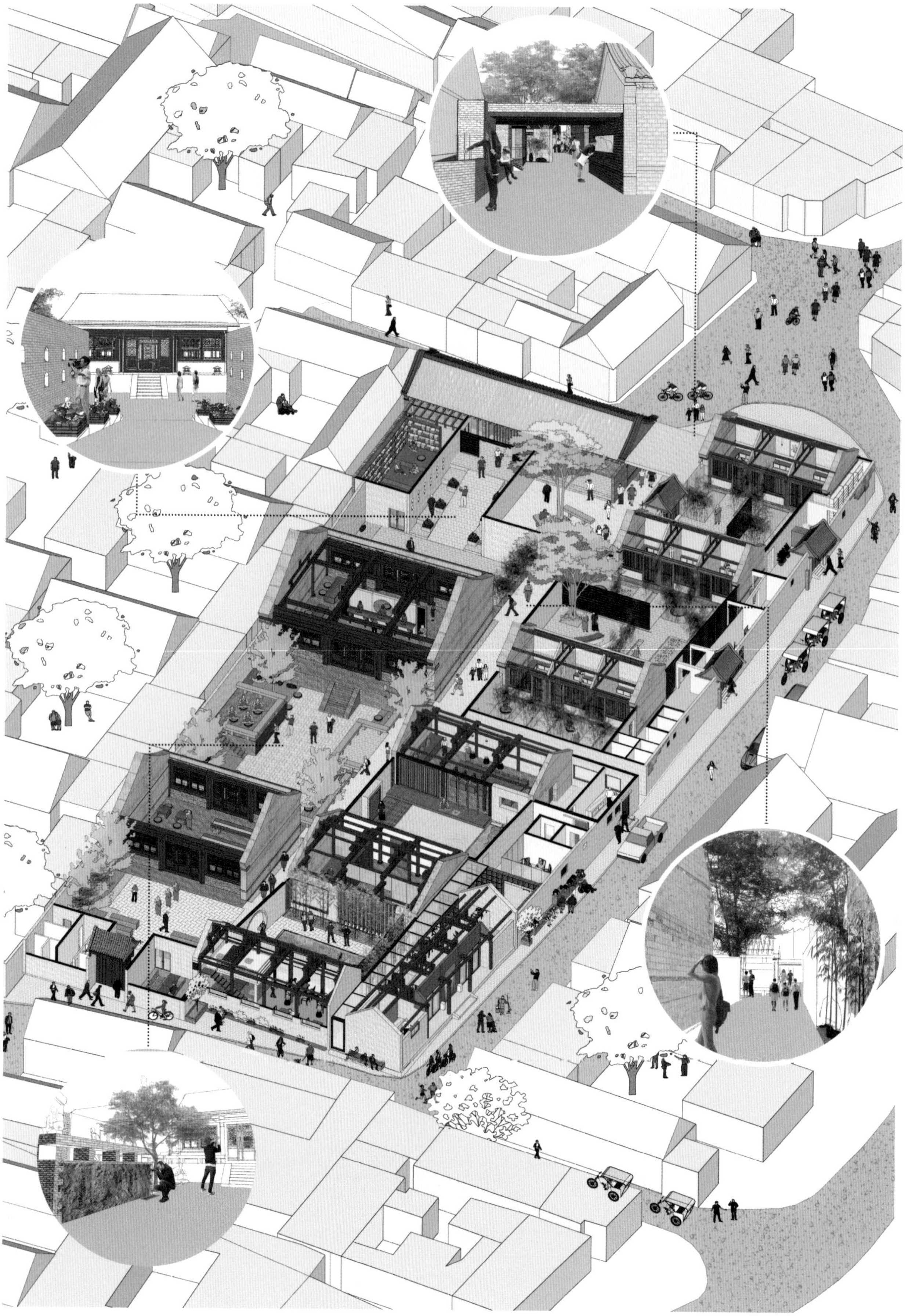

学校：中国科学院大学建筑研究与设计中心   指导老师：崔愷 李兴钢 陈一峰 王大伟 徐晨   学生：杨金娣 靳柳 马步

■ 平面图

新建墙体
原有墙体

功能分区   流线分析   院落分布

■ 民宿效果图

■ 茶餐厅效果图

砖砌花台
座椅   拴马桩   老砖墙

东立面图

社区活动室 佛龛   原山墙   正殿 泥像   土地断层展示墙   前殿 南入口

青砖   1-1 剖面图   地面断层   青砖

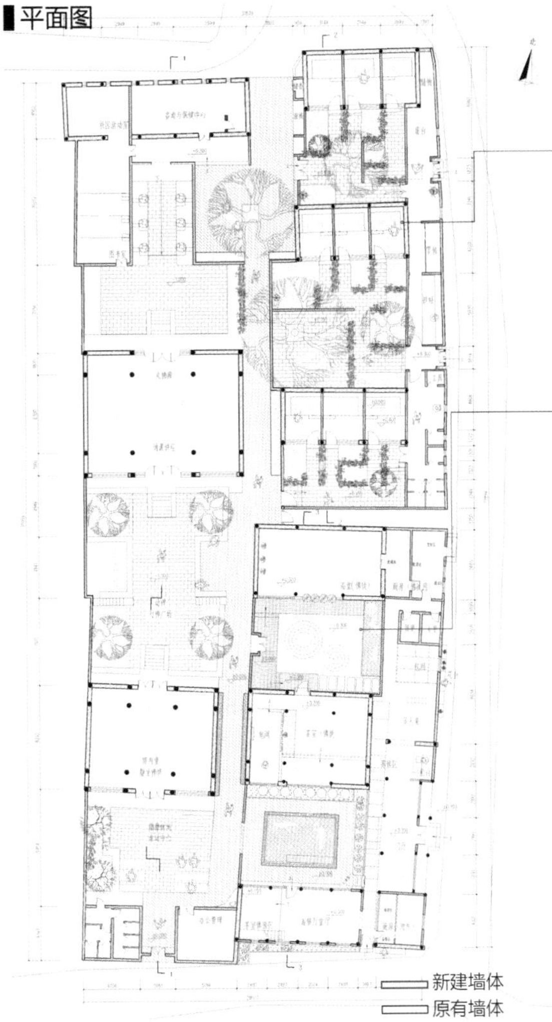

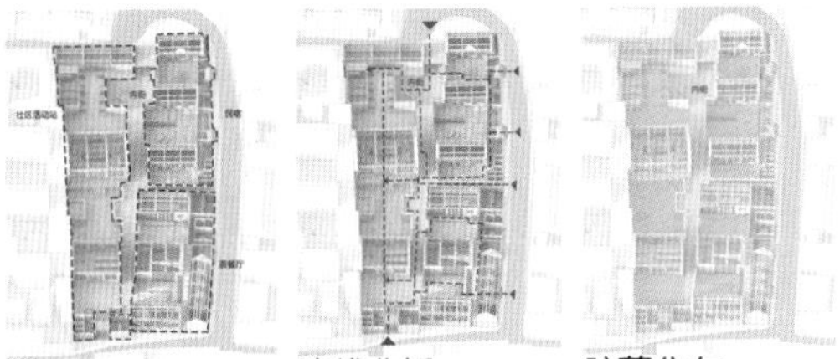

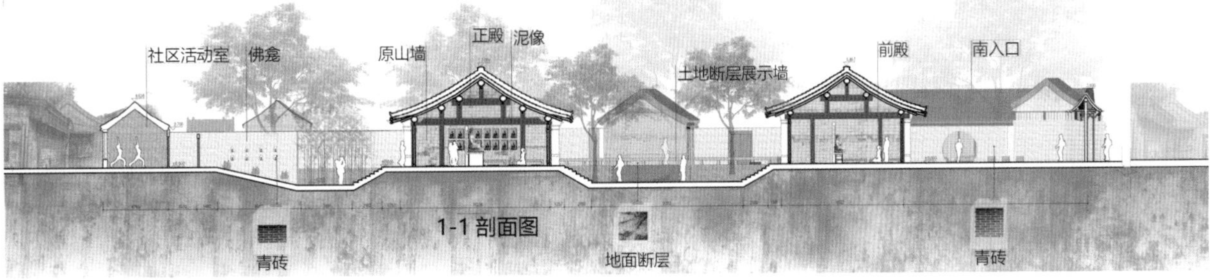

学校：中国科学院大学建筑研究与设计中心　指导老师：崔愷　李兴钢　陈一峰　王大伟　徐晨　学生：杨金娣　靳柳　马步

社区服务站

社区服务站包含社区活动和禅院修行部分。大殿复原，地面下挖，墙侧空间扩展设计为本区域的一条内街。

禅修设计

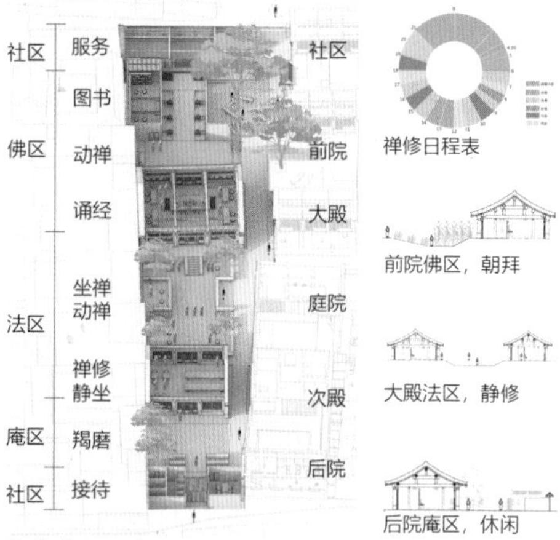

内街设计

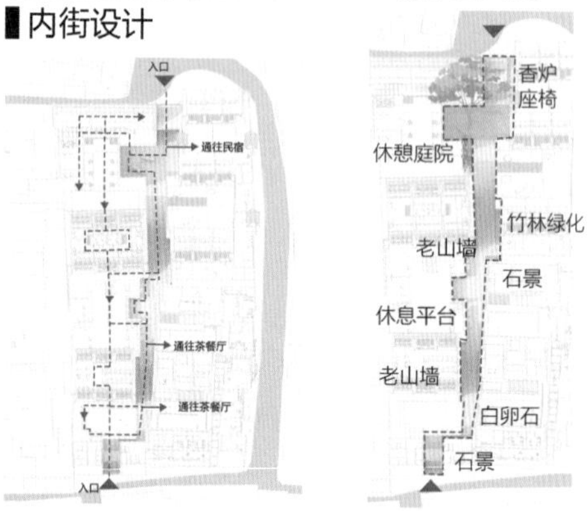

流线　　景观

民宿

民宿设计保留现存古建，把原来院墙加厚成房间，作为民宿服务用房，给住客提供一个相对安静的修行场所。

信众活动路径

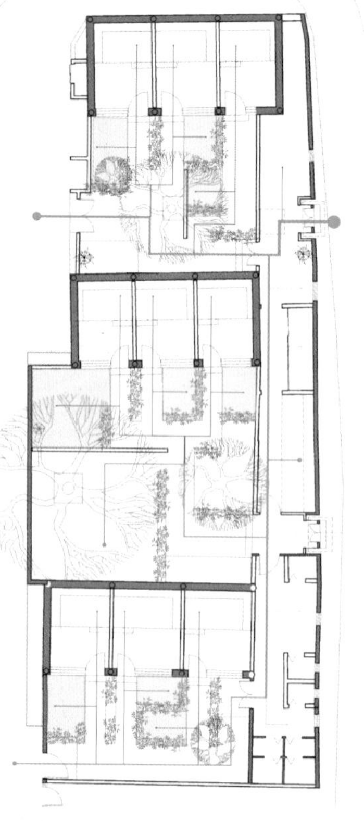
私密空间
公共空间
室外禅修

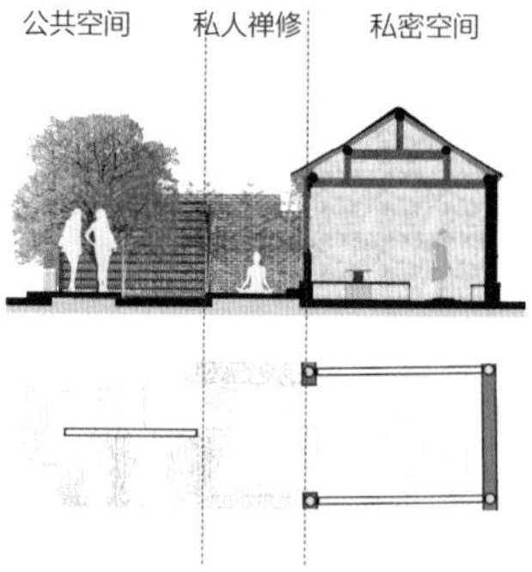
公共空间
私人禅修
私密空间

整体：
庵处于“陷儿”的位置，形成天然的物理半透明。
院落：
竹子划分小型前院，形成第二个层次的半透明。

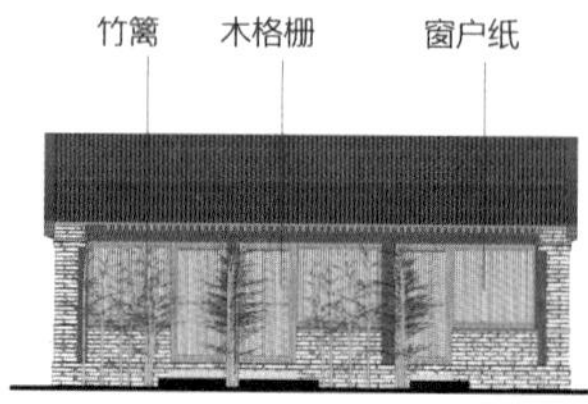
竹篱
木格栅
窗户纸

立面：采用原来的窗户纸，形成第三个层次的半透明。
室内：局部下沉创造安静私密的空间，形成第四个层次的半透明。

茶餐厅

茶餐厅面向民宿住客、游客及其他佛徒，分为仅对女性佛徒和面向大众的就餐区并分设厨房。功能布局围绕两个院子展开——面向大众的餐厅水院和面向女性佛徒的就餐北院。枯山水庭院和水景庭院结合营造清净禅意的就餐空间。

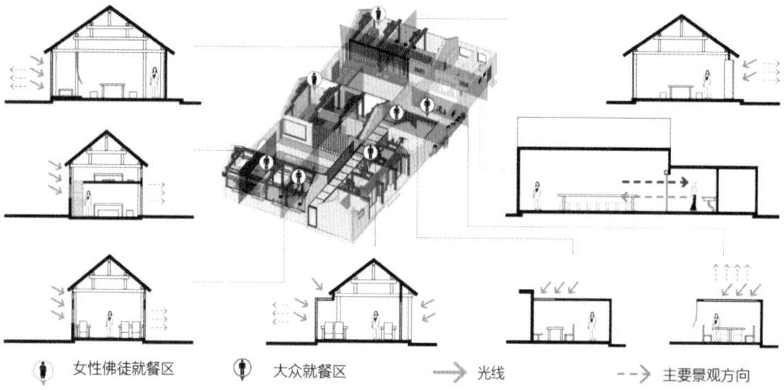
女性佛徒就餐区
大众就餐区
光线
主要景观方向

功能分析

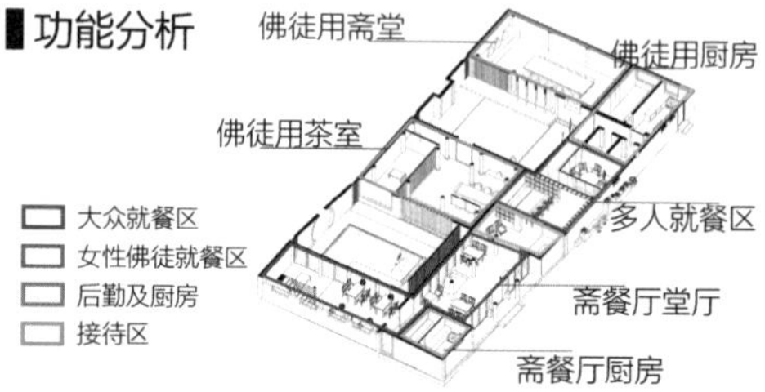
佛徒用斋堂
佛徒用厨房
佛徒用茶室
大众就餐区
女性佛徒就餐区
后勤及厨房
接待区
多人就餐区
斋餐厅堂厅
斋餐厅厨房

流线分析

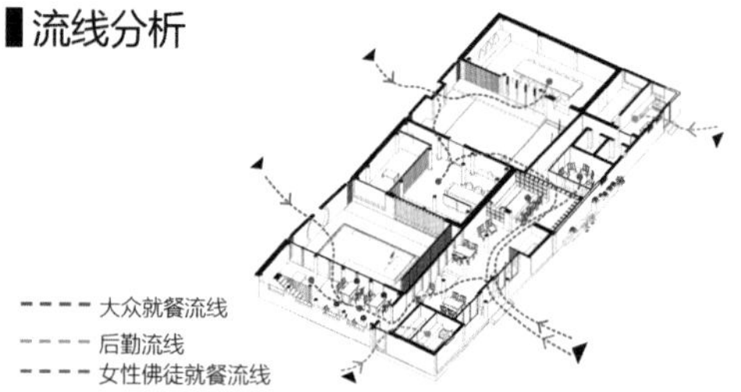
大众就餐流线
后勤流线
女性佛徒就餐流线

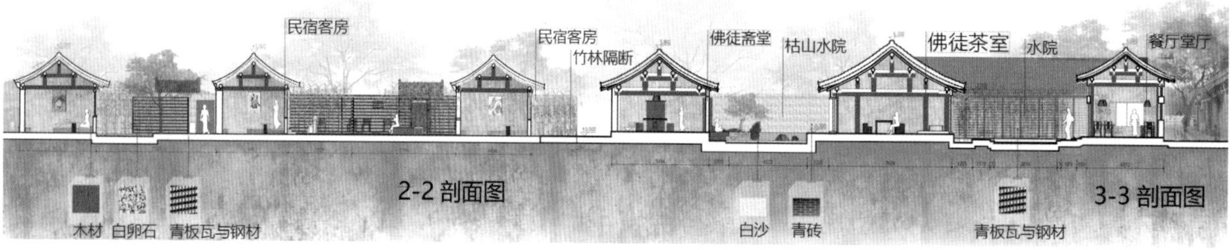
民宿客房
民宿客房
竹林隔断
佛徒斋堂
枯山水院
佛徒茶室
水院
餐厅堂厅
2-2 剖面图
3-3 剖面图
木材
白卵石
青板瓦与钢材
白沙
青砖
青板瓦与钢材

学校：华南理工大学建筑学院　指导老师：彭长歆　吴隽宇　学生：王桑

船厂记忆的重新融入——惠州船厂活化利用建筑设计

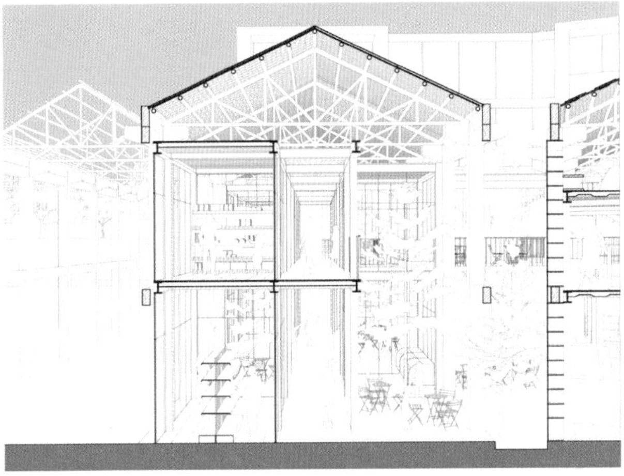

RE-MEMBER THE SHIPYARD 船厂记忆的重新融入

RENOVATION & ADAPTIVE REUSE OF THE HUIZHOU SHIPYARD

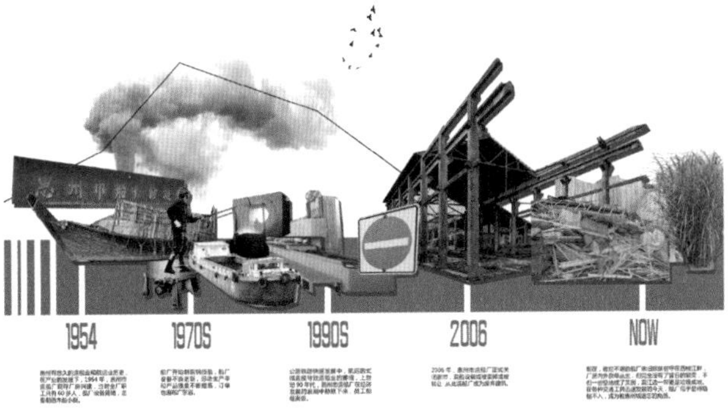

TYPOLOGY

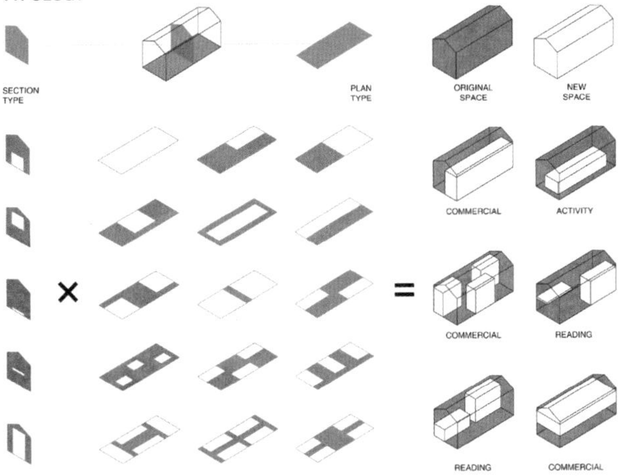

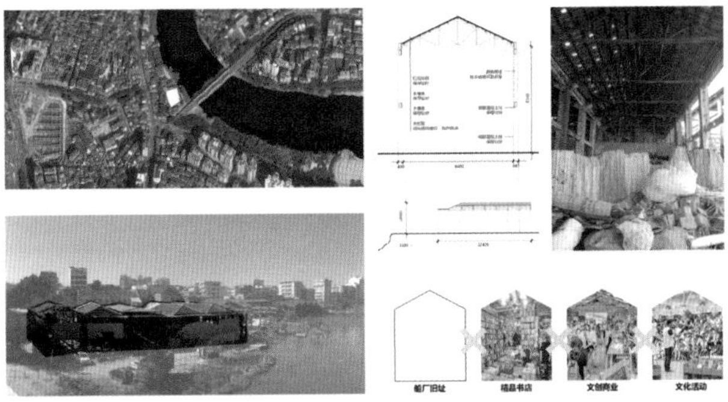

GENERATION

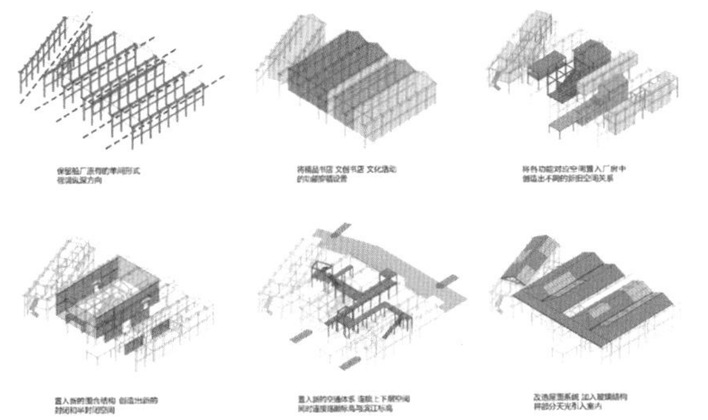

CONCEPT

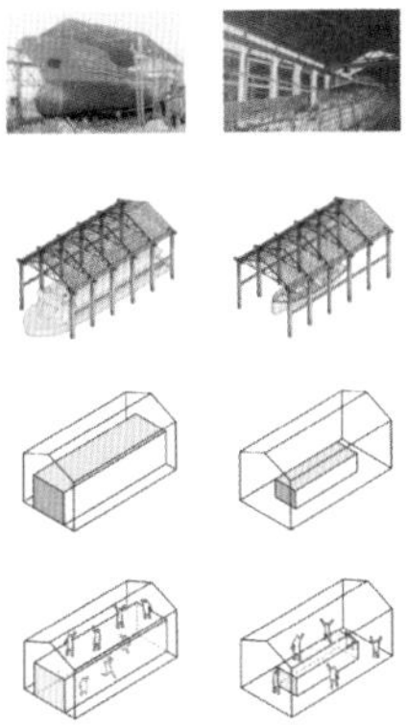

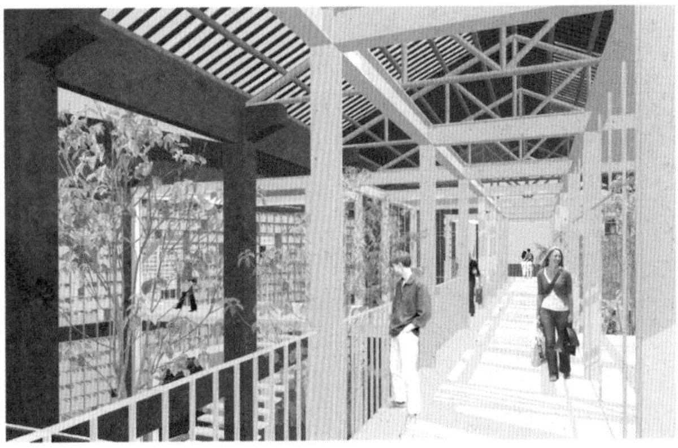

学校：华中科技大学建筑与城市规划学院 指导老师：Kalliope Kontozoglou (Greece) Albertus Wang (USA) 李晓峰 谭刚毅 学生：李梦圆 赵睿 张小可

FORMATION

The land of Venice is artificial.Old venitians created land by sticking wood piles into the mud.This city is actually built on the woods, and water is the only natrual thing

SECTIONS ALONG NORTH COAST

Compared with the south part of Venice ,the north coast is a neglected place ,where local infrastructure lies and some natives still live. Therefore,we try to design a public space to activate this place . Eight sections are cut to help choose the proporiate site for our project

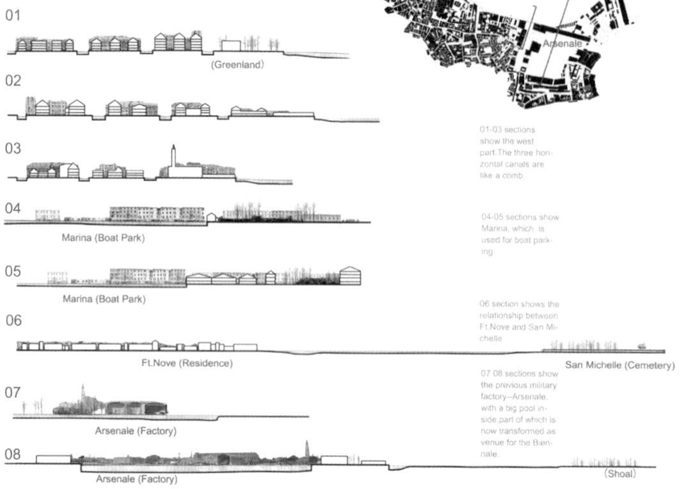

01-03 sections show the west part.The three horizontal canals are like a comb.

04-05 sections show Marina, which is used for boat parking

06 section shows the relationship between Ft.Nove and San Michelle

07 08 sections show the previous military factory--Arsenale, with a big pool inside,part of which is now transformed as venue for the Biennale.

SITE PLAN

[1] Garden
[2] Swimming Pool
[3] Cafe
[4] Connector
[5] Biennale Venue
[6] Dock

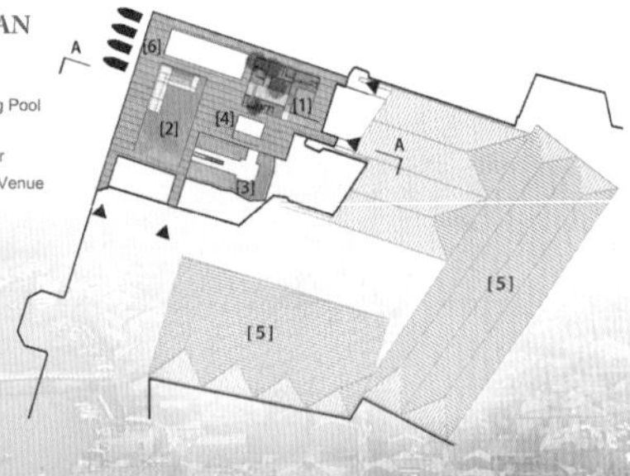

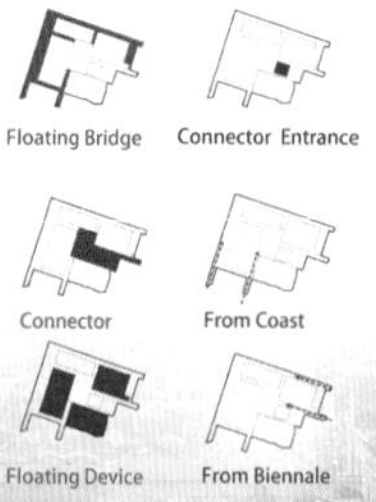

CONCEPT

Water on Water

When the building is submerged ,it seems the fresh water is floating on the sea water,which also indicates the artifice against nature.

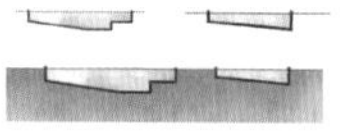

Old Venitian House

The plan of the old Venitian house can be interpreted in a creative way, whhich establishs a new connection between the old and the new.

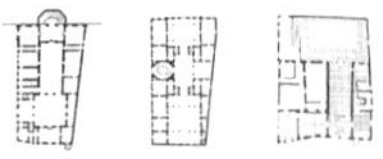

Boat and Anchor

Each function of our project is a floating building which can float along the north coast each year and they are designed to reunite at Arsenale once a year, just like the relationship between boat and anchor

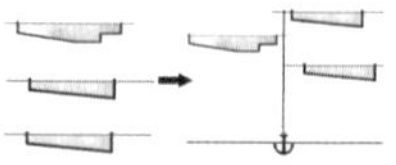

SITE ANALYSIS

Arsenale is the main site of the project.Despite its importance in military use in history ,it becomes a neglected place right now.Even the Biennale doesn't activate this area a lot

• site

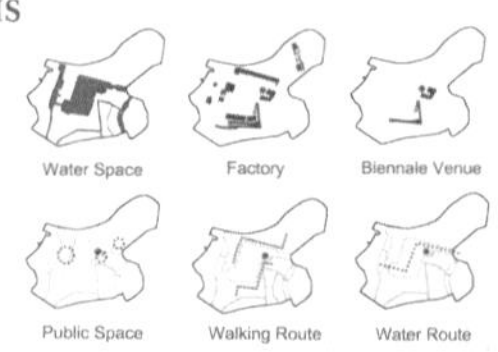

FORMATION PROCESS

1.transform the old plan

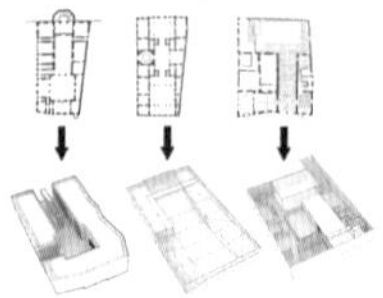

2.connecting logic

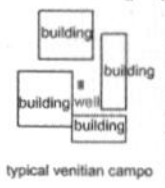

The typical venitian campo is composed of a well in the center and surrounding buildings .This typology is applied to the design of the connector.

SECTION A-A

[FLOATING WATER]

North Coast Public Space Design in Venice

学校：华中科技大学建筑与城市规划学院　指导老师：Kalliope Kontozoglou (Greece) Albertus Wang (USA) 李晓峰 谭刚毅　学生：李梦圆 赵睿 张小可

[FLOATING WATER]
North Coast Public Space Design in Venice
Design Description
The roof of the building is covered with fresh water, people can play with water and do leisure activities here. At the same time, the interior space of the building is the place where people can read, drink and do other social activities. The bottom of the building is raised by light wood piles, so that the whole building can float on the surface of the sea.
Multiple sections

Retranslation the plan of CA 'CORNER, a typical Renaissance building in Venice

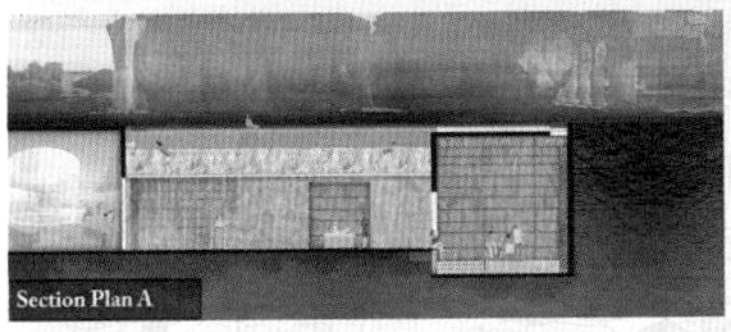
Section Plan A

Section Plan B

Section Plan C

Section Plan D

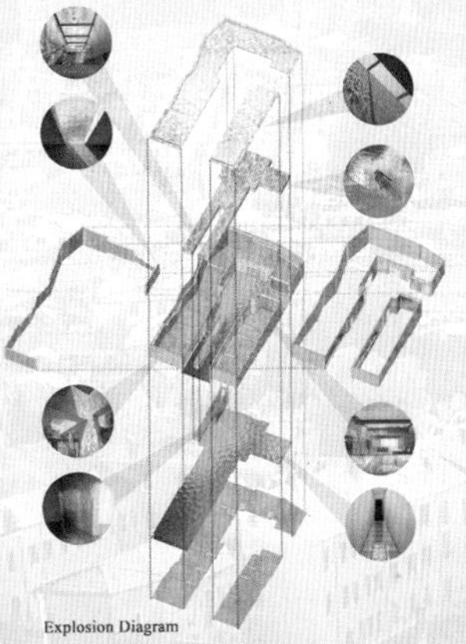
Explosion Diagram

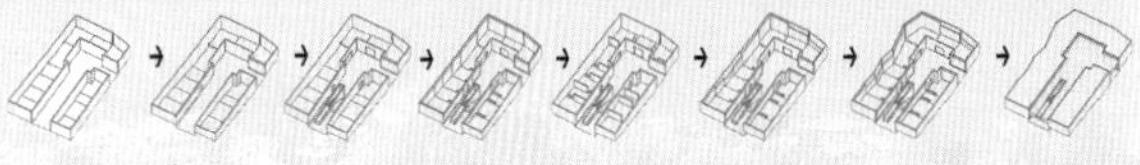

Scheme Generation

CA 'CORNER is a typical Renaissance building in Venice. We extracted its plane, and analyzed its plane space. We divide the space into two parts: private space and public space. We also integrate the original small space into a comfortable and large flowing space. At the same time, we retained part of the axis to help us further cut the space to form a partly independent and interconnected space.

Explosion Diagram

Through the explosion diagram, it can be seen that the light and shadow of water and the related activities are filled with the whole building space. In the middle of the public activity area, the roof are made of transparent glass, and the swimming activities on the roof can be seen, while the floors are made of glass bricks. Through the glass bricks can see the flowing sea water at the bottom of the building.

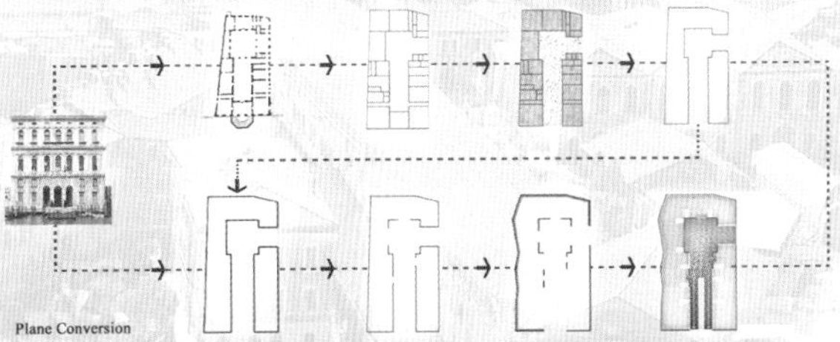
Plane Conversion

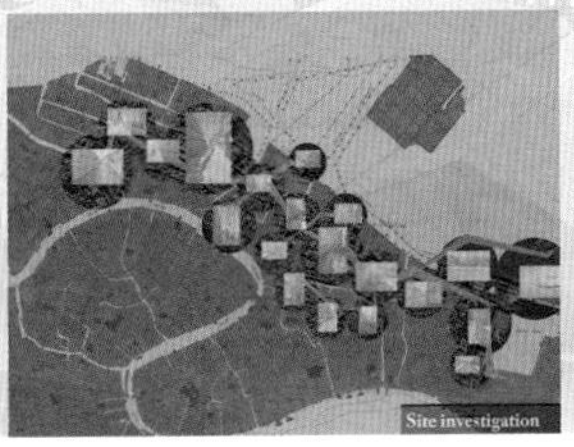
Site investigation

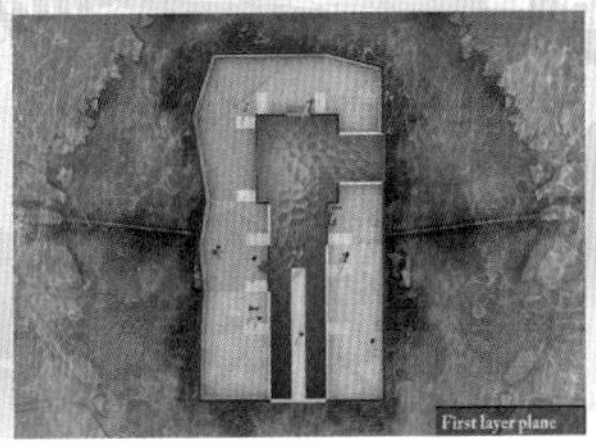
First layer plane

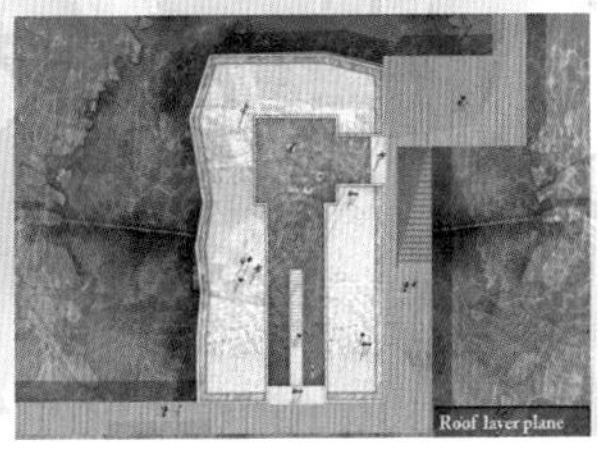
Roof layer plane

学校：华中科技大学建筑与城市规划学院 指导老师：Kalliope Kontozoglou (Greece) Albertus Wang (USA) 李晓峰 谭刚毅 学生：李梦圆 赵睿 张小可

[FLOATING WATER]

North Coast Public Space Design in Venice

Design Description

Although Venice is full of water, but rarely have to let people swim the water. This makes a certain distance between people and water. The concept of an infinite swimming pool is to hope that the Venetian region is enough to provide people with a space to be able to break and break the water of the water and the water of the river.

Retranslation the plan of Palace, designed by Palladio for "Venetian gentlemen"

Multiple sections

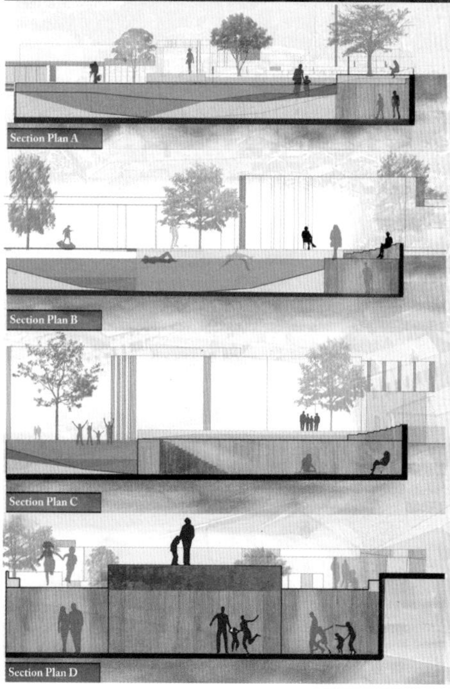
Section Plan A
Section Plan B
Section Plan C
Section Plan D

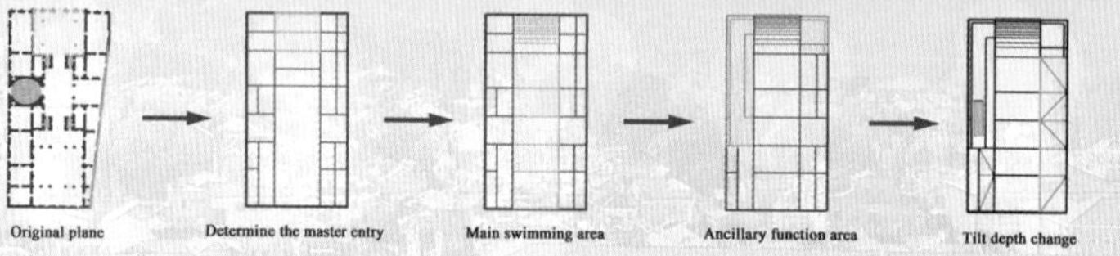
Original plane
Determine the master entry
Main swimming area
Ancillary function area
Tilt depth change

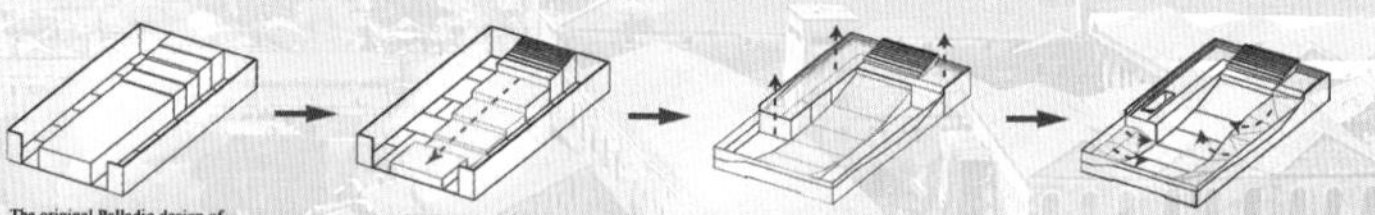
The original Palladio design of the main functional areas as the main swimming area.
The main swimming area has a deep change.
Subsidiary space generation, depth change slowed down.
The remaining areas form a swimming area with a deep change in centripetality.

The concept of this design is to select Palladio in Venice to design a building plane for the end to generate a swimming pool. With the palladio design of the building plane to divide the various functional partitions. The center of the original plane is the main functional area, corresponding to the formation of the main Russian swimming pool space, next to the room is to the servant or the use of animals, the corresponding generation of storage or change clothes and other ancillary space.

The swimming pool is boundless swimming pool, is to create a kind of people in Venice, the original water swimming feeling, breaking the line between people and water, people can really have water. The design of the swimming pool is also designed to activate the city's public space, giving people more places to entertain.

学校：华中科技大学建筑与城市规划学院 指导老师：Kalliope Kontozoglou (Greece) Albertus Wang (USA) 李晓峰 谭刚毅 学生：李梦圆 赵睿 张小可

[FLOATING WATER]
North Coast Public Space Design in Venice

Multiple sections

Retranslation the plan of Carlo Scarpa Fondazione Querini Stampalia

Section Plan A
Section Plan B
Section Plan C
Section Plan D

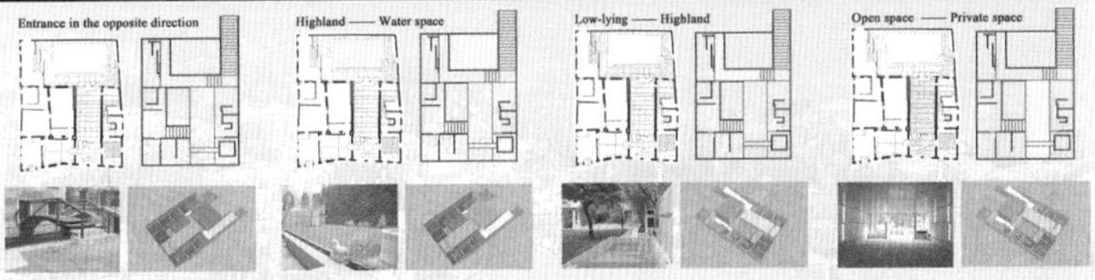
Entrance in the opposite direction
Highland —— Water space
Low-lying —— Highland
Open space —— Private space

Design description

This design project comes from the Carlo Scarpa Fondazione Querini Stampalia design work.The foundation is located in the Palazzo Querini Stampalia. between St. Mark's Basilica and the Rialto Bridge. The function of this design is the park. Redesign his plans, take the opposite form of space, the opposite entrance, the Highlands into lowlands, the privacy of space and the interchange of public spaces.

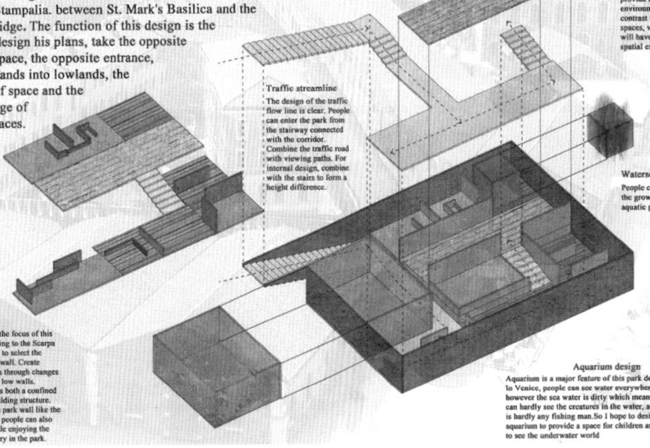

Roof design
This is the only rooftop space in the garden which provide a private environment. By contrast with open spaces, visitors will have different spatial experience.

Traffic streamline
The design of the traffic flow line is clear. People can enter the park from the stairway connected with the corridor. Combine the traffic road with viewing paths. For internal design, combine with the stairs to form a height difference.

Waterscape
People can see the growth of aquatic plants.

Wall design
Wall design is the focus of this project, according to the Scarpa plan of the line to select the location of the wall. Create different spaces through changes in the high and low walls. The wall acts as both a confined space and a building structure. In addition, the park wall like the ruins of Rome, people can also see history while enjoying the beautiful scenery in the park.

Aquarium design
Aquarium is a major feature of this park design. In Venice, people can see water everywhere, however the sea water is dirty which means people can hardly see the creatures in the water, and there is hardly any fishing man.So I hope to design this aquarium to provide a space for children and citizens to see the underwater world

学校：福建工程学院建筑与城乡规划学院　指导老师：邱婉婷　叶青　学生：蔡荣晓

老城故事 古厝新生——石狮旧城区空间更新计划

鸟瞰轴测图 An aerial view of an axonometric map

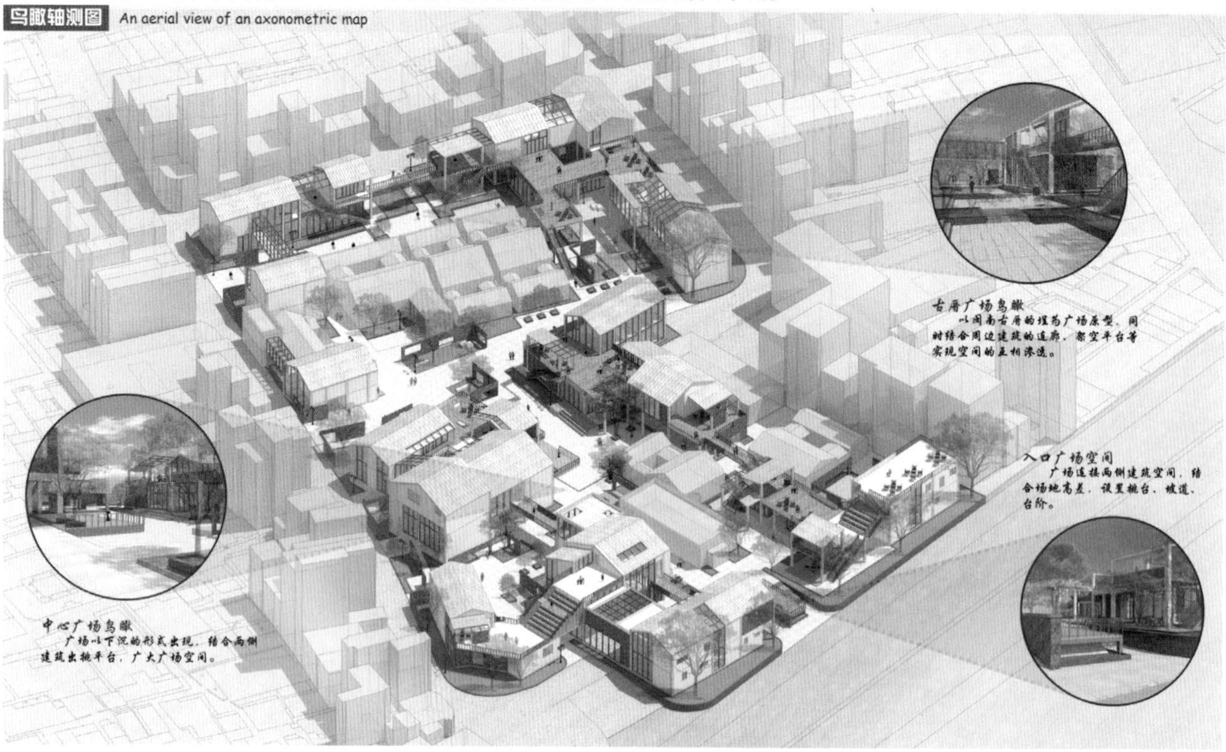
古厝广场鸟瞰
以闽南古厝的理为广场原型，同时结合周边建筑的连廊，架空平台等实现空间的互相渗透。
入口广场空间
广场连接两侧建筑空间，结合场地高差，设置挑台、坡道、台阶。
中心广场鸟瞰
广场以下沉的形式出现，结合两侧建筑出挑平台，广大广场空间。

镇中路沿街立面

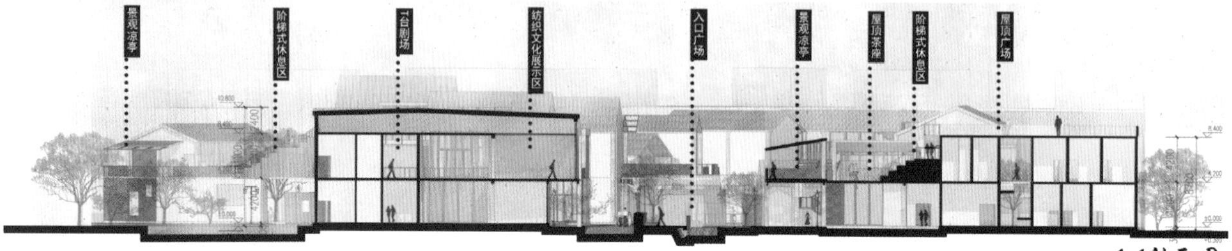

1-1剖面图

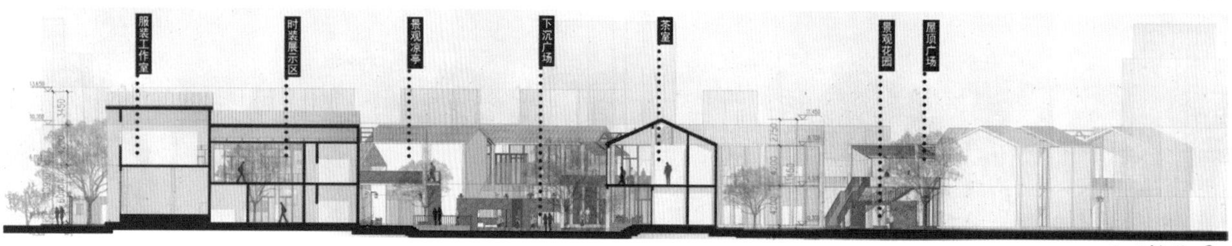

2-2剖面图

3-3剖面图

学校：广州美术学院建筑艺术设计学院　指导老师：温颖华　晏俊杰　许宁　学生：陈英睿

2050 共享計劃

THE SHARING PLAN OF 2050

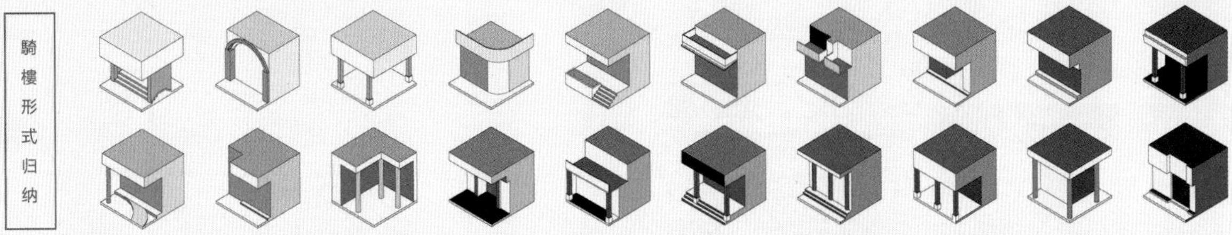

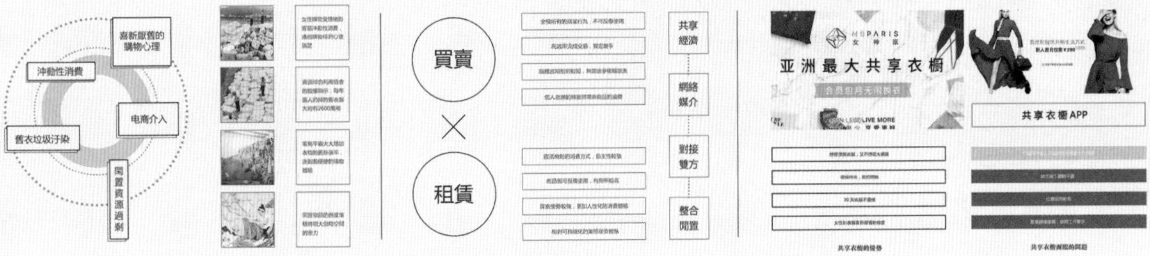

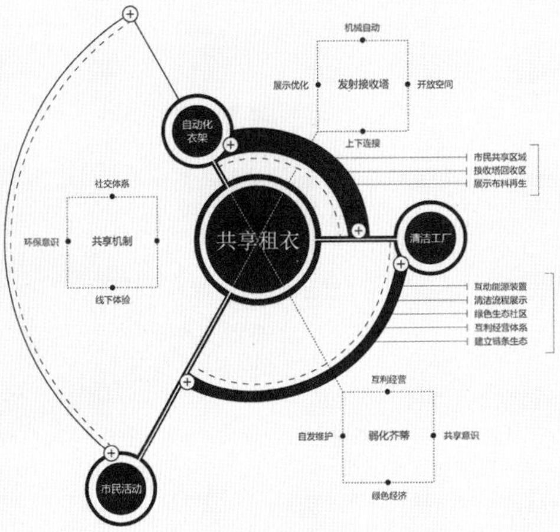

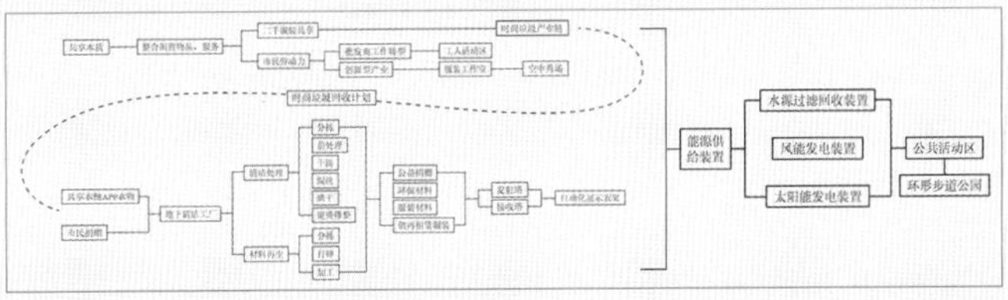

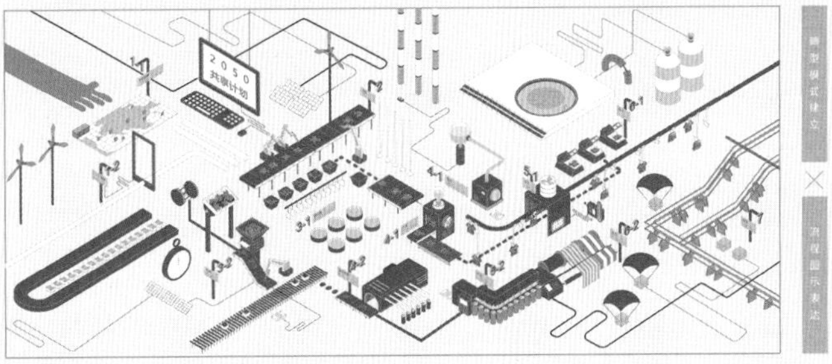

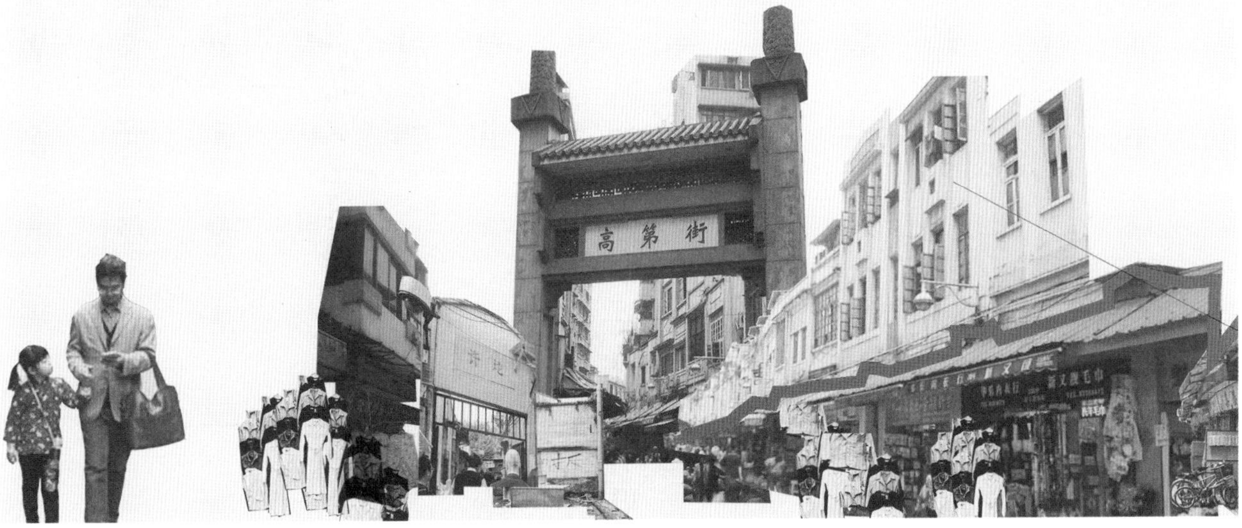

学校：南京艺术学院设计学院　指导老师：施煜庭　卫东风　许宁　学生：孙萌　陈柯宇

展览空间

空间主体保留厂房原有砖墙、开窗以及建筑钢结构等。主功能之一的展览空间，利用旧厂房原有废弃材料——钢管、工字钢、锈铁板以及穿孔铝板等构成展览空间的基本形态，保留材料原有性，体现厂房独有特征的同时，节约资源保护生态。展览空间拥有三方通道进行观览，分别为直接进入通道、左侧大楼梯进入上层阅读通道以及建筑中部贯穿整体的透明垂直空间通道。作为整体空间的起始空间寓意“起承转合”中的起头，形成前调空间。对卡农乐章的起始章节进行空间转译形成的展览空间迎合卡农形成空间的重量开始环节。各种红色钢材料贯穿空间整体，点缀空间色彩并构成整体空间的特殊形态。

项目概述

从1897年始建的江南铸造银元制钱总局到上世纪50年代组建的南京第二机床厂，延续了百年工业文脉，从变身中国江苏南京国创园区开始，园区针对新型技术人员而开放，园区定位很明确，必须是工业设计、形象设计、技术研发、文化创意等高科技产业。

问题研究

- 作为南京地区青年创业中心的国创园没有明显的南京区域文化特征。
- 作为文化创意园区空间工业化气息浓厚与文化无空间交流。
- 园区内存厂房长期废弃占用大量空间形成巨大的零余空间且影响园区容貌。
- 后工业时代下工厂消解地区文化，文化自觉性缺失导致文化失去热度。

解决策略

- 探讨园区后工业时代下历史文化的遗留问题。
- 对旧工厂的废弃零余空间进行主动性文化的再建，打造园区新型精神文化场所。
- 以音乐曲“卡农”为叙事载体转译的文化艺术空间，试图以音乐精神唤起文化自觉性。
- 乐章叙事与空间流动共同营造场景温度，照亮后工业化时代下隐藏消解的城市历史文化，文化和音乐一样游走于指尖，如同卡农般的规律，后工业时代不管发展到何种地步，文化自觉性终究是复行往憩最终会回到原始被我们点亮。

设计调研

随着南京国创园一期改造的基本完成，园区内现存楼层都以租赁方式出租作为不同功能的文化研究基地。毗邻来凤街的28号旧厂房至今仍处于荒废状态极度影响来凤街侧入口的形象。经过调研，我们探讨出园区28号楼改造的一些注意事项。

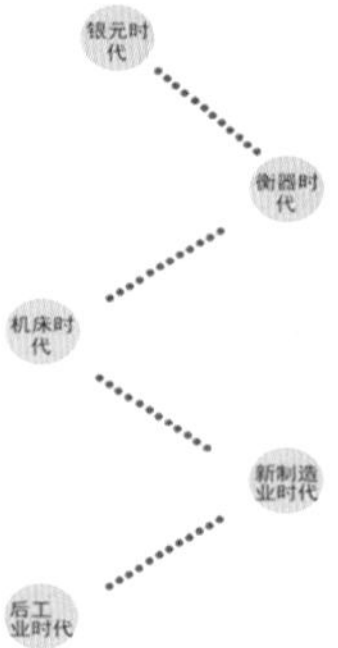

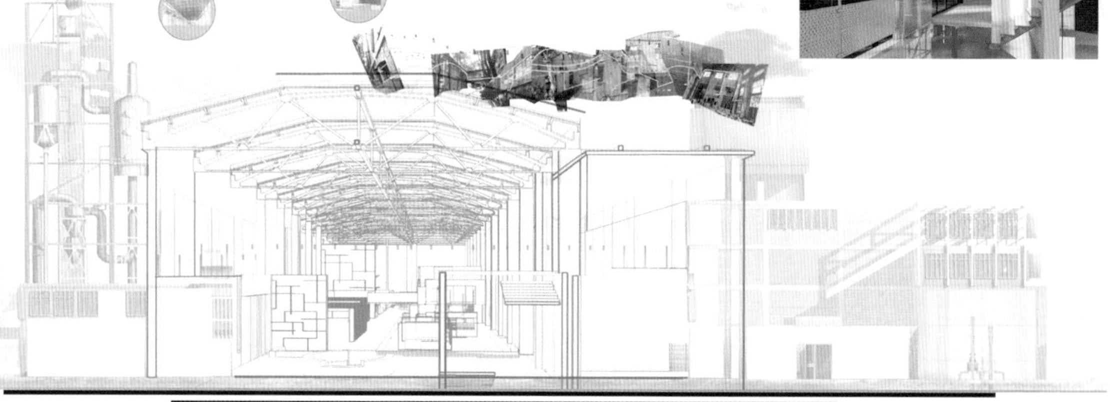

行于指尖——后工业时代下的文化自觉性重塑

01

学校：北京交通大学建筑与艺术学院　　指导老师：王鑫　　学生：王婉琳　黄杰

村戏·回归日常生活

——北京市房山区传统村落的活化与复兴

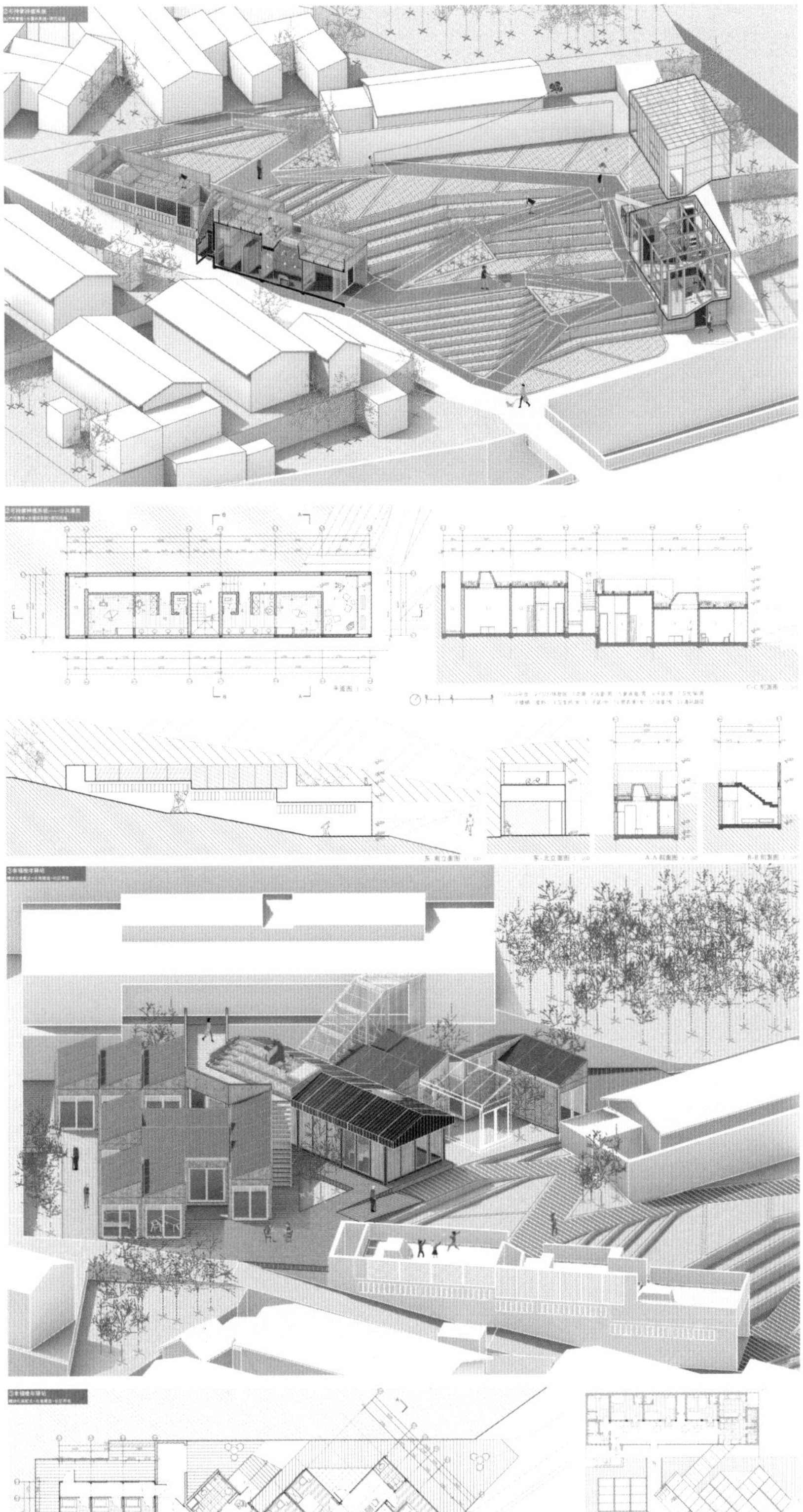

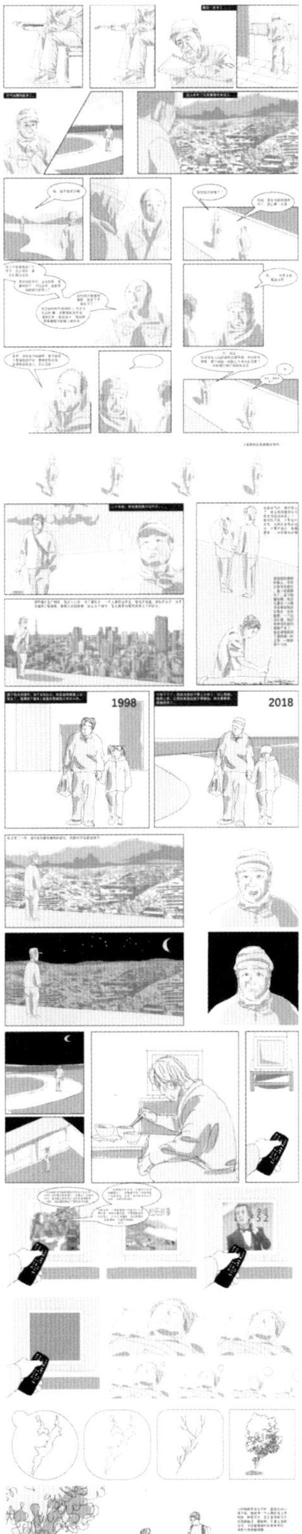

学校：南京艺术学院设计学院　指导老师：施煜庭　学生：徐瑛嫔　孙雯雯　刘瑞松　梁贵勇

街穿巷鼓——基于乡村改造的场地重构

设计概念 Design Concept

街巷是村落内部生长的边界，院子则是挤压边界形成的空间。因此我们在规划的文化路径上就功能及空间塑造两个方面入手对建筑进行更新改造。就空间而言在中国传统园林中存在极其复杂和强大的院墙系统，院墙本身为景，或者说是景的一个承载面，以院墙作为分景体系。在这个建筑改造中，我们用“院墙”“廊道”串联了三栋建筑及其中的文化节点。以“院墙”塑造空间横向和竖向的进深，以“廊道”塑造纵向的立体院落围合。空间彼此渗透，形成新的观感。

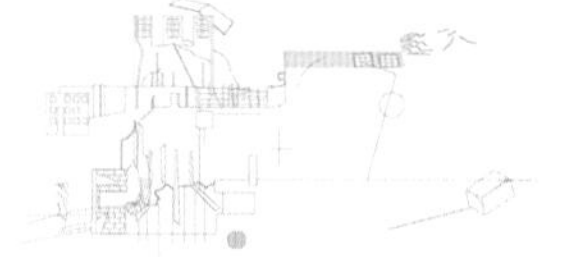

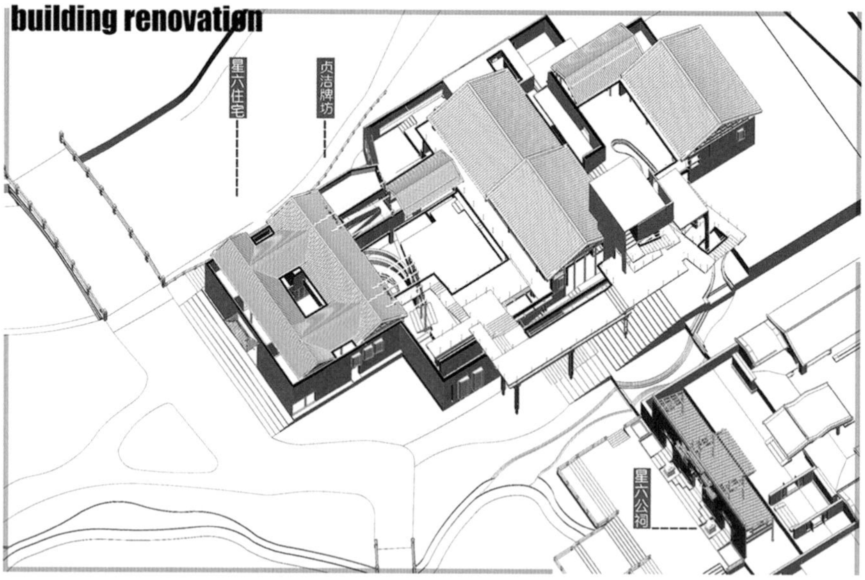

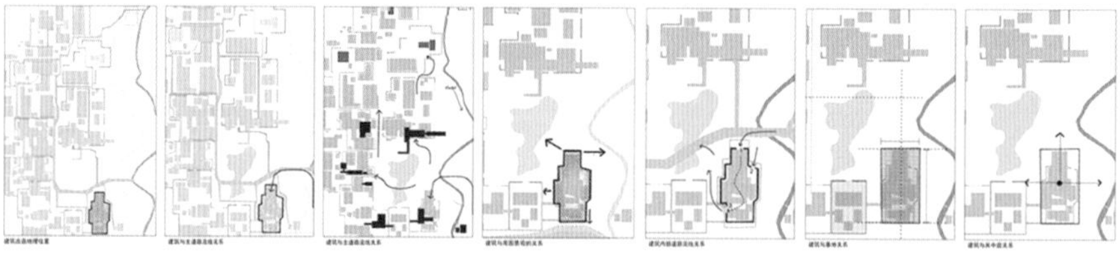

建筑区位分析
Building location

流线分析 Stream analysis

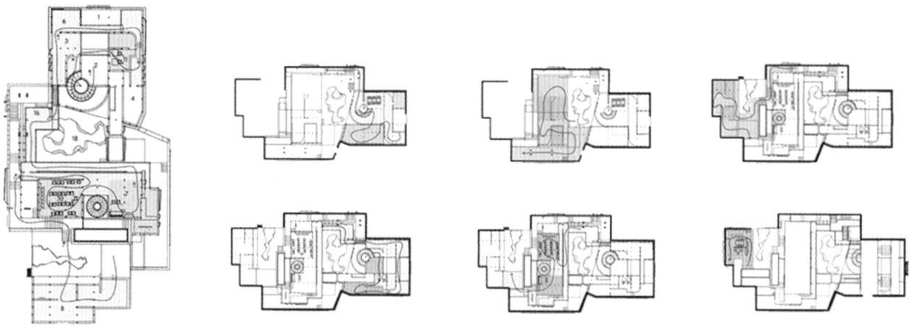

WALK IN THE CULTURE OF THE VILLAGE
Based on Boundary Remodeling of the Cultural Clues
街穿巷鼓——基于文化线索的边界重塑

学校：仲恺农业工程学院何香凝艺术设计学院　指导老师：袁铭栏　学生：石桂坚

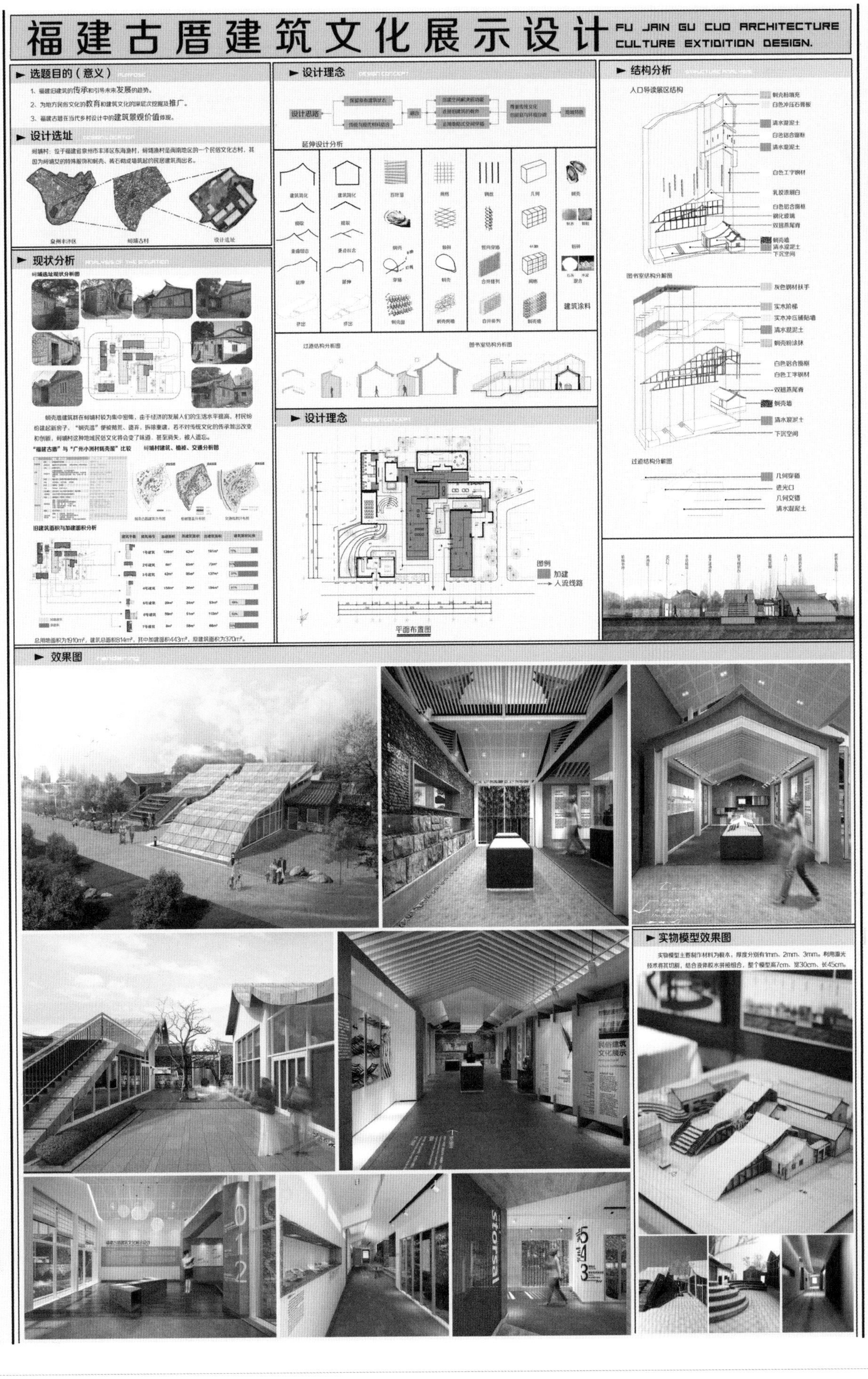

学校：北京理工大学设计与艺术学院　指导老师：赵玫　Nelson Mota Harald Mooij　学生：刘钟木　黄泓杰

COMMUNITY TO ONE

DWELLING TYPES

CALCULATION AND ANALYSIS

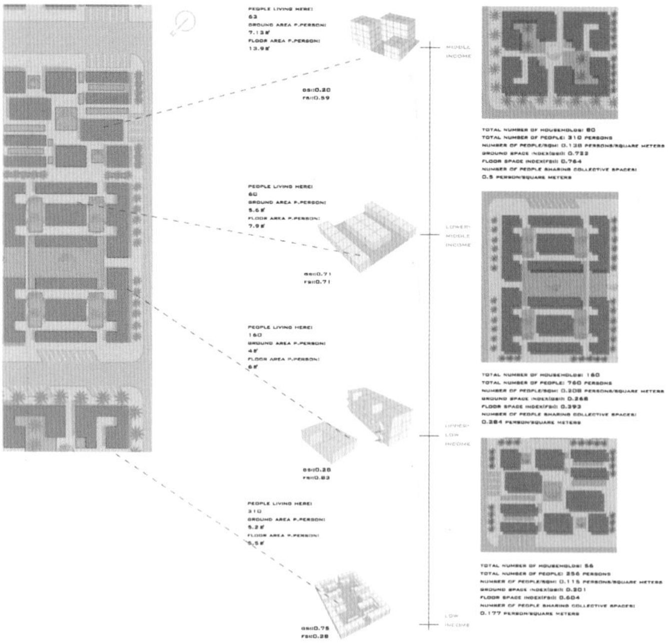

HOUSING STRATEGY

HOUSING GENERATION

MULTIPLE HOUSING TYPES

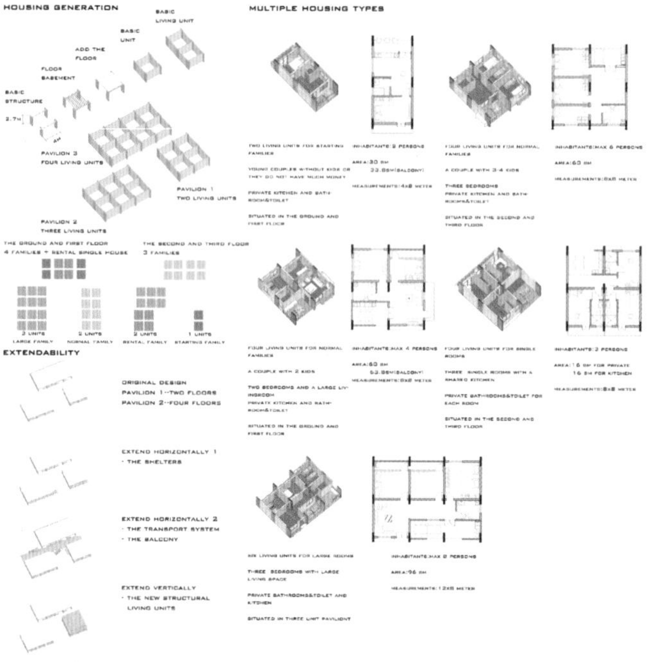

LIVING SPACE

MAKE LIVING SPACES OUTSIDE

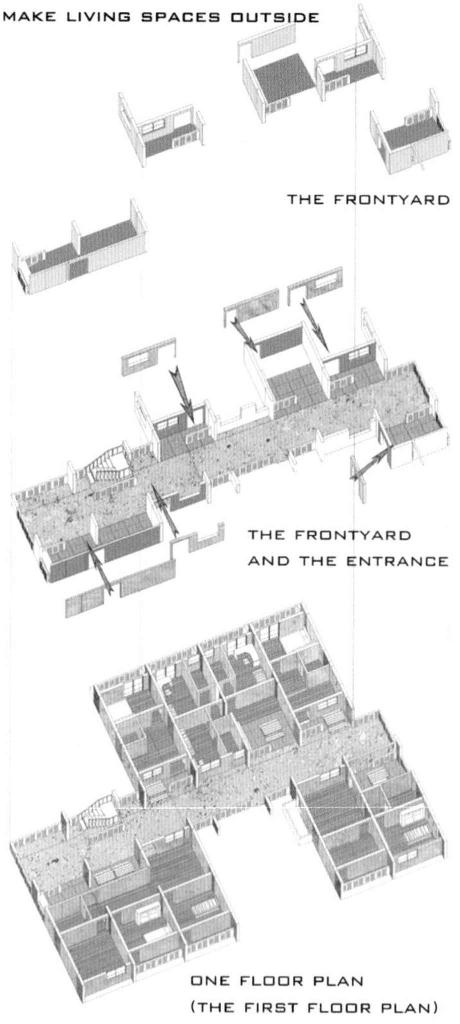
THE FRONTYARD
THE FRONTYARD
AND THE ENTRANCE
ONE FLOOR PLAN
(THE FIRST FLOOR PLAN)

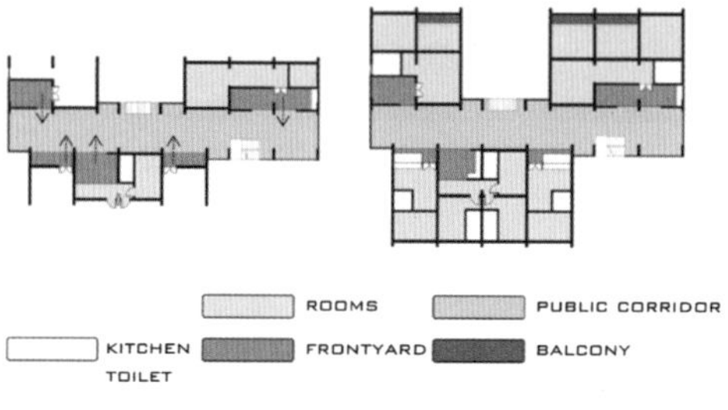
ROOMS
PUBLIC CORRIDOR
KITCHEN
TOILET
FRONTYARD
BALCONY

PAGE3

临时与可移动建筑与空间

学校：江南大学设计学院环境设计系　　指导老师：宣炜　窦小敏　　学生：宋夷白　刘傲

榫卯置間

市井文化下的城市临时性裝置設計

长时建筑装置
广场短时装置

立柱以及斜撑全部采用榫卯方式连接，造型意向取自北宋东京特有的酒肆符号"彩楼欢门"简化而成。将其作为北宋卞京与现代开封的连接点，使其成为开封特有的文化符号。不同装配时间的两种装置类型用不同的榫卯式样进行连接。主要采用的是线与线的连接方式。

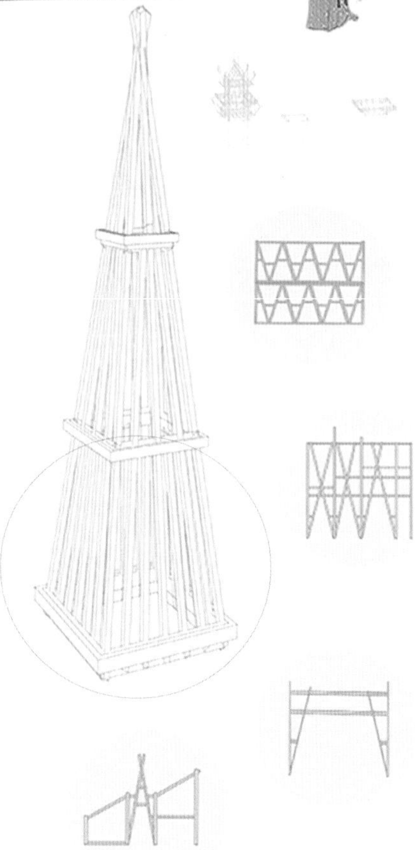

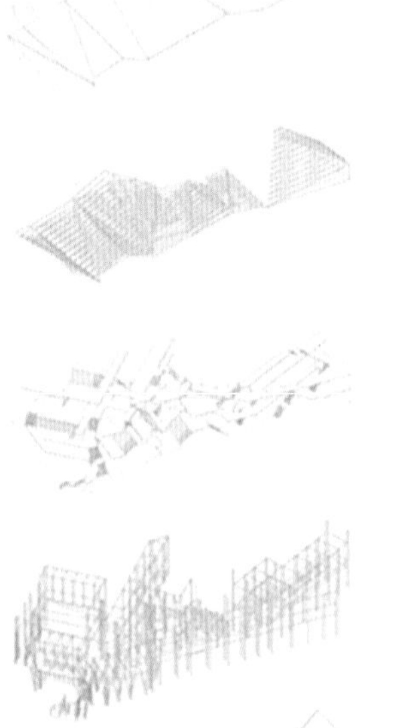

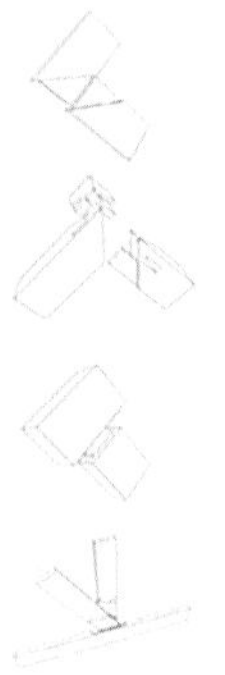

本方案的临时性可移动装置根据其装配和存在时长分为两种类型，位于马道步行街北侧的主装置建筑，装配时间1个月。主要功能是文化表演展示以及作为夜市小车的容纳器。鼓楼广场上的短时装置，装配时间30分钟左右，全榫卯结构，收合方便。晚上撑开可以作为夜市小摊，并且小摊车之间可以组合为群组，可单层、可两层。且容纳有饮食区域，即使在雨天等恶劣天气也可正常使用。

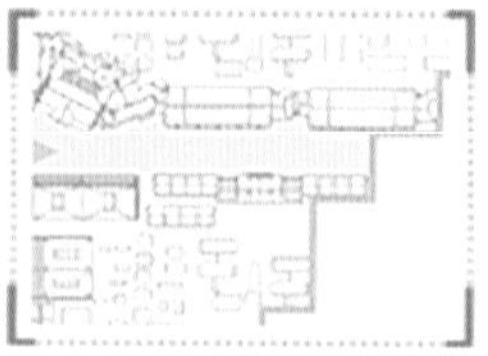

/1 表皮建筑

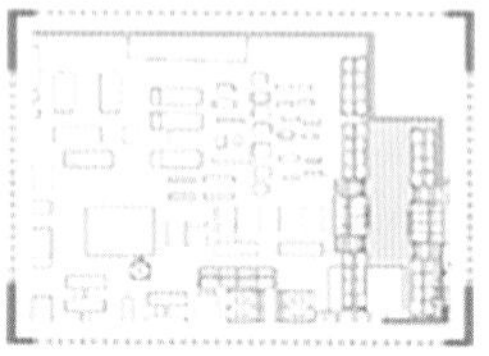

/2 烂尾工程

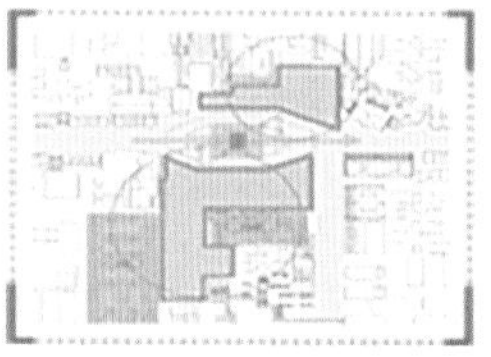

/3 历史建筑

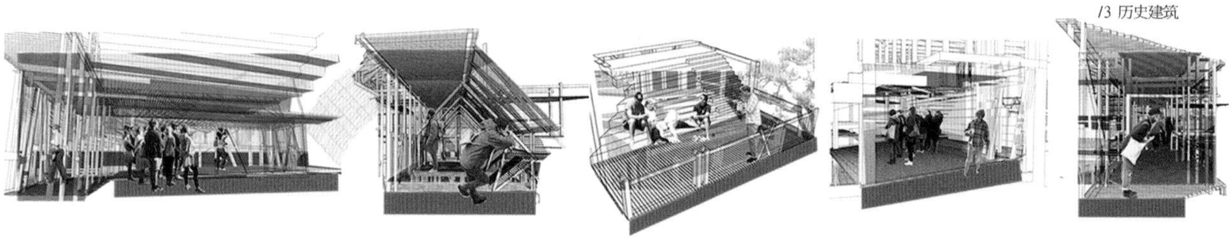

学校：江南大学设计学院环境设计系　　指导老师：宣炜　窦小敏　　学生：宋夷白　刘傲

短時廣場裝置 / 榫卯置間

鼓楼广场上的短时装置，装配时间30分钟左右，全榫卯结构，收合方便。装置摆放位置进行规划，配以绿植等休息区，对广场进行了景观规划。白天收起可作为古玩小摊以及宠物交流地。晚上撑开可以作为夜市小摊，并且小摊车之间可以组合为群组，可单层、可两层。且容纳有饮食区域，即使在雨天等恶劣天气也可正常使用。

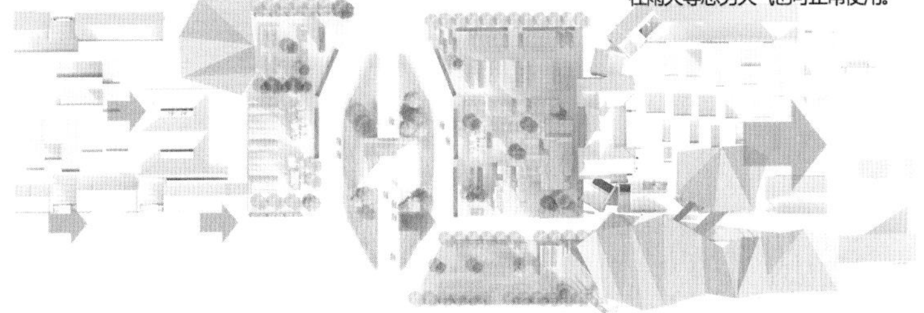

1/ 装置收合状态　　　　装置半收合状态

2/ 基础单个装置　　　拼接装置

组合拼接装置　　　双层装置拼合

/广场短时装置不同状态分析

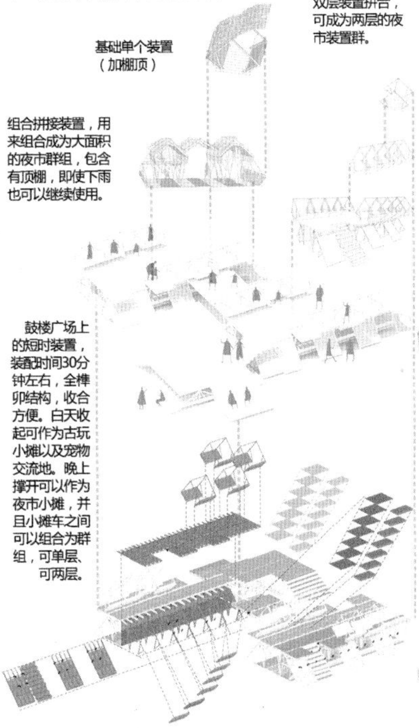

基础单个装置
（加棚顶）

组合拼接装置，用来组合成为大面积的夜市群组，包含有顶的，即使下雨也可以继续使用。

鼓楼广场上的短时装置，装配时间30分钟左右，全榫卯结构，收合方便。白天收起可作为古玩小摊以及宠物交流地。晚上撑开可以作为夜市小摊，并且小摊车之间可以组合为群组，可单层、可两层。

双层装置拼合，可成为两层的夜市装置群。

装置收合状态拼接　　双层装置拼合　　　单层组合拼接装置　　收合状态装置叠采拱　　基础单个装置
可做临时的广场观众席　　　　　　　　　大面积的夜市区域　　结构收起可做景墙使用

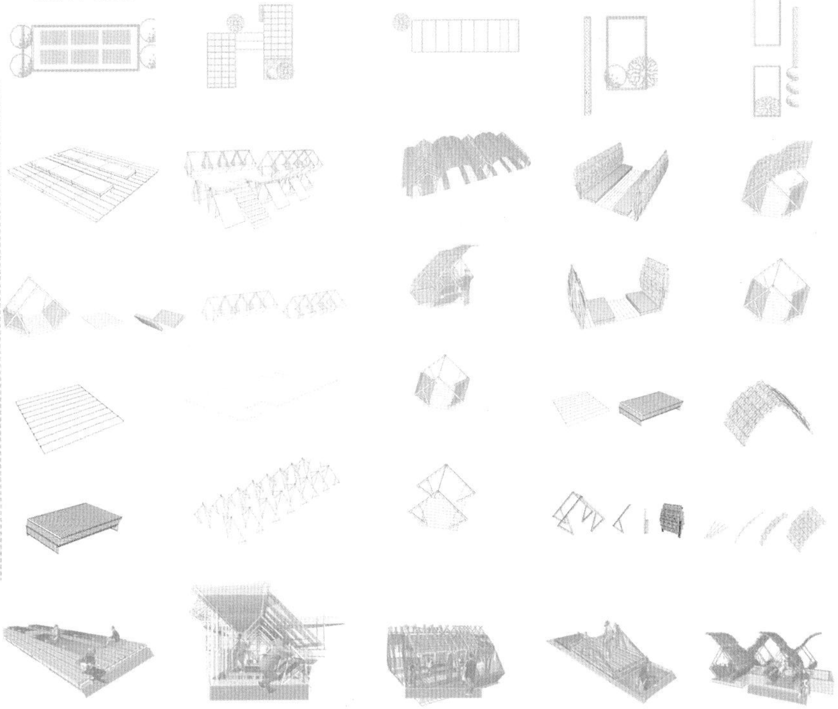

学校：南京艺术学院设计学院室内设计系 指导老师：邬烈炎 施煜庭 学生：孙文鑫 梁贵勇 孙雯雯 刘子璇 印小庆 狄小颖

金奖

木廊桥——感受历史变迁中的廊桥文化

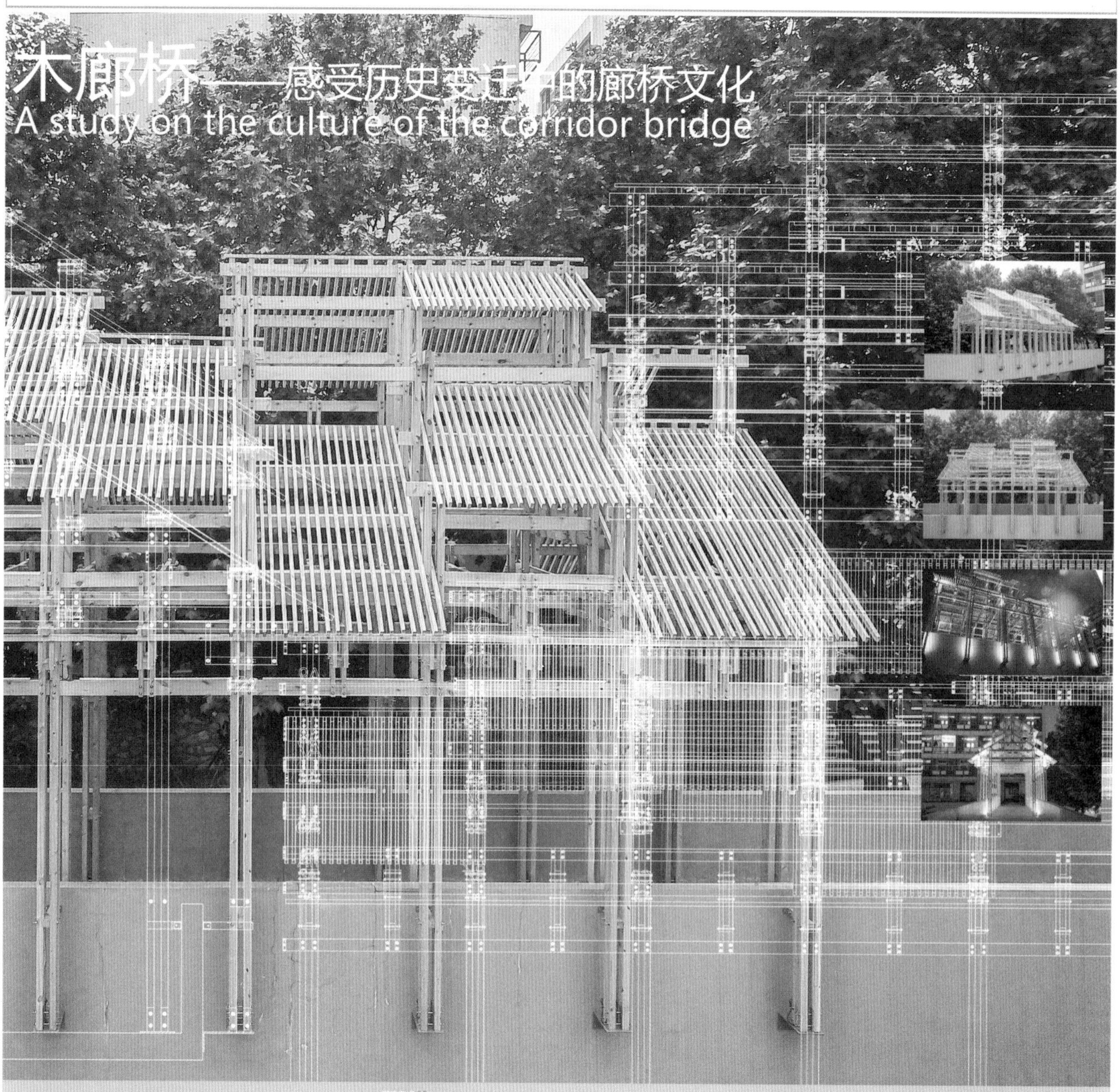

学校：南京艺术学院 指导老师：邬烈炎、施煜庭 作者：孙文鑫、梁贵勇

学校：福州大学厦门工艺美术学院环境设计系　指导老师：梁青　学生：黄少聪　黄思绮　陈静

垂直浮居集群——应对古雷PX项目居民未来生存空间的概念设计

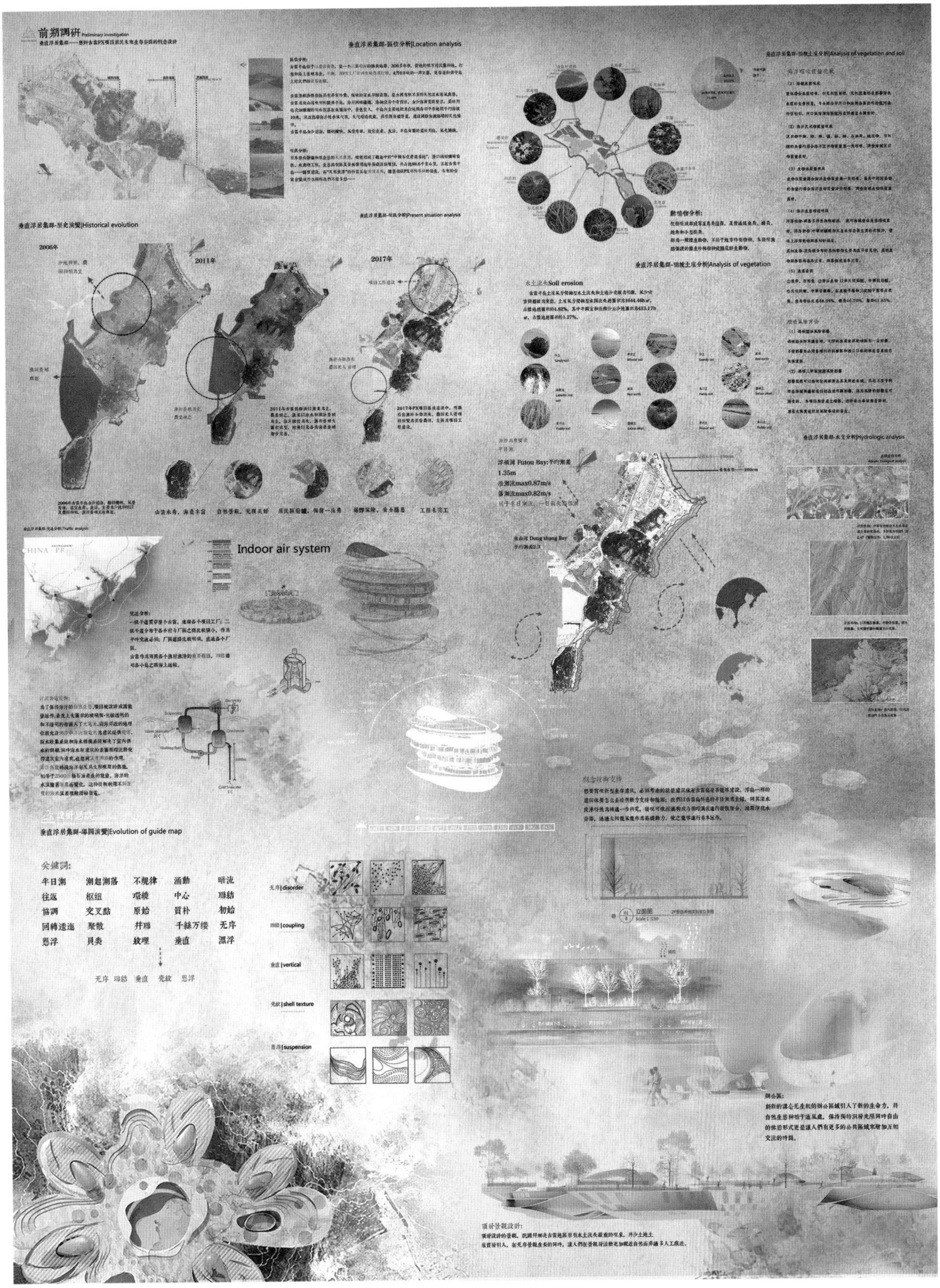

学校：扬州大学建筑科学与工程学院建筑系　指导老师：张伟　学生：丰硕

轴测图以及材质分析 Explode And Meterial

取材当地

由于经济条件的限制，因此本设计不能造成太过高昂的造价，所有材料都是本地出产，成本低廉，并且耐用不需要过多的维护，就能维持所需。

茅草

当地茅草覆盖于竹质结构的最上层，用最低的成
本建造出可持续性以及环保的建筑结构。

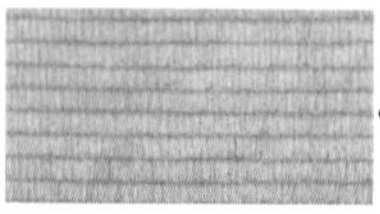

竹子

此区竹子分布范围较小，南起南纬22°莫桑比克南部，北至北纬16°苏丹东部。由非洲西海岸的塞内加尔南部，几内亚、利比利亚，象牙海岸南部、加纳南部、尼日利亚、喀麦隆、卢旺达、布隆迪、加蓬、刚果、扎伊尔、乌干达、肯尼亚、坦桑尼亚、马拉维、莫桑比克，直到东海岸的马达加斯加岛，形成从西北到东南横跨非洲热带雨林和常绿落叶混交林的斜长地带，是非洲竹子分布的中心。

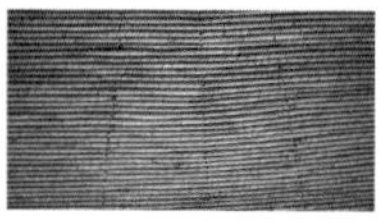

Baobab木

由于当地交通不便，因此经济最优的策略为就地取材。Baobab树是当地的一种主要用作建筑材料的树种，有良好的密度。能够证建筑结构的应用。

生土砖

“简单而敏感的”——来自于距工地3公里的山谷的粘土，由于其纯净和非膨胀的品质而被运用。在对砖块进行了一些小测试之后，一个混合体被选择并应用于建筑的内部。土质石膏是与正常的公共室内使用相悖的，然而结果很好。

红土

当地土质坚硬，铁含量高，因此土壤颜色为红色，是当地居民常用材料之一。

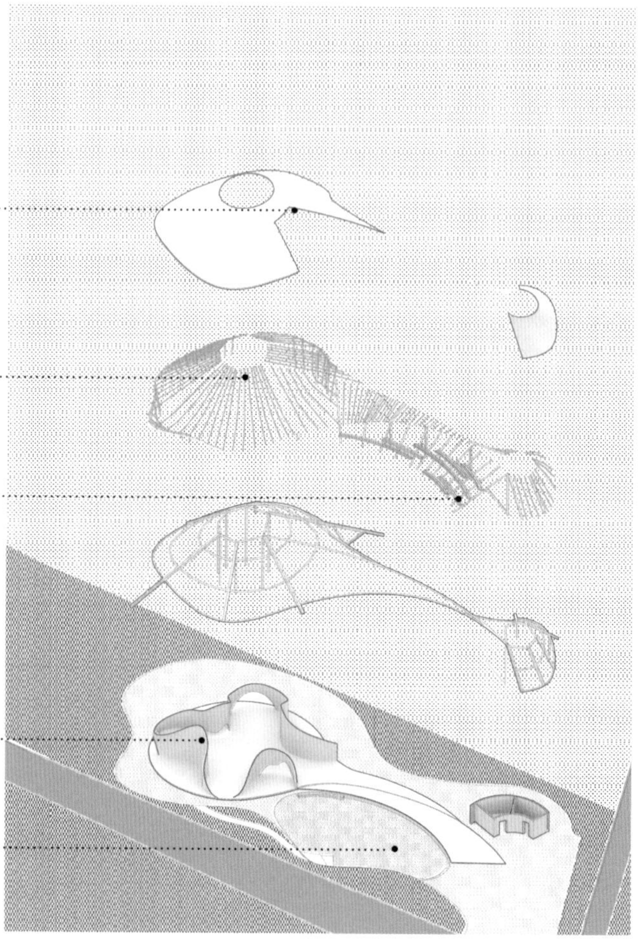

学校：扬州大学建筑科学与工程学院建筑系　　指导老师：张伟　　学生：丰硕

剖面 A-A

可变体系 Flexible System

该项目通过建筑空间的自由性，以满足不同时期办公，医疗，宗教，教育的需求。

宗教模式

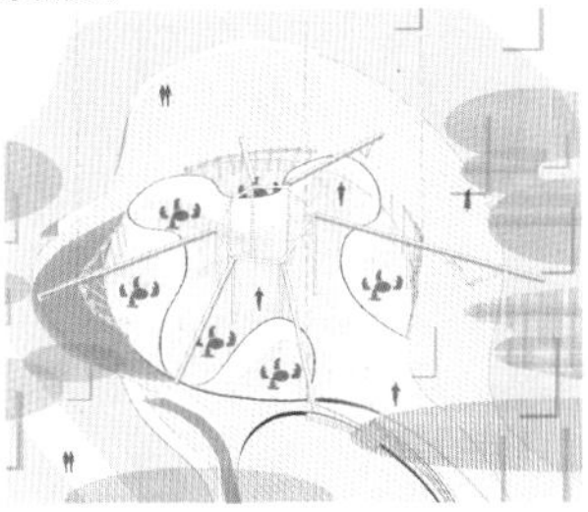

当地居民多为伊斯兰教徒，因此宗教活动是伊斯兰教地区的社区中心主要承担的责任之一。

教育展览模式

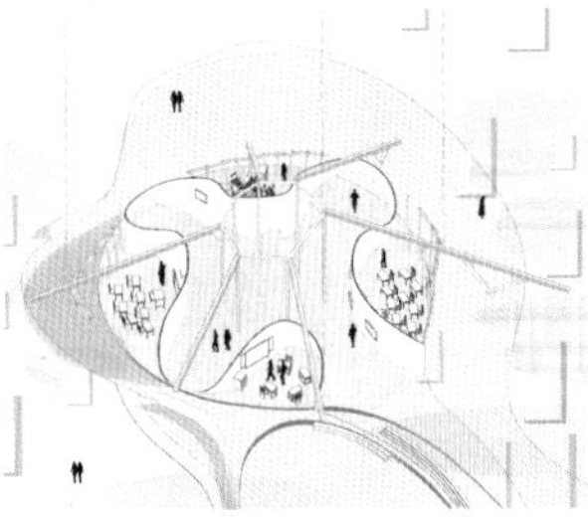

通过教育展览模式提高当地教育水平，传递古老文化，延续当地历史。

医疗模式

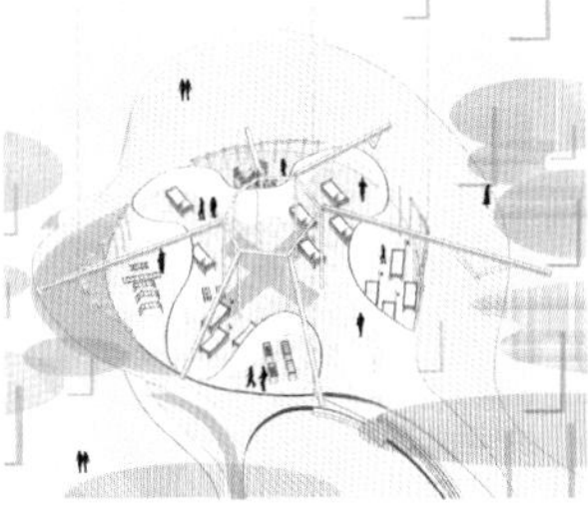

医疗模式主要解决当地由于医疗基础设施匮乏，卫生条件差所带来的负面影响。

办公模式

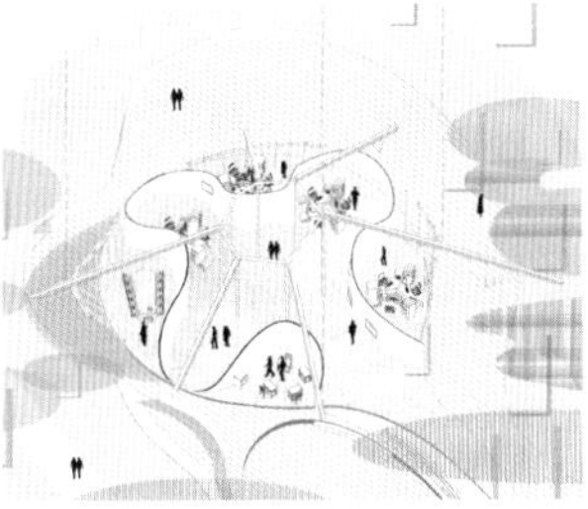

由于其长久的内战导致了人员匮乏，因此当地缺乏办公设施，办公模式恰好能够弥补办公设施缺乏的需要。

剖面 B-B

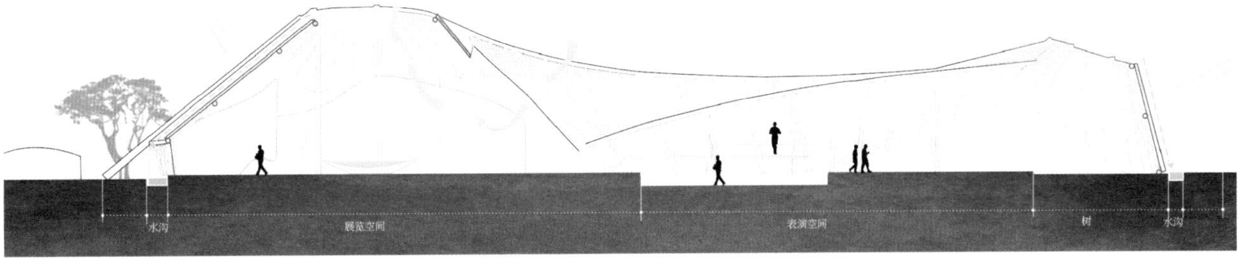

由于当地自然条件匮乏，因此自然资源的利用成了一个重点任务。在本次设计中，我通过一些特殊办法对于雨水进行了收集，如屋内雨水收集器，屋檐进行有组织排水，使水流入檐下水沟。通风方面，考虑到塞内加尔当地风向，进行了一些特殊处理。

集散表演场地边我利用屋面设置了一些看台空间，在满足功能的前提下，既美化了建筑立面，又带来了独特的光影效果。

HAND IN HAND

Historical cultural space's with Undefined Boundary

手拉手——携手共进创造未来

4

学校：昆明理工大学建筑与城市规划学院　指导老师：廖静　学生：太张浩　车婧　汪毅　杨旻洪　张云松　李涧盈

银奖

都市快递慢生活

Mountain Life in city。都市快递慢生活1/主题切入

ONE: "山形"
采用山形作为慢生活的意向，同时是云南多山特色的体现。
TWO: "陋室"
易拆搭，组合多样。
通透的体量，交互性更强。
THREE: "雅居"
打造室内外丰富的光影效果。
引入绿植。
FOUR: "同乐"
提供一个可以漫步，可以穿行，可以休憩，可以交谈的公共活动场所。

学校：香港大学景观设计系　　指导老师：BIN JIANG　　学生：KWOK SIU MAN (Mandy)

Visible/Invisible Frames

Oyster Life Cycle

OYSTER:
A Oyster can filter a 50 Galloons water of a day (50 Gallons = 0.1893m3), lives in intertidal and subtidal shallow area, water depth around 2 Meters;

Oyster Nursery:
It takes 2-6 weeks for a free swimming Larvae to be nursed and 2-3 years required to grow mature; it gets reproductive at 3 years of age.

The Oyster Filtration:
The Oyster Filtration is successfully evident in Great Bay Esturary Projects that 360 Ha can filter the volumn of the entire esturary every 4 days.

Fertilized egg

Approximately 2 weeks

Free-swimming Larvae

Egg　Sperm

2 - 3 years

Spat attached to shell

Adult males and females

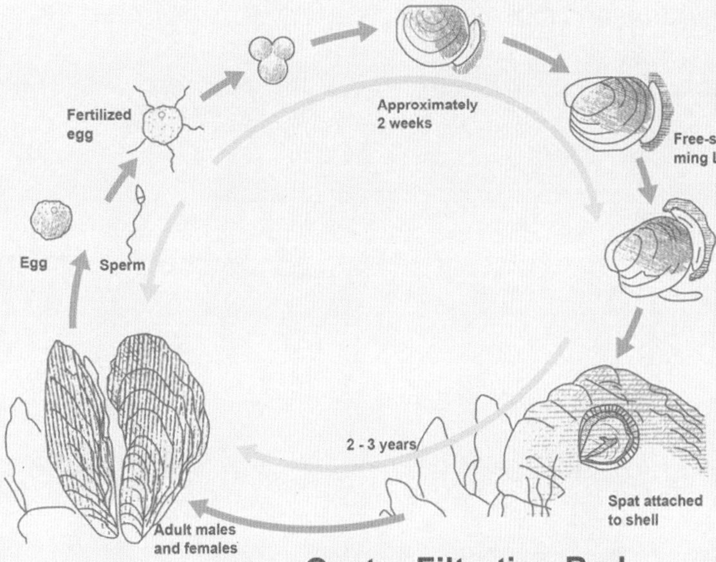

Oyster Nursery

Oyster Farmers　OFA

Oyster Nursery Types

• Floating nets reef

Water Level

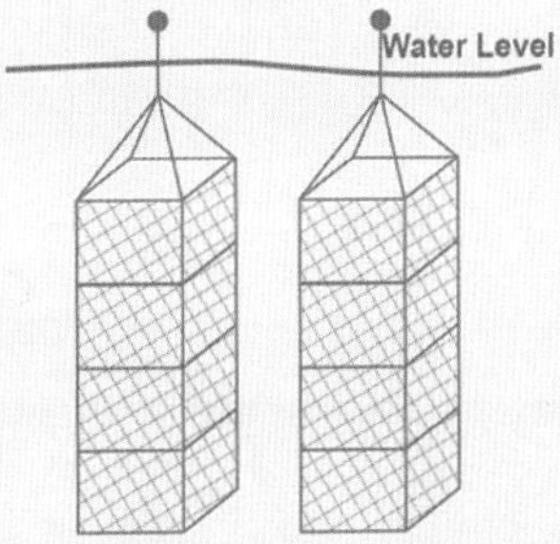

• Spat Trays

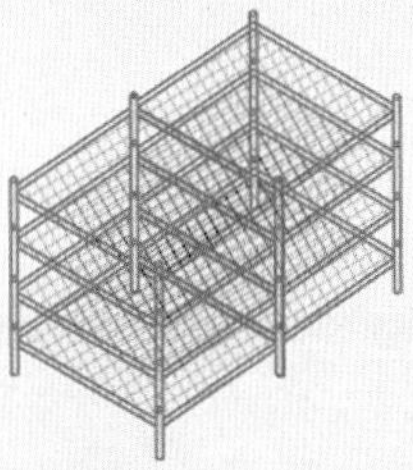

Oyster Filtration Bed

Water Level:
General: 1 to 3 meters;

Filtration SST Range: 10 - 100 mg/L

• Netting Reefs

5m

5m

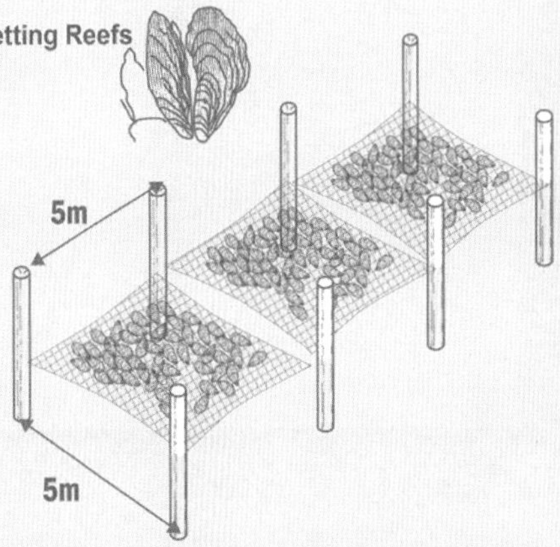

Responsive Oyster Filtration Threshold

SSC>100 mg/L

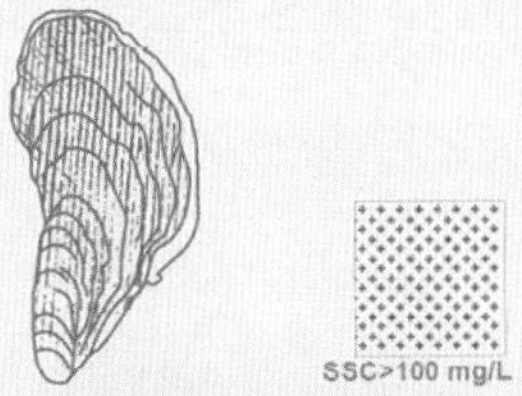

Oyster closed its shell for filtration since the SSC is exceeding threshold(100mg/L) that could not do filtration.

SSC<100 mg/L

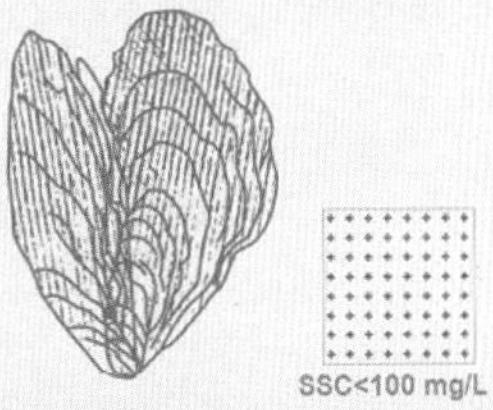

Oyster Opens its shell for filtration if SSC is less than 100mg/L.

OFA

Ask to stop Dredging for check&inspection

Ocean and Fisheries Agency (Provincial)

SAU　HURDB

Sea Area User　Housing and Urban-Rural Development Bureau

Private Developers

Development & Construction

• Column - Netting Filter Reefs

5m

5m

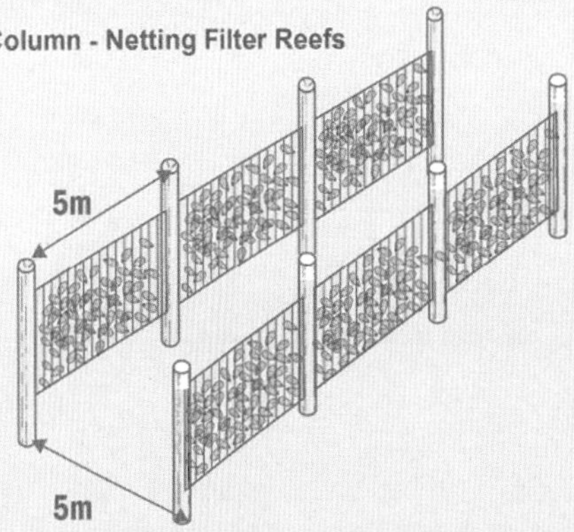

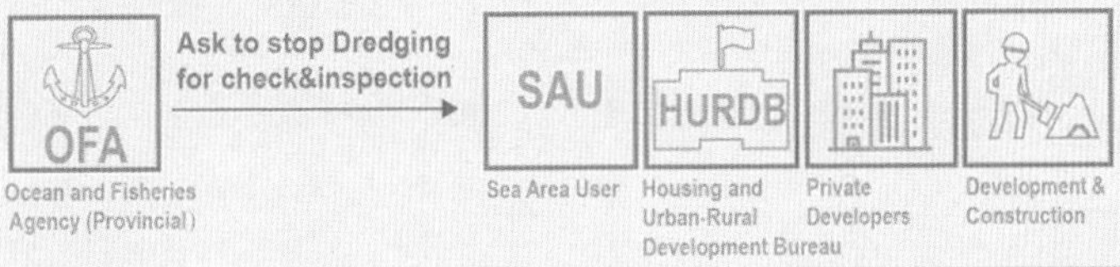

Note: All Materials used for the nursery are Biodegradable or in Wood

银奖

学校：广州美术学院建筑艺术设计学院　指导老师：伍端　何夏昀　学生：吴尚峰

创集——创客空间与硬件集市的空间集聚设计

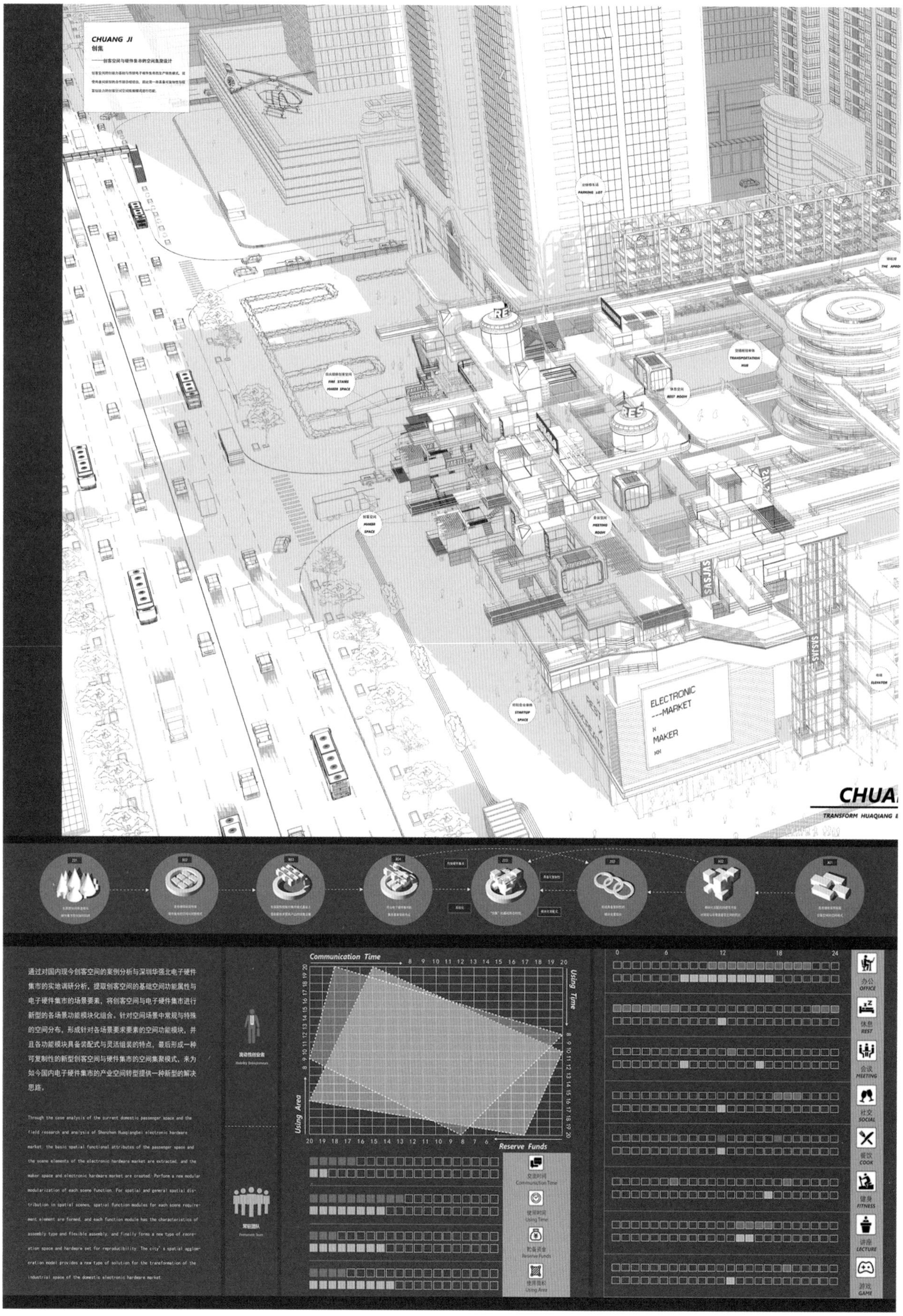

商业建筑与空间

亚洲设计学年奖

金奖

学校：江南大学设计学院环境设计系　　指导老师：杨茂川　高亚峰　　学生：周潼

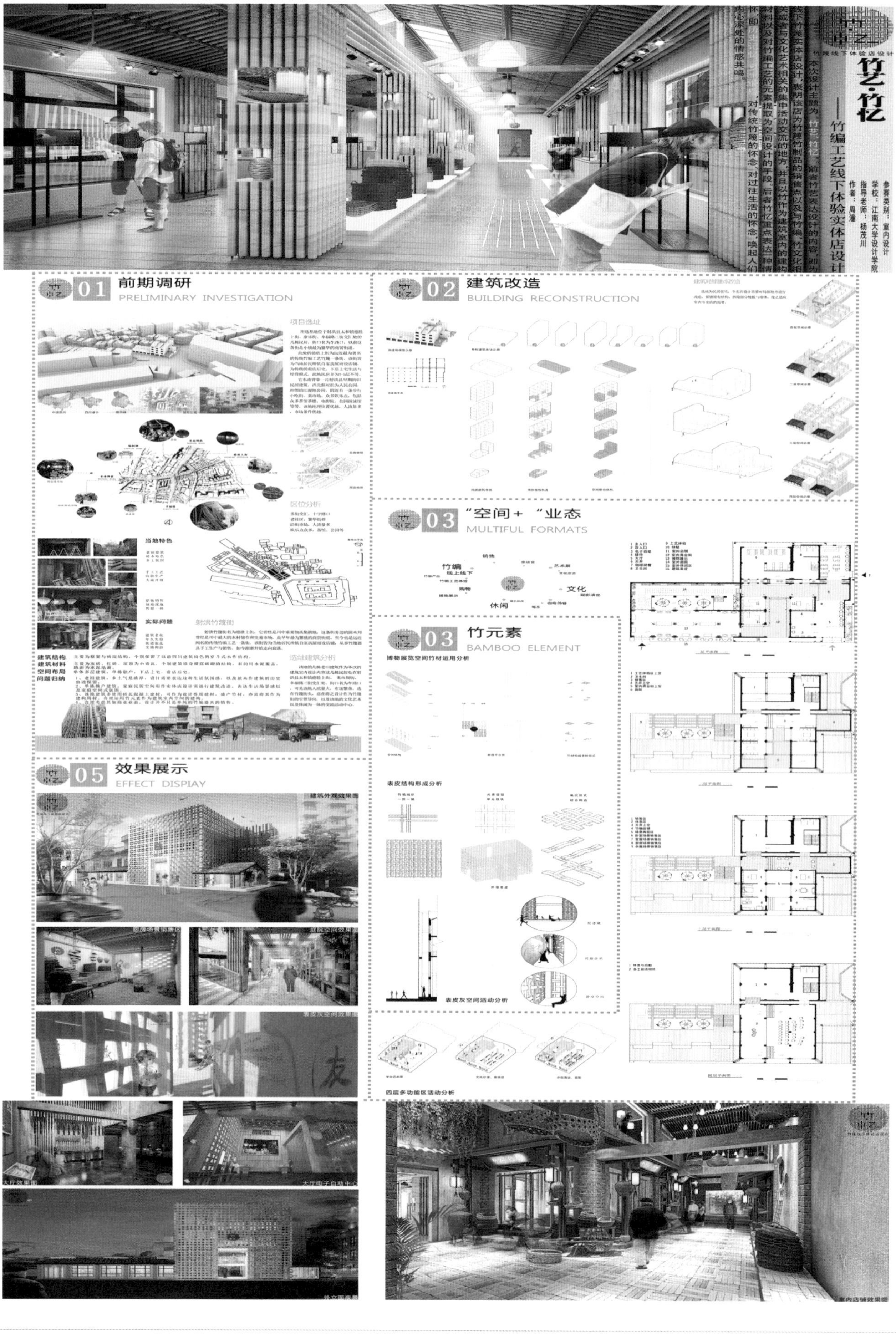

学校：广东轻工职业技术学院艺术设计学院　　指导老师：彭洁　陈洲　　学生：肖伟华

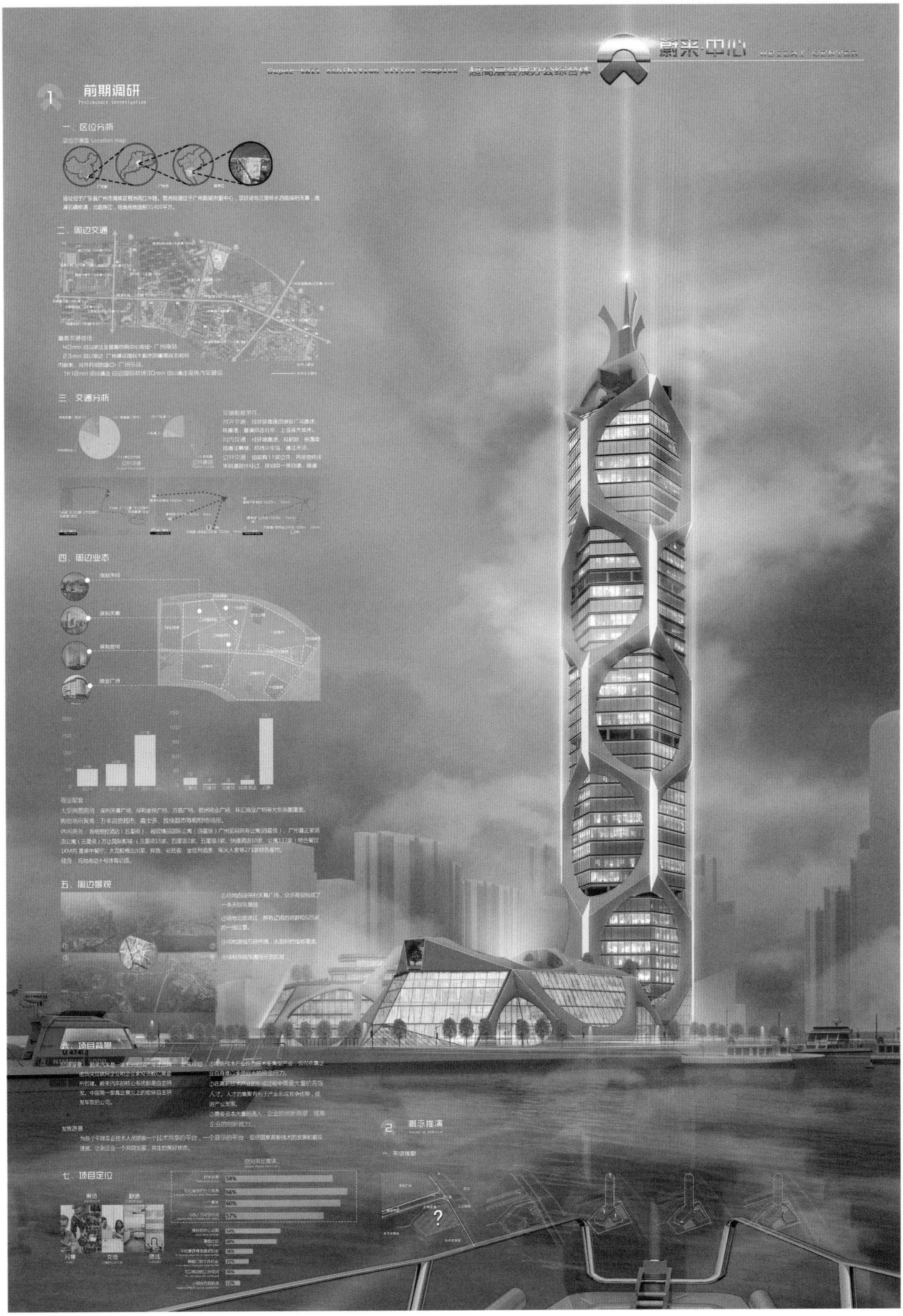

学校：广东轻工职业技术学院艺术设计学院　　指导老师：彭洁　陈洲　　学生：肖伟华

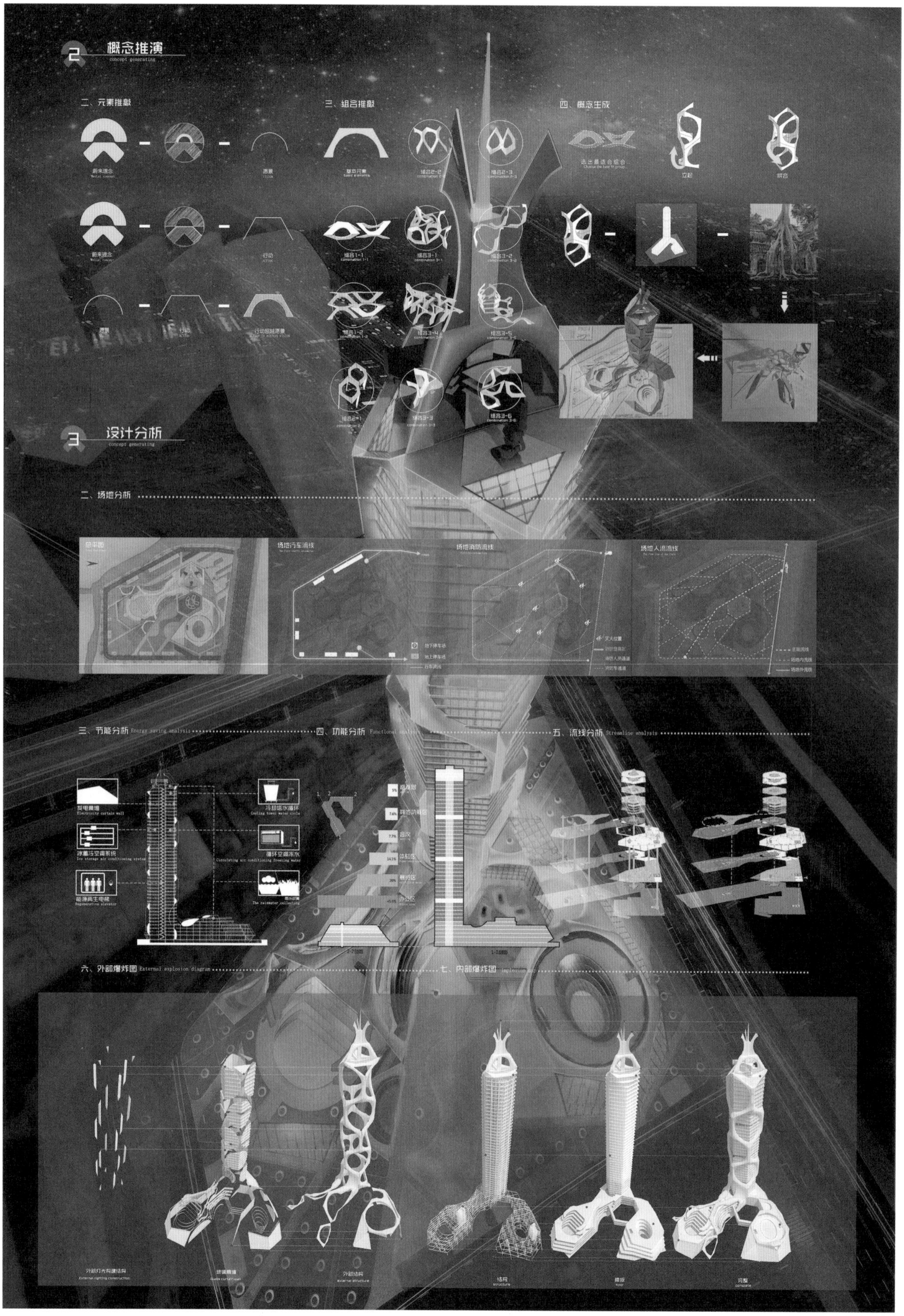

学校：广东轻工职业技术学院艺术设计学院　　指导老师：彭洁　陈洲　　学生：肖伟华

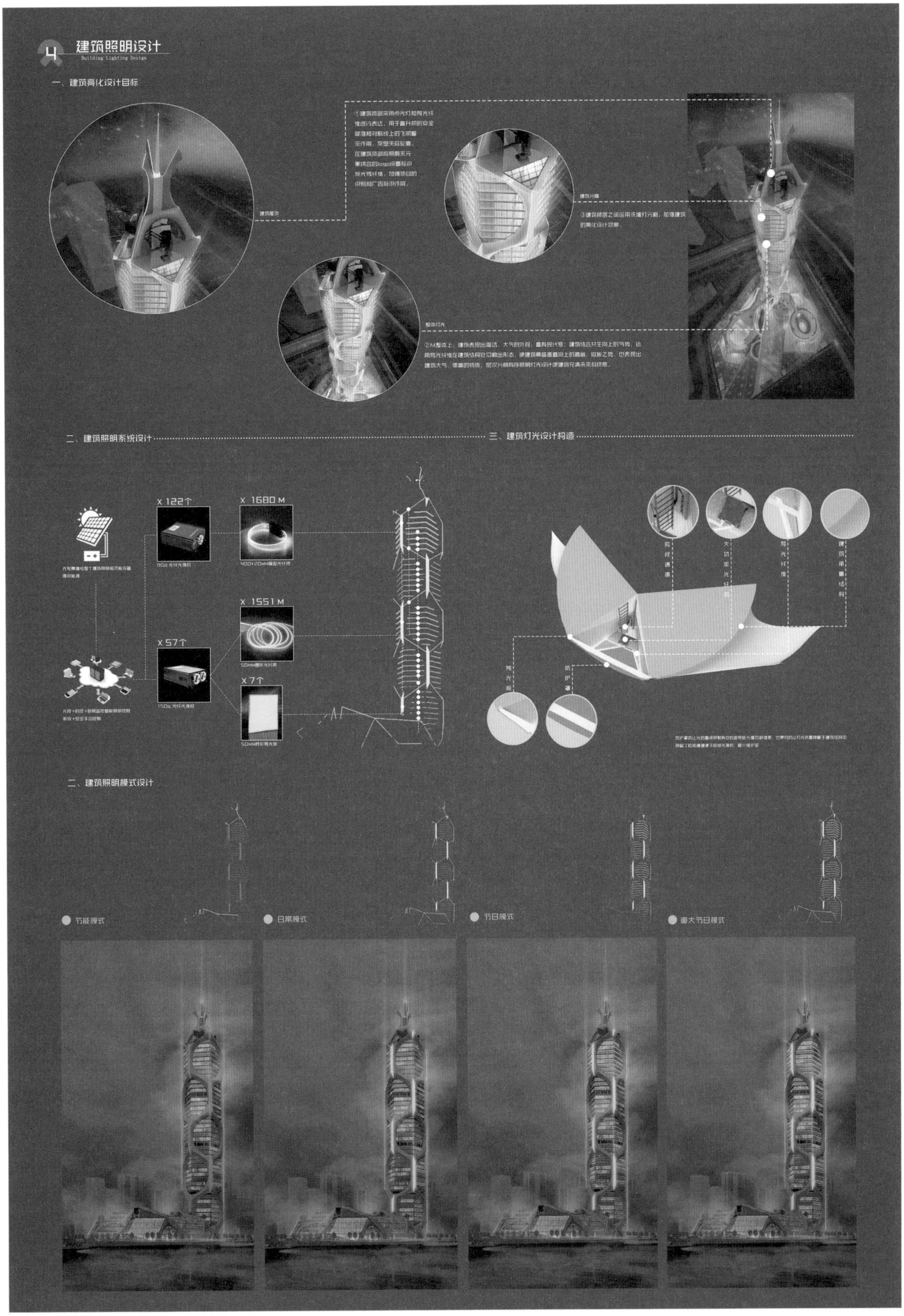

亚洲设计学年奖

金奖

学校：广东轻工职业技术学院艺术设计学院　　指导老师：彭洁　陈洲　　学生：肖伟华

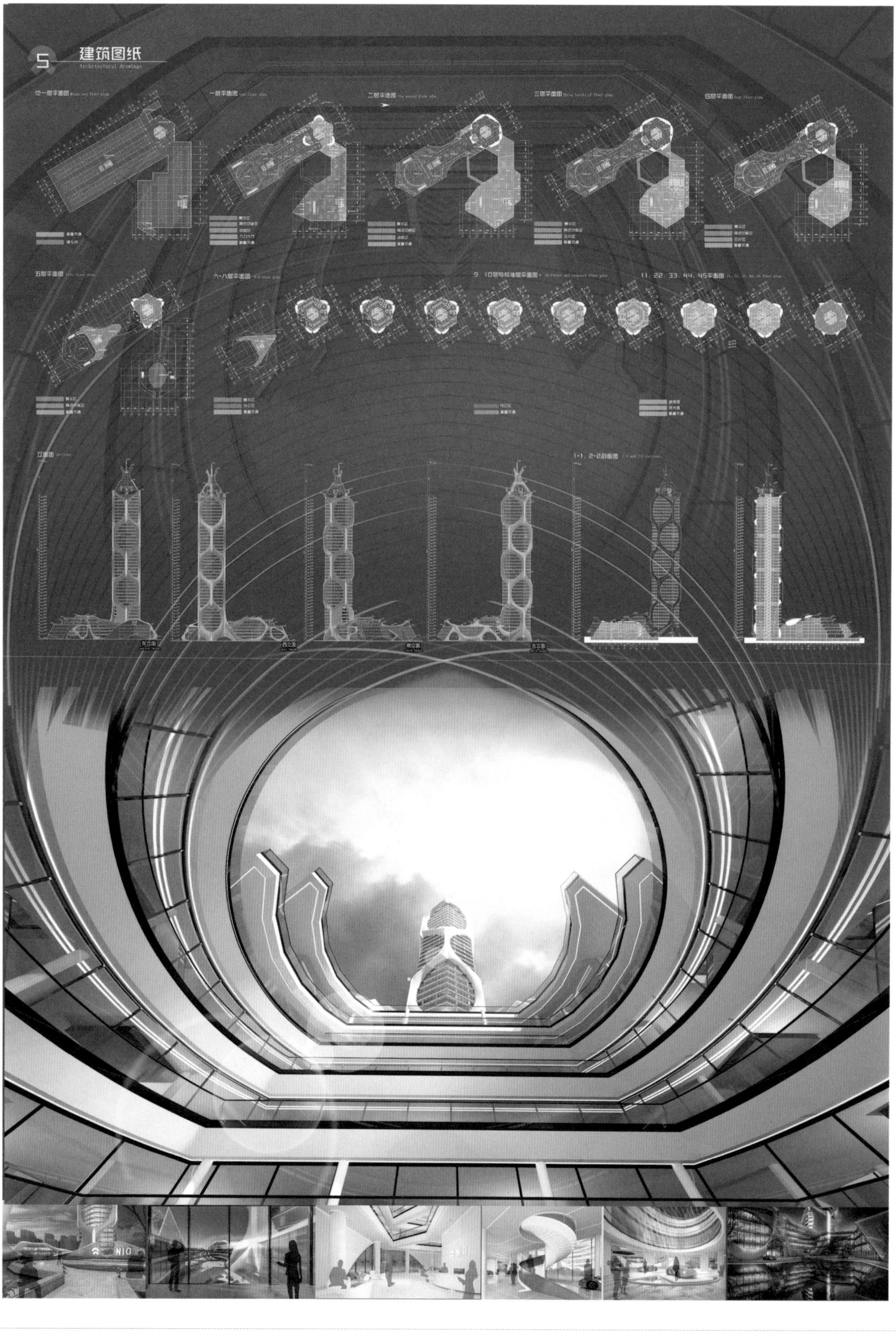

学校：厦门大学嘉庚学院艺术设计系　指导老师：商墩江　学生：高颖

“水墨”茶馆空间设计

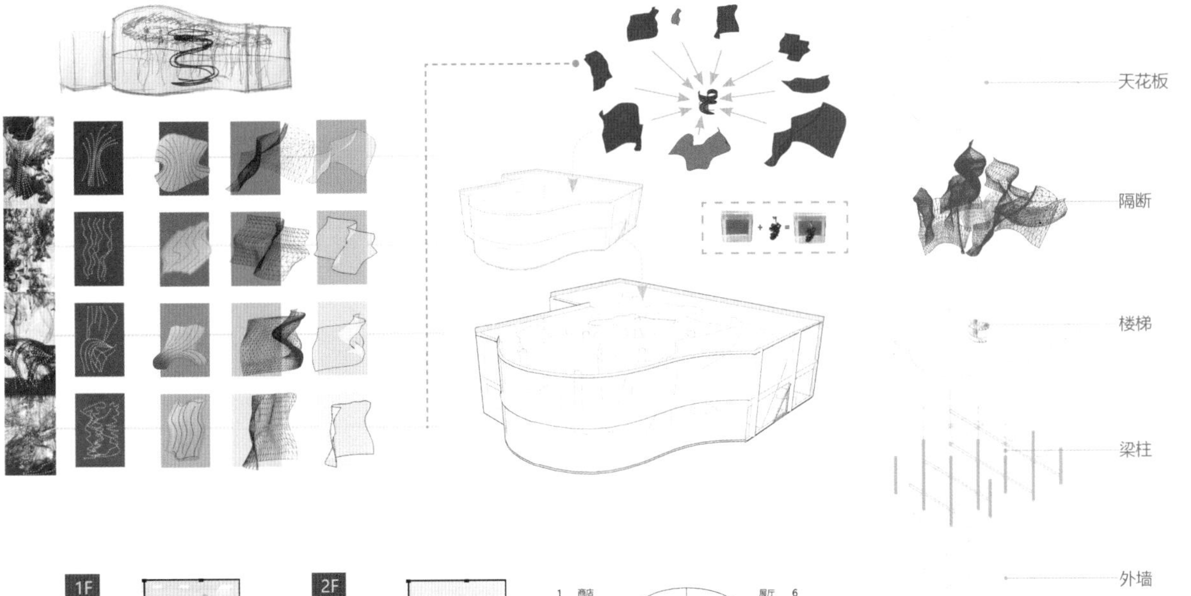

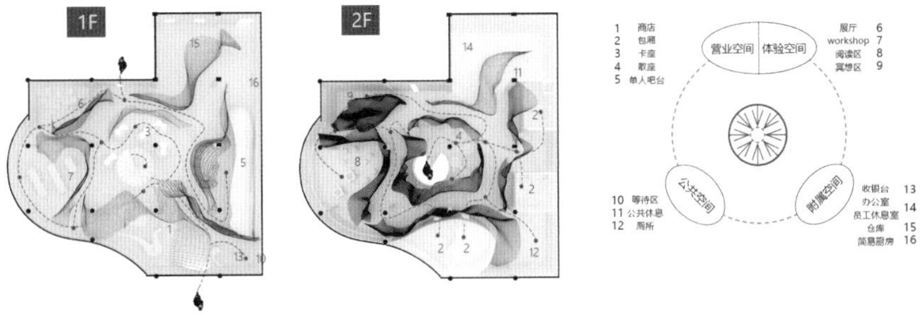

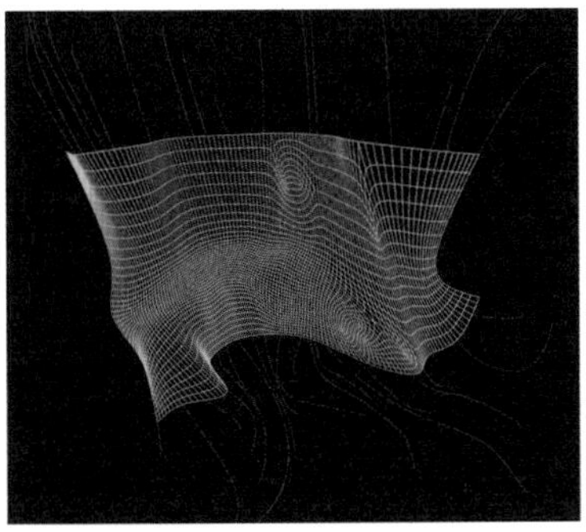

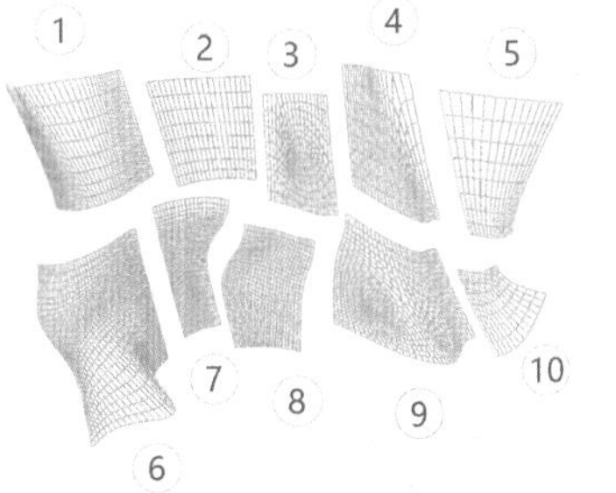

操作方案：贯穿整个空间的隔断为铁丝网材质，对其进行参数化计算，为方便其运输以及安装，将其进行分割后再生产，编码，在室内对其进行组装。天花板以及地面，安装槽道，上下固定并拉紧，产生一定的张力可分散网面的受力。

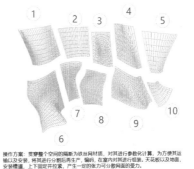

学校：广东工业大学艺术与设计学院　　指导老师：刘怿　　学生：陈其权　邓炳森　程赋杰　劳文焕

泊·麦
云南香格里拉市概念酒店设计
YUNNAN SHIANGGELILA Conceptual Hotel Design

"泊者，停船靠岸，意为停留；麦者，代指自然山野，属意美好的生活状态。"
(The Bo will be docked for the purpose of stopping, and the Mai will represent the natural mountains and will mean a better life.)

项目区位 The project location

选址于长江第一湾位于云南迪庆藏族自治州的长江第一湾景区，交通便利、旅游资源丰富，与丽江隔江相望，冬无严寒，夏无酷暑，地势平坦，是小麦的重要产区之一。
It is located in the Yangtze River First Bay Scenic Spot in Diqing Tibetan Autonomous Prefecture, Yunnan Province, the first bay of the Yangtze River, with convenient transportation and rich tourism resources. With Lijiang across the river, there is no cold winter, no summer heat, flat terrain, wheat is one of the important production areas.

当地人文 The local cultural

历史
前人有诗云："江流到此成逆转，奔入中原壮大观。"石鼓渡口江面宽阔，水势缓和，适于摆渡，历来为兵家必争之地。相传三国时期，诸葛亮平定南中，在此"五月渡泸"。
The predecessors had a poem saying: "River currents have reversed this direction, and they have rushed into the Central Plains. The Shek Kwu Ferry has a wide river surface and its watery potential is moderate, suitable for ferry, has always been a battleground for the military. According to legend, during the Three Kingdoms Period, Zhuge Liang was determined to be in South China.

区域文化
众多少数民族，形成纳西族当地丰富的地域文化，而纳西建筑的"三坊一照壁，四合五天井"特色，木结构为主的建筑风格。
Many ethnic minorities form a rich local culture of the Naxi people, and the three buildings, one wall, four in Five Patio "Characteristics, wood-based architectural style.

元素提取 Extraction element

麦田	夯土	光线	木材	混凝土
Wheat fields	Earth	light	wood	Concrete

概念设计 Conceptual design
设计灵感来源于"风吹麦浪"，在阳光下奔跑，田野里歌唱，星空下交谈。让体验者穿梭在麦田与阳光之间，感受自然的野性，近距离的接触自然、体验自然、融入自然。通过光和麦等自然元素的组合，贯穿绿色生态的理念，营造一种天地人合一的意境，让旅者远离繁华闹市，感受乡土气息，同时给留宿者带来精神享受和视觉盛宴。
而无论是用什么样的巨像的方式，或者符号去表达阳光和麦田的概念，都不如回到最纯粹干净的元素，即两个圆点，这两个圆点可以无限的放大缩小，它们汇聚时，形成一定的阵势感，不汇聚的时候，它有自己独特的存在感，所以我们决定用圆点作为方案设计的起点，延伸出其他一系列的变化。把"光"与"麦子"两条索线索最后与泊麦。

The design inspiration comes from "wind and wheat waves", running in the sun, singing in the fields, talking under the stars. Let the experiencer shuttle in between the wheat field and the sun, feel the wild nature, close contact, experience nature, and integration with nature. Through light and wheat, the combination of natural elements, run through the concept of green ecology, and create a world of oneness to let the traveler to stay away from the bustle of downtown.

No city flush, nor be like atmosphere, while bringing spiritual enjoyment and visual feast to the residents. No matter what kind of always or symbol is used to express "the concept of sunlight and wheat fields, it is better to return to the purest. The clean, clean elements, the two dots, the two points can be infinitely expanded or and out, they come together to form a certain formation. The other of area, when they are not in a sense of presence, so we decided to use the dot as the starting point of the program, and extend a series of other changes. The two clues of "light" and "wheat" were finally merge.

设计说明 Design Notes
心静则反思，反思则升华，泊麦酒店概念设计方案是一个可引导人们思考的建筑艺术。在建筑布局规划上，我们遵循当地传统的"三坊一照壁，四合五天井"建筑特色。
麦田、光线、夯土、木材和混凝土等元素的运用，不仅遵循一般的认识逻与自然相融这个主题上所做的努力。人类需要大自然，我们在努力创造一片净土，让经过落脚的旅者身心能在这里得到最大程度的放松。

The mind is reconsidered and the reflection is sublimated. The concept design of the Bomai Hotel is an architectural art that can guide people's thinking. In the planning of building layout, we follow The local traditional "Three Squares and One Wall, Four in Five Patios" architectural features.

The use of elements such as wheat fields, light, bauxite, wood, and concrete not only follow the common understanding of the logic and the natural integration of the subject. Humans need To the nature, we are working hard to create a pure land where the traveler can get the maximum relaxation.

建筑布局推演 Building layout

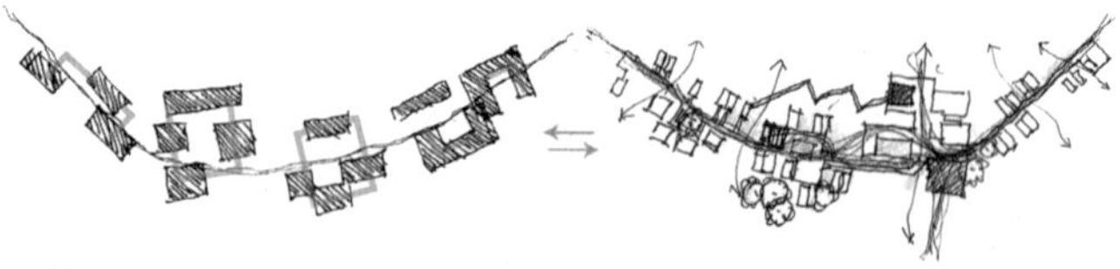

Ⓐ 采用"三坊一照壁，四合五天井"布局形式。
Using "Three Squares, One Wall, Four Courtyards and Five Patios" Layout form.

Ⓑ 单向流畅性的线路规划，建筑与建筑间保证视线的贯通性，让室内空间更贴近自然。
One-way fluent route planning, architecture and construction Ensure the continuity of the line of light, so that the indoor space is more close to nature.

总体规划图 Overall plan

学校：广东工业大学艺术与设计学院　指导老师：刘怿　学生：陈其权　邓炳森　程赋杰　劳文焕

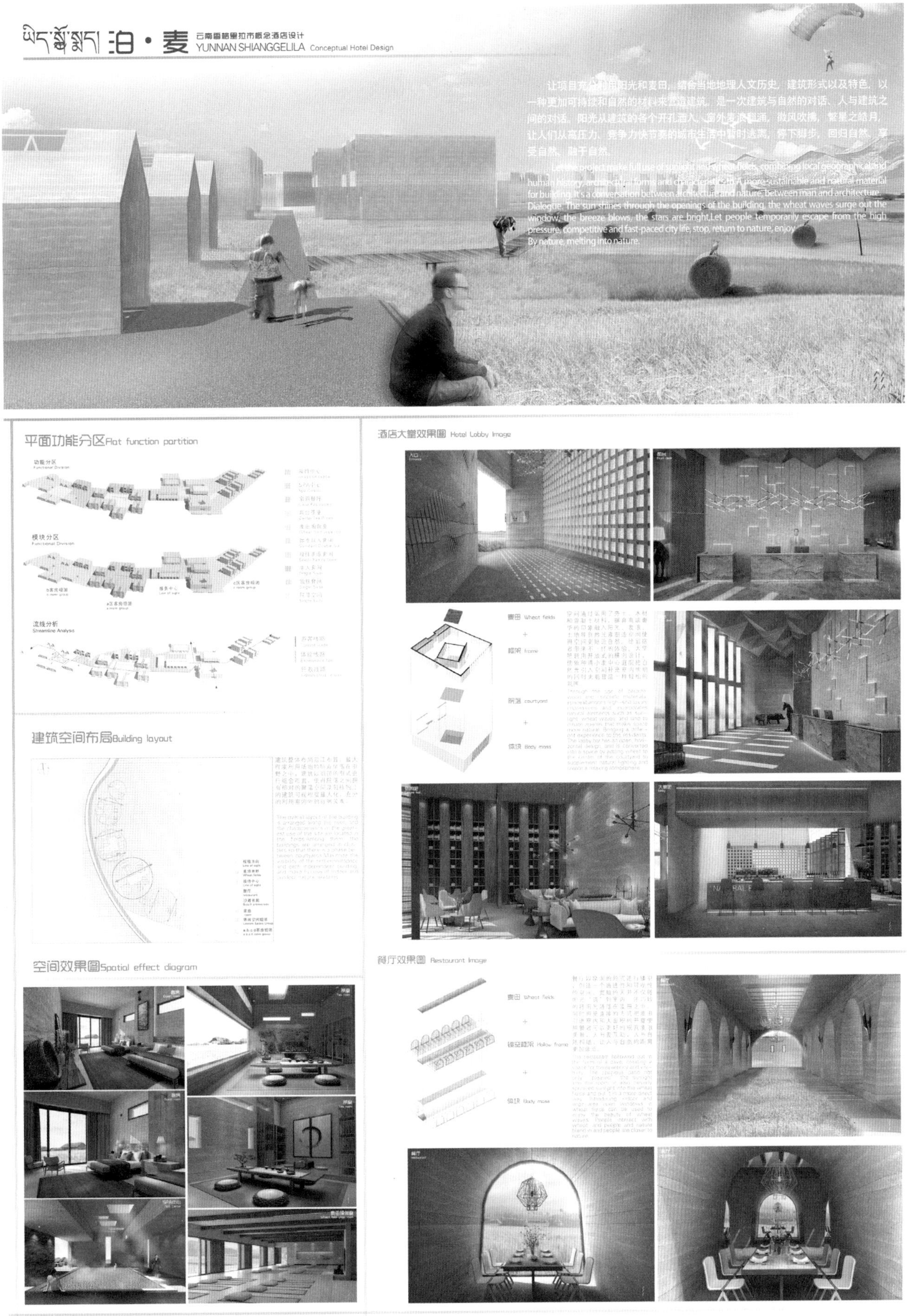

亚洲设计学年奖

银奖

学校：福建工程学院建筑与城乡规划学院　指导老师：邱婉婷　叶青　学生：邓瑞钧

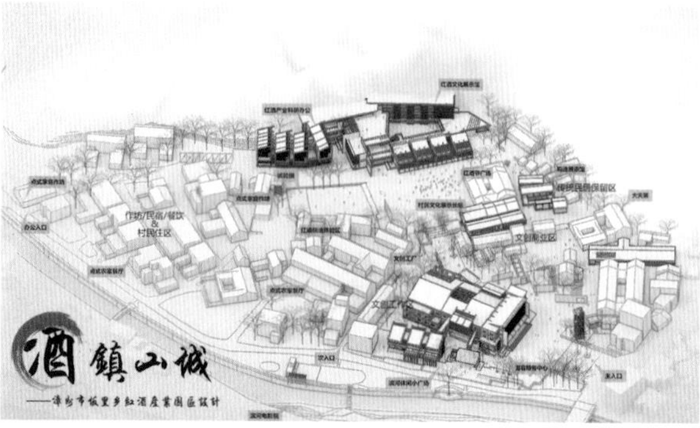

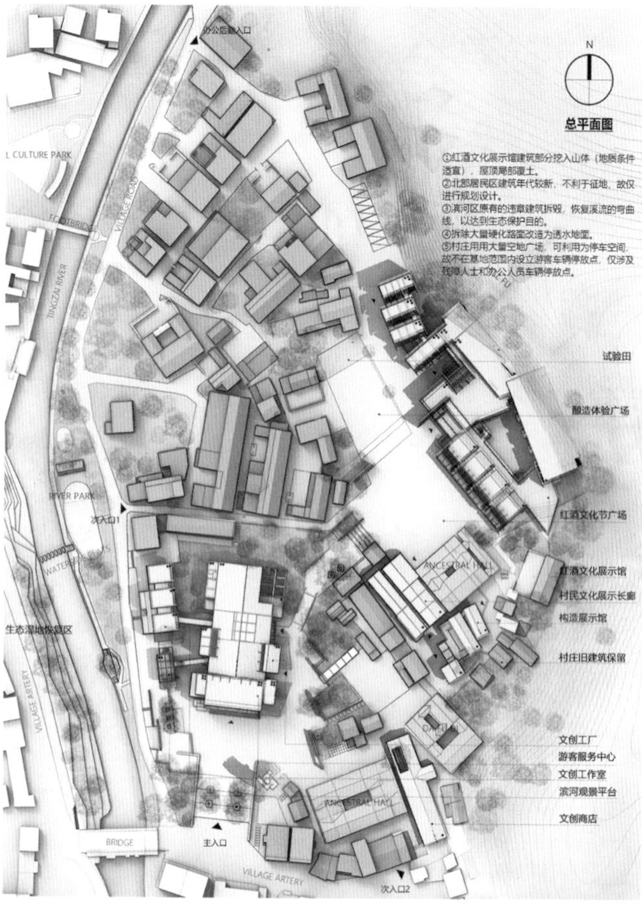

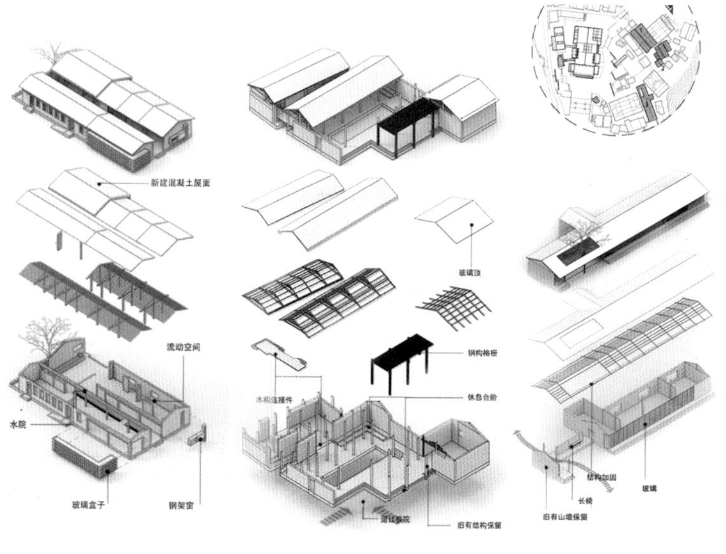

文化建筑与空间

学校：福州大学厦门工艺美术学院环境设计系　　指导老师：叶昱　梁青　　学生：李尚佼

▶设计说明：

印度悠久古老的诗歌集——《梨俱吠陀》中写到「水从天空中落下，清净万物。水不停息，因陀罗，执金刚杵的英雄，开辟道路。水的女神啊，请赐予我保护！」在古老的印度文明中，对水的崇拜一直是非常重要的一部分，对自然的崇拜使得"水"这一自然元素有了神性，天地创生之初，一切皆陷入混沌，世界上最先有了水，水孕育了世间万物的生命，在历史的长河中才出现了"人"这一种特殊的生命体，在人的劳动实践中，形成了文明，所以"水"即是生命之源，也是文化之源。

现如今世界上水资源日益紧缺，印度更是水资源分配不均，每个人对"水"这一自然的意义的理解都不一样，大多数人认为水只是一种维持生命体征的物质而已，但是也有人将其世世代代借奉为神的赐予，"甘伽低语——印度水文化空间设计"便是探寻这种神秘的文化力量，让更多的人了解印度的水崇拜，感受对印度人来谈水的另一种意义……

▶概念名由来：

甘伽低语（Whisper of Ganga）——印度水文化空间设计
「甘伽：恒河女神印度教圣神，是河也河的人格化。」
「低语：印度教徒往在祈祷的时候喃喃自语的念咒语，他们就像低语者一样与天地相灵进行灵魂沟通。」
「2.在恒河祈祷的信徒，都希望可以得到神的回应，低语也可谓是神与信徒的精神世界交流方式，是神回应的方式。」
「3.窸窸窣窣的圣河水声也可以比作是低语。」

▶区位分析：

印度 拉贾斯坦邦
拉贾斯坦邦是印度西部的邦，与巴基斯坦接壤，拉贾斯坦邦大多黄积处于塔尔沙漠地带，气候干燥，冬季寒冷，夏季炎热，而且常刮热风。东部德巴尔河（恒河支流）流域，为半干旱的农业地区，而邦拉贾斯坦平原，与巴基斯坦之间有阿拉维利山脉西南往东北绵延，中都有阿拉维利山脉西南-东北绵延，为农牧业地区，在东部半干旱区与西部干旱区的天然分界。

甘伽低语

印度水文化空间设计

▶二维导图：

▶空间构思：

提取古代印度建筑形式与其文化背景，该空间结构设计采用稳定的对称结构为中心，非对称结构组合成其余附属空间，焚烧剧场部分为整个空间的中心，采用重复、递进的形式，使得整个空间而庄严神圣的同时富有有节奏。整体空间用光和水交错的方式，来营造一种神圣的空间氛围。

水崇拜

水崇拜广泛存在于古代农业文明中，以水为神秘超人力量，对各类水神祭祀崇拜，祈求防灾治病、生殖繁衍等。"水崇拜"的概念基本概念之一便是以水为天地万物的本原，人及天地万物借皆由水生。水是构成世界的基本元素，水甚至是超越一切的最先存在。

▶恒河祭祀：

■恒河岸边，来自世界各地的美行者，早已聚集在恒坛周围，准备着清晨沐浴，并且等待着参与恒河夜剧。

■印度圣城瓦拉纳西，恒河岸边达萨瓦梅多河坛灯火通明，聚会是人与神的对话，是通往天国的咨询台，每天日落后，这里都会有一场名为"晋迦"的恒河祈福仪式。所需置道，是印度教膜拜种类的仪式，由诸罗门司祭主持，仪式中信徒会将佛像袋抬出寺庙源行法祀，并且奉献鲜花，最后由祭河坛持捧向打，在神像前进行"阿拉提"，借圈仪式结束后，信徒可以分享到祭祀用过的鲜花。圣水波奇蒂卡神，称为"波拉沙达"。

▶事件背景：

在印度，至少有7600万人喝不上干净的饮用水，7亿多人无法用上充足的卫生设施，每年约有14万儿童死于病疾。印度自来水中所含的各种致癌物质，浓度比世界卫生组织所规定的标准，还要高出五倍，印度旱灾状况不断加剧，民众生活及农业均受严重影响，但让很多人没想到的是，印度很多地方都拥有丰富的地下水资源，只是因受污染而导致民众"有水无法饮"。

恒河的水量占整个印度水资源的四分之一，在恒河两岸群住着4亿多印度人，但是这条河流被工业废水和城市生活废水严重污染，净化对于印度来说是条重的圣河供用水，成了政策的优先方向之一，在2014年8月就宣布了复兴恒河计划，但据专家估算，完成全长2500公里的恒河的净化，将需要18年时间。

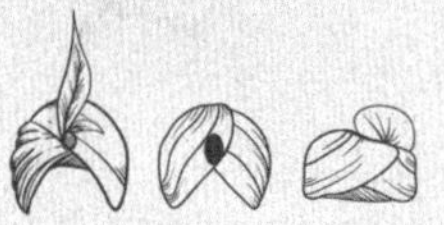

学校：福州大学厦门工艺美术学院环境设计系　指导老师：叶昱　梁青　学生：李尚佼

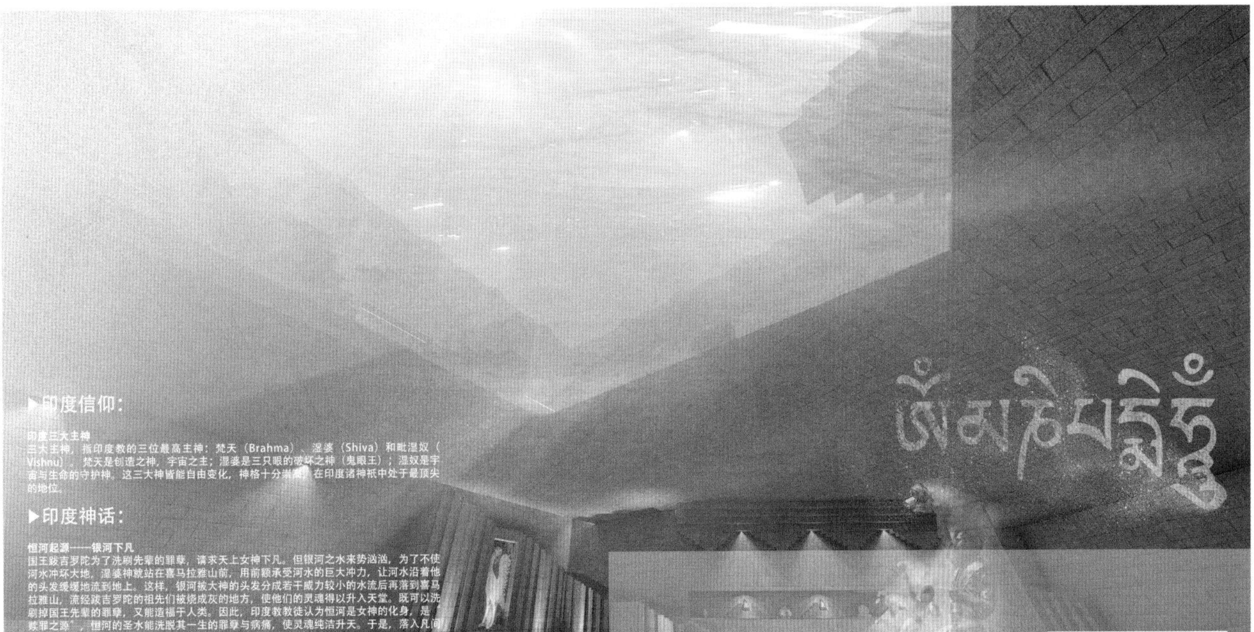

▶印度信仰：

印度三大主神

三大主神，指印度教的三位最高主神：梵天（Brahma）、湿婆（Shiva）和毗湿奴（Vishnu）。梵天是创造之神，宇宙之主；湿婆是三只眼的破坏之神（鬼眼王）；湿奴是宇宙与生命的守护神。这三大神皆能自由变化，神格十分崇高，在印度诸神祇中处于最顶尖的地位。

▶印度神话：

恒河起源——银河下凡

国王跋吉罗陀为了洗刷先辈的罪孽，请求天上女神下凡。但银河之水来势汹汹，为了不使河水冲坏大地，湿婆神就站在喜马拉雅山前，用前额承受河水的巨大冲力，让河水沿着他的头发缓缓地流到地上。这样，银河被大神的头发分成若干威力较小的水流后再落到喜马拉雅山，流经跋吉罗陀的祖先们被烧成灰的地方，使他们的灵魂得以升入天堂。既可以洗刷掉国王先辈的罪孽，又能造福于人类。因此，印度教教徒认为恒河是女神的化身，是"赎罪之源"，恒河的圣水能洗脱其一生的罪孽与病痛，使灵魂纯洁升天。于是，落入凡间的银河从喜马拉雅山流入印度，就成了人间的恒河。

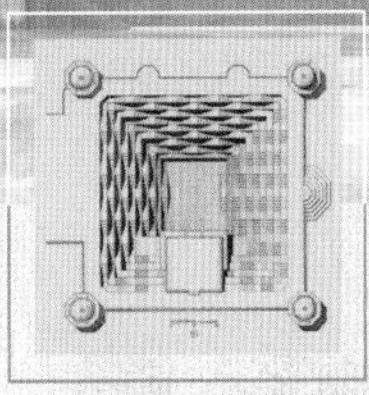

阶梯井

水崇拜

▶平面分析图：

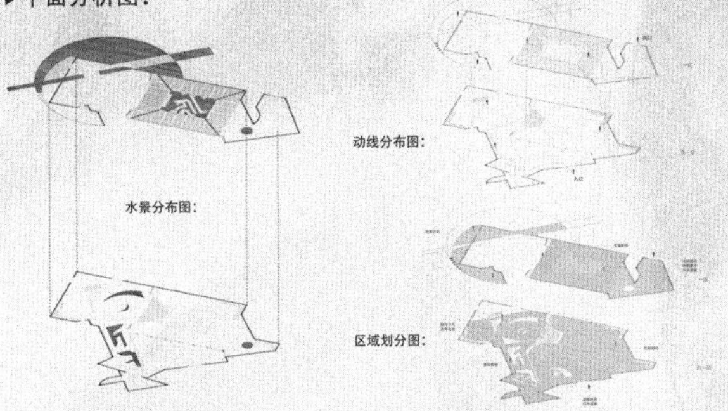

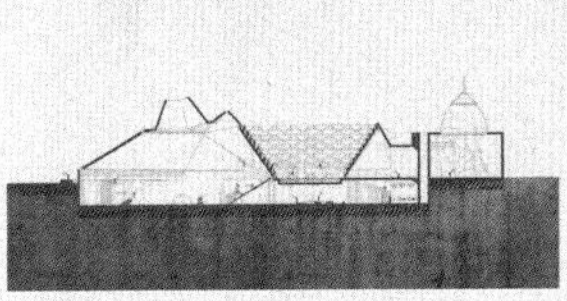

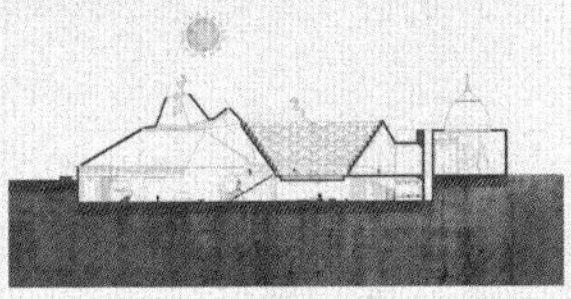

▶采光分析：

根据印度自然环境，建筑分为地上一层和地下一层，地下窨冬暖夏凉，同时营造出幽暗静谧的空间氛围。
印度自然光照充足，自然光顺着建筑顶部缝隙洒下，夜间射灯从地面沿墙壁向上打，营造出神圣的氛围。

▶视线分析：

空间视线分布大部分为仰视以及俯视为主。寸草不生，一片荒芜的"无明"区以平视为主。穿过"棕榈林"后进入圣河夜祭区，站在看台上可以俯视整个祭祀区的歌舞活动。随着舞者进入梵巫剧场，既可仰视整个阶梯状四壁，又可俯视剧场负一层祭祀表演。最后进入"鬼眼"区仰视碎石崩落，感受万物覆灭后的世界。

▶印度建筑：

亚洲设计学年奖

金奖

学校：福州大学厦门工艺美术学院环境设计系　　指导老师：叶昱　梁青　　学生：李尚佼

“摩耶”区平面图：

▶“无明”——创造：

“无明”是对宇宙真如的无知状态,宇宙创始传说中，湿婆的沙漏形手鼓，象征着万物生长的节奏与规律，传说世间最早创造出来的是声音，生灵创使之初，四野阒然，万物俱静，只有点滴声响。同时，印度教信仰水是天神恩赐，河流从天而将，由神界到人界，江河发源处水流很小，细小的点滴甘露逐渐汇聚成大江大河。

空间主题：滥觞阛阓、涧水遗迤、窸窣棕榈
关键词：阒然、冥迷、玄妙、扑朔

▶“摩耶”——保持：

“摩耶”是遮蔽宇宙真理的幻相，印度宗教中“银河下凡”形成了恒河，造就了万物生灵的诞生与演化，即是生命的起源，亦是恒河文明的起源。印度教恒河祭祀仪式已经延续了2000年，信徒们对母亲河的崇拜与敬畏之情，显示着宗教的力量。圣河波澜与宇宙之舞的互动，是一场印度教徒献给圣河母亲的最高敬畏。鼓声中，炫目的烛火和缭绕的烟雾配合着祭司们庄重的吟唱，让恒何更添神秘气氛，置身其中，时光犹如回到了数千年前。

空间主题：窸窣棕榈、银河下凡、圣河夜祭
关键词：荫蔽、杂沓、重迭、崇敬

学校：福州大学厦门工艺美术学院环境设计系　指导老师：叶昱　梁青　学生：李尚佼

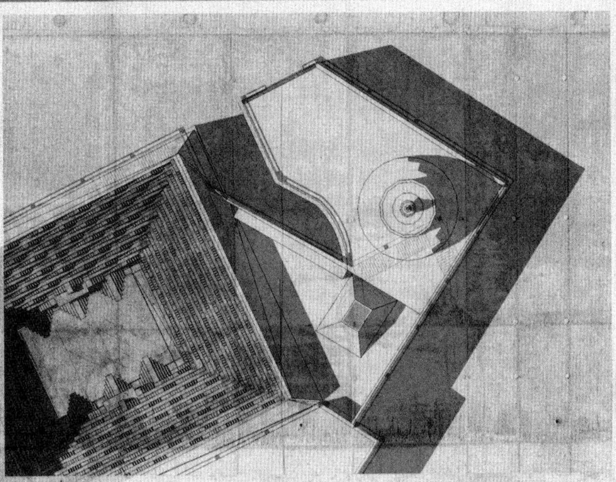

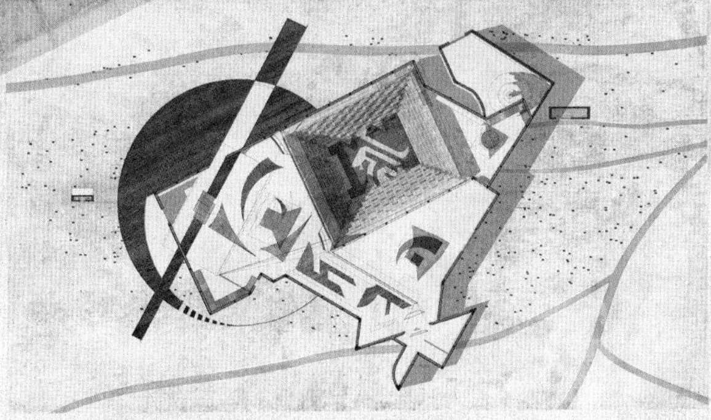

▶梵巫剧场：

湿婆通过狂舞从毁灭中创生世界，湿婆之舞象征着创造与新生，通过剧场的歌舞表演来展现创生世界的宇宙之舞与巫术的融合，充分营造出浓郁的宗教氛围。

设计构思：
印度教三大主神之一，也是恒河女神的本体——湿婆，掌心的字即为“梵”。印度教信奉“梵”是一切的缘由，三大神都为“梵”，印度教的修行就是让自身的灵魂回归于梵。
“梵”可谓是印度教教义的核心，梵巫剧场的设计将梵文，这一文字符号加以解构变形，使其成为剧场中心舞台。

印度阶梯井代表着古印度人寻觅水源的智慧，以及文化的传承，也是印度人水崇拜的象征，梵巫剧场立面的设计便是采用了具有象征意义的阶梯井的元素，重复的形式也传达了印度教“轮回”“永生”这一教义。

▶“鬼眼”——毁灭：

湿婆是万灵之主也被称为“鬼眼王”.几千年来恒河河畔的生命体一直受着自然的恩惠，但是近几十年来却因污染而导致“有水无法饮”的窘境，使得教徒们的身体和心灵都陷入了混沌之中。古印度信徒虔诚祈祷普降甘霖，受到神的恩泽，然而却不加以珍惜保护水资源，污染滥用，违背规律，长此以久必然受到神与自然的惩戒。湿婆在最严格的苦行和最彻底的沉思中获得最深奥的知识和神奇智慧。世间万物全部湮没，在泯灭中顿悟，方可获得重生，六道轮回，由死向生。

空间主题：浊雨稠流、诛戮寰宇、六合涅槃
关键词：混沌、浑浊

学校：重庆大学艺术学院设计系　　指导老师：孙俊桥　高宁　　学生：周垚　张兴伟

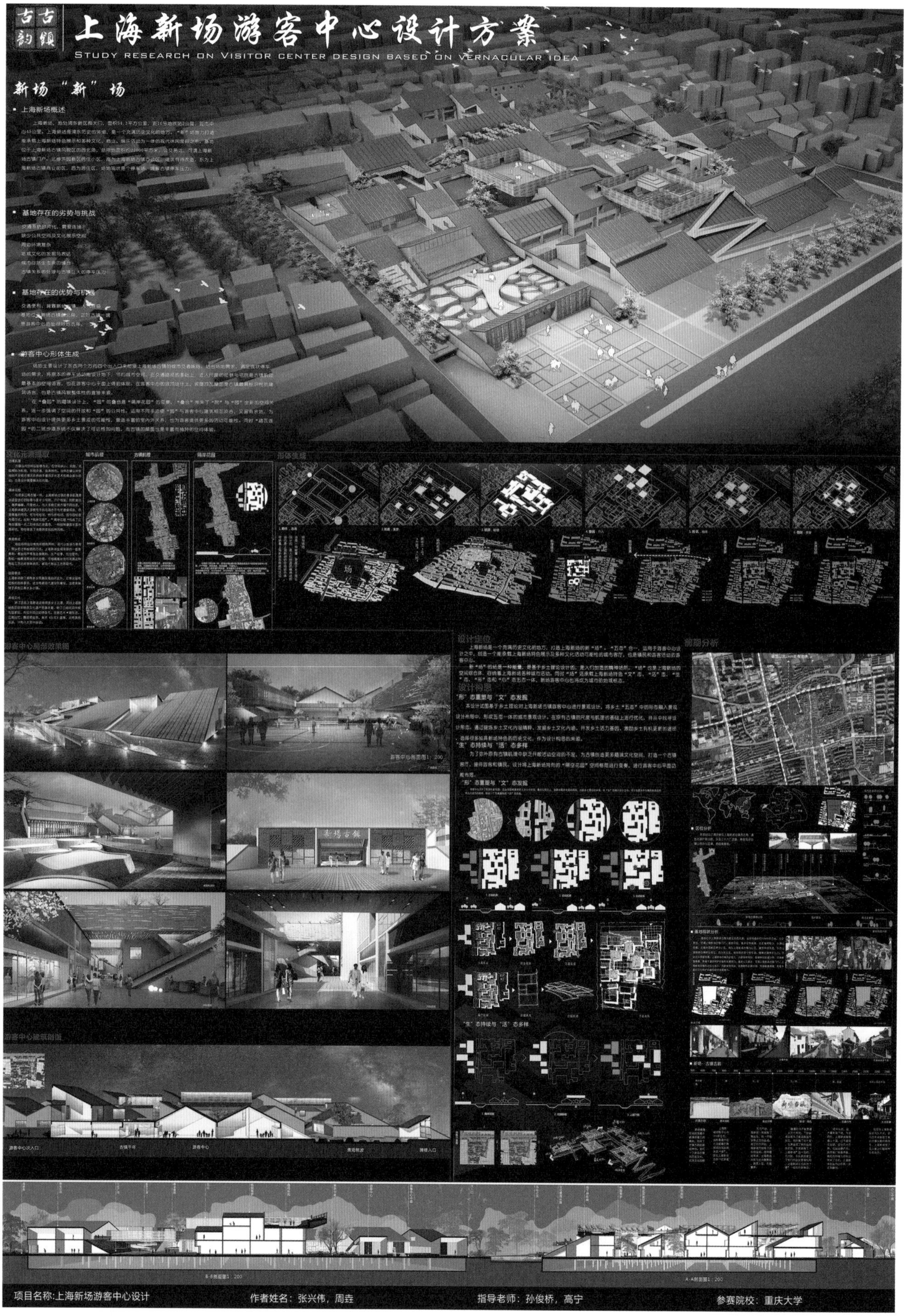

学校：重庆大学艺术学院设计系　指导老师：孙俊桥　高宁　学生：周垚　张兴伟

上海新场游客中心设计方案

STUDY RESEARCH ON VISITOR CENTER DESIGN BASED ON VERNACULAR IDEA

设计说明：

上海新场游客中心景观设计最终的成果结合了乡土理论的"五态"，运用乡土"五态"的设计原则和设计策略，游客中心景观设计从生态、文态、形态、活态和心态五个方面进行植入，乡土理论下打造"六园八院"的平面布局，也为上海新场古镇提供了一个新"场"。

从功能上，上海新场游客中心景观设计分区包括游客中心、煮海煎波、古镇千年、桃园青梦、新艺之场、文化广场、古艺今生和茶馨竹韵等，共同构成一个城市乡土"五态"系统。从鸟瞰图上看，形上海新场游客中心与周边融为一体，传统与现代相结合，高低错落有致的古镇空间设计，是人们活动与交流的良好场所。

上下两层交通错落有致，在瓦山之上又添加一道独特的风景线。平面布局分布合理，将原本停车场的功能设计与游客中心地下，为城市创造良好的界面。游客中心建筑设计在场地的东面，顺应场地需求，办公区分布在南部，与现代办公区相融合。

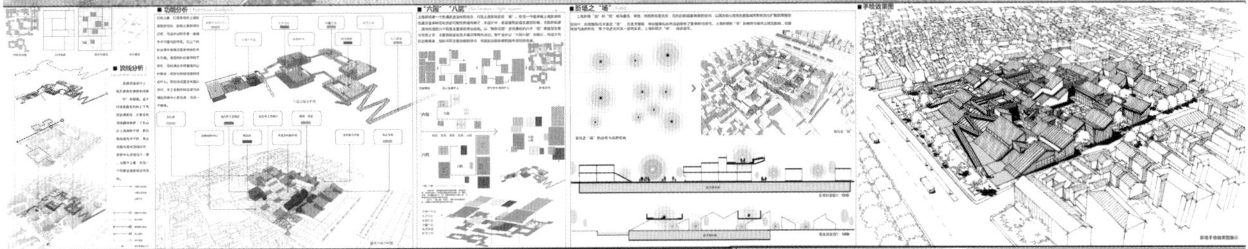

■总平面图

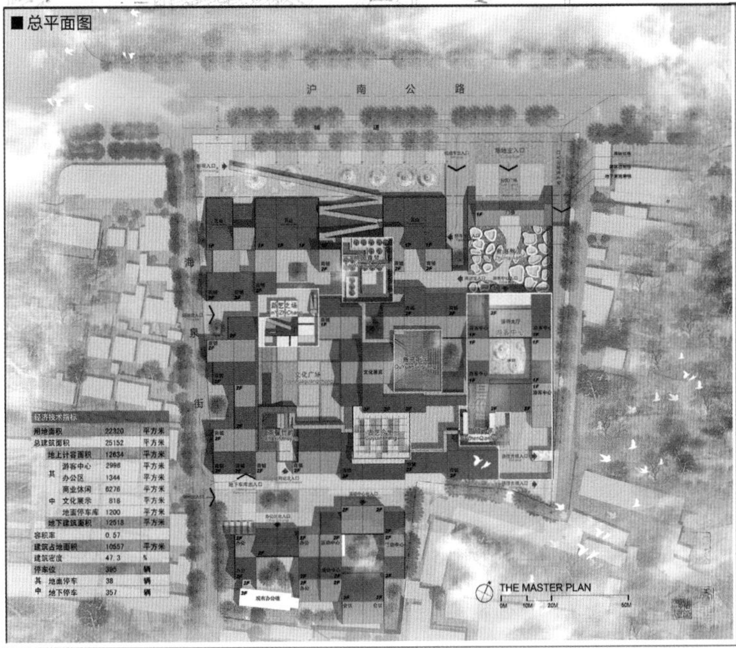

经济技术指标

用地面积		22320	平方米
总建筑面积		25152	平方米
	地上计容面积	12634	平方米
其中	游客中心	2996	平方米
	办公区	1344	平方米
	商业休闲	6276	平方米
	文化展示	818	平方米
	地面停车库	1200	平方米
	地下建筑面积	12518	平方米
容积率		0.57	
建筑占地面积		10557	平方米
建筑密度		47.3	%
停车位		395	辆
其中	地面停车	38	辆
	地下停车	357	辆

■手工模型效果图

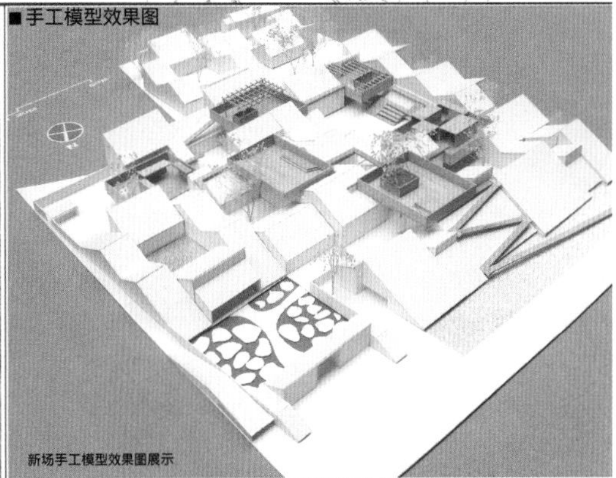

新场手工模型效果图展示

项目名称:上海新场游客中心设计　作者姓名：张兴伟，周垚　指导老师：孙俊桥，高宁　参赛院校：重庆大学

学校：中央美术学院　　指导老师：苏勇　程启明　刘文豹　　学生：贺紫瑶

味觉工厂
——基于重庆黄桷坪味觉印象的空间情境营造
Taste Factory
——Construction of spatial situation based on taste impression of Huang Jue Ping in Chongqing

▓▓▓ 情境营造 / 第三情境 味觉制作——味觉制作器

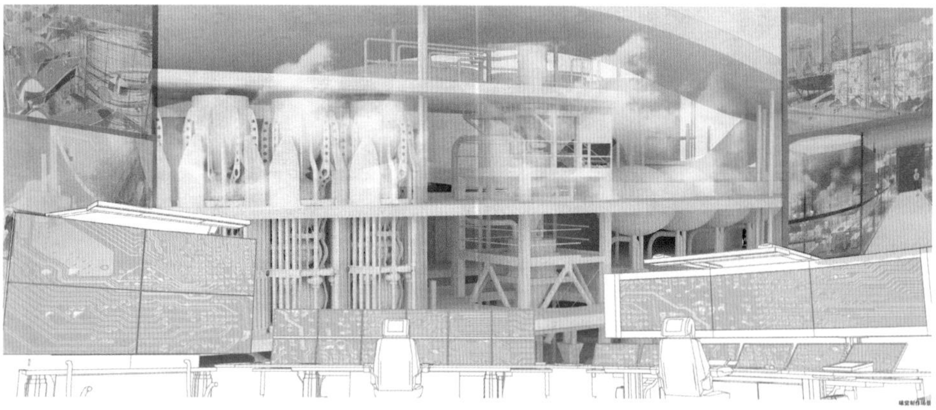

第三情境提取重庆山城和重庆森林的意向，并结合场地轨道形态，生成两条条状坡屋顶。

以黄桷坪特色火锅和茶馆"茶"为制作内容，面向制作体验人群，通过山城条形体验馆—火锅制作体验与茶制作体验制作，进行味觉制作体验，并穿插味觉图书馆、味觉剧场等功能。通过味觉制作实现重庆黄桷坪味觉的升华，游客可体验当地特色制作并带走。

条状建筑通过核心筒承重，通过核心筒和楼梯组织交通。

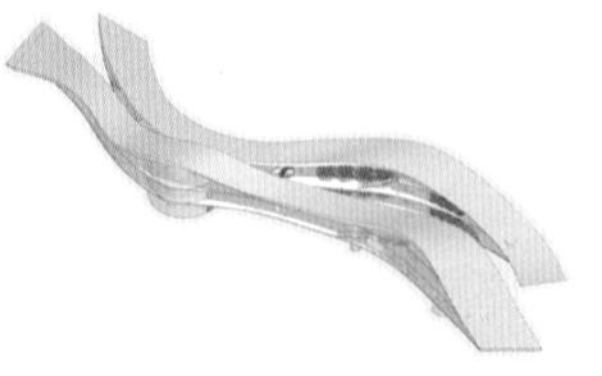

采茶　　萎凋　　杀青　　揉捻　　晒青　　称重　　压制　　晾干　　包装

选料　　配料　　初加工　　炼油　　投料　　长火　　固色　　冷却　　发酵

▓▓▓ 味觉联结 体量联结 / 味觉联结 / 意向联结 / 人群联结

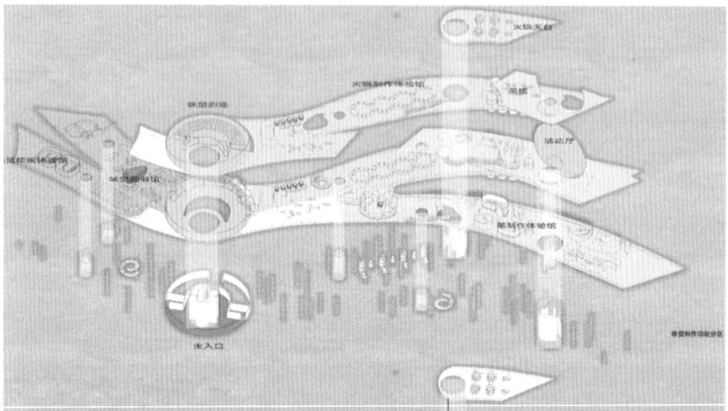

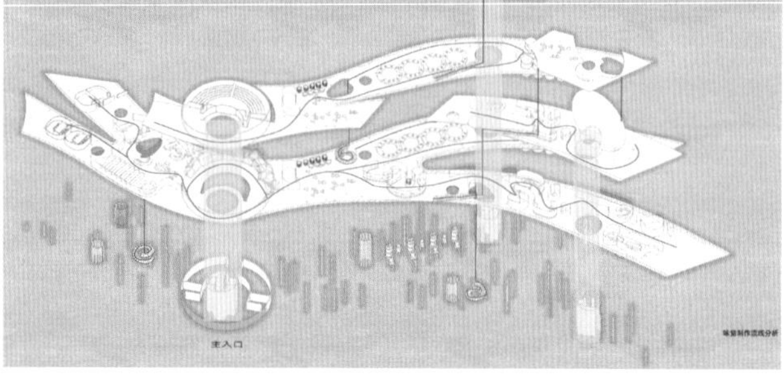

味觉联结：
味觉工厂通过建筑柱状森林空间、坡状草坪屋顶与城市绿网联结，通过立体交通将味觉提取、味觉混合和味觉制作三个情境进行联结，将三个部分的观展、餐饮、体验人群进行联结，通过艺术手段与黄桷坪涂鸦街、工业艺术进行联结。

学校：合肥工业大学建筑与艺术学院　指导老师：李早　学生：徐怡然　袁美伦

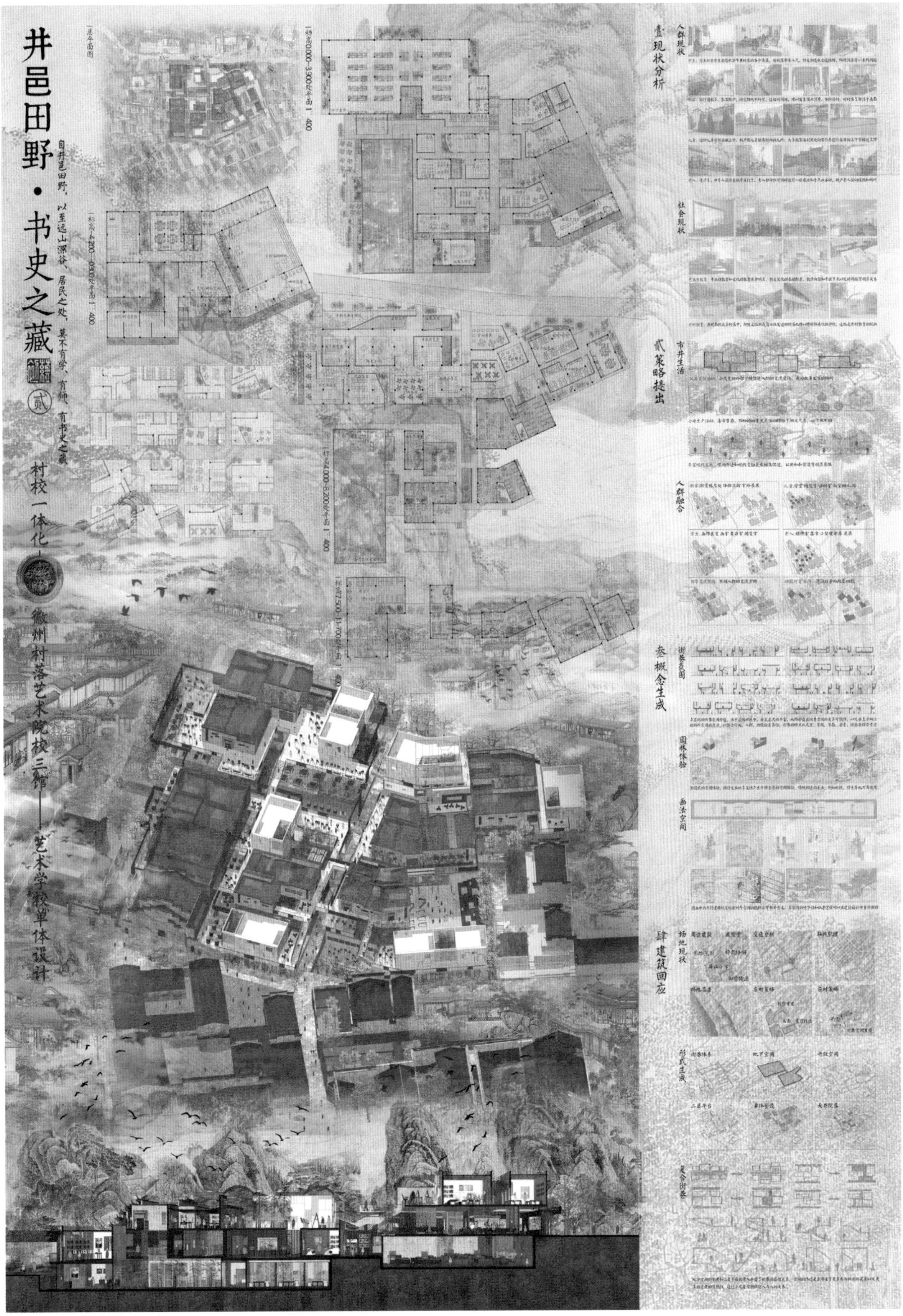

学校：宁波大学科学技术学院设计艺术学院　指导老师：张逸　查波　陈忆　吴宗勋　学生：张蕊　朱珈媛　陈琳漪　徐雷恩

出世间——象山渔师禅寺改造现代祭祖文化空间设计

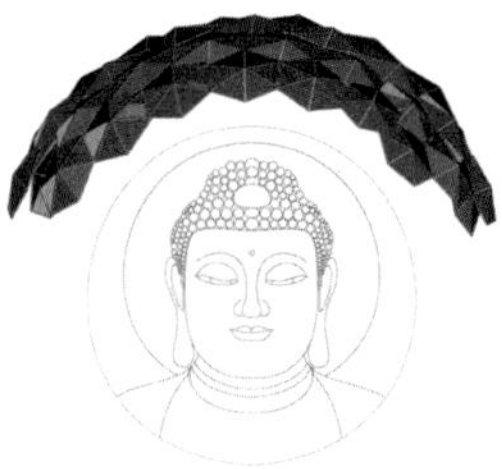

门的造型设计形似佛头，在通过叩门的环节，仿佛经过思想的洗礼，有仪式感。

佛教有“花开见佛性”之说，这里的花即指莲花，也就是莲的智慧和境界。佛教把莲花看成圣洁之花，以莲喻佛，象征菩萨在生死烦恼中出生，而不为生死烦恼所干扰。

《阿弥陀佛》中记载众生若得善报，不再坠入轮回，得以往生极乐世界，会有观音手持莲花迎接，往生者就在莲花里“化生”为极乐世界的一员。提取莲花的外形作为建筑的外观。将纳骨的功能放在莲花的中心，以纳骨为重点由密到疏向外扩展。

效果展示—Results show

大门效果图

祭台效果图

叩门效果图

焚香巡酒效果图

制作区效果图

净手更衣效果图

贰

学校：湖北美术学院环境艺术设计系　指导老师：梁竞云　向明炎　晏以晴　学生：刘一波　刘柏傲　戚炳武　严海威

“桃花岛”——东湖绿道·白马洲头景观规划概念设计

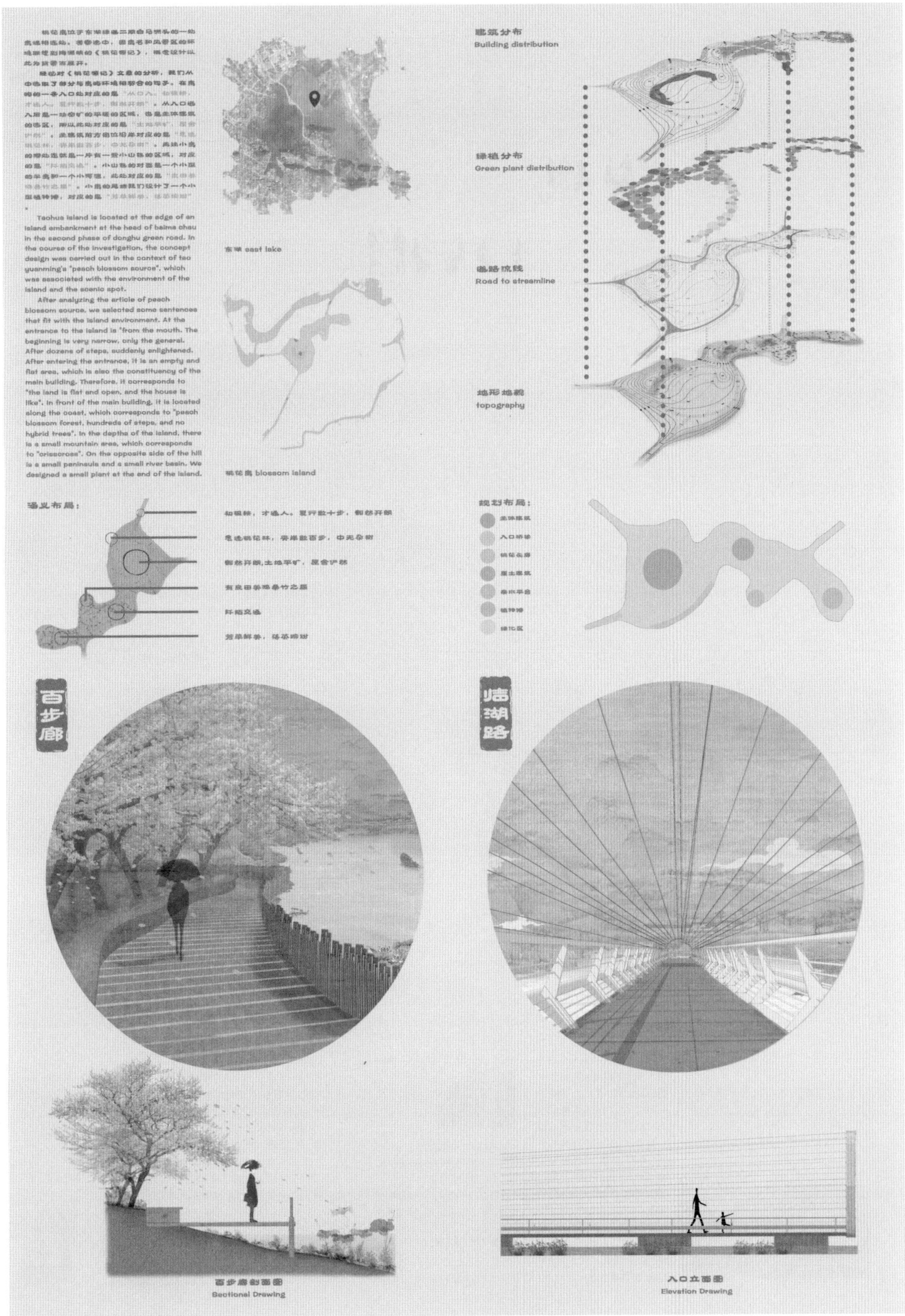

学校：西南民族大学城市规划与建筑学院　　指导老师：华益　毛刚　　学生：许林峰

艺术家与设计师
"传统唐卡艺术家"与"当代商业设计师"的合作，发掘当地的艺术特色。

艺术家与设计师
"传统唐卡艺术家"与"当代商业设计师"的商讨创新产品设计：用现代设计结合唐卡艺术，制作以当地风景为基础的日用品。

城里人
因为创新唐卡工艺品的图案宣传当地风景，给城里人了解到松岗村是个很好的旅游胜地和写生胜地，也可以加入村民制作唐卡工艺品。

艺术家与设计师与村民
培训村民学习传统与现代商业结合的该"唐卡工艺"。

村民
村民用学来的创新唐卡工艺手工制作日用品或工艺品。

城里人
售卖"手工唐卡工艺品"到大城市。

毛巾，枕头，台灯等，上面都有当地碉楼的图案形象。
手工产品

文案策划

设计说明：
在当代社会、经济与文化要素急速转型的背景下，民族地区传统聚落现有的物质空间结构、特别是历史文化和开放空间等要素也面临着转型与重构的要求。本设计着重于马尔康市松岗土司官邸遗址的复兴，根植于当地的文化空间特色，以唐卡为切入点，在做好文案策划的情况下，做了整个山脉的总体设计，最终再选择其中的"唐卡艺术馆"进行详细的建筑设计。

马尔康松岗土司官邸遗址复兴设计
唐卡·创艺部落
西南民族大学 许林峰

官寨废墟（攀爬坡道）
碉楼处（居民活动舞台）
山路（唐卡艺术馆）
天街（唐卡艺术工坊+艺术家工作室+居民活动室）
半山腰（民宿）

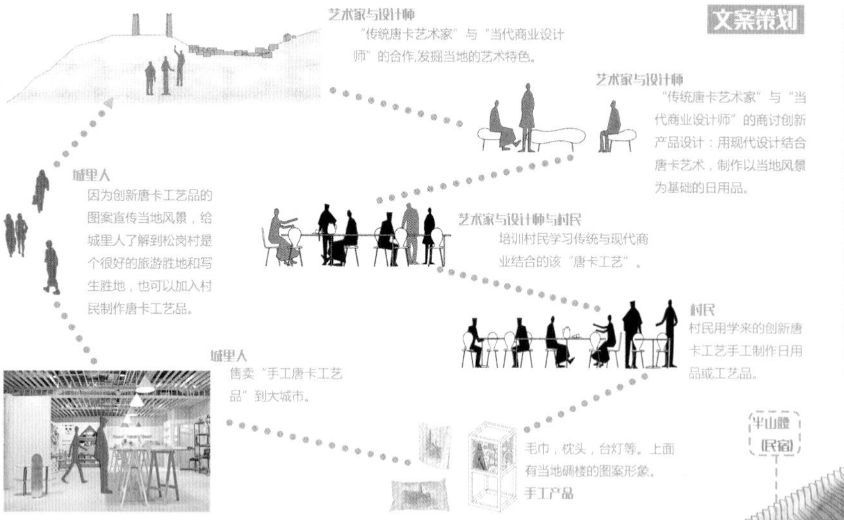

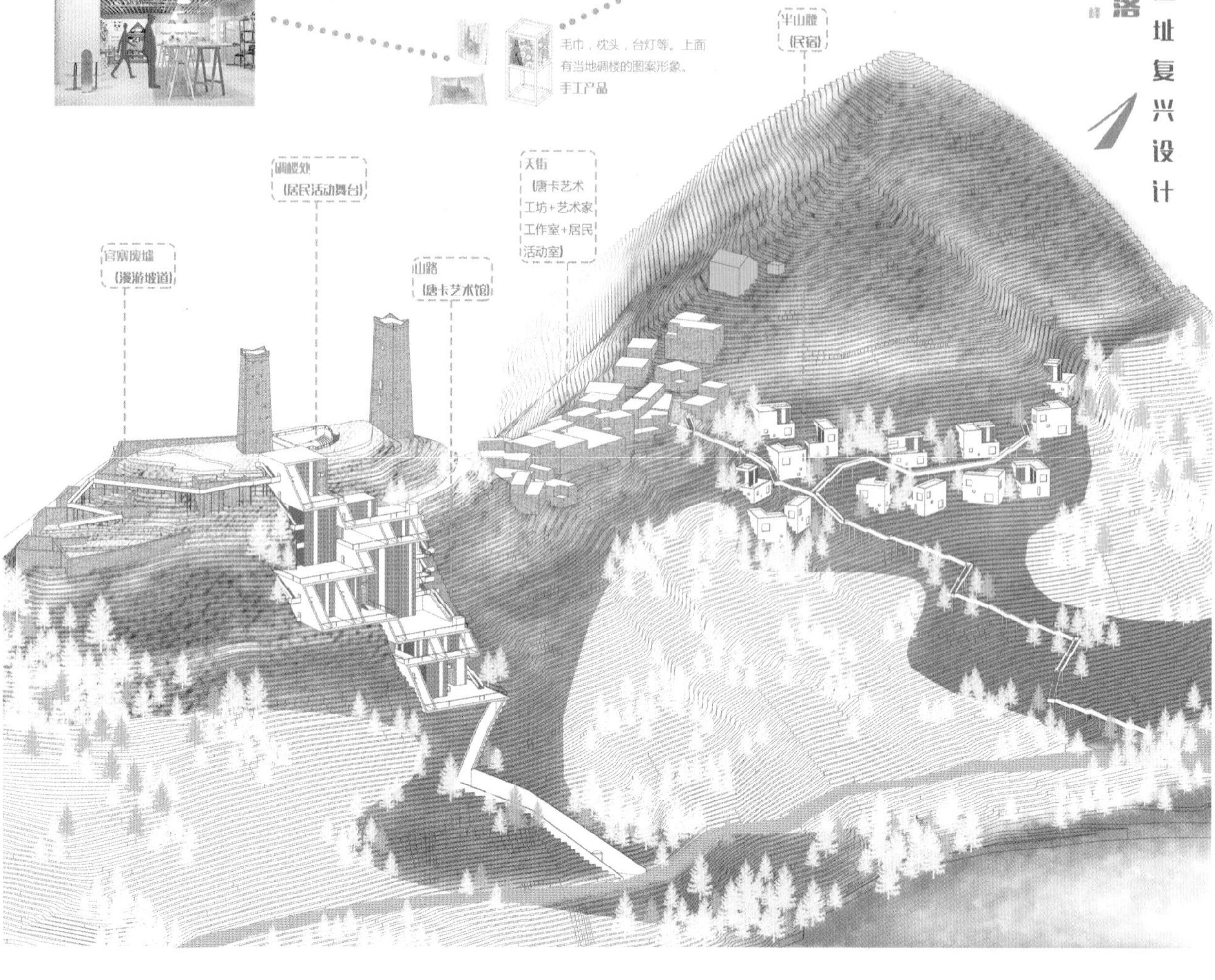

成都是唯一的一个联通松岗镇的大城市

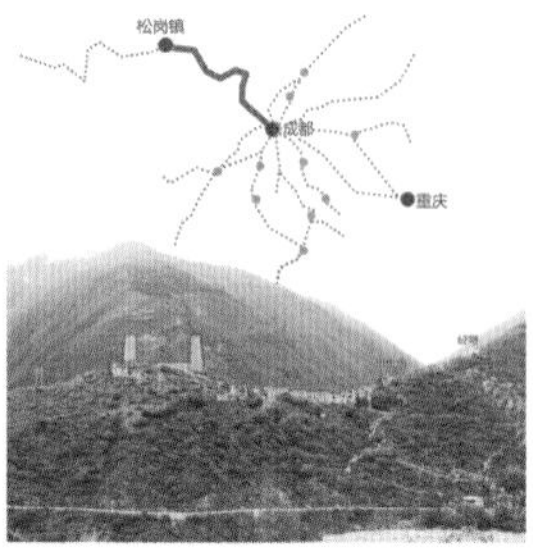

松岗土司官寨位于距马尔康县城15公里的松岗镇松岗村，梭磨河北岸的山梁上，海拔2620.05m，位于松岗镇至高点。过去这里居住头人和商贾，沿山脊两边筑石屋，中留小道，故名松岗街，自称"第二布达拉"。1936年左右，官寨被焚毁。仅存一些挡土墙的残迹。现有的两座碉楼为汶川地震后修复，因其特殊的地理位置和历史，松岗碉楼成为该地区最著名的标志性历史建筑。目前处于荒废状态。

马尔康有位"唐卡"传承人三郎罗尔伍：

"唐卡工艺"培训班组
2017年09月25日——马尔康举行2017唐卡画师培训；
2017年11月13日——马尔康藏族唐卡普及培训班在西南民族大学开办。

马尔康举办"唐卡展"
2016年08月20日——长征唐卡巡展及系列讲座走进马尔康；
2017年09月28日——2017马尔康锅庄文化旅游节唐卡展出；

松岗村村民现状：
村落里一共92户，316人，其中老人76人。
目前，大多数村里的青壮年长期外出打工，导致村里的老年人和妇女占比重较大。青年劳动力的流失使得当地的经济状况每况愈下，村子的生活氛围也越发冷清。居民的生活状态是早晨5-6点起床，太阳出来后绕着山路散布，下午进行打牌等休闲活动，晚上9点前睡觉。生活状态十分悠闲，但居民普遍反映希望通过旅游业发展经济，激活场地活力和生机。

精神信仰：
藏传佛教。每天都会有村民到山上的川主庙朝拜求平安。

学校：广州美术学院城市学院　指导老师：么冰儒　钟志军　学生：梁华勇　程明域

祥裕楼改造与再利用——金坑村村民活动中心

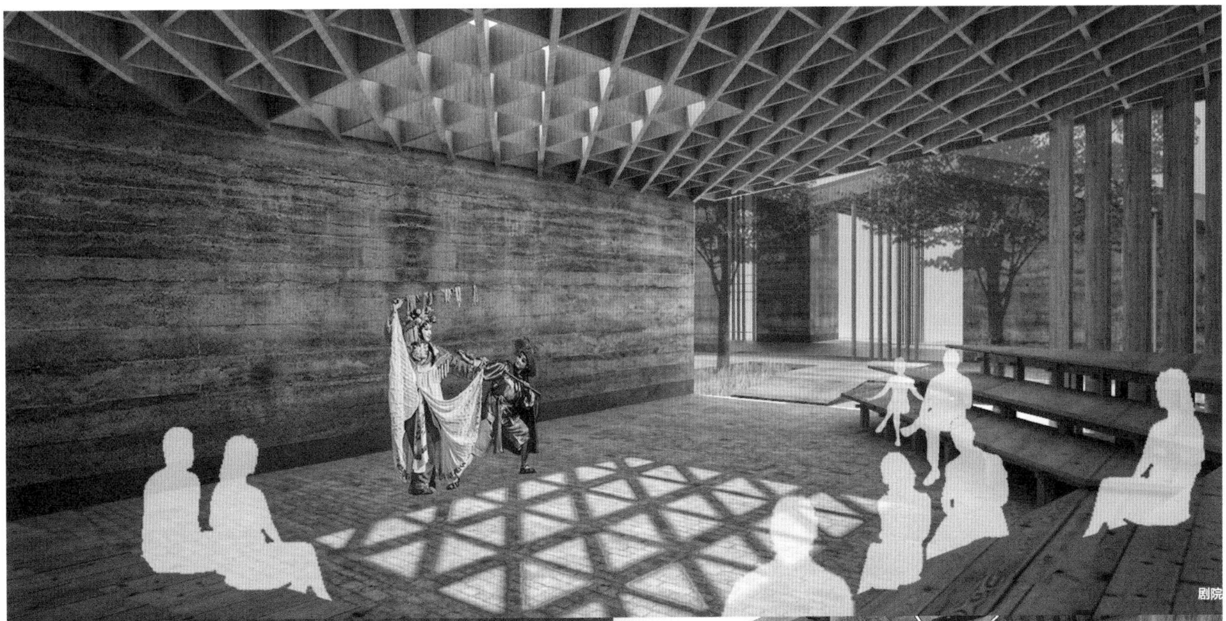

剧院

堂屋

棋牌室

办公室

居住建筑与空间

学校：广东工业大学艺术与设计学院　　指导老师：刘怿　　学生：林冕仕　李学谦　刘晨亮

暮年安居

——基于情感需求的老年人空间营造

项目概况

老龄化社会现象愈发严重，根据我国最新公布的数据中，我国老年人人口占总人口的比例高达71.3%，也就是2.41亿老年人人口数量。这样庞大的老年人人口数量，意味着在人群中，平均每5个人就有1个老年人！随着老龄化社会现象的加剧，引起了社会的高度关注，如何解决老年人的需求问题同时得到社会各方的关注，尤其老年人居住生活问题在当下老龄化视景中尤为关键的。设计中将老年人居住空间需求提出实际性的设计。

设计说明

"暮年安居"着眼于未来的适老化设计，探索在未来的建筑空间以及居住空间中如何更好地成为老年人生活的媒介、为老年人带来活力和便利。打破传统老年人生活空间的拘束和压迫感，创造能为老年人带来活力和希望的居住场所。同时，我们立足于老年人"主人翁"的角色意识，真正做到"暮年安居"的意义。

设计选址

深圳市，是一座非常年轻的城市，十多年前深圳的平均年龄是27岁，但今年有所上升。深圳的老龄化问题正在逐步显现，预计2020年深圳将进入老龄化城市。选址位于龙岗中心城西区，毗邻大运中心，周边配套设施完善，主干道以双向六车道为主，次干道以双向四车道为主，并配置双向侧人行道和绿化带。

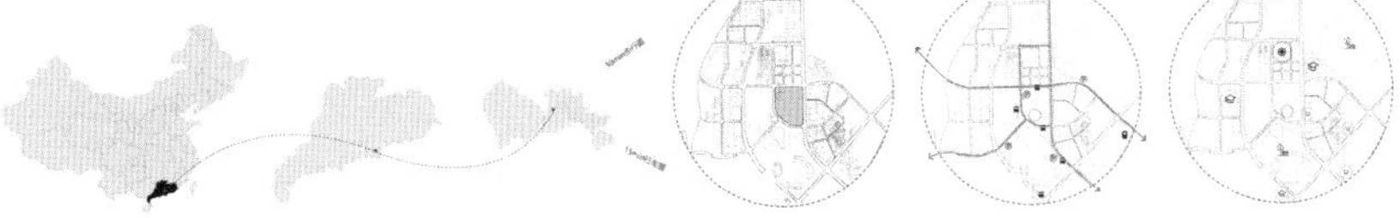

调查走访

调查研究发现，目前我国的养老院形式仍然以传统的养老院方式为主，老年人在养老院中，以被迫居住的心理状态为主，对于暮年生活，更多的是将就。除此之外，对于老年人热爱在居住周边的公园活动，反映了老年人对活动交流的需求和迫切愿望。

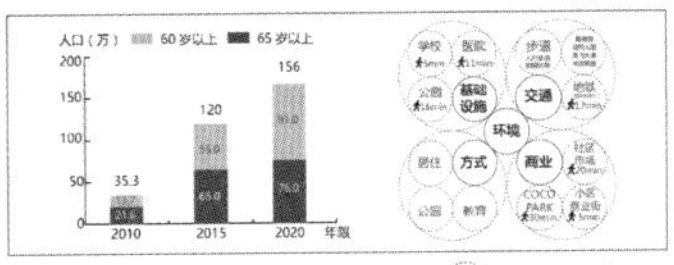

角色分析

情感系统

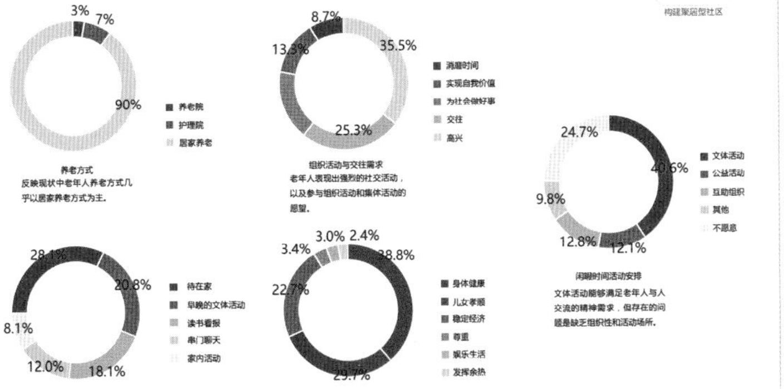

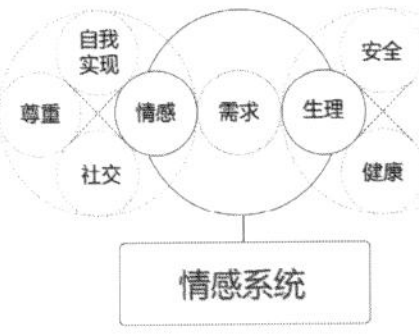

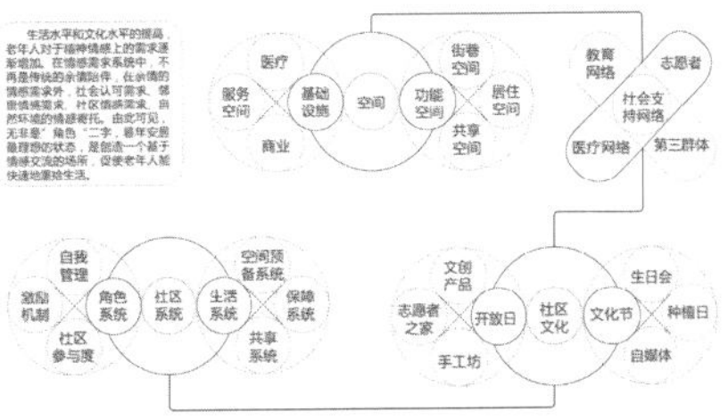

情感计划

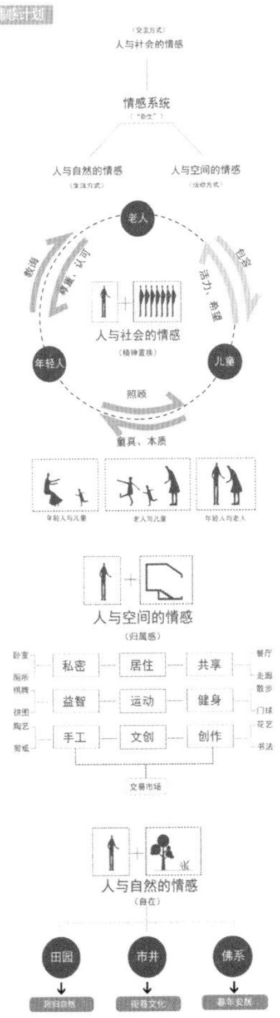

亚洲设计学年奖

金奖

学校：广东工业大学艺术与设计学院　指导老师：刘怿　学生：林冕仕　李学谦　刘晨亮

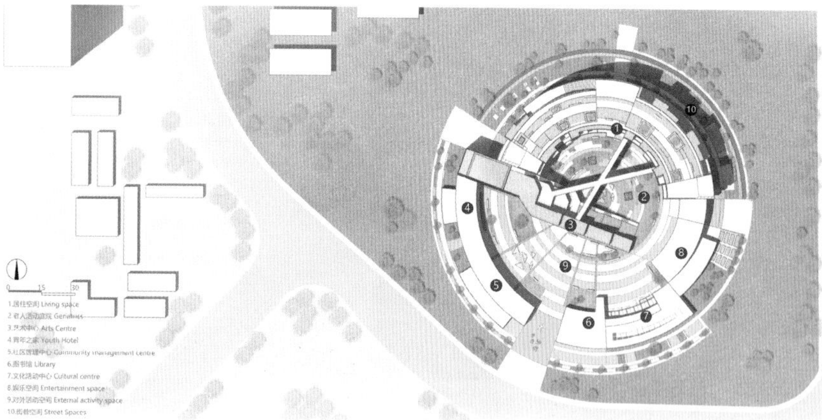

经济指标：

项目	项目	项目
总用地	㎡	28000
建筑占地面积	㎡	7500
建筑总面积	㎡	2900
总户数	户	168

社区系统

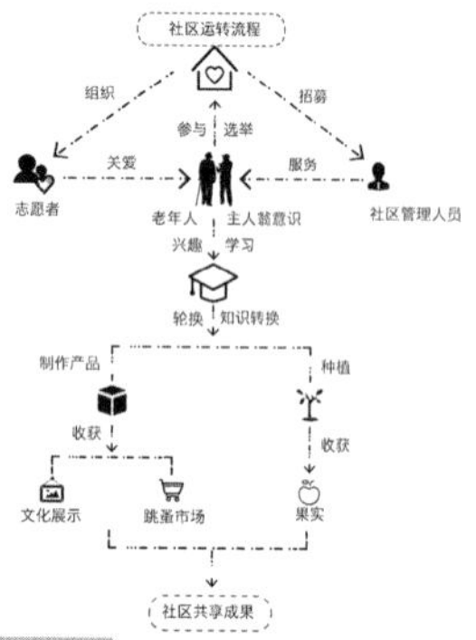

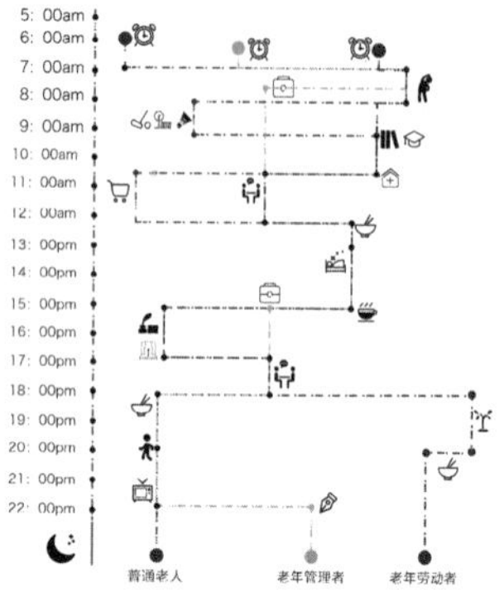

模式探索

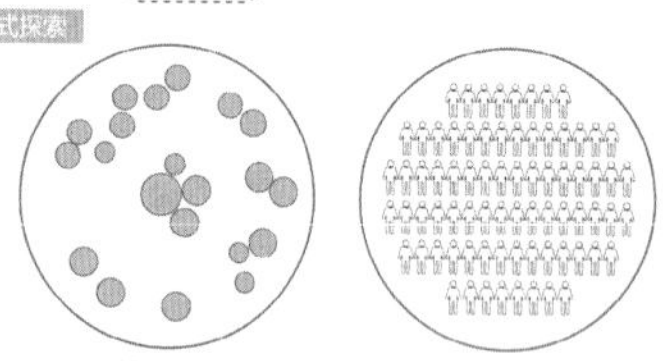

原始居住形态

优势：
　　向心性营造出内部的小社会，内部凝聚力强大。

劣势：
　　极度封闭的空间，对外交流性差，缺乏与外部环境的交流和互动。个人私密度随着集中交合的居住状态而消失。

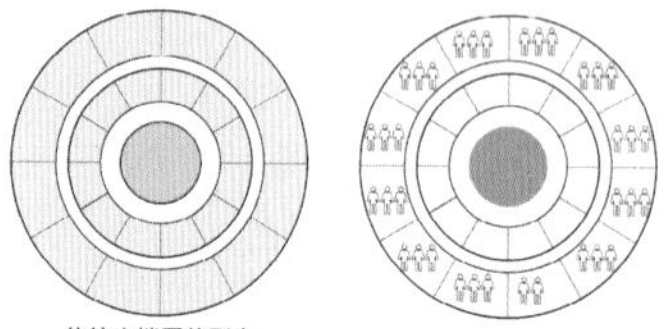

传统土楼居住形态

优势：
　　向心性形态，家族性质突出，故具有强烈的凝聚力和明显的邻里亲和力。

劣势：
　　历史原因影响下，存在对外部恶劣环境的屏蔽作用，同时也隔绝了外部环境的交流，内部空间缺少新活力的加入。

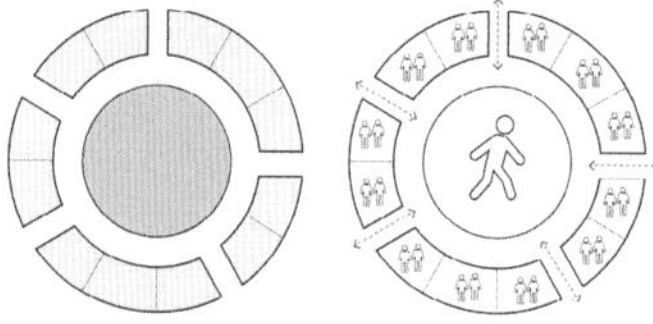

实践形态

优势：
　　开放形态，以适应未来老年人的情感需求及生活需求，保持传统居住形态的邻里关系和社区凝聚力。

劣势：
　　开放形态下，老年人内部生活存在一定的安全隐患。应将社区分成内外的功能区，并做好安全保障系统。

建筑演变

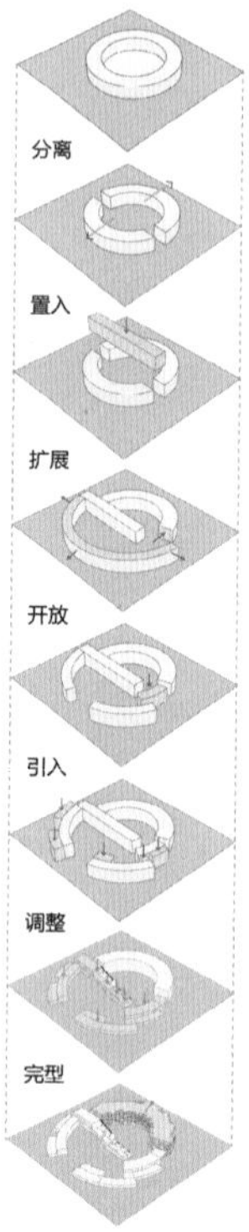

轴测图

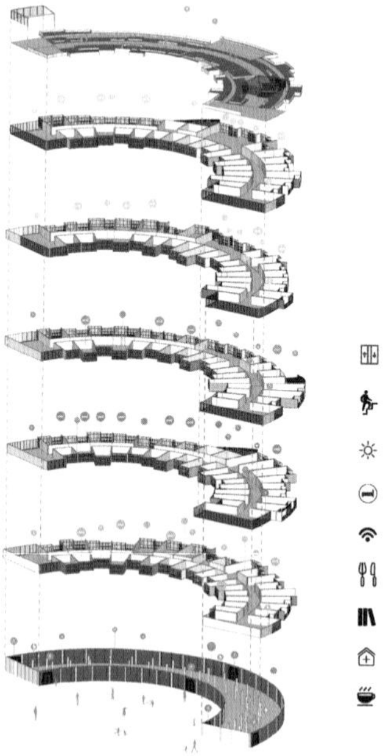

艺术中心轴测图

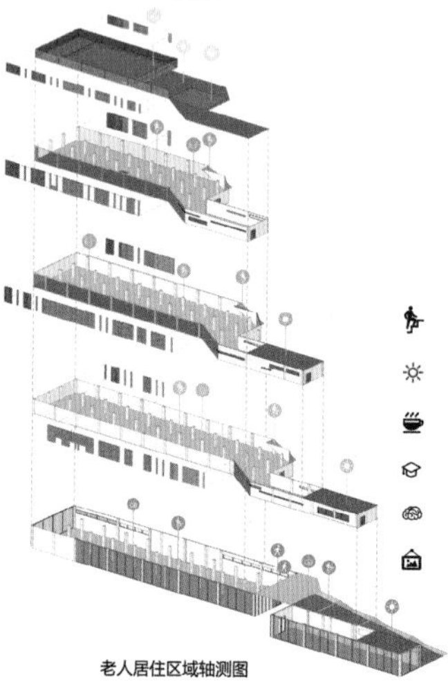

老人居住区域轴测图

建筑效果图

人流路线

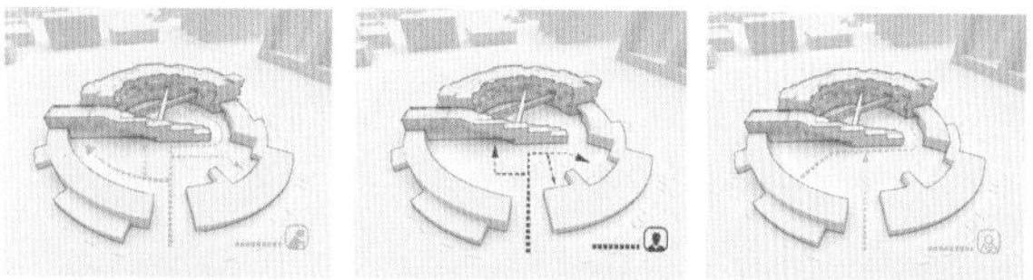

1.老年人/The elderly　2.外来人群/The third group　3.志愿者/Volunteer

建筑立面图

学校：广东工业大学艺术与设计学院　指导老师：刘怿　学生：林冕仕　李学谦　刘晨亮

建筑效果图

建筑内庭院空间效果图

建筑内庭院空间效果图

通行便捷性分析——内庭院天桥+玻璃盒子交往空间

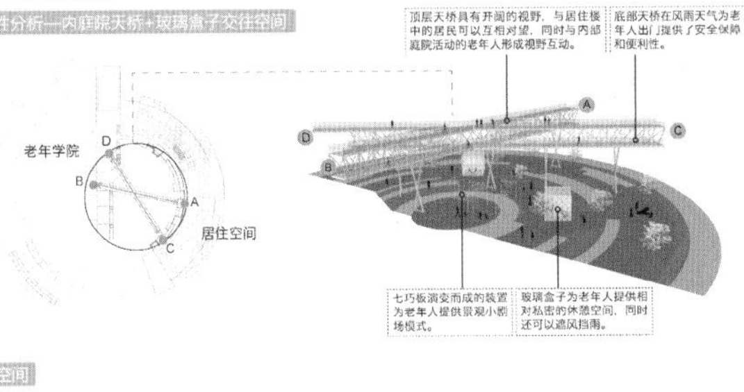
老年学院
居住空间
A
B
C
D
顶层天桥具有开阔的视野，与居住楼中的居民可以互相对望，同时与内部庭院活动的老年人形成视野互动。
底部天桥在风雨天气为老年人出门提供了安全保障和便利性。
七巧板演变而成的装置为老年人提供景观小剧场模式。
玻璃盒子为老年人提供相对私密的休憩空间，同时还可以遮风挡雨。

漫步道分析

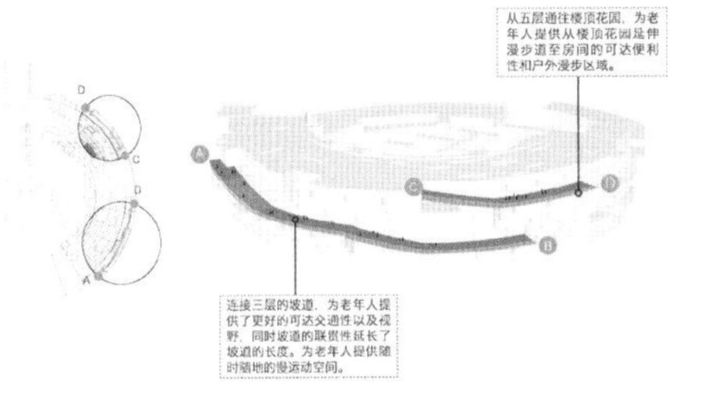

从五层通往楼顶花园，为老年人提供从楼顶花园延伸漫步道至房间的可达便利性和户外漫步区域。
连接三层的坡道，为老年人提供了更好的可达交通性以及视野，同时坡道的联贯性延长了坡道的长度。为老年人提供随时随地的慢运动空间。

重建街巷空间

街巷空间是生活所必须的交流空间，在老年人居住空间中，加入街巷空间的街巷要素，将居住空间的内部秩序渗透出来，形成街道的活力。

在老年人居住区内，我们将传统的平均形态居住空间打散，重新组合，形成错落的居住空间，错落的间隙空间中，我们剔除掉一部分居住空间留出来作为街巷空间和共享空间。在街巷空间中，加入传统街巷空间的元素，能让老年人走出房间，即可得到随处交流随时休息的场所。

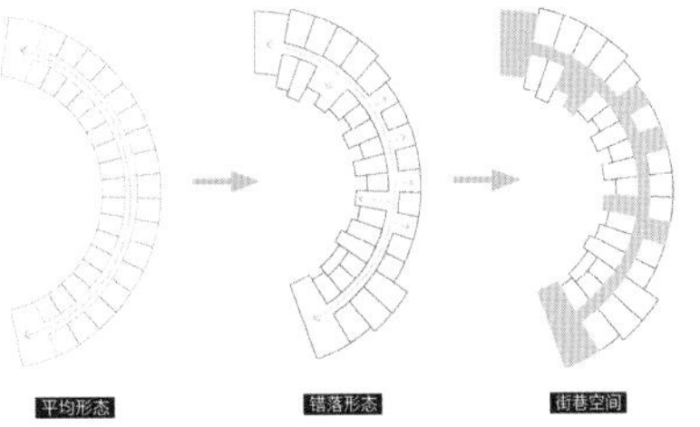
平均形态
错落形态
街巷空间

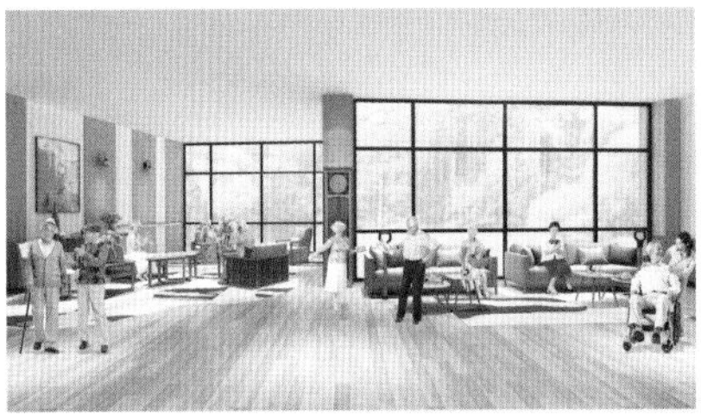

公共空间适老化设计

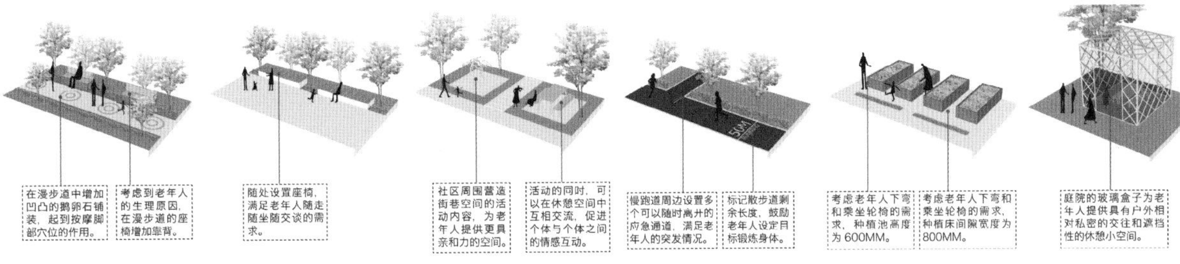
在漫步道中增加凹凸的鹅卵石铺装，起到按摩脚部穴位的作用。
考虑到老年人的生理原因，在漫步道的座椅增加靠背。
随处设置座椅，满足老年人随走随坐随交谈的需求。
社区周围营造街巷空间的活动内容，为老年人提供更具亲和力的空间。
活动的同时，可以在休憩空间中互相交流，促进个体与个体之间的情感互动。
慢跑道周边设置多个可以随时离开的应急通道，满足老年人的突发情况。
标记散步道剩余长度，鼓励老年人设定目标锻炼身体。
考虑老年人下弯和乘坐轮椅的需求，种植池高度为600MM。
考虑老年人下弯和乘坐轮椅的需求，种植床间隙宽度为800MM。
庭院的玻璃盒子为老年人提供具有户外相对私密的交往和遮挡性的休憩小空间。

亚洲设计学年奖

金奖

学校：广东工业大学艺术与设计学院　　指导老师：刘怿　　学生：林冕仕　李学谦　刘晨亮

室内空间适老化设计

预备级养老住宅标准：提出了养老住宅的最低预备标准。这一标准尝试权衡造价的所有要素，以适应使用助行器及轮椅的老年人的需求。在建筑方面的为轮椅访客作了初步的准备，例如较宽的门，空间充裕的起居、就餐空间和卫浴设计的多样可能性。

措施

1 无高差通行	
三层以上建筑设置电梯*或同等设备	预备
无高差、门槛、台阶（通常情况）	最佳
微小高差、半圆门槛（特殊情况）	≤ 2.0 cm
施工精确性要求(例如高差)	≤ 0.4 cm
2 空间充足	
通道、走廊－净宽	≥ 0.9-1.2 m
电梯－轿厢尺寸	≥ 1.00 × 1.25 m
房屋入口与住宅单元入户门宽度	≥ 0.90 m
门－净宽	≥ 0.80 m
住宅单元外部回转场地	≥ 1.20 × 1.20 m
住宅单元内部活动区域	≥ 0.90 × 1.20 m
适应性的浴室	≥ 1.70 × 2.35 m
阳台－使用面积，且进深 ≥ 1.2 m	≥ 3.0 m^2
附属/贮存间－住宅单元内部	≥ 0.60 × 1.20 m
无高差的步入式淋浴间. 最小使用面积另加活动面积	≥ 0.9 × 0.9 m
洗手台最佳尺寸	≈ 50 × 40 cm
3 根据需求的可适应性	
双侧扶手*	预备
适应性－轮椅可进入	√
坐便器 65-80 cm 深 以及、或侧面辅助起坐装置拉手固定件	预备
洗手台－下方轮椅可进入	预备
支撑与抓握拉手	预备
4 安全性	
助力装置(自动闭门器) 带动力标示	≤ 50 N
坡度（坡道、行走及停放区域）	≤ 12%
台阶（最大踢面高度/最小踏面进深）	≤ 18/27 cm
连续不间断的防滑扶手直径	Ø 2,5-4,5 cm
抓握与操作高度	85-105 cm
单独房间的窗台高度	≤ 60 cm
机械或电子开窗器与锁	预备
浴室－门向外开	√
多种定向措施（对比明显的构成设计）	预备
5 自动化与智能化	
自动闭门器或遥控器	预备
自动开门器	预备
自动遮阳	预备

户型

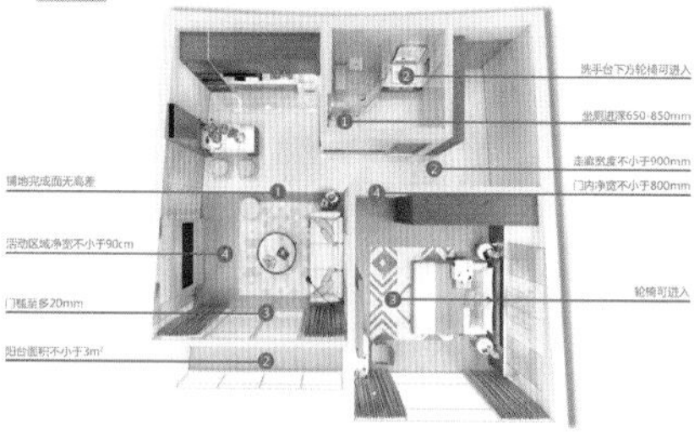

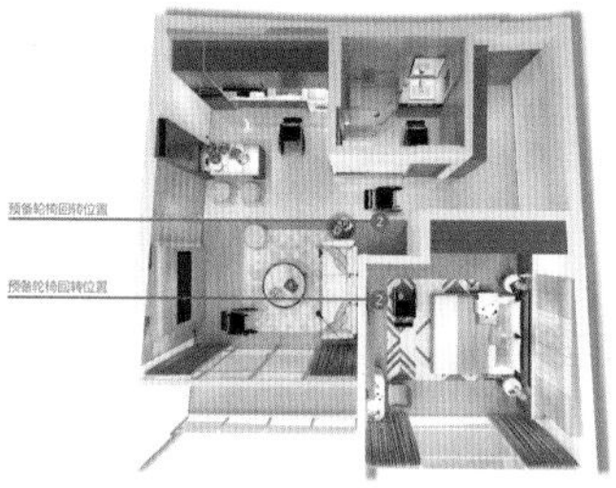

客厅效果图

卧室效果图

浴室效果图

大堂效果图

居住空间适老化设计针对老年人的通道、居室、厨房、卫生间等生活场所，以及家具配置、细节保护等做了一定的调整措施，以更利于老年人通行、如厕、洗澡、休息等日常生活，缓解老年人因生理机能变化导致的生活不适应，当然也更好地保护老年人收到人身伤害。

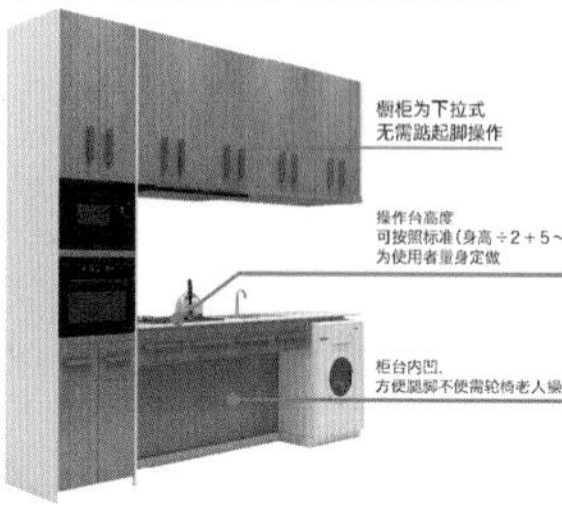

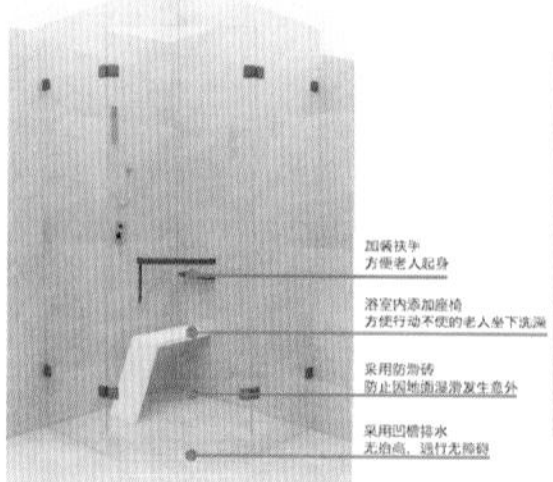

学校：广东工业大学艺术与设计学院　指导老师：刘怿　学生：林冕仕　李学谦　刘晨亮

儿童活动区效果图

老年学院效果图

室内空间适老化分析

（1）色彩辨识度：为了提高老年人在室内公共空间或者各楼层、各功能空间使用的空间辨识度，在方案中我们采用色彩区分的方法，达到空间的色彩区分目的，以提高老年人对空间的识辨度。同时，通过色彩能够丰富空间氛围感，为老年人提供温馨的活动环境。

❶　❷　❸

（2）辨识标记：为了更加明确空间的辨识度，除了使用色彩提高空间辨识度外，还在色彩的基础上，叠加符号、数字标识。通过符号、数字标识，更加提高空间的辨识度，为老年人提供更有辨识度的生活，也更利于老年人在感官能力下降后，仍然能清晰分辨空间的功能使用。

（3）安全设施：沿走廊设立圆形木扶手栏杆，保障老年人安全出行；在活动区域放置可移动的扶手，为老年人提供便利

记忆空间效果图

展厅空间效果图

建筑立面图

学校：安徽工业大学艺术与设计学院公共环境艺术系　指导老师：薛雨菲　学生：朱浩铭　张琼　胡波

漂泊者們

多元化城市外來工作者聚居社區調研分析——以新加坡老城區爲例

I 新時代背景下的選擇：遷徙、發展

新加坡是一个文化水平極高的多民族國家，總人口561万（截至2017年6月），主要有華人、馬來人、印度人三大族裔，分别占總人口的74.2%、13.3%、9.1%，三大移民族羣構成了社會主體的絶大部分。

進入21世紀，世界上200多个國家和地區，分布着近300个民族，這種現實狀况决定了當下絶大部分國家和地區都是由多个民族組成的，每一个多民族國家和地區都在致力于國家的統一和民族的融合。

國與國之間的聯系日益緊密使人們跨國難度大大降低，促進了人口流通的過程，文化多元化繁榮的表面下也使得各民族屬于自己的獨特風俗文化漸漸走向消失，由于各種原因滯留于異國他鄉的國際"漂泊者"們，在新的國家開啓了自己新的生活。

II 故事的開始：背景、項目定位

三十年前，余秋雨老先生旅居海外時所見所聞中將對中國文化的感悟提取出來，講述了在海外漂泊謀生的中華兒女對故土的思念寫下了（文化苦旅），在三十年后的今天，跨國工作者屢見不鮮，漂泊在外的勞動者們對自身的權益保護呼聲越發強烈。

[圖01-1全球人口遷徙頻率分布]

[圖01-2項目定位]

III 背景簡介：人口構成、多民族相互影響。

新加坡是一个文化水平極高的多民族國家，總人口561万（截至2017年6月），主要有華人、馬來人、印度人三大族裔，分别占總人口的74.2%、13.3%、9.1%三大移民族羣構成了社會主體的絶大部分。

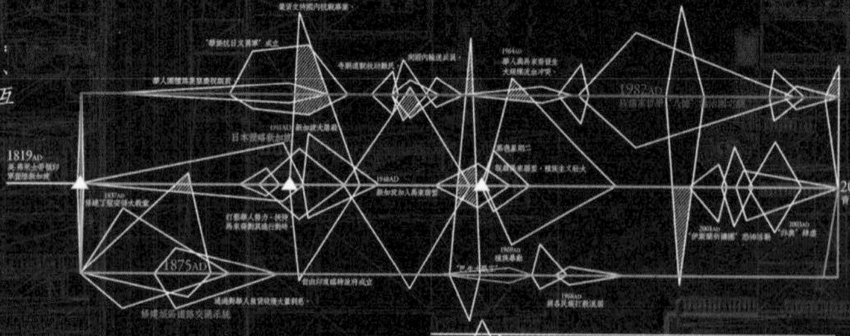

[圖01-3三大族羣]

[圖01-4文化碰撞歷史]

IV 新加坡勞工：生活&社區環境狀况。

作爲移民國家的新加坡，在吸收來自不同國家移民的過程中吸收各種文化，不僅加強了外來人口對本國文化的認可程度，也促進了不同文化之間的交流碰撞，在國際環境與内部調控的雙重環境下，爲自身文化的孕育提供了強大的動力，勞工不再作爲短暫的海外勞動者，而是整个社會大環境的及其重要一環。

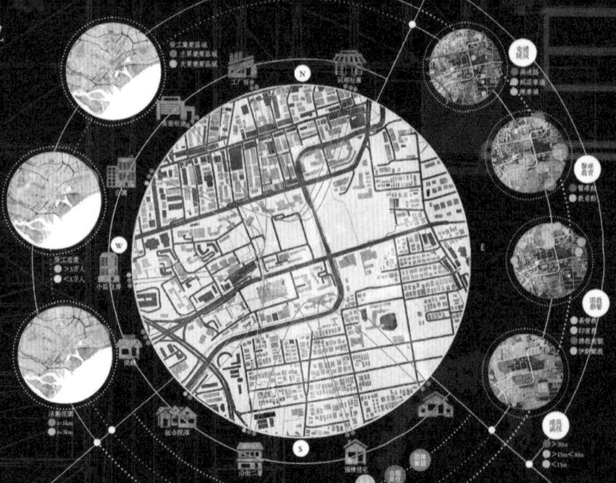

[圖01-5居民生活現狀]

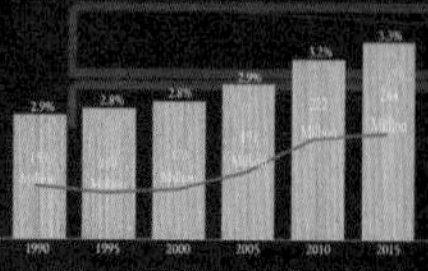

[圖01-6國際移民占世界人口比重]

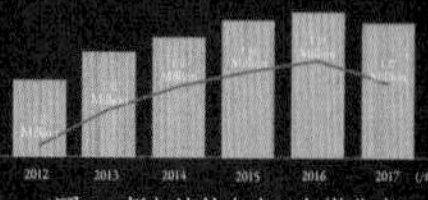

[圖01-7新加坡外來人口年變化率]

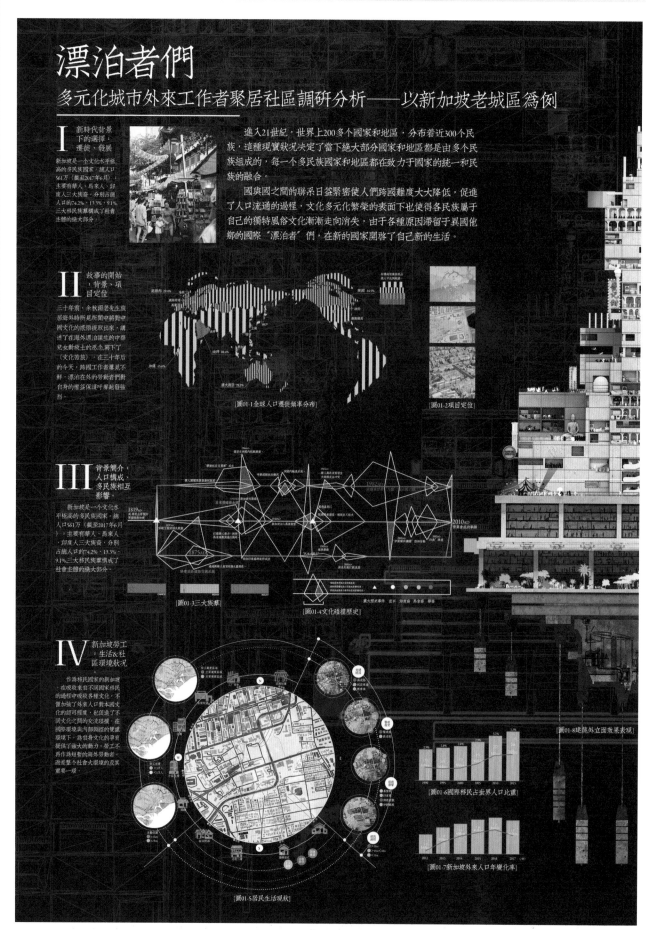

[圖01-8建筑外立面效果表現]

学校：金陵科技学院建筑工程学院建筑系　指导老师：刘琰　薛云　学生：许璟雯　郭培爽

『蜗居』现代共享居住区设计1

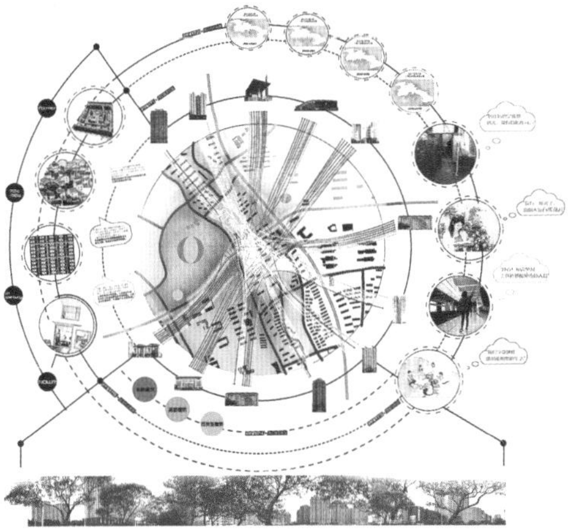

基地位于南京市江宁区龙眠大道与格致路交界口，紧靠其东北方向就是南京交院地铁站，可以通往南京城区各处，交通便利。此外，此地块还靠近文鼎广场商业区，可以满足居民日常生活所需。位于稍远处西北方向还有江宁区体育馆，体育馆备有健身房，可供居民健身休闲，也是十分便捷的设施。由此可见在此处开发住宅项目显得十分合适。另外此地区还有另一个重要的特点——位于大学城，也就是说附近很多即将毕业或是已经毕业的大学生很可能将成为此地区的首批业主，在居住区的规划上应主要考虑做出满足当今"90后"需求的生活空间。

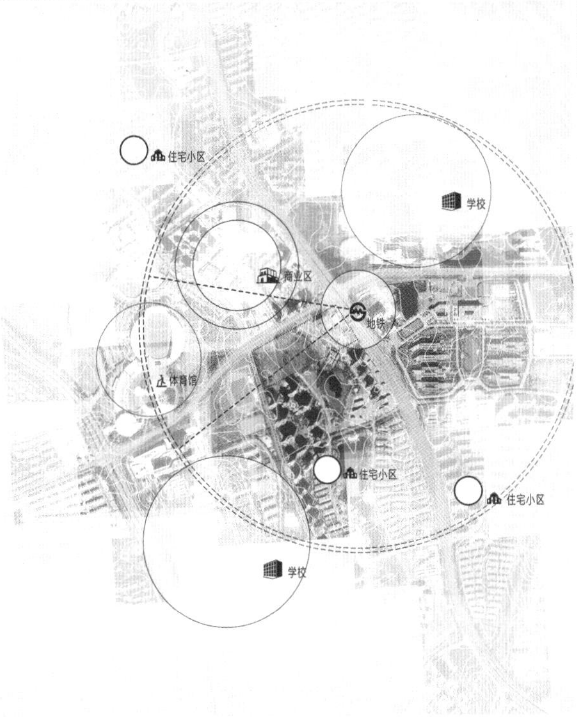

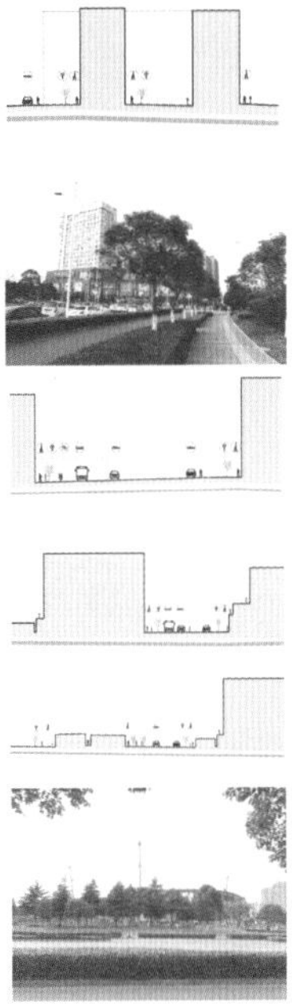

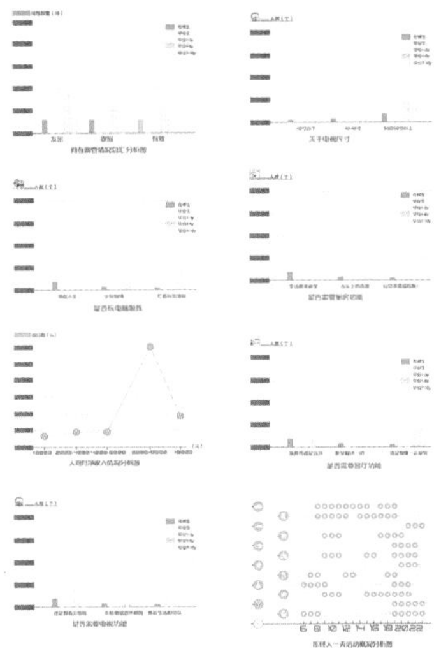

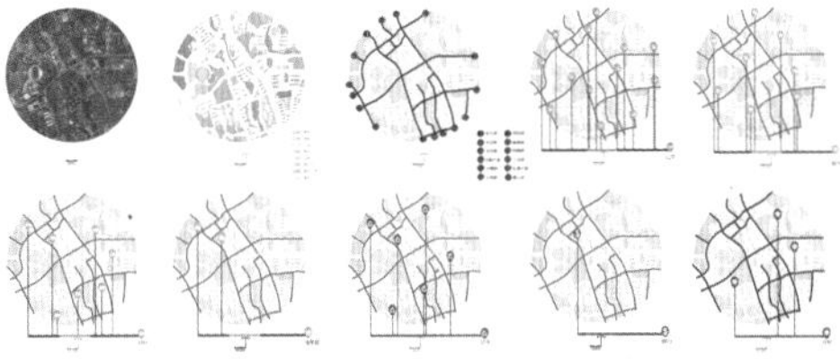

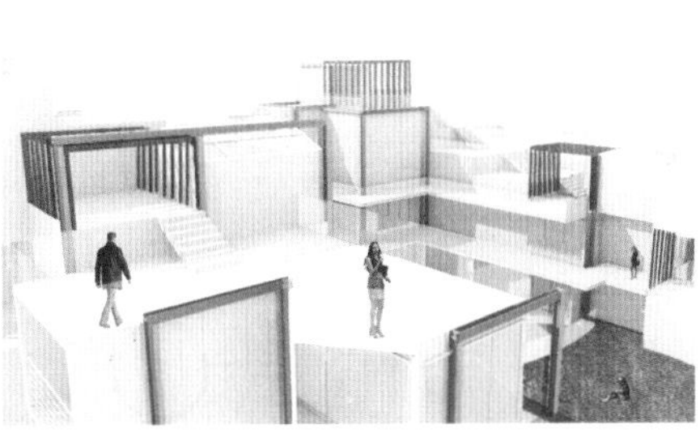

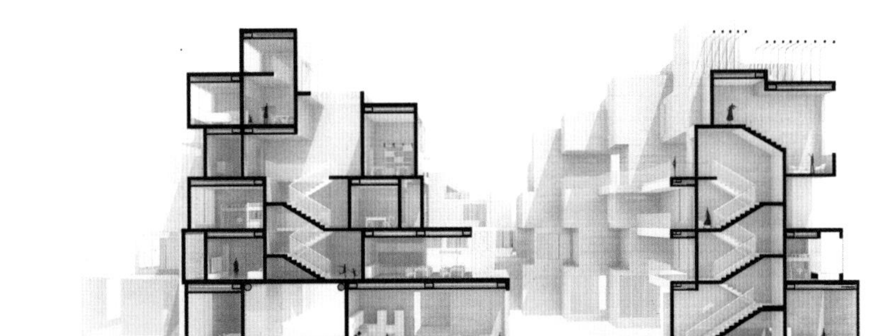

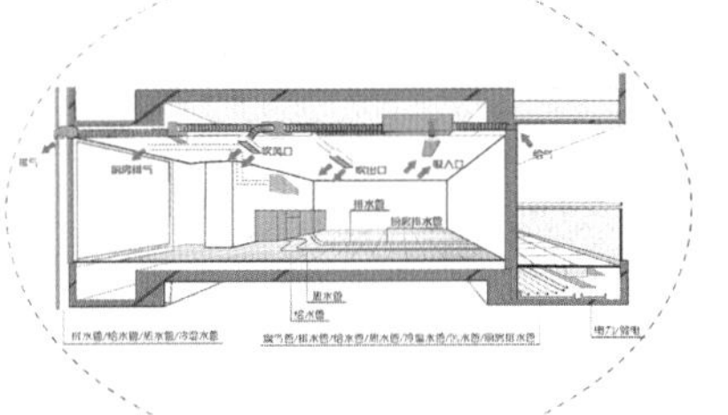

学校：福建工程学院建筑与城乡规划学院　　指导老师：高小倩　　学生：黄嘉智

设计课题背景 Base location and status quo

孟买历史上地理版图的扩张 The expansion of the geographical map in the history of Mumbai

孟买由最先的七个条条的岛屿组成。由于19世纪的填海行动，把7个岛屿连成一体。主要是形成现在的孟买城和孟买市政孟买区，孟买郊区及卫星城新孟买组成。1672 孟买的地图中线填充了原有的7个岛，横线填在填海区域，打直填充为后期扩张。因此孟买城的海拔相对较低，仅高出海平面5m。

Mumbai is composed of the seven original islands. As a result of the 19th reclamation, the seven islands were integrated into one, mainly the current Bombay City. Mumbai currently consists of Mumbai, Mumbai suburbs and the satellite city of Navi Mumbai. 1672 Map of Mumbai. The middle vertical line is filled with the original 7 islands, and the horizontal line fills in the reclamation area. Drilling fills the post-expansion zone. Therefore, the poster of Mumbai City is relatively low, only 5 m above sea level.

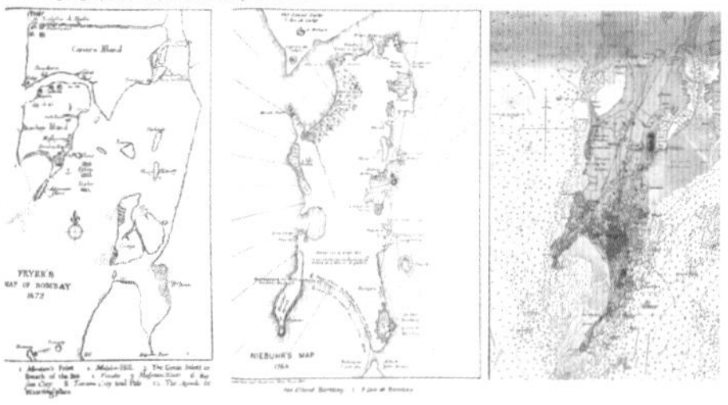

基地目前面临的挑战 The current challenges at the site

开放空间资源的短缺
shortage of public openspace

城市历史脉络的延续
threats to the historic and urban fabri

季度洪水泛滥与海平面上升
annual monsoon flooding and rising sea level

基地区位及现状 Base location and status quo

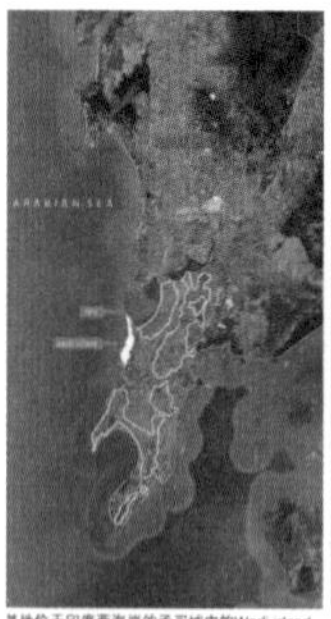

基地位于印度西海岸的孟买城中的Worli island
Base is located in Mumbai, West Coast of India

基地紧邻孟买中心城区，同时位于马哈姆湾的半岛上，处于城市边缘地带
Navi Mumbai City, Peninsula in Mahim Bay and At the edge of the city

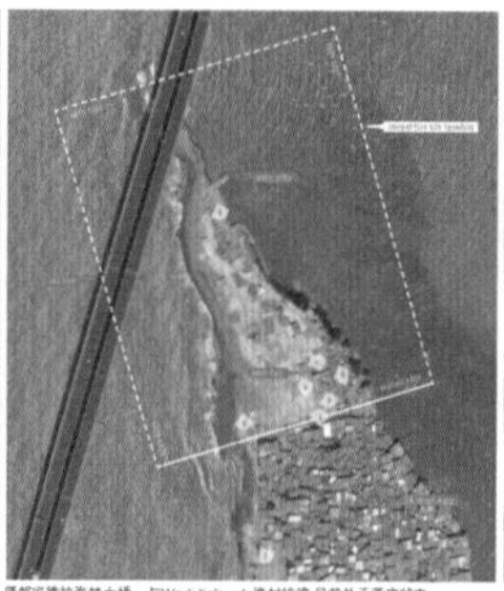

紧邻班德拉海湾大桥，与Worli Koliwada渔村接壤，目前处于荒废状态
Close to the Bandra Bridge, bordering the fishing village.Currently in a state of waste

RE-SIDE'S SIDE 2

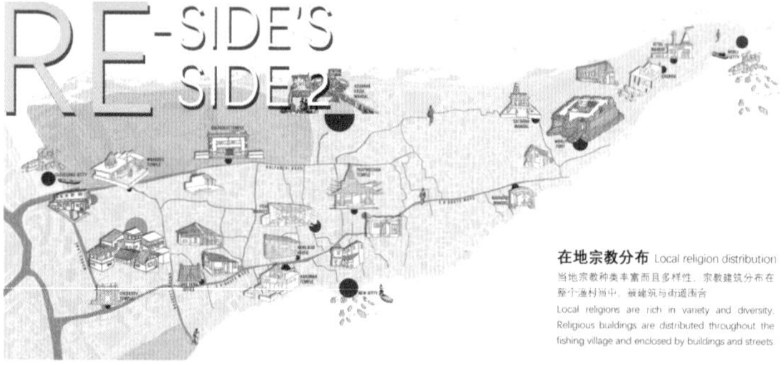

在地宗教分布 Local religion distribution

当地宗教种类丰富而且多样性，宗教建筑分布在整个渔村当中，被建筑与街道围宗

Local religions are rich in variety and diversity. Religious buildings are distributed throughout the fishing village and enclosed by buildings and streets.

渔期及节庆年历图 Fishing season and festivals calendar chart

文化和传统节庆是渔村真实的生活量级，不同的时期有不同的行为同时也对应不同的空间，年历表呈现着在一年四季轮回的渔业休渔状态以及节庆的分布。

Cultural and traditional festivals are presented in the real life of the fishing villages. Differents periods have different behaviors and correspond to different spaces. The annual calendar presents the state of fisheries arrest and the distribution of festivals in the cycle of the year.

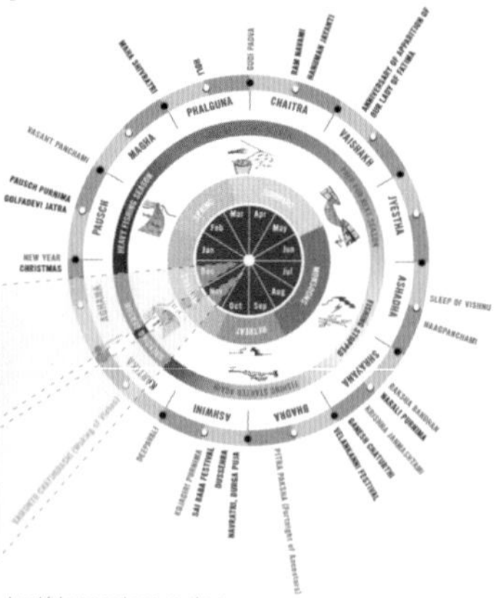

基地周边现有产业分布 Distribution of existing industries around the base

基地毗邻的渔村中，基地周边有晒鱼场、鱼市场、乳牛场各式各样的杂货铺等生活必需品店，有10多个印度庙及教堂，有多个垃圾回收处理场地。同时在基地内有Worli Fort古地以及一个小教堂，同时本地内有多个医疗服务中心及一个医院配套。

In the fishing village bordered by the base, there are sun dried fish farms, fish markets, dairy farms and other grocery stores.There are more than 10 Indian temples and churches and there are multiple garbage disposal and disposal sites. The base includes Worli Fort and a chapel. At the same time, there are multiple medical service centers and one hospital in the base.

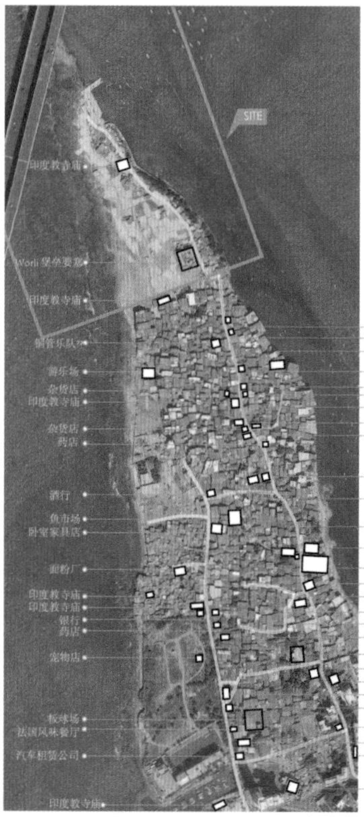

孟买都市计划 Mumbai Urban Planning

人口住房压力 Population housing pressure

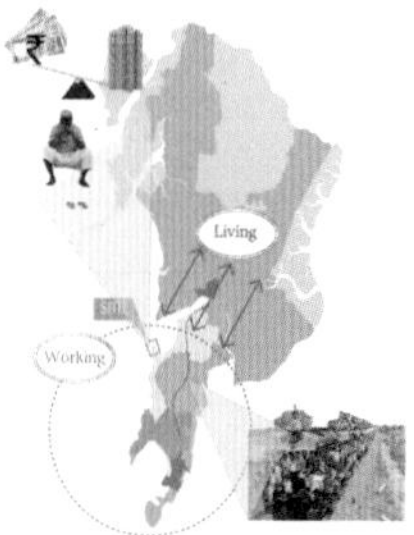

中心城区位于孟买南部，包括基地在内，多数人居住在贫民窟区往躲上层，同时基地周边贫民窟有10余人属性400多套房子，住房完全无法满足需求

Van s transport majority stock to market and homes.Fishing wrapped up for the day.

当地渔业及市场的作息 Local fisheries and markets of rest

DOCKS

Boats set sail, net are laid. Dinghys head out first.

Some fishermen procure catch from the Mumbai docks.Sell the variety available in Koliwada markets.

First batch of fresh sea catch brought in

Cleaning of nets and detangling, collecting fish

Catch sorted and sent off to market or drying yards

Bigger boas go next to span a wider,expansive net,these are motorized and employd different net types for catch diversity

Fish market opens.Fish from the Jetty.Docks sold here by Koli womenfolk.Active days Monday ,Wensday,Friday and weekends

Boats return from sea jetty forms first disembarking and sale point

The fish markrt is dominated by Koli women and have spaces allocated for sale by the Market Committee on rental basis.

Fish taken for drying, storing and selling in other markrts.Boats and allied equiment parked by Jeety.

 Fish markets closes for the day.Cleaning and maintenance of the market takes place

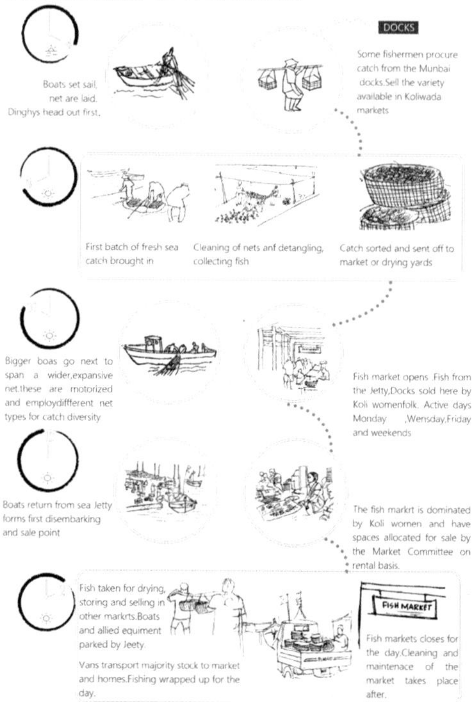

学校：长安大学建筑学院建筑学系 城乡规划系 环境设计系　　指导老师：刘伟　刘明　　学生：李文竹　黄思佳

经济技术指标：	
总用地面积	12159
总建筑面积	34455
地上建筑面积	27383
公寓面积	14100
总户数	309
办公面积	6094
商业面积	7189
地下建筑面积	7072
地下设备房面积	189
地下车库面积	6883
车位数	356
容积率	2.83
建筑密度	10.7%
绿地率	78%

设计主旨：

城市不是建筑物的简单铺排，建筑也不仅是各种使用空间的功能主义堆积；都市性是一种诗意的漫游，是一种对空间结构的体验。当人与建筑的互动交流中，对空间进行创造。基于对"宜居成都"的人居环境研究，在满足都市效率的基础上，创造诗意栖居的生活环境，打造一个集人的生活基本需求，如居住、办公、商业、休闲、运动等于一体的综合建筑设计。愿使用者在丰富多样的功能空间、郁郁葱葱的人居环境中享受生活。

 HILL CITY　城市"峰"景　**1**

—— 基于"安居成都"研究的城市综合体设计

URBAN COMPLEX DESIGN BASED ON THE STUDY OF RESIDE IN CHENGDU

基地现状

区位分析

地理位置
成都位于中国西部的中心位置，又是西部亚新的"门户"，又是连接西南、西北和华中三大区的天然纽带，有着优越的区位优势和交通条件。

交通优势
成都地处欧亚板块的中点，拥有我国中西部地区广阔的市场腹地、航空框纽、高铁框纽及公路框纽均为其昼日上的建设。

基地选择：
选址在成都近中心繁华区一个淡水湖都地段，紧邻都市核心繁华区，又有淡水自然环境，荟萃了城市标志物、住宅、绿地、河道、商业、公共服务设施等群设内容。

现状建筑分析

建筑性质分析图	交通站点分析图

建筑质量分析图	路网系统分析图

建筑高度分析图	公共空间系统分析图

场地定位

城市阳台

区域重要活力点
打造滨江活力带
还峰地予成华

成华公园

339商业

锦绣天府塔

研究方法

河流整理

建筑整理

地形

选取基地位于锦江两滨江地带，其西侧为成华公园，东侧为339商业街区，锦绣天府塔等设施。周边遍布居民住宅，选址于此试图打造"滨江泊线活力地带"，使公共服务功能成带状贯穿，同时保留了基地原址的居住功能。

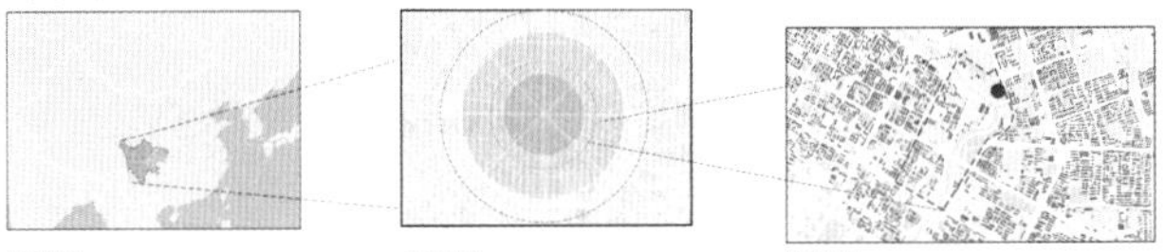

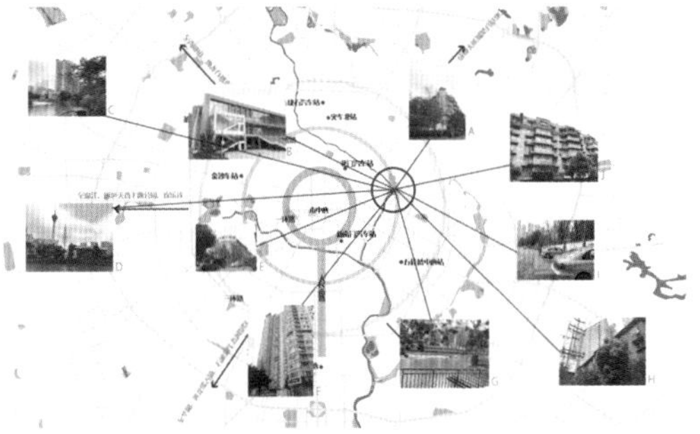

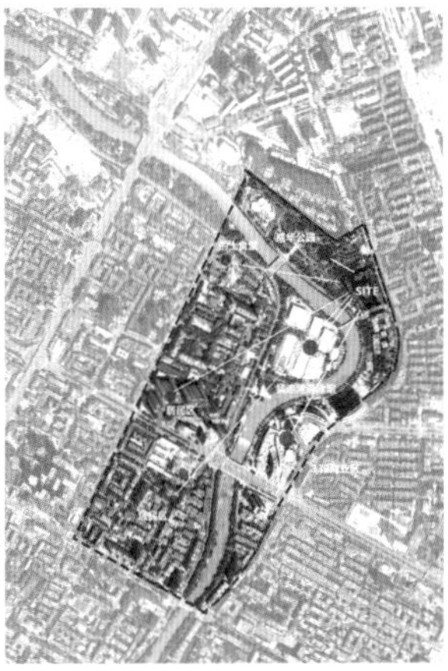

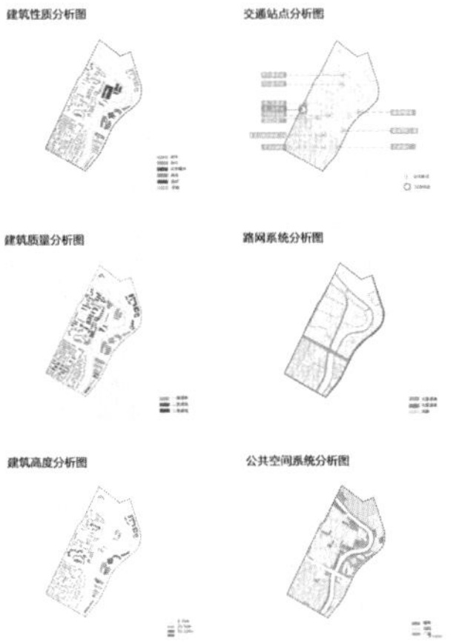

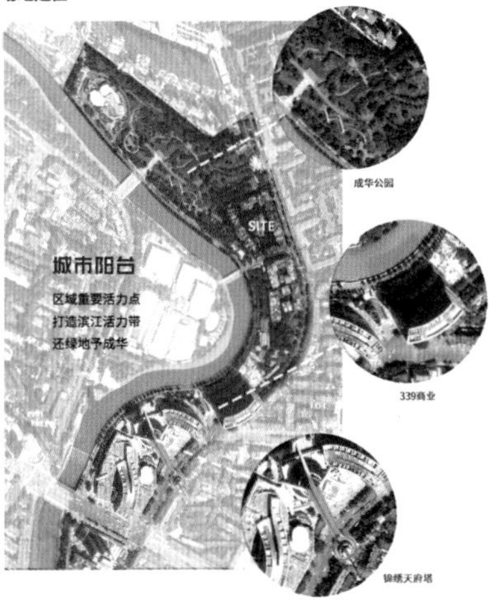

学校：长安大学建筑学院建筑学系 城乡规划系 环境设计系　　指导老师：刘伟　刘明　　学生：李文竹　黄思佳

HILL CITY 城市“峄”景 5

—— 基于“安居成都”研究的城市综合体设计

URBAN COMPLEX DESIGN BASED ON THE STUDY OF RESIDE IN CHENGDU

建筑结构分析图：

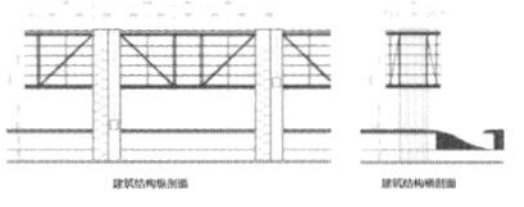

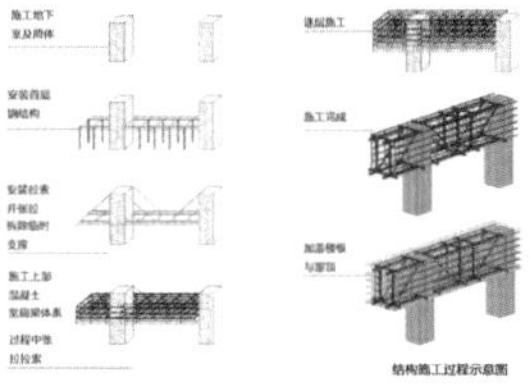

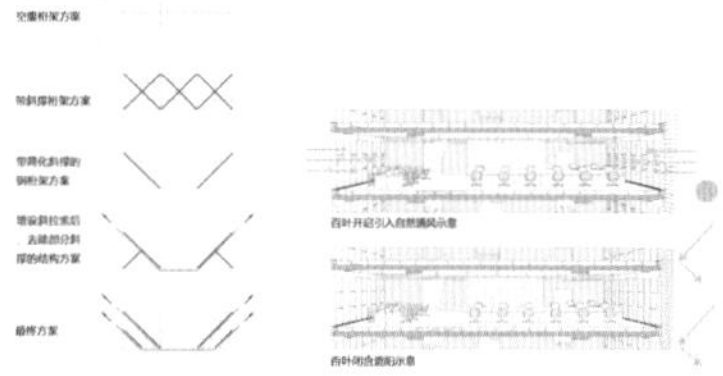

成都气候环境分析

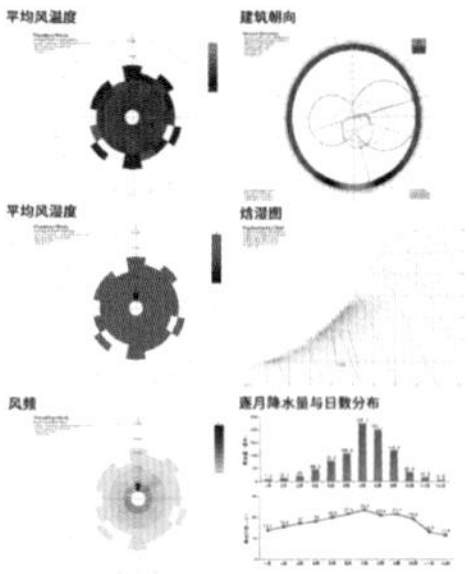

种植屋面：

建筑设计了一个从一层到三层的大平台，并对其进行覆土种植，且成为人流重要的入口，其屋顶层不仅可以提供给使用者更多的活动场所，且在冬季，种质层具有很好的蓄热功能，为冬季保温有一定作用，且在夏季可以阻挡一定的外部热量。

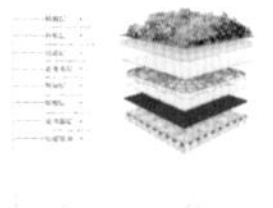

中庭被动式节能原理：

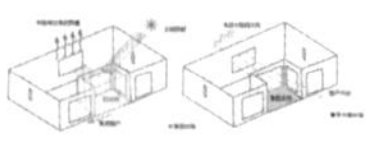

建筑设计了三个中庭，夏季开启窗户，通过景观水池可调节室内温度，冬季又能吸收太阳能，提高室内温度。

LOW-E中空玻璃系统：

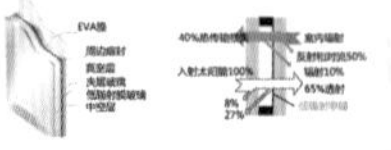

建筑表皮：玻璃幕墙

水源热泵：

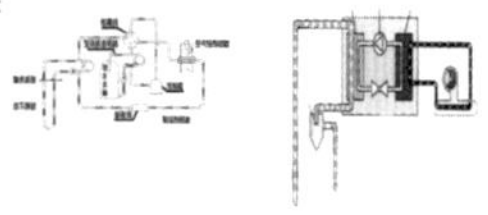

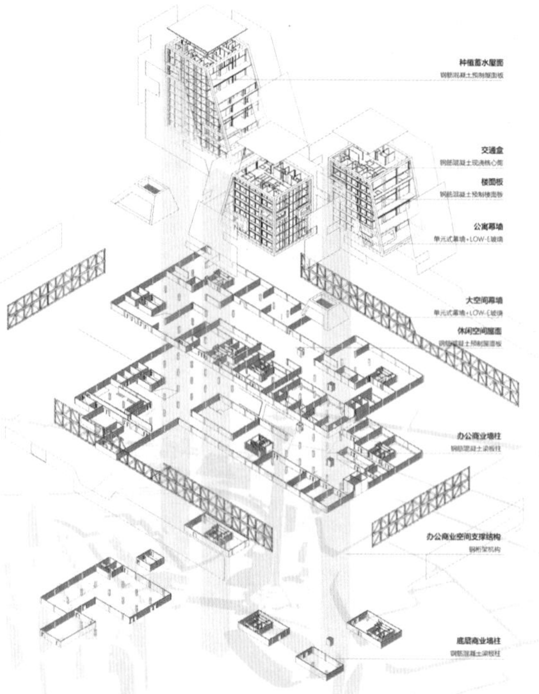

结构爆炸分析图

上苍，始终至善至美，
拥有富足、德行与愉悦。
人或可仿效。
当生命充满艰辛，
人或许会仰天倾诉，
我就欲如此这般？
诚然。只要良善纯真尚与心灵同在，
人就会不再尤郁地用神性度测自身。
神莫测而不可知？
神如苍天彰明较著？
我宁愿相信后者。神本人的尺规。
勤劳功烈，
然而诗意地，
人栖居在大地上。
我是否可以这般斗胆放言，
那满缀星辰的夜影，
要比称为神明影像的人
更为明澈洁纯？
——弗里德里希·荷尔德林《在柔媚的湛蓝中》

URBAN COMPLEX DESIGN BASED ON THE STUDY OF RESIDE IN CHENGDU

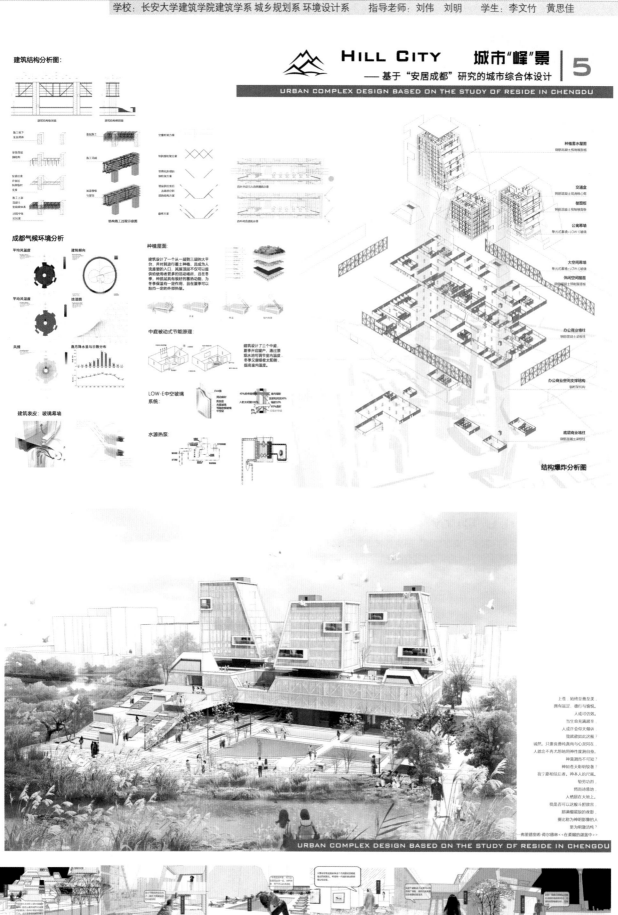

学校：广州大学美术与设计学院　指导老师：潘艺彬　学生：李琨

02
灯火
我们有关于兰溪的故事，也有美景和温酒，就差一个你
希望你可以看到我，为我驻足，为我停留多一晚，去进一步亲近结识兰溪村的美

▼异构与融合：

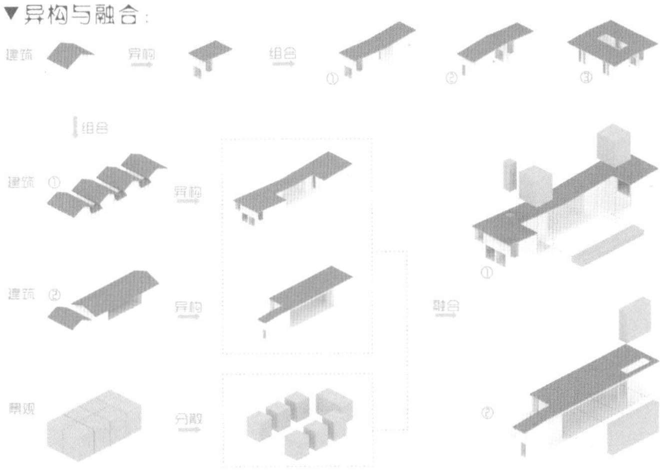

异构手法在兰溪民宿上的表现，第一种是改变其结构形态：保留原建筑格局，在原有的建筑上进行单个体量异构或多个体量组合异构，形成一个新的形态；第二种是新材料的加入，使其材料构成层次丰富，给人视觉上的反差，赋予旧建筑新面貌。

融合在空间处理上，通过景观置入建筑的内外部、边界，使建筑与周边环境更协调，避免异构后的建筑过于生硬，同时也为顾客增加亲近自然的公共空间。

▼新与旧的结合：

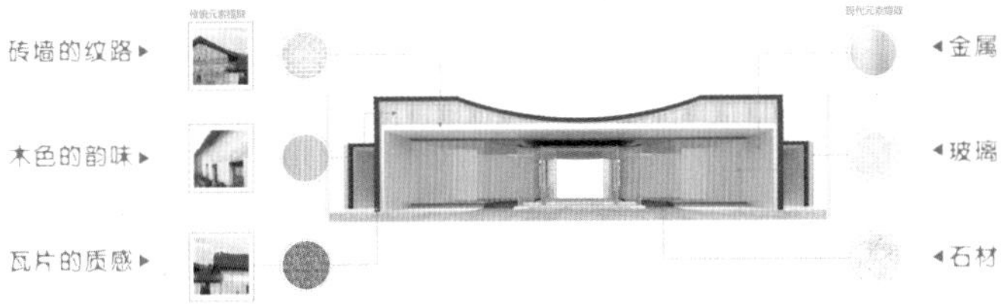

▼功能区域：

▼人流行走动线：

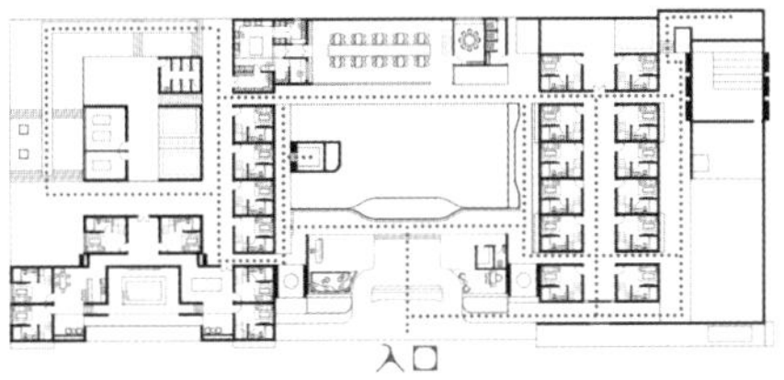
入口

▼人流观景视线：

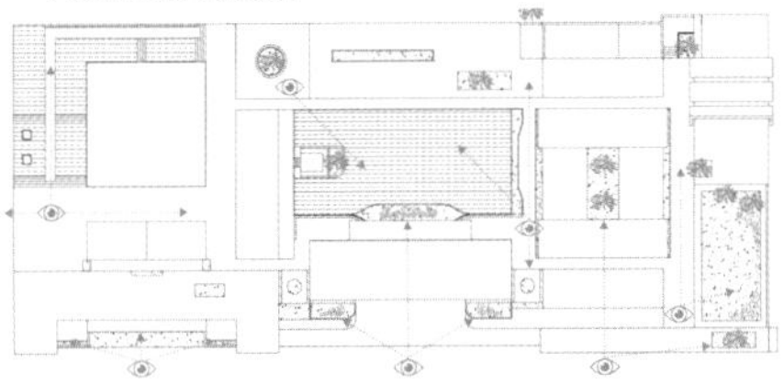

① 套房1
② 大堂入口(光盒子A)
③ 驿站
④ 娱乐休闲空间（光盒子B）
⑤ 餐厅
⑥ 不确定性空间
⑦ 小桥流水景观
⑧ 双人客房
⑨ 单人客房
⑩ 静水景观
单人客房
⑪ 套房2
⑫ 庭院
⑬

学校：广东工业大学艺术与设计学院　指导老师：徐茵　学生：黄永良　何嘉敏　廖龙汇　朱悦佳

老幼共融——老人与儿童的复合型代际中心设计

模块演变
Module evolved

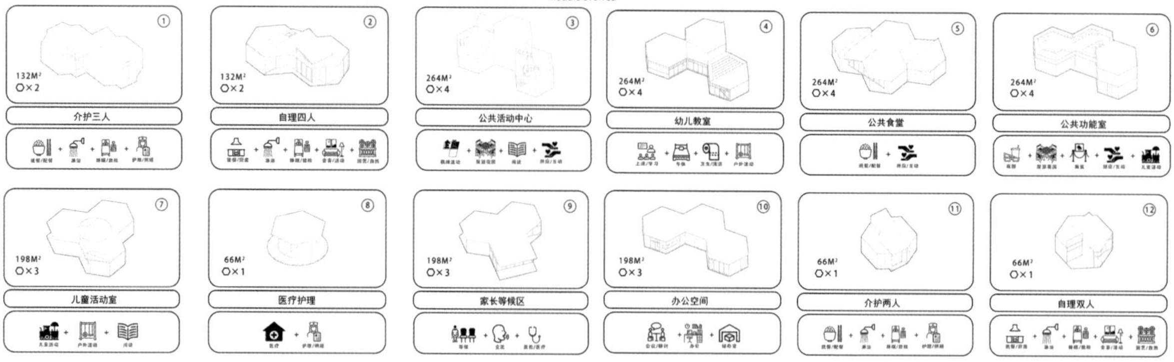

模块内部空间分析
Module internal space analysis

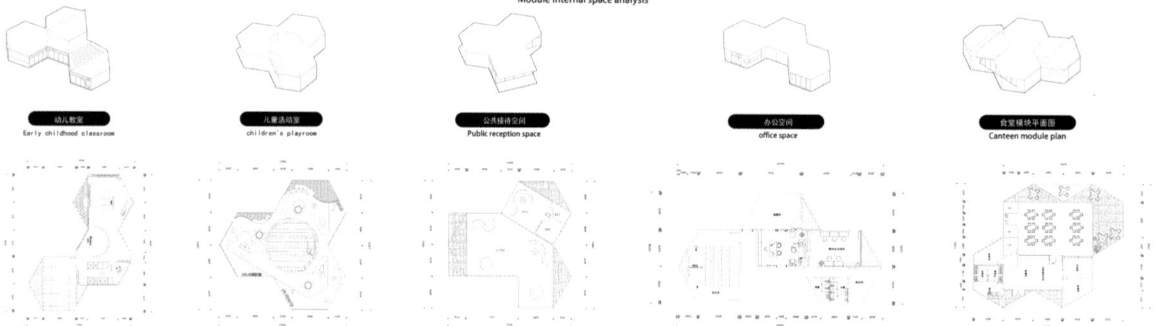

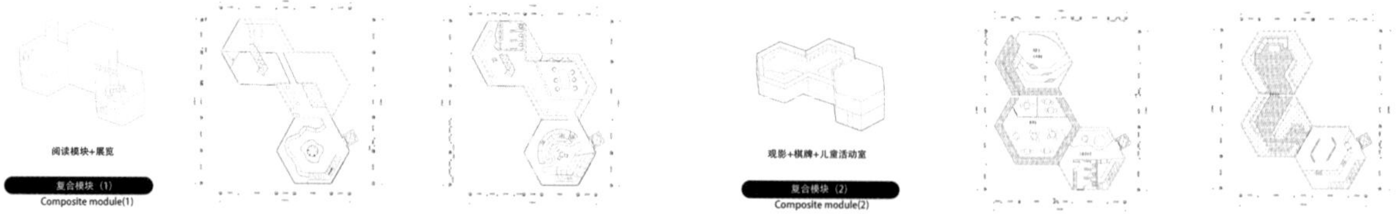

生态健康与可持续

学校：Pratt Institute Architecture　指导老师：Eva Perez De Vega/Fred Biehle　学生：Vardhan Mehta/Braden Young

AMERICAN COUNTRYSIDE / 美丽乡村

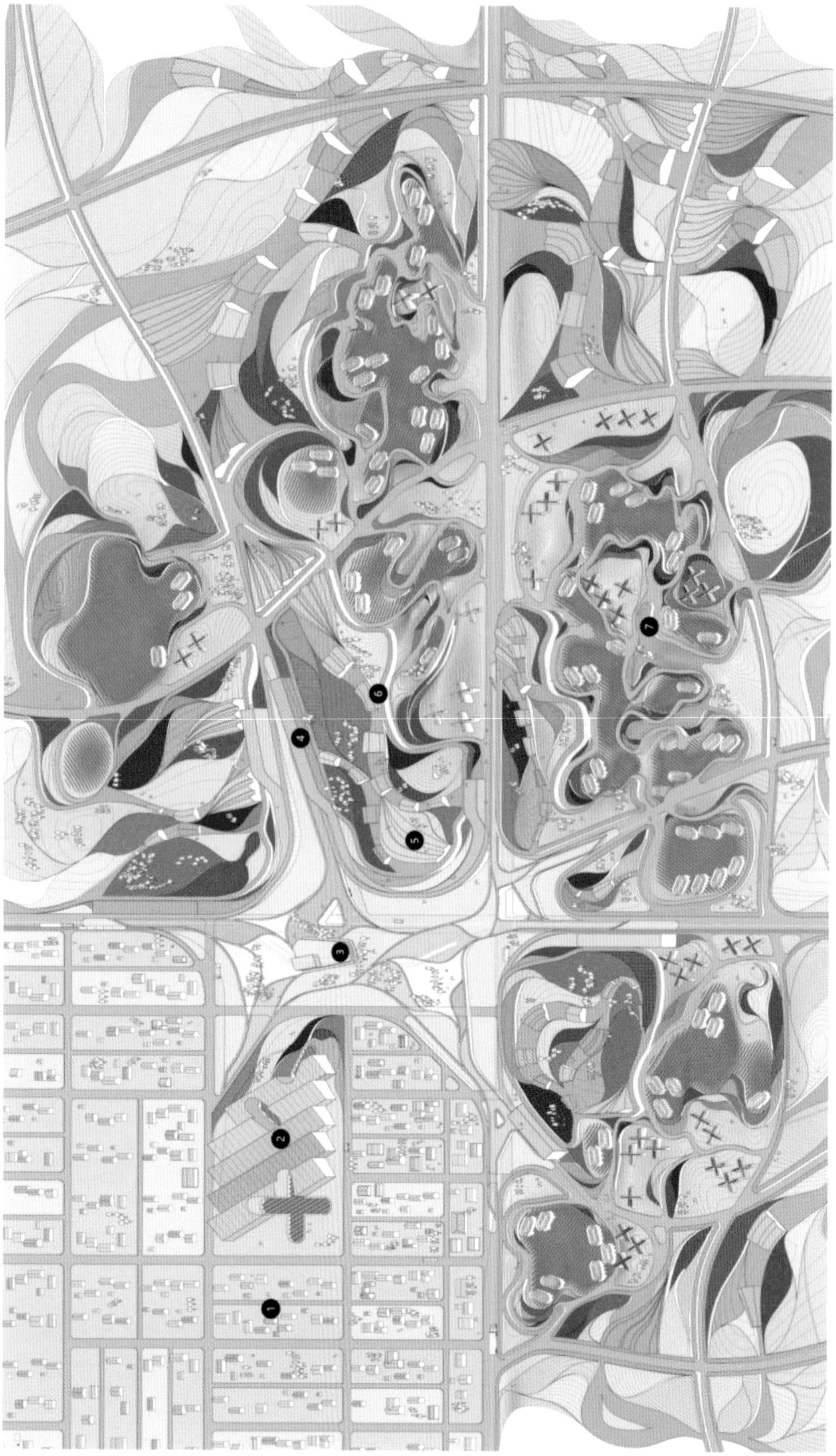

07 LAND CHUNK MASTERPLAN STRATEGY / 总体场地板块规划策略

1 Existing Urban Fabric 现有城市结构
2 Existing Industries 现有工厂
3 Transit Node - Light Rail, Commerce, Urban parks 交通节点-轻轨-商业-城市公园
4 Apartment Housing 公寓住房
5 Courtyard Housing 庭院住房
6 Urban Farm Housing 城市农场住房
7 Industries in Marshland 沼地工业

08 LAND ZOOM IN + SECTIONS OF NODE / 场地局部 + 剖面节点

AMERICAN COUNTRYSIDE / 美丽乡村

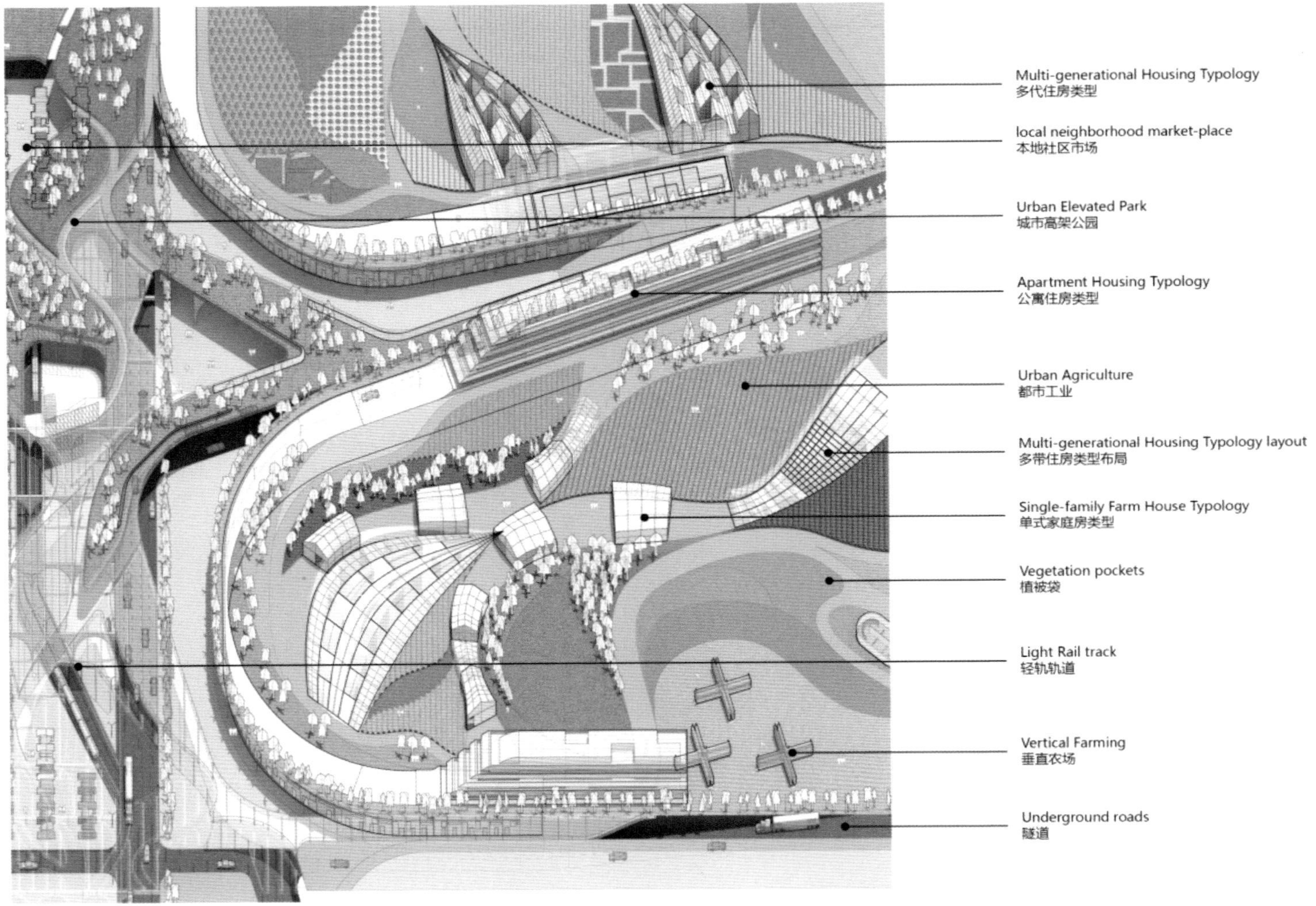
Multi-generational Housing Typology
多代住房类型
local neighborhood market-place
本地社区市场
Urban Elevated Park
城市高架公园
Apartment Housing Typology
公寓住房类型
Urban Agriculture
都市工业
Multi-generational Housing Typology layout
多带住房类型布局
Single-family Farm House Typology
单式家庭房类型
Vegetation pockets
植被袋
Light Rail track
轻轨轨道
Vertical Farming
垂直农场
Underground roads
隧道

学校：Pratt Institute Architecture　指导老师：Eva Perez De Vega/Fred Biehle　学生：Vardhan Mehta/Braden Young

Waterfront Piers
滨水区码头
Recreational Beaches
休闲海滩
Transit Hub
交通中转站
Recreational Pools
休闲泳池
Fish Schools / Kelp Nurseries
水产养殖与苗圃
Marshlands
沼地
Urban Parks
城市公园
Agricultural Pockets
农业袋
Serial Vegetation
植被系列
Riverfront
滨江
Water Retention ponds
保水池

13 **WATERFRONT MASTERPLAN** / 滨水区总规划图

AMERICAN COUNTRYSIDE / 美丽乡村

学校：Pratt Institute Architecture　　指导老师：Eva Perez De Vega/Fred Biehle　　学生：Vardhan Mehta/Braden Young

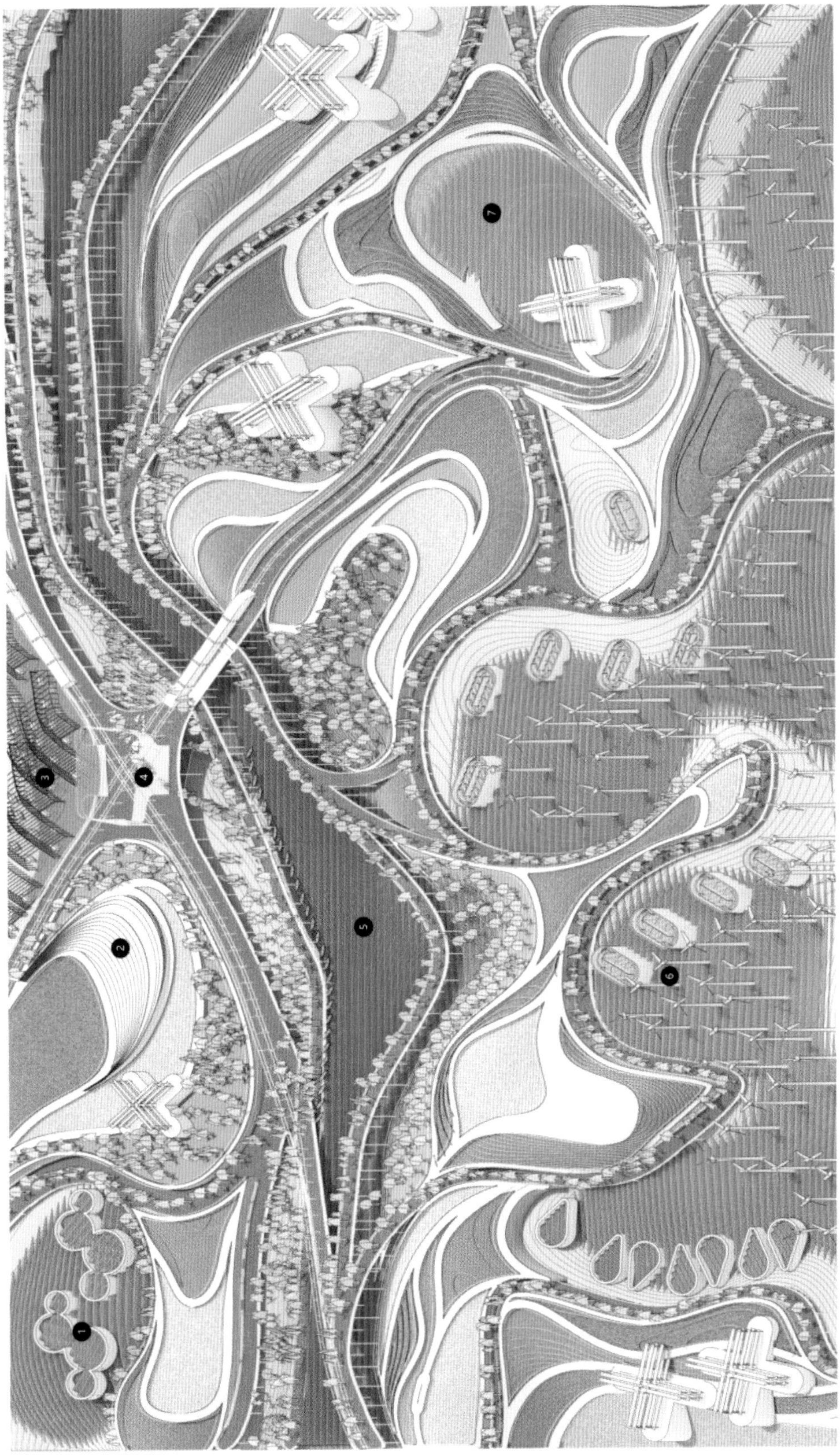

15 WATER ZOOM IN + SECTIONS OF NODE / 滨水局部 + 剖面节点

AMERICAN COUNTRYSIDE / 美丽乡村

1 Fish Nurseries 水产苗圃
2 Amphitheater 露天剧场
3 Marketplaces 市场
4 Transit Hub 交通中转站
5 Riverfront 滨江
6 Algae Farms 藻类农场
7 Retention Ponds 保水池
8 Industries 工厂

学校：Pratt Institute Architecture　　指导老师：Eva Perez De Vega/Fred Biehle　　学生：Vardhan Mehta/Braden Young

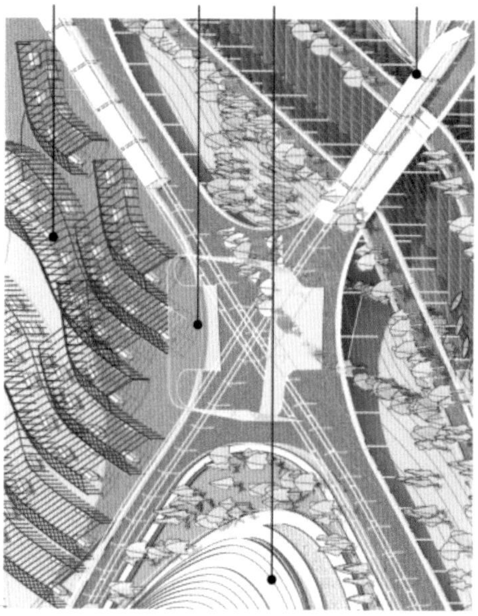
Market-place
市场
Transit Hub
交通中转站
Amphitheater
露天剧场
Light Rail track
轻轨轨道

Recreational Parks
休闲娱乐公园
River
河流
Riverfront Promenade
滨江长廊
Fish Nurseries
水产苗圃

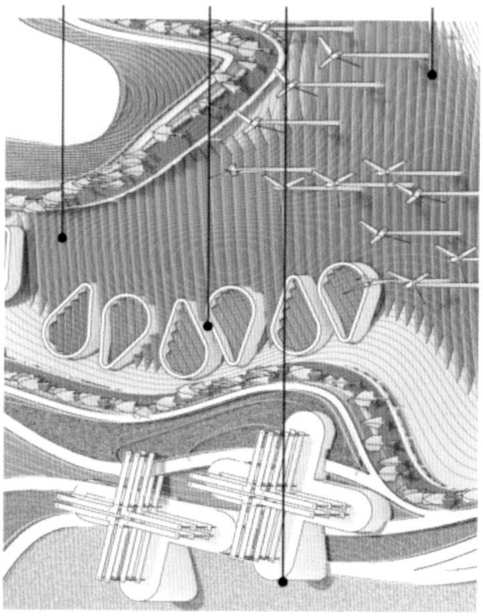
Riverfront Promenade
滨江长廊
Algae Farms
藻类农场
Vertical Farming
垂直农场
Windmills
风车

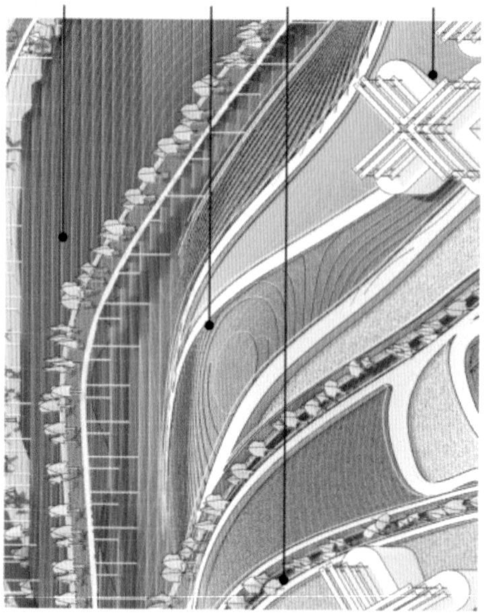
River
河流
Meadows and Paths
草甸与路径
Passage Ways
通道
Vertical Farming
垂直农场

16 **WATERFRONT ELEMENTS** / 滨水区元素

AMERICAN COUNTRYSIDE / 美丽乡村

学校：同济大学景观学系　指导老师：戴代新　董楠楠　张斗　杜凯汶　学生：苏日　程安祺　纪丹雯　胡倩倩

金奖

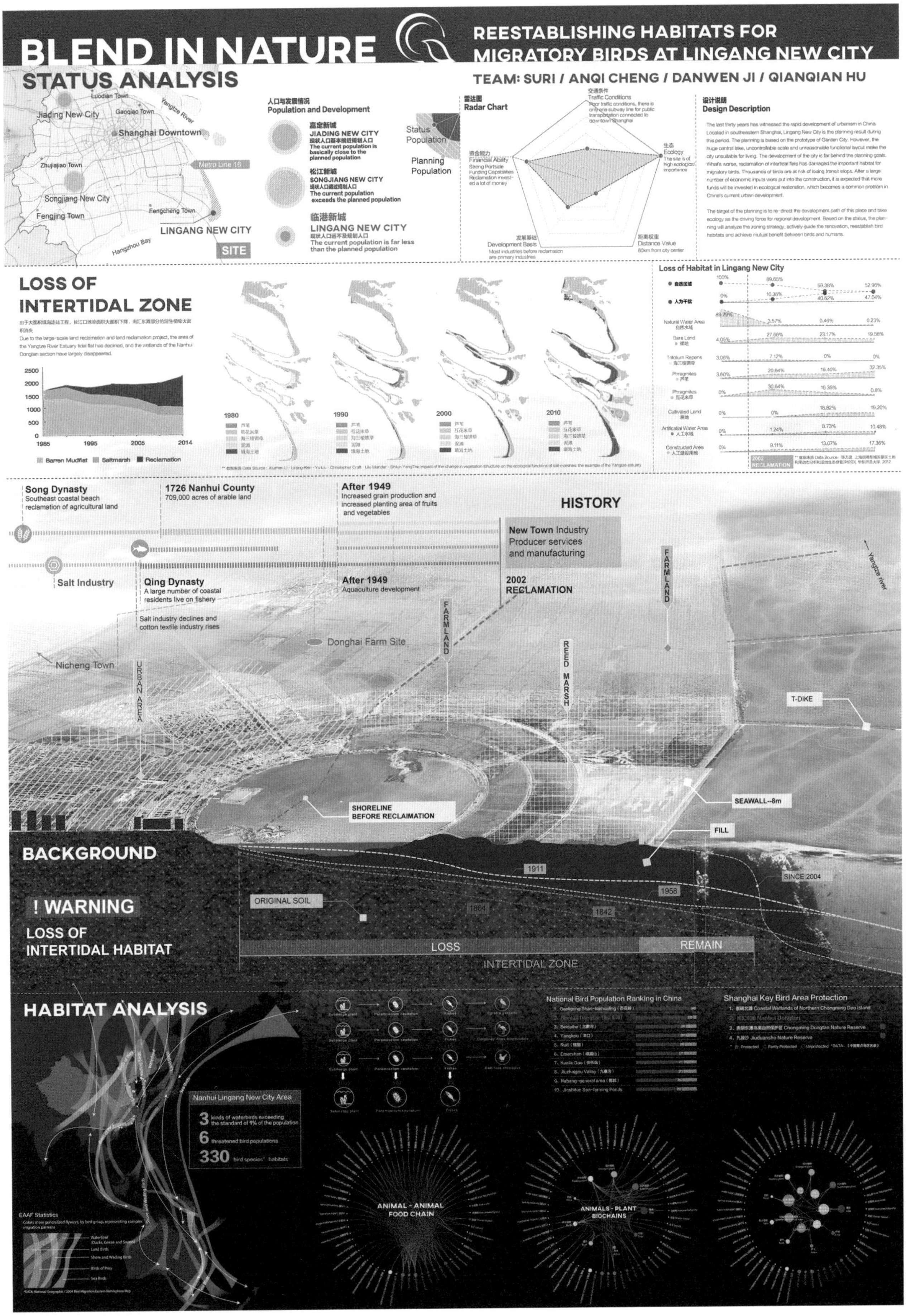

学校：同济大学景观学系　指导老师：戴代新　董楠楠　张斗　杜凯汶　学生：苏日　程安祺　纪丹雯　胡倩倩

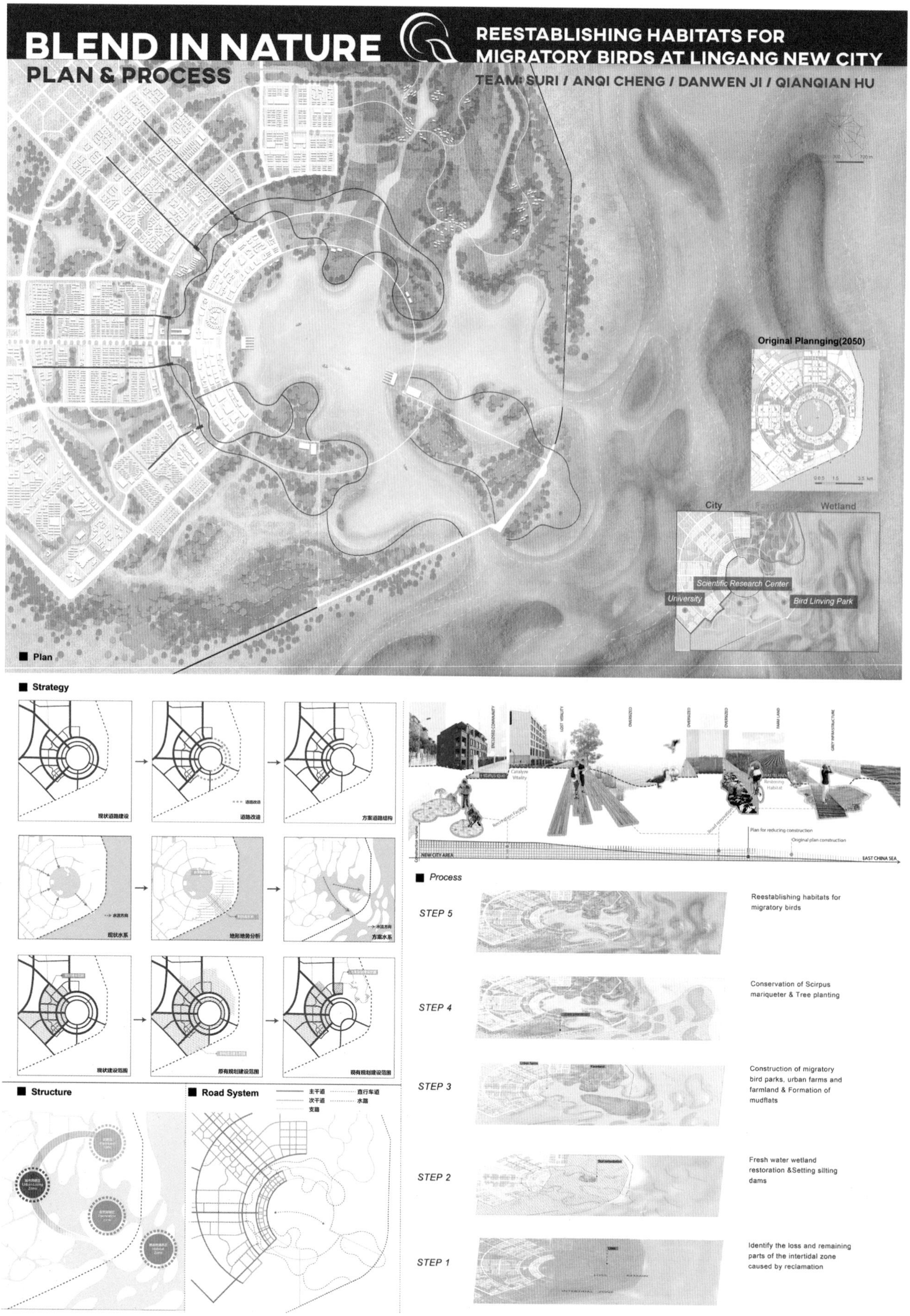

学校：同济大学景观学系　指导老师：戴代新　董楠楠　张斗　杜凯汶　学生：苏日　程安祺　纪丹雯　胡倩倩

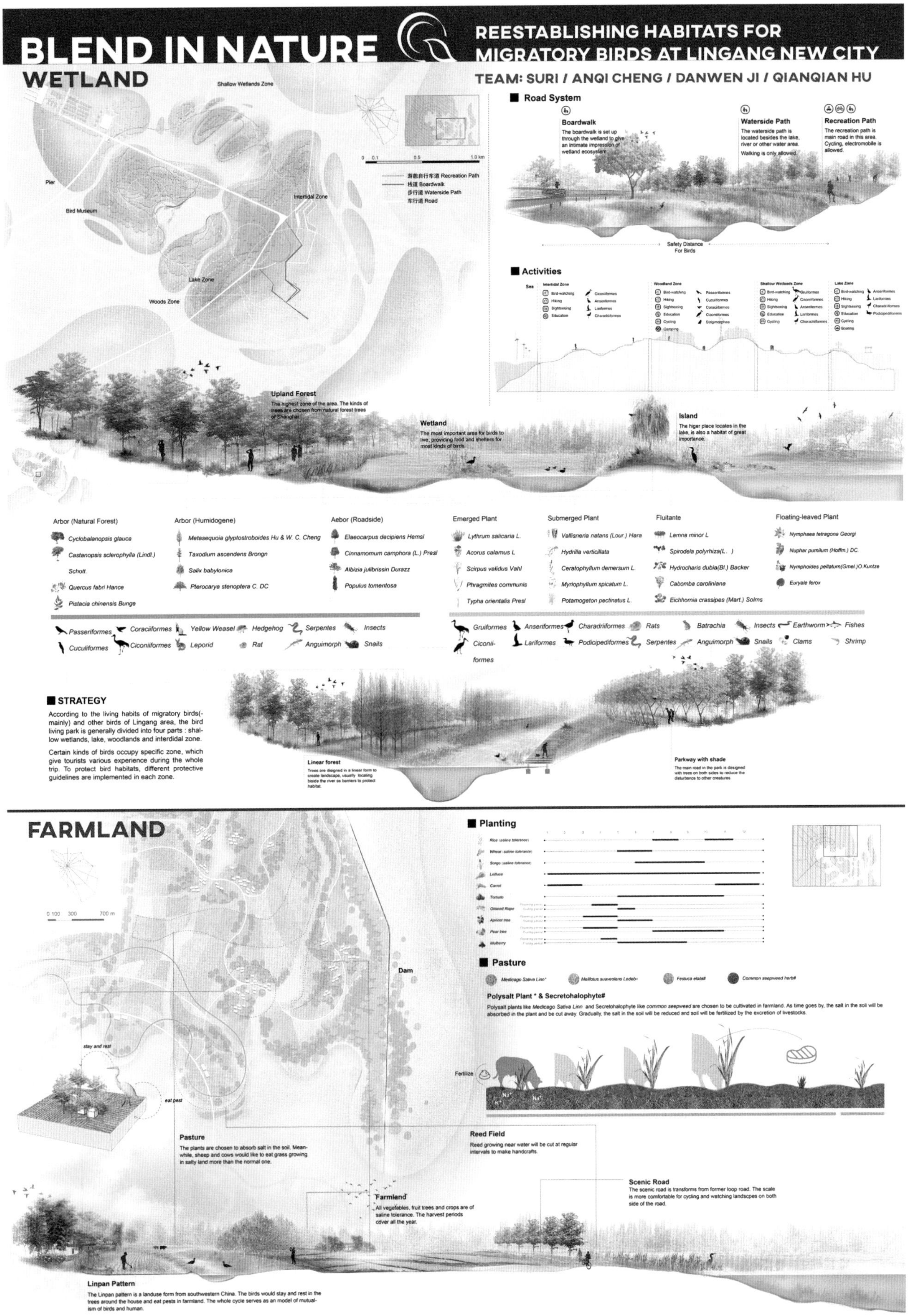

学校：同济大学景观学系　指导老师：戴代新　董楠楠　张斗　杜凯汶　学生：苏日　程安祺　纪丹雯　胡倩倩

BLEND IN NATURE

REESTABLISHING HABITATS FOR MIGRATORY BIRDS AT LINGANG NEW CITY

URBAN AREA

TEAM: SURI / ANQI CHENG / DANWEN JI / QIANQIAN HU

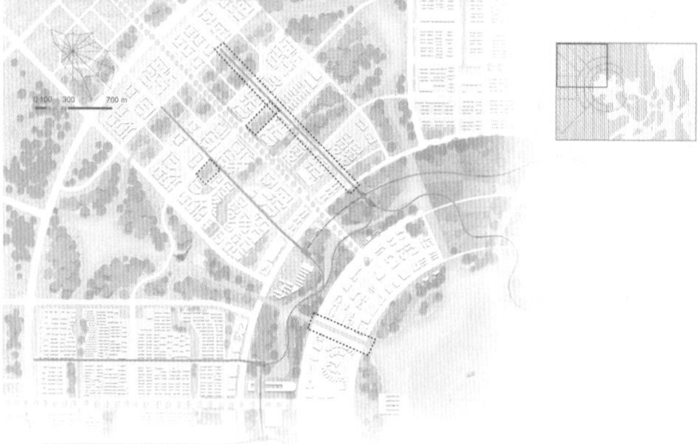

Detailed Design A

The community park covers an area of only 2.5 hectares. Through the park road, the entire community park and residential green space are connected, and an open square is designed on the street corner to bear weekend markets and many other activities, the two small plazas that serve the residential area set different themes: spray stairs and recycled art squares.

In addition, three habitats suitable for birds and insects have been set up in community parks: seasonal wetland habitats, micro-habitat display areas, and community framland.

In terms of plant configuration, arbors such as camphor, hackberry, mulberry, and cherries were planted in consideration of bird feeding requirements. Small shrubs, wild jujubes, pyropsis and other shrubs and creepers, wild roses, honeysuckle and other vines. This park is mainly for the needs of human recreation and other organisms, especially birds.

Detailed Design A – Plan

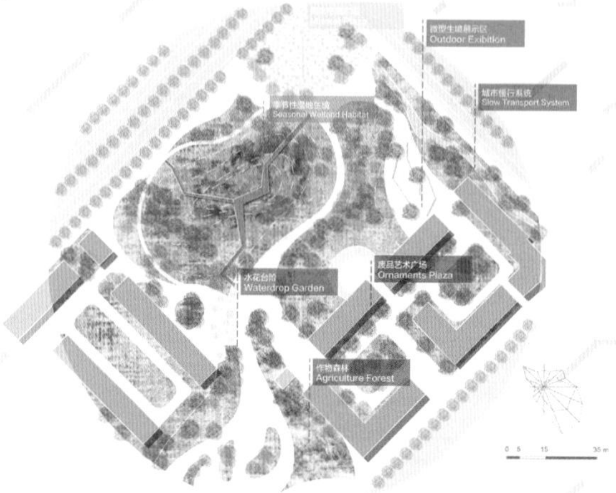

Network of Green Land

Through the reovation of rivers and streets with the construction of community gardens, all green land will be connected forming a network for creatures to live and move freely.

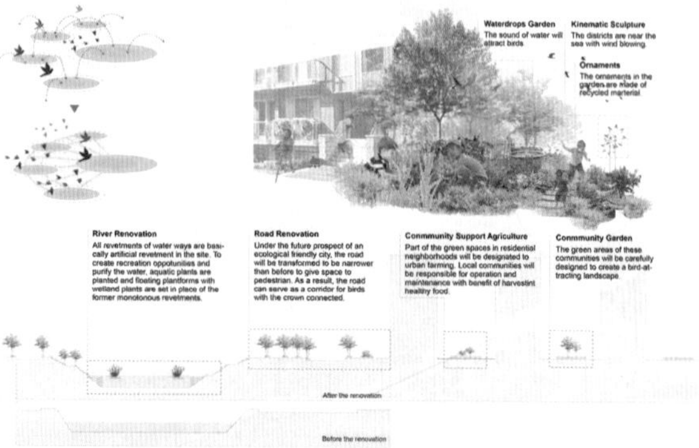
Waterdrops Garden
The sound of water will attract birds
Kinematic Sculpture
The districts are near the sea with wind blowing.
Ornaments
The ornaments in the garden are made of recycled marterial
River Renovation
All revetments of water ways are basically artificial revetment in the site. To create recreation oppotunities and purify the water, aquatic plants are planted and floating plantforms with wetland plants are set in place of the former monotonous revetments.
Road Renovation
Under the future prospect of an ecological friendly city, the road will be transformed to be narrower than before to give space to pedestrian. As a result, the road can serve as a corridor for birds with the crown connected.
Conmmunity Support Agriculture
Part of the green spaces in residential neighborhoods will be designated to urban farming. Local communities will be responsible for operation and maintenance with benefit of harvestint healthy food.
Conmmunity Garden
The green areas of these communities will be carefuly designed to create a bird-attracting landscape.
After the renovation
Before the renovation

Detailed Design A – Section

Detailed Design B – Plan

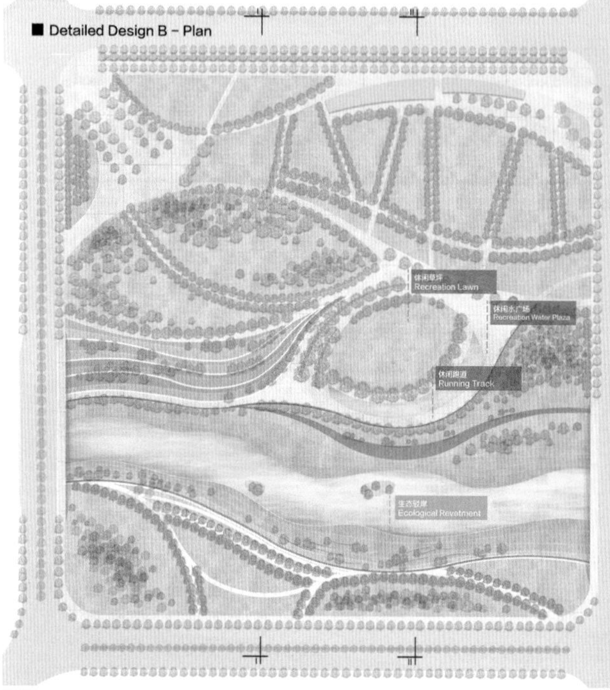
休闲草坪
Recreation Lawn
休闲水广场
Recreation Water Plaza
休闲跑道
Running Track
生态驳岸
Ecological Revetment

Detailed Design B

The main users of the city park are the surrounding residents, aiming at leisure recreation and rainwater flood control.

The park is designed with activity spaces, such as leisure lawns, water plazas, and leisure runways, providing a wealth of choices for residents' daily leisure activities.

The revetment is designed ecologically and can be used for recreational purposes during periods when there is less rainfall, and it also provides a friendly living space for aquatic animals and birds. During the rainy season, the revetment can be submerged to accommodate soaring rain.

Detailed Design B – Section I

Detailed Design B – Section II

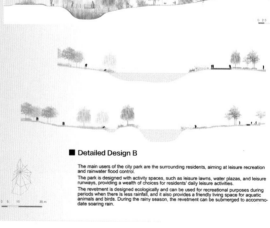

学校：同济大学景观学系　指导老师：戴代新　董楠楠　张斗　杜凯汶　学生：苏日　程安祺　纪丹雯　胡倩倩

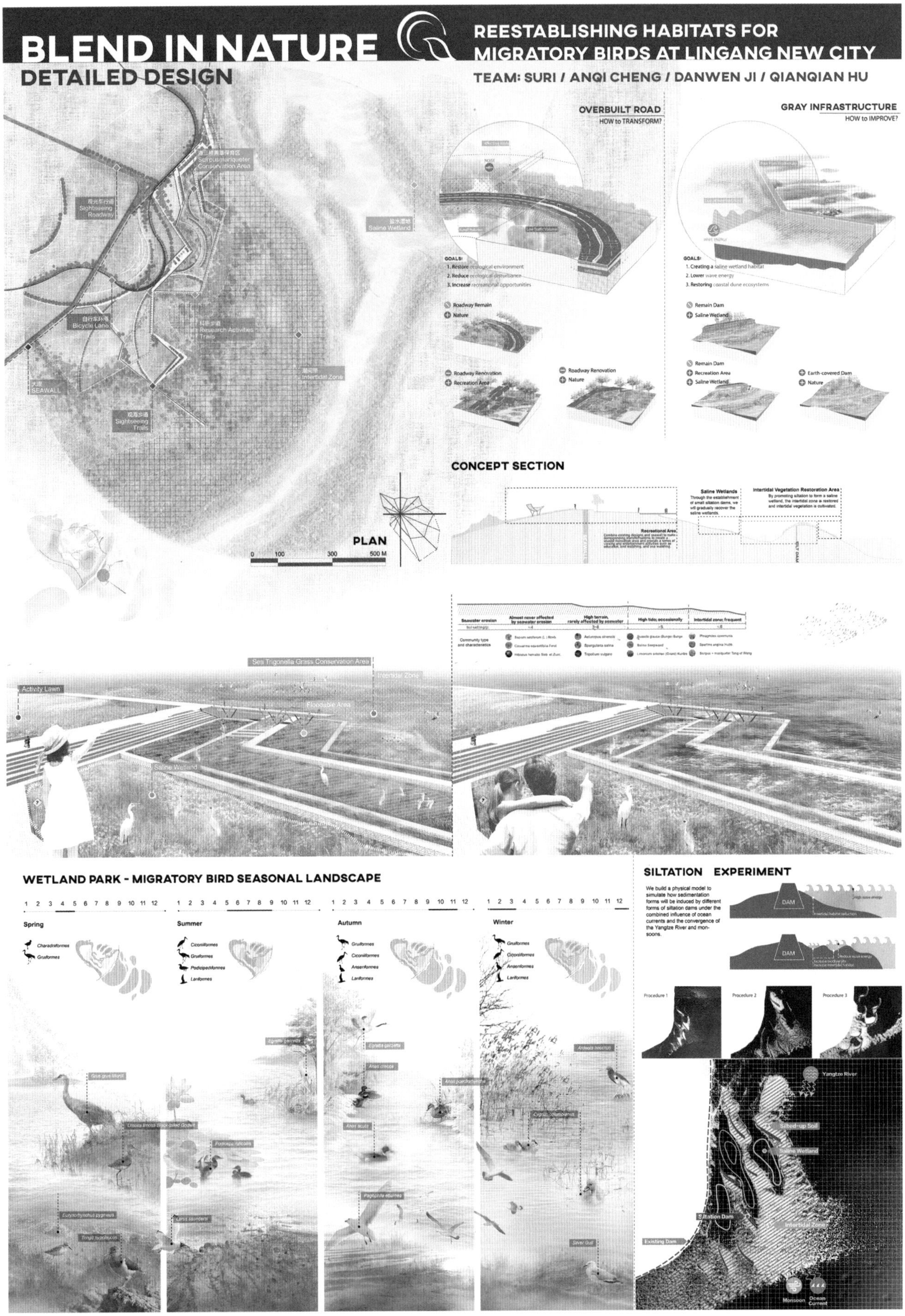

学校：华南农业大学林学与风景园林学院　　指导老师：陈崇贤　夏宇　　学生：杨潇豪　陈婉文　黄津　邹嘉铧

从转变到演变：基于海平面上升背景的珠江三角洲平原咸水农业景观规划

场地分析

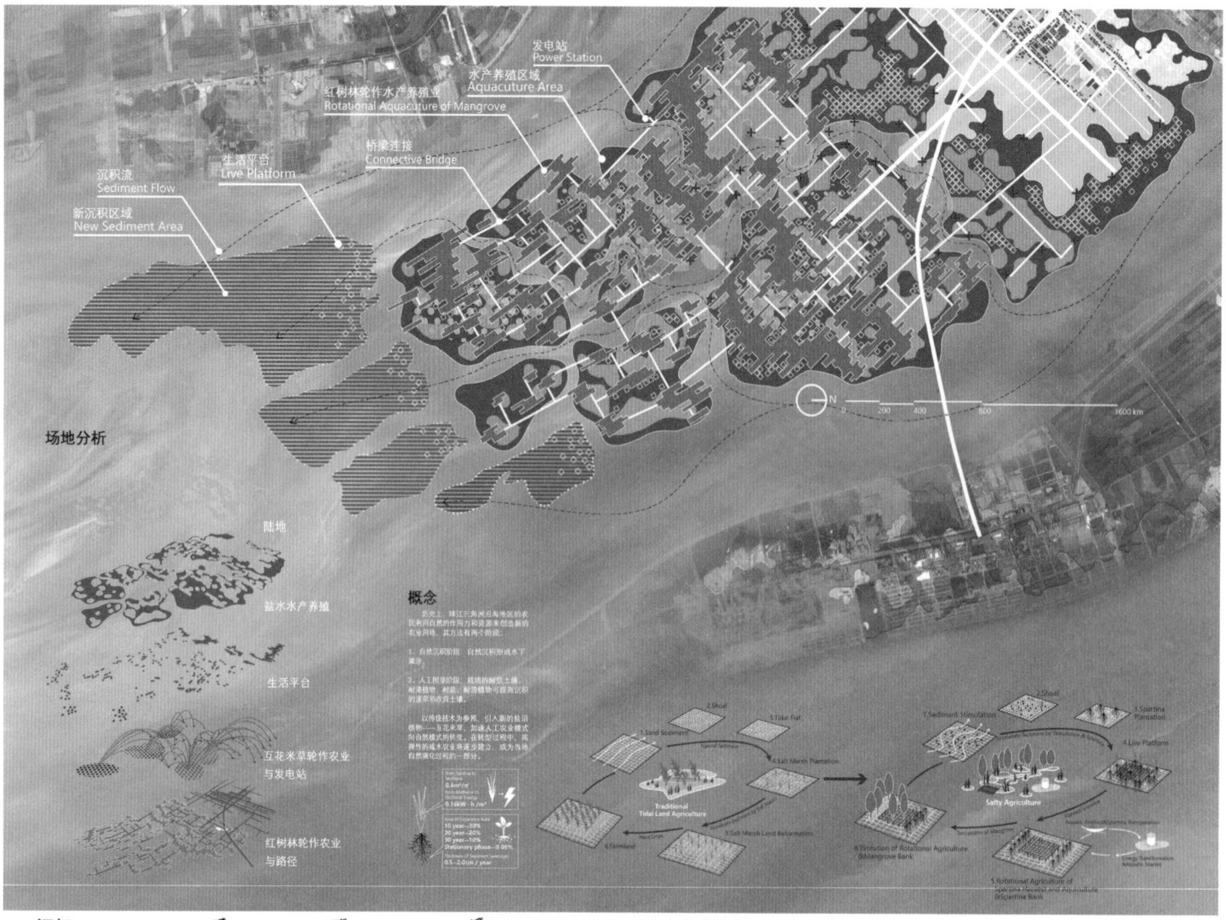

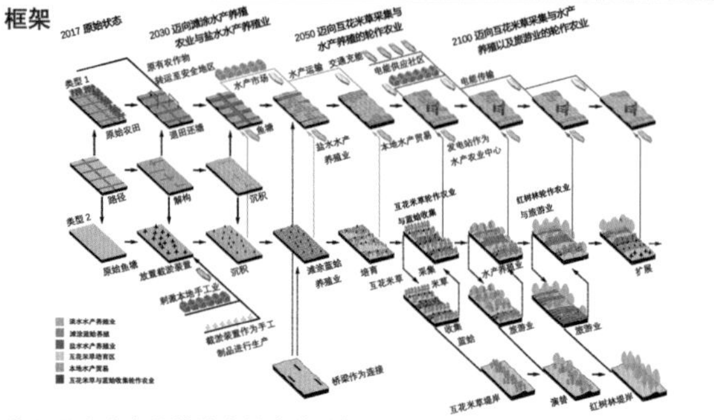

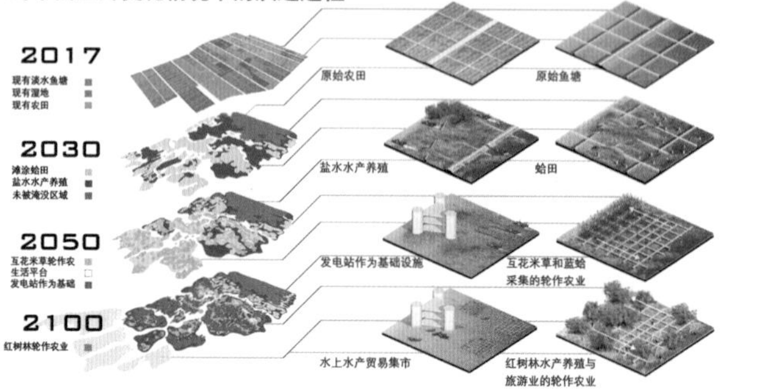

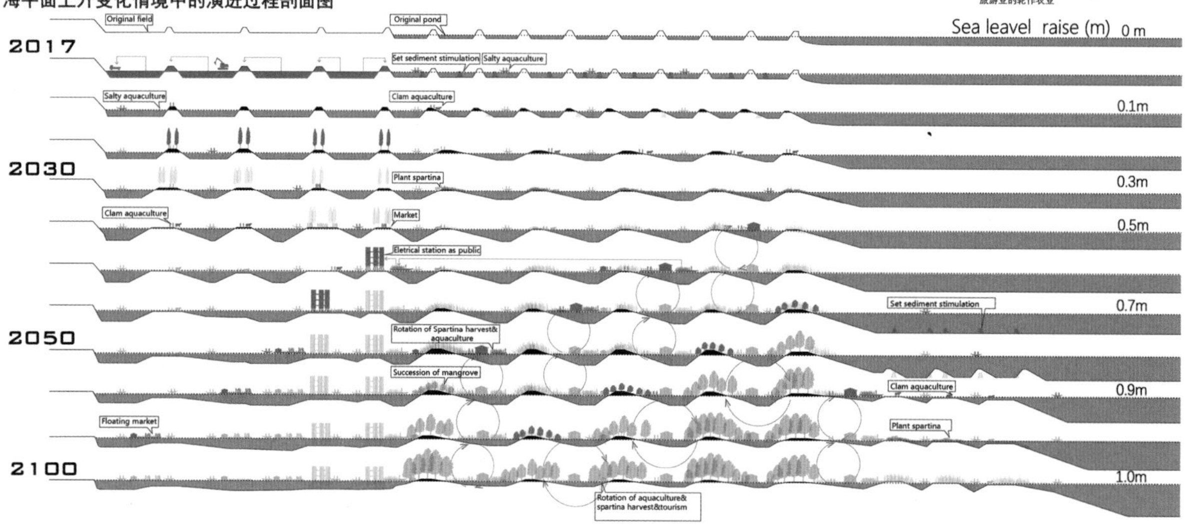

学校：西安建筑科技大学风景园林系　指导老师：蔺宝钢　学生：郭东赫　池沫菲　崔宁娜　卢元超

学校：哈尔滨工业大学建筑学院景观系　　指导老师：刘晓光　　学生：黄志彬　沈孙乐　杜玥珲

城鸟四时图 5
概 念 分 析

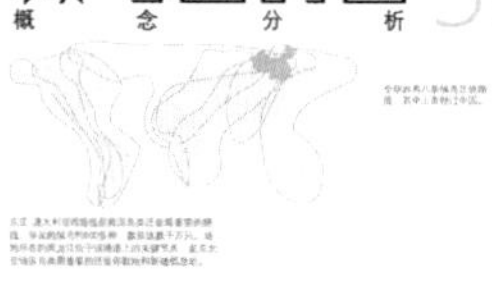

评 价 模 型

城鸟
鸟类
水
游憩
土
植物
四季

城市尺度

流域尺度

场地尺度

生物维度

S W O T
Strength Weakness Opportunity Threat

理论支撑
Larger patch habitat quality　Edge structural diversity　Hard and soft boundaries
Barrier to disturbance　Straight and curvilinear boundaries　Stepping stone connectivity

城鸟四时图 6
总 平 面 规 划

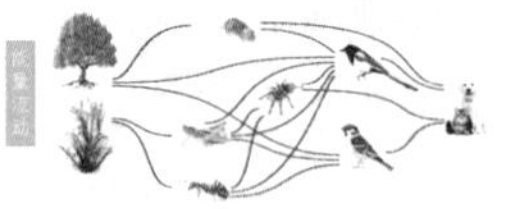

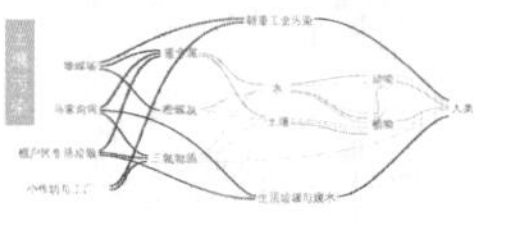

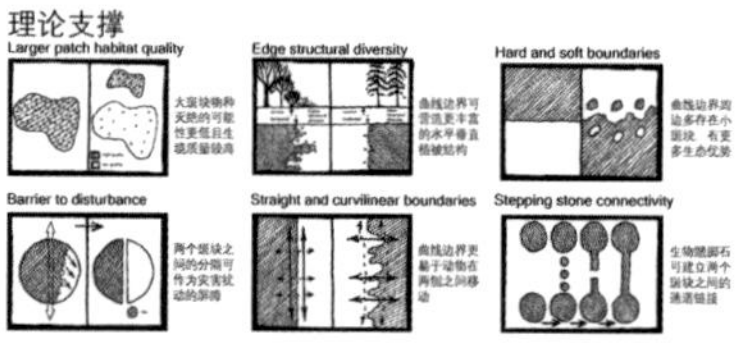

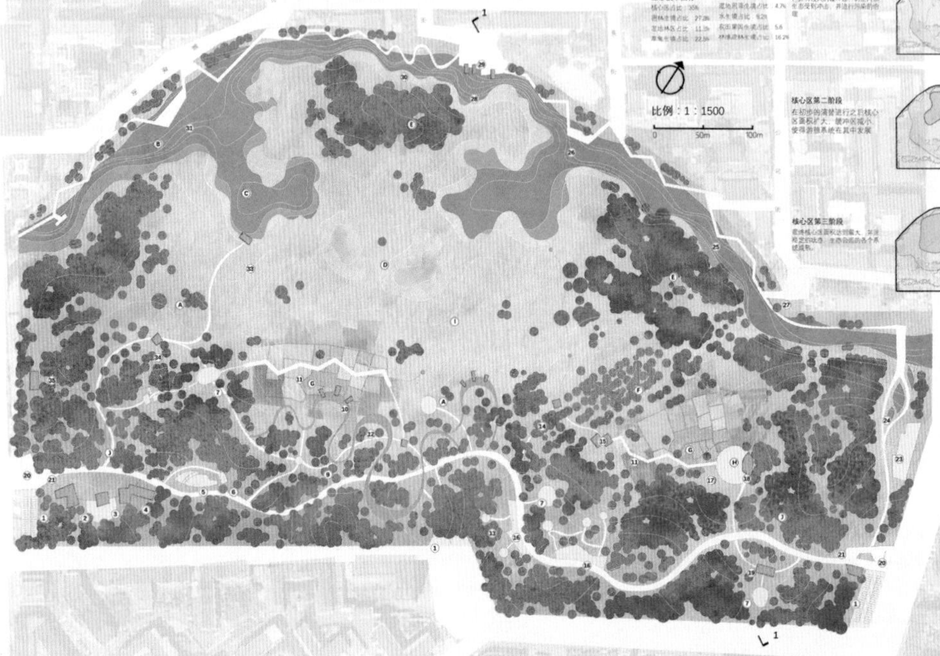

核心区变化过程 Process of the Core Area

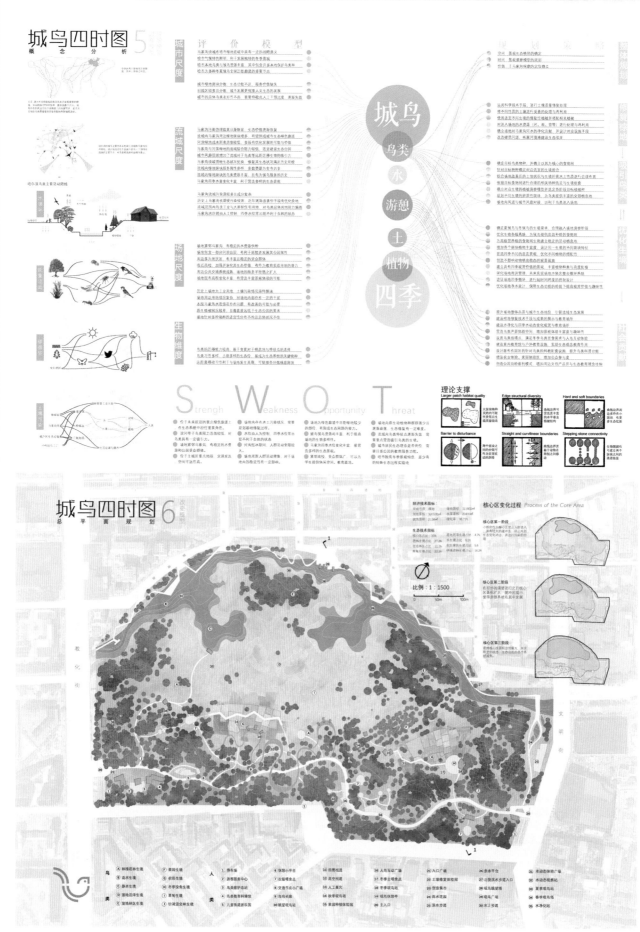

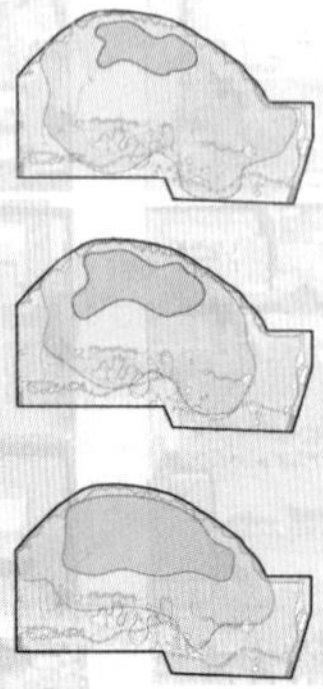

比例 1：1500

学校：哈尔滨工业大学建筑学院景观系　指导老师：刘晓光　学生：黄志彬　沈孙乐　杜玥珲

城鸟四时图 12 节点设计 改变模型

春季林缘高塔观鸟点

高塔位于草甸与密林交界的林缘疏林处，是公园春季观鸟最佳地，即可向密林处寻觅观赏麻雀等留鸟，又可朝向草甸、水域方向远眺逐渐迁徙而来的候鸟。同时高塔设计还再现传统春季"登高踏青"的文化意向。

夏季滨水观鸟点

哈尔滨夏候鸟主要为涉禽、水禽与游禽，因此夏季观鸟点为一滨水平台，白色构筑物即可为游人提供遮阴空间，近距离观察候鸟，同时还可隐蔽游人，最大程度减少对鸟类栖息繁殖的干扰。

生态农田栈道

林缘生态农田创造开阔觅食空间，满足了大部分鸟类对谷物昆虫类的食物要求。架空的田间木栈道即为游人创造穿越麦浪、田中远眺的丰富景观体验，又为田间小动物迁徙提供生态廊道，丰富场地生物多样性。

秋季草甸观鸟点

秋季观鸟点位于草甸处。秋风萧瑟，遍野泛黄此地视野开阔，便于游人观赏天空候鸟成群迁徙场景。同时可环顾四周密林、草甸、水域等多种生境，饱览由稀叶芒、芦苇、白桦、复叶槭等组成的壮美秋景。

冬季覆土建筑观鸟点

考虑场地位于严寒地区，室内空间可以为游人提供舒适的冬季观鸟场所。建筑前平地方便鸟类发现人们投喂的食物，覆土建筑隐于大地，减少对鸟类的干扰。

春／　夏／　秋／　冬／

穿林高空栈道

高空栈桥往复穿越农田、密林、草甸等多种生境，使游人可从不同的高度近距离地观察林间鸟类，俯瞰农田麦浪和远眺滨水区域的夏候鸟。

鸟鸣长廊

鸟鸣长廊位于密林中林鸟（多伴人类鸟）密集活动处，独特结构的廊架构筑物具有放大和增强鸟鸣回响的功能，半透明围合材料便于观察鸟类又可以隐藏人类活动。行于廊间，如听鸟鸣音乐会。

滨水步道

毗邻马家沟滨水步道可以为附近居民提供运动休憩亲水空间，节点设置观鸟广场便于人鸟互动，抬高木栈道限制游人活动区域同时为小动物迁入/出提供安全廊道。

果园与生态创意集市

果园为鸟类提供果实、种子等多种食物。人们可通过领养果树参与种植活动，品尝无农害鲜果，多余果实可二次加工成商品参与生态创意集市。

人工巢穴

林间人工鸟巢为冬季麻雀等留鸟提供栖息场所，夏季为候鸟与留鸟提供繁殖、育雏场所。人们可以从构筑物一侧的小洞观察鸟类，也可自制创意鸟巢散布于林间。

城鸟四时图 13 时间系统规划 决策模型 影响模型

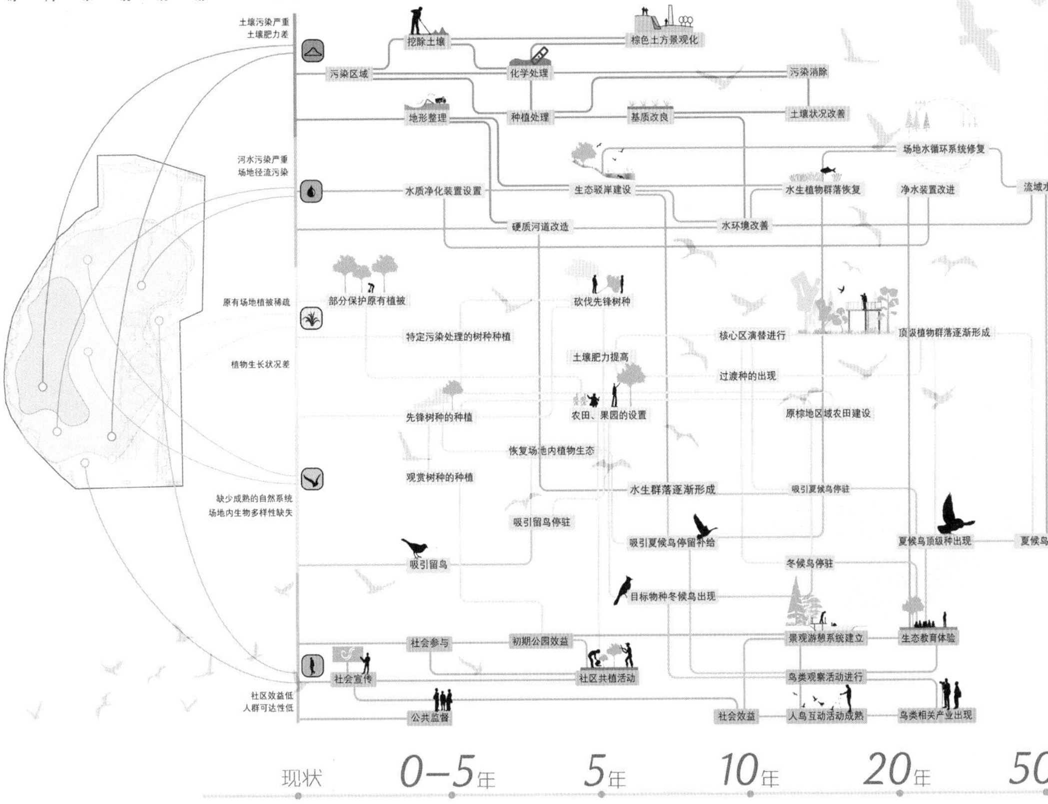

生态绩效分析
Ecological Performance

SOIL土

依据一般土壤重金属污染修复过程及相关实验数据，预估本方案场地内重金属污染（如铅、镉、汞、铜）的污染值（mg/kg）将分阶段不断降低，5年后降低25-30%，20年后降低约70%，最终达成降低85-90%的目标并持续稳定较低含量值。

同时方案需满足修复原厂地土壤盐碱化的要求，预估较重污染区域土壤将其pH值于最初7.61-7.40改善至7.26-7.15.

WATER水

本方案场地内水域面积最低越3公顷，丰值期5公顷，湿地面积约2-3公顷，湿地最多可每日净化约10000立方米水，水道Z最多可每日净化约16800立方米水，则建设后每日最多可净化约25000立方米的水。

PLANT植物

计划该公园至成熟阶段可维持乔灌草本等多植被生境系统，预估可实现100-150种不同植被群，并涵盖3-5种国家保护植物。

BIRDS鸟

当场地生态发展至成熟阶段，预估吸引全部目标物种共14种与其他相关物种，预估最终场地依据发展状态的不同可稳定吸引并服务1000至2000只鸟。

预估场地前期发展阶段可吸引目标鸟类物种5-8种，其中本地留鸟约占60%，夏候鸟占40%-30%。

HUMAN人

该生态公园属于地区性小型公园，预估达到成熟阶段其服务半径可达3-5km，面积约为30-80公顷。

展示空间

学校：福州大学厦门工艺美术学院　　指导老师：叶昱　梁青　　学生：贾晓薇

撇捺间
——汉字历史博物馆空间设计
The space design of the Chinese History Museum

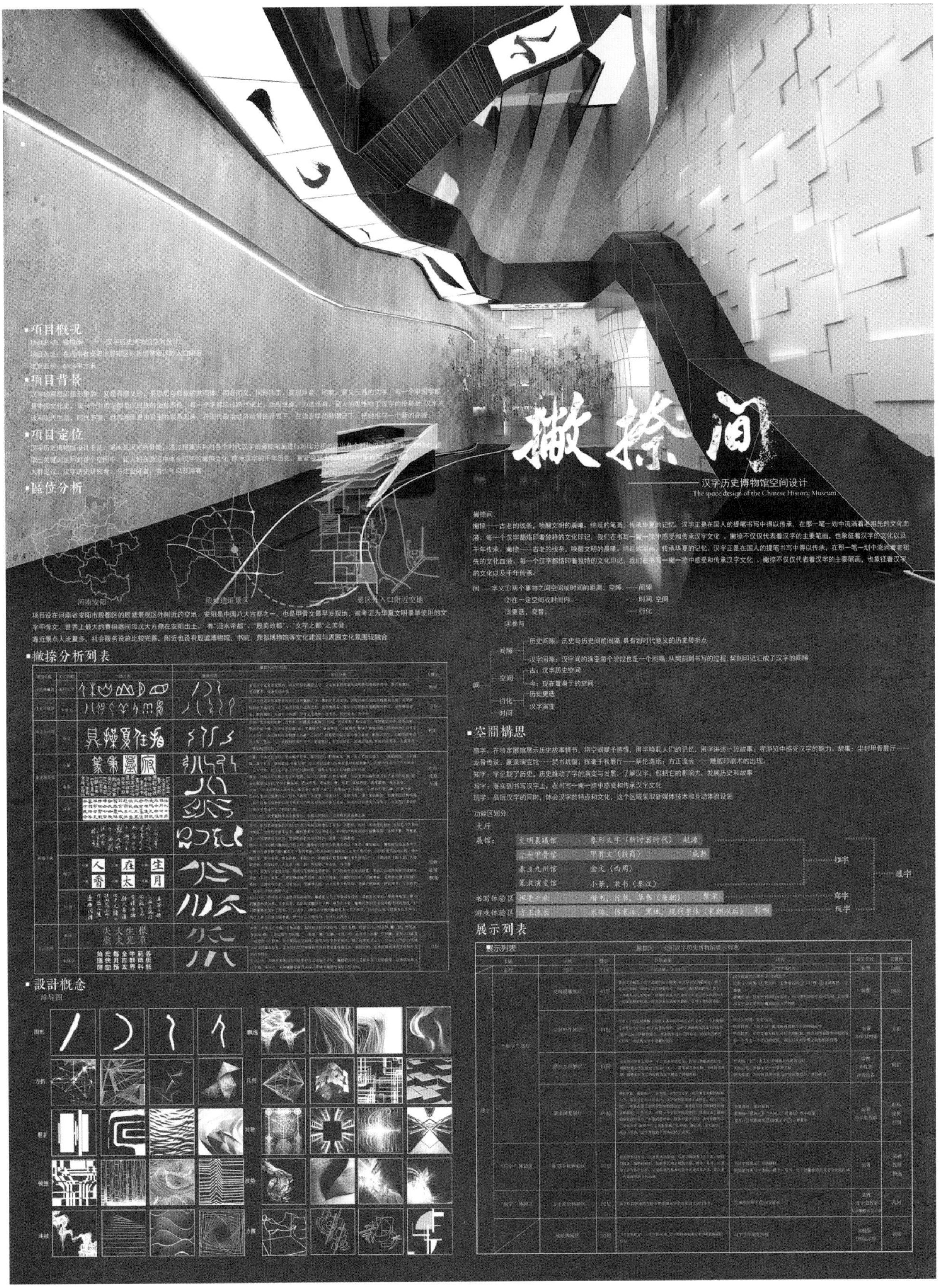

学校：福州大学厦门工艺美术学院　　指导老师：叶昱　梁青　　学生：贾晓薇

■ 空間架構

■ 動綫分析

空间分析图——前厅

关键词：间隔

空间分析图——前厅

前厅主要用于为游客提供咨询服务、短暂停留、休息的场所，空间采用的主要材质为混凝土和黑色大理石。入口处设置的字帘可允许人们走进去，欣赏不同时代的字体，人们可通过字帘看看穿整个前厅。

■ 平面圖

一层平面布置图　　　二层平面布置图

B1层平面布置图　　　B1层功能分区图

一层功能分区图　　　二层功能分区图

空间分析图——前厅

空间分析图——通往地下楼梯

该空间为通往B1层的地下楼梯，整体形态也大量采用飘撇笔画形态，增强空间延伸感。材料采用具有凹凸肌理的复古青砖，增添了历史推进感。

空间分析图——通往地下楼梯

■ 建築外觀

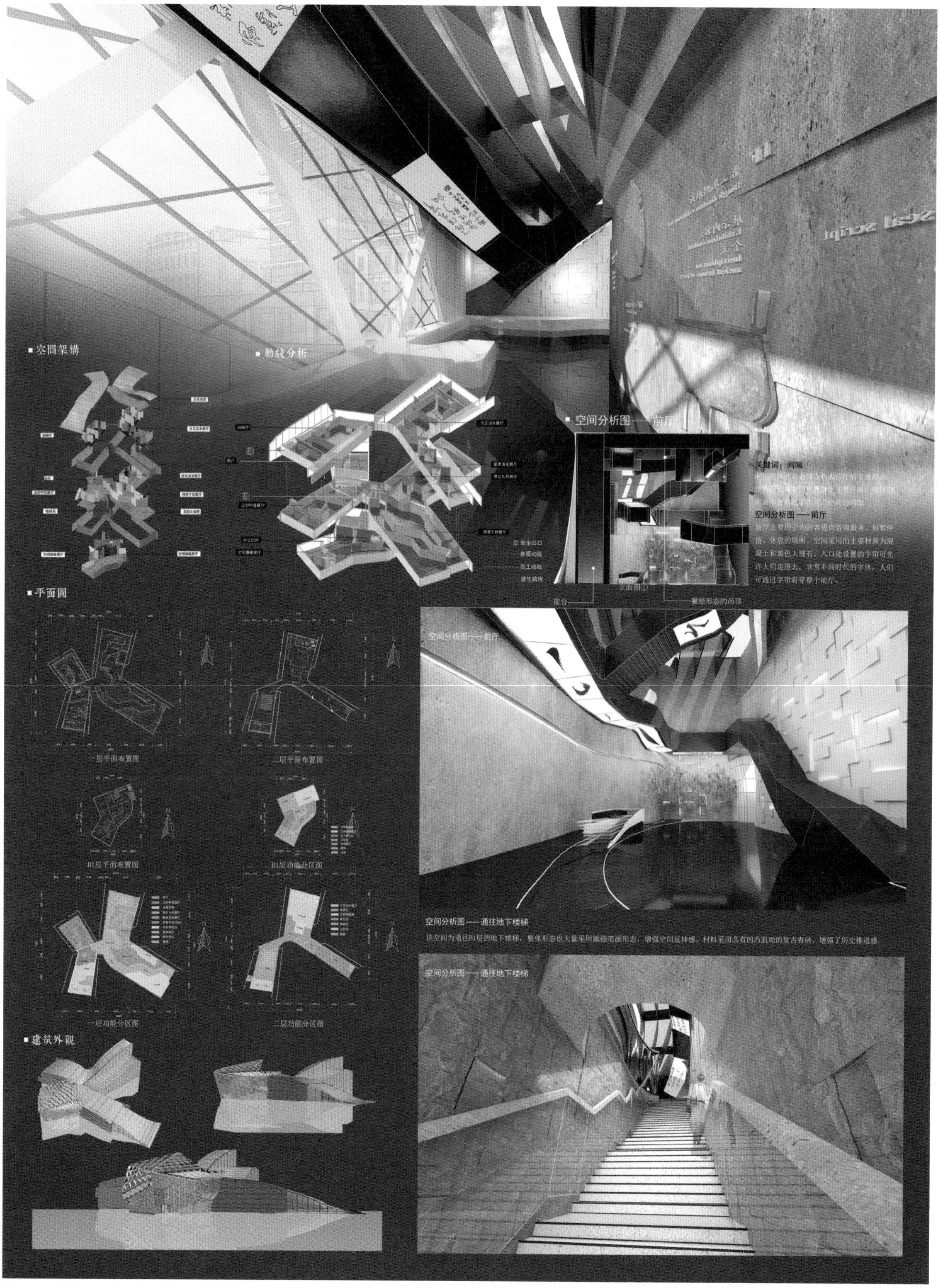

学校：福州大学厦门工艺美术学院　指导老师：叶昱　梁青　学生：贾晓薇

学校：福州大学厦门工艺美术学院　　指导老师：叶昱　梁青　　学生：贾晓薇

空间分析图—鼎立九州展厅

关键词：粗扩

空间分析图—鼎立九州展厅

金文是刻铸在青铜器上面的文字，用来记录功绩的铭文。

关键词：方圆 对称 波势

空间分析图—篆隶演变流长展厅

空间分析图—篆隶演变流长展厅

空间分析图—方正流长展厅·大型汉字体验装置互动空间

空间分析图—方正流长展厅·展品走廊

空间分析图—方正流长展厅·成语接龙游戏体验空间

关键词：几何

空间分析图—方正流长展厅

空间分析图—方正流长展厅·成语接龙游戏体验空间

空间分析图—方正流长展厅·大型汉字体验装置互动空间

空间分析图—方正流长展厅·展品走廊

学校：仲恺农业工程学院何香凝艺术设计学院　指导老师：袁铭栏　学生：陈玫洁

TIT創意園閱讀體驗中心 TIT creative park reading experience center

01 缘起

阅读是城市文化环境品质和人文精神建设的重要途径

想推广阅读文化
是一种基于多功能模式下阅读模式更新的探索
对于在空间中使用回收废弃纸材料的一种尝试
成为城市文化活动的积极载体，为城市文化品质的提升做出积极影响

02 設計主題

以人阅读的五感为主题的社会公益性展厅
五感阅读说明：

视　触　闻　听　品

我们五官中的眼，耳，鼻都有着亲密的接触
人们可以通过自己的五官结合阅读去重新探索阅读

03 调研情况

全球人均每年阅读情况

国内书店生存情况调查

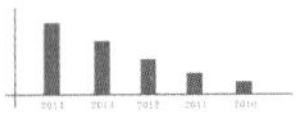

新型阅读媒介快速發展

04 区域分析

原因：

自然宁谧　交通便利
文化底蕴深厚　消费人群多

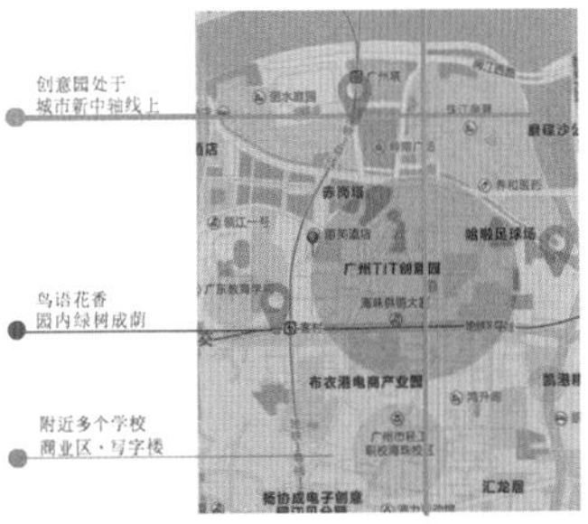

学校：仲恺农业工程学院何香凝艺术设计学院　　指导老师：袁铭栏　　学生：陈玫洁

05 设计概念

从而整个空间提倡的新型阅读也得了教育性的升华，也是对人们对环境保护的一种警示，及认识环保的作用。
在空间中使用可再次利用的废弃材料，这些废弃材料多为废弃的纸包装把它们重新加工再利用后，艺术化并与空间进行结合。

环保材料使用位置

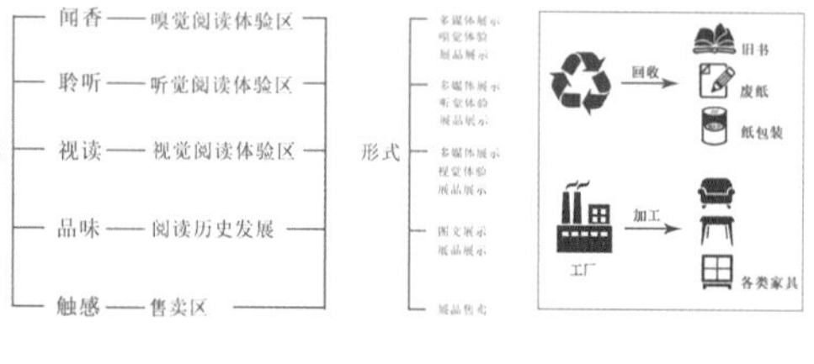

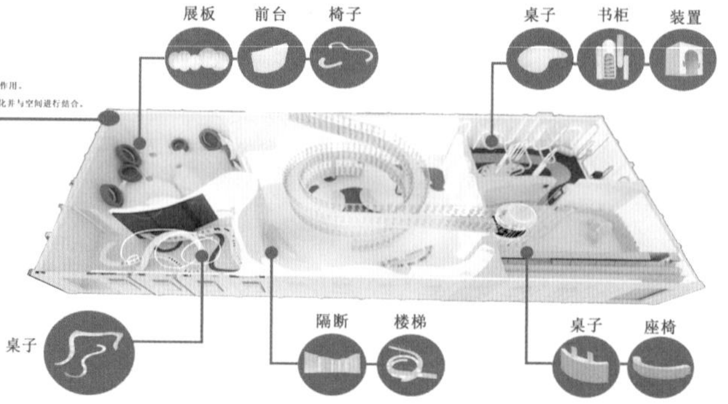

学校：广东轻工职业技术学院艺术设计学院　指导老师：尹杨坚　学生：李妙珊

EXHIBITION 商业展示空间组合化设计研究 ——江南布衣专卖店

RESEARCH ON ORGANIZATION DESIGN OF COMMERCIAL EXHIBITION SPACE

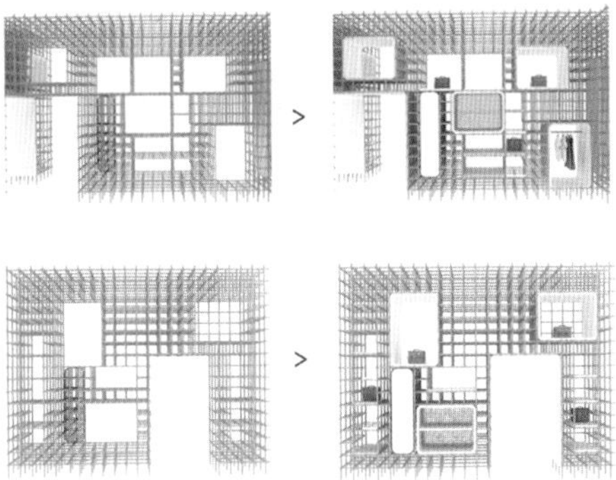

空间分解
Space decomposition

这个空间主要分为外立面墙、木结构墙和天花三大部分组成。木结构墙和天花是利用系统化的构件搭建上至天花墙柜，利用墙柜进行空间分割，形成迂回交错的空间形态，在墙面上进行加法、减法和重复的处理手法将不同的系统构件进行安装，使每一面墙都能满足不一样的功能。

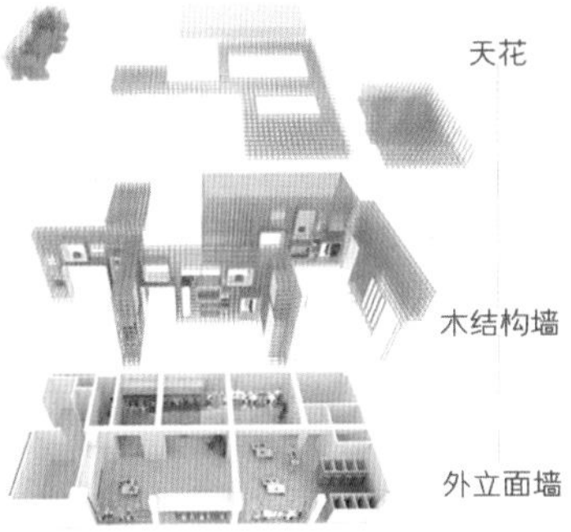

引入品牌 Introducing brands

江南布衣 (JNBY)　品牌坚持将“现代、活力、意趣、坦然”并存的美学植入产品，专于材质的研发与工艺提升，将设计的情感通过穿着体验还原，向独立自我、善于求新、中性浪漫、优雅并存的25~40岁青年女性传递文化中的趣味和新奇，感受平凡生活中的惊喜和诗意。

本着立足“更好地设计，更好地生活”的核心价值理念，江南布衣集团致力于打造中国最好的设计平台，实施“设计诠释趣味，品质生活”为主导的多品牌组合战略，积极、持续地打造品牌形象，为多维度的零售市场输出深层次、高品质的生活方式。

选址 Site Selection

富力海珠城5.4万 m² 的建筑面积，包括A区地下2层、地上6层，B区地下1层、地上8层。作为富力地产在华南打造的首个购物中心项目，富力地产倾心打造富力海珠城，着力推动项目的可持续发展。

江南西商圈以江南西路为核心，东接江南大道，西连宝岗大道，南临马涌，北达紫丹大街，商业建筑总面积约13.6万 m²。最早形成依托于20世纪80年代建设的江南新村住宅群，目前商圈内不仅集中各种潮流时尚店铺、特色餐饮美食，更汇聚了广百新一城、万国广场、汇润大夏、名店城、江南新地等大型商业项目，商圈根基深厚。

商圈内交通便捷，30多条公交线路与地铁2号线途径该区域，带来大量人流。江南西人防二期工程完工，完成从江南新地地下向西直通润汇大厦及广百新一城地下的可能，实现商圈内地上地下商业融合，整个商圈更加成熟、立体。

平面图 Plan

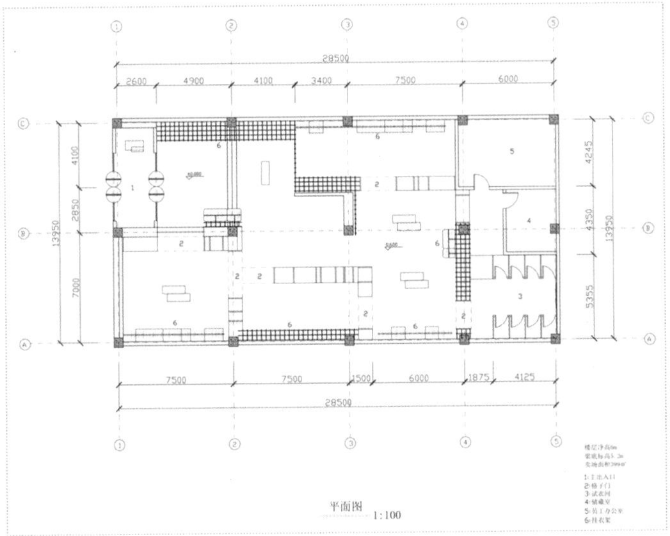

路线图 Road map

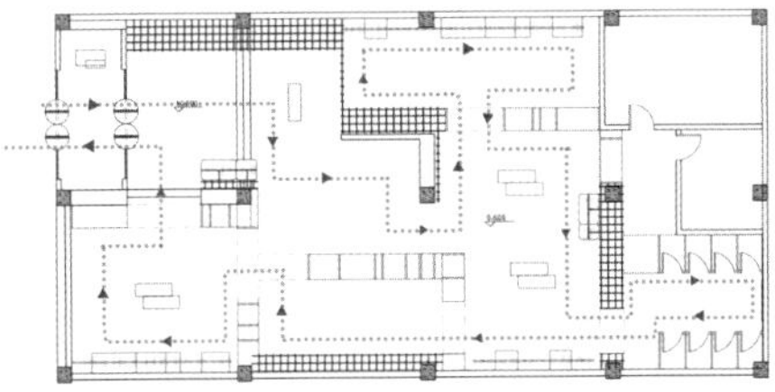

功能分区图 Function zoning map

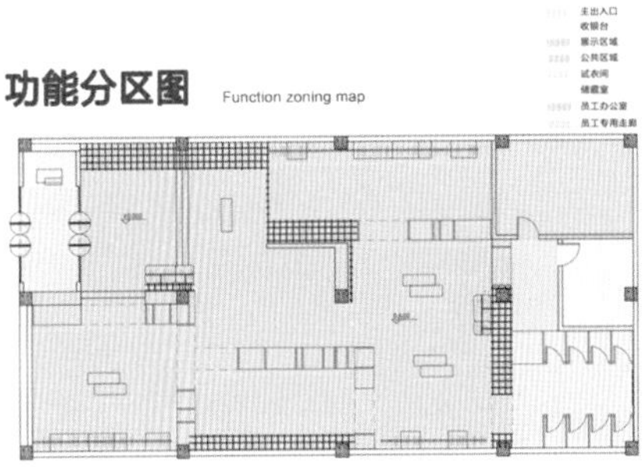

学校：广东轻工职业技术学院艺术设计学院　指导老师：尹杨坚　学生：李妙珊

EXHIBITION 商业展示空间组合化设计研究——江南布衣专卖店

RESEARCH ON ORGANIZATION DESIGN OF COMMERCIAL EXHIBITION SPACE

学校：福州大学厦门工艺美术学院　　指导老师：朱木滋　李海洲　　学生：李逸晨

冰消雪釋

全球气候变暖展示馆
GLOBAL WARMING PAVILION

設計理念

冰雪消融，在不少人心目中可能是一个春天即将来临的好迹象，但关注气候变化问题的科学家们不无忧虑地指出，全球变暖以及由此带来的冰雪加速消融，正在对全人类以及其他物种的生存构成严重威胁。用美好的景象与严酷的环境现实进行对比，以此带来的反差引导人们进行反思。

冰消雪释，比喻事物消失瓦解。雪化尽，犹冰释。

以冰川消融为创意来源，加之强烈的视觉效果，与周边环境与建筑相互协调，营造出一个展示全球气候变暖的艺术空间。极力营造出一个“自然与功能合二为一”。创造并实现了与环境共存和以自然体验为基础的氛围”。同时，运用流线型线条与冰川消融的自然形态贯穿于建筑之中，体现流畅、柔美与自然力量的碰撞，塑造出一个警示作用的艺术空间。

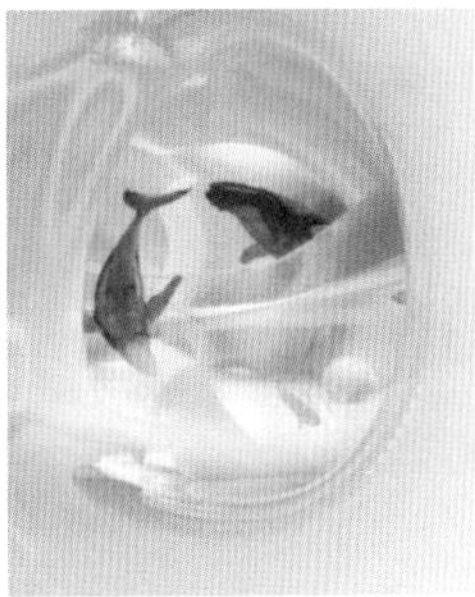

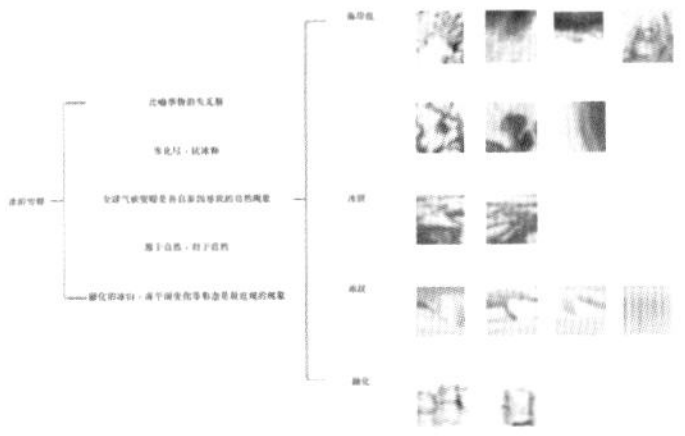

展廳布置

展示馆一共分为五大部分。

其中包括：常设展展厅1——消失的所罗门群岛，表现了冰川消融海平面上升的现象；常设展展厅2——北极熊的葬礼；多功能展厅——珊瑚白化与鲸，展示了由气候变暖所引起的海域海水温度变化珊瑚，鲸等海洋生物生存受到的影响；其中还包含了休息观影区等；临设展展厅——蓝色星球，播放相关记录片，通过影像与相关主题艺术展品结合展示；动态体验厅——世界的尽头，给人们留下思考时间。

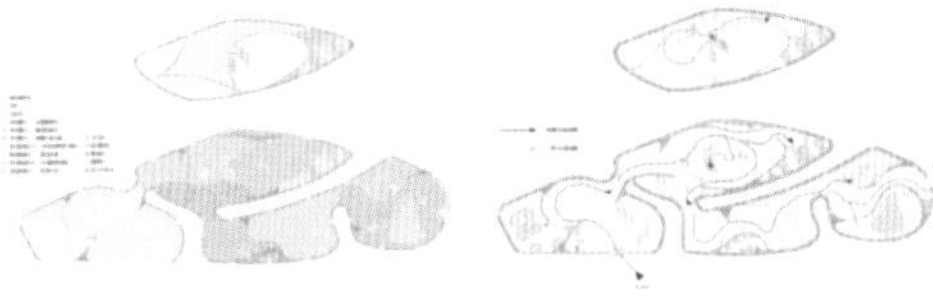

空間功能分区　　空間人流動綫

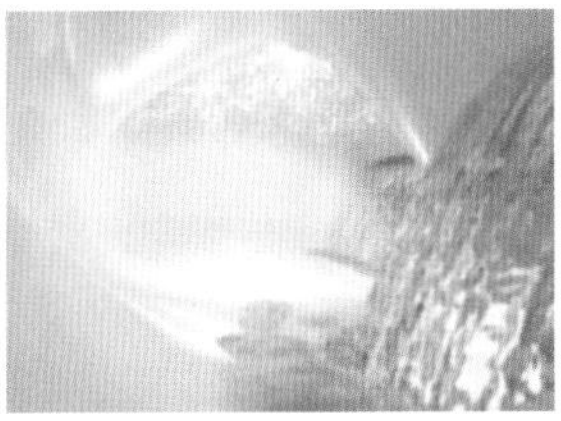

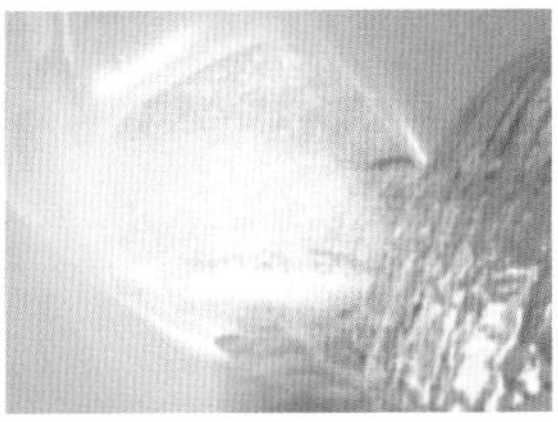

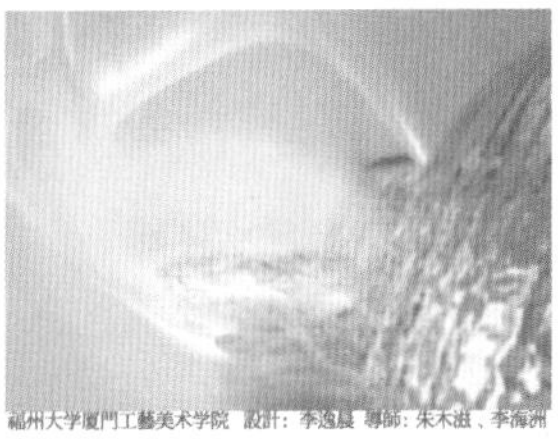

福州大学厦門工藝美术学院　設計：李逸晨　導師：朱木滋、李海洲

学校：广东轻工职业技术学院艺术设计学院　指导老师：尹杨坚　学生：梁颖仙

品牌分析

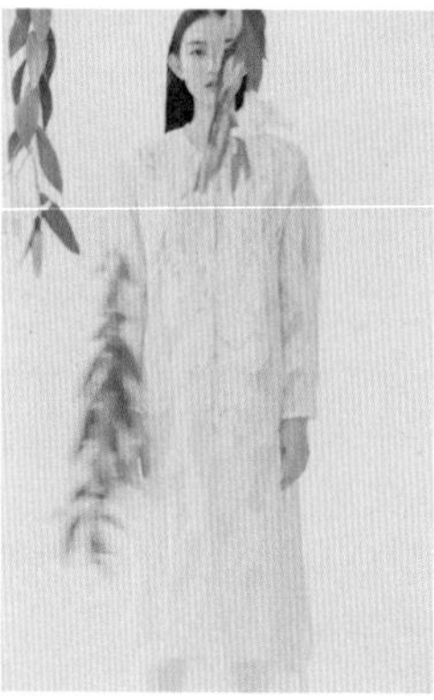

自然狀態
天然環保

品牌以自然而然为信仰
产品提倡天然环保健康理念

BANXIAOXUE 原创文艺，品牌以自然而然为信仰，一方面是自然状态下的衣，一方面是自然状态下的人。
追求与传承东方美学和传统文化，关注当代的人文艺术和思考创意，致力于将自然主义的原创精神转化为当代的服饰文化以及生活方式。

發現問題

现如今商業空間設計存在的問題：

對應解決問題的方式：

A. 城市化发展带来的环境问题，店铺装修材料不易降解回收 —解决方法→ A. 可持续发展概念，用环保材料减轻环境压力

B. 没有与传统店面形象拉开距离 —解决方法→ B. 在设计上加入品牌信仰，突出品牌信息

C. 陈列风格上没有品牌特色 —解决方法→ C. 结合品牌理念，自然文化的追求

方案定位

用“自然而然”的概念塑造一個貼近自然、生態環保的現代商業展示空間。

方案表达：從材料出發，结合材料的特殊性，不同的编织方式，在自然的状态下表現出的空间。

关键词定位：纯瀞　本色　精致　和谐

光与空间

学校：同济大学建筑与城市规划学院　　指导老师：左琰　林怡　　学生：许可

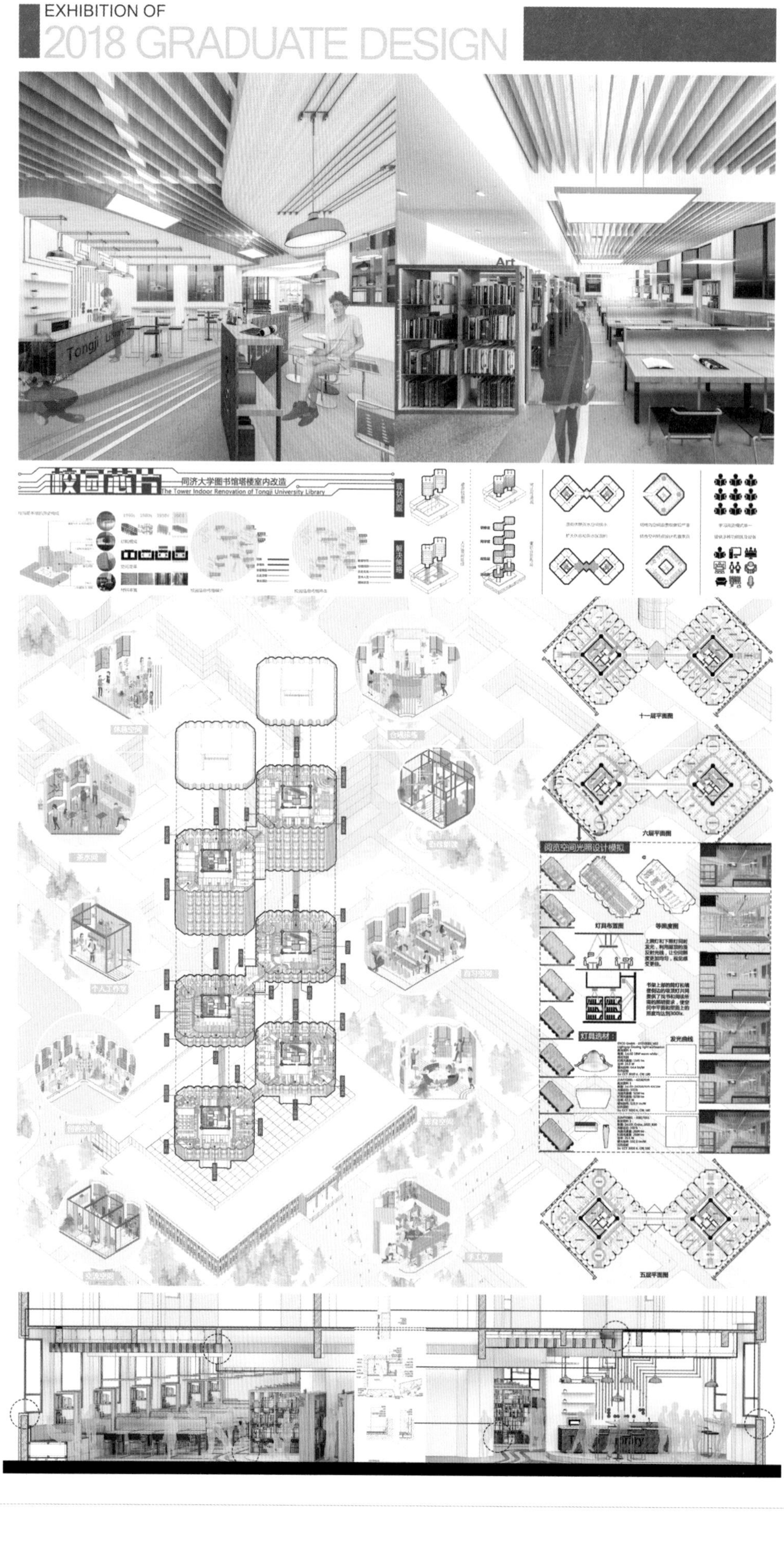

金奖

学校：四川美术学院艺术与科技系　　指导老师：关杨　　学生：洪朝克

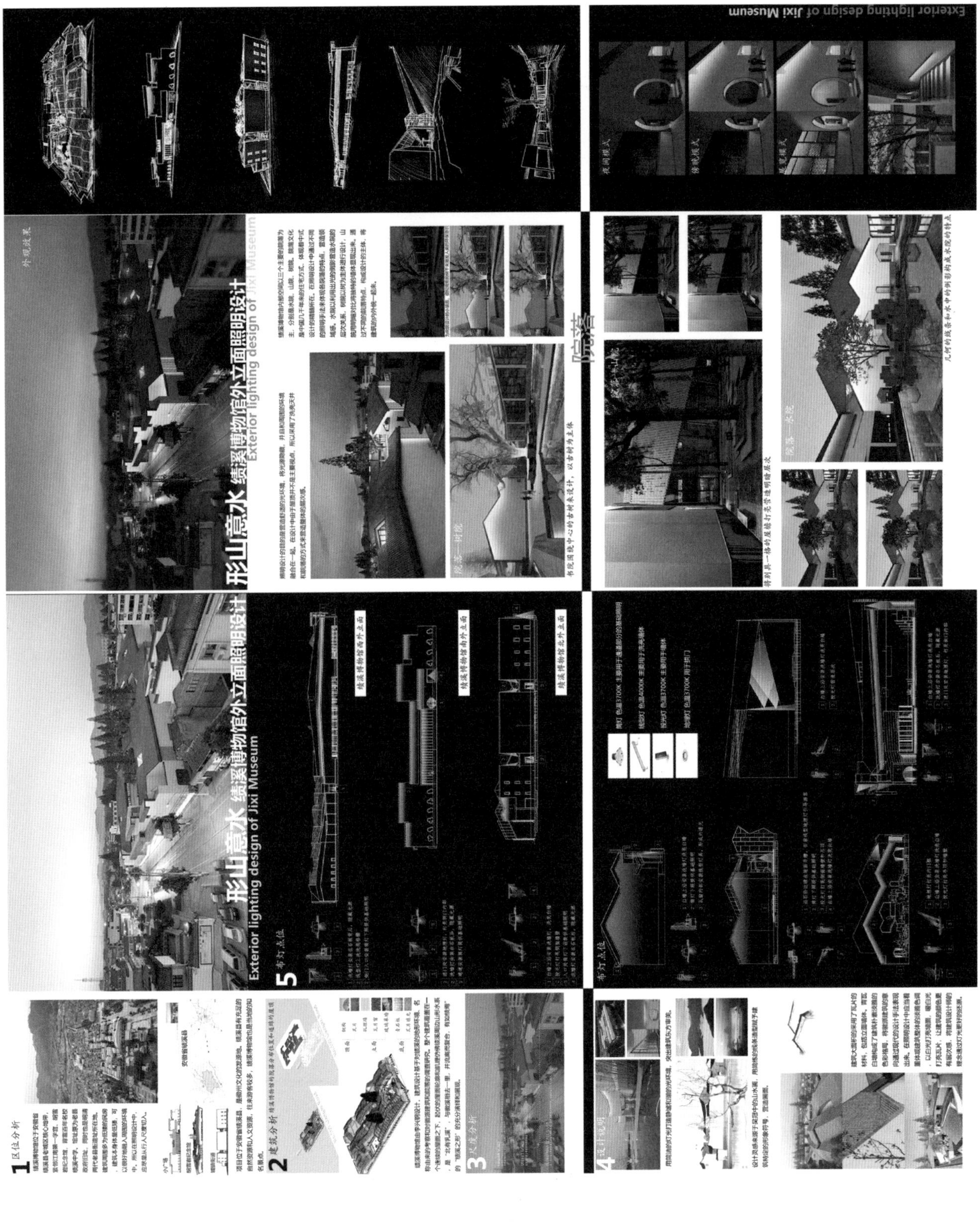

亚洲设计学年奖

学校：重庆大学建筑城规学院建筑系　指导老师：严永红　学生：高金　林梦佳　雷康迪

丰收的篝火

设计目标：

在保留城子村地方特色要素的前提下，改善土掌房民居室内采光，作为激活古村公共活动的发生器，复苏古村式微的文化和人气。

设计策略：

本设计结合已有要素进行"微改造"，将地方特有的竹编粮筐转换为光的传导装置，利用传统编制工艺，在原始的外皮里置入光导纤维，将自然光引入土掌房屋顶原有的方孔，起到改善室内采光的作用。同时，装置延续了储存粮食的功能，能通过阀门方便地将粮食倒入下方的谷仓。

室内设计效果图——每当秋收时节，风干好的谷物从装置中顺着引入的阳光流入室内。

土掌房特色分析

屋顶
屋架上铺设木楞柴草，后用粘土夯筑屋顶并抹平

门窗
对外开窗尺寸小、数量少

屋顶小孔
平时用石板等盖住，农时粮食晾晒完成后直接倒入下层粮仓

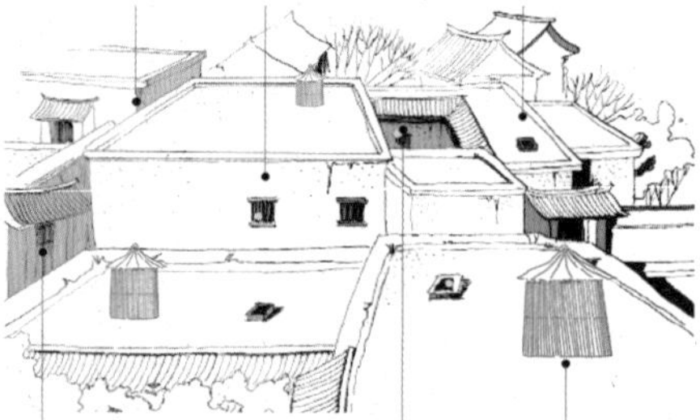

墙体
外墙主要用纯夯土墙体或土坯墙体。基座勒脚采用毛石垒砌，内墙为木楞墙或土坯墙。

天井
尺寸较小，起到强化屋内自然采光和空气循环的作用。

竹编粮筐
用当地编织技术将竹篾编织为竹筐，农忙时期作为风干谷物的特色工具。

细部剖面

玻璃顶
防水 & 透明

光导纤维
导光&编织手法

原有竹编筐
利用竹条手工编织

能量储存装置
将日光转化为能量储存，驱动夜间装置发光。

金属框架
隐藏在表皮之下，结构支撑作用

木质阀门
限定及释放谷物 & 控制光量

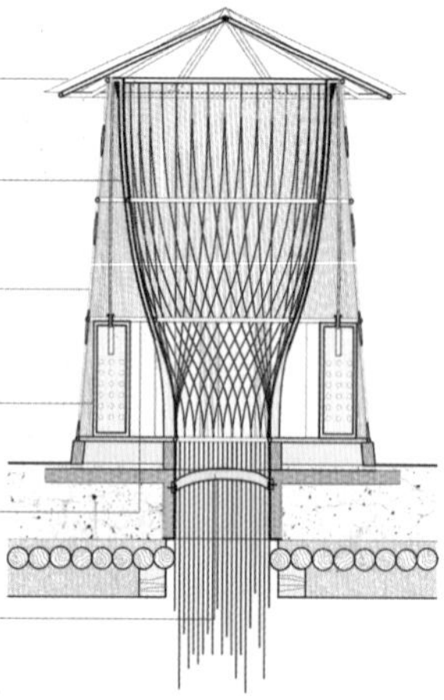

轴测分解

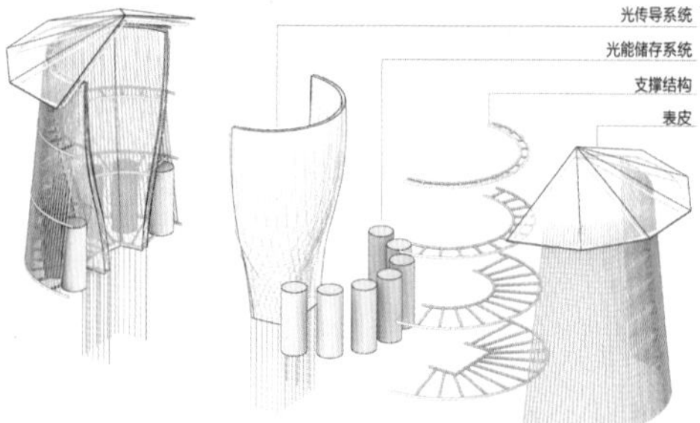

使用状态分析

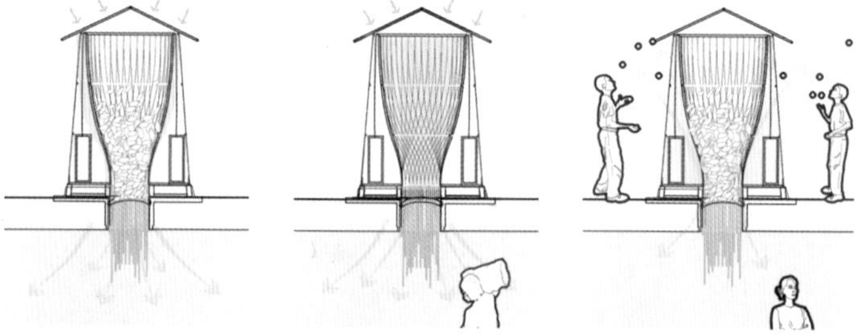

a. 储藏模式
通风外表皮起到风干谷物的作用，阀门可控制谷物下落至室内。光导纤维引入自然光。

b. 空置模式
作为天窗直接采光。利用阀门控制亮度。

c. 夜间模式
光能储存系统驱动装置自身发光。装置周边作为发生公共活动区域。

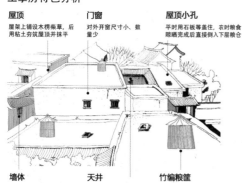

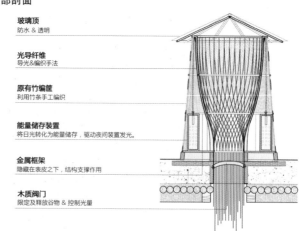

概念鸟瞰图——连接家家户户的纽带

学校：四川美术学院艺术与科技系　　指导老师：关杨　　学生：罗桂芳

建筑外立面照明设计——长沙谢子龙影像艺术馆

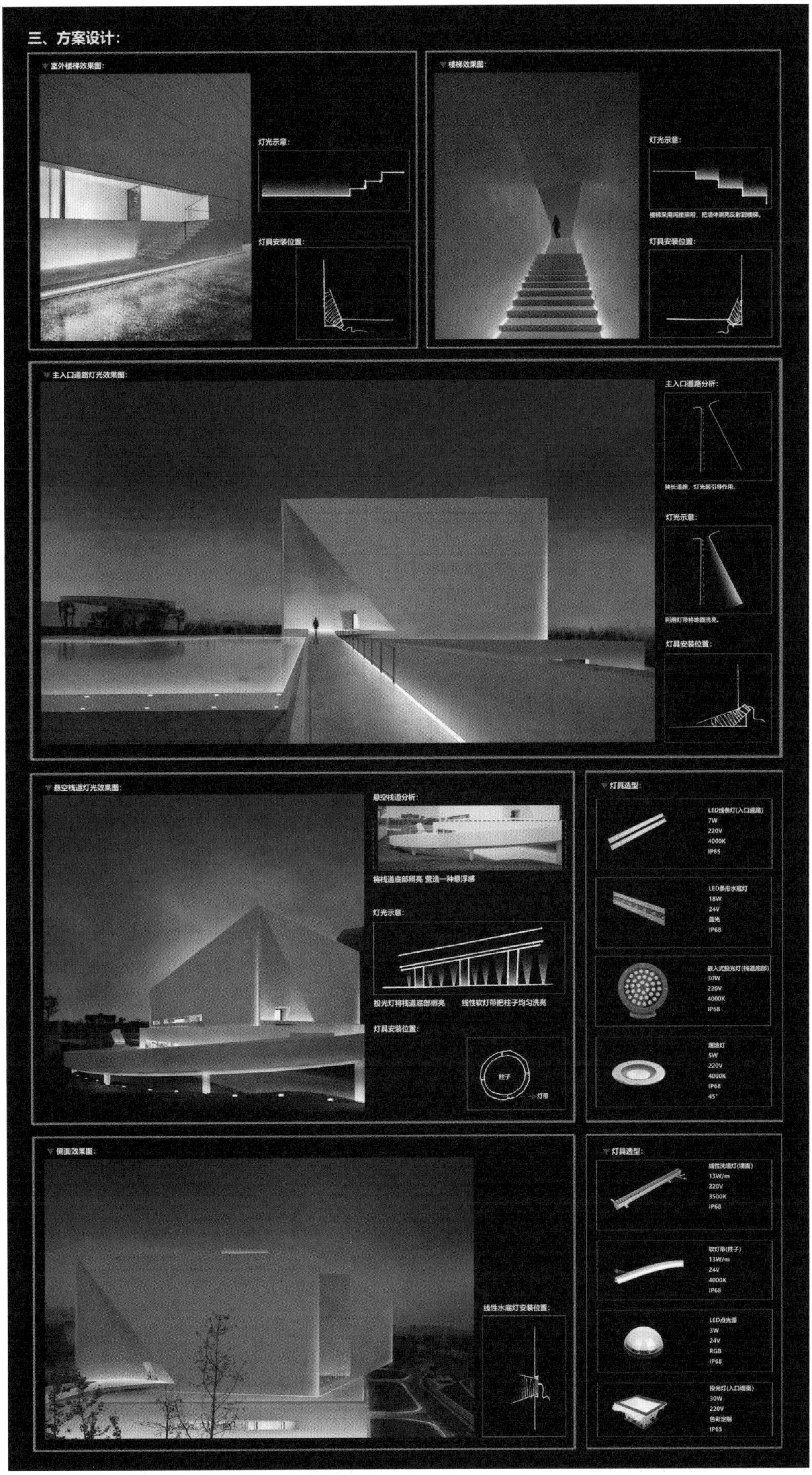

学校：四川美术学院艺术与科技系　　指导老师：关杨　　学生：柳俊妃

四川美术学院虎溪校区逸夫图书馆

学校：同济大学建筑与城市规划学院　指导老师：左琰　林怡　学生：李一丹

多功能信息中心——图书馆大厅设计

EXHIBITION OF
2018 GRADUATE DESIGN

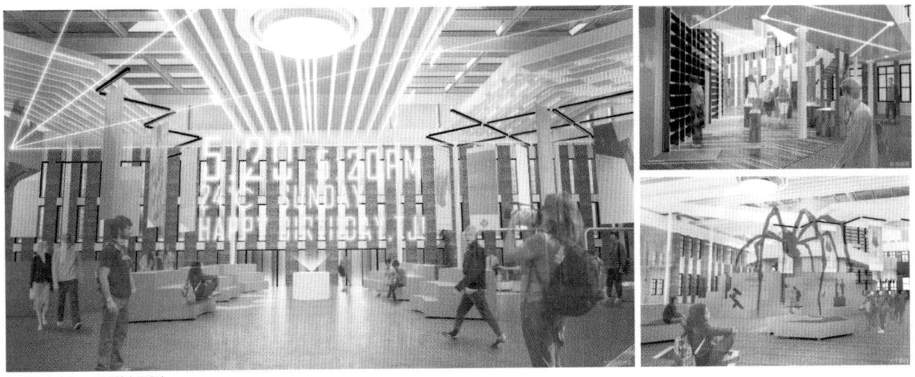

多功能信息中心——图书馆大厅设计

随着信息种类与媒介的发展，原本作为纸媒容器的图书馆渐渐衰落。在这样的趋势下，校园图书馆也逐渐丧失了其校园精神高地的地位。为了重新找回校园图书馆的意义所在，我们试图将多种多样的信息与媒介置入图书馆之中，借助图书馆先天的地理优势，让这块最能代表同济的历史建筑再次发声。

图书馆的大厅现在为钢结构的椭圆形门厅，连接着60年代建房、60年代书库和80年代的塔楼。考虑到椭圆形门厅的一些问题和图书馆未来的发展趋势，我们拆除了椭圆形大厅，将裙房与书库围成的合院全部罩在了玻璃顶下，使之成为一个"庭院"，呼应历史原型的同时，最大限度保留历史立面，并将门厅扩大为一个完整的空间，在其中加入了前期调研中呼声最高的一些公共性较强的功能。新的大厅以前卫的形象展现在师生面前，你可以徜徉其中，感受阳光带给老建筑立面的光影变化，也可以随时了解到校园的文化与动态，还可以获取到更加丰富的信息内容与种类，真正置身于信息的海洋之中。

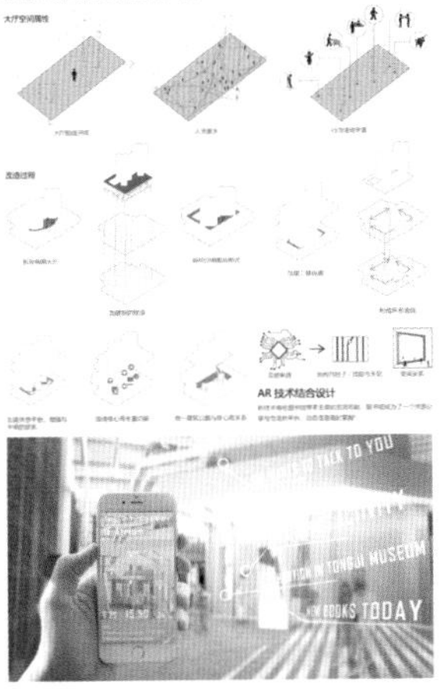

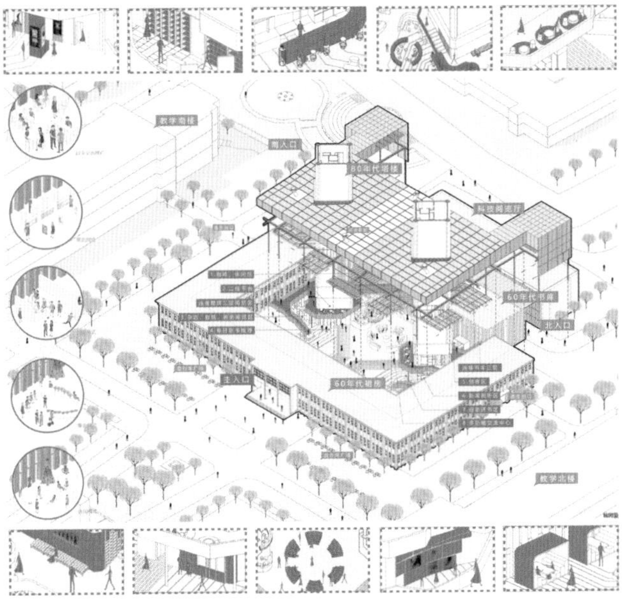

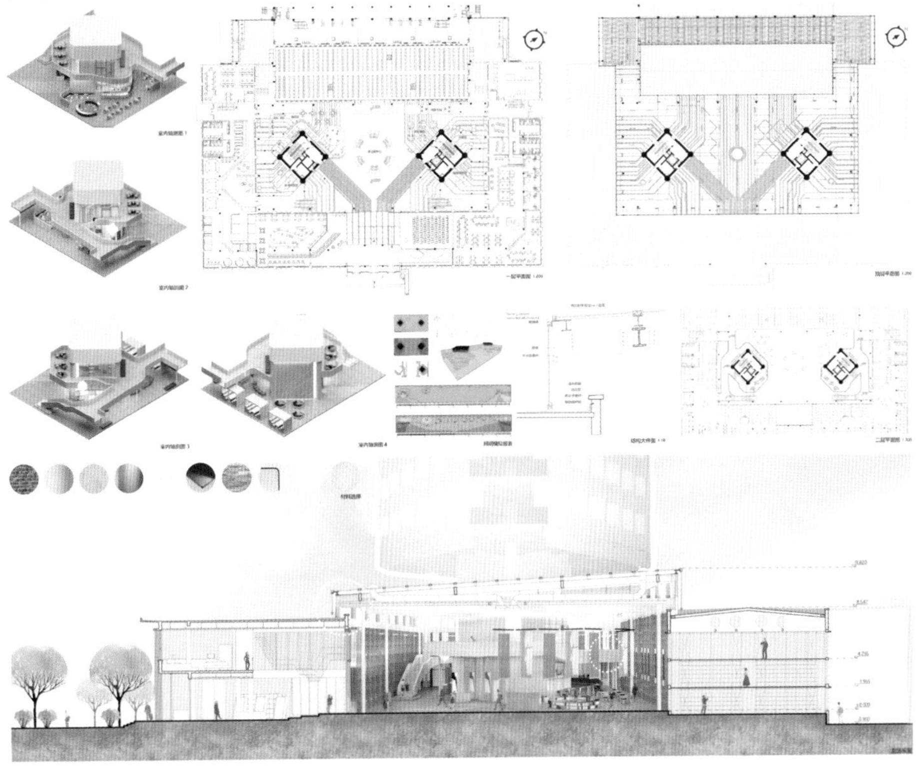

第十五届亚洲设计学年奖竞赛获奖作品（铜奖、优秀奖）

保护与修复奖

奖项	院校名称	方案名称	作者姓名	指导老师
铜奖	香港大学景观建筑学部	朝鲜半岛	李玉寒	陆小璇
	上海理工大学出版印刷与艺术设计学院	诗画鸣山——鸣山历史文化村落保护利用设计	李雯婷　王忠求	王勇　张洋
	四川美术学院环境艺术设计系	拾境 / 石景—吴垭民宿村落规划设计	郑凯　王逸淼	杨吟兵
	广东工业大学艺术与设计学院	大澳	陈世宏　陈博钠　莫皓斌	王萍　彭译萱
	昆明理工大学艺术与传媒学院	归去来兮—乌龙浦村活化与保护设计	张未　袁慧如　陈胡乔　王永倩	张建国
	大连理工大学建筑与艺术学院	米兰 Carrobbio 片区历史资源周边景观更新与活化设计	程嘉翌	林墨飞
优秀奖	澳洲新南威尔士大学 University of New South Wales	澳大利亚新南威尔士州 Hunter Valley 地区 Rixs Creek 煤矿的生态修复方案	李雨岚	Katrina Simon
	西北农林科技大学风景园林艺术学院	西安市江村沟垃圾场改造设计	田佳宾　旷文胜　王程胜　董艳伟	刘媛　田永刚
	仲恺农业工程学院	潮汕传统民俗文化动态展馆设计	谢敏林	许树贤
	浙江大学城市学院	原生态海岛村落的"变"与"守"	曹吉妮　林乃坚　董熠斌	张佳　徐山
	大连理工大学建筑与艺术学院	文脉传承·暖泉流芳	苏庆慧　石文	霍丹　胡沈健　陈岩
	宁波大学科学技术学院	土建筑	包炫烨	查波　陈忆
	宁波大学科学技术学院	古城墙的复苏	应嘉诚　徐卢昊	蒋建刚　金子凯
	浙江大学城市学院	废墟重生	王丽帆　项静怡	王玥
	广西师范大学设计学院	生态首善·岩口村景观保护性设计	瞿明明	郭　靖
	广州番禺职业技术学院	古党·建桥村建桥围古村落景观规划设计	何钊怡　徐丹丹	邸锐　周晨橙　郭艳云　周翠微　余德彬
	泉州师范学院	温涅——龙头山古城游客信息中心	王东阳	蔡舒翔
	广东工业大学艺术与设计学院	青田坊—广东顺德青田村景观规划设计	林映曼　李丽敏　邓光华　陈海	唐娇　芮光晔
	上海视觉艺术学院	半雅一筑·修旧如救——对山西传统古建筑历史与现实对话的探究	刘阳	张晶
	武汉科技大学艺术与设计学院	码头记忆——武汉市集家嘴码头景观设计	谷丽烨	李一霏
	广州番禺职业技术学院	承·留住老时光——佛山市顺德区大良街道宝华巷片区街区建筑景观改造	黄展峰　岑慕琳	邸锐　周晨橙　郭艳云　周翠微　余德彬
	华南理工大学设计学院	养云山馆复原设计	沈梦莹	石拓
	长春理工大学文学院艺术设计系	吉林市乌拉小镇旧城区改造提升项目	刘亚玲　童丹　张翠青　孙燕　于立翀	包敏辰　梁旭方　刘绍洋
	四川美术学院环境艺术设计系	来龙去脉 – 客家围龙屋调研	邓子扬	余毅

更新 / 改造与转型奖

奖项	院校名称	方案名称	作者姓名	指导老师
铜奖	同济大学建筑与城市规划学院	多元尺度下古镇空间更新设计——高桥镇滨水建筑研究	陈宇翔	陈易
	哈尔滨工业大学建筑学院	以森林部落为主题的兆麟公园冰雪景观更新与改造设计	李谦	王松引　韩振坤
	中国科学院大学建筑研究与设计中心	二次生长	杨金娣　靳柳	张路峰　王大伟　程力真
	同济大学建筑与城市规划学院	新海派聚落——上海近代黑石公寓及其周边环境的改造与更新设计	李淑一　常馨之　安麟奎　程城	左琰
	广州美术学院艺术设计学院	快子·回春——快子路"喜庆一条街"空间升级计划	邝子颖	杨一丁
	厦门大学嘉庚学院	旧车站改造设计——泉州老街游客集散中心设计	黄秋红	叶茂乐
	长安大学建筑学院	来龙【趣】脉——基于文化创意导向的乌龙浦村活化设计	李亦晨　黄英淇	井晓鹏　余侃华
	广西师范大学设计学院	宅田拼贴——桂林山尾村传统村落空间及废弃农田景观更新再造	雷志龙	刘涛
	江南大学设计学院	新 . 旧 – 瑞金西门口曲艺文化中心	杨米仓	史明

更新 / 改造与转型奖				
奖项	院校名称	方案名称	作者姓名	指导老师
优秀奖	香港大学建筑学院	Renewal and Remodel	Chan Cho Fai Anderson	Eunice Seng
	哈尔滨工业大学建筑学院	五坊一巷	徐紫仪　田润稼　刘上　刘韵卓	邵郁　卜冲
	广州美术学院建筑艺术设计学院	海风市场——多维度的市场更新设计研究	梁圣浩	王铭
	广州大学美术与设计学院	核缘共享——浮庙墩民宿改造设计	周瑜　蔡楚盛	米澄质　陈哲蔚
	湖南农业大学	重拾——浏阳白沙古镇老年无边界社区空间设计	陈士心	黄炼
	中国科学院大学建筑研究与设计中心	绿网	蔡忱　罗文婧　雷明珠	张路峰　王大伟　程力真
	浙江大学城市学院	从“产业园区”迈向“产业社区”——上海张江高科技园区西北片区程式设计	杨斯妤　戴思佳　沈文	张佳
	天津美术学院环境与建筑艺术学院	营造乡村 广西壮族自治区鼓鸣寨榭石手工艺民俗馆及村口景观设计	刘欢宇　黄汇源	彭军　高颖
	哈尔滨工业大学建筑学院	置换——基于适老化哈尔滨花园历史街区改造设计	鞠曦　王开泰　陈孟凡　晏迪	张姗姗　薛名辉
	西安美术学院建筑环境艺术系	《遗记重构 民艺述说—凤翔民间艺术基地》	鲁潇	周维娜
	广州大学美术与设计学院	大小马站书院群文化创意都市新地标概念设计	彭丽娜　梁志海	米澄质　雷莹
	湖南农业大学	湖南“锦授堂文创空间”设计	刘江波	周薇
	江南大学设计学院	城市针灸——绵阳市涪城区热电厂景观综合改造设计	朱凌婕	周林
	云南大学艺术与设计学院	更三番鲁布革布依族民宿空间改造方案	何愿红	李沁
	福建农林大学艺术学院	潮起潮落—霞浦县竹江村竹生产竹生活竹景观规划设计	吴飞洪	郑洪乐　张艺
	河北建筑工程学院	葡萎炉终　你何去何从？——在“去产能”背景下　对宣钢下岗职工再就业研究的城市设计	王欣雅　田佳鑫	王力忠　张玉梅　孙晓璐
	上海大学上海美术学院	息我庭柯　交往相和——松江仓城老年社区中心与古镇民宿混合模式设计	钱玥如	宾慧中
	广州美术学院建筑艺术设计学院	电讯革命	曹彦萱　黄倩桦　许振潮	魏华　谢璇
	扬州大学美术与设计学院	青谷里创客街区景观规划设计	戈亚伦	张祎
	上海大学上海美术学院	蒙太奇工厂——一个回归“日常性”的边缘社区更新实验	梁丹	柏春
	广东金融学院	新洲里·聚落再生	郭涛	彭洁
	东华理工大学地球科学学院	豫章续梦——南昌万寿宫历史文化街区魅力重塑	张煌坚	曹幸　叶长盛
	昆明理工大学艺术与传媒学院	渔的故事　鱼的人生	王浩 柴宇 杨诗吟	忽文婷
	河北建筑工程学院	城市养息 – 张家口火车北站地区更新景观设计	阎梦瑶　王智	李磊　张迪妮　侯凤武　王琬
	昆明理工大学艺术与传媒学院	古寺学堂——“呈贡凤鸣寺”改造设计	崔龄尹　杨迤夫	忽文婷　朱海昆

临时与可移动建筑与空间奖				
奖项	院校名称	方案名称	作者姓名	指导老师
铜奖	四川美术学院环境艺术设计系	组合式·集装箱·空间	郑渊渊	张倩
	上海理工大学出版印刷与艺术设计学院	“众阅”行走的港湾——留守儿童共享之家设计	刘显文	何明
	北京交通大学建筑与艺术学院	Gallery box	蔡悦倩	曾忠忠　陈泳全
	天津大学仁爱学院	基于互联网 + 下的组装建筑设计	陈佳雯　张晨	边小庆　张宗森
	南京艺术学院设计学院	迷址——“白局”·南京非遗艺术装置设计	丁瑞霄　冯文婷	姚翔翔
	中南大学建筑与艺术学院	家 – 社区 – 难民营：中缅边境难民营规划设计	严舒	李博
优秀奖	香港大学景观建筑学部	Living On The Edge - Creating health public space for foreign domestic helpers 生活在边缘——为外籍家庭佣工创造健康的公共空间	苏珊珊	姜斌
	宁波大学科学技术学院	留“趣” – 未定义活动场设计	徐冰倩　童萧轲　张雨露　管玲娜	钟彦臣　钟俊杰　周韦纬

临时与可移动建筑与空间奖

奖项	院校名称	方案名称	作者姓名	指导老师
优秀奖	郑州轻工业学院易斯顿美术学院	集客小镇规划设计	龚子豪　鲁娜　黄宏　谢思钒	杨超　张杨　汪海　樊萌
	北京交通大学建筑与艺术学院	M（membrane）-BOX——肯尼亚工业化旅游酒店设计	刘诗柔	曾忠忠
	天津大学仁爱学院	新SOHO—基于可翻折式家具下的空间转换研究	任志悦　刘书含　沈菲菲　白蕴	边小庆　常成　张宗森
	湖北美术学院	城市空间畅想曲—积木移动设施	康博文　冯欣	吴敏
	北京林业大学艺术设计学院	积木公社——海洋生态智能集装箱建筑空间设计	张哲浩	公伟
	华南农业大学艺术学院	新旧交融——广州曾边村广场粤剧舞台设计	李观达　曾马特	翁威奇　吴宗建
	北京交通大学海滨学院	流动医疗车	霍妍希　张玲	高军　刘蕊　葛莉　吕宁
	昆明理工大学艺术与传媒学院	临时与可移动建筑与养生度假酒店设计	郭恒瑞　孔令彪　张祎	朱海昆　忽文婷
	大连理工大学建筑与艺术学院	城市边角空间设计	陈蕊	陈岩
	昆明理工大学建筑与城市规划学院	相遇——临时装置设计	杨晨辰　初冠龙　马达　邢海玥　杨艳芬　陈田涛	廖静
	广州番禺职业技术学院	可移动汽车旅馆概念设计	吴华荣	邸锐　周晨橙　郭艳云　周翠微　余德彬
	广西艺术学院	未来的模板化组合房屋集装箱改造	陈熙　黄敏　刘润华	陈罡　罗薇丽
	福州大学厦门工艺美术学院	驻留的泡泡——灾后应急小屋	吴璐铭	朱木滋　李海洲
	合肥工业大学建筑与艺术学院	青海水居	贺家伟	汪利　郭浩原
	福建农林大学艺术学院	城市书屋－闽侯县浦里高架桥灰空间改造	邓必默	郑洪乐　张艺
	苏州市职业大学	弹性设计在SOHO空间中的创新应用	孙姝欣 王森玥 朱可可	杨芳

商业建筑与空间奖

奖项	院校名称	方案名称	作者姓名	指导老师
铜奖	四川大学建筑与环境学院	TheTriangle——城市行为结构连接体	孙启明　冯文琦　吴直鹏	陈岚
	新加坡国立大学	Media Factory I Workloft Studio Space 演播室空间创意媒体共享工作空间	WONG Lee Kwan	Florian Schätz
	福州大学厦门工艺美术学院	时序——厦门文创摄影基地空间设计	马晓枫	朱木滋　李海洲
	四川美术学院环境艺术设计系	看见你的声音—声音体验主题书店空间设计	张显懿　易涵蔚	刘曼
	南京艺术学院设计学院	锚固与游离——关于传统柳编对众创空间的影响	印小庆　王婧	卫东风
	南京艺术学院设计学院	“悬食”多维空间主题餐厅	狄小颖　刘子璇　陈足爽	卫东风
	江西环境工程职业学院	一号公馆	吴远鹏　赖达胜　杨宏斌　刘泽锋	黄金峰　欧俊锋
	贵州师范大学美术学院	贵州省六盘水水叠广场景观设计	郑东锋	袁琳
优秀奖	吉林建筑大学艺术设计学院	“上茶”茶叶专卖独立店室内设计	李娜　李广　易胜男　陈立斌	马辉
	吉林建筑大学艺术设计学院	型色——大学生创新创业中心室内设计	王小松	隋洋
	哈尔滨工业大学建筑学院	以岛为魂　因行而活——基于人性化视角的地下轨道交通太阳岛站空间环境设计	张鸿达	刘杰
	鞍山师范学院美术学院	鞍山大孤山生态酒店概念设计方案	冯立梁	刘治保
	仲恺农业工程学院	上海“concave-convex”休闲会所方案设计	丁瑶涵	贺珊
	广州番禺职业技术学院	三口原生态露营渔庄建筑与景观设计	幸嘉骏	邸锐　周晨橙　郭艳云　周翠微　余德彬
	中南大学	亚历山大麦昆旗舰店展示空间设计	苗长江	李星星
	扬州大学美术与设计学院	感·遇 主题商务酒店室内设计方案	曹安达	徐云祥
	哈尔滨师范大学	珍宝岛药业设计方案	赵一雷　霍达　袁永奇　王金媛	张红松　柳春雨　王巍　张宇曦
	厦门大学嘉庚学院	娱乐空间KTV概念设计——“梦·探之镜”	林久敏	商墩江
	湖南工艺美术职业学院	“大道至简”办公空间设计	来积蓉	夏天明
	长安大学建筑学院	文安驿度假酒店规划及其建筑设计	刘宇	张琳
	江南大学设计学院	EIN品牌服装旗舰店	姬林	周炫焯

商业建筑与空间奖				
奖项	院校名称	方案名称	作者姓名	指导老师
优秀奖	广东工业大学艺术与设计学院	川境——上川岛度假酒店概念空间设计	黄华明　黄晓丹	祝大斌　陈伟满　黄文斌　祝大陆
	江南大学设计学院	FLOAT STONE BAR- 调酒师体验酒吧	姬林	周炫焯
	北京服装学院	BIO 餐厅建筑及室内设计	柳天昱	李瑞君
	广东文艺职业学院艺术设计系	云程科技有限公司项目设计	谢祖乐 / 陈汉民	任鸿飞
	中南林业科技大学	“镜”界茶室设计	杨子璇	袁傲冰
	合肥工业大学	东华府．售楼处室内设计方案	杨蕾	谢珂　谢震林
	广州美术学院城市学院	麓湖艺术交流中心	伍文聪	钟志军　么冰儒　黄锡昆
	广州番禺职业技术学院	竹居・碧桂园及其周边景观设计	刘锦珠　吕枝强　张颖	邱锐　周晨橙　郭艳云　周翠微　余德彬

文化建筑与空间奖				
奖项	院校名称	方案名称	作者姓名	指导老师
铜奖	北京交通大学建筑与艺术学院	江西南丰曾巩文化园景观设计	崔琳	李旭佳
	华南理工大学广州学院建筑学院	城市共享客厅——深圳宝安区博物馆建筑设计	杨柏荣	罗翔凌
	广州美术学院建筑艺术设计学院	“高”与“声”——广州动物园长颈鹿新馆设计	涂智超	李芃
	北京交通大学建筑与艺术学院	中国铁道科学院文化宫及周边景观改造	华建嘉	马强　魏泽崧
	北京林业大学艺术设计学院	绿韵・舞动——校园展览馆建筑设计	张哲浩	公伟
	广东工业大学艺术与设计学院	山旬——生命纪念体验馆概念设计方案	刘玉书　蔡晓文　赖伟聪　邓天柠	任光培
	福州大学厦门工艺美术学院	翼次元飞行文化体验馆	卢晗	梁青　叶昱
	云南大学艺术设计学院	一山一木——白马雪山科普教育空间规划设计	曹彦菁　张明月　王千意	李世华
优秀奖	圣路易斯华盛顿大学	Re-Claim the Center(重塑中心)	强项	—
	华中科技大学建筑与城市规划学院	南阳市唐河县第二初级中学设计	张浩楠	刘剀
	广东财经大学艺术与设计学院	水榭听香－凤凰单丛茶文化博物馆设计	林鞑轿　杨佩君	王少斌
	天津大学仁爱学院	白云鄂博矿区矿山博物馆设计	张楚	张慧娜　庄和锋
	云南大学艺术与设计学院	“无用”工作室空间设计	杨冬梅	李晓燕
	福建工程学院建筑与城乡规划学院	乡村文化建筑的在地性研究－潦头村耕读博物馆设计	陈权详	吴先德
	大连理工大学建筑与艺术学院	大学生活动中心室内环境设计	张萌	陈岩
	华中科技大学建筑与城市规划学院	Tyndall Meditation Center	张礼陶	刘剀
	南京工业大学建筑学院	生于山林 隐于城市	李俊杰	钱才云　周扬
	南华大学设计艺术学院	“永不纸息”——蔡侯纸文化博物馆	赵建国	王宽　陈祖展
	贵州大学建筑与城市规划学院	杨氏土司博物馆方案——关于文化承载与文化输出方式的思考	李玥凝	李明全
	华南农业大学艺术学院	白道——沙堤湾沿海观景廊道设计	张钊雄　杨 帆　陈小顺　谭沅姗　谢心霞	翁威奇　吴宗建
	广州美术学院城市学院	园——港头村民活动中心	伦泉楷	么冰儒　钟志军
	四川音乐学院	徙・筑－湿地观鸟掩体	王嘉秀　张璐　周帅杰	计宏程
	西安工业大学	木斯塘——边境文化保护性再生景观设计	陈静	邢程
	广东工业大学艺术与设计学院	存在之源——基于存在于此在水利纪念馆概念设计	罗荃升　彭鹏　钱泳强　易启聪	胡林辉　陈晨
	北京服装学院	厦门市海边信息科技博物馆	周环宇	宁晶
	广州美术学院城市学院	行览－金坑村展览馆设计	方荣波	李泰山　蔡同信
	合肥工业大学建筑与艺术学院	启绘．艺术工坊	陈锶镶　戴洪洲	郭浩原　李永婕
	五邑大学	知识的立方・独立书店设计	林婉铃	万映频

居住建筑与空间奖				
奖项	院校名称	方案名称	作者姓名	指导老师
铜奖	华中科技大学建筑与城市规划学院	閒間	郝心田　胡栋　杨博浪　黄敬知	白舸　黄建军

居住建筑与空间奖				
奖项	院校名称	方案名称	作者姓名	指导老师
铜奖	天津美术学院环境与建筑艺术学院	闽韵——樟脚村民宿酒店设计	金聪明　王茹蓉	朱小平　孙锦
	广州美术学院建筑艺术设计学院	生日派——以“蛋糕”为原型的亲子度假空间设计	孙家鼎	许牧川　陈瀚
	广东工业大学艺术与设计学院	“当我们老了”——城市养老空间概念设计	杨怡菲　黄灿煌　李晓伟	刘怿
	西安美术学院建筑环境艺术系	本原・本色	周璇　常召召　赵凯华　李雅菲	华承军
	广东工业大学艺术与设计学院	无界之界——未来概念式墓园设计	郭长倩　肖少微　黄洪艺	徐奇明
	西安美术学院建筑环境艺术系	多维度远山	张露妍　耿奇伟 陈培一　王晓宇	王展　梁锐
优秀奖	天津大学仁爱学院	“翠玲珑”－居住之园林空间转译和自然光与人工光研究	吴尔特　郭少华　陈申	边小庆　常成 张宗森
	南京艺术学院设计学院	微空间力量——城市多维化发展	盛依婷　邱琪	施煜庭　卫东风
	顺德职业技术学院	长野序苑——广州市萝岗区谷丰园养老地块	张舒颜　郭宝清　陈阳阳 谭海霞	周彝馨　梁耀明 吕唐军
	上海大学上海美术学院	Play time——与你互动的小村	蒋珊珊	张小岗
	大连理工大学建筑与艺术学院	“老有所乐　晚景如春”—— 城市社区老年活动中心设计	尹雪晨	胡沈健
	长春建筑学院	城市・针灸	温月	周妩怡　刘希
	淮阴工学院	大运河生态民宿设计	刘梦	于文龙
	福州大学厦门工艺美术学院	朴雅——甘肃民居生态改造	苏依婷	朱木滋 李海洲
	武汉纺织大学艺术与设计学院	我的秘密花园——新中式别墅室内设计	蹇爱	彭艳
	西安美术学院建筑环境艺术系	藏・西安美术学院新校区美术馆空间环境设计	张宝月　戚梦圆　王娇　沈策	濮苏卫
	宁波大学科学技术学院	拓展・边界——概念住宅空间设计	陈伟鑫	崔恒　籍颖
	苏州市职业大学	“大黎原舍”民宿设计	崔销销	薄晓光
	广东文艺职业学院艺术设计系	为何——独栋私人别墅住宅设计	陈祖槐	朱珊珊
	武汉科技大学艺术与设计学院	竹稻共生——临安市指南村民宿建筑概念设计	倪潇	翁雯霞
	长沙理工大学	三宅一生－住宅设计	廖键	张地缘
	无锡太湖学院艺术学院	蕴舍撷趣——亲密的虚线空间	许琪	邓慧　王荻
	广西艺术学院	微型旅馆	陈佳怡　严珩予　张垚烨	韦自力　罗薇丽 陈罡　肖彬
	沈阳师范大学	老年公寓设计	解金辉	白鹏
	中国矿业大学建筑与设计学院	互融——未来非血缘代际合宿空间	韩绍凯　杨建贇　韩绍群	朱小军　丁昶
	上海理工大学出版印刷与艺术设计学院	INDUSTRY 轻复古主义	傅心怡	章丹音

生态健康与可持续奖				
奖项	院校名称	方案名称	作者姓名	指导老师
铜奖	哈尔滨工业大学建筑学院	候鸟机场—以生物多样性为核心的汉河新城绿道景观规划设计	韩画宇	余洋
	中国石油大学储运与建筑工程学院	村旅－共享——西河阳村初步改造之绿色节能公共建筑设计方案	任惠	王鑫
	上海交通大学媒体与设计学院　南京师范大学美术学院	珍珠河流的新生	周予希　陈园园	周武忠　孙晋云
	广州美术学院城市学院	趣阅书屋	赖勇　李泽亮	李泰山　蔡同信
	上海理工大学出版印刷与艺术设计学院	“给养城市”—生产型多维度城市景观设计	余家涛	杨潇雨
	广东文艺职业学院艺术设计系	和而不同——佗城镇灵江村寨角地区景观再设计	徐铸洋　施维智　纪博燕	杨安琦
	景德镇陶瓷大学设计艺术学院	南河黄泥头段街道与河道海绵景观设计	庞权　竺初阳	杨玲
	广东工业大学艺术与设计学院	溪息——竹书苑	曾顺驿　周爵壮　陈永毅　李欣	任光培
优秀奖	哈尔滨工业大学建筑学院	S3－ 生态绿道滨水游憩系统规划与设计	刘思远	余洋
	南京艺术学院设计学院	荒芜里的重生——秦淮河岸生态空间的修复与延伸	赵锡权　邹一烽　陈兆圆	汤子馨
	四川美术学院环境艺术设计系	金山银山　绿水青山——基于贵州省毕节市的泥石流预警　防御及修复措施探究	刘丽丽　吴承阳	沈渝德　秦晋川 刘冬

生态健康与可持续奖

奖项	院校名称	方案名称	作者姓名	指导老师
优秀奖	哈尔滨工业大学建筑学院	基于景观行为学下的科技园交互景观设计	周羽莎	刘芳芳
	安徽工业大学艺术与设计学院	SPERADING BOUNDARY	王丹　卜园昊	薛雨菲
	广东工业大学艺术与设计学院	第二地平线——基于冰山理论的平衡之道－都市村庄空间形态演变与角色转换	薛泽鹏　黄建文　罗正贤　陈伟杰	胡林辉　陈晨
	香港大学建筑系园境建筑学部	步入自然	李玉寒	姜斌
	四川音乐学院美术学院	大城小境——成都市锦江区春熙社区碎片空间＋街道改造设计	何柳　何慧婷	刘益　唐毅
	武汉科技大学艺术与设计学院	竹思——厦门市烈屿乡减压空间建筑设计方案	蔡兴泉	袁心平
	西安建筑科技大学艺术学院	思乐泮水　薄采其茆——淀山湖周边湿地生态恢复设计	吴昕恬　刘海盟　王子恒　王帅帅　王鹏	张蔚萍
	四川音乐学院美术学院	一隅偏安－南伞河生态难民栖居设计	张慧敏　唐小英　汤木子	陈兴
	四川美术学院环境艺术设计系	“耘耔”种植体验式空间设计	胡凝雪　王英	许亮
	内蒙古师范大学国际现代设计艺术学院	“流沙·时光”沙漠游客中心设计	李书函	范蒙
	吉林建筑大学艺术设计学院	融——城市与自然的“灰空间”	辛聪　杨欣　刘雅婷　吕军锋	郑馨
	四川美术学院环境艺术设计系	山·院—歌乐山养老社区一体化庭院设计	范芸芸　陈竹	黄红春
	吉林建筑大学艺术设计学院	凹空间的时光演变	李亚飞　张健　姚耿	郑馨
	广州美术学院城市学院	感集	刘嘉杰　欧海健	李泰山　蔡同信
	华南农业大学林学与风景园林学院	学堂 X 食堂：校园食堂绿地可持续设计	雷振宏	李剑
	四川音乐学院美术学院	CENTRAL PARK——武汉新洲问津新城公园	刘丽娜	刘益　唐毅
	广州美术学院城市学院	乡居	吴坚　刘小成	李泰山　蔡同信
	安徽工业大学艺术与设计学院	凹山矿·“村”居	段泽豪　柯春珊　陈星烨　朱浩铭　卜园昊	薛雨菲
	大连理工大学建筑与艺术学院	自闭症儿童康复中心设计	徐欣	都伟
	广东文艺职业学院艺术设计系	归园—广州番禺市桥水道滨水公园概念方案	李坚锐　徐海欣　杨慧欣　黄卫东	魏婷

展示空间奖

奖项	院校名称	方案名称	作者姓名	指导老师
铜奖	南京艺术学院设计学院	宿在旷野：被遗忘的田野——田园文化展示设计	孙文鑫　余海成	施煜庭　卫东风
	福建工程学院建筑与城乡规划学院	忆·境——万寿岩遗址博物馆设计	邱基煌	严龙华　赵颖　扈益群
	西安美术学院设计系	寄生兽—大型会展规划设计	赵磊　陈琢　朱之彦	康捷
	天津美术学院环境与建筑艺术学院	知槐堂	陈晓佳　张若桐	朱小平　孙锦
	西安美术学院院建筑环境艺术系	守望·新生—空心村主题展览馆	赵磊　陈琢　朱之彦	周维娜
	广西师范大学设计学院	“髹（xiu）忆物”金缮艺术展廊室内设计	钟超华	杨丽文
优秀奖	福州大学厦门工艺美术学院	谁动了中国的自行车——自行车博物馆空间设计	罗强强	梁青　叶昱
	福州大学厦门工艺美术学院	迷航—战列舰纪念馆概念设计	陈翠芳	王娟
	福州大学厦门工艺美术学院	胶卷陈设展览馆	张志豪	田启龙
	广州美术学院城市学院	古大存故居博物馆	张培维	么冰儒　钟志军
	内蒙古工业大学	棱角—展示空间设计	丁婧	李楠
	四川美术学院环境艺术设计系	青出于蓝——青花瓷瓷文化展厅设计	郭月朦	孙丹丽
	广东文艺职业学院艺术设计系	绿意盎然	朱洁宜　朱小燕　何秋颖	韦风华
	广东文艺职业学院艺术设计系	秘密道具	陈境泱　王欢　梁健怡	韦风华
	广东轻工职业技术学院	几何－服装专卖店设计	方子华	尹杨坚
	广东财经大学艺术与设计学院	新靳埭美术馆	郑卓钧　姚苗苗　王梦琪	王少斌
	华南农业大学	沉余落艳——海洋污染体验馆空间设计	何嘉宝　何宇彤　黄呈仪　董婉文	翁威奇　吴宗建
	广东文艺职业学院艺术设计系	绿意盎然	朱洁宜　朱小燕　何秋颖	韦风华
	广东文艺职业学院艺术设计系	爱的小屋	杨锦　郑文龙　周思琪　周晓晴	韦风华
	吉林动画学院游戏学院	生态自然展示空间概念设计	李贵　韬黎子　孙卓涵	向文心

设计研究奖				
奖项	院校名称	方案名称	作者姓名	指导老师
铜奖	南京艺术学院设计学院	基于电影造景术的翻转空间研究	袁梓钦	卫东风
优秀奖	上海交通大学媒体与设计学院 南京师范大学美术学院	基于水质净化的城市渠道化河流生态修复与环境设计研究	周予希　陈园园	周武忠　孙晋云

光与空间奖				
奖项	院校名称	方案名称	作者姓名	指导老师
铜奖	中央美术学院建筑学院	图书馆照明改进方案	王铁棠　莫奈欣 田笑　徐博航	常志刚　催冬晖
	西安美术学院建筑环境艺术系	游动的栖居地——生态性主题展览馆	石志文	周维娜
	广州美术学院建筑艺术设计学院	魅影	叶子琳　崔慕华	林红
	重庆大学建筑城规学院	“无用之地”——化工厂废弃地景观光环境设计与生态修复	颜家智　倖瑜　柳博	严永红
	福州大学厦门工艺美术学院	余烬——火锅店室内空间设计	刘琦	梁青　叶昱
	青岛理工大学建筑学院	望月台——山村里的“暗设计”	况赫　张继盛　张紫豪 王家熹　张恺翔	于红霞
	广东轻工职业技术学院艺术设计学院	几何－服装专卖店设计	方子华	尹杨坚
优秀奖	福州大学厦门工艺美术学院	亘古怪诞说－史前世界展览馆室内空间设计	刘雨露	梁青　叶昱
	广州美术学院建筑艺术设计学院	生日派——以“蛋糕”为原型的亲子度假空间设计	孙家鼎	许牧川　陈瀚
	天津大学仁爱学院	四合院改造——伸缩模块系统下的四合院改造研究	刘俊文　张强	边小庆
	厦门大学嘉庚学院	娱乐空间 KTV 概念设计——“梦・探之镜”	林久敏	商墩江
	南华大学 设计艺术学院	“永不纸息”——蔡侯纸文化博物馆	赵建国	王宽　陈祖展
	五邑大学	知识的立方・独立书店设计	林婉铃	万映频
	天津美术学院环境与建筑艺术学院	方舟・湖北省监利县工业遗存文化创意中心建筑及室内设计	谢香银　朱楚茵	彭军　高颖
	福州大学厦门工艺美术学院	拭・尘埃——泉州古早博物馆室内展示空间概念设计	陈莉莎	梁青　叶昱
	广州美术学院建筑艺术设计学院	光实验室照明	罗智　刘晓阳　潘天德 张景杰　吴膺达　陈奕斌	林红
	福州大学厦门工艺美术学院	胶卷陈设展览馆	张志豪	田启龙
	四川美术学院环境艺术设计系	“月见花”——商业餐饮空间设计	卢睿泓　曹洧铭	余毅
	福建工程学院建筑与城乡规划学院	忆・境——万寿岩遗址博物馆设计	邱基煌	严龙华　赵颖 扈益群
	中南大学	变幻之静——情感体验式冷淡风书店设计	严舒	陈翊斌
	长春理工大学文学院艺术设计系	夏末初秋・办公空间设计	尉笑　吴旭洋　郑莎莎	包敏辰　梁旭方 刘绍洋　肖宏宇
	长春理工大学文学院艺术设计系	帽儿胡同・餐饮空间设计	曹佳男　尉笑　吴旭阳	包敏辰　梁旭方 刘绍洋　肖宏宇
	长春理工大学文学院艺术设计系	掠影・旧厂房改造大学生创客中心设计	周书棋　尉笑　郭玳含	包敏辰　梁旭方 刘绍洋　肖宏宇
	大连理工大学建筑与艺术学院	光影印象——光艺馆设计	崔崴	唐建
	中南大学	“材迹界限”——住宅空间设计	张典初	—
	长春理工大学文学院艺术设计系	创客办公空间设计	陈雪珠　尉笑　吴旭阳	包敏辰　梁旭方 刘绍洋　肖宏宇
	长春理工大学文学院艺术设计系	良木・创客空间设计	马欢欢　郭玳含　王伦	包敏辰　梁旭方 刘绍洋　肖宏宇
	广东轻工职业技术学院艺术设计学院	木方阁－zara 服装专卖店	廖翠嫦	尹杨坚

优秀组织管理奖	优秀指导老师奖	
中央美术学院建筑学院	中央美术学院建筑学院	程启明 常志刚 崔冬辉 李琳 苏勇 刘文豹
香港大学建筑系园境建筑学部	香港大学建筑系园境建筑学部	Holger Kehne 姜斌 陆小璇
华南理工大学建筑学院	华南理工大学建筑学院	肖毅强 周剑云 吴庆洲 禤文昊 刘晖 徐好好 陈坚 萧蕾
哈尔滨工业大学建筑学院	哈尔滨工业大学建筑学院	薛名辉 唐康硕 张淼 张姗姗 余洋 刘杰 冯瑶 王松引 韩振坤
同济大学建筑与城市规划学院建筑系	同济大学建筑与城市规划学院建筑系	陈易 左琰
新加坡国立大学	新加坡国立大学	Florian Schätz
中国科学院大学建筑研究与设计中心	中国科学院大学建筑研究与设计中心	崔愷 李兴刚 张路峰 陈一峰 王大伟 张凝忆 程力真
广州美术学院建筑艺术设计学院	广州美术学院建筑艺术设计学院	杨岩 杨一丁 鲁鸿滨 陈瀚 许牧川 王铬 李芃 林红
南京艺术学院设计学院	南京艺术学院设计学院	邬烈炎 徐旻培 姚翔翔 卫东风 施煜庭 金晶
华中科技大学建筑与城市规划学院	华中科技大学建筑与城市规划学院	郝少波 白舸 黄建军
北京交通大学建筑与艺术学院	北京交通大学建筑与艺术学院	李珺杰 李旭佳 潘曦 姚轶峰 李耕 曾忠忠 陈泳全 马强 魏泽崧
东南大学艺术学院	东南大学艺术学院	张志贤 Kenny Fraser
中央美术学院继续教育学院	中央美术学院继续教育学院	朱力
广州大学建筑与规划学院	广州大学建筑与规划学院	骆尔褆 漆平
哈尔滨师范大学美术学院	天津美术学院环境与建筑艺术学院	彭军 高颖 朱小平 孙锦
广州大学美术与设计学院	四川大学建筑与环境学院	陈岚
天津美术学院环境与建筑艺术学院	四川美术学院环境艺术设计系	杨吟兵 张倩 刘曼 许亮 龙国跃
四川大学建筑与环境学院	天津大学建筑学院	张玉坤 关瑞明
四川美术学院环境艺术设计系	西安建筑科技大学艺术学院	吕小辉 刘晓军 谷秋琳
天津大学建筑学院	西安交通大学建筑系	张定青 王非
西安建筑科技大学艺术学院	西安科技大学艺术学院	吴博 张韵
西安交通大学建筑系	西安美术学院建筑环境艺术系	周维娜 华承军 王展 梁锐
西安科技大学艺术学院	西安美术学院设计系	康捷
西安美术学院建筑环境艺术系	厦门大学嘉庚学院	叶茂乐
西安美术学院设计系	云南大学艺术设计学院	李世华
厦门大学嘉庚学院	长安大学建筑学院	井晓鹏 余侃华
云南大学艺术设计学院	天津大学仁爱学院	边小庆 张宗森 赵艳 宋伯年
长安大学建筑学院	中国美术学院上海设计学院	褚军刚
天津大学仁爱学院	广东轻工职业技术学院艺术设计学院	尹杨坚
中国美术学院上海设计学院	中南大学建筑与艺术学院	李博
广东轻工职业技术学院艺术设计学院	昆明理工大学建筑与城市规划学院	叶涧枫 陈桔
中南大学建筑与艺术学院	昆明理工大学艺术与传媒学院	张建国
昆明理工大学建筑与城市规划学院	广东工业大学艺术与设计学院	王萍 彭译萱 任光培 刘怿 刘怿 徐奇明
昆明理工大学艺术与传媒学院	吉林建筑大学艺术设计学院	郑馨
广东工业大学艺术与设计学院	山东工艺美术学院建筑与景观设计学院	邵力民
吉林建筑大学艺术设计学院	江南大学设计学院	周林 史明
山东工艺美术学院建筑与景观设计学院	福州大学厦门工艺美术学院	朱木滋 李海洲 梁青 叶昱
江南大学设计学院	宁波大学科学技术学院	陈忆 查波 蒋建刚 陈忆
福州大学厦门工艺美术学院	广州美术学院城市学院	李泰山 蔡同信 王力忠 张玉梅 孙晓璐
宁波大学科学技术学院	贵州师范大学美术学院	袁琳
广州美术学院城市学院	青岛理工大学建筑学院	于红霞
贵州师范大学美术学院	上海交通大学媒体与设计学院	周武忠
青岛理工大学建筑学院	南京师范大学美术学院	孙晋云
上海理工大学出版印刷与艺术设计学院	上海理工大学出版印刷与艺术设计学院	王勇 张洋 何明 杨潇雨
重庆大学建筑城规学院	重庆大学建筑城规学院	严永红
重庆大学艺术学院	重庆大学艺术学院	张扬 杨玲
北京林业大学艺术设计学院	北京林业大学艺术设计学院	公伟
大连理工大学建筑与艺术学院	大连理工大学建筑与艺术学院	林墨飞
贵州大学建筑与城市规划学院	贵州大学建筑与城市规划学院	李明全
南昌大学建筑工程学院	南昌大学建筑工程学院	周志仪
郑州轻工业学院易斯顿美术学院	郑州轻工业学院易斯顿美术学院	汪海
福建工程学院建筑与城乡规划学院	福建工程学院建筑与城乡规划学院	叶青 邱婉婷 严龙华 赵颖 扈益群
景德镇陶瓷大学设计艺术学院	景德镇陶瓷大学设计艺术学院	杨玲

第十六届亚洲设计学年奖竞赛获奖作品（铜奖、优秀奖）

保护与修复奖

奖项	院校名称	方案名称	作者姓名	指导老师
铜奖	广州大学建筑与城市规划学院	梅州历史城区保护与更新规划	阮冠锋 梁晓琳 李嘉茵 李奕泽 陈楠 康冰晓	漆平 洛尔提
	四川音乐学院美术学院环境艺术系	锈迹——马家洲集中营景观改造	池锐奔 余咏润 温悦含	唐毅 刘益
	西安美术学院设计系	光明永续—民居保护与再生的转型性老年人空间创意设计	章奇峰 邱鑫 王浩 党林静 康文 黄轩	李建勇 屈炳昊
	大连工业大学艺术设计学院	追溯—矿山公园景观规划与设计	项一朗	杨翠霞 张群崧
	广东工业大学艺术与设计学院	“船”承——广东省惠州市水门路 38 号	邱凤翔 吕俊仁 刘振杰	任光培
优秀奖	广西师范大学设计学院	相思埭古运河陡门幽思河段景观规划设计	李莫凡 莫江耀 班鑫 林子歆	何秋萍
	三亚学院艺术学院	壹脉巷承——安徽省当涂县黄池镇历史文化街区规划设计	张强	王胜男
	西安建筑科技大学艺术学院	韩城古城建筑的保护与再利用设计——老城新相	曹玥玲 任晓贤 王玲子 张景一	刘晓军
	福州大学厦门工艺美术学院	朝圣之路—朝圣者驿站转型保护设计	刘洁莹	朱木滋 李海洲
	华中科技大学建筑与城市规划学院	地域文化下的村落保护与更新设计——以安顺市募龙村为例	张钰	白舸
	福建工程学院建筑与城乡规划学院	演变・重塑——天津市河北区原华新纺织厂地块城市设计及建筑设计	韦泽泉 吴智顺	李积权 刘华杰
	西安工程大学环境设计系	古宿云夕—新民村功能整合与景观营造	王星隆 范松 张艳 陈少雄	段炼孺 王昭
	哈尔滨工业大学建筑学院风景园林	青山不改——传承瑶族传统生态伦理的可持续乡村旅游规划	马玥莹 肖永恒 秦椿棚 李晓昱 郑杰鸿	董禹 张一飞
	西安建筑科技大学艺术学院	基于文脉和地脉延续的自然人造共生景观设计	郭小钰	王葆华
	东北电力大学艺术学院环境设计系	乌苏里・渔歌—北方赫哲族传统聚落保护与新生	张硕 王策 张宇 董盛楠 严云浩	韩沫
	西安工业大学环境艺术设计系	隐秘而伟大——吐鲁番文化保护性再生景观设计	王玥	邢程
	重庆工商职业学院建筑室内设计专业	愫忆流年	宋健 陈春平 杨程翰	张灵梅
	华南理工大学建筑学院	堤外的生活智慧——北江大堤外洪泛禁建区城市设计	张莼书 张经宇	戚冬瑾 李昕
	昆明理工大学 建筑与城市规划学院	溯回滇水——城乡融合视角下乌龙浦活化与保护设计	陈世森 赵璇 杨娜	翟辉 张欣雁
	青岛理工大学建筑与城乡规划学院	念念有“围”——里院街区保护与更新设计	刘文雯 仇舒夏	于红霞 徐飞鹏 成帅 沈源
	华南理工大学设计学院	汕头地区旧建筑改造更新	林思远 罗芷欣	郑莉 李莉 梁明捷
	昆明理工大学建筑与城市规划学院	海晏博物馆	初冠龙 马达 李星雯 窦涵实	吴志宏
	天津大学仁爱学院建筑系	古韵今生—古堡修复性设计光之三部曲	刘嘉铭 董冠诏 连婉廷 陈思佳 李嘉琪	边小庆
	昆明理工大学建筑与城市规划学院	“渔网”式古村落复兴—滇池沿岸最后一个古渔村保护与复兴设计	孔垂锦	王颖
	广州大学建筑与城市规划学院	叶片聚落	姚禛 龙飞宇	姜浩

更新 / 改造与转型奖

奖项	院校名称	方案名称	作者姓名	指导老师
铜奖	同济大学建筑系	融宅于器——社区中医养生馆	陆奕宁	陈易
	中国科学院大学建筑研究与设计中心	时光叠合	蔡忱 王欣 沈安杨	崔愷 李兴钢 陈一峰 王大伟 徐晨
	同济大学建筑系	书 +——同济大学图书馆室内环境改造设计	张奕晨 毛燕 潘蕾 妲娜 程城	左琰 林怡
	重庆大学艺术学院环境艺术设计系	朝雾 – 温泉度假区设计	王宁	张培颖

更新 / 改造与转型奖				
奖项	院校名称	方案名称	作者姓名	指导老师
铜奖	华北水利水电大学建筑学院	近邻聚集——神垕镇老街留守人群聚集空间设计	陈博韬　蒋尹泽林　唐润乾　胡可　谢浩浩　葛晓奇	高长征　代克林
	大连理工大学建筑系	最初的活力 & 最后的仪式	张宏宇　周凯宇	高德宏
	内蒙古工业大学环境设计系	循环理念下的“网式”社区微改造项目——哈尔滨亚麻厂 50 年代职工新村环境更新设计	尉晨亮　刘月　孟欣琪	李楠　莫日根　孟春荣
	中南大学建筑与艺术学院	基于智能化的青年旅舍空间改造设计	黄志威	钟虹滨
	华中科技大学建筑与城市规划学院	疯狂创客城	张钰　李傲寒　曹宇锦　罗斯迈	白舸
优秀奖	华南理工大学设计学院	广印传媒印刷体验馆更新改造设计	肖婧　温盈盈　包美琳	李莉　郑莉　梁明捷
	澳门科技大学人文艺术学院艺术设计系	澳门国华戏院商场改造活化计划	张婉恩　黄均仪　李佩珊　李喆	温國勲
	南京艺术学院设计学院室内设计系	凝老铸新——古建空间的生长与衍生	张晋鲁　杨楚楚	卫东风
	北京建筑大学建筑学院	夹道书屋	杨柳　祁欣妍　吴越　韩宇航　金天雨　孙福梁	郭晋生
	昆明理工大学建筑与城市规划学院	耕读传家——呈贡乌龙浦村活化设计	赵悦　唐献超　胡炜	翟辉　张欣雁
	福州大学建筑学院	龙窑·童谣——古窑址再利用计划	林颖	崔育新　邱文明
	四川美术学院	《记忆站台》重庆轻轨餐饮空间设计	吴宇珊　苏怡冰	余毅
	大连工业大学艺术设计学院环境设计系	幻象·脱实验性空间研究 – 老教学楼改造设计	黄译萱	顾逊　杨静
	中央美术学院建筑系	共生机体——新型工业艺术游乐馆	梁志豪	李琳
	河北建筑工程学院建筑与艺术学院	老城故事——第三体系下的张家口堡历史街区空间重构及精细化利用	袁博　丁洁 · 张政　王子昂	宁晓江　朱子君
	西安建筑科技大学艺术学院	城市雪灾天气下道路弹性设计	鲁青青　李馨怡　王珂	吕小辉
	华中科技大学建筑与城市规划学院	耘飨堂	叶家兴　陈宇飞　吴雪涵　周雅楠	雷祖康
	中国美术学院建筑艺术学院景观设计系	玉茧萦箔 田月桑时——南浔蚕桑文化体验村	曹恒星　赵鸣霄	俞青青
	郑州轻工业学院（大学）易斯顿美术学院环境设计系	以树为媒——开封复兴坊街区点状更新设计	储涛　黄卫杰　李洲	汪海
	四川美术学院美术教育系	生活在历史上——工厂改造青年公寓	徐瑞清　陶梓玥　王玮豪	杨吟兵
	福建农林大学艺术学院园林学院（合署）环境设计系	城墙“拆”想—活化福州上下杭历史街道景观空间	韩雅楠	郑洪乐　张艺
	广州美术学院建筑艺术设计学院	Vinyl Party——陶街音乐社区更新设计	赵旭波	谢璇
	华南理工大学设计学院	左邻右社 – 长者食堂	庄宇宁　钟毓秀	李莉　郑莉　梁明捷
	福建农林大学艺术学院园林学院（合署）环境设计系	城中村“拆”享空间	王腾薇	郑洪乐　张艺
	宁波大学科学技术学院设计艺术学院	曲巷—城中村实验性改造	王程鹏　张键超	崔恒　籍颖
	华南理工大学广州学院建筑学院	重返山水里——清远市朱岗畔水村民宿改造	张欣炜	罗卫星　李江煜
	河南大学艺术学院	悠隐延福	朱雪　李晶晶　吴焕婷　杨利　陈涵	刘阳　沈山岭　范存江
	北京交通大学建筑与艺术学院	天津法租界中心花园街区重塑	策逸婧　肖科	孙媛

临时与可移动建筑与空间奖				
奖项	院校名称	方案名称	作者姓名	指导老师
铜奖	南京艺术学院设计学院室内设计系	流动边境——舱体时空中的符号	蒋苗锦　孙乾雄	施煜庭 卫东风
	大连工业大学艺术设计学院环境设计系	色兰之家——关于中东地区难民营的建造与发展的可能性设计	吴瑞博　谭永新	张瑞峰　吕大　王守平
	郑州轻工业学院（大学）易斯顿美术学院环境设计系	“会呼吸的街道”——香港街道集市更新研究设计	邝俊亮　苏紫莹　孟思圻	张玲
	华南理工大学建筑学院	移动的边界——老旧社区边界空间共享模式设计	李佳岭　余文博　傅俊杰	许自力　林广思　萧蕾

临时与可移动建筑与空间奖				
奖项	院校名称	方案名称	作者姓名	指导老师
铜奖	哈尔滨工业大学建筑学院建筑系	梯间美术馆	林琪琪　张静文　何煜婷	薛名辉　刘滢
	福州大学建筑学院	趁圩游隙——就地城镇化背景下的贵州楼纳河对门村微更新计划	周子涵　黄云珊　郭佳琦	孔宇航　关瑞明
优秀奖	东北师范大学环境艺术设计系	文化驿站——书屋	鲁江　付云龙	刘学文
	华中农业大学风景园林系	WALKWAY 交互空间设计 赫尔格达 埃及	张志远　贺裔闻　黄卓迪 朱文鑫　黄华立　阳志竺	王玏　张炜
	南京艺术学院设计学院室内设计系	转换与构造的复合——基于钢结构的花房	闵祺晟　刘子璇	施煜庭
	北京交通大学建筑与艺术学院	贝宁集装箱酒店	左一方	曾忠忠　陈泳全
	广东工业大学艺术与设计学院	乡祭－顺德・旧寨・一场短暂的艺术构想	欧光耀　莫理敬	梅策迎
	东北师范大学环境艺术设计系	社区可移动综合医疗车概念设计	赵前程　鲁江	刘学文
	哈尔滨工业大学建筑学院建筑系	邻里界限丨新源西里旧车棚置换计划	林可峰　徐文艺　朱然	薛名辉　刘滢
	哈尔滨工业大学建筑学院建筑系	ALL IN ONE COMPACT THEATER	黄新天　琴海璘　王博鸿	薛名辉　刘滢
	宁波大学科学技术学院设计艺术学院	未来组合屋模块化实验空间	忻雯卿　熊志超 陈汝佳　谢恺潞	张逸　查波 陈忆　吴宗勋
	华南农业大学艺术学院	临时移动卫生间设计（华南农业大学紫荆文化节设计研究）	林梓升	朱贺
	西安建筑科技大学艺术学院	历劫重生－城市待建设用地的临时性景观模式	黄星　王晶晶　秦浩然	吕小辉
	中国矿业大学建筑与设计学院	巢——灾难庇护所设计	赵京京　徐港	丁昶
	南京艺术学院设计学院	“环＊艺”中央艺术公园“青年建造节”设计	王得旭　崔璨　刘萍	刘谯
	北京交通大学海滨学院	可移动母婴室	李子豪　申松正　张雨	高军　鞠函余 刘蕊　付雪薇
	浙江传媒学院环境设计系	[向——Pop Up Hotel]	冯思佳	姚彬　陈金金
	扬州大学美术与设计学院	城市可移动阅读空间设计・三山书房设计方案	熊蓓	王冬梅
	天津理工大学环境设计系	遗弃社区复兴——天津市红旗巷更新改造	罗太　封雨辰　蒋娟 金彦聚　张占虎　罗淑林	师宽　孙响
	苏州大学艺术学院	“感觉 feeling”	顾航菲　吴洲	王泽猛
	广西艺术学院建筑艺术学院	楼上楼下——楼道中的邻里综合体寄生于城中村公租房的楼道扩展空间	牛聪	陈罡　黄嵩
	内蒙古师范大学国际现代设计艺术学院	“驿站亭”——行人休闲空间设计	汪何伟	崔瑞

商业建筑与空间奖				
奖项	院校名称	方案名称	作者姓名	指导老师
铜奖	广州美术学院城市学院	青舍	李健勇　谭淑芳 王文举　林超常	钟志军　么冰儒
	广东轻工职业技术学院艺术设计学院	海洋灾害主题酒店概念设计	李志鹏	梅文兵
	昆明理工大学艺术与传媒学院	高校园区雨花商业中心室内设计	高斌玲	朱海昆
	东北师范大学环境艺术设计系	初餐厅	邢梦蝶　李永健	刘学文　刘治龙
	广东轻工职业技术学院艺术设计学院	新粤里创意园设计	林汶瀚	彭洁　陈洲
	吉林建筑大学艺术设计学院环境设计系	共生城市	黄浩　石涛　李少鹏	肖景方
优秀奖	中南林业科技大学家具与艺术设计学院	壹墟里	余乐辉	李薇
	南京艺术学院设计学院室内设计系	厚墙・后墙——叙事视野下的餐厅空间建构	熊若兰　黎浩彦　李轩昂	施煜庭 卫东风
	天津美术学院	南风薰兮－山西运城市古盐浴养生文化中心及景观设计	耿华雄　吴宇堃	彭军　高颖
	福州大学厦门工艺美术学院	在世界的尽头苏醒－北极体验感受概念酒店	谢萧	叶昱　梁青
	宁波大学科学技术学院设计艺术学院	穿宅—实验性自行车社区	章智超　丁丽媛 郑茜文　蒋晓慧	张逸　查波 陈忆　吴宗勋
	中国美术学院上海设计学院城市空间设计系	第九维度	倪若琦　翟艺格　范文锦	褚军刚

商业建筑与空间奖				
奖项	院校名称	方案名称	作者姓名	指导老师
优秀奖	重庆大学艺术学院环境艺术设计系	廿四—都市农场里的垂直森林	邓旭彦	项之圆
	广东轻工职业技术学院艺术设计学院	寻野	沈泽珍　李亿	兰和平
	广东轻工职业技术学院艺术设计学院	方圆空间——售楼中心	韩思惠	周春华
	扬州大学美术与设计学院	扬城纤·云精品酒店	钟骠	吴林春　王冬梅
	中国美术学院上海设计学院城市空间设计系	茶糜	杨犇　林童　林阳光	许月兰
	江西财经大学艺术学院	冉冉檀香—茶馆室内设计	周子帆	胡颖
	沈阳建筑大学设计艺术学院	衍畔山水酒店	刘宇翱　孙拯　田佳慧　刘宇飞	迟家琦　杨淘　杜心舒
	湖南科技大学环境设计	稀萤点点——“孔明灯”主题酒店	吴慧媛	刘恋
	重庆大学艺术学院环境艺术设计系	区域规划及五星级酒店建筑设计	廖光熠	孙俊桥
	武汉工程大学艺术设计学院	云丹山旅游度假区蕲春酒店设计	汪珂	邱裕
	长春理工大学艺术设计系	层叠矩阵——集装箱式办公空间方案设计	尉笑　王伦　郭玳含　徐丹阳　刘云侠	刘绍洋　包敏辰
	东北师范大学环境艺术设计系	又见	牛业政　阎文宇	刘治龙
	中南林业科技大学家具与艺术设计学院	自然风格书吧室内设计方案	刘俊冉	戴向东
	福建工程学院建筑与城乡规划学院	传统文脉的地域性表达—翠屏湖风景名胜区游客服务中心规划设计研究	陈锦湖	吴先德　陈航　魏小琴
	南京艺术学院设计学院室内设计系	本源之垣——自然之意在质朴空间的承载与延续	石宇航　吴锐　徐众	施煜庭　卫东风

文化建筑与空间奖				
奖项	院校名称	作品名称	作者姓名	指导老师
铜奖	西北农林科技大学风景园林艺术学院	武汉市“蒲公英”教育综合体建筑设计	田佳宾	田永刚　刘媛
	西安美术学院设计系	《疏·密·集·散》西美长安校区蜂巢型艺术空间设计	杜冰　陈倩　高子涵	胡月文　周靓
	广州美术学院建筑艺术设计学院	PINK- 儿童自然教育体验基地设计	林歆	刘志勇　佘宇钦
	广东工业大学艺术与设计学院	四坊艺园—旧寨村文化空间设计	廖世聪　林培勇　周广宏　苏素欣	梅策迎
	临沂大学建筑学系	乡创平台设计方案——三水镜	敖嘉励	赵雯亭
优秀奖	天津美术学院	展望——重庆市渝中区综合立体市民广场设计	王默宇　周士琪	龚立君　王星航
	广州美术学院建筑艺术设计学院	舞托邦	李健权	杨一丁
	中南大学建筑与艺术学院	茶园——安化黑茶非物质文化遗产体验工坊	王洋	陈翊斌
	仲恺农业工程学院何香凝艺术设计学院	“隐新于旧”小洲村社区中心方案设计	陈健	莫书雯
	西安交通大学建筑学系	天空之城——西安市太白南路商业文化地段建筑设计	陈鹏远	张定青　王非
	福州大学厦门工艺美术学院	-27° 的奥利奥井盖文化主题公园景观改造设计	王淇威	梁青
	南京艺术学院设计学院	自由与约束——冶山矿区边界空间设计研究	江书　刘肖　梅佳仪	汤子馨
	南华大学设计艺术学院	史记—石鼓文化中心设计	杨秀好　王芮	王宽　聂百州
	湖南农业大学环境设计系	共生—缝合 农耕文化概念下的空间设计——开慧镇儿童教育活动中心空间	黄海龙	肖青波　郭春蓉
	合肥工业大学建筑与艺术学院	《浮生物·语》群众文化艺术中心设计	丁力华　娄雪梅　王跃萌	谢珂
	福州大学建筑学院	西之堂——教堂与养老设施综合体的转型	王倩	朱卫国
	南京工业大学建筑学院	传承文脉 重构第五立面	吴紫寒　谢文娟	焦自云
	合肥工业大学建筑与艺术学院建筑学系	“新竹之眼”基于城市肌理下的老城公共能量复兴	韩宜洲　徐帆	曹海婴
	青岛理工大学建筑与城乡规划学院	奥帆博物馆设计	李家加　姜婉琪	郝赤彪　解旭东　程然

文化建筑与空间奖				
奖项	院校名称	作品名称	作者姓名	指导老师
优秀奖	哈尔滨工业大学建筑学院建筑系	溥彼肆方 曼衍韩城	干云妮	邵郁 张宇
	华南理工大学设计学院	2×2÷2——幼儿园活动空间设计	王敏娟 石庭 竺玲杰	谢冠一
	福建工程学院建筑与城乡规划学院	古城新“厝”味——崇武古城空间更新与活化	张瑶	叶青 邱婉婷
	华中科技大学建筑与城市规划学院	武汉万林艺术博物馆	钟江龙	杨毅
	南京艺术学院设计学院室内设计系	失落的印记——折子戏展示馆	朱诚湲 郑欣	施煜庭 卫东风
	惠州学院美术设计学院	造·悟	闫耀泽	徐懿睿

居住建筑与空间奖				
奖项	院校名称	方案名称	作者姓名	指导老师
铜奖	郑州轻工业学院艺术设计学院	高校学生社区居住环境设计研究——以郑州轻工业学院第二生活区为例	戴问源 郭思远 张梦迪 周敏	宗迅
	大连工业大学艺术设计学院环境设计系	城市共生－模块化社区	冯夏菁 张璐	沈诗林 闻婧 王庆
	华中科技大学建筑与城市规划学院设计学系	白贲无咎	陈甸甸 华紫伊 杨璐 梁臻宏	白舸
	福州大学厦门工艺美术学院	《为了看见天空的画》——致梦中的伊卡洛斯迷楼	陈江屿	田启龙
	金陵科技学院建筑工程学院建筑系	“聚无想·居山南”——南京溧水无想山刘家渡村代表性民宿建筑与邻里空间设计	李星儿	刘志峰
	湖北美术学院环境艺术设计系	昙华林纪事	李其 何璇 谭画	顿文昊 詹旭军
	长安大学建筑学院建筑学系 城乡规划系 环境设计系	栖景之间 Room With A View—基于“安居成都”研究的城市综合体设计	姚歌 刘焘玮	刘伟 刘明
优秀奖	辽宁科技大学建筑与艺术设计学院	六安宜茗阁－居住建筑与景观空间设计	徐青	初锐
	重庆大学建筑城规学院建筑系	Always Growing——摩苏尔战后社区重建设计	赵依帆 韩硕	
	南华大学设计设计艺术学院	家竹风	欧幸军 张松涛 赵白鸳 谢国顺	滕娇 唐果
	中国矿业大学建筑与设计学院	单元体·邻里空间—环境社区模式的形成	蒋宏波 党成强 徐悦	朱翔
	淮海工学院环境设计系	邻里之间	齐伟 刁井达 杨星星 熊籽发	王芳龙
	长春师范大学美术学院	九寨沟县漳扎镇中查村波日俄藏寨 民居改造——卡桑客栈	安昱洁 朱瑞英	赵海山 王蓓 徐景刚 徐鸿印
	大连理工大学建筑与艺术学院艺术系	“光时计”医养融合·复合型养老设施设计——基于“光生物钟疗法”养老院设计研究	侯宁	周博 高莹 霍丹
	福建工程学院建筑与城乡规划学院	住在“墙”里的人	苏文德	徐伟 余志红 周家鹏
	北京交通大学建筑与艺术学院	四合院温泉会所设计	王红丽	薛彦波
	西安建筑科技大学艺术学院	活动“商城”建立	贾振兴 曹玥玲	王葆华
	合肥工业大学建筑与艺术学院建筑学系	“夹缝里”的两个家	徐帆	李早 徐晓燕
	北京交通大学海滨学院艺术系	合而不群－群居模式下的小空间探讨与整合	李彤 吴兆宇 杨静	高军 葛莉 付雪薇 吕宁
	安徽工业大学艺术与设计学院公共环境艺术系	PET+ 宠物友好跨界社区设计	柯春珊 陈星烨 李梁 张琼 王强	薛雨菲
	厦门嘉庚学院艺术设计系	“森之家”养老院室内设计	郑华	王廷廷
	云南大学滇池学院艺术学院	隐庐——私人宅院设计	杨严延 刘青青 何清云	陈海燕
	福州大学厦门工艺美术学院	竹屋——海南黎族民居设计	陈兢	朱木滋 李海洲
	中国美术学院建筑艺术学院景观设计系	山洞泉居——城市院落山水布置新策略	周夔 何高远	邵健
	中南林业科技大学家具与艺术设计学院	铜官古镇《方圆舍》民宿室内设计方案	范辉辉	罗方
	四川美术学院环境艺术设计系	关于未来 关于我 敬请期待——治愈家居空间设计	秦涵钰 王艺涵	龙国跃
	中国矿业大学建筑与设计学院	徐州市铜山区老年护理中心室内环境设计	季晓刚	张玲
	淮海工学院环境设计系	枝畔之憩——连云港连岛景区树屋建筑与景观设计	马卓 庄笑笑	刘家兴

生态健康与可持续奖				
奖项	院校名称	方案名称	作者姓名	指导老师
铜奖	福建工程学院建筑与城乡规划学院	Green the City——天津市河北区原华新纺织厂地块城市设计及建筑设计	吴桐玉　刘雯菁	李积权　刘华杰
	南京艺术学院设计学院	“界”的思考——艺术体验慢行系统景观设计	侯嘉昕　黄丹艺　李丰旭	金晶
	香港大学	Bioremediation and Blue Tape：Regulating the uncertainty assessment and negotiation of coastal development of Hainan	KWOK SIU MAN	Ashley Scott Kelly
	吉林建筑大学艺术设计学院	Paths of soul Back to temple——基于愈疗模式下的佛教旅游景区更新计划	段连华　傅妍榕	高月秋
	加泰罗尼亚理工大学（UPC）	绿色广州酒店	Alejandro Gonzalez/Aranza Palomo/Martin Restrepo/Antonio Rodr í guez/Silvia Rodr í guez/Pablo Rojas/Juan Camilo Salazar	Prof. Dr. Ezequiel Uson Guardiola / Prof. Alejandro Labeur
	西安建筑科技大学风景园林系	Save a Sinking City-the Regulation and Flexible Utilization of Rain-Flood Resources in DJAKARTA	李赫　郭小钰　孟赛龙　石格	王葆华
优秀奖	西安建筑科技大学艺术学院	用森林包裹城市立交增加生态韧性区域	闫坤　肖红　杨帆　董甜子	王葆华
	中国美术学院建筑艺术学院景观设计系	归田乐购—风景式田园超市	齐豫　赵雨薇	康胤
	西安建筑科技大学风景园林系	随风而逝——运用景观抵抗台风	徐文婵　赵浚琛　任文贵	徐娅
	西安建筑科技大学艺术学院	漂浮的希望 水生弹性绿色基础设施构建	董超　李堃　侯婉珍　周培林	张蔚萍
	四川大学 西南大学 四川农业大学 建筑与环境学院 园艺园林学院 风景园林学院	山水忆同游——贵州省息烽县鹿窝镇乡土景观共建营造	谢于松　刘恩熙 刘翔　杨俊熙	罗言云　周建华 孙大江
	加泰罗尼亚理工大学（UPC）	绿色企业办公大楼	Elisea Carrillo Soler/Maria Paz Eiletz/Macarena Barahona/ Ximena V á zquez Lopez/ Melissa Zeballos	Prof. Dr. Ezequiel Uson Guardiola / Prof. Alejandro Labeur
	华南农业大学林学与风景园林学院	重构乡村共乐园——番禺眉山村矿坑废弃地生态修复及景观规划设计	陈浩然　任颖　郑琳 郭莉　温荷清	汤辉
	扬州大学美术与设计学院	社会转型视野下的有农社区进化论—颐养社区景观概念设计	魏茂杨	刘海亮　朱卉
	浙江大学城市学院环境设计系	泗州芳华——安徽泗县古运河更新设计	费丽君　胡毓曦	王玥
	西安美术学院	《自发·互动——新疆阿勒泰儿童公园设计》	于静林　张亚婷	孙鸣春　周维娜 龙国跃
	香港大学建筑系	Here & There - A Scenario Based Restorative Landscape System by Augmented Reality	Ting WANG	Bin Jiang　Jason Ho
	宁波大学科学技术学院设计艺术学院	绿洲计划——沙漠模块化实验性建筑	陈挺　朱科润 吴珊珊　王莎丽	张逸　查波 陈忆　吴宗勋
	天津美术学院	敖鲁古雅	杨海龙 / 蔡璐筠	彭军　高颖
	加泰罗尼亚理工大学（UPC）	NZEB 住房	Neus Agost/ Andrea Gómez/ Sara Gonz á lez/ Christine Montero/ Sarai Montiel/ Daniela Ruiz	Prof. Dr. Ezequiel Uson Guardiola / Prof. Alejandro Labeur
	加泰罗尼亚理工大学（UPC）	能源 + 清远	Paula Gerbi/Adriel Facundo Cusmai Gustavo/Adolfo Rojo Pl á /F á tima Isabel Castro Acevedo/Sheyla Roxana Saleh Acevedo/Maria Alejandra Sosa Florez	Prof. Dr. Ezequiel Uson Guardiola / Prof. Alejandro Labeur
	四川美术学院	方土异同	庄巧琦	赵宇
	中国人民大学艺术学院	弹性景观——《京密引水渠滨河公园景观设计》	赵涵	李宇宏
	南京林业大学风景园林学院	海湾守护者	咸政　乔星路　刘坤　冯丽娇	赵兵　曹加杰

展示空间奖				
奖项	院校名称	方案名称	作者姓名	指导老师
铜奖	中国矿业大学建筑与设计学院	VITRA 家具展览馆	陈晓玉　王立防　王强	朱翔
	天津大学仁爱学院建筑系	城市铸造者与家的时空之旅——新媒体视角下地铁站域景观装置艺术建构	李越　王逸舟	赵艳　边小庆　张宗森
	广东轻工职业技术学院艺术设计学院	《半亩塘》文化艺术交流中心	刘玉琼	赵飞乐
	广东轻工职业技术学院艺术设计学院	“随意”NAU 服装专卖店	谭颖怡	尹铂
	广东轻工职业技术学院艺术设计学院	《故梦青烟》	池润桐	尹铂
	广东轻工职业技术学院艺术设计学院	《星移北斗》服装品牌商业空间	王俊杰	赵飞乐
优秀奖	江南大学设计学院环境设计系	厕展——新型城市公共空间探索	李满颖	宣炜
	广东轻工职业技术学院艺术设计学院	余风幽韵	柳晓纯	尹杨坚
	福州大学建筑学院	火山体验馆	罗尚明　钟航　吴品萱　关林欢	崔育新
	广东轻工职业技术学院艺术设计学院	HERMES 由折纸引发的陈设空间设计	刘雪莹	尹杨坚
	西安美术学院设计系	我的故事	强媚	周维娜
	广州美术学院美术教育学院	肇庆端砚博物馆	何沛金	黄锐刚
	广东轻工职业技术学院艺术设计学院	凝固	李朋宇	尹铂
	云南师范大学美术学院	“昔与今的对话”——西南联大博物馆展示空间设计	秦思敏　尹泽宇　韦海珊	何浩
	广州美术学院美术教育学院	时间 TIME	周思婷	郑念军
	贵州师范大学美术学院	江西吉安新博物馆展示设计	郑东锋　李文君	袁琳　熊启川
	中国美术学院上海设计学院城市空间设计系	Nike 展览馆	蔡晴　朱钰萱　孟秘	陈鸣
	南华大学环境设计系	忆湘南——传统宗祠建筑空间改造	黄晓雪　詹彩霞　王志龙　肖与轩	陈祖展
	长春理工大学艺术设计系	指尖流光织物展览馆概念设计	庄科举　王鑫泉　朱家彬　叶乔娜	梁旭方　白雪皎　刘绍洋
	广东轻工职业技术学院艺术设计学院	云起－万仟堂商业空间	黄宁平	赵飞乐
	西安美术学院设计系	微·观 城市呼吸——海绵城市建设生态科普展馆空间艺术建构	许美玲	周维娜
	云南师范大学美术学院	体验－云南师范大学美术馆室内及展陈设计	林加伟　张建松	何浩
	青岛理工大学建筑与城乡规划学院	The floating island——青岛奥帆博物馆设计	姚书田　陈姿忆　张亚宁　刘春广	成帅　于红霞　徐飞鹏　沈源
	重庆第二师范学院美术学院	若磐重庆石文化展览馆	朱春霞　张华鑫	蒋波　涂强
	广东轻工职业技术学院艺术设计学院	木革言	吴景珠	尹铂
	吉林动画学院游戏学院艺术与科技系	Under Armour—概念店展示设计	朱妤婕　王鑫康	向文心　刘桐

光与空间奖				
奖项	院校名称	方案名称	作者姓名	指导老师
铜奖	Columbia Graduate School of Architecture Planning and Preservation	事件库	黄家骏	Mimi Hoang
	四川美术学院艺术与科技系	Lighting scheme for mud therapy clubs	刘怡	关杨
	天津大学仁爱学院建筑系	光的搬运工—基于酒店改造的自然光的可持续研究	史思文　连婉廷　陈思佳　李字宇	边小庆　张宗森　常成
	福州大学厦门工艺美术学院	七重觉醒——环境日常的人性污染展示体验馆空间设计	陈思宇	梁青
	西南林业大学设计学院	游客的凝视——云南普者黑风景区夜景照明概念规划	王胜男　李伟炜　于雅惠	李锐　夏冬
优秀奖	西南林业大学设计学院	云南省普洱市洗马湖公园夜景照明规划	李迪　贺传伟　杜雨轩　李晓松	李锐　夏冬
	福州大学厦门工艺美术学院	溢出维度的架空世界——伊藤润二漫画展馆概念空间设计	潘晓雯	梁青

光与空间奖				
奖项	院校名称	方案名称	作者姓名	指导老师
优秀奖	四川美术学院艺术与科技系	乐华城展示中心——照明设计	陈妍西	沈海英
	广东轻工职业技术学院艺术设计学院	蔚来中心 – 超高层会展办公综合体	肖伟华	彭洁　陈洲
	福州大学厦门工艺美术学院	环游引律——青少年创客教育中心空间设计	蔡海辉	梁青
	江西财经大学艺术学院	英雄永不埋没——革命烈士纪念馆照明设计	邹玉	胡颖　袁振
	西南林业大学设计学院	上善若水—红塔集团办公楼及瀑布景观区照明设计	林林　杜雨轩　杨柳	李锐　夏冬
	长春理工大学艺术设计系	指尖流光织物展览馆概念设计	庄科举　王鑫泉　朱家彬　叶乔娜	梁旭方　白雪皎　刘绍洋
	广东轻工职业技术学院艺术设计学院	“随意”NAU 服装专卖店	谭颖怡	尹铂
	四川美术学院艺术与科技系	重庆工业博物馆	陈帆	张永锋
	广东轻工职业技术学院艺术设计学院	“自然而然”——班晓雪服装专卖店设计	梁颖仙	尹杨坚
	广州美术学院建筑艺术设计学院	流动的光	张帅	林红
	西南林业大学设计学院	商业空间向城市空间转变——大理中红海峡广场建筑及公共空间照明设计	杨柳　潘昊睿　林林　李迪	李锐　夏冬
	江西财经大学艺术学院	游动的光 ——从水下到云端（高端会所空间照明设计）	易留芳	胡颖　袁振
	四川美术学院艺术与科技系	未来酒店客房——照明设计	胡益凡	张永锋
	广东轻工职业技术学院艺术设计学院	故梦青烟	池润桐	尹铂
	四川美术学院艺术与科技系	重庆九龙坡黄桷区目标建筑群照明设计	尉诗羽	张永锋
	西南林业大学设计学院	红塔模式下的城市工业区域景观与照明设计探索	李晓松　王先云　刘曦　李伟炜　于雅惠	李锐　夏冬
	广东轻工职业技术学院艺术设计学院	余风幽韵	柳晓纯	尹杨坚
	厦门嘉庚学院艺术设计系	“银河”私人影院室内设计	陈佳敏	王廷廷
	中国美术学院上海设计学院城市空间设计系	FRESH AIR	谢启非　汪铭铭　王玮	许月兰

设计研究奖				
银奖	广州美术学院	高密度街区口袋公园系统化设计研究 ——以香港油尖旺区 6 个休憩花园为例	谢龙飞　许振潮	杨一丁
	大连工业大学艺术设计学院	基于儿童行为心理学的幼儿园学习空间设计研究	黄依炎	顾逊　杨静
	中南大学	清欢 Real Joy ——长沙市天马安置社区非正规菜市更新设计	田胡冰格　刘颖　陈明民　王雯君	钟虹滨
铜奖	大连工业大学艺术设计学院	基于蒙太奇理论的旧建筑空间重构方法研究	黄译萱	顾逊　杨静
	天津理工大学艺术学院	模块化设计对棚户区低靡现状的唤醒艺术	周艳　毛智慧　齐芙萱　任启辰	师宽　孙响
	广州美术学院	应急编号“404”	郑诗婷	伍端　何夏昀
	大连工业大学艺术设计学院	辽宁传统民族村落旅游布局研究——以朝阳市喀喇沁左翼蒙古族自治县官大海村为例	彭飞　王启鸣	沈诗林　王庆
	中南大学	“共享主义”——中南大学共享单车	张洁怡　刘家林　胡嘉乐　宋安琪	钟虹滨
	中南大学	麓山路 deliverers	周楚岳　师蕙宁　刘俊峰　余跃	钟虹滨
优秀奖	中南大学	为青年街再设计	闫雪　李雅兰　王越　张雨薇	钟虹滨
	南京艺术学院	木廊桥——基于侗族风雨桥为文化线索的建构迷思	孙文鑫	施煜庭
	南京艺术学院设计学院	“医学身体”架构下的建筑空间研究	王蕴一	卫东风
	江苏大学	新时期镇江乡村环境建设生态修复路径研究	李晓	

优秀组织管理奖	优秀指导教师奖	
同济大学建筑与城市规划学院	同济大学	陈易　左琰　林怡　戴代新　董楠楠　张斗　杜凯汶
中国科学院大学建筑研究与设计中心	中国科学院大学建筑研究与设计中心	崔愷　李兴钢　陈一峰　王大伟　徐晨
华南理工大学建筑学院	华南理工大学建筑学院	周剑云　禤文昊　翁奕城　许自力　林广思　萧蕾　彭长歆　吴隽宇
加泰罗尼亚理工大学（UPC）	加泰罗尼亚理工大学（UPC）	Prof. Dr. Ezequiel Uson Guardiola/Prof. Alejandro Labeur
江南大学设计学院环境设计系	江南大学设计学院环境设计系	杨茂川　史明　高亚峰　宣炜　窦晓敏
西安建筑科技大学风景园林系	西安建筑科技大学风景园林系	蔺宝钢　王葆华　刘晓军　王敏
香港大学	香港大学	Ashley Scott Kelly / Bin JIANG
Pratt Institute Architecture	Pratt Institute Architecture	Eva Perez De Vega / Fred Biehle
北京交通大学建筑与艺术学院	北京交通大学建筑与艺术学院	王鑫　孙媛
广州大学建筑与城市规划学院	广州大学	漆平　洛尔提　李琨
广州美术学院城市学院	广州美术学院	钟志军　么冰儒　伍端　何夏昀　温颖华　晏俊杰　许宁　刘志勇　佘宇钦　杨一丁
广州美术学院建筑艺术设计学院	南京艺术学院设计学院	施煜庭　卫东风　金晶　邬烈炎
南京艺术学院设计学院	中央美术学院建筑学院	苏勇　程启明　刘文豹
中央美术学院建筑学院	华南农业大学林学与风景园林学院	陈崇贤　夏宇
重庆大学艺术学院设计系	四川美术学院艺术与科技系	关杨
重庆大学艺术学院环境艺术设计系	福州大学	叶昱　梁青　朱木滋　李海洲　田启龙　孔宇航　关瑞明
重庆大学建筑城规学院	昆明理工大学	朱海昆　廖静
广东轻工职业技术学院艺术设计学院	重庆大学	严永红　张培颖　孙俊桥　高宁
广东工业大学艺术与设计学院	哈尔滨工业大学建筑学院建筑系	薛名辉　刘滢　刘晓光
福州大学厦门工艺美术学院环境设计系	四川音乐学院美术学院环境艺术系	唐毅　刘益
福州大学建筑学院	广东工业大学艺术与设计学院	梅策迎　王萍　彭译萱　任光培　刘怿　徐茵
福建工程学院建筑与城乡规划学院	广东轻工职业技术学院艺术设计学院	梅文兵　尹铂　赵飞乐　彭洁　陈洲　尹杨坚
仲恺农业工程学院何香凝艺术设计学院	华中科技大学建筑与城市规划学院	李晓峰　谭刚毅　白舸　Kalliope　Kontozoglou（Greece）　Albertus Wang（USA）
中南大学建筑与艺术学院	北京理工大学设计与艺术学院	赵玫　Nelson Mota　Harald Mooij
中国矿业大学建筑与设计学院	大连工业大学艺术设计学院	沈诗林　闻婧　王庆　杨翠霞　张群崧　张瑞峰　吕大　王守平　顾逊　杨静
华中科技大学建筑与城市规划学院	西安美术学院设计系	屈炳昊　胡月文　周靓
华南农业大学林学与风景园林学院	东北师范大学环境艺术设计系	刘学文　刘治龙
华北水利水电大学建筑学院	西北农林科技大学风景园林艺术学院	田永刚　刘媛
四川音乐学院美术学院环境艺术系	福建工程学院建筑与城乡规划学院	邱婉婷　叶青　李积权　刘华杰　高小倩
四川美术学院艺术与科技系	西南林业大学设计学院	李锐　夏冬
厦门大学嘉庚学院艺术设计系	中南大学建筑与艺术学院	钟虹滨
昆明理工大学艺术与传媒学院	天津大学仁爱学院建筑系	赵艳　边小庆　张宗森　常成
昆明理工大学建筑与城市规划学院	西南民族大学城市规划与建筑学院	华益　毛刚
郑州轻工业学院艺术设计学院	郑州轻工业学院（大学）易斯顿美术学院环境设计系	张玲
郑州轻工业学院（大学）易斯顿美术学院环境设计系	郑州轻工业学院艺术设计学院	宗迅
长安大学建筑学院	中国矿业大学建筑与设计学院	朱翔
西南民族大学城市规划与建筑学院	湖北美术学院环境艺术设计系	梁竞云　向明炎　晏以晴　顿文昊　詹旭军
西南林业大学设计学院	临沂大学建筑学系	赵雯亭
西北农林科技大学风景园林艺术学院	华北水利水电大学建筑学院	高长征　代克林
西安美术学院建筑艺术系	内蒙古工业大学环境设计系	李楠　莫日根　孟春荣

优秀组织管理奖	优秀指导教师奖	
天津大学仁爱学院建筑系	宁波大学科学技术学院设计艺术学院	张逸　查波　陈忆　吴宗勋
宁波大学科学技术学院设计艺术学院	长安大学建筑学院	刘伟　刘明
内蒙古工业大学环境设计系	厦门大学嘉庚学院艺术设计系	商墩江
临沂大学建筑学系	金陵科技学院建筑工程学院建筑系	刘琰　薛云　刘志峰
金陵科技学院建筑工程学院建筑系	仲恺农业工程学院何香凝艺术设计学院	袁铭栏
吉林建筑大学艺术设计学院	安徽工业大学艺术与设计学院公共环境艺术系	薛雨菲
湖北美术学院环境艺术设计系	河南大学艺术学院	刘阳　沈山岭　范存江
河南大学艺术学院	吉林建筑大学艺术设计学院	郑馨　高月秋　肖景方
哈尔滨工业大学建筑学院景观系	大连理工大学建筑系	高德宏
哈尔滨工业大学建筑学院建筑系	扬州大学建筑科学与工程学院建筑系	张伟
东北师范大学环境艺术设计系	Columbia Graduate School of Architecture Planning and Preservation	Mimi Hoang
大连理工大学建筑系	合肥工业大学建筑与艺术学院	李早
大连工业大学艺术设计学院	天津理工大学艺术学院	师宽　孙响
北京理工大学设计与艺术学院		
安徽工业大学艺术与设计学院公共环境艺术系		
天津理工大学艺术学院		

图书在版编目(CIP)数据

亚洲设计学年奖 竞赛获奖作品集（第十五届 · 第十六届）/亚洲设计学年奖组织委员会编. —北京：中国建筑工业出版社，2018.11
ISBN 978-7-112-22999-4

Ⅰ. ①亚… Ⅱ. ①亚… Ⅲ. ①建筑设计－作品集－中国－现代 Ⅳ. ① TU206

中国版本图书馆 CIP 数据核字（2018）第 258660 号

责任编辑：张 晶
责任校对：芦欣甜

亚洲设计学年奖 竞赛获奖作品集（第十五届・第十六届）
亚洲设计学年奖组织委员会 编
*
中国建筑工业出版社出版、发行（北京海淀三里河路9号）
各地新华书店、建筑书店经销
北京雅盈中佳图文设计公司制版
天津图文方嘉印刷有限公司印刷
*
开本：880×1230毫米 1/16 印张：$16^1/_2$ 字数：507千字
2018年11月第一版 2018年11月第一次印刷
定价：128.00元
ISBN 978-7-112-22999-4
(33092)